乘着好奇心成长

徐春玉 著

经济日报出版社
北京

图书在版编目（CIP）数据

乘着好奇心成长 / 徐春玉著 . -- 北京：经济日报出版社，2024.10

ISBN 978-7-5196-1434-8

Ⅰ.①乘… Ⅱ.①徐… Ⅲ.①好奇心-通俗读物 Ⅳ.①B848.3-49

中国国家版本馆 CIP 数据核字（2024）第 013403 号

乘着好奇心成长
CHENGZHE HAOQIXIN CHENGZHANG

徐春玉　著

出　　版：	经济日报出版社
地　　址：	北京市西城区白纸坊东街2号院6号楼710（邮编100054）
经　　销：	全国新华书店
印　　刷：	北京建宏印刷有限公司
开　　本：	710mm×1000mm　1/16
印　　张：	35
字　　数：	590千字
版　　次：	2024年10月第1版
印　　次：	2024年10月第1次
定　　价：	138.00元

本社网址：www.edpbook.com.cn，微信公众号：经济日报出版社
未经许可，不得以任何方式复制或抄袭本书的部分或全部内容，**版权所有，侵权必究**。
本社法律顾问：北京天驰君泰律师事务所，张杰律师　举报信箱：zhangjie@tiantailaw.com
举报电话：010-63567684
本书如有印装质量问题，请与本社总编室联系，联系电话：010-63567684

作者简介

徐春玉，1984年毕业于兰州大学，主要研究方向为复杂性理论（协同学、突变论、混沌动力学、分形理论、人工生命、自组织理论等），并用于研究好奇心、想象力和审美过程。曾出版个人专著5部：《幽默审美心理学》《创造力与幽默感》《好奇心理学》《好奇心与想象力》《美的真谛》，与他人合著3部：《最大潜能让创造力跳起自由之舞》《以创造应对复杂多变的世界》《创新教育能力论》，参与编辑出版教材5部。

内容简介

本书首次将对好奇心的引导、培养与管理上升到更高的层面，提出了好奇性智能的概念，指出了好奇心是人的理性发展到一定程度的必然产物，人与动物的好奇心相比体现出人自主的、积极主动的好奇心。本书强调，人是在好奇心的驱动下不断成长的。本书将好奇心具体分为喜好新奇与探索、喜好差异、喜好多样并存和喜好复杂的好奇心；研究了对好奇心的认定、促使好奇心定向、激发好奇性自主、增强好奇心增量等；构建了好奇心的保护方法；研究了好奇心的管理，包括如何才能让好奇心自由表现，如何提供让好奇心充分表现和激励好奇心的社会环境；探索了好奇心的价值，指出了正确理解基于好奇心的非最优化探索和允许科研失败的重要性和必要性。

前　言

好奇心是人类心智进化历史上形成的一颗璀璨的明珠。人类社会灿烂的文明发展，来源于一代又一代人在好奇心驱动下的不断创造。

好奇心在原始创新中的地位与作用越来越重要。自由的好奇心是宝贵的，但好奇心的资源也是有限的，自由并不意味着散漫，而保护也不意味着限制。本书首先将对好奇心的引导、培养与管理上升到更高的层面，提出好奇性智能的概念，就是为了更加深化对好奇心的研究，促使人们更加正确地认识好奇心，促进好奇性自主充分发挥作用；增强好奇心增量，提高人们对新奇性事物深入研究的自觉性，也是为了更好地发挥好奇心的作用。在各国大力提倡创新之际，就不能不重点关注好奇心，关注对于好奇心的重视、引导、培养与管理的能力——好奇性智能。

我们首先指出好奇是人的天性，是人的理性发展到一定程度的必然产物，人与动物的好奇心相比体现出人所特有的强大且自主的、积极主动的好奇心。根据好奇心的表现将其具体分为喜好新奇与探索的好奇心，喜好差异的好奇心，喜好多样并存的好奇心，喜好复杂的好奇心。人与人的不同就将在这些方面有所侧重，并表现出不同的程度。

对好奇心的引导涉及对好奇心的认定、促使好奇心定向、激发好奇性自主、增强好奇心增量等问题。这就需要引导好奇心由肤浅向深刻转化，促进好奇心在认定新奇的基础上在相应的方向更进一步。

恰当运用好奇心，将可以有效地提高观察能力、发现问题的能力和求知欲望，增强探索能力等。这就需要运用好奇心大力提高想象力，促进人深入思考，努力提高构建灵活机智的能力，促进人的最大潜能的迅速提高。

虽然好奇心是人的天性，仍要对好奇心加以保护，让好奇心充分表现，鼓励增强好奇心。人就是在好奇心的驱动下不断成长的。在将好奇性智能引入教育以后，将会对教育的各个层次产生影响。显然，如果基于好奇心，教育的各个环节都将发生相应的变化。

对好奇心的管理涉及个人对自身好奇心的管理和在一个群体中对好奇心的管理问题。其中涉及如何才能让好奇心自由表现，如何提供让好奇心充分表现和激励好奇心的社会环境。无论是领导者还是组织，都应该把握好奇者的特点，以一种宽容的心态对待好奇心，敏锐地感知环境的变化，让各种新奇观点自由成长，并运用价值判断标准及时对好奇心加以控制。要充分认识好奇心的价值，以好奇心的自由表现为基础，正确理解基于好奇心的非最优化探索的意义与作用，正确理解允许科研失败的重要性和必要性。

我们认为，对好奇心的研究是一个重要的理论课题，与其所固有的复杂性相比，我们的研究仅仅是粗浅的尝试，还需要广大科研工作者共同深入研究，进而推进教育创新，提高人才培养质量。

作者对书中所引用的思想和资料的作者以及出版单位表示由衷的感谢。

本书得到西安思源学院的奖励性资助，在此表示感谢。

在本书的撰写过程中，得到我家人的极大鼓励，这种支持鼓励不只体现在生活的照顾上，更为重要的是她们是我诸多思想的首位倾听者、启发者和批评者，在此表示深深的感谢。

本书的写作是在缺乏有关资料的情况下进行的，加上作者水平有限，缺点和不足在所难免。恳请专家、读者予以批评指正。

徐春玉
2023 年 7 月 19 日

目 录

第一章 绪 论 1

- 第一节 什么是一个人的好奇性智能 3
- 第二节 高创造者的好奇性智能 14
- 第三节 识别人的好奇性智能 16
- 第四节 发掘好奇性智能的多面性 23
- 第五节 好奇性智能的地位与作用 28
- 第六节 好奇性智能与好奇心教育 46

第二章 认识好奇心 51

- 第一节 什么是好奇心 51
- 第二节 好奇心的动力学理论 66
- 第三节 好奇心增量 73
- 第四节 好奇心的分类 81
- 第五节 好奇心的成分与决定因素 94
- 第六节 好奇心强的外在表现 104
- 第七节 动物与人的好奇心 110
- 第八节 好奇心的成长 136

第三章 充分激发好奇性自主 147

- 第一节 意志、理性与好奇心 148
- 第二节 强化好奇性自主 161
- 第三节 好奇心激发人的积极主动性 174

第四章　特化好奇心

第一节　强化对好奇心的反思 … 193
第二节　认定好奇心 … 199
第三节　好奇心定向 … 211
第四节　增强好奇心增量 … 226

第五章　运用你的好奇性智能 … 238

第一节　培养敏锐观察挖掘信息力 … 238
第二节　提高对外界变化的敏感性 … 245
第三节　好奇心与提出问题的能力 … 248
第四节　求知欲与好奇心 … 256
第五节　引导好奇心向探究转化 … 280

第六章　操控好奇性智能 … 292

第一节　想象性构建——大脑是如何运作的 … 292
第二节　由好奇心引导不断地深入思考 … 305
第三节　灵活构建多样并存 … 334
第四节　引导好奇心与最大潜能有机结合 … 345

第七章　保护、表现与激励好奇心 … 359

第一节　保护好奇心 … 361
第二节　以各种行为表现满足好奇心 … 372
第三节　通过激（鼓）励增强好奇心 … 393

第八章　提高人的好奇心的教育 … 412

第一节　将好奇性智能引入教育 … 414
第二节　不断转变教育模式 … 427
第三节　基于好奇心的教育与学习 … 446
第四节　不同阶段的好奇心教育 … 465
第五节　大学及大学后的好奇心教育 … 474

第九章　开拓好奇心管理模式 ·················· 487
第一节　做一个好奇性智能强的领导者 ············ 490
第二节　好奇性智能与组织变革 ················ 498
第三节　激励"另类"员工的好奇心 ············· 515
第四节　加强好奇心的价值研究 ················ 539

第一章 绪 论

任何生物群体都是独一无二的，知识传承的不断增强，促使学校逐渐形成并使教育在人的成长过程中占据越来越多的时间。教育发展到今天，如何提高学习效率、增强学习效果变得越来越重要。人们在关注知识传承的同时，更多地将注意力集中到知识的运用和知识的创造上。正如诺贝尔奖获得者保罗·伯格［Paul Berg 1926—，美国生物化学家，因研制出基因分离与粘接技术，并在世界上首次完成脱氧核糖核酸（DNA）分子重组，创立了现代基因工程技术，获1980年诺贝尔化学奖］指出的"或许教育能够做出的最重要的贡献，就是发展学生追求创造性方法的本能和好奇心"。[①] 教育首先要做的就是保护、激发、激励学生的好奇心和学习探究的兴趣。一切从好奇心和兴趣开始，已经成为人成长的基础。

伴随着以往的进化以及神经系统与机体内各种组织效应器官的广泛联系，已经使人的好奇心达到了足够强的程度。在20世纪中叶的某个时期以前，人类所进行的各种活动不足以对好奇心提出挑战，此时，好奇心处于不被人注意的状态。从那时起，这种状况不断地被改变。现代社会的发展则对好奇心提出了更高的要求——需要更强的好奇心。如果好奇心达不到一定程度、好奇心的需求得不到满足和保障，好奇心得不到表现的负作用便会显示出来：信息可能会"溢出"，对信息的加工过程就有可能会频频"死机"，有时神经系统还会出现"崩盘"的现象。

我们创造和改造外部世界的能力慷慨地回报给我们大量新的知识、新的技术，也给我们带来了新的生活。随着创造活动的不断强化和深入，我们因此具有了更强创造的自主意识，也使创造成为人类的显性需求而必须得到满足。我们不能放弃。因为自然法则的安全体系已经被我们积极主动的创造力所打破，我们只能沿着这条不断扩展的道路前进——在自然中发挥人类生存

---

① 中国科学技术协会. 厚望与期待［M］. 北京：科学普及出版社，2001.

的优势和不断地积累经验。在由被动适应到主动适应、主动创造的过程中，我们已经改变了自己的发展轨迹，也创造了自己崭新的命运。到今天，我们已感到举步维艰，可复杂的外部世界却向我们提出了这样的问题：你们能适应这个迅速变化的世界吗？你们的好奇心达到这种社会发展所要求的程度了吗？

要想在短时间内提高好奇心强度，将好奇心引导到正确的方向而不至于表现出"愚蠢的好奇心"①，并促使好奇心得到进一步的扩展，就需要实施专门的好奇心教育以及通过较高的好奇性智能来使其得到保障。好吧，让我们通过提高好奇性智能来强化好奇心吧！

当然，也许有人会问：既然你说好奇心是重要的，但又有哪一项重要的发现、发明是在好奇心的直接指导下取得的？如何才能证明这一点？也许有人还会问，世界已经存在了诸多的教育思潮，增强好奇性智能的教育有必要独立出来吗？真的有必要促使其得到提高吗？其实，苏格拉底早就回答了这个问题："凡不锻炼身体的人，就不能执行身体所应执行的任务，同样，凡不锻炼心灵的人，也不可能执行心灵所应执行的任务！"

正如其他方法性学科的发展一样，好奇心更多地依附于具体的知识和学科，无论是知识，还是学科，都在好奇性智能提升的过程中发挥着不可或缺的作用，我们只能在更大程度上根据人的自我体验而分析好奇心的作用。这种研究只是论证式的说（证）明，那么，如何才能从理论的角度主动、系统而深入地回答这个问题？从价值观的角度我们还可以问：好奇心真的只有好处吗？或者说，如何才能有效地发挥好奇心的长处，尽可能地避免好奇心的短处和不足？

在人类社会的进化过程中，狩猎时代强调的是力量——体力，这需要不断通过锻炼与实战以促使其得到提高；农业时代强调的是知识——智力，这需要不断地通过记忆、理解与表现来实现；工业时代强调的是速度、效率——技能，这需要不断地通过转化与精炼来完成。而信息时代需要强调的则是创造力——好奇心和想象力②，这也需要专门的练习才能使其得到有效增

---

① 约翰·S. 布鲁贝克. 高等教育哲学 [M]. 王承绪, 郑继伟, 张维平, 等, 译. 杭州：浙江教育出版社, 1987.
吴琼, 孙建平, 顾萍等. 长宁区1177名学生吸烟影响因素及控烟对策探讨 [J]. 中国学校卫生, 2005, 26 (3).
② 托德·卡什丹. 好奇心 [M]. 谭秀敏, 译. 杭州：浙江人民出版社, 2014.

强。未来会向更高层次（或者说是更加深刻）的知识追求转化，就必然导致向追求更强好奇心的趋势方向转化。人类已经开始了自己设计自己的道路①。为了让好奇心能够恰当而充分地发挥其应有的作用，专门的好奇心教育就应该应运而生，而好奇心性智能就必定会得到重视。正如卡尔·萨根指出的："怀疑主义和好奇都是需要经过磨炼和实践才能获得的技巧，在学生们的头脑中使它们和谐联姻应该作为公共教育的基本目标。我将很乐意在媒体，特别是在电视上看到这样一种家庭式的幸福：人们真的在创造融合——充满好奇，宽容地对待每一个见解，除非有好的理由，否则不拒绝任何想法。"②

第一节 什么是一个人的好奇性智能

一、好奇性智能研究的重要性

关于好奇心在科学探索中的地位，人们已经做出了足够多的描述，这可以从众多诺贝尔奖获得者的直接描述中得到证实③。无论是著名的科学家、发明家、作家还是企业家，都将好奇心看作其从事相应工作的重要品质。尤其是科学工作者、发明家都认为自己有更加强烈的好奇心。我们也认可这类人更加关注好奇心。爱因斯坦就曾明确地说过："我没有什么特别的天赋，我只有强烈的好奇心。"诺贝尔物理学奖得主丁肇中教授赞同："科学发展最直接的动力是好奇心，而不是经济动力。""研究科学的目的，就是满足好奇心。"④

---

① 冯卫东编译. 明日的人类和未来的身体 [N]. 科技日报，2013-01-06.
② 卡尔·萨根. 魔鬼出没的世界 [M]. 李大光，译. 海口：海南出版社，2010.
③ 阿卜杜斯·萨拉姆国际理论物理中心. 成为科学家的 100 个理由 [M]. 赵乐静，译. 上海：上海科学技术出版社，2006.
廖红，郑艳秋. 50 位诺贝尔大师致中国青少年 [M]. 北京：同心出版社，2002.
刘易斯·沃尔珀特，艾莉森·理查兹. 激情澎湃——科学家的内心世界 [M]. 柯欣瑞，译. 上海：上海科技教育出版社，2000.
北京青年报社，发现·图形科普杂志社. 与诺贝尔大师面对面 [M]. 北京：文化艺术出版社，2002.
④ 陈骁. 自信好奇定位——丁肇中谈科学研究 [J]. 上海教育，2002（10A）.

在本书中人们将看到，我们更多地引用了名人的观点和看法，这只是为了引起人们足够的重视。同时也需要指出，在一般人的观念中也可能有同样的看法和认识，只是不能引起他人足够的重视，诸多品质特征在一般人的身上同样有所表现，只是这种特征表现不典型、不突出，只是在其日常生活和工作中的核心作用没有被充分认识到。

人们已经充分认识到了好奇心对于创造、创新、发明、创业等的重要性。几乎所有关于创造（创造力、创造技法、创造者的个性品质等）的研究者也无一不将好奇心作为创造的基本动力，无一不将好奇心（以及与此有关的特征，如喜欢复杂事物、容忍混乱等）作为高创造者重要的个性品质特征[1]。

可以肯定地说，那些诺贝尔奖获得者、颠覆性技术的取得者，往往都具有较强的好奇心，并且都是能够对好奇心善加管理的高手。约翰·戴森霍费尔（1988年诺贝尔化学奖得主）就曾指出好奇心对于他生命改变的意义与作用："是我对科学的浓厚兴趣说服了父母送我去上高中和大学，所以我告诉很多青年科研的魅力。没有兴趣和好奇心，送他们上大学也没有意义。"[2] 如果说约翰·戴森霍费尔不能表现自己的好奇心、兴趣的执着地追求，他又如何才能说服他的父母支持他的选择？

但一般人都有好奇心吗？好奇心在其日常生活和工作中将发挥着何种作用？

好奇心被作为人类创造行为甚至生存的重要驱动力，虽然在人的自主意识中起到重要作用[3]，却还没有更多地被人将其上升到主观意识的层面展开"元策略"研究。人们虽然已经认识到了好奇心在各个领域中的重要地位与作用，但却没有独立提出对好奇性智能的专门探讨，这对好奇心的有效利用与培养都是一种缺憾。

好奇心可以表现在各种不同的领域，而不止是科学领域。由于前人的深入思考带给我们巨大的思维空间，将使我们有更大的可能性习惯性地侧重于好奇心的其他成分特征的满足而不再表现深刻的思考，不再追求好奇心驱动下的探索性本性。只是认可前人所构建的知识的合理性，不再进一步逻辑性地思考，只是简单地、似是而非地接受，甚至只是满足于模棱两可的认识，

---

[1] [美]罗伯特·J.斯滕伯格. 创造力手册 [M]. 施建农，等，译. 北京：北京理工大学出版社，2005.
[2] 徐娟，杜鹃，付亚娟. 学习兴趣重要吗？[N]. 华商报，2002-04-26.
[3] 徐春玉. 好奇心理学 [M]. 杭州：浙江教育出版社，2008.

只是满足于模糊不清的感受。即使遇到新奇性的信息，也往往通过好奇心的其他内涵将其归纳到已知的范畴（相当于皮亚杰的"同化"），不能将其孤立并展开形而上的研究，也就不能在深度认识当前对象的基础上构建与其他事物更加本质的关系。诚然，一个事物是在与其他事物的相互作用过程中存在、表现与发展的，但如果不能将其作为一个孤立的对象来单独看待，也就不能构建出关于该事物的"本我"以及本我的逻辑演变。

从好奇心的本质来看，每个人都会有好奇心，我们更多地愿意注解、解释、注疏，并利用各种现象中的局部表现来证实其逻辑性存在。正如人们对迷信的解释一样：只选择那些能够支持相关解释的证据，从而只习惯于满足好奇心的某些内涵需求。在我们一味地强调"天人合一"的同时，却在与自然的协调过程中，浅尝辄止。只满足于在一定程度上得到的解释，不再作进一步更加概括抽象的、精细准确的深究。可以明确地讲，我们的好奇心并没有发挥应有的作用，尤其是我们好奇心增量没有得到充分表现，更恰当地说是好奇心增量（好奇心的一个固有成分）不能与"有规则的系统"有机结合以共同处理问题[1]，因此，也就不能产生近代科学。M.W. 瓦托夫斯基指出，科学来源于生活却要依靠好奇心增量并高于日常生活。正是由于这种"对好奇心或奇迹的需求或对技术的需求已经超出寻常实践和寻常理解力的范围"[2]，才进一步地促进了科学的发展。

正常的心理过程应该在大脑的独立意识空间，以新奇性信息作为思维的出发点而进一步地延伸。通过将独立意识的"活性"更加强势地表现出来，更加充分地表现出好奇心增量所对应的独立意识"活性"的扩展构建，以人的意识为基础而进行纯粹的更为强大的意识行为。这种心理与社会交往、信息的传递和语言的丰富完善过程结合起来，就会在多样并存的基础上，在收敛性思维的本能变化过程中追求一定范围内、一定程度上的逻辑思维，产生对逻辑思维规律的探索过程。当前的"新"会成为以后的"旧"，也就成为以后新的逻辑起点，逻辑关系能与收敛性本能力量和谐共鸣，人们也就会自然地更关注彼此之间的逻辑关系。在这里，之所以称为在一定范围内的逻辑思维，一是指人们还不能具体限定所考虑的特征和特征之间某些固有关系时

---

[1] 托比·胡弗. 近代科学为什么诞生在西方 [M]. 周程, 于霞, 译. 北京: 北京大学出版社, 2010.
[2] M.W. 瓦托夫斯基. 科学思想的概念基础——科学哲学导论 [M]. 范岱年, 吴忠, 金吾伦, 林夏水, 等, 译. 北京: 求实出版社, 1989.

的思维，在一定范围内存在动态变化性；二是指收敛性思维会尽可能地排除较小合理性的特征关系，也意味着并不追求必然、唯一的逻辑关系，而是在考虑其他信息的基础上追求更大的合理性；三是还在不断地引入其他的信息，促进心理转换过程的持续进行。如果仅习惯于把新奇性信息作为对外界信息正常反应的一个部分，更多地关注信息之间的关系，就会更多地采取模糊的、大而化之的、笼而统之的思维方式。

从早期我们的哲学先祖所构建的解释世界的阴与阳、通过阴与阳之间相互作用、相互转换过程中的动态协调演化，已经表明，我们可以构建更加丰富多彩的想象。"方无极生太极（只有人去认识客观事物时才会有不同的看法），太极生两仪，两仪生四象……""一生二，二生三，三生万物"指的就是，我们可以在大脑中自由地依据当前的局部信息而进行无限可能的信息组织。对于中国传统文化来讲，有更大的可能是因为它所具有的一定的神秘性（未知性和不确定性）以及一定程度上的可解释性（人们可以从这些方面对客观现象和问题给予一定程度的解释，并从其他的现象中寻找到支持其正确的证据），又加上中国人具有很强的包容性，善于思考复杂性的问题（很早我们就习惯于运用复杂性的方法看待事物），并从多样并存和关注复杂的角度在很大程度上满足自身的好奇心，从而限制了中国人不再更加深入而逻辑地研究问题。我们对世界的解释仅限于此，有更多的变化性信息、具体性信息吸引了我们的注意力，消耗了我们的好奇心，没有激发我们进一步追求其严密逻辑关系的追溯心理，心理转换过程也就此打住。

从逻辑的角度来讲，好奇心是人天生就具有的。"人类有好奇的天性和探索的渴望"[1]。外国人有，我们也有。我们能够看到中国人的好奇心是如何随着文化的变化而变化的，也能够认识到中国人的好奇心具有何种特点，还能够看到中国人是通过何种角度和方法来使自己的好奇心得到满足的。我们需要深入探讨好奇心的本质特征在各种具体情景中的表现，研究好奇心受到不同文化影响的变化规律，探索如何才能在现有文化背景下有效变革教育方式。正如英国著名哲学家怀特海指出的："要使知识充满活力，不能使知识僵化，这是一切教育的核心问题。"[2]

从构建创新型国家、社会、军队、大学等的角度看，虽然可以在国家战

---

[1] 克里斯·斯特林格，彼得安德鲁. 人类通史［M］. 王传超，李大伟，译. 北京：北京大学出版社，2017.

[2] 怀特海. 教育的目的［M］. 徐汝州译. 北京：生活·读书·新知三联书店，2002.

略引导、需求支持下采取集中攻关的方式实现自主创新，但通过构建崇尚创新社会氛围，产生大批依靠个人好奇心驱动和兴趣激发的自由研究，形成多样并存基础上的合理竞争，有很大的可能性会有更好的效果。创新型国家建设的关键在于有一大批在好奇心的驱动下充分表现其创造力的高创造性人才。我们就应该在认识好奇心特征与规律的基础上，重视好奇心的开发与培养、引导与管理。提高好奇性智能，将成为高创造性人才培养、创新型国家建设的有力抓手。

其实，在许多发达国家，很早就开始对好奇心给予足够的重视。欧洲议会和理事会于 2006 年 12 月就发布了《关于终身学习所要求的关键技能的建议》，该建议的核心要求包括：（1）发展具有创业意识和行为的个人特质和技能（创造力、主动性、冒风险、自主性、自信心、领导力、团队精神等）；（2）提升学生将自我雇佣和创业作为职业选择的意识；（3）从事具体的创业项目和活动；（4）提供如何创业和如何成功运行企业的专门技能和知识①。其中所涉及的第一项核心要求中，就是使学生具有创造力和较高的冒险精神，这种冒险精神实质上与好奇心密切相关。提升这个方面的特质，就是要有效地提升受教育者的好奇心。

对人的心智成长过程加以简单分析就可以发现，人的初始天性是在好奇心驱动下想象力的充分扩展、并在想象力引导下的自由游戏②。追求灵活性、表现多样性和容忍心态，积极冒险和探索，是每个人的天性。这种天性的强化与定向，会有更大的可能性使其在成年以后不断冒险，并有效地促进增强他们的勇敢精神。教育应使受教育者的心智与身体得到协调发展，让其在好奇心的作用下自由、健康地成长，顺利成为社会进步与发展所需的优秀人才。在大学以及大学后教育阶段，尤其应在保护并满足学生好奇心的基础上，让其想象力得到充分表现与扩展，并在实践中促使想象力向创造性心理转换、保证人由感性向理性的顺利转换。

人们在反思教育的作用时指出："我们要达到的目标很多：独立自主、战略部署、灵活地掌握口头及书面语言、大胆、有好奇心、能够写出个人生活的故事。"③ 这既取决于当前的经济特点，也取决于社会结构和科技进步。托

---

① 梅伟惠. 欧盟高校创业教育政策分析 [J]. 教育发展研究, 2010 (9).
② 徐春玉. 好奇心与想象力 [M]. 北京：军事谊文出版社, 2010.
③ 托马斯·弗里德曼. 世界是平的 [M]. 何帆, 肖莹莹, 郝正非, 译. 长沙：湖南科学技术出版社, 2006.

马斯·弗里德曼把当今以知识经济为主要特征的世界看作一个平坦的世界，并着重指出，在"平坦的世界"里，虽然IQ——智商仍旧重要，"但是CQ和PQ——好奇心商和激情商更为重要"。托马斯·弗里德曼甚至提出了一个关于教育的基本方程式"CQ+PQ>IQ"，并进一步指出："一个拥有学习激情和发现好奇心的孩子会比一个拥有更高智商但却缺乏激情的孩子进步得更快。因为好奇心强同时又拥有激情的孩子通常都善于自我学习和自我激励。"[1] 而科学教育的核心以及科学教育能够顺利实施的关键，就是要在保证学生好奇心的基础上逐步展开。不能激发学生的好奇心，不能建立心智内外、不同领域之间信息的联系，也就不能形成多样并存基础上的恰当选择。

既然好奇心是人类的本能，那么，好奇心是否可以培养？我们需要提高人的好奇心，甚至要从主观意识的角度积极主动地提升人的好奇心。这是好奇性智能的重要方面。从人类智能成长进步的过程就已经可以看出，人的好奇心是随着人类智力的不断进化而逐渐增长的，这从本质上已经决定了人的好奇心是可以改变、塑造、培养的。"任何人通过适当的锻炼都能重获好奇心，就像萎缩的肌肉能够通过适当的锻炼重塑一样。拥有好奇心不仅能使个人产生满足感，还会使工作效率提高。一个有好奇心的人能在他人不断抱怨的时候就率先理解和解决生活中的众多问题。"[2] 从提升思考能力的角度，文森特·赖安·拉吉罗就如何培养和提高个体的好奇心提出了几条方法性的建议：（1）保证观察的敏锐性；（2）寻找事物的缺点、不足和不满意之处；（3）注意自己和其他人不满意的、欠缺的地方（特征）；（4）进一步地寻找事物变化、联系的原因；（5）对内含问题要敏感；（6）意识到争议中的机会。这些做法并不神秘，而且也易于操作。只要我们能保持足够的频率和强度实施这些做法，并从主观上有意识地关注、强化这些方面，是应该能够有效提高人自身的好奇心的。显然，我们并不满足。我们认为，还需要从好奇性智能的角度主动地研究好奇心的地位与作用，把握好奇心的特点与变化规律，寻找好奇心培养的更加有效、全面的方法。

可以明确地看到，人们既期望早点开发智力，也试图不使智能变得更加僵化；期望人们能够更加有力地对信息实施各种形式的加工，尤其是期望保

---

[1] 托马斯·弗里德曼. 世界是平的 [M]. 何帆，肖莹莹，郝正非，译. 长沙：湖南科学技术出版社，2006.
[2] 文森特·赖安·拉吉罗. 思考的艺术——非凡大脑养成手册 [M]. 马昕，译. 北京：世界图书出版公司，2010.

持心智的创造性。这就要求我们需要在尽可能地把握对确定性知识的注意力的基础上,更多地关注过程性信息特征,运用观察构建具有各种意义的信息特征、构建信息特征之间的各种各样的关系,促使心智形成并保持更强的抽象概括能力。人们期望不再将心智限制在有限的几个局部特征和特征之间有限的关系上,不再期望总是受到这些关系的制约。人们已经看到,这种要求只有在自由、充满游戏、闲暇的氛围和活动过程中,在保证身体和大脑神经系统复杂度达到一定值、具有足够的扩展性和稳定性的基础上,在保证学习确定性关系的同时,充分保持其扩展性,以及保证确定与不确定两者之间的有机协调,才能实现。显然,在这个过程中能够起到重要作用的就是好奇心。

二、好奇心

我们对好奇心给出的定义是:好奇心是喜好新奇性信息的心理状态和趋势。它主要提高一个人对新奇性信息的认识程度,也就是提高新奇性信息在大脑显示的可能度,使一定新奇度的信息在大脑中以较高的兴奋度稳定地显示,并可作为当前泛集的主要元素而成为研究问题的出发点,制造更多与其他信息相互作用的机会[①]。

为了描述思维过程,或者说为了将思维看作一个动力学过程,我们界定了在任何一个时刻的心理状态(称为心理时相)的描述[②]:泛集——t 时刻在大脑中处于激活状态的信息模式所组成的集合。由于一种确定的心理意义对应于一个稳定的泛集,因此,心理转换过程就可以看作由一个心理时相向另一个心理时相的映射,也就是说,心理过程可以看作由一个泛集向另一个泛集的映射过程。

我们认为,在一个心理过程中,正是由于好奇心才促使 t_1 时刻的泛集与 t_2 时刻的泛集的不同,这种差异可以描述为心理映射过程中的信息损失。为了对好奇心进行度量,我们主要强调了心理转换过程中的信息的损失量,我们将这种信息损失量直接与好奇心对应起来。

其实,这里并不是唯一选择用泛集来表征任何一个时刻的大脑状态的。美国科幻电影《霹雳五号》中的机器人,就是在运用泛集来思考,用泛集来

---

① 徐春玉. 好奇心理学 [M]. 杭州:浙江教育出版社,2008.
② 徐春玉. 幽默审美心理学 [M]. 西安:陕西人民出版社,1999.

构建不同事物之间各种可能的联系，并从中构建出恰当反应的。M. W. 瓦托夫斯基所说的"使用各种抽象的种类名词来指称各种具有共同性质的事物的集合"，这种集合在人的大脑中的反映，就是在用泛集——任何一个时刻大脑中表征出来的信息集合——来描述大脑中心理的状态的①。对于心理在任何时刻 t 的状态，彼得·米切尔用"花园"给出隐喻描述："人的思维有点像一个花园。你打理这个花园，你种植各类花草。那是一类部分由事实，部分由观念组成的花园。你不停地对它进行重排，那实际上是相当艰巨的工作，但与此同时，也是很有价值的，因为你能多多散步，尤其是当你不能很好入眠之时。"② 在任何一个时刻的心理花园——任何时刻一个稳定的心理状态——心理时相，由各种不同的泛集元素通过各种各样的可能性关系组成具有若干意义的稳定泛集。在这里，米切尔只是用花园来描述在一定时间内的稳定的"花园"状态。在花园里有各种各样的"花草"，除了这些花草的自然变化，还需要人主动地对这个花园进行除草、修剪花草、安排布局等。彼得·米切尔所谓的"打理"，就是使花园产生变化的过程，也就是由一个稳定的心理时相向另一个稳定的心理时相映射的心理变换的动力学映射过程。根据信息论研究，在这个过程中会形成信息的变化——"损耗"，其实，这就是好奇心发挥作用使心理过程产生变化的结果，我们可以基于此将这种信息损耗与好奇心建立起直接的对应关系。

信息论以及动力学的研究指出，信息熵度量了一个复杂的动力学系统，从一个状态向另一个状态过渡时的信息损失率。在心理转换过程中，从一个泛集向另一个泛集转换会由于好奇心的作用而出现不确定性——产生信息损失。在一个心理转换步骤中，好奇心越大，所产生的信息损失量就越大。任何信息在心中显示时，都具有一定的显示可能度，而喜好新奇性信息的可能性，可以使新奇性信息在心理空间的可能度增大，促使这种新奇性信息变化的特征量，就是好奇心③。

显然，人们认可这种好奇心与新奇性信息之间固有的、本质性的关系。

---

① M.W. 瓦托夫斯基. 科学思想的概念基础——科学哲学导论 [M]. 范岱年，吴忠，金吾伦，林夏水，等，译. 北京：求实出版社，1989.
② 刘易斯·沃尔珀特，艾莉森·理查兹. 激情澎湃——科学家的内心世界 [M]. 柯欣瑞，译. 上海：上海科技教育出版社，2000.
③ 徐春玉. 好奇心理学 [M]. 杭州：浙江教育出版社，2008.

"我们天生都有注意最复杂、最鲜艳、最大声或最明快的东西的倾向。"① 要求刺激更加有力，就是由于好奇心以及不断增长知识过程中要求保持足够的差异性刺激时，对好奇心的满足能够起到相应的刺激作用。由于好奇心的独立性，人们更多地从好奇心直接表现的角度来描述好奇心，从而将好奇心从心理转换过程中独立特化出来。

贺淑曼认为，好奇心，就是对未知事物的本能冲动关注和探究。每个人的好奇心都有不同的表现。如：由视觉性好奇而引发的表面观察，由知觉性好奇而发现差异，由智力性好奇而引发探究。由于缺乏深度探究的好奇心，虽然有无数人看到苹果落地，但却只有牛顿发现了万有引力，并由此而提出了万有引力理论②。

三、好奇性智能

所谓好奇性智能，是人所具有的运用、管理和提高好奇心的能力，是对好奇心的自我有意识的控制能力。具体包括认定好奇心、引导好奇心定向、建立并促使好奇性自主等。因此，好奇性智能是对好奇心知识、对好奇心的监控和对好奇心运用策略选择的"元好奇心"。

运用复杂动力学，可以分析出喜好新奇、扩展差异、善于联想等好奇心的基本内涵，根据好奇心起作用时的表现，以及好奇心与其他心理过程的联系，可以构建出想象、冒险、主动尝试、好提问等好奇外延，我们由此可以构建出好奇心的完整结构。当然，并不是每个人都能够有意识地主动认识到上述问题，只有在人的好奇心强大到一定程度以及人们有意识地开始促进提升和增强好奇心时，才能涌现、特化并表现出好奇性智能。现实世界的信息化特征要求每个人都应具有、表现并主动地强化好奇性智能。

罗伯特·J.斯滕伯格将智慧界定为"默会知识的应用，这种应用负载着价值观，它不仅使本人受益，同样也有益于他人，从而使人们获得共同的利益。"③。从"默会知识"的角度来看，在斯滕伯格认识中的智慧就相当于好奇性智能，它以经验的、具体的、变化的、不确定性的、模糊的、潜在的规

---

① 克里斯·哈里斯.构建创新团队［M］.陈兹勇，译.北京：经济管理出版社，2005.
② 贺淑曼.科技英才的创新人格［N］.中国教育报，2011-01-03.
③ 罗伯特·J.斯滕伯格.智慧、智力、创造力［M］.王利群，译.北京：北京理工大学出版社，2007.

则作为基础。

我们提出好奇性智能并不是一种突兀的理性行为，好奇性智能开始被我国认识和潜在地加以重视。我国在《中长期教育改革和发展规划纲要（2010—2020年）》中就曾明确地提出：要"注重学思结合。倡导启发式、探究式、讨论式、参与式教学，帮助学生学会学习。激发学生的好奇心，培养学生的兴趣爱好，营造独立思考、自由探索、勇于创新的良好环境。"[①] 这就明确了教育要有效地激发学生的好奇心。这也为我们提倡强化好奇性智能的培养与提高奠定了政策基石。

教育部《关于推进中小学教育质量综合评价改革的意见（教基二〔2013〕2号）》中，将好奇心与求知欲作为《中小学教育质量综合评价指标框架（试行）》中的兴趣与特长养成的重要指标，要求具体落实到教育的各个环节，并将好奇心和求知欲界定为"学生对某些知识、事物和现象的专注、思考和探求情况"，这就为好奇性智能的具体实施搭建了一个让好奇心充分表现的舞台。

好奇心虽然是自由的，但在人的正常生活中，并不容许好奇心的随意表现。心理学家认为，完全没有常规可能导致混乱和失衡，但没有一定程度的确定性规则，也不能组成一个有效适应的社会[②]。这就需要从高于具体好奇心的层次关注好奇心。这种高层次地关注好奇心的过程必然地促使好奇性智能的生成。

有研究认为，在日常生活中，应当恰当地表现人特有的好奇心，诸如偶尔改变习惯，并且用新鲜刺激的元素装扮平淡的生活。如果我们在享受假期或者周末的休闲时光，那么改变习惯就是非常有必要的。这么做会产生积极影响，因为日复一日的重复非常乏味，容易给人带来精神上的压力。心理学的研究指出，如果习惯发生改变，人们往往需要一段时间来适应，对新事物的陌生感有很大的可能给个人带来一定压力。而由于好奇心的存在，这种压力则会变成维持一个人正常生存的基本环境。

好奇心作为人的本性，能够驱使人在意识层面表现出"活性"扩张本性，促使人即使运行在习惯性的轨道中，也总能恰当地表现好奇心，产生恰当的

---

① 中长期教育改革和发展规划纲要（2010—2020年），中央政府门户网站　www.gov.cn　2010—07—29.

② 肖纳·L.布朗，凯瑟琳·M.艾森哈特.边缘竞争[M].吴溪，译.北京：机械工业出版社，2001.

"非线性涨落"①。如果能从主观的角度能动地看待这种改变，进而产生勇于改变的动力（表现好奇心）、态度和勇气，就将为人体这部机器提供赖以运转的充足的"燃料"②。为了能够保持心智的正常活动和身体的健康运动，需要运用好奇性智能及时主动地促进好奇心结构的变革。

人是在不确定与确定之间达成有机协调的能手，善于通过混乱而保持其稳健性③。只习惯于保持系统的确定性，是不能保持这种健康协调状态的。只有在新奇性信息的不断作用下促进不确定性的增长，甚至在好奇心的作用下更加关注不确定性，才可以保持机体（身心）的健康和有序进化。"人类对互惠和互动的内在需要、对精通和效率的追求、固有的好奇心和探险的渴求以及惊人的适应能力都是人类心理状态的表现。"④

我们已经而且必须认可好奇心是人的本能的结论。但我们却说这样做仍然不够，当我们面临超出好奇心所能容忍的、未知性更强、更加复杂、更加混乱的情况时，或者说我们无意识地将自己的心灵封闭时，仍会造成不良的影响，甚至会带来严重的后果。为了避免出现这种情况，我们应该主动地或者说"先知先觉"地提前扩展心灵空间，甚至保持这种增强扩展的心理趋势和态度。

人们已经认识到，当今世界是一个具有更大"不确定、复杂和冒险"的时代⑤。世界的复杂性决定了我们可以做和能做的很少。相互矛盾的情况更会使我们手足无措。詹姆斯·L. 亚当斯曾不解地问道，当我们既面对"信息饱和"，却又不能有效利用所有的"感觉信息"时，我们应该如何做？⑥ 我们既然不能像鸵鸟将头埋在沙子里那样控制外界信息的输入，那么，有效解决的办法之一就是提高我们应对大量信息、迅速变化性信息的能力，提高我们在繁杂多变的信息中提取"真正"有用信息的能力，并增强有效运用这些新奇性信息的能力。这需要我们具有更强的好奇心和在好奇心指导下的动态建构

---

① 徐春玉. 好奇心理学［M］. 杭州：浙江教育出版社，2008.
② 胡安·曼努埃尔·达甘索. 习惯性动物［N］. 参考消息，2009-06-03.
③ 埃里克·亚伯拉罕森，戴维·弗里德曼. 完美的混乱［M］. 韩晶，译. 北京：中信出版社，2008.
④ ［美］Arthur L. Costa, Bena Kallick. 思维习惯［M］. 李添，赵立波，张树东，胡晓毅，等，译. 北京：中国轻工业出版社，2006.
⑤ 安迪·哈格里夫斯. 知识社会中的教学［M］. 熊建辉，陈德云，赵立芹，译. 上海：华东师范大学出版社，2007.
⑥ 詹姆斯·L. 亚当斯. 突破思维的障碍［M］. 陈新，等，译. 北京：中国社会科学出版社，1992.

能力。

新的世界需要有较强的好奇心，如果说好奇心不足以满足这种需求，就应该对其进行专门训练和培养。在新的技术系统中，必须依赖好奇心不断地构建出变化、差异、未知，从而形成"假想异常"，并以此作为引导我们实施技术改造的基本动力[①]。作为自身的进化与成长来讲，根据动机心理学的研究，就应该在需要的时候能够主动地促使其不断增长。

在这个过程中，我们要切实注意用好奇心的道德价值判断问题。也就是说，当好奇心与道德价值体系相结合时，就已经具有了选择性。当好奇心表现为违反社会公德、阻碍社会发展、为社会所反对的行为时，从一开始就应该被阻止。这是我们在实施增强好奇性智能时所需要把握的首要问题。

第二节　高创造者的好奇性智能

一、诺贝尔奖获得者具有较高的好奇心

2009年10月5日，美国的科学家卡罗尔·格雷德和伊丽莎白·布莱克本、杰克·绍斯塔克一起，共同获得2009年诺贝尔生理学或医学奖，以奖励其在确定端粒酶工作中的巨大贡献。在谈及这项研究时，格雷德表示，一开始他仅仅只是想弄清细胞是如何工作的，而"以治病为方向的研究并不是解决问题的唯一方式，这与好奇心驱使的科研具有相互促进的作用。研究过程中最令基础科研人员感兴趣的是，每当我认可使我们倍感激动，这也再次说明，在好奇心的驱使下，科学具有强大的力量"。[②] 试问，哪一位科学巨人不是如此？

同样是在2009年，以色列的女科学家阿达·约纳特与其他三位科学家一起获得诺贝尔化学奖，成为诺贝尔奖化学奖项45年之后的又一位女性科学家[③]。如果不是因为约纳特认定自己所提新奇性思想的价值，并将其付诸实

---

① Dimitris G. Assimakopoulos. 技术社区与网络——创新的激发与驱动 [M]. 华宏鸣, 司春林, 吴添港, 译. 北京: 清华大学出版社, 2010.
② 张巍巍. 获奖不会改变研究本身 [N]. 科技日报, 2009-10-12.
③ 张梦然. 对科学要有坚定的信念 [N]. 科技日报, 2009-10-12.

践，她也不可能在 20 年后的 2009 年获得诺贝尔化学奖。如果没有自己对这种由好奇心所引发的新奇性观点的坚持和环境的大力支持，也不能使约纳特取得如此重大的成就。

二、好奇强者的与众不同

如果我们利用智能手机或计算机进入互联网，输入关键词"儿童好奇心的表现"，很快就可以查到儿童好奇心的若干表现，在这里将其主要罗列如下：

具有较强的直觉能力，对环境敏感，观察力强；

有旺盛的求知欲和强烈的好奇心；

很小的时候就表现出长时间的精神专注，毫不分心；

思维灵活，富于幻想，爱别出心裁，甚至想入非非，脑子总闲不住；

喜欢冒险、敢于做没有多大把握的事情；

体力充沛，健康状况优于常人；

能提出自己独特的见解，独立性强；

总想搞点小聪明、新花样；

幽默、容易兴奋冲动，总是充满激情；

在个人游戏活动受到干扰时，容易烦躁，有时还表现为喜怒无常；

不愿受习惯的约束，不怕与众不同，意志坚强，不达目的不罢休；

喜欢强烈的刺激，甚至有时还常抱怨生活单调、没意思，等等。

从这里可以明显地看到，孩子的好奇心恰恰是他们与成年人（家长和教师）成为"宿敌"的根本原因。正如米哈伊·奇凯岑特米哈伊指出的，好奇心强的人不受欢迎的一个原因是，"他们强烈的好奇心和集中的兴趣在他们同伴看来很奇怪。"[①] 他们会表现出与众不同的行为，他们不愿意苟同其他人的意见，总是想特立独行。尤其是在中国这样的文化习惯中，具有这种变换的行为者，自然会受到更多的打击。然而，不正是通过他们的求异性探索与创造性变革才带来社会文明的不断进步吗？可我们为什么还不喜欢他们？

被誉为工业革命的技术理论奠基人的牛顿，在中学时代将自己的好奇心集中到自然现象上，例如颜色、日影四季的移动，尤其是几何学、哥白尼的

---

① 米哈伊·奇凯岑特米哈伊. 创造性：发现和发明的心理学 [M]. 夏镇平，译. 上海：上海译文出版社，2001.

日心说等深深地吸引了他全部的注意力。他还分门别类地记读书笔记，喜欢别出心裁地做一些小工具、小技巧、小发明、小试验，并对探索自然现象产生了浓厚的兴趣。

三、好奇强者善于将好奇心与其他品质相结合

在我们所能看到的研究者的诸多观点中，无一不将好奇心作为高创造者的重要品质特征。显然人们并没有用统一的词汇来描述好奇心的核心价值，但这并不足以影响我们充分认识到好奇心在创造过程中所起到的核心的、关键性的作用。

让我们好好聆听那些对人类做出重要贡献者的体会，真正地重视并强化好奇心吧！

第三节　识别人的好奇性智能

一、由好奇心到好奇性智能

无论是知识型社会还是知识型组织，对"高效智能——关于理解、反思、灵活、创造的智能"的依赖性只会越来越强[1]。好奇性智能是对好奇心进行抽象思考基础上的策略性控制能力。由重视好奇心延伸扩展到重视好奇性智能，是在对好奇心的不断运用、重视的强化过程中逐步演进的。

（一）社会变革需要有较高的好奇心

人类进化史已经表明，随着人在社会中所发挥的作用以及人的社会化程度越来越高，人所处的生存环境中的抽象性知识将会越来越多，环境变化就会要求人应表现出更强的好奇心。在此过程中，只是表现"自然的好奇心"已经不能满足自然环境与社会环境对人的好奇心的要求，面对这种与人的意识有机结合的环境刺激，增强与知识有机结合的好奇心——就成为必然。

---

[1] 安迪·哈格里夫斯. 知识社会中的教学 [M]. 熊建辉，陈德云，赵立芹，译. 上海：华东师范大学出版社，2007.

问题越多，好奇心发挥作用的机会就会越来越多，好奇心的增长就成为一种必然的过程。好奇心有诸多表现，这些不同的表现在与社会环境（包括教育环境）相结合时，会在生命本质力量——发散性力量发挥作用的同时，不断地发生不同的偏化性变化。要引导好奇心朝着确定的方向发展，或者说让好奇心更多、更强地表现出何种特征，是需要在好奇心自主性兴奋表征的基础上，结合社会的需求而准确界定、引导和激励的。这就涉及好奇心的引导、定向的问题。如果对好奇心的特征不甚了解，对于如何增强和提高好奇心以及提高好奇心的哪些方面也就不能准确把握，能否科学有效地提高好奇心就会成为重要问题。

只要是人的心理活动，无论是从思维还是从创造，无论是从被动适应还是主动适应、主动构建的角度，都能够看到好奇心的影响。随着对人的心智研究的逐步深入，人们越来越多地认识到好奇心在心智中的核心地位，心智的成长和教育的发展也促使人越来越多地关注好奇心。即使如此，仍需要对好奇心实施专门的运用、引导、激励与教育，以更好地发挥好奇心的作用[①]。

面对社会对好奇心越来越强大的需求，人有足够的能力来应对吗？虽然当前还勉强能够应对，但是，对于信息大爆炸以及人工智能化发展的担心，促使人形成关注好奇心的专门行动。这种关心已经不只发生在教育领域。有效激发、引导和管理好奇心的能力，将直接决定人们对于好奇心的激发、引导和管理的效果。对于好奇心的"元认知"研究，将会增加一个控制、运用、增强好奇心的"策略层次"，这将有效扩展运用好奇心的策略管理能力。

人们需要掌握好奇心的成长与环境发生何种形式的相互作用，在这种相互作用过程中会表现出何种的特征和规律等。人们迫切地需要知道应该如何在把握好奇心的本质和发展变化规律的基础上，采取何种措施才能有效提高、引导和管理好奇心。

（二）人的自主意识转向控制好奇心

独立的好奇心会参与心理的各种转化过程，由此而影响到心理意识的独立判断，并在这种独立判断中反思性地形成、强化对好奇心的独立关注。显然，好奇性智能会依靠人自身变化发展和需求形成与好奇心自主的相互作用。人会更加积极主动地研究好奇心的特点，反馈性地研究好奇心的成长变化规律，研究好奇心如何发挥作用，研究好奇心如何才能与人的各种目的、目标

---

① 尹文刚. 科学地进行智力开发才是正道 [N]. 中国教育报，2009-04-30.

相结合等。从主观意识的角度，人会在不断地表现、发挥好奇心作用的基础上进一步地思考：如何才能有效地提高、改变、引导好奇心发挥作用以及控制好奇心在哪些方面发挥作用等。对这些问题的思考自然会将好奇性智能提升到主观意识的层面上来，并在人的意识空间因应生命的"活性"而不断地延伸、扩展、增强。自然，人的主观意识能力也会由此而变得越来越强大。

（三）好奇心的自主意识促进好奇性智能

当好奇心强大到一定程度时，会在人的意识心理中形成对好奇心的独立特化过程，随着好奇心的逐步强化，好奇心的独立性就会越来越强，人的自主意识也会将好奇心作为一种独立的心理特征来对待，并赋予好奇心以一定的自主意识[1]。这样，即使是没有外界环境的刺激与影响，自主的好奇心也会驱使心理过程不断地发挥作用，通过异变构建新奇性意义以应对外界环境的未知变化。伴随着人的意识逐步复杂化以及好奇心的不断增长，好奇性自主会越来越强大。

应当看到，深刻表征人的意识的社会道德价值标准，在一定程度上起着对好奇心强化与提高的控制作用。不同的社会文化具有不同的价值标准，各种不同的价值标准，会在人的社会文化中发挥不同的作用。在一定社会文化中具体到哪些价值标准会与好奇心相结合，将会受到社会价值的影响与制约。因此，社会的价值标准会成为提高好奇性智能的基本力量。为了更好地发挥好奇心的作用，就应该从策略层面对好奇心加以管理。

（四）自我实现与好奇心

马斯洛把能够充分发挥个人潜能的过程称为"自我实现"（Maslow，1954）。马斯洛将好奇心和不断深化的体会作为自我实现者的重要特征，并依此而指出：这些自我实现者对生活中一切东西都会好奇，每一次的经验都能使人产生新的体会，不论是日落时的彩霞还是盛开的鲜花，都会使他们产生强烈的体验。受到好奇心的作用，即使再次看到那些美景，他们仍会产生新的"美"的感受。他们的目光就像艺术家或儿童，总是那么"单纯"，也总是充满了"童心"（好奇心）。马斯洛曾明确指出，自我实现者正是在好奇心的驱使下产生了"高峰体验"，"在短时间内感到无比的欣喜，感到了自己生

---

[1] 徐春玉. 好奇心理学［M］. 杭州：浙江教育出版社，2008.

命的价值，感到一种从未有过的开阔、力量、和谐、平静、光明和美好。"①

从好奇心的本性来看，好奇心所产生的对未知的认识、肯定，这本身就表明了会时刻形成对当前心理的差异性刺激与作用。这是一种正常的动力学过程，但同时又成为一种需要和目的性的行为。伯恩斯用"不幸"来描述对正常心理的刺激。伯恩斯认为，只有当我们感到不幸的时候，只有当我们遇到困难，面对新鲜刺激和以前从未完成的目标的时候，才能够取得进步。这种认识可以分为两个步骤：一是较大的刺激会使我们感到不适；二是只有通过差异所形成的刺激，才能驱使我们产生变革。其实，这种过程是"活性"结构在外界刺激的变化下必然做出的适应性变动，这种变动往往被认为是取得一定的进步。从某种角度讲，"活性"有机体会在新的刺激作用下形成新的协调稳定状态——美的状态②，会在原来稳定结构的基础上产生新的组织器官，形成新的适应结构。相对于原来的组织结构来讲，多了适应新的外界刺激的新的组织，就是在原来结构基础上的进步。"面对新鲜刺激和以前从未完成的目标"，这种描述本身即说明了一个道理：不断地追求新奇，不断地由不协调达到新的协调时，或者面对未知的掌控程度不断提升时，即可以产生持续性的快乐。

爱因斯坦所谓积极的科学探索的动机就是："人们总想以最适当的方式来画出一幅简化的和易于领悟的世界图像，于是他就用他的这种宇宙秩序来代替经验的世界，并来征服它。这就是画家、音乐家、诗人、思辨哲学家和自然科学家所做的，他们都按自己的方式去做。各人都把宇宙秩序及其构成作为他感情生活的支点，以便由此找到在他个人的狭小范围里所不能找到的宁静和安定。"③爱因斯坦强调，他渴望看到先定的和谐的宇宙秩序，形成对自然界有足够的掌控能力、有强大的可把握性感受，这是科学家无穷毅力和耐心的源泉。也是人的一种基本想不通。结合爱因斯坦对好奇心的赞美，可以认为，爱因斯坦以其特有的探索模式，在精神意识层面有效地促进了生命活性中收敛与发散的有机协调，诠释了其特有的生命"活性"。

马斯洛将这种意识层面所表现出来的收敛与发散高度的有机协调，解释为科学家生命中的"高峰体验"。马斯洛指出："最高层次的科学是对令人惊

---

① Denis Coon, John O. Mitterer. 心理学导论 [M]. 郑钢，等，译. 北京：中国轻工业出版社，2008.
② 徐春玉. 美的真谛 [M]. 北京：中国社会科学出版社，2020.
③ 爱因斯坦. 爱因斯坦文集：第一卷 [M]. 许良英，等，编译. 北京：商务印书馆，1976.

叹、使人敬畏的神秘事物的最终条理化、系统的求索和享受。科学家能够得到的最大报答就是这类高峰体验和对存在的认知。然而这些体验同样也可以称作宗教体验、诗意体验或哲理体验。科学可以是非宗教徒的宗教，非诗人的诗歌，不会绘画的人的艺术，严肃者的幽默，拘谨腼腆者的谈情说爱。"①这种"高峰体验"就是在表现好奇心的过程中，追求对复杂性有较高程度的掌控。齐曼更一般地揭示，对许多科学家来说，"投身于一个有序合理的专门领域是一种个人安慰，在那里他们能够远离纷乱的、情绪化的日常生活世界"。②

二、普通智能与好奇性智能的关系

好奇心作为一般智能的重要方面③，在动物身上也有表现。比较动物学的研究越来越多地引导人从其他动物的身上发现人所具有的特征④，但从另一个角度来看，人与其他动物的巨大区别也是非常明显的。从对外界信息进行加工的角度以及人对信息意义构建的角度⑤，问题的关键不在于某种动物是否具有某一种智能，而是说其能够在多大程度上表现出来，甚至说是否在其行为中占据突出的、不可忽略的、经常发挥表现的作用。罗素曾明确指出，"智力生活的自然基础是好奇心，即使在动物身上，我们也可发现好奇心的原始形式的表现。"⑥ 如果我们将好奇心的基础归结为对差异性刺激的识别及反应，那么，好奇心就是所有生命体的基本特征，但唯独在人的身上才将其独立而突出地表现出来。好奇性智能是普通智能的一个有机成分，但好奇性智能与普通智能相比又有其特殊性，这种特殊性就在于强好奇者能够表现出足够强的好奇心、足够强的好奇性智能，能够主动地对自己的好奇心有效地实施保护、激发、引导、管理。只有在好奇心达到一定程度并使其具有了自主意识时，才能充分表现好奇性智能的作用。

S. J. 塞西根据自己的进化生态学方法研究指出："智人（Homo sapiens）——（现代人的学名）拥有一种神奇的创造能力——如果不是独一无二

---

① 马斯洛. 科学家与科学家的心理 [M]. 邵威, 等, 译. 北京：北京大学出版社, 1989.
② 齐曼. 真科学：它是什么, 它指什么 [M]. 曾国屏, 等, 译. 上海：上海科学教育出版社, 2002.
③ 理查德·尼斯贝特. 开启智慧 [M]. 仲田甜, 译. 北京：中信出版社, 2010.
④ 马特·里德利. 先天后天 [M]. 陈虎平, 严成芬, 译. 北京：北京理工大学出版社, 2005.
⑤ A. F. 查尔默斯. 科学究竟是什么 [M]. 鲁旭东, 译. 北京：商务印书馆, 2007.
⑥ 伯特兰·罗素. 教育与美好生活 [M]. 杨汉麟, 译. 石家庄：河北人民出版社, 1999.

的话——或至少人类这一种群中的大多数个体都具备创造才能：有些人能从其他看似平庸无常中发现新颖之处；有些人能从无序中探寻到有序；有些人则能在混乱中发掘出真知。"[1] 这种运用好奇心不断地构建新奇性意义，以及有意识地促进其增长的智能，将有效地提高人的生存能力，更何况这种表现本身就是好奇性智能的重要方面。

三、年龄对好奇性智能的影响

好奇是人对未知世界求知的起点。在把好奇心作为一个独立的特征模式时，从适应的角度来看，一般来说，可以将心智的发展分为三个阶段：①对新奇性信息的适应；②主动适应、主动追求新奇（与自主性好奇有关）；③主动构建新奇。而每个阶段，都以寻找新奇作为其主要部分。

这三个层次取决于好奇心的独立性、人的自主意识以及好奇心与人的自主意识之间复杂的相互作用。当人具有了独立自主的意识，可以从更高的层面对好奇心加以独立研究时，就会特化出人类所特有的好奇性智能。由于独立自主意识受到年龄的影响，因此，好奇性智能受到年龄的影响也就不言而喻了。

在孩提时代，人的大脑处于对知识的不断构建记忆时期，信息本身就具有多样性和变化性。在人的幼年时期，幼儿更多地依据这种"多样并存基础上的高可能度优化选择"而将其中代表性更强的典型性、对人有利的信息记忆下来，此时"只需极为简单的解释就可以满足人们对自身和这个世界的好奇心，"而随着所建构记忆的知识越来越多，人又具有了足够强的自主性和积极主动性，追求深刻未知的好奇心将不容易得到满足，此时，随着年龄的增长，"他们最终要通过系统深入地研究历史、哲学和科学来寻找答案了"。[2]

一方面，伴随着人的自主意识的增强，将好奇心作为一个独立特征在意识中进行反思、反复品味的机会越来越多，可能性会越来越大，这也就意味着人有意识地增强好奇心的能力会越来越强。另一方面，由于确定性知识不断增加，大脑中可变化的神经元（或者说神经元可变化的可能性）越来越少（大脑新皮质区越来越薄），这可能预示着随着人的经验的逐步增加，人们应

---

[1] S.J. 塞西. 论智力——智力发展的生物生态学理论 [M]. 王晓辰，李清，译. 上海：华东师范大学出版社，2009.
[2] 克莱斯·瑞恩. 异中求同：人的自我完善 [M]. 张沛，张源，译. 北京：北京大学出版社，2001.

对当前环境所面临的问题的能力也就越来越强，甚至自认为已经有能力运用经验处理大部分的问题。那么，处理变化性问题的好奇心会越变越小，不经常被使用的神经元就随之而减少，人会形成越来越固化的反应模式。随着人不再更大强度地使用好奇心，好奇心也会越来越小。于是就会构成一种"现状与需求"不相适应的、相互冲突的局面。显然，解决这种矛盾的方法就是增强好奇性智能。

四、环境对好奇性智能的影响

人的心智是在与环境的相互作用中逐步成长的，好奇心也是在与环境的相互作用中逐步构建、显现、稳定的。因此，无论是人的好奇心，还是好奇性智能都表现出了强烈的环境影响的印记。

人的大脑是一个稳定的自组织耗散结构体[①]。好奇心亦如此。自然环境、社会环境、文化环境，以及教育环境等，对于好奇心的成长、变化都会发挥重要的作用，包括对好奇心保护、激励等，都会产生一定的刺激性影响。这些因素可以有效地促进好奇心在这些方面的增长，并促进好奇心与这些因素的相互作用，促使人形成特殊的好奇性智能。在此过程中，我们不应只看到环境对好奇心有益作用的一面，还应当看到，环境会表现出足够的负面影响。我们应该认识到，同样的环境因素使某些人的好奇心有可能得到促进性增长，却会使另一类人的好奇心的表现与增长受到限制。

---

① 徐春玉. 幽默审美心理学 [M]. 西安：陕西人民出版社，1999.
徐春玉，李绍敏. 以创造应对复杂多变的世界 [M]. 北京：中国建材工业出版社，2003.
克劳斯·迈克第尔. 复杂性中的思维 [M]. 曾国屏，译. 北京：中央编译出版社，1999.

第四节　发掘好奇性智能的多面性

一、谁具有好奇性智能

好奇心是人典型的天性特征，人人都具有好奇心。但我们仍愿意相信，与其他动物相比，只有人的好奇心才能充分地表现出来，才能在人的日常行为中占据关键性的地位。只有人的好奇心才能成为具有自主性的好奇心，尤其是只有在人的自主好奇心达到一定程度时，才能主动地对好奇心实施管理，引导好奇心更有效地发挥作用。

二、好奇心的多面性

起始于对差异感知的好奇心，有多种既相互联系又能独立表现的特征。这些成分分别在人的不同行为中发挥着不同的作用。陈龙安认为，好奇心具有如下表现：富有寻根究底的精神；与一种主意周旋到底，以求彻底了解；愿意接触暧昧迷离的情境与问题；肯深入思索事物的奥妙；能把握特殊的征象，观察其结果[1]。这种将宏观与微观混为一体的描述会干扰人们对好奇心的正确认识。彭伯健将创新的好奇心分为探索未知的好奇心、体验未知的好奇心、探险未知的好奇心和揭示未知的好奇心四个方面。

好奇心的这些不同成分彼此之间具有紧密的联系性，好奇心作为一个整体，当一种成分被满足时，也会使好奇心整体处于激发状态。但一种成分的满足却并不意味着其他成分也是满足的。

根据好奇心表现的相互关系，我们认为，可以将人的好奇心分为以下几类：喜好复杂的好奇心（包括关注关系、关注变化、关注结构、关注整体、关注背景、向其他信息延伸与扩展等）；喜好探索的好奇心（包括关注新奇、关注未来、关注未知、关注不确定性等）；对差异敏感的好奇心（包括对差异敏感、求新求异求变等）；喜好多样并存的好奇心（包括扩展心理空间、变

---

[1] 陈龙安. 创造性思维与教学 [M]. 北京：中国轻工业出版社，1999.

化、灵活等）。

表1.1 好奇心分解表

从参与神经系统的多少的角度		从好奇心的成分来看	
		平常好奇心	好奇心增量
	简单认知	喜好多样并存的好奇心	对差异敏感的好奇心
	复杂认知	喜好复杂的好奇心	喜好探索的好奇心

喜好多样并存的好奇心
- 扩展心理空间
- 追求模糊性
- 保持灵活适应
- 追求阴阳平衡
- 追求多样并存

对差异敏感的好奇心
- 对差异敏感
- 对变化敏感
- 主动求异
- 主动求变

好奇心

喜好复杂的好奇心
- 关注关系
- 关注结构
- 关注整体
- 关注背景
- 向其他信息延伸扩展

喜好探索的好奇心
- 构建新奇
- 关注未知
- 关注不确定性
- 探索的深入进行
- 在新奇点上再构建新奇

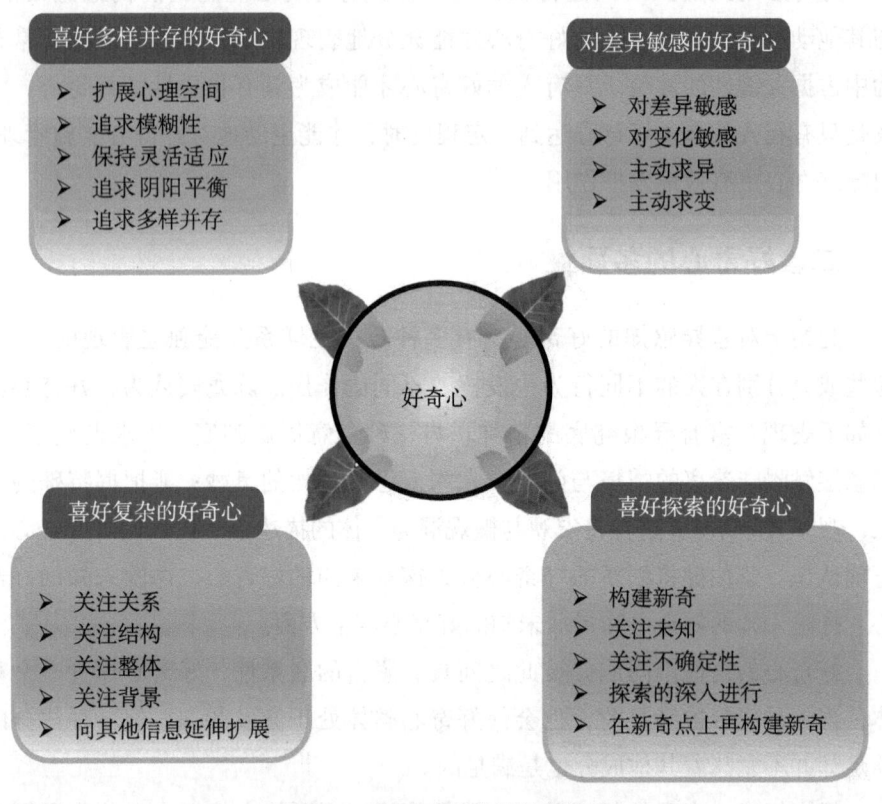

图1.1 好奇心的结构分解图

将喜好差异的好奇心记为 S_b，将喜好多样并存（同显）的好奇心记为 S_y（包括建立更加广泛的关系性信息），将喜好复杂的好奇心记为 S_f（是反映关系的好奇心），将喜好探索的好奇心记为 S_w，包括对当前信息的扩展性信息、有效扩展心理空间的好奇心等，则好奇心就可以分解为

$$S = aS_b + gS_y + hS_f + mS_w \tag{1-1}$$

式中的 a、g、h、m 为所对应的比例系数。人与人在好奇心方面的不同将表现在不同的比例系数上。随着人的成长变化，比例系数将发生相应的变化。可以看出，在一个人的好奇心强度保持确定的情况下，一个方面的表现程度的减小将会导致其他方面有更加突出的表现。随着好奇心的不同定向，将会使某个方面的表现更加突出。

注意，我们在分类时，是从两个角度来描述的：一个是是否动用了好奇心增量用于新意义的构建，另一个是彼此差异的程度是否达到了一种新的阈值。

既然人的好奇心是由表征不同信息差异点的差异感神经元通过汇集固化而来的，那么，喜好差异的好奇心是就好奇心的核心基础。反映信息之间差异的好奇心不断地将与当前状态有所不同的信息引入大脑，并通过被引入信息的某些局部特征的激活以及与其他信息的关系而将其他的信息激活，形成一步步的联想过程。

将与反映当前心理状态的信息完全不同的信息引入当前的心理状态，即便是通过好奇心反映新输入信息与当前心理状态之间的差异，也意味着建立起了一定的关系，也会进一步地促进信息之间的相互作用，并构成心理过程的持续进行。

好奇心定义的多样性恰恰是由于好奇心的不同成分被不同人的强调所致。卡什丹（Kashdan）认为，好奇心可被定义为认知、探究以及寻求新颖的、有挑战性和不确定性刺激的强烈愿望。当外部环境事件呈现出不熟悉的、有挑战性的、有意义的特点时，好奇心便会促使人们积极响应[①]。

探索倾向和操控倾向体现了个体好奇心的另一方面特质，探索倾向表示个体为寻求新信息、新体验而对外部环境或者事物等进行新的构建、反映的倾向，这种探索主要指认识方面。操控倾向表示个体为寻求新信息、新体验而进行的对事物的操控性行为，这种倾向主要偏重于行为方面。新颖偏好是指个体对新颖的、自身从未见过或经历过的事物更易产生倾向性认识。研究发现，这一因素显示了引发好奇心的事物所具有的"前因性"特征。专注程度是指个体产生好奇时的自我卷入程度。该因素可以视作好奇心的外在表现性特征，或者作为好奇心的继发性心理模式。已有研究发现，好奇心强的学

---

① Kashdan T B. Trait and state curiosity in the genesis of intimacy differentiation from related constructs [J]. Journal of Social and Clinical Psychology, 2004, 23 (6)：792-816. 引自：何祖娴，梁福成，吴秀敏，孙晶. 中学生好奇心的测量 [J]. 中国健康心理学杂志，2009 (17)：11.

生比好奇心弱的学生在学业上更易获得成功,而强烈的好奇心往往体现在个体对感到好奇的事物投入更多的精力,在完成能满足他们好奇心的任务时,他们的注意力更为集中,好奇心可以持续得更久①。

胡克祖、杨丽珠、张日昇认为,应将人的好奇心结构分为四个方面,不同年龄的人会在这四个方面有不同的表现。幼儿的好奇心差异主要表现在反应敏感性、探究主动性、探究活动的持续性、好奇体验四个方面。反应敏感性指的是个体对信息变化的敏感性,主要包括对周围环境变化以及未知事物的敏感性;探究主动性指的是个体在对新事物的探究活动中所表现出的主动性,主要包括好问和喜欢摆弄等特质;探究活动的持续性体现的是个体好奇行为的投入程度,主要表现为好奇行为的专注和探究行为的持久;好奇体验指个体对新异刺激的情绪体验强烈程度,主要表现为惊讶和留恋②。

由于偏化性差异成长,人在表现好奇心的不同成分时的能力是有所不同的。这就导致了人有不同的好奇心特长。不同好奇心特长的人对于不同的环境具有不同的应变能力,进而会表现出不同的强势智能。

应当看到,虽然我们将好奇心分为不同的方面,目的则是揭示不同人在不同的方面会表现出不同的好奇心,每个人也都会构建出自己独特的强势好奇心智能。这一方面可以引导我们如何选择自己的特长领域,或者说根据自己的强势好奇心智能构建自身的最大潜能,更多地表现好奇心,发挥人自身的主观能动性;另一方面,则需要将其特有的好奇心与各种期望建立起有效联系。如果说能够认识到自己在所期望的方面有所欠缺,就应该实施有针对性的强化和培养。

我们揭示出了好奇心的各个主要不同的方面,这些不同的方面并没有高低贵贱之分,在不同的领域,好奇心的不同表现会得到不同的价值判断选择结果。尤其是人自身通过反思而体验到的好奇心,在其成果取得过程中的作用也是不同的。当然,也正是由于这种不同,才进一步地验证我们对好奇心的分类。

---

① 何祖娴,梁福成,吴秀敏,孙晶. 中学生好奇心的测量[J]. 中国健康心理学杂志,2009,17(11).

② 胡克祖,杨丽珠,张日昇. 幼儿好奇心结构教师评价模型验证性因子分析[J]. 心理科学,2006(2).

三、我们是否可以理解好奇性智能

当好奇心独立出来，人可以通过多层次神经系统所形成的"反馈路线"对好奇心实施反思与批判，由此而形成对好奇心的认识、理解、扩展与增强性变换。当这种认识、理解过程成为足够强大的独立心理模式时，就会由对好奇心的被动理解转化成为主动理解。此时，认识、理解、增强好奇心的能力——好奇性智能就会成为一种独立的心理模式。当我们主动地强化这种心理模式，也就意味着无论是该模式兴奋的可能度，还是其通过灵活所带来的"覆盖范围"都能得到有效增强，并进一步地达到足够自主的程度。借助于多层复杂的大脑神经系统，我们可以理直气壮地说，好奇性智能是可以理解，也是可以教育和培养的。我们可以搭建让其充分表现的"舞台"，组织起能够让其充分表现的活动，从而基于多层次神经系统对其展开研究。可以说，只有当好奇心被强化到一定程度时，其地位和重要性才能被人们充分地认识，而只有当好奇性自主有充分的表现时，才可以形成典型的好奇性智能。与此同时，我们还可以这样理解：只有当人的知识量达到一定程度时，才能使好奇心的表现更加充分；只有当人的剩余心理空间足够强大时，才能使好奇心的作用发挥得更好、更自由。伴随人的成长，好奇心只有与各种心智模式有机结合，才会更加显著地表现其特有的作用。

从成长的角度看，每一种模式突显出来，或者说心智模式的成熟，都将表现出由新奇性满足、到区域性满足、到复杂性满足、再到探索性满足，最终表现出主动探索满足这样几个阶段。在这个过程序列中，前面的过程进行完以后，必然会变化到其他过程方面的新奇性构建和构建多样新奇的好奇心的满足过程。

每一个独立的模式都可以稳定地展示其收敛的、稳定的、确定性的一面，又会通过非线性所表现出来的"正的指数放大"对微小差异加以放大从而表现出更强的不可控、不确定、变化、未知等特征。信息中确定性的一面很好理解，而另一面（扩张与发展）则要求、引导我们将心思放到更高的层面：认识到这种不可控、不确定、未知的合理性和必然性，然后通过增强好奇心增量，留出足够的心理空间及时把握这些不可控、不确定、变化、未知的特征，进一步地寻找具有这些特征的相关信息。

在人的身上体现出典型的主动性特征以后，便可以主动地对信息实施相应的选择、变换与控制，以在充分运用好奇性智能的过程中，加深对好奇性智能的认识与理解。

第五节　好奇性智能的地位与作用

参与共同兴奋过程的各种行为都会建立起某种关系，此时我们可以用该模式的稳定性和兴奋度来说明这个问题：如果因素（a_1，a_2，…，a_m）通过相互作用形成了一个大脑中的反应模式 A，我们就可以说因素（a_1，a_2，…，a_m）通过 A 而建立起了某种关系。此时，各种因素之间相联系的程度将与信息模式 A 的兴奋度具有稳定的关系，或者说信息模式 A 的兴奋度成为各种因素之间相互联系的放大因子。它们将以乘数的方式影响各个因素彼此之间的相互作用。

信息模式 A 的兴奋值除了通过兴奋度来表示以外，还可以通过其显示的时间来表示，此时，我们可以用兴奋度与显示时间相乘的"兴奋冲量"来表示。此时，各因素之间通过信息模式 A 所建立起的关系的强度，将会与"兴奋冲量"有所关联。因为它直接决定了记忆的强度。从非线性的角度来看，引入"兴奋冲量"，就会自然引入非线性影响因子。兴奋程度与兴奋时间的乘积，自然地构建了非线性作用项。因为信息的兴奋度与其在大脑的工作记忆空间显示的时间具有内在关系，兴奋度越高，显示的时间就越长，反之，显示的时间越长，则就意味着该信息的兴奋度就越高。

应当看到的是，由 A 及 B 的通过联系而形成相互激活的过程不是可以无限进行的。在注意力不转移的情况下，有可能只进行两次联想。即，由 A 及 F_b，由 F_b 及 F_c。但人却可以在好奇心的作用下，不断地将与当前状态有所不同的信息引入心理空间，促使新引入的信息与当前状态的信息不断地发生相互作用而维持心理过程的持续进行。

这里应该注意，我们常讲的提高未知信息的可能度，指的是这个量值可以通过好奇心来描述。反映了一定程度上对未知信息的关注程度。一个新奇性的信息，即使与其他的信息没有一点逻辑性关系，也会因为被好奇心所关注而形成较为稳定的信息模式，并与更多的内知识建立联系。

贝尔纳明确指出："在几乎一切职业中，都存在着运用有训练的好奇心的机会。这种好奇心在本质上无殊于在科研中所表现出来的好奇心。科学界发展到目前的规模,并不说明天生有好奇心的人数目自发地有所增加,而只是说明人们认识到科学可以给科学事业的资助者带来多少价值。心理上预先存在的天生好奇心就是用于这一目的的。科学利用好奇心,它需要好奇心,可是好奇心却不只是科学。"① 哪里都可以留下好奇心的身影②,而且不只这几个方面③,她就像阳光洒满大地④。如果说所有的职业都需要人探索性的好奇心,教育就应该在这个方面有所作为。正是由于看到了教育在这个方面做得不够,才促使人发出"教育是没有用的"感慨,或者说在质疑"教育能够做些什么"?⑤

一、让好奇心有效促进心智的成长

(一)把握心智成长与好奇心的关系

柏拉图在《国家篇》中指出:"教育非它,乃是心灵转向!"⑥ 正是好奇心在不断促进智力的成长。从小在好奇心得到保护的驱使下,学会观察、比较、分析的婴幼儿,长大后就会变得更具智慧。这一点可以从好奇心与知识关系的角度来理解,因为好奇心在相关知识点会有效促进知识的逐步积累(建立信息之间的种种关系),当好奇心发挥作用而促进心智的进一步增强时,好奇心与心智的结合将会使好奇心有更强的表现,参与信息加工的差异性神经感知系统会得到进一步增强。进而推之,好奇心受到良好保护和激发的婴幼儿,在其成年以后,都将表现出良好的个性品质和积极的情感体验。每一个"为什么",都是婴幼儿对事物缘由或目的的想象性构建,每一个"怎么样",都是婴幼儿对事物发展过程与机理的扩展性思考。

这种扩展性思考一方面来源于存储在大脑中的信息之间依据局部的相同(相似)而形成的激活;另一方面来源于大脑中存在的自在性激活和延伸扩展,这种扩展性激活过程是大脑的"活性"涌现的自然表现——存储于大脑中的信息将会以可能度为基础的概率关系而在任何一个时刻形成涌现性激活。

---

① J. D. 贝尔纳. 科学的社会功能 [M]. 陈体芳,译. 北京:商务印书馆,1982.
② 托德·卡什丹著. 好奇心 [M]. 谭秀敏,译. 杭州:浙江人民出版社,2014.
③ 托德·卡什丹著. 好奇心 [M]. 谭秀敏,译. 杭州:浙江人民出版社,2014.
④ 章睿齐. 撒了一地的好奇心 [J]. 第二课堂(初中),2004(6).
⑤ 格林. 教育是没有用的 [M]. 北京:北京大学出版社,2009.
⑥ 托德·卡什丹著. 好奇心 [M]. 谭秀敏,译. 杭州:浙江人民出版社,2014.

成年人经常会感觉到在孩子们的脑子里总会想到一些特别怪异的想法，而孩子们则认为他们的想法、诉求理所当然。产生这种认识上的差异，原因一是因为他们理解事物的方式与成年人有所不同，二是因为不受更多知识之间稳定关系的制约，他们仅仅依靠局部信息的"活性"涌现，并通过概然性的方式基于局部信息的松散性集合而组成一个意义。这种意义会因其新奇性较高而对成年人的心理形成强烈的刺激。作为儿童，基本上是在好奇心的控制下寻找不同事物之间、他们自身与环境之间，在具体现象上、心理感受上、身心与外界环境相互作用上的不同。用他们"自说自"的语言表述对这种差异性的理解和认识。人总是要成长的。人的成长过程意味着在大脑中存储越来越多的确定性信息。这个过程，与人类的进化过程相类似。"贯穿整个历史，人类始终在思考宇宙的性质和控制它的规律，渴求理解我们的世界以及我们在宇宙中的地位。好奇以及对理解的探寻标注所有人的成长与学习，从我们的童年时代就开始提出这样的问题：'这是什么？''它是如何工作的？''如果……将发生什么？'"[1] 事实上，作为一个完整的生命体，人并不以单纯的好奇心来引导自己产生某种行为，而是在不断扩展、延伸、主动设想的基础上，去掌控、把握，以便能够及时避开危险。

好奇心是智慧的一个有机成分[2]。好奇心可以作为一个人能力的一个重要方面，而能力强者的一个核心标志自然就是好奇心强[3]。我们说好奇心将内在地扩展人的智慧，在于好奇心的这种对差异的感知和对差异的追求会成为一种更高层次的指导模式，成为人在大脑中构建对事物认识的新的途径和方法。基于好奇心，可以建立起不同信息之间的关系，使人处于一种不断试探的动态过程中，处于一种不断认定新奇的过程中。大脑在进化过程中，一方面会依据信息之间的固有关系由此及彼，同时，又要在好奇心的作用下建立其他的信息与当前信息之间的关系，对这种关系所具有、显现的意义进行判断，将那些符合道德价值选择判断标准、符合当前环境作用的、具有与其他信息更多和更强联系性的信息固化下来，并以此作为扩展知识内结构的基本方式。因此，我们可以更直观地讲：好奇心就是智慧中不可忽略的有机成分。

---

[1] 总统科学技术政策办公室. 改变21世纪的科学与技术——致国会的报告 [M]. 高亮华, 等, 译. 北京: 科学技术文献出版社, 1999.
[2] 张之沧. 论身体和智慧 [J]. 体育与科学, 2006, 27 (5): 11-14.
[3] 蒲去, 代宁, 王永杰, 于承训. 谈创造性拔尖人才成长规律 [J]. 西南交通大学学报（社会科学版）, 2006, 7 (4).

随着大脑中的确定性知识越来越多，人会转换信息在大脑中以更大的可能性表征确定性的知识和关系，多样并存的好奇心能够在更大程度上得到满足，复杂的好奇心也能够较好地得到满足，但其他方面的好奇心就容易被忽略，甚至受到压制。在形成这种稳定的趋向时，好奇心也会更多地展示这些方面的信息，此时，经验主义将占据更重要的位置。

（二）好奇心有效地促进心理范式的变革

在过去数百年间，西方世界一直以一种机械的（或者近些年来称为机电的）思维范式为基础，其目标是追求确定的"完美性"。通过复杂性科学的研究我们已经看到[1]，这种范式已经转变为一种生物范式。结构的完美性已不再受到更多"神性"的关注，取而代之的是对功能性的关注。随着世界在我们眼中从机械的变为生物的，我们开始认识到，其实最理想的状态不是完美。没有最好，只有更好、更完美，甚至只有对完美的不懈追求[2]。显然，在这个过程中发挥关键作用的就是好奇心，它不但维持现有稳定的心理模式，不断地完善当前的心理模式，还能够在新的问题面前促使人不断地变革现有的心理模式。

在这种变革中，人们已经认识到心智成长的若干特点。

（1）客观地表现信息在大脑中以多样并存的方式存在。对任何未知事物的学习理解、研究加工，事实上都在不断地增加（包括变异）关于该未知事物的信息特征，在我们所构建的认识中，无论是该未知事物所表现出来的本性特征，还是该未知事物与其他事物发生相互作用时的表现，我们会将这些特征同时以不同神经系统兴奋的方式加以表征，然后再以稳定泛集的形式与该未知事物对应起来。也就是说，我们对任何意义的反映都将其表征为一个稳定的泛集。

（2）在心智的成长、以及在心智成长过程中所做的各种训练，一方面是有针对性地使某些信息在大脑中的可能度进一步增强，或者说在不断地构建能够达到人们要求"最美"（完形：最符合客观事物的本质）的行为模式；另一方面则不断地促使心智的扩展以及保持这种扩展的能力和趋势。美国罗彻斯特大学、华盛顿大学圣路易斯分校和贝勒医学院的研究者们，验证了大

---

[1] 威廉姆·E. 多尔. 后现代课程观 [M]. 王红宇, 译. 北京：教育科学出版社, 2000.
[2] 阿诺德·布朗. 生物学世纪：不要"完美"要"最好" [N]. 参考消息, 2008-09-10.

脑形成客观认知时处理复杂且迅速变化信号的加权规则①。研究指出，在大脑中被表征的复杂性信息先是被分解成若干个小系统，在小系统激活时通过激活更多的信息，并由此组成一个复杂的局部信息泛集和众多可能意义泛集。此时，大脑神经系统会根据诸如外界环境的刺激特征对所形成的多种意义进行判断，从中做出恰当选择。在心智的成长过程中，在促使新奇性信息不断地固化到内知识结构中的同时，还在不断完善心智的诸多方面及不断增强变换其他信息兴奋的可能度。大脑还会利用大脑神经系统的自组织特征对内知识结构进行不断变换、重组、汇聚、分化、特化等，并进一步地增强这种自组织涌现能力。

（3）我们可以依据信息之间稳定的关系由此及彼，与此同时，好奇心也在发挥作用，它使我们将两个本没有关系的信息联结为一体，促使心理过程产生"偏转"，或者促使不同的心理过程同时显示。更进一步地通过彼此之间的某种关系而形成一种意义。

（4）在得到一个稳定的泛集以后，大脑神经系统便开始简化该泛集在大脑中的显示，并在另一个区域（进一步地发展成为更高的层次）形成稳定的模式，或者说通过该泛集的"包络"——以稳定的神经系统而代表该事物的意义，进一步地简化、降低某些局部信息的可能度（压缩内知识结构），减少其他信息对该稳定性意义的干扰。这种过程并不意味着好奇心作用的降低。稳定的好奇心会在每一个认知过程中持续地发挥作用。在对信息的加工过程中，好奇心具有的"横断性"特征，可以使它在心理、信息以及知识的任何层次发挥作用，大脑这才会将操作结果——形成稳定的信息模式传到其他层次。

（三）增强好奇心对人类文明的作用

我们说，好奇心并不只是科学家的特质。好奇心已经被证明是人类进化过程中的核心因素之一（另一个因素是想像力）。阿西莫夫将"官僚的兴起、阶级流动的停滞、进取心的衰退、好奇心的锐减"作为一种文明、一个国家覆亡的核心因素②。反过来讲，好奇心的增强将以更大的可能性促进一个国家的兴旺。黄坤锦同意康能（1893—1978，20世纪国际著名的科学家和教育家）关于知识起源的说法："好奇是探究文化遗产的主要动机。"由此，黄坤

---

① 常丽君. 大脑认知加权规则进一步获得验证［N］. 科技日报，2011-11-28.
② 阿西莫夫. 银河帝国［M］. 叶李华，译. 南京：江苏文艺出版社，2012.

锦进一步地评论指出:"康能认为知识的起源,在动机上是个人的好奇所发生的驱动力,经由感官的观察与实验,并配合脑神经的推理,经过一步步的归纳或演绎而得到知识。"①

在西方圣经故事中,夏娃因为好奇心而受到蛇的诱惑,不管不顾地吃下了生命树上的禁果。和亚当一起犯下了上帝的天条,从此被驱逐出伊甸园,开始了艰苦而漫长的生命繁衍、进化之路。其实,"蛇"也罢,"禁果"也好,仅仅只是人类那种内在扩展性冲动的代表或说辞,其实质就是"好奇心"。这只不过是明正言顺地揭示了,正是好奇心将人类引向了文明之路。如果我们用好奇心带来不确定性来说明这里的问题,便能够很好地理解这种确定性规则被恰当破坏,以及将确定与不确定有机结合在一起的真正的客观现实。

奥古斯丁通过赞美神的无所不能(这意味着神对世间万物的准确掌控),明确指出了好奇心在追求知识中的作用:"好奇心仿佛在追求知识,你却能洞悉一切事物的底蕴。"②好奇心打破了这种神能掌控万物的确定性,并为神带来了未知,也将神带回了人间。托比·胡弗通过比较研究指出,正是由于好奇心与强大而系统的宗教的有机结合,并"在好奇心及宗教动机的驱动下,阿拉伯—伊斯兰世界在8至14世纪达到了科学发展的重要顶峰,但在此之后(或许早在12世纪)(却因为不再重视好奇心)阿拉伯科学开始衰落甚至倒退"。③

宗教伴随着人类文明的进程而不断发展④。好奇心不仅促进着文明向着正确的方向发展,好奇心与宗教同样有着某种深刻的关系。虽然人们不断地追求确定性的关系,对各种信息实施模式化变换,但当人的能力有限(包括好奇心有限)时,人们更愿意看到确定性信息。将无能归结为神,这本身就表征了一定的确定性。由于受到好奇心的影响,在确定性的模式化过程中,自然存在各种变化的、未知的、不确定的信息。对于确定性的关系而言,自然也就存在非确定性关系、不正确的关系等,甚至存在人在主观上追求不确定性的基本过程。而这就是人与社会的内在本质性。根据前面对好奇心成分的

---

① 黄坤锦. 美国大学的通识教育 [M]. 北京:北京大学出版社,2006.
② 奥古斯丁. 忏悔录 [M]. 周士良,译. 北京:商务印书馆,1963.
③ 托比·胡弗. 近代科学为什么诞生在西方 [M]. 周程,于霞,译. 北京:北京大学出版社,2010.
④ 沃森. 人类思想史 [M]. 姜倩,译. 北京:中央编译出版社,2011.

研究，可以看出，好奇心能够提升我们应对复杂的、未知的、不确定性的能力，一句话，好奇心可以提升我们应对未来（未知）的能力。①

通过一系列复杂的逻辑推演，包括充分考虑外界刺激（树林里的风）和历史经验（关于野兽和风的经验），在构建诸多可能关系中，可以推断"无论是人类还是其他生物，个体在无法预测周边事物时，会混淆因果关系与非因果关系。……出于生存和繁衍需要，自然选择会青睐许多不正确的因果关联。"② 迷信是对未知事物的确定性解释，并将其归结为客观的未知和主观的已知——神的无限能力。这种解释是以人的主观意愿为核心的，由于未知事物的复杂变化性和人类能力的有限性，必然存在对已知被确定的认知的变异，从好奇心出发，则能更加有效地概括那些人们不能把握的未知事物。

虽然说导致文明兴旺与衰退的原因有多种，但我们仍可以从这里所描述的对于好奇心是否受到重视的一正一反的效果来说明：对于好奇心是否重视，将直接影响到一种文明是否能够有效发展并保持旺盛的生命力。

我们认为，好奇心是文明前行的基本原动力。斗转星移，沧海桑田，人类永远面对着变化的世界，永远有自己需要去面对的困难和未知的领域。依靠记忆的不断增强，在充分发挥好奇心的基础上，进化出了文明，随之，文明就会与好奇心始终相伴。一个没有好奇心的文明，是死气沉沉的文明，是没有变革力量的文明，是必然要走向衰亡的文明。而没有继承的文明，也将如水中浮萍。可以这样说：没有好奇心，就没有人类，没有科学，没有文明。

（四）突出好奇心对于科学研究的作用

科学是最能体现好奇心价值的地方。亚里士多德在《形而上学》的开篇就说：科学和哲学的诞生有三个条件：一是对自然界的惊奇而产生的好奇心；二是有思考这些好奇心的闲暇；三是有不受束缚的思想自由。由于科学精神所要求的非功利性主旨，我们有足够的理由相信：科学研究不应该更多地成为科学家谋生的手段，而应该更多地成为满足科学家好奇心的认知实践③。居里夫人说过："好奇心是学者的第一美德。"爱因斯坦认为："我从事科学研究完全是出于一种不可遏制的想要探索大自然奥秘的欲望，别无其他动机。"说

---

① 塞西莉·萨默斯. 预见的力量：当你面对一个不确定的世界 [M]. 张昊, 陈丽, 李雨锦, 译. 北京：中信出版社, 2013.
② 迈克尔·舍默. 进化让人"迷信"[J]. 徐蔚, 译. 环球科学, 2009 (1).
③ 杨卫平. 缺乏科学精神是缺少科学大师重要原因——读科学史有感 [J]. 新华文献, 2010 (23), 142-145.

出自己探索世界本质的这种动机是在他对给他写传记的作家塞利希所说的、人们非常熟悉的话："我没有什么特别的才能，不过喜欢寻根刨底地追究问题罢了。"简单地说，就是好奇心。在连知识都与经济紧密结合的时代，我们将更加坚定地相信：能够充分表现较强的好奇心的科学探究者，也必将成为"稀缺资源"而受到经济的青睐。

此时，我们从众多著名的科学家那里，更为明确地看到好奇心的作用。

乔治·A. 欧拉（George A. Olah，因在碳正离子化学方面的研究获得1994年的诺贝尔化学奖）指出，他之所以能够持续性地探索研究的基本动机："做我的科研工作只是因为我好奇，我有探索的欲望。好奇心促使人类做许多事情，尤其是科学家。我最初对自己的研究领域并没有深刻的认识和了解，也不知道它对社会、对人类的重要性。我觉得基础科学研究用于实际生活中没有什么错。在研究中，要睁开眼睛，问自己这些发现能用在生活中的哪些方面。"[①]

这种受好奇心驱动的认识过程并不只是暂时的灵机一动，而是一种稳定的持久性行为。当乔治·A. 欧拉进一步地回答是什么品质促使人能够成为伟大的科学家的问题时，他同样强调说："首先你不要去想你要成为一个伟大的科学家。你干什么只是因为你想干，你好奇，你有探索的欲望。……对很多人来说，科学是一种致富的手段，意味着金钱，但对我来说，科学是我的热情所在，我搞研究因为我喜欢，这是推动力。我要对年轻人说的是要做你真正感兴趣的事，尽努力做到最好，其他不用去考虑，一切都会来到的。"[②]

赫伯特·克勒默（Herbert Kroemer）1963年提出了半导体双异质结构激光的概念，2000年，克勒默与另外两位科学家因为对现代信息技术所做出的基础性贡献，特别是他们发明的快速晶体管、激光二极管和集成电路（芯片），共同获得该年度诺贝尔物理学奖。当被问道"您认为成为伟大的科学家需要什么素质"时，克勒默将自己取得成功的原因当仁不让地归功于好奇心："好奇心，或者说是探索的欲望，以及怀疑的态度。就是说你不是被动地接受所有别人交给你的东西，当然你不承认所有别人教给你的东西也是不对的。你应该养成怀疑的态度，而且应该有能力做一些很关键的思考，那就是当你

---

① 北京青年报社，发现·图形科普杂志社. 与诺贝尔大师面对面［M］. 北京：文化艺术出版社，2002.

② 北京青年报社，发现·图形科普杂志社. 与诺贝尔大师面对面［M］. 北京：文化艺术出版社，2002.

发现你研究的东西走入死胡同时，应该及时跳出来，而不是钻进死胡同，把一生花在没有前途的研究上。"①

克勒默写给中国青年的题词是：

"要有好奇心，并批判性地去思考！

不要轻易放弃，别人会告诉你你错了。但不要机械地去接受。

去冒险吧。"

通过对科学发现、发明的基本特征的分析研究，贝尔纳指出："我们可以认为，科学作为一种职业，具有三个互不排挤的目的：使科学家得到乐趣并且满足他天生的好奇心、发现外面世界并对它有全面的了解、而且还把这种了解用来解决人类福利的问题。可以把这些称为科学的心理目的、理性的目的和社会目的。"② 从人类进化的角度来看，最重要的目的，大概要算是科学的应用性，也就是科学的社会目的性，因此，这才进一步强化了贝尔纳研究科学的社会功能的目的。

分析在 2008 年参加清华大学"前沿科学研讨会"的四位诺贝尔物理学奖得主的成长经历以及他们的科研体会，可以非常明确地看出，影响一位科学家取得成功具有典型的三大要素（好奇心、勤奋、机遇）的作用，我们也可以从中看到自由的好奇心对他们成长的影响③。朱棣文（1997 年获得化学奖）说："好奇心每个小孩子都有，但很多人到了成年就没了。是否能保持对大自然的好奇心，这是成功科学家与普通人最大的区别。"劳克林（Robert B. Laughlin，1998 年获得诺贝尔物理学奖）就认为，"我的快乐就是把整个世界变成物理公式。对我来说，搞科研完全出于好奇，绝不是为了赚钱"。

自然科学家的成长在很大程度上依赖于好奇心的强势作用。数学家的成长也是如此。罗俊丽等通过对我国数学家的案例分析指出："数学家与他们的认知兴趣浓厚、强烈的好奇心、敢于智力活动的冒险、渴望心灵深处的自由创新、极强的自信心和持之以恒的进取心等息息相关，同时与他们受到的创造性思维教育又是密切联系的。"④

好奇心与科学的本质性关系大概没有人会有任何的怀疑。有很多关于好

---

① 北京青年报社，发现·图形科普杂志社. 与诺贝尔大师面对面 [M]. 北京：文化艺术出版社，2002.
② J. D. 贝尔纳. 科学的社会功能 [M]. 陈体芳，译. 北京：商务印书馆，1982.
③ 张勤春. 诺奖得主谈科研创新 [N]. 中国教育报，2008-03-04.
④ 罗俊丽，李军庄. 数学家成才之路对数学教育的启示 [J]. 数学教育学报，16（1）：25-28.

奇心的界定，都不加区分地将探究、探索等，直接描述成为好奇心的内在含义。而关于好奇心与科学的关系却没有被深入研究显然是一种遗憾。但我们总是能够从人们对科学的科学学研究中看到对好奇心在科学中的地位与作用的认识。

M. W. 瓦托夫斯基从科学哲学的角度指出，科学来源于生活却要依靠好奇心增量而高于日常生活。正是由于"对好奇心或奇迹的需求或对技术的需求已经超出寻常实践和寻常理解力的范围"，才进一步地促进了科学的发展①。科学的发展得益于对满足好奇心需求的更高层次的增长。从科学家史蒂文斯（S. S. Stevens）对科学的界定中也可以明确地看到好奇心的意义与作用。史蒂文斯将科学界定为："理智探索的好奇的喧闹。""喧闹"一词，已经表明了好奇心所导致的多样、变化、混乱、未知、不确定、求异性的探索构建②。如果没有较强的对新奇性信息的不断"确认"，并在确认的基础上不断地向未知扩展，是不会形成系统的、结构性的、有意义的抽象理论——科学的。教育就应该充分认识科学与好奇心的这种稳定的关系，并依靠好奇心不断地强化对科学的本质性理解。"科学的理解源于在好奇心激励下进行的对物体和现象的探索，而这种好奇心是出自对我们周围事物寻求解释的愿望。"③

我国学者任鸿隽（1886—1961）在 20 世纪 30 年代就曾指出：科学有两个起源，"一是实际的需要，二是人类的好奇"，单就科学研究而言，"好奇心比实际需要更重要"。当人们看到了明确的需要时，就已经将自己限定在了很小的"区域"。"西方科学家研究科学，不是为名利所驱使，而是为好奇心所引诱。为了这种天生的好奇以及由此而来的精神需求，许多人甚至不顾自己的生命。"④ 在科恩眼里，关于"科学的革命"的概念自然地与好奇心联系在一起⑤。所谓革命，在一定程度上反映着所产生的变化（新奇度）达到了足够大的程度。变革的新奇度较小时，人们会认为科学革命仅仅表现出渐变的过程特征。只有产生了较大的变化，以至于人们认识到这是"突变"，在短时间内产生了新奇度较大的进展（反映出较强的好奇心），人们才会认为发生了

---

① M. W. 瓦托夫斯基. 科学思想的概念基础——科学哲学导论［M］. 范岱年, 吴忠, 金吾伦, 林夏水, 等, 译. 北京: 求实出版社, 1989.
② M. W. 瓦托夫斯基. 科学思想的概念基础——科学哲学导论［M］. 范岱年, 吴忠, 金吾伦, 林夏水, 等, 译. 北京: 求实出版社, 1989.
③ 温·哈伦. 科学教育的原则和大概念［M］. 韦钰, 译. 北京: 科学普及出版社, 2011.
④ 张伟, 任鸿隽. 真正的科学是独立的［N］. 中国青年报, 2006-12-20.
⑤ 科恩. 科学中的革命［M］. 鲁旭东, 赵培杰, 宋振山, 译. 北京: 商务印书馆, 1999.

"科学革命"。

按照贝尔纳的说法①,对于科研人员来说,功利心与好奇心都很重要,两者不可或缺②。毕竟生存于社会中的科研工作者并不是不食人间烟火的"神仙",任何科研都希望投入与产出成正比;对于大的投入,人们总是希望能够早见成效;人们希望能将投入迅速转化为GDP;所以,以功利之心搞科研本无可厚非。但是,功利心却不能太盛,太急功近利,这会把宝贵的好奇心挤到墙角,把那些出于好奇心的科研扔到一边。这恰恰忘了促进"人类物质文明的进步并不是科学家最初的动机,而是科学研究的必然结果"(任鸿隽语)。虽然人们不只是受到"自利"、情感、价值观、"社会契约"的驱动③,还会"因一种道德的承诺而感到有责任去做的因素使人们去做。同样,工作得以完成,而且得以出色完成,是在没有严密的监督或其他控制下实现的"。④ 因此,我们仍要说,只有受到好奇心驱使的科学家,才能从内心喜欢科学探索,才能从科学探索中得到乐趣,也才能更长时间、不受问题干扰、不受困难阻碍地深入探索研究。我们如何才能从众多的科学家队伍中将这些人"筛选"出来?这本就是一个难题,但这同样也是好奇心的价值体现——低买高卖。我们没有能力只选择那些在未来做出巨大成绩者,但却可以利用优胜劣汰的进化法则,如科尔所说的,为了使这些人能够脱颖而出,我们应该而且必须维持一个庞大的科学家队伍⑤。

自由的好奇心是科学研究的前提,是基础,只有表现了自由的好奇心,功利心也才能更好地发挥作用。好奇的科学家总在孜孜不倦地寻找目前公认的理论难以解释的数据,为了平息数据、事实和理论之间的冲突,常常能突破各种思想的桎梏,甚至不惜花费更大的精力来构建一种覆盖面更广的、更好的新的概念、理论体系。只有受到强烈好奇心(主要是好奇心增量)的驱使,以淡泊精神,抛弃炽盛的功利心,放远眼光,才能在更大范围内研究那些"只求真理不问利害"的学问,也才能主动地去选择一个木板中"最厚的地方""钻眼"。

---

① J. D. 贝尔纳. 科学的社会功能 [M]. 陈体芳, 译. 北京: 商务印书馆, 1982.
② 乔纳森·科尔. 大学之道 [M]. 冯国平, 郝文磊, 译. 北京: 人民文学出版社, 2014.
③ 托马斯·J. 萨乔万尼. 道德领导——抵及学校改善的核心 [M]. 冯大鸣, 译. 上海: 上海教育出版社, 2002.
④ 托马斯·J. 萨乔万尼. 道德领导——抵及学校改善的核心 [M]. 冯大鸣, 译. 上海: 上海教育出版社, 2002.
⑤ 乔纳森·科尔. 大学之道 [M]. 冯国平, 郝文磊, 译. 北京: 人民文学出版社, 2014.

人的意识强烈地扩展着人的能力。因此，如果我们不能产生为知识而求知的理性的活动，它必将深刻地影响到科学的发展。这种求知的理性活动依赖于"不属于实用范围的好奇心"。之所以如此，原因就在于："科学所代表的这种认识活动肯定涉及这种知识在作为人类用来支配自然界的一种工具方面的效能和力量。它还涉及满足某种渴求理解的愿望，某种不属于实用范围的好奇心。我们已经提到，那种为求知而求知的欲望可以看作与科学指导成功的实践的功能具有显著的密切关系。"①

心智的独立性、系统性和连贯性要求（尤其是好奇心要求）："沉思、批判的智能和理论思维所需要的思考的时间确实要求与繁忙的直接实践活动保持一定的距离或相分离。"② 深入思考的好奇心必须保证一定程度上的稳定性，保证各种潜在性意义得到确认，保证稳定的心智与变化性的信息以一定的差异相互协调。高于现实的想象，受到好奇心的控制，基于人的意识而形成更多的差异性认识将有效地扩展人的视野，出于功利的、为生活的所迫往往不能产生深邃的思想。"在这种意义上，历史上属于社会特权集团的特权闲暇，正是理论活动的需要。这种'自由的'活动，从它不是与直接的实用考虑相混合而是出其自身的缘故而从事追求的意义上说，也是'纯粹'的。直接关心的不是旨在于应用这种理论概念的理解以求得实践的成功，而是为了满足不谋利的好奇心，或是为了满足关于事物的整体化或秩序化的'非实用'的美学爱好。"③ 这种不为谋利的好奇心在现代科学发展的初期的确起到了决定性的作用。好在众多魔鬼式的思想并没有直接地作用到社会中，因此，当时的社会也给予了这种颠覆人的思想、社会结构的新奇观点以足够的包容心。闲暇的时间和充裕的资金保障，支持着这些思想的自由成长。人才能从诸多差异化的思想中恰当地选择。

虽然人们已经认识到好奇心在科研探索中的地位与作用，也在一定程度上对此作了一定的描述④，但面对其中存在的诸多问题，人们仍然要问：人为什么要探索未知？在具体界定了好奇心以后，我们将这种特征界定为："正是

---

① M. W. 瓦托夫斯基. 科学思想的概念基础——科学哲学导论 [M]. 范岱年，吴忠，金吾伦，林夏水，等，译. 北京：求实出版社，1989.
② M. W. 瓦托夫斯基. 科学思想的概念基础——科学哲学导论 [M]. 范岱年，吴忠，金吾伦，林夏水，等，译. 北京：求实出版社，1989.
③ M. W. 瓦托夫斯基. 科学思想的概念基础——科学哲学导论 [M]. 范岱年，吴忠，金吾伦，林夏水，等，译. 北京：求实出版社，1989.
④ 徐春玉. 好奇心理学 [M]. 杭州：浙江教育出版社，2008.

由于人有把握、控制未知的基本心态，这才驱使人们进一步地研究新奇性的信息，想把握、控制它，由此而产生探索。"这种描述直接将好奇心与探索区分成了两个截然不同的过程，实际上这两个过程与人的生物学本性具有很强的内在联系，生命就是在多样构建基础上的高可能度（优化）的选择①，根据复杂性理论，生命本来就处于"混沌边缘"，在每一个状态都会表现出收敛与发散的有机统一②。

好奇心与文化维持着复杂的相互作用。可以看出，即便是对于与人类自身紧密相关的"社会性科学问题"，也需要通过增强人的好奇心以提高对这些问题关注的力度，使之成为一种典型的特征、成为一个独立的话题，而不是将其纳入、混入、融化、覆盖到大的背景下。正如佩德罗（Pedro）在研究社会学问题时提议的：建立一种科学与社会紧密相连的课程文化；构建具有现实意义的科学知识，使学生理解科学不是脱离社会的特定产物；激发学生的好奇心；通过培养学生的批判性思维促进学生智力发展；建立明确的评价标准，促进学生道德发展；让学生懂得作为一种人类活动形式的科学受各种价值观的影响，其中具有种种不确定性以及值得讨论的议题③。显然，在对人类文化的研究中，要将一个新奇性的课题凸显出来，必须充分发挥好奇心的作用。

（五）真正理解好奇心与艺术的关系

好奇心对艺术的作用同样深刻。人们已经有了"满足人本能好奇心的作品就是美的"这一结论，也认识到了只有有效地促进好奇心与想象力有机结合，才能在诸多可能性中，将最美的状态反映（收敛性地构建）出来。美学艺术中的"距离说"已经全面标定了好奇心在艺术创作与艺术审美中的重要地位。从艺术审美的角度来看，杰出的艺术家可以在内心处于不确定、不稳定的心理状态时，将他们内心对美的感受表达出来，而不考虑当时社会的影

---

① 徐春玉. 好奇心与想象力 [M]. 北京：军事谊文出版社，2010.
② 徐春玉，李绍敏. 以创造应对复杂多变的世界 [M]. 北京：中国建材工业出版社，2003.
拉尔夫·D. 斯坦西. 组织中的复杂性与创造性 [M]. 宋学锋，曹庆仁，译. 成都：四川人民出版社，2000.
斯图亚特·考夫曼. 科学新领域的探索 [M]. 池丽平，蔡勖，译. 长沙：湖南科学技术出版社，2004.
约翰·高. 创造力管理——即兴演奏 [M]. 陈秀君，译. 海口：海南出版社，2000.
③ 孟献华，李广洲. 国外"社会性科学议题"课程及其研究综述 [J]. 比较教育研究，2010 (11).

响和艺术流派的制约①。艺术家又在这种冲突过程中促进自己好奇心的满足，产生对美的感受和享受美的作用。"在一个画家背后，有着丰富的内心世界，好奇心、观察力，让他拥有深厚的底蕴。"②而这种情景，在文学家那里同样可以看到③。

我们可以将审美归结到协调状态的感受与追求过程中④，这也从另一个角度描述了好奇心对人的不可避免性、不可或缺性，同时也说明了好奇心在审美意识的独立形成中的重要作用。由协调状态到不协调状态，然后再由不协调状态达到新的协调状态，通过这种变换，可以使人更加充分地体会到由不协调（与好奇心相对应）所产生的刺激。"专家认为，历经艰难险阻有助于我们最终获得幸福。"这种幸福是与刺激相对应的状态。而当"不断克服困难以达成新的协调"的过程不断进行时，即可以形成一种稳定的模式。满足这种高层次的需求本身，也成为促使人感受幸福的作用因素。这就从差距的角度揭示出好奇心的满足在艺术创作中的意义与作用。

对美的感受、对美的追求，与好奇心有着紧密的关系。因为距离产生美，人们因为怪异与独特滋生魅力，这些都是因为神秘诱惑了人的好奇心，并使好奇心得到满足——达到协调稳定的状态。由协调到不协调，再由不协调到协调，这既体现了不同感受认识之间的差异，又体现出了不同感受之间距离的变化所产生的刺激作用。好奇心善于发现、揭示不同的认识之间的差异，并能将这种距离及感受表征出来。如果将那种距我们的习惯性认识（或者说是在当前信息作用时，在我们的大脑中产生了某种认识集合所表征的意义）有一段距离的心理形象表征出来，那么它便具有了新奇性的意义，也就在我们的内心产生了美感。从审美的角度来看，好奇心的满足及驱使是审美过程中的一个重要指标，是一个重要的审美体验"点"，我们可以明确地说，能够激发我们好奇心的艺术才是真正的艺术。

事实上，在人们的内心所形成的美（完美、完形等），都是在多样并存基础上优化选择出来的。比如说，当我们看到一个相近于圆形的曲线时，我们认为圆形的是最美的。由于艺术品总是充满着个性，因此，在艺术领域即使

---

① ［法］克拉克. 超级人脑：从异赋到天才［M］. 李强，译. 天津：天津人民出版社，2002.
② 叶琳. 陈钢：《梁祝》之父的教育观［J］. 上海教育，2002（12A）.
③ 王确. 文学的审美属性——以卡夫卡的《变形记》为例［J］. 东北师范大学学报（哲学社会科学版），2006（4）.
④ 徐春玉. 美的真谛［M］. 北京：中国社会科学出版社，2020.

存在"多一笔则溢,少一笔则缺"的现象,也只能创造出相对"满意"的艺术品、局部最优的艺术品,而不能求得"最美"。

艺术在于表征艺术家的自我对待世界的看法,当艺术家的独特看法以某种艺术形式和艺术手法表达出来,并给人带来美的享受时,艺术作品就诞生了。基于人的能力有限性,每一位艺术家都会形成其独特的心理,他们对世界的看法都具有很强的个性,也恰恰是这种与他人不同的独特性,才能给他人带来足够强的艺术冲击力,才能给人带来美的享受。这种艺术冲击力的大小取决于艺术品在欣赏者好奇心的恰当范围内,能够产生多大的差异性反应。没有一种艺术流派是重复他人的,没有一幅艺术作品是重复已有的。这就已经明确标注了好奇心在艺术中的基础性地位。

二、好奇性智能在多个领域的体现

任何一个领域都有其特殊性,对于好奇心的强度与作用的发挥都将会产生相应的影响。增强好奇心可以有效提高人心智的能力,引导人将好奇心集中到当前社会进步所需要的好奇心的成分上,诸如深度思考、深入探索,而不至于流于皮表;增强研究者在好奇心的驱使下形成广泛探索问题的氛围与积极性,促进原始创新所需要的、自由而广泛的好奇心探索与社会需求有机结合;强化好奇心对创新的直接驱动作用,努力摆脱功利性对深度探索的影响。这就需要从事探索与管理工作的人运用好奇性智能,对好奇心进行恰当的激励、引导、管理和教育。

好奇心同样与财富有着密不可分的关系[①]。作为一个在经济领域保持足够好奇心的"畅游者",能够及时准确地发现科技对于社会具有促进作用的新进展,迅速洞察商业先机,在复杂的经济交往过程中游刃有余,在瞬息万变的局面中灵活决断。如果你是一位强好奇者,那么,在经济领域你将能够得心应手。而如果你的好奇心不强,就需要结合你的具体工作而有针对性地实施强化与提高好奇心了。

在进一步地总结致富并成为亿万富翁的基本行为模式中,与好奇心直接相关和间接相关的特征更多。如 2015 年瑞士银行和普华永道会计师事务所对超级富翁们如何才能获得财富的特征加以分析就发现,有 7 条法则至关重要:"不随大流""遇到困难保持乐观""不断寻找机会""不怕犯错误并善于从错

---

① 益创,柏桦. 善用好奇心创造财富[M]. 北京:西苑出版社,2002.

误中爬起来""不断调整以最终取得成功""发挥好奇心不断寻找机会""具有出众的抗压能力而不被挫折、错误和阻力吓倒""年轻时即努力奋斗而取得成功"等。这其中"不随大流""不断寻找机会""不怕犯错误并善于从错误中爬起来"以及"不断调整以最终取得成功"都间接地与好奇心密切相关。更何况成功还与好奇心直接相关①。

好奇心与哲学。艾赛克·伯林在同麦基的谈话中指出："如果不对假定的前提进行检验，将它们束之高阁，社会就会陷入僵化，信仰就会变成教条，想象就会变得呆滞，智慧就会陷入贫乏。社会如果躺在无人质疑的教条的温床上睡大觉，就有可能会渐渐烂掉。要激励想象，运用智慧，防止精神生活陷入贫瘠，要使对真理的追求（坚持正义的追求，对自我实现的追求）持之以恒，就必须对假设质疑，向前提挑战，至少应做到足以推动社会前进的水平。人类和人类思想的进步部分是反叛的结果。子革父命，至少是革去了父辈的信条，而达成新的信仰。这正是发展、进步赖以存在的基础。在这一过程中，那些提出上述恼人的问题并对问题的答案抱有强烈好奇心的人，发挥着绝对的核心作用"②。这也就指出，即便是反映人类理性与抽象概括能力的哲学，也必将在好奇心的驱使下不断地发展。

好奇心与工程学。美国企业界所认为的工程师需要的理想特质是：（1）很好地理解工程，包括数学（包括统计学）、物理和生命科学和信息技术（远多于计算机扫盲）；（2）很好地理解设计和制造过程；（3）具有多学科、系统视角；（4）基本了解工程实践的背景环境，包括：经济（包括企业实践）、历史、环境、顾客和社会要求；（5）良好的沟通能力，包括：书写、口头、图表、聆听；（6）高职业道德标准；（7）批判性和创造性的思维——无论是独立还是合作；（8）适应性，即适应快速或重大变化的能力和自信；（9）好奇心和终身学习能力；（10）深刻理解团队合作的重要性③。这就表明，优秀的工程师既要充分运用好奇心及时发现工程中的问题，能够恰当地提出问题，用分析能力详细研究，运用想象力创造性地解决问题，还要及时学习新的科学技术以不断地将新的科学理论与技术进展创造性地运用到工程中。

---

① 连国辉. 新超级富翁的七条致富法则［N］. 参考消息，2015-6-2.
② 布莱恩·麦基编. 思想家［M］. 周穗明，翁寒松，译. 北京：生活·读者·新知三联书店，1987.
③ Edward F. 重新认识高等工程教育——国际CDIO培养模式与方法［M］. 北京：高等教育出版社，2009.

这种认识得到曾任浙江大学校长的潘云鹤的回应。潘云鹤认为对于工程科技人才，尤其应该培养其创新意识和创新能力。潘云鹤将这种创新意识和创新能力的来源归结于几个方面：一是源于具备独特的知识结构，二是源于喜欢提出与众不同的观点，三是善于从多种视角与思路去思考同一问题，四是既长于逻辑思维，又长于形象思维。思考问题时既能严密，又能跨越[①]。

　　好奇心与创业。林真认为，任何一位创业者都将面临种种困难和问题，因此，他们首先就要敢于面对困难，保持"极强的好奇心，尤其对创业过程中的各种不确定性保持好奇心，这是创业的动力"[②]。的确，由于创业过程中会涉及种种问题，不运用好奇心就不能发现其中需要解决的关键，不运用好奇心加以比较，就不能理出所要解决问题的先后顺序，也不能有效地分清矛盾的主次等。当然，这里所指出的好奇心是创业的基本动力，直接揭示了创业者的心理目的。

　　好奇心与人际关系。在诸多制约个人之间关系变化的因素中，社会心理学已经揭示出决定个人交往的特性，包括：相似性因素和相异性因素。对于相似性因素的影响，按照学习论的解释，那些想法和我们一样的人更可能使我们对其产生好感、给我们以正强化，从而使我们很快就与这种人建立起较深的个人关系[③]。一个人对事物的看法与你越相似，你就越为他所吸引。而对于相异性因素的影响则与由好奇心所引起的竞争力有关系。诸如：才能和吸引，这毫不奇怪，那些有才能、有智慧、有成就的人，对我们大多数人来说，比那些没有能力、不聪明、无成就的人更有吸引力。即使在观察者或判断者一点也不能从未来伙伴的才能中获益的情况下，这种偏爱依然根深蒂固地存在着。根据塞伦森的研究结论，人们会根据能力、表现、兴趣和志向进行分层，此时好奇心成为群体相互吸引的基本因素[④]。社会心理学已经揭示好奇心在人际交往过程中起到重要作用，人际好奇——"个体对他人的信息产生的好奇，其中包括对他人的生活经历、生活习惯和细节，以及想法、感受、动

---

　　① 潘云鹤. 抓住机遇大力培养创新型工程科技人才 [J]. 中国高等教育，2009 (24).
　　② 安静. 创业需要好奇心与傻瓜逻辑 [N]. 中国青年报，2005-05-19.
　　③ 李天然，俞国良. 人类为什么会好奇？人际好奇的概念、功能及理论解释 [J]. 心理科学进展，2015, 23 (1).
　　④ 莫琳·T. 哈里楠. 教育社会学手册 [M]. 傅松涛，孙岳，谭斌，谢维和，等，译. 上海：华东师范大学出版社，2004.

机产生的好奇"——也成为推动社会进步的重要力量①。

好奇心与企业管理。与以往的习惯与传统有所不同，现代企业在更大程度上欢迎好奇心强的人。沃伦·麦克法兰阐述了21世纪指引哈佛商学院发展的三大要素，指出了信息技术对高层经理人的巨大挑战，他特别强调"好奇心"对企业发展的重要性②。在谈到如何使公司内部从上到下都能感受到挑战的压力，从而激发员工强烈的学习欲望的问题时，麦克法兰指出：美国国民生产总值提高最大的动力就是技术水平的提高。改革不一定都是有趣和受欢迎的，学生现在所学的技术，10年后一定会被淘汰，因而只有头脑中的好奇心才是最重要的。……任何一个企业发展都要有好奇心，我们要去培养企业不断拥有好奇心，不断去寻求企业发展的新答案，而不是说我们提供的一个答案，让企业去遵循。

好奇心强者善于摆脱失败的影响，将心智引导到促进成功的因素上③，这将使人能够认识到好奇性智能在摆脱失败时的作用，促使人认识到自己在失败的过程中应该保持一种什么样的心态，如何在好奇心的作用下摆脱对失败的恐惧等，也使人从失败的"稳定吸引子"中跃迁出来。我们在面临失败时，应该在好奇心的作用下形成新的思想和观念，而不至于固执地落入"失败吸引子"中不能自拔，应当采取好奇心所形成的非线性涨落的力量从"失败吸引子"中跳出来。成功人士往往持有同一种观点：在失望情绪弥漫的危机时刻，正如现在更不应闭口不言失败，应当勇于面对失败，通过自我调整为未来取得成功夯实基础④。

---

① 李天然，俞国良. 人类为什么会好奇？人际好奇的概念、功能及理论解释［J］. 心理科学进展，2015，23（1）.
② 沃伦·麦克法兰. "好奇心"是最重要的［J］. 经理人，2003（1）.
③ 伊什特万·豪尔吉陶伊. 通往斯德，哥尔摩之路［M］. 节艳丽，译. 上海：上海科技教育出版社，2007.
④ 西班牙《趣味》月刊10月号. 摆脱逆境，磨难能使我们更加幸福［N］. 参考消息，2009-10-21.

第六节　好奇性智能与好奇心教育

一、好奇心教育

以满足、表现、认定、保护、引导好奇心定向、强化好奇性自主增强好奇心，并有效提高教育效果的教育，称为好奇心教育。

我们需要回答什么叫好奇心培养，也要回答好奇心是否能够培养，并进一步地回答如何培养好奇心等。

好奇心教育是一种理念。从表面看，好奇心教育的基本着力点是提高人的好奇心，但随之而带来的影响却是巨大的。且不论由于好奇心的提高所带来的一系列的影响，单就好奇心对于人的意义，对于人类的作用，对于人类社会与文明发展的未来及其趋势的推动的角度来看，就可以看到好奇心教育的地位和重要性。

好奇心教育也是一种方法。作为一种方法，好奇心教育的着力点是培养学生的好奇心，在学习、研究、探索中，不断地发挥好奇心的作用，使好奇心在探索中的中心地位得到充分体现，使好奇心对于行为的驱动力、控制作用得到充分表现，还要使好奇心在一个正常人心中的意义得到足够表现，以维持一个正常人的正常生活。

促进科学教育的组织曾明确确定了科学教育的10项原则，其中占首位的就是："学校都应该设置科学教育项目，以系统地发展和持续保持学习者对周围世界的好奇心，对科学活动的热爱以及如何阐明自然现象的理解。"[1]

教育的重点在于个性化教育。重视和激励好奇心，是个性化培养的重要标志。林崇德就将好奇心作为创新性人才的首要特征，要实施个性化培养，就必须强化培养人独特的好奇心[2]。时任芝加哥大学校长的锦穆尔介绍美国芝加哥大学提供给学生的教育："把'益智厚生'作为校训，意思是学校的一切教学工作都是围绕有益于培养学生的智慧，有益于学生的成长。我们特别强

---

[1] 温·哈伦.科学教育的原则和大概念［M］.韦钰，译.北京：科学普及出版社，2011.
[2] 林崇德.培养创新意识至关重要［N］.中国教育报，2010-11-17.

调芝加哥大学是这样一个场所,无论对于教师还是学生,这里是新思想,新创意的诞生地,学生与教师可以不受限制地争论,学校的责任是尽一切努力营造这样一种富有创造力的学习和学术氛围。"① 这也就意味着,学生在芝加哥大学,会受到各方面的培养,以使自己的好奇心得到重视、锻炼和增强。

从一般的角度来看,作为教师,应及时发现教育过程中出现的复杂性问题和新奇性的现象,能够运用自己的好奇心及时发现和探究科技前沿的问题。强好奇心应该是优秀大学教师的基本特征。伍德(Fiona Wood)在对大学教师高产出者的研究中发现,高产出群体的一个重要个性特征就是具有强烈的智力性好奇,喜欢研究并能够承受额外的工作压力②。作为一名优秀的教师,他们应该表现出好奇心和思想开放,随时准备将自己的假设(设想)交由事实来检验,并及时承认错误。转向有可能成功的方向。他们应激发自己以及学生的好奇心,促成自己以及有效地培养学生的自主能力,鼓励学生思考的严谨性,并为正规教育和继续教育的成功创造必要的条件。

作为学生,应该能够充分运用、表现和控制自己的好奇心,在尽力提升自己的好奇心的同时,驱动好奇心向求知欲、探究的乐趣和热情、深入思考等方面转化,不断提升自己探究新奇问题的能力。作为学生,应该采取基于好奇心的学习模式和策略。包括:"把学习任务和自己的经历联系起来;对论据和论点既进行联系又加以区分;找出规律以及潜在原理;把学习任务同已有的知识联系起来;找出所学内容局部与整体的关系;用理论阐述;形成假设;并且把他们所掌握的知识和同一课程中其他部分的内容,或者和其他课程的内容联系起来"。③

也许有人会说,我们已经在大力实施创新教育,还有必要专门提出好奇心教育这个问题吗?为什么非要将好奇心独立出来进行单独培养?托马斯·弗里德曼通过研究知识经济的特征,对此给出了明确的回答。托马斯·弗里德曼首先研究了以知识经济为核心的世界的主要特征,指出了在一个"平的世界"里教育和引导好奇心的问题,提出了如何培养、激发学生内在的好奇

---

① 肖连兵. 诺贝尔奖人才是怎样培养出来的:与芝加哥大学校长罗伯特·锦穆尔一席谈 [N]. 光明日报, 2010-05-19.

② Wood fiona. Factors influencing research performance of university academic taff [J]. Higher Education, 1990, 19 (1): 81–100. 引自: 阎光才. 学术系统的分化结构与学术精英的生成机制 [J]. 高等教育研究, 2010 (3).

③ 迈克尔·普洛瑟, 基思·特里格维尔. 如何提高学生学习质量 [M]. 潘红, 陈锵明, 译. 北京: 北京大学出版社, 2013.

心，同时也指出了学生内在好奇心与其自觉采取自主性学习的关系。弗里德曼指出："一些孩子生来具有好奇心，但是，对于很多不具备这种天生条件的孩子而言，让他们热爱学习的最佳方式要么是通过教学慢慢给他们灌输一种好奇心，要么是通过让他们接触平坦世界里的一切科技来激发他们内在的好奇心，后一种方法可以让孩子以各种方式实现自主学习。"①

如果说学生的才华得不到展示，学生的潜能得不到开发，他们在学习中得不到乐趣，那么，他们的学习符号体系的本能、意识层面的自主性本能就得不到重视和培养。自然，起到基本驱动作用的好奇心就不能得到有效地保护、激励，人就不容易养成与知识的各个方面在实践中建立关系的习惯，他们也就体会不到这种好奇心的满足与激励在其最大潜能构建过程中的地位与作用，不能更多地从知识的学习、研究中体会到更多的快乐，乐趣也就不能对好奇心的使用与满足形成有效的刺激，由好奇心所导致的主动构建（特别是求知的主动性）就表现不出来。如此这般，就"亏大发了"！

二、好奇心教育的作用

（一）好奇心教育提高人的主动性

与其他动物相比的主动性（包括主动学习、主动构建、主动探索、主动创造等）是人所特有的，或者说只有在人的身上才表现得足够强大②。好奇心以不断地寻找新奇性信息、构建各种新奇性意义而展现出人在面对任何事物时的主动性。因此，好奇心强，人的主动性必强。强化好奇心教育，这本身就是不断地强化人的主动性。与此同时，我们仍要在好奇心教育中独立地强调人的主动性，将主动性从好奇心中剥离出来，促使其单独地发挥作用使人具有更强的自主性。

（二）好奇心教育提高人的包容性

包容性是好奇心强的一个基本表现③，善于追求新奇性信息的好奇心强者，也善于容忍各种不同观点的同时并存，甚至能容忍各种矛盾观点的相互冲突，能够在多样并存的基础上，站在一个新的高度去探寻彼此之间的内在

---

① 托马斯·弗里德曼. 世界是平的 [M]. 何帆, 肖莹莹, 郝正非, 译. 长沙：湖南科学技术出版社, 2006.
② 徐春玉. 好奇心理学 [M]. 杭州：浙江教育出版社, 2008.
③ 徐春玉, 李绍敏. 以创造应对复杂多变的世界 [M]. 北京：中国建材工业出版社, 2003.

关系，寻找将其统一在一起的力量。人普遍具有的幽默感，已经表征了包容性是人的本性。

（三）好奇心教育提高人的探索创造能力

好奇心驱动着人类去探索未知的世界，获取知识，掌握并构建规律。可以说，好奇心是人类前进重要的驱动因素。曾任哈佛大学校长的陆登庭在"世界著名大学校长论坛"上指出："如果没有好奇心和纯粹的求知欲为动力，就不可能产生那些对人类和社会具有巨大价值的发明创造。"哲学家柏拉图认为，哲学的发展正是出于对世界与人生的"惊异和疑惑"；许多非常著名的大科学家和哲学巨匠，直接盛赞好奇心：科学家居里夫人说"好奇是人类的第一美德"；而爱因斯坦的"庆幸"或许更值得深思，他不仅说"好奇心是教育第一要保护的品质"，更意味深长地讲："教育没有完全消灭掉我的好奇心，也真算作奇迹了！"

被誉为工业革命的技术理论奠基人的牛顿，在中学时代便对自然现象充满了好奇心，无论是颜色、日影四季的移动，还是几何学、哥白尼的日心说等等，无一不深深地吸引着他。他还分门别类地记读书心得笔记，喜欢别出心裁地做些小工具、小技巧、小发明、小试验，对探索自然现象产生了极为浓厚的兴趣。

让我们好好聆听那些对人类做出重要贡献者的体会：重视并强化好奇心吧！

（四）好奇心教育提高人的自我感知能力

对自我的感知能力，是加德纳认为一个人必定要表现出来的基本智能之一。对自我的感知是在比较过程中完成的，它需要与以往的自己相比较、与他人的行为相比较，通过比较构建差异以形成刺激。显然，这种能力必须在好奇心的参与下才能得到体现，并只有在好奇心的作用下才能得到提高。

（五）好奇心教育提高人的生存竞争能力

好奇心能引发人的求知欲望，是推动人的主动学习、探求未知、构建未来的内在驱动力。未来社会是一个充满不确定性、多元化的社会，我们的后代会面临越来越复杂的竞争环境。这需要他们用超群的想象力、大胆的探索精神去解决这些问题。而所有勇于实践的行为，都源于他们的好奇心和丰富的心灵底蕴。

教育界必须明确：教育应该以培育学生的好奇心和想象力为基础，是为了满足学生求知欲和审美欲的，教育的追求必须基于并高于世俗功利追求。只有坚守这一点，教育才能成为社会进化之源。

（六）好奇心教育是智慧教育的核心

一个完整的人是在人与自然、社会的相互作用的更高层次上才体现出积极意义的。教育的目的是在传承知识的基础上，使人更具智慧、机智。作为智慧重要组成部分的好奇心①，必然会在社会的进步、社会与自然等的更加有机地融合方面发挥更大的作用。正如文森特·赖安·拉吉罗指出的，"有所突破和有洞察力的人是有好奇心的人。他们的好奇心延伸到了事物存在的原因上——事物如何成为现在的样子，它们是如何运用的"。②

学会思考，学会学习，学会方法，学会探索，学会构建，学会创造，学会融入社会，学会合作等，都将成为教育的主要抓手。而无论哪个方面，离开好奇心的保护、培养与利用，都是不能真正实现的。

（七）好奇心教育是使人从功利中解脱出来的重要工具

哲学思考对于心智的意义的问题始终是哲学家所关注的重点③。哲学求索甚至被看作纯粹只是为了满足好奇心，只有借助好奇心才能将人从不断追求功利性的行为中解脱出来。正如亚里士多德指出的，人对自由科学的追求是非功利性的，而这纯粹是出于闲逸的好奇心：不论现在，还是最初，人都是由于好奇而开始哲学思考的，……如若人们为了摆脱无知而进行哲学思考，那么，很显然他们是为了知而追求知识，并不以某种实用为目的④。

---

① 徐春玉. 好奇心理学 [M]. 杭州：浙江教育出版社，2008.
② 文森特·赖安·拉吉罗. 思考的艺术——非凡大脑养成手册 [M]. 马昕，译. 北京：世界图书出版公司，2010.
③ 路罗斯·P. 波伊曼. 知识论导论 [M]. 洪汉鼎，译. 北京：中国人民大学出版社，2008.
④ 亚里士多德. 形而上学 [M]. 吴寿彭，译. 北京：商务印书馆，1959.

第二章　认识好奇心

好奇性智能以好奇心为基础。想要充分认识好奇性智能，就必须清醒地认识好奇心。本章首先根据以往的研究界定好奇心的意义、内涵与外延，认识好奇心的重要地位，结合好奇心的分类做出相应的描述。

第一节　什么是好奇心

从历史的角度来看，最早讨论好奇心的是哲学家和宗教思想家。他们从社会关系出发，首先关注的是好奇心的道德性而较少关心其心理结构和机制。

在对好奇心的研究过程中，好奇心的意义与作用必然会受到生物进化论的重点关注。虽然达尔文已经将好奇心作为人与动物有所区别的一项基本指标，但一开始并没有引起人们对好奇心的足够重视。直到1890年詹姆斯（James）把好奇心的概念引入心理学并进行研究，学者们才开始从心理学的角度探讨好奇心的特征、实质和好奇心产生的原因。

从大脑与好奇心关系的角度，詹姆斯指出："当我们对这些事实进行思考的时候，所有这一切都将我们引向某种诸如此类的解释观念：低级中枢单纯依据当前的感觉刺激而行动；大脑半球则依据知觉和思考而行动，它们所接收到的感觉只充当这些知觉和思考的提示物。"[①]在此过程中，反应差异的模式在大脑中起到关键的作用。在人的大脑由于不断地处理复杂性信息而变得更加复杂时，人脑的功能便有了更大的扩展，形成更加多样的反应模式，甚至会形成扩展构建多样反应模式的能力。

动物神经生理学与神经心理学的研究表明，动物的智能越高，动物的大

---

①　威廉·詹姆斯. 心理学原理［M］. 田平, 译. 北京：中国城市出版社, 2003.

脑结构就会越复杂，大脑中的神经元就会越多，与独立信息呈强势稳定对应的神经子系统就会越多。而由独立神经系统表现出来的生命"活性"所形成的、在当前稳定反应基础上的不断扩展能力就会越强，由此导致大脑的"剩余能力"会越来越强。在单位数量的神经系统的涌现能力确定的情况下，参与信息加工的神经系统越大，表现出来的"剩余能力"就应该越强。可以设想，在神经系统刚刚形成的动物身上，神经元数量的增长与机体运动能力增长对其增长力度的要求应该是相适应的，甚至可以假设彼此之间呈现出线性相关的增长关系。当神经系统的增长达到一定程度时，神经系统的复杂性会使机体组织运动的协调性要求与神经系统的增长呈现出典型的非线性关系，会形成神经系统的表现与机体运动之间的非一一对应性特征。神经系统的功能与其结构增长之间呈现出"自催化系统"，这种非线性系统所特有的反馈过程，促使大脑神经展示出足够的剩余能力，也促使系统进一步地复杂化、多样化。

"活性"系统表现出来的收敛性操作特征，促使人在意识中形成掌控的基本操作。出于试图掌控环境的基本心理，在以追求确定性认识、或者说在理性占据主流的时代，人将更加关注确定性，将能够认识、把握、运用确定性关系作为"现代人"的核心标志。但詹姆斯还是明确地指出："大脑是一种可能性的工具，但却没有确定性。但是意识（它自身的目的呈现在它面前，并且还知道哪些可能性导致这些目的，哪些可能性远离这些目的）如果有了因果效力，就会强化有利的可能性，压制不利的或者无关紧要的可能性。"[①] 詹姆斯认识到心理过程中与"可能性""不确定性"相关的问题，指出意识一开始就具有明确的目的性。神经系统以及心理发展的过程揭示，人在认识事物的过程中更多地表现出这种特征：先是构建多种不同的反应模式，然后在多样并存的应对模式的基础上，再行联结、强化和选择，使其中某些信息模式兴奋的可能度达到相当高的程度，致使每当出现相关的信息时，该模式就会稳定而完整地兴奋再现，成为指导人产生恰当行为的准确的控制模式。此时，人的行为就会表现出足够的精确性。根据詹姆斯的观点，构建多种应对模式是这个过程中的关键。

詹姆斯结合对大量的人类行为的分析，列出了一个关于人的本能特征集表，其中就包括了人的好奇心。其他本能包括：建设、恐惧、嫉妒、幽默、

---

① 威廉·詹姆斯. 心理学原理 [M]. 田平, 译. 北京：中国城市出版社, 2003.

合群性等①。詹姆斯认为，心智（詹姆斯将其称为"意识"）在好奇心保持恰当状态时会达到更加强烈的运动状态："当神经过程是犹豫不决时，意识反而是强烈的。在快速的、自动的和习惯性的动作中，它下降到了最低的程度。"②所谓神经系统的犹豫不决，主要表现为不能形成一个确定性的意义，即使构建出了意义，也是多种意义同时并存的状态，此时，每一种意义在当前所提供的"边界条件"（其他系统提供给当前系统的信息的特征、量值等）下都会以较高的可能度出现。至于说在当前"边界条件"下会选择哪一种意义，需要根据外界条件与多种意义相互作用、其他信息模式与其中某种意义模式的关系综合确定。这其中就包括社会价值观、道德价值判别的影响。而当产生习惯性、自动化行为模式（包括心理模式）时，信息中新奇性刺激的作用就会减少，人的好奇心得不到满足，人的心理活动也就会减少，人的意识也就不会达到较高水平。

詹姆斯指出人的期待会对好奇心起到相应的作用，最起码在由差异向好奇心的转化中，期待新奇性的心理会在其中起到重要的作用③。

詹姆斯提出的人的意识在不断地变化、在不停地流动（"意识流"）的概念，指出根据受到外界变化的敏感性、环境变化所引起的心理的变化性、信息反映时的差异性等，更是直接将这种心理的变化与好奇心联系起来。在正常心理状态下（不是处于睡觉状态），好奇心会不断地发挥作用从而促使人形成各种不同的意义④。形成不同的意义，意味着心理过程在不同信息、意义之间不停地变换。之所以在这种间断性的跳跃中能够认识到这种过程的连续性，可以看作以好奇心为基本"量子"单位而对心理过程的量子化处理：在这种连续性的制约之下，以好奇心为单位，心理转化过程被划分为能被连续认知的最小的程度。

在人们开始认识到创造的重要性时，几乎所有关于创造的研究者无一不将好奇心作为创造的基本动力，无一不将好奇心（以及与此有关的特征，如喜欢复杂事物、容忍混乱等）作为高创造者的个性品质特征。教育学家在研究教育过程中充分注意到了好奇心所起到的作用。人们这才慢慢开始逐步地重视好奇心，将好奇心从众多心理现象中孤立出来，并着手揭示好奇心的实

---

① 约翰·P. 霍斯顿. 动机心理学 [M]. 陈继群，侯积良，译. 沈阳：辽宁人民出版社，1990.
② 威廉·詹姆斯. 心理学原理 [M]. 田平，译. 北京：中国城市出版社，2003.
③ 威廉·詹姆斯. 心理学原理 [M]. 田平，译. 北京：中国城市出版社，2003.
④ 威廉·詹姆斯. 心理学原理 [M]. 田平，译. 北京：中国城市出版社，2003.

质。赫布（Hebb）、皮亚杰、汉特（Hunt）和伯莱因（Berlyne）等分别从各自的理论出发描述好奇心；20世纪70年代中期到80年代中期，达伊（Day）等一批学者又从特质观点出发探讨好奇心结构；罗文斯坦（Loewenstein）从信息差距理论的角度对好奇心的认知理论进行了研究。胡克祖等关注好奇心的研究现状与发展趋势①，强调应展开对好奇心的深入研究。刘云艳、张大均采取问卷调查的方式主要针对幼儿好奇心的特征、变化与发展，描述了在人们的内心所形成的关于幼儿好奇心的基本心理结构的认识②。徐春玉于2008年出版了《好奇心理学》③，从复杂性动力学的角度寻找好奇心的本质，并试图给出好奇心的数学描述，探索人的好奇心如何由差异感知神经元汇聚而成，研究人在好奇性自主的作用下，不断地将与当前有差异的信息引入心理空间，并在2009年出版了《好奇心与想象力》④。这些研究成果能够有效地促进我国对好奇心的系统研究，并能有力地将我国对好奇心以及好奇性智能的研究引向深入。

一、好奇心的定义

根据耗散结构理论所揭示的心智耗散结构的基本特性我们可以知道，如果外界刺激与机体的"运动状态"没有差异，或者说这种差异没有被放大到可以被感知、从而足以构成刺激的程度，神经系统是不会对这种"裂缝"产生差异性独立认识的。在一个稳定的耗散结构中，一种刺激可被有机体感知的基础是"差异"，这种差异在心理上的反映会驱动人形成好奇心。没有了好奇心，大脑也不会形成复杂多样的应对模式，自然也就不会在这种间断性的跳跃过程中感受到思想是如何连续变化的。

我们在自己的生活圈中遇到这样一种情况：如果一个南方人到了北方，可能有些水土不服，但过一段时间就会"适应"。当适应以后，再次回到自己的家乡时，又会再一次水土不服，但却能够很快适应。这里的不适应就是外界刺激对于机体产生的一种可以促使机体发生变化的作用，而所谓"适应"则意味着这种外界刺激不再促使机体产生新的变化。我有一位同事是山西人，就喜欢吃醋，即便在没有菜时，他仍可以用醋伴白米饭，而且吃得津津有味。

---

① 胡克祖. 好奇心的理论述评［J］. 辽宁师范大学学报（社会科学版），2005（6）.
② 刘云艳，张大均. 幼儿好奇心结构的探索性因素分析［J］. 心理科学，2004（4）.
③ 徐春玉. 好奇心理学［M］. 杭州：浙江教育出版社，2008.
④ 徐春玉. 好奇心与想象力［M］. 北京：军事谊文出版社，2010.

我们将其称为习惯，这是适应后的结果。这就是我的同事已经适应了这种饮食习惯。

由于好奇心成分的复杂性，人们在关注好奇心的不同方面时，自然会形成对好奇心的不同理解。对未知的、新奇的期待与倾向，受到人们的重视。托德·卡什丹将好奇心界定为"人们被新鲜事物吸引时所产生的感觉"[①]。美国心理学家阿涩·S. 雷伯把好奇心界定为"寻求新奇的倾向"[②]，约翰·阿代尔直接将好奇心界定为"好奇心是充满期待的心"[③]。

好奇心与人的意识相结合会表现出对知识的好奇，这是被人在初始状态下所关注的特征。物理学诺贝尔奖获得者朝永振一郎结合自身的体会，将"好奇心"理解为："喜欢奇异的心"（可以理解为喜欢差异），朝永振一郎认为，好奇心包含"喜欢探求"，或者"喜欢探求事物"的意思，由此"不满足用一般的眼光看待事物，喜欢刨根问底"[④]。吉恩·D. 哈兰，玛丽·S. 瑞夫金将认识未知与掌控未知结合在一起，将好奇心界定为想要学习或知道某事的欲望[⑤]。

詹姆斯曾区分出两种类型的好奇心，一种是对令人激动的、新颖事物的感受性，另一种是针对特定信息目标的"科学的好奇心"。而弗洛伊德则把好奇心看作一种"对知识的渴望"[⑥]。是对未知知识的渴望。

张春兴认为："好奇心是人类求知的最原始内在动力，是促使个体对新奇的事物去观察、探索、操弄、询问，从而获得对环境中诸般事物了解的一种原始性内在冲动。"[⑦] 这种认识直接将注意力集中在了好奇心的后继行为上。持有这种看法的还有刘云艳、申继亮等。刘云艳就认为："好奇心（curiosity）是个体遇到新奇事物或处在新的外界条件下，所产生的注意、操作、提问等

[①] 托德·卡什丹. 好奇心 [M]. 谭秀敏, 译. 杭州：浙江人民出版社, 2014.
[②] 布仁门德, 刘孝友. 好奇心透视 [J]. 皖西学院学报, 2003, 19 (4).
[③] [英] 约翰·阿代尔（John Adair）. 创造性思维艺术 [M]. 吴爱明, 陈晓明, 译. 北京：中国人民大学出版社, 2009.
[④] 朝永振一郎. 乐园——我的诺贝尔奖之路 [M]. 孙英英, 译. 北京：科学出版社, 2010.
[⑤] 吉恩·D. 哈兰, 玛丽·S. 瑞夫金. 儿童早期的科学经验 [M]. 张宪冰, 李妩静, 郑洁, 于开莲, 译. 北京：北京师范大学出版社, 2006.
[⑥] Kashdan T B. Trait and state curiosity in the genesis of intimacy differentiation from related constructs [J]. Journal of Social and Clinical Psychology, 2004, 23 (6)：792-816. 引自：何祖娴, 梁福成, 吴秀敏, 孙晶. 中学生好奇心的测量 [J]. 中国健康心理学杂志, 2009 (17)：11.
[⑦] 张春兴. 教育心理学 [M]. 杭州：浙江教育出版社, 1998.

心理倾向。"① 申继亮也将好奇心定义为："好奇心是由新奇刺激所引起的一种朝向、注视、接近、探索心理和行为动机，是一种求知的内驱力。"这种界定与我们给出的定义有较多的共性，并且将探索因素放到了其中②。

当任何信息（自然也包括新奇性信息）在大脑中兴奋的可能度达到足够高的程度时，就会成为指导人产生某种确定性行为的控制模式。而当新奇性信息成为指导人产生某种行为的控制模式时，会使人趋向于表现新奇性信息的行为模式。由此可以看出，重视新奇性信息的认知与我们所强调的增强新奇性信息可能度的意义相一致，但其所强调的却是它的后继行为。而我们认为，这种后继行为是由人的其他生命特征所表征（控制）的。

袁茵等认为，好奇心是使个体对新异或未知事物做出反应的心理动力或者内部动机；是个体主动探究新异或未知事物的行为倾向性；是具有反应性、主动性和持续性等心理特征的多维结构③。从袁茵、杨丽珠给出的好奇心界定的第一部分来看，好奇心就是在提高、强化新奇性信息在大脑反映的兴奋程度。从客观的视角看，好奇心可以看作人的注意力被新奇特征所吸引的程度的度量。从主观的视角看，好奇心是人主动抛向新奇特征的注意力。

刘云艳将好奇心界定为："个体遇到新奇事物或处于新的外界情境中，所产生的注意、操作、提问等行为倾向。"④ 这种定义将诸多独立的心理模式混在一起，不容易明确地区分各种心理品质在心理转换中所发挥的独特作用。要想深入地研究好奇心，就需要将其与其他心理特征、环节相脱离，在孤立地研究好奇心的基础上，再研究好奇心与其他心理品质的相互作用和相互关系。显然，人们更愿意将这些心理特征"揉"在一起来研究。这种人为地将问题复杂化的做法有很大的可能会造成"公婆各理"的现象。

徐春玉从复杂性动力学的角度对好奇心的界定是：好奇心是喜好新奇性信息的可能性，是增强新奇性信息在大脑中显示可能性的度量，是对新异和未知事物产生的想知和尝试的心理倾向⑤，也是在现有知识基础上的求新、求异、求变的主动态度的程度。

---

① 刘云艳. 幼儿好奇心基本结构的研究 [J]. 西南师范大学学报（人文社会科学版），2006，32 (3).
② 申继亮，王鑫，师保国. 青少年创造性倾向的结构与发展特征研究 [J]. 心理发展与教育，2005 (4).
③ 袁茵，杨丽珠. 促进幼儿好奇心发展的教育现场实验研究 [J]. 教育科学，2005，21 (6).
④ 刘云艳. 幼儿好奇心发展与教育促进研究 [D]. 重庆：西南师范大学，2004.
⑤ 徐春玉. 好奇心理学 [M]. 杭州：浙江教育出版社，2008.

在人们常见到的关于好奇心的界定中，更多地将好奇心与探索紧密地结合在一起。巴甫洛夫称好奇心为"探究反射"。人类学家把好奇心视为个体适应性大小和能力的品质，这种品质又进一步地成为种族进化以及科学进步的动力因素。动机心理学家把好奇心视为既具有认知性，又有情感性的内在动机，是人类面对新现象而激发出来的惊讶、惊奇、激动的情感；认知心理学家将好奇心看作对未接触过的事物产生的一种新颖感和惊讶感，并促使自己去探索的一种精神状态；发展心理学从探索好奇心发展的年龄差异、性别差异以及发展水平差异的角度去准确把握好奇心的实质。还有人从心理测量学的角度探讨好奇心的多维结构，并进一步地测量其大小。

当人们进一步地看到好奇心在创造性思维中的作用时，进一步地揭示了好奇心与创造性思维内在动机的核心特征，从中可以发现人在遇到新的现象和新的问题时能够主观能动地寻找、构建新的应对之策的基本行为特征[1]。

我们曾经采取问卷调查的方式试图了解人们对于好奇心的理解以及人们更喜欢哪种好奇心的界定，以此来探索在人们的认识中，哪种特征与好奇心联系更加紧密。此结果仅仅是某军校大学生以及少数年轻教师的问卷调查。结果显示，在众多被调查者中，最喜欢的定义是"好奇心是促使个体对新奇的事物去观察、探索、操弄、询问，从而获得对环境中诸般事物了解的一种原始性内在冲动"，其次是"好奇心是个体对新异和未知事物想知的倾向"。由此可以看出，至少对于这部分人来讲，更侧重于关注好奇心中探究的成分。

好奇心包含着探究未知的成分，人们更愿意直接通过探究行为来界定好奇心，认为好奇心是人对自己不了解的事物感到新奇而有兴趣进行探究的一种心理倾向，并认为它是推动人主动求异，进行创造性思维的内部动因[2]。

虽然关于好奇心与探索能力之间的关系受到人们足够的重视，我们在这里还是要明确地指出：虽然好奇心强会导致人表现出很强的探究未知事物的倾向，但好奇并不意味着必然探索，因为好奇心还有其他的成分，还会导致其他行为的出现。好奇心只是人探究性行为中关键的环节和因素之一，人之所以能够表现出探究的行为，还与另一个基本过程——掌控有关。探究是为了掌控。掌控与好奇可以看作一种生命"活性"中收敛与发散基本变换的延伸性行为。探究可以从"混沌边缘"所对应的扩展、扩张、发散延伸得来，

---

[1] 翁艳钦. 尊重个性发展培养创新能力 [J]. 教育评论，2002（5）.
[2] 王玲凤. 论内部的激发与学生创造性的培养 [J]. 教育探索，2002（5）.

而掌控则可以从辐合、集中、收敛等延伸得来。正是由于生命所表现出来的"混沌边缘"特征，在任何一个"状态点"上都表现出收敛与扩展的有机统一，由此，才能在人的意识空间，表现出人主观典型的扩展性探究行为。人们在关注好奇心时，更多地关注由于好奇心所导致的差异以后所要进一步采取的行动："下一步呢？"

斯皮尔伯格（Spielberger）和斯塔尔（Starr）（1994）已经认识到好奇心与探究是两种不同的心理模式。斯皮尔伯格和斯塔尔首先将好奇心看作一种以认知为基础的情绪，也正是这种情绪，促使人们投入探究行为（Spielberger & Starr, 1994）。从表现形式来看，探究应该是比好奇更加复杂的一种行为，好奇心在心理转换过程中的作用则要单纯得多——表征差异性信息，将不同的信息联系在一起。托马斯·费兹科就指出，探究行为是指向于寻找新经验或收集额外信息的行为，包括提出问题、从书中查找资料、实验、思考以及其他一些可称为学习的相关活动[①]。

德国学者维蕾娜·卡斯特首先将好奇心视作人天性的品质，将好奇心看作人的兴趣的基本成分，并将好奇心的满足作为消除焦虑和无聊的基本工具。如果一个人因为外部缺乏足够的刺激而不能满足其好奇心，那么就会表现出缺乏兴趣的情感反应，原本由于发生兴趣而形成的活力应该得到保障，也就必须通过使我们感到兴奋和刺激的情境实施作用。这种刺激的持续作用会使我们产生适应，不能维持长久，那么，我们便会不断地找寻新的具有刺激性的情境。"好奇心驱使我们跨越边界带来发展"[②]。

二、研究好奇心的有关理论

研究者从各个方面对好奇心的概念、本质、发展特点等分别进行了研究，从不同的角度和观点出发对这些问题进行不同的分析、理解和界定，由此形成了不同的理论观点。

（一）好奇心的本能论

1. 好奇心的原始生物本能论

好奇心的本能论研究者把好奇心看作生物的一种基本本能，一再强调好

[①] 托马斯·费兹科，约翰·麦克卢尔. 教育心理学——课堂决策的整合之路 [M]. 吴庆麟，等，译. 上海：上海人民出版社，2008.
[②] 维蕾娜·卡斯特. 无聊与兴趣 [M]. 晏松，译. 上海：上海人民出版社，2003.

奇心的先天生物性特征。如，达尔文就将好奇心视作人与其他动物相区别的核心品质。受达尔文进化论思想的影响，詹姆斯首先把好奇心看作生物体的一种原始本能，把个体对新鲜事物的趋近和意向看作一种适应性的行为。除了这种适应性的好奇心以外，他同时认为还存在另一种好奇心，即"对抽象事物想知"的、或者"科学的好奇心"，这种好奇心是理性而"冷静的头脑对一种不一致或者是自身知识差距"认识的反应[1]，这种对于抽象信息愿意"接近"的倾向性行为只是人类所特有的本能。随后的极端本能论者麦独孤（McDougall）同样认为，好奇心仅仅只是人类的天性，在其他动物的身上则不能表现此类品质，人类的许多思索性倾向和科学的探究性倾向都植根于人所特有的好奇心[2]。问题是：为什么好奇心只有人类才特有？是什么将动物挡在好奇心之外，这其中关键的"阀门"是什么？小狗在不理解你的行为时会歪着脑袋看你，这代表着小狗的好奇心，这种好奇心与人对某个事物不解时的反应基本相同。那么，我们又如何才能将两者区分开来？我们还可以进一步地提问：在人类的进化过程中，是哪些因素具体导致了人类特有的好奇心的出现？

弗洛伊德对好奇心的解释离不开其所提出的人的"性本质"的观点。在弗洛伊德看来，人的好奇心是人"性"本能的自然衍生物。弗洛伊德认为，人的本质上的性，同时会表现出稳定的一面和扩张的一面。根据弗洛伊德的解释，在3~5岁的儿童中有关"性"的探索、扩张性因素就会升华成为好奇心。弗洛伊德认识到了新奇性信息可以引起好奇心，并将其与"原始焦虑"性反应建立起联系。但在构建彼此之间的关系时却产生了认识性的错误。好奇心是生物体生命活性本质中发散与扩展模式（行为）的自然反应，由于受到人的意识的强化而表现得更加突出。因此，人的好奇心并不是在社会压力下，有关"性"的好奇心被升华概括化为对世界的认知好奇心，而是意识壮大到足够强的程度时，反映差异的系统汇集与独立强化到一定程度并被意识放大的结果。

尽管社会心理学有艾里克森（1963，1982）继承了弗洛伊德的许多观点，

---

[1] Spielberger C D, Starrlm. Curiosity and Exploratory Behavior. In O'Nell Harold F. Jr&Drillings, Michael (Ed) [A]. Motivation: Theory and research [C]. Hillsdate, NJ, England: Lawrence Erlbaum Associates, 1994.: 221-243.

[2] Loewenstein G. The Psychology of Curiosity: A Review and Reinterpretation [J]. Psychological Bulletin, 1994, 116 (1): 75-98.

但在描述儿童的基本出发点时，艾里克森采取了心理社会理论的方法，从好奇心作用的角度，强调儿童是主动适应环境的积极的、好奇的探索者，而不是父母塑造的受生物力量驱使的"被动奴隶"[①]。

在比较了人与动物的好奇心，认识到人进化具有连续性特征以后，我们将好奇心归结为神经系统中存在的差异感知元——对外界差异性刺激产生较强反应的神经元——汇聚的结果。这些反映差异性特征的感知神经元在数量达到一定程度，并汇聚成一个具有独立功能的神经子系统以后，便构成了好奇心的神经生理基础。而当好奇心与知识建立起更加广泛的联系，会促使大脑神经系统对外界信息更多地进行加工，促使大脑神经系统更加关注外界信息，由此而形成对信息更强的加工和产生更大的"非线性涨落"，形成具有突出表现的更大的"剩余心理空间"[②]，并在与其他神经系统更加频繁的相互作用中，促成好奇心的自主化，形成具有足够自主性的好奇心。此时，好奇心可以独立于其他心理过程而单独发挥作用，度量在大脑中涌现出来的各种新颖的、与当前状态无关的、变化的、构建性的信息，从而促进心理过程的新颖性转化。

2. 好奇心的原始动机论

关于好奇心的原始动机观点，又可以具体地细分为若干小的理论。

（1）原始驱力论

20世纪初，心理学界普遍认为好奇心是人的行为的一种基本驱动力。与性相伴的好奇心源于生命的本质，自然会成为一种基本驱力。

从弗洛伊德的理论出发，按照性是一切行为的本源的基本观点，弗洛伊德认为，"力必多"先是表现出差异性特征，再由"力必多"驱使人产生探索性行为，然后再进一步地升华为人所独具特色的好奇心。从另一方面来看，如果将性作为一种独特的本能活动，那么，好奇心必然与之产生相互作用。性的觉醒以及对于性的好奇心在人的童年早期就开始出现。无论是"质"的差异性，还是"量"的差异性，都与性本能的差异性相对应，必然会衍生出这种好奇心性本能。而在社会生活和文化氛围的经常性的有力作用下，有关"性"的好奇心便会与众多不同的现象、知识相结合，将"升华"为抽象概

[①] David R. Shaffer & Katherine Kipp. 发展心理学 [M]. 邹泓, 等, 译. 北京：中国轻工业出版社, 2009.

[②] 徐春玉, 张军. 最大潜能让创造力跳起自由之舞 [M]. 北京：经济日报出版社, 2007.

括提升的对世界的和对知识的好奇心。

按照容格的"集体无意识"理论，在人的差异化生存过程中，那些在原始生活中起关键作用的集体无意识，会通过人的进化性遗传选择，将最恰当的状态在人的内心留下深刻的印记。当好奇心作为一种稳定的模式必然与其他模式建立复杂的联系时，就会伴随着相关行为而发挥相应的作用。如果好奇心同厌恶情绪联系在一起，在好奇心得不到满足便会将厌恶唤醒，好奇心就会表现出为了减少厌恶而产生寻求知识的行为。

马斯洛把人的好奇心、探索等本能划分到人的自我实现需要中，指出，当人较低级的需要获得满足后，便开始表达更高层次乃至自我实现的需要，包括创造性的自我表达、好奇心的满足等需要，以及似乎由内部驱动的其他探索性或提高技能的各种需要。

桑代克（Thorndike）、哈洛（Harlow）、尼森（Nissen）等早期行为主义理论家同意将好奇心作为人行为的基本驱动力的观点，认为好奇心是人行为本质性的驱动力，人所表现出来的探索行为就是由这种原始的"生物内驱力"所激发的[1]。怀特（White）[2]、张春兴[3]等都把好奇心看作原始驱力，但他们与早期的心理学家的认识有所不同，他们都认为好奇心是在人具有了意识性特征的基础上，在人的心理层面上才表现出来的较高层次的原始驱力。这种观点把好奇心当作解释人的其他行为的"基本词汇"，强化意识对这种本能驱动的放大作用，却不再进一步地追求好奇心更加本质的内涵，也不再追求好奇心对于人类进化更加本质的意义。

（2）驱力减低论

伯莱因（Berlyne）的神经生理学的观点和方法将好奇心与探索行为联系起来[4]，认为好奇心就是由具有复杂、新异和令人惊讶等特性的信息的"刺激冲突"或者"不协调"等引起的。他认为人有两种探索行为：多样好奇（免

---

[1] 胡克祖. 好奇心的理论述评［J］. 辽宁师范大学学报（社会科学版），2005（6）.

[2] Whiterw. Motivationreconsidered：Theconceptofcompe2tence［J］. Psychological Review，1959，166：297-333.

Mark L S. The exploration of complexity and the complexity of exploration. In Hoffman, Robert R. etc. (Ed)［A］. Viewing Psychology as A Whole：The Integrative Science of William［C］. N. Dember. Washington DC. US：American Psychological Association. Xviii, 1998：191-204.

[3] 张春兴. 教育心理学［M］. 杭州：浙江教育出版社，1998.

[4] Berlyne D. Novelty and curiosity as determinants of exploratory behavior［J］. British Journal of Psychology，1950，41：68-80.

除无聊）与特定好奇（不确定性，概念冲突等）。他把特定好奇看成认知好奇，认知好奇产生于特定探索，探索改变不确定性与概念冲突，转化为个人特征。

伯莱因根据赫尔（Hull）的驱力减低理论提出了两个基本假设。第一个假设是：当新异刺激作用于机体感受器时，会出现一个由刺激直接引发的内部驱力反应（R—R［，D］），伯莱因将这种内部驱力反应称为"好奇心"；第二个假设是：当唤起好奇心的刺激持续作用于机体感受器时，机体将会产生适应性反应，此时，新奇性刺激不再新奇，人的好奇心就会逐渐消失。这种观点解释了新奇性刺激对好奇心的形成及好奇心作用的动态反应特征，指出了机体在活性状态下所感受到的刺激与形成反应的直接对应关系。其中的不足是没有抓住好奇心的主动的、意识的、主观的意义，也没有研究好奇心被激发起来以后对相应的心理转换过程所应起到的作用，自然也就体现不出好奇心自主性的作用和意义。这其中的第二个假设没有将好奇心与新奇性信息区分开来。

(3) 最佳刺激论

在伯莱因研究的基础上，斯皮尔伯格（Spielberger）和巴特勒（Butler）通过构建最佳刺激理论（也称双过程理论）将好奇心与探究有机地结合为一体，并以此来解释各种形式的探究行为。他们首先把好奇心和焦虑看作相对抗的相伴内驱力，认为在任何活动中表现出既相互协调又相互对立的过程特征。好奇心和焦虑在个体感知新异的、不协调或者不明确刺激中的表现并不是确定不变的，这些特征以其自身的变化性而表现出起伏不定的状态和变化趋势，并根据这种变化此消彼长。他们认为，好奇心内驱力比焦虑内驱力有较低的阈限并且在初始阶段有更高的增长率[①]。这些内驱力都是强度不等的情绪状态。好奇心与焦虑的不同组合会表现为不同的情感组合，二者的交互作用会唤起和推动个体的不同行为。

（二）好奇心的认知论

认知心理学家把好奇心看作一种内部认知动机，并采用认知协调性、一致性、概念冲突及信息距离等观点来解释和定义好奇心。显然，这种观点从本质上抓住了好奇心基于差异信息感知系统的内在特征，并在意识层面作了现象学的描述、扩展和深化。

[①] 维蕾娜·卡斯特. 无聊与兴趣［M］. 晏松，译. 上海：上海人民出版社，2003.

(1) 认知不协调论

20世纪50年代，赫布、汉特和皮亚杰等人从认知的角度对好奇心做出了比较一致的解释，其中充分认识到了外界新奇性刺激与生命活性状态之间的限定性关系。他们的基本观点是：首先，好奇心是人试图搞清楚世界中未知现象的倾向性反应；其次，这种试图心理是由当前状态与某个预期状态的不一致引起的；最后，好奇心同现实与预期的不一致性之间存在一个倒U形关系[1]。

在汉特看来，好奇心是个体对中等程度认知不协调（这种"中等程度"可以用一个区域来表示）的寻求反应，是一种由积极影响的欲望所激发的[2]。卡根（Kagan）从动机的角度分析指出，人类共有4种基本动机：解决不确定性的动机、寻求感觉的动机、饥饿和反抗的动机、征服和把握局势的动机。这些方面并不是都由好奇心所引发，而只有"解决不确定性的动机可以被重新命名为寻求认知协调的动机，或者想知道的动机，也就是伯莱因所说的认知的好奇心"才与好奇心具有紧密的联系[3]。

皮亚杰从儿童心智成长的同化与顺应的角度认为，好奇心与儿童探求世界的需要是紧密联系在一起的，好奇心就是由儿童试图将新奇信息纳入已有认知结构所引起的认知不平衡的产物。皮亚杰进一步地把好奇心独立特化出来，并把好奇心驱使下的探索行为分为：视觉性、触觉性、操作性和活动性等4种类型。进而认为，这4种不同的心理模式并不彼此独立，而是可以在实际过程中不断地相互转化的。

贝斯威克（Beswick）从心智在信息加工过程中的成长与作用的角度出发，把好奇心定义为：个体寻求、维持并解决这一概念冲突的准备状态或倾向[4]。

(2) 信息差距论

马隆（Malone）在格式塔理论的基础上对认知的好奇心做出了解释，认为认知的好奇心是由改变认知结构的期望所引起的，可以被看作想给个体知

---

[1] 胡克祖. 好奇心的理论述评 [J]. 辽宁师范大学学报（社会科学版），2005 (6).

[2] Hunt J M. Intrinsic motivation and its role in psychological development. In Levine D. (Ed) [A]. Nebraska Symposium on Motivation [C]. Lincoln：University of Nebraska Press，1965：189-282.

[3] Hunt J M. Intrinsic motivation and its role in psychological development. In Levine D. (Ed) [A]. Nebraska Symposium on Motivation [C]. Lincoln：University of Nebraska Press，1965：189-282.

[4] Beswick D G, Tallmadge G K. Reexamination of two teaming style studies in the light or the cognitive process theory of curiosity [J]. Journal of Educational Psychology，1971，62 (6)：456-462.

识结构带来更具"完形"形态的一种欲望[1]，或者说是驱使不完形的认知结构更加完美的欲望。更进一步地说，好奇心就是由认知差异（不同、不协调）产生的[2]。徐春玉则将人的大脑神经系统中反映差异的神经元独立特化出来，提出专门表征、反映不同信息之间差异的差异感知神经元的重要作用，进一步地指出，正是差异感知元的汇集、独立与强化，最终形成好奇心[3]，并在人对外界的生理与意识反应中起到关键的作用。

勒文斯泰因（Loewenstein）基于格式塔心理学，提出了"信息差距"的观点。他认为，一个人对知识的不满足同对物质条件的不满足一样，依赖于个体所处的客观情景与主观参照点之间的比较与差异。一个人的所知是相对客观的，但是一个人的"想知"则具有很强的主观性。一个人的想知可以被看作他内心激发的内知识结构的"参照点"。当一个人在某一特定领域中的信息参照点高于他当前的知识水平时，就会引起好奇心。勒文斯泰因（Loewenstein）还认为指向特定信息的好奇心强度与个体解决不确定性问题的能力之间呈现出正相关性特征；而且，好奇心与个体在特定领域的知识积累之间也呈现出正相关。[4]

这些解释显然更接近于生命的"活性"本质在意识中的表现。基于人的"活性"特征，既表现活性特征扩张的一面，同时也表现其收敛的一面。因此，在任何一个心理过程中，都有既促使心理结构不完整，又有促使人形成完整结构的过程。两个过程在活性机体中不可分割地统一于一个整体中。主要表征为信息变换的意识心智的成长与进步，就是在这种复杂的相互作用过程中表现出来的。基于收敛所表现出来的掌控心理与由格式塔心理学家所研究的格式塔具有一定的相关性，由人天生追求"把握"的心理所控制，并在这个过程中发挥一定的作用。而扩张的过程则直接与好奇心对应起来。我们应该统一协调地对待两个过程，而不能粗暴地将两者分开。

（三）好奇心的特质论

不论是本能论者、驱力论者还是认知论者，他们普遍把好奇心看作一个

---

[1] Malone T W. Toward a theory of intrinsically motivating instruction [J]. Cognitive Science, 1981 (4): 333-369.

[2] Loewenstein G. The Psychology of Curiosity: A Review and Reinterpretation [J]. Psychological Bulletin, 1994, 116 (1): 75-98.

[3] 徐春玉. 好奇心理学 [M]. 杭州: 浙江教育出版社, 2008.

[4] Loewenstein G. The Psychology of Curiosity: A Review and Reinterpretation [J]. Psychological Bulletin, 1994, 116 (1): 75-98.

人从事其他活动的基本动机来加以讨论和研究，认为这是每个人都具有的一种特征，是每个人在所有状态下都能充分表现的基本品质。

从20世纪70年代以后，越来越多的研究者明显地把好奇心作为一种重要的人格特质，认为好奇心既有一般状态的成分也有特质的成分。状态好奇心表现的是短暂的、变化不定的动机性质，会随着条件的不同而有不同的表现；而特质的好奇心则是稳定的、持久的人格特征[1]。

普遍认为较早对好奇心特质给予较多研究的是伯莱因的学生达伊（Day）[2]。达伊在承认人的基本好奇心品质的同时，指出应把好奇心看作个体持久稳定的人格特质来加以研究。处于同时期的皮尔斯（Pearson）在其"新异需求"测验以及朱克曼（Zuckerman）在其"感觉寻求"的研究中，也把好奇心看作一种特质来加以研究。

斯皮尔伯格等人[3]以及奈洛（Naylor），倾向于通过问卷调查来研究好奇心和特质之间的本质区别与内在联系。朗之文（Langevin）及安利（Ainley）用因素分析方法对已有的几种好奇心测量工具进行分析，明确区分了广泛特质的好奇心（好奇心的广度）和特定状态的好奇心（好奇心的深度）。随后，越来越多的研究者的不断探讨揭示[4]，好奇心本身就是一个具有多维度的特征结构。但对于究竟需要几个维度来描述好奇心，还没有形成一致的看法[5]。

认识到好奇心在创造中的地位与作用，或者说将人创造力的核心以及驱动力更多地归结为好奇心时，有更多的创造性（力）研究者从创造的角度描述好奇心，指出了好奇心在创造中的典型特征表现以及在创造过程中具有的独特地位。无论是敏感性、流畅性，还是灵活性，都是好奇心在构建更加多

---

[1] Stead G B, Palladino Schultheiss D E. Construction and psychometric properties of the Childhood Career Development Scale [J]. South African Journal of Psychology, 2003, 33 (4): 227-235.

[2] 胡克祖. 好奇心的理论述评 [J]. 辽宁师范大学学报（社会科学版），2005 (6).

[3] Spielberger C D, Reheiser E C. Measuring Anxiety, Anger, Depression, and Curiosity as Emotional States and personality Traits with the STAI, STAXI, and STPI. In Hersen M, Hilsenroth M J&Sega L D L. (Eds) [A]. Comprehensive Handbook of Psychological Assessment [C]. Personality Assessment. Hoboken, N. J: John Wiley&Sons, Inc. 2003: 70-86.

[4] Collins R P. Measurment of Curiosity as A Multiemensional Personality Trait [A]. A Dissertation Submitted in Partial Fulfilment of the Requirements for the Degree of Doctor of Philosophy [C]. Department of Psychology College of Arts and Sciences University of South Florida, 2000.

Raine A, Reynolds C, Venables P H. etc. Stimulation Seeking and Intelligence: A Prospective Longitudinal Study [J]. Journal of Personality and Social Psychology, 2002, 82 (4): 663-674.

[5] Reijo B. Curiosity and Exploration: Four Dimensions of Gender-Free Exploration-A Methodological Example Study [EB/OL]. Available: http://www.edu.helsinki.fi/oppimateriaalit/2004/10/11.

样的新奇观念时的具体表现。

第二节 好奇心的动力学理论

我们在给出了任何一个时刻心理状态的描述——泛集，并认为一种确定的意义将对应于一个稳定的泛集时，把心理转换过程看作由一个稳定的泛集向另一个稳定泛集的映射，从而把心理转换过程看作一个典型的动力学过程。如果考虑任何一个时刻心理的全泛集表征，也就是说，泛集中的元素可以任意组合，所形成的意义集合将保持有限。当存在并表现好奇心时，心理转换动力学过程将产生信息流失，此时意味着引入了新奇性的信息。由此，就可以将信息熵与信息的新奇度建立起对应关系，也就与好奇心建立起对应关系[①]。

心理转换过程是典型的存在奇异吸引子的动力系统，此时，在心理的时相空间构建具有相空间维数取为 d 的运动轨道：$X = [x_1(t), \cdots, x_d(t)]$。为研究在不同时间间隔 τ 心理转换动力系统所处的状态，将"心理时相"空间划分成以尺度 l 的小区域。初始时系统所处的区域记为 i_0。此时，采取复杂性动力学的方法研究系统的行为 $X(0)$ 在区域 i_0、$X(\tau)$ 在区域 i_1、$X(2\tau)$ 在区域 i_2、$\cdots$、$X(n\tau)$ 在区域 i_n 中的联合概率 $p_{i_0, \cdots, i_n}$。根据 Shannon 熵的定义，该复杂系统所对应的 Kolmogrov 信息熵可以描述为

$$S_n = \sum_{i_0, \cdots, i_n} p_{i_0, \cdots, i_n} \ln p_{i_0, \cdots, i_n} \tag{2-1}$$

该信息熵为与联合概率 $p_{i_0, \cdots, i_n}$ 相对应的认识程度，此时，$S_{n+1} - S_n$ 为已知系统开始处于 $i_0, \cdots, i_n$ 状态、接下来在区域内 i_{n+1} 存在的附加信息量。也就是说，$S_{n+1} - S_n$ 度量了从时间 $n\tau$ 到 $(n+1)\tau$ 的信息变化特征。定义信息的平均损失率

$$S = \lim_{\tau \to 0} \lim_{l \to 0} \lim_{n \to \infty} \frac{1}{n\tau} \sum_{i_0, \cdots, i_{n-1}}^{n-1} (S_{i+1} - S_i) = \lim_{\tau \to 0} \lim_{l \to 0} \lim_{n \to \infty} \frac{1}{n\tau} \sum_{i_0, \cdots, i_{n-1}}^{n-1} p_{i_0, \cdots, i_{n-1}} \ln p_{i_0, \cdots, i_{n-1}} \tag{2-2}$$

S 可以作为混沌系统动力学的基本特征描述。显然，对于一个确定性的动

---

① 徐春玉. 好奇心理学 [M]. 杭州：浙江教育出版社，2008.

力学过程，从一个状态到另一个状态不需要附加任何信息，则 $S = 0$。而对于完全随机系统，由于没有一点预测性信息提供引导，没有一点前期信息可以利用，比如说，在概率论的马尔科夫过程中：前一个状态与后一个状态没有任何关系，完全以概率的形式描述相应的动力学过程，此时信息的平均损失率可以描述为：$S = +\infty$，而对于一个混沌以及处于"混沌边缘"的系统来讲，一方面具有一定的确定性，另一方面具有一定程度上的随机性，因此有

$$0 < S < +\infty \tag{2-3}$$

一、信息损失与好奇心

好奇心发挥作用意味着引起了心理转换过程中心理状态——信息的变化，而这种信息变化可以运用信息熵 S 来度量。此时，可以从动力学的角度给出好奇心的定义：喜好新奇性信息的可能性，或者说，使新奇性信息在心理空间增大的可能度。

从动力学的角度来看，S 值度量的是一个动力系统从一个状态向另一个状态转化时的信息损失率，在心理转换过程中，从一个泛集向另一个泛集转换时，同样会产生信息损失，就可以认为这种信息损失是由好奇心引起的，由于好奇心的作用而在心理转换过程中产生了不确定性——产生信息损失，因此，可以用动力学过程中的信息平均损失率来度量好奇心[①]。将好奇心记为

$$H \equiv 好奇心 \tag{2-4}$$

二、好奇心与新奇度

如果用泛集来表示，信息在大脑中反应时的新奇度，度量的是所形成的新的泛集在与已知泛集比较时，由差异信息模式所组成的泛集的大小。我们可以用泛集元素的个数或度量泛集作为泛集大小的度量。如果将新奇度记为 u，而将信息之间的相似度记为 y，则有

$$u + y = 1 , y = \frac{z(F_a \cap F_b)}{z(F_a \cup F_b)} \tag{2-5}$$

心理过程中泛集的变化率，也就是新奇性泛集大小关于时间的变化率。由 S 的物理意义可以简单地假设：信息在大脑中的新奇度与信息反应过程中

---

① 徐春玉. 好奇心理学 [M]. 杭州：浙江教育出版社，2008.

信息损失所表征的混沌特征相对应，具有如下关系

$$\frac{\mathrm{d}u}{\mathrm{d}t} \propto H = S \tag{2-6}$$

式中 t 为时间。将上式写成等式即

$$\frac{\mathrm{d}u}{\mathrm{d}t} = mS \tag{2-7}$$

式中 m 为比例系数。

考虑到引起信息新奇度变化的原因还包括外界新奇性信息的输入，一般可写为

$$\frac{\mathrm{d}u}{\mathrm{d}t} = f(S, I, t) \tag{2-8}$$

式中 I 为外界的信息输入量（对外界的信息与输出量）。由于信息在大脑中被认知，存在一定的稳定时间，可根据神经系统的稳定时间对上述过程进行离散。记神经系统的稳定时间为 τ。经过稳定时间后，将产生确定的意义。一旦意义确定下来，信息的新奇度就又要发生变化。这样，就可以依据该稳定时间对信息加工过程进行划分，并对信息的新奇度和好奇心之间的关系进行离散。此时有

$$\frac{u(t+\tau) - u(t)}{\tau} = QS(t) \tag{2-9}$$

式中 Q 为比例系数。一个人的好奇心促进心理状态的变化，包括促使注意力在稳定信息特征和变化信息特征之间进行变换。

三、平常好奇心与好奇心增量

根据一个稳定的心理时相中泛集元素反映的混沌性，可以将好奇心分为平常好奇心与好奇心增量（好奇心驱动量）。

平常好奇心。即使在正常清醒状态下，要保持一个人心理状态的稳定，也需要一定量（程度）的新奇性信息的输入与输出，此时，我们称维持一个人平常心态的好奇心为平常好奇心，并记为 S_c。每一个稳定的心理时相都对应着一定的平常好奇心，它表示在稳定状态下稳定不变的泛集元素与不停变化的泛集元素之间的对应关系，揭示一个人在形成与环境协调时的"活性"作用关系——在此种状态下也需要接收到一定变化率（差异率）的信息作用。平常好奇心值由机体处于耗散结构协调稳定状态时的活性值描述，可以通过

研究每个人在维持其正常状态下时需要信息量的最小值确定。一方面维持不同神经系统彼此之间的相互作用，另一方面又不会产生新的结构。

好奇心增量。好奇心增量是在信息加工过程中表现出的超出平常好奇心的部分，记为 δS_h。此时，好奇心可以写为

$$S_k = aS_c + b\delta S_h \tag{2-10}$$

式中 a 与 b 为相应的比例系数。

我们要进一步地说明，对于能够产生新意义的心理转换过程来讲，起作用的是 δS_h。正是由于它的存在，才使新奇性构建表现为一种独立的行为特性，它的强大也就意味着一个人的创造性变强。吉尔福特的创造力理论中揭示了灵活性与好奇心增量有关，而敏捷性则与平常好奇心有关[1]。从创造的角度来看，吉尔福特更加重视灵活性，认为正是由于灵活性才能带来突破性的创新，因此，从功用的角度看，是好奇心增量才促成了人的创造。一个人的好奇心增量越强，则创新意识就越强，在遇到一个新事物时，就更容易从新的角度开展研究，将新的信息输入心理空间，提高新信息在大脑中的反应强度，建立新信息与其他信息广泛的相互作用，并从中得出与众不同的认识。

四、李雅普诺夫指数与好奇心

李雅普诺夫（Lyapunov）指数（简称李指数）。从物理学的意义上来看，李雅普诺夫指数是相邻两个点分离程度的量度。由混沌动力学可知，当混沌运动出现时，相毗邻点之间的距离将随着时间的演化以指数形式相分离。李雅普诺夫指数 $\lambda(x_0)$ 定量地描述了这种分离的强度。

在数学中，定义

$$\varepsilon e^{\lambda N(x_0)} = |f^{(N)}(x_0 + \varepsilon) - f^{(N)}(x_0)| \tag{2-11}$$

当 $\varepsilon \to 0, N \to \infty$ 时，上式给出精确表达式

$$\lambda(x_0) = \lim_{N \to \infty} \lim_{\varepsilon \to 0} \frac{1}{N} \ln \left| \frac{f^{(N)}(x_0 + \varepsilon) - f^{(N)}(x_0)}{\varepsilon} \right|$$

$$= \lim_{N \to \infty} \frac{1}{N} \ln \left| \frac{df^{(N)}(x)}{dx} \right|_{x=x_0}$$

它表示 $e^{\lambda(x_0)}$ 为靠得很近的相邻两点经过一次迭代的平均分离程度。根据

---

[1] J·P. 吉尔福特. 创造性才能——它们的性质、用途与培养 [M]. 施良方，沈剑平，唐晓杰，译. 北京：人民教育出版社，1990.

迭代过程的特征和复合函数的求导法则，即有

$$\lambda(x_0) = \lim_{N \to \infty} \frac{1}{N} \ln \left| \frac{df^{(N)}(x)}{dx} \right|_{x=x_0} = \lim_{N \to \infty} \frac{1}{N} \sum_{i=0}^{N-1} \ln |f'(x_i)| \quad (2-12)$$

在信息论中，李指数是被香农（Shannon）为发展信息理论用来描述系统运动特征的描述量。香农发展了一个通信理论来度量一条信息被正确接收的程度（不确定性）。他使用热力学的概念——熵，并用"比特"作为信息的单位。进入系统的"比特"越多，系统的熵——或不确定性就越高[1]。

准确性的信息量，度量我们在当前存在多种可能性的情况下对于当前状态掌握（知道）了多少。在数学迭代过程中，最大的正的李雅普诺夫指数为 λ_{max}，将度量每随时间向前走一个迭代周期，将丢失 λ_{max} 的确定能力或预测能力。那么，如果知道最大的李雅普诺夫指数 λ_{max}，就可以大致确定对于未来时间的预报的可靠性如何。事实上，由于永远不可能知道研究对象所涉及的所有特征，因此，也就不可能确定其运动规律。

李雅普诺夫指数与信息丢失。在由一个稳定泛集向另一个泛集的映射过程中，初始时，取落入到某个泛集中的概率为 $P(0)$。随着心理转换过程的进行，在任意时间 t，它所对应的信息泛集落入到该泛集中的概率为 $P(t)$，那么，它所对应的李指数即为

$$\lambda_u = \lim_{t \to \infty} (1/t) \log_2 (\frac{P(t)}{P(0)}) \quad (2-13)$$

此时，假设李指数与信息新奇度之间存在如下基本关系：

$$u = \lambda_L \quad (2-14)$$

信息的丢失（损失）也就与输入大脑的信息中的新奇部分对应起来。那么，在好奇心的作用下，关注新奇性信息，就具有重要意义。

在相空间（Phase space），可以通过度量一个球的体积如何在时间上变化来度量李指数。如果从一个 n 维相空间开始，一个邻点的球代表略微不同的初始条件，在一段时间以后，这个球体会变成椭球。而在足够长的时间以后，它就会被拉伸、压缩、挤扁等。这个球的体积 $P_i(t)$ 必然发生变化，而其体积的指数增长率是李指数的一个度量。第 i 维 $P_i(t)$ 的第 i 个李指数 L_i 为

$$L_i = \lim_{t \to \infty} (1/t) \log_2 (\frac{P_i(t)}{P_i(0)}) \quad (2-15)$$

---

[1] ［美］杰弗里·R. 古德桑. 混沌动力学 [M]. 卢侃, 孙建华, 等, 编译. 上海：上海翻译出版公司, 1990.

显然，它是通过两者之间的比值而确定其变化的。也可以从其差异的相对变化率和绝对变化率的角度描述两者之间的关系。

对微小刺激的放大与非线性合作中正的李指数具有对应性关系。非线性动力学所揭示的"对于初始条件的敏感性"，或者说"对初始条件敏感依赖"，由正的李雅普诺夫指数来度量。这种正的李指数又与非线性合作密切联系。由于它的存在，使我们不能对未来做出准确预测，也不能依据当前的结果，往前回溯以寻找以往的历史。

一个正的李雅普诺夫指数度量相空间中的伸展，它度量的是邻近点之间的距离会随着时间的增加而发展得多快，也是指一个系统在受到扰动时，需要多长的时间就已经面目全非。而一个负的李雅普诺夫指数度量相空间中的收缩，也就是说它度量一个系统在受到扰动时，需要多长时间能够恢复到先前的稳定状态。

生物有机体有应对外界刺激时保持稳定的一种特征，机体也有在外界刺激作用时对微小刺激放大的作用特征。这两种不同的特征交织在一起同时起作用，将微小的刺激放大成为对机体的稳定与变化起重要作用的刺激因素。

五、好奇心与信息可能度分布的关系

信息在大脑中显示的程度（可能度、兴奋度）是时间的函数。将一条信息根本不可能在大脑中显示的可能度记为 0，将其能够成为主要特征时的可能度记为 1。此时，我们可以将一条信息模式 A 显示的可能度［记为 $q(t)$］随时间变化的规律简单地描述为

$$\dot{q} = -\alpha q + K(q, t) \tag{2-16}$$

式中 α 可以称为"阻尼系数"，$K(q, t)$ 则为与好奇心有关的涨落力。根据好奇心的定义，在一个心理时相，信息显示的可能度会由于好奇心的影响而呈现出概然性的特征。

按照概率论的研究方法和模式，在存在多种信息的情况下，可以研究一条信息在随时间的变化过程中，在 $q - t$ 平面寻找到信息模式 A 的可能度为 $q(t)$ 的概率 $P(q, t)$。

对于信息模式的可能度 q_i，其概率分布可以写为：

$$P_i(q, t) = \delta(q - q_i(t)), \quad i = 1, 2, \cdots \tag{2-17}$$

这里 q 是基本变量，是诸多信息变化的可能性轨道。对这些可能性轨道

取平均，并引进函数

$$f(q, t) = \langle P(q, t) \rangle \tag{2-18}$$

如果信息 i 出现的概率是 p_i，按照概率论的规律，就有

$$f(q, t) = \sum_i p_i \delta(q - q_i(t)) \tag{2-19}$$

应用式（2-17）即有

$$f(q, t) = \sum_i \delta(q - q(t)) \tag{2-20}$$

这里 fdq 给出时刻 t 在位置 q 和 $q + dq$ 之间找到信息的概率。经过推导，可以得到

$$\frac{df}{dt} = \frac{d}{dq}(\alpha q f) + \frac{1}{2}Q\frac{d^2}{dq^2}f \tag{2-21}$$

此式即所谓的描述心理模式转换过程的福克-普朗克（Fokker-Planck）方程。它可以描述在心理转换过程中信息模式概率分布的变化。式中 $-\alpha q$ 称为漂移系数，而 Q 则称为扩散系数——与好奇心有关。对于多个信息模式，取

$$\dot{\vec{q}}_i = W_i(\vec{q}) + K_i(t) \tag{2-22}$$

并假定与好奇心相关的涨落力 K 具有如下关系：

$$\langle K_i(t) K_j(t') \rangle = K_{ij} \delta(t - t') \tag{2-23}$$

对于 $\vec{q}$ 的分布函数 f

$$f(q_1, q_2, \cdots q_n; t) = f(\vec{q}, t) \tag{2-24}$$

可以导出

$$\frac{\partial f}{\partial t} = -\nabla_{\vec{q}} \cdot \{\vec{W}f\} + \frac{1}{2}\sum_{ij} K_{ij} \frac{\partial^2}{\partial q_i \partial q_j} f \tag{2-25}$$

此即对于多信息模式的 Fokker-Planck 方程。关于上述方程的定态解和含时解的形式。哈肯给出[1]当

$$W(q) = \gamma(q_0 - q) = -\frac{\partial V}{\partial q}, \quad \gamma > 0$$

$$V(q) = \frac{\gamma}{2}(q_0 - q)^2$$

$K(q) = K = \text{Const} > 0$ 时，有解

$$\langle q \rangle_t = \langle q \rangle_0 e^{-\gamma t} + q_0(1 - e^{-\gamma t}) \tag{2-26}$$

---

[1] H·哈肯．协同学引论 [M]．徐锡申，陈式刚，等，译．北京：原子能出版社，1984．

$$\sigma(t) = \sigma(0)e^{-2\gamma t} + \frac{\varepsilon K}{2\gamma}(1 - e^{-2\gamma t}) \qquad (2-27)$$

$$f(q, t) = \frac{1}{\sqrt{2\pi\sigma(t)}}\exp\left[\frac{(q - q_0)^2}{2\sigma(t)}\right] \qquad (2-28)$$

上式可以描述在具体的心理转换过程中,在大脑中形成稳定反应以后,各种信息(心理)模式处于"活性"状态时所表现的概率值。由此结论可以看出,在一个稳定的心理时相,泛集的各特征元素在大脑中显示的可能度满足正态分布规律。显然,好奇心起着对心理状态的"涨落"影响作用,是心理转换过程的"涨落"影响因子。

第三节　好奇心增量

一、好奇心增量与非"最优选择"

站着不想坐(因为还要工作),坐下去则不愿意站起来。这被人们称为懒惰。但在一定程度上也是节省资源、提升有效竞争力的恰当方式。"最优",是一个极吸引人的字眼,但在人的身上,人却并不总是表现出追求最优的过程,而是围绕"最优",在外围甚至在一个更大区域不断地建构。这正是生命的本质。

从进化的角度来看,人存在更强的"好奇心增量"。人所具有的生命本质表征着任何行为并不只是为了达到最优(达到最大的快乐),还存在着非线性涨落机制,促使人从意识的角度研究更多的问题、构建更多其他的可能性。当然,世界的复杂性也决定着人不可能只是追求某些特征的局部最优。

在智能理论领域,人们已经认识到,在运用"爬山算法"决策时,并不意味着在每一步的探索过程中都要(能)寻找到能够达到山顶的"步伐"。人为了由一座局部的高山山顶到达群山中最高的山顶,不得不暂时下到"山谷"。"虽然我当前没有从事我所能达到的体能极限的活动,但为了以后在从事这种活动时不至于受伤,或者说为了更加有效地提高我的体能极限,我现在就会不停地锻炼。"人在意识中已经充分认识到为了保证自己在社会中有效生存，还应实施某种与达到自己最大快乐的行为相矛盾、有所不同的新的行为。这就需要平时加以锻炼，达到超出当前"快乐"需要的机能，以应付未来那未知的挑战。

每一种生物都不只是"追求最优"，而是运用非线性涨落在稳定的基础上保持足够的变异性试探。"遗传算法"中的"变异"操作就是这种非线性涨落的具体表现。此时的非线性涨落与非追求最优特征具有一定的内在联系。由于非线性涨落的存在，在生物进化过程中所形成的进化本能，并不必然地驱使生物个体追求"最优"，以免更早地落入"局部最优"。与此同时，遗传算法中的变异因子的强度不能过大也已经证明，如果非线性涨落过大，系统将不容易稳定，这也不利于系统整体的稳定生存与发展。如果非线性涨落过小，则系统会很快收敛到局部极小，由此会造成生物适应能力的大大降低。个体的多样性探索会间接地导致生物群体寻求更大范围的局部更优，从而有效提高生命群体的适应能力：适应更大范围内的不同环境作用，在更大的变化性刺激作用下保持协调稳定。

心智中与这种非线性涨落相对应的好奇心，就是人的好奇心增量[1]。将人与其他动物相比较，的确只有在意识达到一定程度的人身上，好奇心增量才会表现得更为突出。比如说，人就愿意推迟快乐以获得更大的快乐。就属于那种在充足好奇心基础上形成足够的剩余心理空间，以有效应对未来更大挑战的情况。理查德·尼斯贝特用"延迟满足感"的概念，来说明延迟满足感与非最优化、与非线性涨落之间所存在的某种内在的联系[2]。

研究表明，这种通过好奇心增量而避免尽早落入"局部极大"的非线性涨落，对于人的正常心智是有好处的，与此同时，这也就表明了人努力追求卓越与好奇心以及好奇心增量的内在联系，以及保持人的心理健康，促进人心智、好奇心与好奇心增量相互进化的机制。也可以通过这种关系而研究好奇心与抑郁之间的联系，寻找使人解脱抑郁的方法[3]。

二、好奇心增量与非线性涨落

从耗散结构理论的角度来看，由好奇心增量所形成的这种大刺激对于活

---

[1] 徐春玉. 好奇心理学 [M]. 杭州：浙江教育出版社，2008.
[2] 理查德·尼斯贝特. 开启智慧 [M]. 仲田甜，译. 北京：中信出版社，2010.
[3] 凯利·兰伯特. 越舒适，越抑郁 [J]. 石小东，译. 环球科学，2009 (1).

性状态的改变以及形成新的稳定状态具有重要意义与作用。根据耗散结构所描述的"超熵"产生率与好奇心的关系①可以看出，人的好奇心增量就是其对新奇性信息进行加工、促进心智不断变化的"非线性涨落控制器"，会促使意识活性状态由当前协调状态向新的协调状态的转移。当存在由好奇心增量所对应的超常刺激时，结构将会形成更加多样的稳定状态。"好奇心增量"促进系统生成新的稳定状态，并促使心智系统有可能通过好奇心增量所对应的非线性涨落由一种稳定状态到达新的稳定状态。

人的好奇心增量会在这一过程中起着对非线性涨落实施有效控制的作用。只有当好奇心增量达到一定程度，才可以在人即使是满足了多样信息对好奇心的刺激，也会引导人将注意力集中到新奇的信息上；保持心理空间的开放性以随时接受新奇性信息的输入与作用，形成心智的扩展以有效增加剩余心理空间；并在更高层次上形成主动性的心理模式，促进与好奇心增量相关的新奇性构建得到进一步增强。

根据进化论的理解，生命会为了充分节约能量而选择最优的适应策略。实际上，正是由于存在好奇心、尤其是存在好奇心增量，才使人类进化到一个全新的领域。在人类文明的进化过程中，独立特化出了好奇心增量这一特征，并保持了足够的量值，才保证人类整体文明不断进步。人类社会也正是因为存在群体的好奇心增量，才可以有效避免文明进化过程中因很快落入局部极小而灭亡的局面。

只有由好奇心中非线性涨落所表现出来的足够的能力，才能"成功地把宇宙映射在纸上"。② 人们已经认识到③，默会知识包含了更多的不确定性特征，人们也愿意在这种"默会知识"的指导下去应对那些未知的问题。要想得出准确的结果，就需要运用好奇心增量将那些反映确定性结果的行为模式从多样探索过程中"筛选"出来。

在研究问题的过程中，无论是人们提议要更多地关注缄默（默会）性知识，还是要尽可能地利用人的潜意识心理对信息展开全面而系统的加工，无论是建议将没有取得突破的问题研究暂时放一放，还是说鼓励听取与当前问

---

① 徐春玉. 好奇心理学 [M]. 杭州：浙江教育出版社，2008.
② M.W. 瓦托夫斯基. 科学思想的概念基础——科学哲学导论 [M]. 范岱年，吴忠，金吾伦，林夏水，等，译. 北京：求实出版社，1989.
③ 罗伯特·J. 斯滕伯格. 智慧、智力、创造力 [M]. 王利群，译. 北京：北京理工大学出版社，2007.

题研究无关者的意见和建议，都可以认为是在原来稳定的心理状态中引入新奇性的信息，并将这种信息作为研究问题进一步的出发点的做法，其实质就是要人们不断地强化好奇心增量。

好奇心关注差异，信息变化属于构建差异的一种形式，关注在原来差异基础上的差异，意味着扩展。而好奇心增量则构建新奇和未知。只有在好奇心增量达到一定程度时，人们才可以在各种各样的信息面前保持冷静头脑，关注新奇性信息，并通过新奇性信息构建新奇性意义，同时避免出现"信息饱和"。

增强好奇心尤其是增强好奇心增量，是维持较大心理空间的内在激励（刺激）因素（条件）。正是由于好奇心增量才维持更广范围内信息的相互作用，或者说，正是由于差异神经元所表现出来的非线性涨落，才激发更多的神经元加入对信息反应的过程，使参与信息加工的神经系统进一步变大，并有效地改变神经系统的兴奋状态。从相反的角度看，参与反应的神经系统较少，说明好奇心增量没有起到足够大的作用。如果人们更多地追求确定性信息，或者说人们面临的信息环境变化不大的话，自然不会形成更大的对信息进行加工的有效空间，信息之间不会形成复杂、新奇的相互作用，新奇性的意义也就不会在这种相互作用中产生出来。

现在教育中有一种推崇体验教育、快乐教育的潮流。应该认识到，使学生快乐学习的基本条件是能够促进他们自身的好奇心与快乐的有机结合。在要求学生必须学习相关的信息时，如果信息量过大，超出学生的好奇心，他们就会对学习失去兴趣，此时，就应采取典型的强制性的有意识的专注学习措施。这是机械式教育所采取的必然形式。

人的意识"活性"特征已经指明，人具有有意识主动实施扩展的本能。只要选择了一种特征，就会在这个方面进一步地增强。这种增强是在进化过程中自然选择的结果。通过自然选择而使其增强或者使其扩展改变了遗传竞争的能力，并特化出使其有效增长的本能力量。在某个选定的特征方面的有效增长与提高，是遗传能力提高的表现，也成为其适应能力提高的重要方面。

通过好奇心增量与剩余能力的关系可以看出，正是好奇心增量才促进了剩余能力的增长。在这个过程中存在非线性的自反馈影响。通过大脑内部复杂的自催化过程，会形成一种具有自我增强作用的相互促进关系。受到大脑神经系统数量的限制，其他动物没有选择通过增强信息加工能力来增强个体生存能力的方式。人类在进化过程中，却可以利用强大而复杂的神经系统，表现出较大的非线性涨落，并由此而固化出好奇心增量。这才使人类在一个更高的层面上研究信息之间的关系，并将更加概括抽象的模式构建出来。

在生物体的成长过程中，一般都要先产生很多多余的待选物质、结构（包括更多的神经元）、过程，然后再进行淘汰精减。这也是由于机体活性确保存在超出正常协调范围的"非线性涨落"所致。神经元相对于其他细胞来讲更容易变化，这也就为大脑更加灵活地进行信息加工提供了物质基础。研究表明，剩余神经元（相对于维持机体内部各组织器官正常运动所需要的神经元来讲）越多，所对应的"非线性涨落"就会越强。这从另一个角度说明了好奇心增量的存在属性。剩余神经元、心理模式越多，某一种确定性模式被选择的可能性就越小，所形成的神经动力系统就越不容易达到稳定，在大脑中建立信息之间的关系时也就具有更强的可变化性；这同时也就预示着有更大的发展潜力，更有可能建设更高层次信息的相互作用，建立更加广泛的信息之间的关系。

我们应该强调生物基于非线性而表现出来的扩展性本能，尤其是应强调与好奇心增量相对应的扩展性。在生物体身上会同时表现出扩张与收敛的本质属性。我们想知道的是，如果将当前状态作为一个起点的话，即有进一步增强性扩张，也有减少性扩张——向另一个方向的扩张，但为什么最终会选择增强性扩张？显然，对于某些情况选择了增强性扩张，而对于另外的情况则会选择减少性扩张。这其中的选择由优胜劣汰的竞争机制来决定。也就是说，看哪种扩张有利于提高生物体的适应能力，提高生物体的遗传能力。能够提高生物体生存适应能力的扩张最终将被遗传下来得以固化，成为生物的一种基本技能。对生物个体生存适应没有良好作用的模式，在得到扩张以后，随即被遗传化解，因为这种扩张在消耗相应能量以后没有对取得遗传优势有任何的帮助，这种扩张所对应的行为模式也就没有更多可遗传的机会。仅仅只是由于在个体非线性扩张而形成了突出的行为模式，昙花一现。

与人类所具有的超出娱乐行为更多的是与人的责任感、使命感、理想信念、对以后生活和工作的担忧（焦虑）所引起的驱动性行为。此类行为可以认为是脱胎于扩展性行为，但由于在人的心理意识层面具有了稳定性，尤其是人主动地赋予其能动的作用，因此具有了主观能动性，依据此，人可以顺利地形成超出正常状态的新的协调稳定行为。此种行为足以促使系统具有足够的扩展性。

由此我们也可以看出，人之所以具有这种对非最优行为的追求，或者说人类具有更强的动态适应能力（与好奇心增量相对应），就在于在意识心理层面使其独立出来，并由此而表现出更强的自主性。人可以在好奇心增量的自主性的基础上对该模式实施独立的强化过程，不断地实施差异化的构建，并在此基础上进一步地寻找更优。最终目的仍是更优。

创造工具是人区别于其他动物的基本标志。创造工具可以看作由于好奇心增量所形成的非直接最优化的产物。创造工具的过程虽然并不与改造世界直接相关，但为了在更大范围内更加有效地改造现实世界，便创造出更加便利和有效的生活资料及工具（追求研究的实践意义）。因此，可以认为，创造工具的过程将直接地与改造世界过程中表现出来的非线性涨落相对应。

按照一般的观念，认为知识只要被人记忆，就可以被灵活运用。实际上，我们对任何知识的学习都涉及一种深刻的理解过程。只有深刻理解了知识，才能灵活运用。对所学知识的深刻理解过程，是一种学习的"非直接最优化"过程——差异化构建基础上的优化选择。当学生深刻理解到问题的意义以后，他会主动地在前人和他人探究成果的基础上，对新的问题进行深入、持久的探究，并得出新的结论或看法[1]。

基于耗散结构理论，平常好奇心只将人的心理维持在正常的耗散结构状态，心理状态及结构的变化需要有更大新奇度的信息的输入与输出，此时就需要好奇心增量发挥作用。好奇心增量使新奇性信息所表征的意义凸显出来成为典型的稳定性意义，促成了心智结构的变化。因此，正是由于好奇心增量，才能内在地不断改变着人的心智结构。好奇心增量使心理演化过程具有更大的跳跃程度，也就是说使心理过程中的联系随意性更多，彼此之间的差异更大，也就更容易形成心理转换过程中更大的改变力度。

人的内知识结构的变化是如此，学科的进步也当如此。当一种理论能够解决大量问题时，会形成稳定的"范式"吸引域，打破这种稳定吸引子的就来源于人（研究群体）的好奇心增量。强大的好奇心增量可以使其非线性涨落有更大的可能超出该理论所涉及的空间，也就是使人从这种稳定的吸引域中逃离出来。

这里涉及稳定吸引域的大小问题，我们可以取系统行为在稳定吸引域中的最大值与最小值的差距来表示吸引域的深度，或者根据所形成的"吸引能"

---

[1] 陈佑清，吴琼. 为促进学生探究而讲授——大学研究性教学中的课堂讲授变革[J]. 高等教育研究，2011（10）.

的最低点与可能逃离的最高点的差值来度量。对于多极值领域，则应取极小值中的上确界与极大值中的下确界的差距来度量。此时，好奇心增量的大小将直接导致系统具有某种程度的跳跃力，在某个行为空间（具有一定的阻尼力）可以使系统有多大的可能跳跃出其稳定吸引域。

三、好奇心是非线性涨落的心理表现

在将好奇心作为一个基本控制因素时，它可以度量心理转换过程中的非线性涨落的程度。当心智系统运行在创新性空间时，随机、冗余、偶然和惊奇将能够给心智系统带来突现秩序。与一对一的状态相比，多样并存以及彼此之间的相互作用所产生的进一步的冗余，将导致混沌（不确定性）。对于未来的未知状态，相当于形成了不可知意义上的多样并存。在心理转换过程中，引起心理状态变化的量是好奇心增量，也就是在一阶偏量基础上的增量，这种增量可以将新奇性信息引入神经系统[1]。如果用新奇度和好奇心作为基本语言，则有

$$\delta u \sim \delta S_h > 0 \tag{2-29}$$

信息的变化用新奇度来描述，而寻找新奇性信息的能力用好奇心增量来度量。由于好奇心而在原来稳定的心理时相引入新奇性信息，新奇性信息的引入相当于出现了一阶偏量，好奇心增量就相当于超熵负产生率。此时即有

$$\delta S_h \sim -\frac{d\delta S}{dt} \tag{2-30}$$

根据动力学稳定性理论，维持一个正常稳定的心理时相，必须有不断的信息输入（包括输出），还必须有不断的新奇性信息输入（输出）。新奇性信息成为维持正常心理状态的基本刺激，此时可以不引起心理状态的变化。

作为与新奇度相对应的好奇心增量 δS_h，就可以成为判断心理动力过程稳定性的基本判据。根据动力学稳定性理论有

①如果

$$\delta S_h < 0 \tag{2-31}$$

则心理动力过程是渐近稳定的

②如果

$$\delta S_h > 0 \tag{2-32}$$

---

[1] 徐春玉. 好奇心理学 [M]. 杭州：浙江教育出版社，2008.

则心理动力过程是不稳定的，心理动力学系统会形成新的稳定状态，心理动力学系统也就有较高的可能性，由一个稳定状态跳跃到另一个代表新意义的稳定状态。

③如果

$$\delta S_h = 0 \qquad (2\text{-}33)$$

此种情况是指心理动力过程处于一种临界稳定状态——随动平衡态。由于好奇心而形成"对称破缺"，使局部特征对应于多种意义。由于好奇心增量而出现涨落，不断的涨落性跳跃即组成心理转换过程。

当心理动力系统出现不稳定时，会出现"稳定性破缺"，有可能出现新的稳定结构，使系统由一个稳定吸引状态向至少有两个稳定吸引状态的转变[1]，动力系统就有可能由一个稳定吸引状态向另一个新出现的稳定吸引状态跃迁。达到新的稳定吸引状态，也就有可能出现新奇性意义，并使心理状态转换（被吸引）到与新奇性意义相对应的心理状态。

根据前面所建立的好奇心与"李指数"的关系，好奇心增量就是对心理过程中扩大不同信息之间距离的描述。人会在好奇心增量的作用下不断地构建新奇性信息，或者说认定新奇性信息，提高新奇性信息在大脑中显示的可能度，或者将新奇性信息作为其考虑问题的出发点（相当于"参照点"）。平常好奇心则在维持构建意义的核心特征不变的情况下，通过非主要特征的变化而维持心智的稳定状态。

由于好奇心增量的作用使心理转换过程产生了"信息损失"，也就意味着好奇心产生了负的"信息增溢"，那么，好奇心增量就成为改变人的心理转换轨道的基本方式。正是由于好奇心增量，才导致人的心理转换的下一步落在根据信息之间的关系所能联想到的泛集之外，此时落在关系泛集之外的可能性就可以由"信息熵"来度量。人们常用随机、直觉等概念描述这种不可把握的特征。虽然这样做增加了人的心理转换过程的不确定性，但正是由于好奇心是人的基本特征，人们也愿意并习惯于看到这种表现，同时，诸多例证已经表明，这样做常常可以使我们在研究某个问题而百思不得其解时起到奇效[2]。

---

[1] 王书宽. 创新中的非平衡探析 [J]. 教育理论与实践, 2006, 26 (11).
[2] 郜捷. 难题搞不定？做个白日梦！[N]. 参考消息, 2012-11-24.

第四节 好奇心的分类

生命的"活性"特征构建了生命体的一切行为,尤其是单纯反映组织器官电信号相互作用的神经系统的复杂和强大,汇聚升华为能够独立而大量地进行各种信息变换(建立信息之间的各种联系,由局部信息特征组合成各种不同的意义模式)的大脑神经系统,使得人能够在意识层面更为突出地表达人的生命"活性"。反映发散、扩张的模式力量进一步地促进生成反映不同模式之间不同的差异感知器,并最终汇集成为一种稳定的模式。反映收敛与稳定的模式则由大脑的记忆能力所表征。两个特征力量的综合表征,形成好奇心的不同表现,并在不同的行为中发挥不同的作用。我们需要在将好奇心划分为不同成分的基础上,认识好奇心的不同表现。

我们的研究在于揭示好奇心在各个不同心理过程中的作用,也需要揭示好奇心的不同成分在不同领域表现的合理性。

一、对差异敏感的好奇心

感知差异、对差异敏感,是好奇心的基本特征[1],也是生物体存在与进化的基本力量。贝弗里奇借用格雷格(Alan Gregg)的说法,将对外界环境微小变化的敏感性作为好奇心的一种表现,揭示了感知差异对于好奇心的重要性[2]。真正"有建设性的思考者和有创造力的人对缺点有敏锐的感觉"[3],能够充分认识到缺点和不足,并力图通过求异性构建改进这些不足。显然,"敏感性在多种思维能力中的作用远远比一般人们认为的作用更大"。[4] 与任何一种稳定的心理模式一样,当对差异敏感——独特的心理模式——具有足够的稳定性时,它会表现出足够的自主性,人就会在任何过程中,都能够以较高的兴奋度(可能性)反映不同信息之间的差异性特征。这也就意味着人为了

---

[1] 徐春玉. 好奇心理学 [M]. 杭州:浙江教育出版社,2008.
[2] W. I. B. 贝弗里奇. 科学研究的艺术 [M]. 陈捷,译. 北京:科学出版社,1979.
[3] 文森特·赖安·拉吉罗. 思考的艺术——非凡大脑养成手册 [M]. 马昕,译. 北京:世界图书出版公司,2010.
[4] 肯·罗宾逊. 让思维自由起来 [M]. 石孟磊,译. 北京:东方出版社,2010.

与众不同而主动地追求、构建变化与差异①。这也就成为驱使人习惯于"求新异变"（追求新奇、差异和变化），从而习惯于发明创造的基本原动力。

当我们体验到不同、模糊或混淆时，人的好奇心便会被激活。因为我们已经从下意识中认识到在现有的认识观念中，与当前的状态表现出了突出的矛盾或不完整（一些现象不能被解释、不能构建当前现象与认识之间的逻辑关系）。这种不完整性作为差异性的一种表现，驱使我们利用"活性"中收敛性力量所突出强化的掌控心理特征，整理出逻辑转化的思绪或寻求更多的支持其合理存在的证据，以便填补心智上的"沟壑或缝隙"（Berlyne, 1960）。

由于好奇心的这种成分是好奇心的基本成分，缺乏对差异敏感往往被人认为是缺乏整体好奇心，会使人从整体上对外界信息反应迟钝，对诸多有意义的现象熟视无睹，对问题无动于衷等，更遑论主动创造与发明了②。爱因斯坦说过："当我们头脑里已有的概念同现实世界中遇到的事物和现象发生冲突的时候，我们就感到惊奇，而我们认识的发展就是对这种惊奇的不断摆脱。"③惊奇是对这种差异的体验、情绪化和扩大化。对差异敏感的好奇心能够增强人敏锐地感受外界信息差异状态的能力，并对新出现的情况和新发生的变化做出较强的反应，表征差异，并在掌控心理作用与寻求新异变模式相互协调（包括将其构建于一个更大的概念体系中），激发探索欲望，从而强化新奇，认定未知④。

作为好奇心的基本表现，探索过程体现出足够强的期待性心理，包括对未知的期待——总有什么我们不知道的东西将会出现。人们喜欢幽默。从人们喜欢幽默故事、电影、漫画等行为来看，人类尤其喜欢"出人意料"信息的突然提出。关于幽默的理论研究指出，最好的笑话都是出人意料的，正因为我们猜不到结局，所以它与我们的预期严重背离。我们在听了笑话后先是一愣，然后恍然大悟。对幽默的喜爱自然表征了我们表现出的喜好新奇的好奇心这一基本特征。因此，不按套路出牌常使我们乐于接受建议——因满足了我们的好奇心，使我们产生快乐感受，此时，按照卡尼曼在研究不确定性

---

① 梁长青. 倒爬滑梯的感悟 [J]. 早期教育, 2003 (5).
② 袁维新. 好奇心驱动的科学教学 [J]. 中国教育学刊, 2013 (5).
③ 韩裕达. 激发好奇心实现创新 [J]. 宁波大学学报（教育科学版），2002 (4).
④ 李尔然. 好奇心——创造性思维的激活剂 [J]. 医学与哲学, 1997 (8).

情况下的决策规律的结论①，人们更愿意选择与快乐相关的行为。这主要表征了人的反映差异、对差异敏感的好奇心。

二、多样并存的好奇心

丹尼尔·伯莱因提出的神经心理学观点将好奇心与探究行为联系起来，并确定了两种形式的探究行为：多元性探究和具体探究。

是的，建立了不同事物信息之间的关系，意味着将不同的事物联系在一起，一是反映出了人们追求复杂的心理，二是体现出将不同的事物并列在一起的心理态度。

茅氏夫妇（E. W. Maw & W. H. Maw）在 1964 年进行的研究中所提出的关于小学生好奇心的操作性定义至今仍是大多数研究者和实践者都认可的界定：当小学生出现如下行为时表示他们有好奇心：（1）通过靠近、探究或操作的方式，对自己所处的环境中出现的新的、陌生的、不一致的或神秘的因素产生积极的反应；（2）表现出更多地了解自身或（和）所处环境的需要或渴望；（3）通过审视自己所处的环境以获取新的经验；（4）坚持审查和探究各种刺激以更好地了解它们②。这些研究都明确地将信息在大脑中的多样并存，作为好奇心的基本特性。

詹姆斯把个体对新鲜事物的"接近"看作一种适应。詹姆斯认为，这种接近是在不遗忘原来信息基础上的趋向性行为，也就是并不排除将新鲜事物信息与已记忆信息建立各种可能的关系。他认为还有一种好奇心，即"对抽象事物的想知"或者"科学的好奇心"（scientific curiosity）。这种好奇心是"冷静的头脑（philosophic brain）对一种不一致或者是自身知识差距"的反应③。

认识到差距、差异、不同，也就是在两者之间构建出了彼此之间的不同。根据信息之间由于存在相同（似）性特征而形成的相互激活、相互作用特点，

---

① 丹尼尔·卡尼曼，保罗·斯洛维奇，阿莫斯·特沃斯基. 不确定状况下的判断［M］. 方文，吴新利，张璧等，译. 北京：中国人民大学出版社，2008.

② E. W. Maw&W. H. Maw. An exploratory study into the measurement of curiosity in elementary school children. Cooperative Research Project No. 801. Newark, Delaware：University of Delaware, 1964：31. 引自：金传宝. 美国教师激发和培养学生好奇心的策略［J］. 当代教育科学，2012（7）.

③ Spielberger C D, Starrlm. Curiosity and Exploratory Behavior. In O'Nell Harold F. Jr&Drillings, Michael（Ed）［A］. Motivation：Theory and research［C］. Hillsdate, NJ, England：Lawrence Erlbaum Associates, 1994.：221-243.

信息只有在同时并存于工作记忆空间时，相应的过程才能进行，也才能在彼此相同（似）特征的基础上建立起彼此之间的不同特征。

从神经生理学的角度看，大脑神经系统在记忆确定性信息和保持足够的扩展、涌现、变化性方面能够保持足够的协调性："在个体刚出生时，神经元之间的突触还没有完全形成。在脑内的很多部分，突触经历了先生长过剩后减少这样一个独特的发展进行。在发展的早期，突触存在一个爆炸性生长的阶段，从而导致蹒跚学步的孩童其脑内的突触数量远远超过成人。接着在儿童期结束之后，突触数量减少到成人水平。"① 对于心智这个特殊的耗散结构，缺少刺激时，耗散结构会相应地变小，而增加刺激时，一方面会使耗散结构的运动强度尤其是动态运动强度增强，另一方面会使耗散结构本身变大。这从耗散结构理论的角度描述了好奇心会随着年龄的增长而不断减少，因为好奇心从某种程度上反映了神经系统的灵活性、可塑性。

在脑的其他部位，神经元之间突触数量的变化基本遵循"先生长过剩后减少"的模式，只是在时间上有所不同（Huttenlocher&Dabholkar，1997）。例如在视皮层，突触达到最高密度的时间通常比额叶早一年左右，并且减少过程持续的时间更长，一直到 11 岁（Huttenlocher，1990）。然而，突触最初会迅速生长，接着便长期减少，这样的基本循环看上去是一般规律②。这已经表明了人的好奇心将随着其所面对的外界信息复杂程度的变化而变化。

伴随着稳定记忆的信息越来越多，大脑的灵活适应能力会越来越低。如果人总能够从现有的模式中寻找到足够可用的确定性知识——稳定性模式，人的好奇心会伴随着知识的学习自然降低，甚至会转化为只接收新奇性信息的习惯性反应。"由于在生命早期拥有过剩的突触，幼儿那未成熟的大脑展示出极大的适应能力以应对经验的变化（Stiles，Bates，Thal，Trauner，&Reilly，2002）。"③

心理学家用"思维张力"的概念描述儿童信息加工的发展过程中存在的，由于好奇心所引起的向外延伸、扩张的可能性，这种可能性与好奇心强度必

---

① 罗伯特·西格勒，玛莎·阿利巴利. 儿童思维发展 [M]. 刘电芝，等，译. 北京：世界图书出版公司，2006.
② 罗伯特·西格勒，玛莎·阿利巴利. 儿童思维发展 [M]. 刘电芝，等，译. 北京：世界图书出版公司，2006.
③ 罗伯特·西格勒，玛莎·阿利巴利. 儿童思维发展 [M]. 刘电芝，等，译. 北京：世界图书出版公司，2006.

然地表现出一定的相关性。研究指出，在解决问题的过程中，尽管儿童知识储备缺乏、信息加工能力有限，还遇到外部世界中的诸多障碍，但是他们仍然在不断地努力逐步接近目标，由此产生一种张力。人们可以使用"手段—目的"分析方法，通过不断地把目前状况与目标进行比较，然后采取措施缩短它们之间的距离（这是在掌控能力在具体起作用）。在其他情境中，儿童则会使用其他策略。为了克服有限的记忆容量造成的局限性影响，他们会经常使用复述策略（在回忆之前不断地复述材料，如试着记住一个电话号码）。为了克服有限知识造成的困难，他们会使用社会文化环境中的"工具"——字典、百科全书、计算器、网络、知道答案的年长伙伴或成人，以及其他的设置和资源[①]。我们可以这样做出解释：这是在策略思维形成以后所产生的基本过程，或者说是在策略形成以后受到好奇心驱使而不断地寻找各种解决问题的办法，或者说采取缩短当前状况与目标之间距离的过程。

从对好奇心内涵分类的角度看，好奇心将直接导致人的心理过程灵活地发生变化以及必然形成多样意义的同时并存。在多种不同神经系统的同时兴奋并将不同的意义同时显示的过程中，已经表现、构建出了多样并存的生理学基础。

在表现不同意义同时兴奋的神经系统中，心理运动轨迹会在好奇心的作用下产生变异，并在追求、掌控意义的心理作用下不断形成各种意义，与稳定记忆再激活的过程结合在一起，促使其形成多样并存。这里存在几个过程：一是由于求异并进一步地扩大差异性的结果，二是基于新奇性局部信息而不断地形成各种有差异的整体意义，三是由于记忆的动力学过程而将不同的意义一同显示。

从生命"活性"的角度，可以这样看：人的任何心理过程都是扩张与收敛，也就是好奇与掌控的有机结合，是促进信息的变化以及在变化基础上形成确定性新意义有机结合的基本过程。在启动好奇心而形成新意义的过程中，将会表现出几个特征的心理过程：一是外界信息满足人的平常好奇心，二是在有超出平常好奇心的新奇性信息作用时，启动人的好奇心增量；三是在好奇心增量启动以后，重点关注新奇性信息，并以该新奇性信息为基础而形成新的意义。此时所形成的新奇性意义自然是在满足了平常好奇心基础上的新

---

① 罗伯特·西格勒，玛莎·阿利巴利. 儿童思维发展 [M]. 刘电芝，等，译. 北京：世界图书出版公司，2006.

的意义。而所谓好奇心增量起作用，也一定是指新奇性信息达到一定程度，足以形成新的意义并促使这种新意义的可能度达到一定高的程度。

具有使信息多样并存的特征并促使人进一步地追求多样并存的系统，"能够更快、更显著地以更多样的方式轻松切换"。相对来讲，具有彼此紧密关系、具有明确层次结构、具有严格的功能区分同时具有较强创新性的所谓"整洁系统"，当面对"要求改变的呼声、突发事件和新情况都反应较慢"。① 大脑神经系统足够的灵活变化方式，保证着动物能够自组织地构建不断强大的信息加工系统而形成更加强大的生存能力，也才使得选择以信息加工作为强势生存能力的某一动物分支进化成为人。

三、喜好复杂的好奇心

关注关系、关注结构、关注系统，包容各种矛盾性信息，将差异性信息作为构建不同信息之间关系的联系模式，不断地向其他信息延伸，并进一步地形成概括抽象，是这种性质好奇心的突出内涵。人们也常认为：比较新奇和比较复杂的信息能够激起人的好奇心（Heyduk-Bahrick，1977；Mark，1988）。②

从复杂环境中进化出来的人，自然将复杂性作为其生存、表现与发展的基本特征。"因为我们喜欢复杂。"③ 反映复杂信息的神经动力系统会因为不能被人完全认识而表现暂时的不稳定的现象，于是，能否表征复杂性便成为度量好奇心强弱的一个重要方面。著名的混沌动力学研究专家吕埃勒（David Ruelle）曾指出："第二次世界大战后，作为一名充满科学幻想的比利时少年，我开始了自己的智力探险历程。我遇上了许多渴望知道和理解的奇妙事物：遥远的国度、前所未闻的语言、古人类文化遗迹、史前动物、危险而美丽的药用植物、神秘莫测的微观世界、广阔无垠的宇宙空间。一段时间以后，我的好奇心更加扩展到原理化、抽象化和概念化的路子上。……回想起来，那真是拥有科学天赋者的黄金岁月：你可以集中精力进行研究和探索，而不必

---

① 埃里克·亚伯拉罕森，戴维·弗里德曼. 完美的混乱 [M]. 韩晶，译. 北京：中信出版社，2008.
② 罗伯特·J. 斯滕伯格，M. 威廉姆斯. 教育心理学 [M]. 姚梅林，张厚粲，等，译. 北京：机械工业出版社，2012.
③ 约翰·H. 立恩哈德. 智慧的动力 [M]. 刘晶，肖美玲，燕丽勤，译. 长沙：湖南科学技术出版社，2004.

忙着找工作。我在更为理论化、抽象化的研究进程中,颇为幸运地选择了一个非常具体的论题:混沌研究。……知识对人的这般魔力几乎见于所有坦诚的科学家的言行——无论是出于职业的需要,还是仅仅为了满足好奇心和丰富人生。"① 当好奇心转到原理化、抽象化和概念化的方面时,就会为制订新的规则而采取行动。研究混沌——那是只有清醒的头脑才能着手开展的工作。这里显示出了吕埃勒好奇心的扩展、转移过程,也可以看出好奇心在理论化、抽象化层面所具有的作用。

莱文(Simon A. Levin)承认自己"喜欢探索根本性的问题;问题越是基础,我研究的兴趣越浓厚"。② 正是由于本质而深刻的基本特征和规律,能够更加突出地表现人的好奇心的特有成分,由此而深深地吸引着人的注意力。这种情景在当代著名弦理论物理学家的身上体现得更加明确。以研究弦理论而著名的物理学家威滕(Edward Witten)回忆自己对挑选研究方向的想法时指出:"我的科学兴趣几经变易;从一个十来岁的娃娃直至21岁献身物理学,我考虑过许多学科,其中包括大学时念的历史、语言学以及经济学。我觉得,或许只有物理学和数学的挑战性才能激发我的热情,充分发挥我的天赋。"③由于威滕探索未知、构建概括性更强信息的好奇心成分表现突出,也就是说,这使他感到,他需要接受更强的抽象性挑战才会感觉到更加幸福和快乐,并在这种幸福中引导自己由好奇升华为兴趣,由兴趣向热爱并向激情迅速转化。正是由于威滕的好奇心相当强,需要接受更强的挑战性才会感觉到满足,这才驱使他构造出令人难以理解(更加抽象)和富有挑战性的"弦理论"。

日本诺贝尔物理学奖获得者益川敏英在研究过程中,就"对综合性质的知识比较感兴趣,我非常爱好具有内部结构的、相互联系的系统知识。……实际上,那仅是为了满足对未知事物的好奇心,培养自己能够解释物质结构的世界观而已"。④ 在将这种基本习惯用于描述物质内部复杂的相互作用时,期望能够在更大程度上掌控事物运动变化中更加本质的特点和规律,期望所构建的理论模型能够"覆盖"——概括更多的实际过程。这也驱使益川敏英

---

① 阿卜杜斯·萨拉姆国际理论物理中心. 成为科学家的100个理由 [M]. 赵乐静,译. 上海:上海科学技术出版社,2006.
② 阿卜杜斯·萨拉姆国际理论物理中心. 成为科学家的100个理由 [M]. 赵乐静,译. 上海:上海科学技术出版社,2006.
③ 阿卜杜斯·萨拉姆国际理论物理中心. 成为科学家的100个理由 [M]. 赵乐静,译. 上海:上海科学技术出版社,2006.
④ 益川敏英. 浴缸里的灵感 [M]. 那日苏,译. 北京:科学出版社,2010.

能够在更高的层面上以更强的概括抽象能力研究着不同现象之间更加本质的关系。

伊里亚·普利高津（Ilya Prigogine，因提出耗散结构理论，为现代热动力学奠定基础，而获1977年诺贝尔化学奖）明确地认定，惊奇（在好奇心对差异放大后感受到的巨大差异的心理体验）是科学的内在本质，普利高津甚至用"血统"一词来描述这种好奇心作为科学的内在的核心。"这种惊奇，是科学家真正投身于科学事业的起点。面对即将发现的新世界的演变过程——复杂性和不稳定性，我们怎能不感到惊奇呢？"① 普利高津所指出的惊奇，就是由于通过满足人热爱复杂性、变化性、不确定性、概括抽象性所表现出来的好奇心。普利高津关注复杂性，才能感受到在从复杂无序到复杂有序的过程中体验到惊奇。问题的复杂程度越高，通过各局部信息组织成有意义的整体观点、能够恰当建立各种信息之间关系的神经动力学展开过程的时间就会越长。擅长于复杂性思考的普利高津面对涉及众多因素的自组织系统，在寻找达到自组织（形成生命"活性"特征）的系统判据过程中，将一般动力学稳定判据的方法用于非线性热力学过程，创造性地认为，当一个热力学系统具有了新的、多种稳定状态时，多种稳定状态中就有可能存在代表着生命活性的稳定态，那么，也就有了由无生命到有生命转化的基本可能性。

人在认识未知事物的过程中，表现出了由简单到复杂、由未知到部分已知、再到大部分已知的过程。"我的科学研究特点是：问题慢慢地成熟，然后突然出现进展。"② 普利高津的描述体现出了人们对一个新奇事物的认识过程：让那些确定性的意义慢慢地显现出来。先是进行多样性探索、深入思考、建立一个更大的心理空间、信息表现空间，建立与大脑已经记忆信息之间的各种关系，然后将那些能代表更广泛意义的信息显现出来。由不熟悉到熟悉、由片面到全面、由局部到整体、由对部分好奇到对系统好奇，这就是所有人在面对一个全新事物时的基本认知过程。在面对一个复杂的、从没有见过的新奇事物时，我们总是先提取、构建出该事物的很少的局部特征，将其稳定地记忆下来。然后再进一步地观察该新奇事物，再记忆其中一些新奇的特征……随着对该新奇事物认识时间的变长，认识该新奇事物的信息就会越来越多，对该事物的认识也就越来越明确。

---

① 廖红，郑艳秋. 50位诺贝尔大师致中国青少年［M］. 北京：同心出版社，2002.
② 廖红，郑艳秋. 50位诺贝尔大师致中国青少年［M］. 北京：同心出版社，2002.

彼得·米切尔（Perter Mitchell，生物化学家，因研究活细胞内能量的产生和转移而获得1978年诺贝尔化学奖）的经历验证了研究探索者的好奇心中所表现出来的喜好复杂性的特征。对于彼得·米切尔来讲，只有复杂的关系、更加抽象的概念才能满足他强大的好奇心。他通过反省，对自己的评价是："我对世上万物间的关系感兴趣。"①

建构于更高层次（反映了复杂性）信息之间关系的抽象概括性信息，表征着人的心智发展被提升到了足够高的层次。随着比较研究的不断深入，人们虽然不再将"理性"作为人独有的品性，但仍将理性作为人的重要的、核心品质②。尤其是在认识到强大的意识心理以及生命的"活性"在意识层面能够独立表征，并且还可以运用它所表现出来的自主性在更大范围内建立信息之间更加多样复杂的关系时，人的理性的地位仍然受到人们的重视。从一定程度上讲，抽象意味着复杂。因此，与知识紧密结合的好奇心，体现出了人所特有的喜好复杂的好奇心。物理诺贝尔奖获得者朝永振一郎就突出地认识到构建于信息、知识基础之上的好奇心——理性的好奇心③，并认为自己之所以能在"探求事物之间联系的好奇心"方面有突出的表现，获奖的主要原因可以归结为善于表现自己那自由地穿梭于意识与现实之间的理性好奇心④。

好奇心可以驱使一个人善于在一个更宽广的视野研究不同事物之间的本质性关系，善于在烦琐的多样性关系中梳理出清晰的"线条"。而这往往会以更大的可能性促使人取得更大的成果。默里·盖尔曼（Murray Gell-Mann，因提出组成原子核的质子和中子由夸克组成，在1969年获诺贝尔物理学奖）在反思自己的思维特点时就指出："我确实倾向于采取一种较宽的视野；力图看见大的景象并把许多东西联系起来。我特别喜欢看出广泛的联系。"盖尔曼认为自己是一个"不同寻常的人，因为我喜欢模糊的、普遍的、广泛的概念，同时我倾向于注重细节和进行分析"。⑤ 其心智的变化体现出了典型的喜好复杂的好奇心，这使其能够在复杂的外界信息作用下应对自如。从这种描述中反映出默里·盖尔曼具有很强的通过复杂性来满足自己好奇心的基本心理倾

---

① 刘易斯·沃尔珀特，艾莉森·理查兹. 激情澎湃——科学家的内心世界 [M]. 柯欣瑞，译. 上海：上海科技教育出版社，2000.
② 罗伯特·诺奇克. 合理性的本质 [M]. 葛四友，陈昉，译. 上海：上海译文出版社，2012.
③ 朝永振一郎. 乐园——我的诺贝尔奖之路 [M]. 孙英英，译. 北京：科学出版社，2010.
④ 朝永振一郎. 乐园——我的诺贝尔奖之路 [M]. 孙英英，译. 北京：科学出版社，2010.
⑤ 刘易斯·沃尔珀特，艾莉森·理查兹. 激情澎湃——科学家的内心世界 [M]. 柯欣瑞，译. 上海：上海科技教育出版社，2000.

向，也表现出盖尔曼具有更强的能够在主观意识、符号层面构建事物本质变换的心理反应，善于将生理层面的好奇心满足，提升到符号、意识层面。

为了寻找不同事物之间更加广泛的联系，需要将各种不同的事物同显，通过建立各种关系，再将最能使人满意的关系模式展示出来。看到了客观事物中的模糊性、不确定、多样并存的、变化的特征，人们也在不断地追问形成模糊的原因是什么，也总想从这种模糊中梳理出足够的条理性，将那些模糊的信息明确化，使之成为可以为人们所能准确把握、牢牢掌控的确定性关系、合乎逻辑的规律。面对"混沌"人们则会从更高层次实施把握，并在具体的行为层面展开小步骤的及时控制策略。诸如在其敏感变化之前即开始对其实施有效控制，诸如保持两者之间的同步与"共振"，诸如灵活地调整步伐及时跟踪，诸如掌握所有可能情况并以概率的方式表征之等。

好奇心的复杂性特征促使人研究不同信息之间的关系，研究结构性信息。在关注将不同的信息组合在一起的过程时，将增加信息之间的相互作用，引导心理过程在受到好奇心的激励时建立不同信息反应神经子系统之间的信息联结，并由此而形成新的神经反应动力系统。在这个神经反应动力系统中，表征差异的神经元会起到更大的作用，对神经系统的稳定与变化起到一定的控制作用，或者直接干扰神经系统的稳定反应以形成确定性的意义。

各种信息因受到好奇心的影响而被认知的程度是不同的。复杂性作为好奇心的基本特征，会对好奇心产生足够的影响力。由于复杂性信息的信息量大，而人的好奇心"窗口"比较小，好奇心就会表现出一定的时间变化性，根据信息之间的相互联系性，好奇心就会在不同的信息之间变换。

在应对未知世界的过程中，不能将现有的心理特征和思维模式说得一无是处。即使不改变心理模式，依靠思维习惯，我们也能在处理复杂问题时，做到得心应手，虽然有时我们会将简单问题复杂化，但与将复杂问题简单化因而会遗漏很多信息的过程相比，前者可能更具有效性。在更加自如地发挥我们的特长，并进一步地加大探索好奇心的强度，将会使我们有更大的发展空间。

四、喜好探索的好奇心

好奇心不断地将新奇性信息引入人的心理空间以形成构建新的意义，这相当于构建了探索模式。这种表征反映了"活性"特征在人的意识心理不断扩张的本能①。正如斯威夫特在《格列佛游记》中指出的："欲见异同风貌的、永不满足的好奇心使我忘乎所以。"约翰·阿代尔直接将好奇心界定为"好奇心是充满期待的心"。② 期待未知、探索未知。

有时人们用机遇来描述这种对探索的好奇心③。M. 波恩就指出："科学永远充满了意外的事，充满了预想不到的实验结果。"L. 鲍林则强调："真正的研究是碰运气。"④

在面对未知的过程中，人们不清楚新奇的、未知的事物是否会带来伤害，即使不知道，出于本能，人们也会构建出种种的可能性——有利或有害。因此，即使是有利，人们也总是对未来有一些恐惧感，但也总想弄个明白。在"活性"中协调力量的驱使下，人们一旦遇到新的事物和新的问题就总想掌控、总想弄个清楚，也就有了走向不可知领域去面对"不确定性"并追寻"确定性"的力量，也就有了创造发明的内在动力⑤。

与婴幼儿相比较，人们认为的成年人缺乏好奇心，是因为"条框的现成知识"压制了天赋的好奇心。这种结论，可以从反面证明人的好奇心是具有不确定性成分的⑥。

在认识到好奇心是科学发端的源泉和人们投身科学的内驱力——科学探究的内驱力时，斯皮尔伯格（C. D. Spielberge）等提出了最佳刺激理论来解释各种形式的探究行为。他们把好奇心和焦虑看作对抗的内驱力，指出这些内驱力是强度不同的情绪状态，二者的交互作用唤起和推动了个体的行为。人们并不会因恐惧而放弃。吉恩·D. 哈兰等就认为："尽管强烈的恐惧感会阻碍儿童的探索，但是不确定性以及对未知事物的些许恐惧，却似乎能够激发儿童的好奇心与探索行为。"⑦ 这种看法，从根本上看是基于人的生命"活性"而展开情绪研究的。

人们总是从探究的角度对好奇心进行界定，已经反映出在好奇心中存在

---

① 托德·卡什丹. 好奇心 [M]. 谭秀敏, 译. 杭州: 浙江人民出版社, 2014.
② [英] 约翰·阿代尔（John Adair）. 创造性思维艺术 [M]. 吴爱明, 陈晓明, 译. 北京: 中国人民大学出版社, 2009.
③ 倪瀚, 倪静安. 机遇——促进科学发展和进步的催化剂 [J]. 江南大学学报（人文社会科学版）, 2005, 4 (5).
④ 周林. 科学方法论 [M]. 呼和浩特: 内蒙古人民出版社, 1983.
⑤ 余宏亮, 肖磊. 试论探究学习的人性依据 [J]. 中国教育学刊, 2013 (1).
⑥ 吴玉平, 孙博. 对构建研究生创造力系统的一点思考 [J]. 学位与研究生教育, 2008 (2).
⑦ 吉恩·D. 哈兰, 玛丽·S. 瑞夫金. 儿童早期的科学经验 [M]. 张宪冰, 李妩静, 郑洁, 于开莲, 译. 北京: 北京师范大学出版社, 2006.

着探索未知的好奇心。沃纳·阿尔伯（Werner Arber，因首次从理论上指出了脱氧核酸限制性内切酶的存在，并提取了第一种限制性内切酶，为遗传工程的建立奠定了基础，于1978年获诺贝尔生理学或医学奖）强调人类具有强烈的探索未知、构建新奇、构建未来的好奇心，并强调人能够在享受这种新奇构建过程中的快乐与期望："科学家研究我们生存的这个世界，他们受好奇心的驱使，去探索未知的一切，他们为获得了新的发现和找到了解决问题的方法而欣喜若狂。"① 在朝永振一郎结合自身体会而对好奇心的理解中，既包含了对新奇性信息的喜好、探究②，也同时包含了对复杂事物信息以及对差异敏感的好奇心。他在描述喜好复杂事物信息以及对差异敏感的好奇心时，采用了"喜欢精密或精细"信息的语言③。朝永振一郎能够产生巨大的科学进步的成果，他在科研探索方面有更加深刻的体会和理解，也更能恰当地辨析好奇心的不同成分在其工作和生活中所起到的不同的作用。

米哈伊·奇凯岑特米哈伊通过研究指出："我们每个人都生而具有两种互相矛盾的倾向：一是保守倾向，由自我保存、自我增加和节省精力等本能构成。另一种则是扩张的倾向，由探索求知、喜欢新奇和冒险——导致创造性的好奇就属于这个范畴——的本质构成。"④ 这种认识直接表明了好奇心能够作为度量心智在意识层面"活性"中扩展、发散力量的基本特点和规律。

反映探索的好奇心包含了重要的不确定、未知等的成分，这一点也是众多好奇心研究者所普遍关注的重要方面，正是由此，致使人们认为好奇心就是探索。这种反映不确定性的"出乎意料"，也被人们称为"不按套路出牌"⑤。

好奇心的感受——惊奇与出乎意料之间的关系是内在的。出乎意料是一种新奇性信息作用到大脑以后所产生的对于不确定性（未知性、新奇性、多样性、复杂关系性）的感受。这种出乎意料的感受作为一种可以独立的心理模式，将会反过来作用于人的好奇心，促使好奇心产生变化，并对心理变换过程产生相应的影响；这同时又驱使人对能够产生这种感受的新奇性信息形

---

① 廖红，郑艳秋. 50位诺贝尔大师致中国青少年［M］. 北京：同心出版社，2002.
② 朝永振一郎. 乐园——我的诺贝尔奖之路［M］. 孙英英，译. 北京：科学出版社，2010.
③ 朝永振一郎. 乐园——我的诺贝尔奖之路［M］. 孙英英，译. 北京：科学出版社，2010.
④ 米哈伊·奇凯岑特米哈伊. 创造性：发现和发明的心理学［M］. 夏镇平，译. 上海：上海译文出版社，2001.
⑤ 凯文·达顿. 不按套路出牌［J］. 阮南捷，译. 环球科学，2010（6）.

成新的期望，保持着对未知期待的好奇心。通过运用和表现这种特征的好奇心，可以将好奇心对心理形成的主动变异变换与人的心理感受区分开来，并形成多层次的相互作用，由此而带来新的复杂性。

可以认为，正是由于出乎意料满足了人的好奇心而使人产生快乐的感受，并因为快乐而反过来更加强化人追求将新的信息引入心理过程的可能性。这种对新奇性信息的强化，相当于达到一种对新奇性信息认可的"增长的极限"，或者说是达到圣吉所讲的增长的极限[1]，由此而形成一种确定性的状态。

这里应该注意，出乎意料的过程本身意味着对新奇性信息的认定，也意味着人们从态度上认可了将新奇的、未知的信息引入并参与到心理变换过程中的合理性。如果从渐变的角度来看，不断地引入新奇性的信息，促使心理过程不断进行，这本身也意味着促进心理过程的不断进行。

喜好新奇的好奇心，其定义本身就已经揭示了强好奇者总处于探索新奇、未知的心理状态。这种性质除了描述其对新奇性信息的认可与肯定，能够将其作为构建稳定的内知识结构的基本"砖块"以外，还表征着人对新奇、未知的现象总想搞清楚的心态与倾向。想认识新奇现象中更多的信息，想通过信息之间各种各样的联系，寻找产生新奇现象的原因和规律，以便从中构建出确定性的规律。探新性所描述的就是人追求新奇、未知信息基础上的构建、掌控的基本性质。

好奇心是求知欲的先导，是人在面对抽象性信息所组成的知识体系时的一种追求与向往。我们在以后的章节中还将进一步地论证求知欲是好奇心的升华。研究表明，当人遇到问题时，充满好奇心的人渴望寻求新奇的信息和陌生的东西，善于将各种信息同时显示在大脑中展开详细研究，充满好奇心者能够依据生命"活性"中发散扩张与收敛稳定的不可分割性，在表现扩大差异性的同时，（有更大的可能性）给问题寻找到更好的答案。

探新性在好奇性自主达到一定程度时能够产生更具积极性的结果，此时人的好奇心具有了更强的主观能动性的表现。从心智进化发育的角度来看，开始是以迅速接收大量的信息作为好奇心的基本满足形式。而在所记忆的知识达到一定程度时，无论是稳定知识所具有的自主性，还是稳定的差异性神经系统，都已经可以表现出各自的自主"活性"，这都将导致由好奇心所表现出来的功能达到足以改变心理转换过程的程度，人们也会从方法（策略）的

---

[1] 彼得·圣吉. 第五项修炼 [M]. 郭进隆, 译. 上海：三联书店, 1998.

层次，运用已经学会的"按模式而变"，变换所遇到的任何事物信息。

探索与好奇心既不可分割又成为一体。我们既要看到两者的独立性，又要看到两者之间的紧密联系，还要看到两者可以形成新的相互作用。

第五节　好奇心的成分与决定因素

托德·卡什丹将好奇心分为探索的好奇心、开放的好奇心和乐于接受新鲜事物的好奇心[①]。刘云艳、张大均通过对我国8个大中小城市幼儿的抽样测量指出，幼儿的好奇心将表现为8个主要因素，即敏感、观察、情景兴趣、探索、提问、解决问题、幻想、专注。刘云艳通过研究指出，敏感性与探索性是其所构建的好奇心结构中最重要的因素。这与恩格尔哈德和穆萨（Engelhard, G., & Monsaas, J. A., 1988）提出的好奇心由朝向、探索、操纵、期望与愿望（对新奇性信息的不断构建，而且在认定新奇性信息的基础上形成对新奇性信息的追求，或者说用新奇性信息套导其他信息的变化）、对未知事物的兴趣、提问等因素组成的研究结果基本一致[②]。应当看到，在这种分析中有些描述词的涵盖面太广，不能将其作为最基本的心理要素，或者说在某一层面不能成为"基本元素"［有时也可以称为如哥德尔所指的不能经过证明（论证）的"基本假设"］[③]。诸如，从心理发生的角度来看，诸如幻想、情感、兴趣是一开始就与好奇心一起成长、发展起来的基本心理品质，如果将这些因素界定为好奇心的表现因素，是不恰当的。虽然他们具有很强的相关性，但却不能将其归结为好奇心的下一级品质特征。

一、好奇心表现的基本特征

基于生命的本质特征，我们将好奇心所表现出来的特征从以下几个角度来描述。

---

① 托德·卡什丹. 好奇心［M］. 谭秀敏, 译. 杭州: 浙江人民出版社, 2014.
② Malone T W. Toward a theory of intrinsically motivating instruction［J］. Cognitive Science, 1981 (4): 333-369.
③ Douglas Hofatadter. 哥德尔、爱舍尔、马赫——集异壁之大成［M］. 严勇, 刘皓明, 莫大伟, 译. 北京: 商务印书馆, 1997.

1. 随机性

在心理层面表征生命"活性（力）"的好奇心作用到心理转换上时，使心理转换过程无论是转换的方式、方向还是转换的力度都具有了一定程度的随机性。可以认为，好奇心所描述的是心理转换过程不断变化、不断异化、不断以多样并存的方式形成更大不确定性、不断向新奇延续的特征；向其他信息扩展的方向也呈现出多种方向和一定程度的不能确定性，于是，恰当的方法就是用概率——可能性来加以描述。既然在此过程中涉及多种可能性，就涉及多种不同情况同时出现时的选择与判断。当多种不同信息同时显示时，也就表征着具体显示某一信息都会具有一定的概率性。此时可以根据人对外界信息进行加工的能力的大小和扩展能力的强弱，运用所能寻找、构建到的多种可能情况出现的概率来加以量度和选择。

根据自由的概念和意义，可以看出，心理转换过程的随机性与自由性具有一定程度的对应关系，或者说，随机性表征了足够的自由性。由此，人的好奇心是否得到满足以及在何种程度上被满足，代表了人能够在多大程度上表现自由。

2. 涨落性

信息在大脑中运动与变化的扩张性以及信息之间联系的多种可能性特征标示，心理转换过程不是连续进行的，它会像跳跃的"量子"一样，呈现出间断性变化特征，在心理转换过程完成以后再进行下一步的过程。好奇心所引起的心理转换的跳跃，相当于热力学的涨落。在非线性热力学中，这种涨落表征着热力学系统由一种稳定状态向另一种稳定状态"跃迁"的可能性。在这里，我们则通过好奇心增量来度量人能够构建更高新奇度信息的可能性。在热力学中，涨落大小是用均方差来度量的，这里同样也可以用均方差来度量心理过程的涨落大小[①]，并将这种涨落与好奇心增量直接对应起来。由式（2-30）来具体描述。

由于好奇心增量是对构建新奇性意义的可能性的度量，标示着一个人通过构建新奇来寻找应对未知的恰当模式的可能度的大小，也可以将其作为度量一个人探究能力强弱的基本指标。一个人探索性强的标志是由已知向未知的跨度大，这种跨度就是由好奇心增量来度量的非线性涨落的量值。跨度越

---

① 徐春玉. 好奇心理学[M]. 杭州：浙江教育出版社，2008.

大，标示着探索的力度就越大，意味着他们越有能力建立更加不确定的未知信息与当前信息之间的确定性关系。

3. 变异性

神经系统的"活性"特征已经揭示，任何一个稳定的神经子系统都会同时表现出扩展与收敛特征，这就使得大脑神经系统对任何信息都表现出异变、延伸、扩展性操作。而这都在将相应的变换独立特化的基础上进行。已经被独立特化的好奇心主要度量心智系统的扩展性特征力量，通过好奇心特有的比较反馈系统，在大脑中建立起稳定的正反馈闭环模式进行锁定，利用这种具有正反馈作用的"自催化"，不断地在神经系统中涌现、挖掘或构建各种新奇性意义。我们也正是从这个角度来描述好奇心增量，或者说将其界定为好奇心增量的。

从另一个角度来看，好奇心的这种成分往往被人看作求新性，也就是在原来稳定地表征一定信息意义泛集的基础上，不断地寻求（一种过程是被动反映，另一种过程则是主动寻求，这种主动寻求的过程是好奇心的自主性成分发挥作用的结果）与当前信息不同的意义。在好奇心与众多知识相结合而达到一定程度时，在人的内心还会产生"只是寻找"的一种心理模式，至于说寻找什么，在当时则是不确定的。求异性特征与求新性特征联系在一起，通过不断引进新奇性信息，从而主观地放大差异，以有效地提高人对新奇性信息的敏感度。

求异性品质表征着人们对差异性信息的主动追求，或者说主动放大不同事物之间的差异，通过构建与当前信息有所不同的新的信息而将差异性特征反映出来。

霍兰德（Holland）在遗传算法中，将变异性作为一个重要的操作来看待，DNA算法、量子算法中也分别将变异操作作为其中重要的一个步骤，就已经指出了好奇心有其基本的生物学或者说物理学基础。

4. 自主性

生物有机体的"活性"特征导致在机体内每一部分的稳定度达到一定程度时，都会具有一定程度的独立性，这同时也就具有了独立表达其生命"活性"的机会。我们在这里强调，机体内部任何一个部分只要具有了一定程度的独立性，就具有了一定程度上表现其独立"活性"的机会，能够表现出其固有的自主性。

当好奇心强化到一定程度（这依赖于知识积累到一定程度、神经系统复杂化达到一定程度以及通过知识之间的相互联系已经形成一个复杂的神经系统反应系统）时，好奇心的独立性特征会更加充分地表现出来，它会在心理转换过程中保持足够的稳定性，它的作用强度会达到一定程度，它的作用可以被人明显地感知到。而自主表现"活性"所产生的心理变换，将促使心理过程自主地发生变化。

从心理的层面将好奇心特化出来成为一个典型的独立特征，这本身就使好奇心具有了独特的意义，这种过程的实现也只有在神经系统复杂化达到一定程度时才表现出来。这也就是为什么只有在人的身上好奇心才能得到充分显示，也只有在人的身上，只有在意识层面才可以表现得如此突出，知识与好奇心的关系才能在人的行为中起到如此显著的作用，求知欲才能突出地表现出来的原因。

自主性的表现会产生所谓的对人的行为进行主动引导的自主性，也就是人们常说的积极主动性。好奇心（主要是好奇心增量）促使人面对任何事物、问题和困难都表现出足够的主动性。好奇心促使人们不断地构建更加新奇的信息，这些新奇性信息会以较大的可能性转化成为引导人表现行动的控制模式。好奇心越强，构造出来的具有这种性质和作用的引导模式就会越多，表征着人的积极主动性会越强。人的这种积极主动性会在人遇到问题、困难时表现得尤其突出。在问题和困难面前，问题和困难能够在一定程度上满足人的好奇心，进而会削弱人实施探索性构建的动力。但在一定好奇心增量的作用下，会不断地构建，并将各种新奇性构建与实际的问题和困难相联系，以从中寻找到问题的解决办法。

5. 关联性

好奇心的关联性描述和表征的是不同信息之间的关系和差异性特征。不同信息在相互作用过程中建立起了不同形式的关系，这些关系模式在被认定过程中，与好奇心建立起联系，联系性和差异性的感受也就随着这种内在联系而同时表现。

从联系的角度看，不同神经系统的兴奋与神经系统彼此之间的联系性以及独立性，导致不同信息的同时显示，这就是由于不同信息之间基于局部的相似性而导致相互激活的基本过程。与此同时，由于好奇心在于强化具有一定程度的相似信息的不同之处，通过好奇心的这种特征，也会将具有一定相似性的信息同时显示。只是因为此种特性，我们才将多样并存作为好奇心的一个固有的成分。

按照耗散结构理论的解释，耗散结构内部保持若干不同的反应模式，是形成内部彼此之间内在刺激的基本力量。既然是不同信息模式之间通过各自的活动而形成内在刺激，这也就强化了不同信息模式必须同时处于兴奋状态的特征。依赖于神经系统稳定的记忆性特征，好奇心一边在追求新奇性信息的过程中，不断地认定新奇，一边与其他信息发生各种形式的相互作用。

当人们关注不同信息之间的关系性信息时，就会表现出对复杂性信息的主动关注态势，人们界定的复杂性信息，就是反映信息之间关系的结构性信息。

在建立差异性关系的基础上，还会按照所形成的主动追求差异的心理趋势建立与各种信息之间其他形式的关系。这种过程进一步地反复进行，就会在复杂神经系统的基础上，进化出一般的建立关系的基本过程。

6. 开放性

在将心智结构视为一个稳定的耗散结构时，可以看出，要维持一个人正常的心智系统，就必须保证将心智维持在一个足够开放的程度上。在好奇心的作用下，心理过程都在保证着各种形式的外界信息不断地输入到心智空间，以形成对活性神经系统的有效刺激，形成善于接受各种不同的信息，善于接纳各种不同意见，尤其是不断认定新奇性信息的基本心态，因此，好奇心尤其是好奇性自主不会使人处于封闭状态。日常习惯使我们在理性意识的层面认识到，一个人的心胸只有保持开放性，才能促使一个人的心智处于正常的状态，由此，好奇心也就成为心胸开放的固有特征之一。

7. 对差异极其敏感，并善于将其独立特化

对差异敏感是好奇心的基本内涵。这与伯莱因在1955年和1966年提出的好奇心是由刺激物的新异性所引起的结论是一致的[1]。刘云艳等以对内容偏好为基础的敏感性来说明引发好奇心产生的原因[2]。

对一个有序世界微小变化（差异）的敏感性表征了好奇心的求异性特征。

---

[1] Malone T W. Toward a theory of intrinsically motivating instruction [J]. Cognitive Science, 1981 (4): 333-369.

Stead G B, Palladino Schultheiss D E. Construction and psychometric properties of the Childhood Career Development Scale [J]. South African Journal of Psychology, 2003, 33 (4): 227-235.

[2] 刘云艳，张大均. 幼儿好奇心结构的探索性因素分析 [J]. 心理科学，2004 (4).

基于新异感知神经系统的好奇心，专司反应不同信息之间的差异，并将这种差异表征出来。因此，好奇心越强，对差异的敏感性就越强。人们的研究也已经证明了这一点。徐春玉从动力学的角度研究了好奇心在放大心理动力学过程的差异能力中的作用[1]，指出了好奇心越强，与常人相比，产生出乎意料的想法的可能性就会越大，尤其还会经常地表现出与众不同的行为。而那些不被常人所理解的科学家[2]，由于他们与常人的关注点有很大的不同，好奇心驱使他们在深入思考上比常人想得多，并因极强好奇心的作用而引发了他们的异常思维，常常使他们能够看到一般人所看不到的新的景象。

在科学史上有不少的熟视无睹，也有许多的心不在焉，更有一些"想当然"。我们已经指出：恰恰是好奇心增量的不足导致了有些人视新奇现象为没有什么新奇的，从而失去了新发现的机会。反之，也正是有些人的好奇心增量较强，才促使其抓住这些新奇现象并深入研究，通过探寻这些新奇性现象的本质特征，研究形成这种新奇性现象的根本原因，研究这些新奇现象与其他事物的内在的本质性联系等，从而构建出了突破性的成果。

8. 易变性

好奇心揭示着人的心理特征发生变化的特征，这种特性也被称为灵活性。从被动角度来看，心理过程发生变化的可能性越高，则好奇心越强。而从主动的角度来看，好奇性自主越强，心理过程发生变化的可能性就越高。正是强好奇心者，才具有像吉尔福特研究所指出的具有灵活性和敏捷性。将"对差异的敏感性"与"求异性"有效结合在一起，就会表现出足够强的易变性——它所导致的心理转换过程极易发生变化。虽然我们这里指出了易变性是人对差异的敏感性与求异性所导致的，但该特性已经成为一种独立的心理模式。

9. 使人有足够大的剩余空间

从意识空间的角度出发，我们对心理空间、剩余心理空间以及好奇心与剩余心理空间的关系进行了描述[3]，指出了好奇心强者的心理空间可能会较大（好奇心强者在受到外界信息作用时，将激活更多的神经系统，而此时人的心

---

[1] 徐春玉. 好奇心理学 [M]. 杭州：浙江教育出版社，2008.
[2] 刘易斯·沃尔珀特，艾莉森·理查兹. 激情澎湃——科学家的内心世界 [M]. 柯欣瑞，译. 上海：上海科技教育出版社，2000.
[3] 徐春玉. 好奇心理学 [M]. 杭州：浙江教育出版社，2008.

智空间也将达到一个较高的程度），指出了能够将人与其他动物区分开来的核心品质归结为剩余心理空间的存在与大小。人的心理空间可以大致地分为稳定性心理空间和变化性心理空间两个部分，而从生命"活性"的角度来看，稳定性心理空间与变化性心理空间都需要保持一定的量值，并维持彼此之间一定的比例。在人的变化性心理空间，还可以具体地分为寻常变化性心理空间和与好奇心增量相对应的心理空间（简称超变化心理空间）。显然，无论是保持正常状态，还是保持发展、成长、进化状态，稳定性心理空间和变化性心理空间都需要保持一定的量值并保持彼此之间的恰当关系。比例不适合时，一方面会影响到"活性"体的正常结构和功能，另一方面会影响到生命体的成长与进化。

我们不可能在 365 天一直保持精力充沛、思维活跃，无论怎样，每个人都会有精神恍惚、反应迟钝的时候，要在一天当中时刻保持精力旺盛的可能性也很小。但好奇心却可以使人保持旺盛的精力，保持足够的警觉性，使人从萎靡不振中解脱出来。虽然人具有节省能量的基因，人在遇到任何一个问题时都会想方设法尽可能地偷懒，但好奇心（尤其是与好奇心增量相对应的非线性涨落）却能及时地促使生命体脱离这种状态，将人从这种局部极小的吸引域中激跳出来。在维持心智活动一定的涨落，使系统维持在某一个区域内的各个"吸引子"之间不停地转移，这不仅仅将心智维持在某个"极值点"的吸引域内。好奇心成为使人从疲劳中解脱出来的良好的"促进剂"，与此同时，保持足够的"剩余空间"也是提高对各种情况的好奇性适应的基本方略。

在人的成长过程中，需要在正常状态的基础上，不断加大变化性心理空间所占的比例，尤其是要防止确定性知识过多地占用变化性心理空间，从而降低对心智的构建能力。减少幼儿看电视的时间，就是为了防止大量的外界输入性信息占据幼儿的确定性心理空间。提高学生的深度思维，减少大量的浮浅性认识，也是基于这个方面的思考。

二、不同水平的好奇心

人在面对不同的事物和问题时，会表现出不同水平的好奇心。人们习惯将好奇心简单地分为肤浅的好奇心和深度的好奇心。我们常说的"爱起哄的人"，他们其实是怀有很大好奇心的人，但是他们的行为中却表现出很强的随波逐流的性质，对问题往往浅尝辄止。缺少主见地随大流，"大家都这么做，所以我也这么做"，没有差异地盲目跟风，就是十分肤浅的具体表现。朝永振一郎指出，在"这种情况中，并没有我所提到的'彻底地追求精密、精细'的欲望。这觉得现在有很多人都混淆了二者的意思，把'别人做，我也做'这种起哄的态度混同为好奇心"。①

对于儿童来说，整个世界是全新的，在每次新的接触中，都有使他们感到激动的事物，并且能受到这种稳定心理模式的吸引使他们更热衷于探究和构建，而不是单纯消极地等待和忍受。杜威在论述反省思维时将人类的好奇心分为三个水平②：第一水平是身体的，它与思维无关。这是生理上的紧张状态引导婴幼儿表现出各种差异化的行为，如吮吸、用手指去拨弄等，此时人表现出来的是直观的、生理本能的好奇心——具有与动作的不可区分。第二水平是社会性水平。在社会环境中，在各种信息的刺激影响下，稳定的行为会在人的内心转化成为稳定的心理模式，与此同时会因为大量信息的输入、概括而使人具有了足够多的抽象性信息，通过神经系统的分化、汇聚、独立化，这些知识也会被分类。一旦有新的外界事物信息再输入大脑，由于已经记忆信息的复杂多样性，当这些信息不能被有效地归结到已有的心智结构时，人就会提出诸多的问题。此时表现出来的是人关于知识（在意识层面体现出来）的被动好奇心，此时的好奇心只有在外界刺激存在时才表现出来。第三水平是理智的水平。在这个以典型的心智活动为核心的层面，主要展示出好奇心与人的意识的有机结合，好奇心转变成为人亲自探究在与事物的接触中所产生的种种现象问题的兴趣。人的好奇心会进一步地与各种心理模式一起活动，同时会在这种结合过程中通过不断重复表现而成为独立稳定的心理模式。在其达到一定程度时，会表现出足够的自主性，此时，会表现出主动的好奇心，还会表现出深刻的好奇心。

朝永振一郎就特别关注理性（意识）的好奇心。与此相对应的是感性的好奇心。科学研究，首先需要具备理性的好奇心，这点从好奇心的角度来看与探险是相通的。正是由于知识在人的行为中的作用越来越重要，才将理性的好奇心提到了足够高的程度，因此，表征知识构建过程的理性好奇心必然

---

① 朝永振一郎. 乐园——我的诺贝尔奖之路 [M]. 孙英英, 译. 北京：科学出版社, 2010.
② 杜威·约翰. 我们怎样思维：再论反省思维与教学的关系 [A]. 吕达, 刘立德, 邹海燕. 杜威教育文集：第5卷 [Z]. 北京：人民教育出版社, 2008.

地在科学研究中发挥着十分重要的作用①。感性的好奇心在艺术与美中受到重点关注。

表现人思维深度的一个特征是人在意识心理中对外界事物更高的抽象程度。抽象是人基于独特的意识心理，抛弃具体事物特征，在意识心理层面依据信息之间各种各样的关系（主要是非逻辑的关系）将局部信息联系在一起而代表一类事物的过程。由于形成信息在大脑中反映的足够的稳定性，信息模式能够在不存在外界作用的情况下被直接反应。具有活性的神经系统能够不受控制地表现心理模式的自主性、涌现性特征，神经系统基于足够多的层次和复杂性可以使人能够抛开具体信息而形成复杂的动力学过程，表征诸多具体信息共性特征的独立的心理模式就可以自如地在大脑中进行。

生命活性表现出来的收敛与发散的有机协调，必然会在人的意识层面充分表现。好奇心具体地表征生命"发散"的过程中，抽象的好奇心则是这种发散力量与收敛力量的有机协调在意识层面以发散为重点的具体反映。在这种情况下，在意识层面独立表现的抽象就成为人的最为常见和典型的过程。

朝永振一郎在科学探索的过程中，表现出探索事物之间深刻联系的深度好奇心，这种行为特征给他留下了深刻的印象："也许因为有这个记忆摇扇吹风这种过去的经验和风吹树动这种经验之事，有一个共同点——就是我提到的探求事物之间联系的好奇心。"在朝永振一郎的身上表现出了强烈的探索事物之间内在的本质性特征和规律性联系的"理性好奇心"②。

在宏观层面，能否在更大程度上激发人的深度好奇心，成为有效推动国家创新发展的关键。形成广泛而深度的"大众创业，万众创新"，一方面需要市场的需求牵引力，另一方面则需要重视、强化人的深度好奇心。当人们在讨论中国如何才能得到新的建设所需越来越多的高端人才（或者精英人才）时，往往会将注意力集中到如何才能有效地吸引中国到国外留学有成的人员身上，这样做是非常必要的。但我们同时还需要解决相关的问题。有一部分学业有成者——高端人才（毕竟流淌着中国人的血脉，对自己的祖国有一种天生的亲近感）不能在国内长期工作（不愿意待在中国），其原因可以包括中国的环境污染、生活质量、人才使用的制度、人才自身的"既得利益"、不合

---

① 朝永振一郎. 乐园——我的诺贝尔奖之路 [M]. 孙英英, 译. 北京：科学出版社, 2010.
② 朝永振一郎. 乐园——我的诺贝尔奖之路 [M]. 孙英英, 译. 北京：科学出版社, 2010.

理的竞争、官本位观念的影响等①。但我们认为，更为重要的还在于国家能否构建一个实事求是、广泛追求崇尚新奇和创新的社会氛围。人们需要在不断地表现好奇心的过程中快速而有效地向更加深刻的未知层次迈进。

人同时既有深刻的好奇心，也有肤浅的好奇心。肤浅的好奇心引导人仅满足于变化的、多样的、表面的、暂时的、局部的、孤立的、鲜亮的信息作用，当前教育界所看到的"上课就犯困，上网就精神"就是肤浅好奇心的典型表现②。深刻的好奇心则引导人不断地围绕一个问题、一个主题展开多种创新性构建，在新奇的基础上进一步地再构建新奇，一步一步地实现新奇基础上的再创新。这样做会有更大的可能形成颠覆性创新。

没有深刻的好奇心内在地驱动着人的深度学习与研究，也就不愿意采取大量的、深刻的新奇性构建。从社会环境的角度来看，不能形成面对每一个问题都实行新奇性构建的氛围，不能实施持续性的大面积创新，也就不会在多种可能性中构建出原创性的成果。显然，教育的一个重要任务就是如何引导学生由肤浅的好奇心向深刻的好奇心转化。

更加明显的功利性，将更多地表现肤浅的好奇心。更多地关注外界环境中的变化因素，从人自身与外界环境的相互作用中界定个人稳定的行为模式，会促使我们将更多的行为动机归结为外在因素，诸如功利主义影响、金钱主义作用等将会在我们中间流行，我们也更多地将成功、不成功的原因归结为外部环境的影响。这也往往使我们不能更加深入地研究问题。

从一定程度上讲，当前问题中的很大一部分原因在于教育（家庭的、学校的、社会的）。如果说孩子在很小时候的好奇心得不到保护、鼓励与使用，更多情况下还被限制、被打击、被讽刺等，孩子们很可能就会再也不愿意提出新奇的想法，不用说表现出深刻的好奇心，甚至连肤浅的好奇心也不愿意表现出来。长此以往，在学生长大以后，甚至进入到工作岗位，如何才能有新思想的诞生与交流？没有了深刻的好奇心，哪里还会有"颠覆理论与技术"的大量出现？如果人们不再愿意交流自己的新奇思想，不愿意受到他人的启发而构建更加新奇的思想，如何才能使自己的好奇心向深刻化推进？

深刻的好奇心是需要在保护、使用以及鼓励的过程中得到培养与强化的。一个人自然地在寻找那能使自己的才华得到充分表现、能得到充分肯定、赞

---

① 王聪聪，许婕. 如何吸引优秀留学人才回国？[N]. 中国青年报，2013-09-05.
② 李亚楠. 学风建设：北师大出重拳 [N]. 中国教育报，2013-09-30.

许与崇尚的环境中工作，他们也需要在交流的过程中表现自己深刻的好奇心以及使自己深刻的好奇心得到赞许。当人们更多地表现自己深刻的好奇心，同时又在一种愿意交流的氛围中工作时，人深刻的好奇心就会得到更多表现，人就会将新奇性意义向更加新奇的方向进一步推进，那么，形成更大的创新就是必然。

三、功利的好奇心

好奇心本就是人为了感受外界环境的变化而强化突显的一种适应能力。当人有意识地关注好奇心时，则会促使人远离功利。其中的原因不外以下几个方面：一是关注人的内心，更多地是以满足人在意识层面所展示出来的好奇心为核心，而不是外界以实物（包括金钱）来表征的功利性刺激；二是关注差异、变化、不确定和未知，表现出了心理的过程性特征和在此时过程中因满足人的这种需求所体会到的快乐；三是关注了差异、过程，而不再是最终结果；四是促使人关注意识的、内心的差异与变化，从而会进一步地固化人的心理感受。

第六节　好奇心强的外在表现

好奇心较强时，将促使人产生一些特别的行为。

一、直接性意识行为

表现出好奇心与其他各种心理模式的有机结合，包括与当前直接输入到大脑的外部信息的相结合。

（一）多看

在好奇心的作用下，人需要大量地接收外界信息，并在大脑中迅速记忆下来。对于儿童来讲，他们对外界的信息接收系统并没有形成在成年以后向更深层次好奇心的转化，而只是运用好奇心将那些新奇性的信息直接输入大脑记忆下来。多看、多听会成为他们基本的行为表现。

（二）多动

好奇心与自体动作相结合，即表现出多动、多试，通过这种多试，会在人的美化的基本心理作用下，促使人在多种可能动作中选择一个"最恰当"的行为模式，并进一步地固化成为一个更加精准的动作模式。这个被选择、优化的动作在完成任务的诸多方式中，效益往往是最高的。当前，这还只是问题的一个方面。另一方面，虽然人已经掌握了稳定的、切实有效的行为模式，但在具体表现时，还会时不时地通过异变而将非最优的动作模式表现出来，这一方面说明"最优"的模式只是众多可能模式中的一种，或者说其可能度较高，其他模式也有一定的可能性表现出来，这也说明，由于好奇心的影响，必然会导致其他模式的显示有可能成为人行动的控制模式；第三个方面说明，受到好奇心的控制，人们也会主动且自觉地构建新奇性的模式。

（三）求知

求知属于好奇心与知识有机结合的问题，属于在人的意识建立起来以后才能充分表现出来的基本行为。虽然当前知识可以满足人们的需求，但人会在好奇心的作用下不断地将其他信息、新奇性信息在大脑的心理空间表征出来。

二、延伸性行为

（一）破坏

打乱日常人们已经习惯的生活，"在平静的生活水面投入一粒石子"，这是强好奇者总能产生出乎意料行为的基本表现，诸如采取不同的研究视角和方法研究问题，发表不同意见，提出不同建议等。他们要在有序的生活节奏中添加新的音符，要在计划好的活动安排中增加异样的环节、并进一步地促进变异等，这种情况往小说是对人（群体）产生"刺激"，往稍大一点说，可以被认为是"破坏"，说得更大一点则叫"变革"，再大一点，就被称为"革命"了。用价值的标准来判断，这种变革有好有坏，而好与坏的结果则需要在其变革达到一定程度、产生了足够大的效果时才能被鉴别。

（二）叛逆

强好奇者往往会产生叛逆心理，这种心理行为更多地表现在人的成长过程的某个阶段。那些新奇性的行为如果与家长、老师的想法相左，不去顺从成年人的意见，不能达成成人的心中所想时，孩子（学生）的行为就会被标定为叛逆。叛逆更多地表现在：随着婴儿的长大，其自主意识达到足够的程度，会自然产生脱离"母体"的愿望和行为，在这个时期就会表现出较强的叛逆性行为；青春期的青少年受到身体其他组织发育的影响，尤其是各种激素发育达到了足够强的程度，会促使大脑神经系统受到这些因素的影响，表现出足够的自主性行为；自主探索能力强大到一定程度时，他们的心智已经成熟，能够表现出独立的自主性行为，并能在自主能力的指导下不断探索新的事物。自主性的探索将会产生更多个性化的行为，并在自主意识、自我愿望、理想追求的作用下具有很高的强度和稳定性（有时会被人称为固执），此时的人就会表现出更强的叛逆行为。

成长心理、生理学的研究表明，13岁前后是孩子青春勃发的年龄，这一时期孩子的意识独立性不断增强，同时，这也是孩子的精神断乳、渴望摆脱父母的控制而走向独立的时期。孩子渴望独立，但又不得不受父母的控制。如果他们的渴望得不到父母或老师的理解，他们在父母、老师、同伴那里无法获得足够的快乐感与成就感，他们就会以厌学、逃学、辍学的方式表达自己的愤怒、反叛和反抗。此时他们会更多地表现出在心智引导下行为的好奇心，表现出典型的多动、多尝等行为特征，此时，要让思与动有机衔接。刘良华曾大声疾呼："让孩子保持灵气和好奇心的最好的办法是：让孩子每天都有属于自己的可以用来'玩'的时间和空间。"[1]

（三）淘气

淘气是家长赋予孩子某种类型行为的概括性称谓。这是当家长的认识、期望与孩子的行为表现出现差异时在成年人的内心产生的一种描述。与成人的意愿不符，又没有造成多大的危害时，这种行为就被成年人冠之以"淘气"。研究表明，淘气，其实是儿童好奇心的重要表现，是儿童在好奇心驱使下探索性的基本表现，是促使其形成好奇性自主的重要阶段，也是其自主性逐步成长的基本体现。

三、对行为的控制

（一）观察力强

一个生气勃勃有好奇心的人，总是瞪着敏锐的眼睛，带着求知的饥渴，

---

[1] 顾雪林. 家庭教育是孩子成长的基础[N]. 中国教育报，2009-08-20.

视察周围世界的一切事物，从中捕捉、构建自己所需要的奇妙的"猎物"。

当好奇心强者看到客观事物时，并不被外界事物表面的鲜活信息所"定格"，而是迅速理解这个事物，在提取出一般人都能发现的特征以后，又进一步地寻找其他的特征；在人们所习惯的信息之间的关系中，发现、构建新的关系。强好奇者总在不断地引入、构建新奇，因此，总能在看来很平常的现象中，发现别人所没有发现的细微差异性特征，并将其作为独立的特征来研究，直到弄清楚为止。

（二）求异思维能力强

好奇心强标示着求异思维能力强。强好奇者，总能够产生与自己以往内心所记忆的有所不同的想法，除了在群体中表现自己与众不同的想法之外，有时纯粹是为了追求与众不同而别出心裁地提出怪异的想法，并为这种想法而强词夺理、尽量完善。

（三）时间感受慢

好奇心可以使人对时间的感觉发生变化。研究人员研究发现，使人们产生这种时间变慢的"错觉"，正是与人类记忆密切相关的"记忆次数"。研究发现，在大脑内的"海马"系统对一件事发出"要记忆"指令的次数越多，在事后回忆时就会感觉时间过得越慢，反之则觉得时间过得很快。如果将事后回忆采取等量插值的方法，显然，集中在一起的信息越多，对该事物回忆的时间就越长。这也就表明，好奇心的表现越多，对信息处理的工作量就越大，处理的信息也会更快，此时，好奇心的增长也就越大。在此过程进行完以后，人们再行回忆此过程时，就会以相对标准的速度再次体验，对过程所进行的时间就会越长，时间的感受就会越慢。可以看出，这是一种事后回忆的感受过程。

好奇心是人身上最宝贵的东西，好奇心强的人，他的时间会感觉过得很慢，他的生命也会比别人更加充盈。保护学生的好奇心吧，那是在延长他的生命。

（四）具有更多的冒险行为

强好奇者，更多地将注意力放到出现在大脑中的新奇性的信息、追求并认定新奇性信息模式上，以引导心理转换过程向从没有涉及的信息领域扩展过去。这种心理上的冒险就是好奇心。

可以想象，人在好奇心驱使下运用想象力构建出了众多的新奇性意义以后，将会有更多的意义同时并存，而由于新奇性意义占据大脑更大的心理空间，即使是人们选择了能够指导其行动的相关意义，新奇性的意义也会占据较多的心理资源。这种被认定的心理模式成为引导人产生具体行动的模式，人在新奇性意义的指导下去从事以往所没有从事的行为，从而表现冒险性。人所表现出来的行为就被称为冒险行为了。

（五）更多地表现出深入思考的状态

好奇心强者善于追根究底，习惯于为了更多地认识、把握某一事物而持续地观察和探索。在没有得出自己满意的认识结论时，这种差异会作为刺激因素一直存在，并进一步地促进人寻找构建新的建立关系的方式，直到形成稳定的内知识结构。

（六）具有极强的探索能力

刘云艳、张大均将探索定义为：对客体本身的摆弄、操作、制作等行为。幼儿的探索表现在自由自在的活动中，表现在摆弄物体，从而使物体状态发生变化的过程中；刘云艳、张大均认为，这种促使物体状态发生变化的过程，反映出好奇心的唤醒与维持发生在主客体的相互作用的过程中。

根据好奇心与探索之间的内在联系，可以将其看作一对"双胞胎"，在很多情况下，两者可以看作同一个意义的不同表达。从狭义角度看，探索是好奇心的一个重要的行为表现，探索主要通过好奇心构建出与以往有所不同的模式，并在与环境的相互作用中检验这种新奇性模式的有效性。从进化的角度讲，探索能够使个体获得有助于提高生存能力的行为在与环境相互作用时的恰当的信息。幼儿的探索活动可以追随到婴儿期的定向探究反射，这是探索成功后所形成的有机体的本能反应，这种无条件反射逐步条件化，表现为婴幼儿面对新奇刺激物的感觉探索与情感性探索，前者是通过感官的活动以弱化不确定性，获得新知。这种探索会由于过度恐惧而产生退缩行为。后者是由于快乐的基调诱发的一种游戏，通过游戏获得新知[1]。我们对好奇心与探索行为之间的本质联系进行了一定的描述[2]。这种研究是在认定两者不同的基础上的研究，而不是将两者视为同一个事物。我们后面还需要进一步地指出，虽然好奇心可以导致人产生更多的探索性行为，但这主要是因为好奇心是探索的内在本质和基本动力的缘故。

---

[1] 刘云艳，张大均. 幼儿好奇心结构的探索性因素分析 [J]. 心理科学，2004 (4).
[2] 徐春玉. 好奇心理学 [M]. 杭州：浙江教育出版社，2008.

（七）较强的竞争力

好奇心是人类生存的基本驱力。从进化的角度说，失去好奇心的物种必然灭亡，因为没有了好奇心，生物会失去生存竞争的力量，它将拒绝"试错"。如果在变化的环境面前不能迅速适应，就会受到环境的作用而不断地与之"抗争"，进而消耗过多的精力和能量，并因此而处于弱竞争力地位，它所具有的优势遗传基因很可能不会得到进一步遗传。正是在自然界不断淘汰没有好奇心基因的过程中，将有着强烈好奇心的人类孕育出来。因此，我们都是具有强烈好奇心的祖先的后裔。

（八）具有更强的包容性

喜好多样并存的好奇心的另一种说法就是具有更强的包容性。包容一切，甚至是彼此之间相互矛盾的信息。人内在地保持信息的多样并存，会促使人形成矛盾心理以及对矛盾心理进行有效反应的心理。由于好奇心激活了更多的信息，而这些信息都是在有差异特征基础上的激活，而且由于矛盾性信息产生的直接冲击更大（矛盾性信息与差异性信息是有所区别的），矛盾性信息之间的对立关系就会成为一种激励双方同时显示的重要因素。矛盾性信息属于彼此相互否定、相互排斥的信息，相互矛盾的信息出现在大脑中时，会进一步增强矛盾信息所形成的刺激作用。这种刺激对于矛盾信息的同时显示会成为一种新的作用力量，将比多种信息的同时显示多出一个种类的刺激因素，会促使矛盾性信息比其他不同信息显示的可能度更大。在行为表现上，强好奇者会表现出更强的包容性，能够更强地容忍矛盾性认识，即使具有很强的相互否定性，也在认定新奇的心理作用下，将其同显，并将彼此之间的不同作为满足好奇心的刺激因素。

（九）更善于交流

在好奇心达到一定程度，能够自由而充分地表现其自主性时，人会主动地寻找、构建与当前心理泛集有所不同的特征信息，同时，会将不同的信息一同显示。在时间过程中，使不同信息的同时显示，在很大程度会依赖于大脑神经系统所具有的记忆性。信息记忆在大脑神经系统中后，当相同或相似的局部特征处于激活状态时，自然会通过关系而将相关的信息激活，由此而形成多样并存。他人的意见看法会与我的意见看法不同，那么在好奇心的作用下，会在"多样并存"的基础上，包容他人，并在交流中促进新思想的产生。好奇心导致差异性信息的同时激活，信息的局部联系以及大脑的记忆性特征保证着信息的多样并存，信息的多样并存自然也就成为满足好奇心的基本方式，它能够使不同信息在大脑中同时显示，存在于一个稳定的泛集中，还能使彼此之间产生新的相互作用。可以看出，具有更强多样并存的好奇心的人，更愿意交流。通过与他人交流而获得更多的差异性的信息，并基于差异而推动思想的进一步发展。

也正是人与人之间更为频繁的信息交流，才有效地促进了人的意识的成长，也才真正地使人成为人。

第七节 动物与人的好奇心

伊恩·莫里斯在其著作的前言中指出：真实的人类仅仅是——聪明的猿猴，我们是动物王国的一部分，而动物王国又是从人、猿再到变形虫的更为广袤的生命帝国的一部分。这一显著的事实带来了三个重要结果。第一个结果是，和所有生命形式一样，我们之所以能够生存是因为我们可以从环境中摄取能量，并且用此能量繁衍生息。第二个结果是，像所有有智慧的动物一样，我们有好奇心。我们总是在修修补补，思索着哪些东西能吃，哪些东西能玩，哪些东西能加以改进。而我们作为动物的第三个结果是，与个体的人相对的群体的人，大致是相同的。……如果比较有百万之众的群体，正如作者在本书中所写的那样，任何人都很有可能拥有同样多的充满活力、繁殖力、好奇心、创造力和智力[①]。

与动物相比，人的好奇心较强；与庸才相比，英才的好奇心较强。与一般人相比，拔尖创新人才应该具有更强的好奇心。因此，接受过高等教育者，更应该在知识领域更好地发挥好奇心的作用。

一、好奇心是生命的本质特征

人们对好奇心的来源十分关心[②]。如前所述，比较动物学的方法是人们首先想到的。而且我们则将其进一步地追溯到好奇心的生物学甚至物理化学的

[①] 伊恩·莫里斯. 西方将主宰多久 [M]. 钱峰, 译. 北京：中信出版社，2011.
[②] 托德·卡什丹. 好奇心 [M]. 谭秀敏, 译. 杭州：浙江人民出版社，2014.

本源。

（一）差异、刺激、耗散结构与好奇心

不同信息在大脑中形成不同的反映。在将这些不同信息联结起来时，即组成差异，反映差异的信息以一定的能量值作用于大脑，就表现出相应的刺激[①]。大脑是一个耗散结构，会在一定的外界刺激作用下发生相应的变化。大脑这一耗散结构还对刺激形成确定性的反应。表征不同信息差异的神经系统就会进化出专门反映差异性信息的差异神经元，差异神经元的高度汇聚（具有了独立性，同时也能够发挥反映差异的自主"活性"），会形成具有独立功能的神经系统，奠定了独立好奇心的生理基础。好奇心可以被外界信息激活而起作用，也可以由独立的反映差异的神经系统的"活性"自组织激活而表征。

人们研究发现了在大脑中有两块紧连在一起的皮层，在位置仅隔几毫米的脑细胞亚区，承担不同的音量控制职能，对自己讲话有着截然不同的敏感性[②]。这种敏感性有助于人区分自己和他人声音，以确保准确表达自己的意思。不同神经系统的兴奋形成了对信息差异的感知，由此而形成特有的好奇心，这种好奇心与朝永振一郎所谓的"精神上的好奇心"或"理性的好奇心""知性的好奇心"具有高度相关性[③]。

从耗散结构理论的角度来看，只有超出"适应"区域、形成差异的因素作用才形成刺激，正是由于对于差异性信息的关注，才促使人们更多地对新奇性信息的特别关注，也才由此而不断地构建新奇性信息，并引导人心智结构的不断进化。

（二）好奇心表征了生命的本质

表征差异的活性生理系统，是所有生命体生存的基础。好奇心是具有"活性"的神经系统进化到一定程度的必然产物。只有人的好奇心才会典型地表现出来，并在人的生活工作中发挥越来越重要的作用。

1."活性"

反映活的生命体的基本性质称为"活性"。为了与生命的生物论相区别，物理学家采用了另外一个同样是模糊不清的词来描述生命的"活性"——

[①] 徐春玉. 好奇心理学［M］. 杭州：浙江教育出版社，2008.
[②] 常丽君. 大脑中有个"自动调音台"［N］. 科技日报，2010-12-27.
[③] 朝永振一郎. 乐园——我的诺贝尔奖之路［M］. 孙英英，译. 北京：科学出版社，2010.

"混沌边缘"①。

肯威尔伯在其著作中用"全子"的概念描述这种活性的发散与收敛及其有机统一体的状态，具体展开指出了 20 条在各个不同领域、不同层面所展现出来的这种"全子"的特征和彼此之间的相互作用模式②，并用它来描述了进化在物质、生命和心智这三个领域中的一些共同的模式。

生命"活性"在生命体的任何一个层次都会自如地表现出来，但唯独在人的意识层次表现得更加突出。自然，这种特征也会得到研究者的关注。1972 年诺贝尔生理学或医学奖获得者杰拉尔德·埃德尔曼认为，生命就是在"特异性与广度"之间相互协调的游戏③，"混沌边缘"既是生命的基础，也是创造的基础④。从哲学的角度，生命体可以理解为是同一性和多样性的有机统一⑤。多样性表达了生命体不断地扩张、延伸、求异、求变的"活性"特征，是生命"活性"特征的具体体现。

"活性"中的收敛与扩展的协调共存构成生命的基本特征。杰拉尔德·埃德尔曼将这种状态描述为人在其大脑神经元之间不断地在"特异性与广度之间"展开相互妥协的游戏⑥，大脑内的神经元之间往往先建立弥散性的非稳定性联系，由所弥散性激活的神经系统中自组织地构建各种不同的意义，通过判断将相关的整体性结构稳定下来，再由此而形成数量足够的稳定的泛集元素。由于这种过程是与好奇心所形成的差异、发散联系在一起的，并由此而形成好奇心与多样并存状态的有机联系。

扩张与收敛相互协调的意义包括：两者分别表现，以及两者相互促进、相互作用。只要保持两者的相互协调，那么，就可以以任何一方为基础而促进另一方的增强、扩展、延伸。正如杰拉尔德·埃德尔曼指出的："无须触及自由意志问题，我们可以看到神经意识的达尔文主义及其扩展理论提供了这

---

① 米歇尔·沃尔德罗普. 复杂——诞生于秩序与混沌边缘的科学 [M]. 陈玲，译. 北京：生活·读书·新知三联书店，1997.
② 肯威尔伯. 性、生态、灵性 [M]. 李明等，译. 北京：中国人民大学出版社，2009.
③ [美] 杰拉尔德·埃德尔曼. 第二自然——意识之谜 [M]. 唐璐，译. 长沙：湖南科学技术出版社，2010.
④ [美] 杰拉尔德·埃德尔曼. 第二自然——意识之谜 [M]. 唐璐，译. 长沙：湖南科学技术出版社，2010.
⑤ 克莱斯·瑞恩. 异中求同：人的自我完善 [M]. 张沛，张源，译. 北京：北京大学出版社，2001.
⑥ [美] 杰拉尔德·埃德尔曼. 第二自然——意识之谜 [M]. 唐璐，译. 长沙：湖南科学技术出版社，2010.

些组合行为的基础。首先,一个选择性的系统必须依赖于多样性的产生。产生的模式总体上必须包含极为大量的变化。"① 在这个过程中,有这样的几个环节:(1)在应对区域中除去不正确的反应模式,(2)构建有效的应对模式,(3)扩展应对区域,扩展多样并存的应对模式,(4)使应对区域具有扩展性,(5)使应对区域的变化具有自主性。多样性构建形成了更强的剩余能力,而当多样性构建与剩余能力形成一种稳定的对应关系时(相当于这两者之间形成了稳定的对应关系,那么也就会形成稳定的应对模式,而一个方面发生变化时,必然会对应于另一个方面的变化),剩余能力越强,多样性构建就越强,则自由的程度就会越大。如果将这种对应关系当作一种要求,将人与其他动物相比较就可以看到,人对于自由的要求会较其他动物更高。而对于人来讲,创造性心智越高者,对自由的要求也就越高。这也就意味着,好奇心越强,对自由的要求也就越高。

2. 好奇心是生命扩张"活力"的基本表现

差异性神经感知元促使不同信息在大脑中表征并建立联系,而后人们在意识层面又会根据信息之间的相互作用(形成一个更大的神经系统),按照多样并存、以可能度来选择的方式,形成人们所认为的最佳的反应模式。大脑所表现的生命的"活性"特征,已经决定了好奇心在心理转换过程中所起到的基础性作用,这也就直接指出了,只有在好奇心的作用下,人的心理转换过程才是更加有效的②。

好奇心表征了"活性"中扩张的本质,心理扩展的力度就由好奇心(特别是好奇心增量)来度量。好奇心驱使人的心智向不同的"点"跳跃,并由好奇心来控制心智向不同点跳跃的跨度;与此同时,好奇心还会使心理空间发生相应的变化,生命的"活性"本性使人能够有一个较大的潜性心理空间并不断变大。自然,在此过程中,心智的跳跃应以稳定(确定)的知识为支撑,而人们追求掌控、心智完整性的心理又会成为形成跳跃的又一个潜在性基础。

---

① [美]杰拉尔德·埃德尔曼. 第二自然——意识之谜[M]. 唐璐,译. 长沙:湖南科学技术出版社,2010.
② 埃里克·亚伯拉罕森,戴维·弗里德曼. 完美的混乱[M]. 韩晶,译. 北京:中信出版社,2008.

具有生命力的复杂系统，"通过选择性变体的差异放大对它们进行响应"。① 在大脑中所进行的非线性表征出来的就是对差异性信息的放大。这种通过非线性放大而形成的多样并存，构成生命体应对复杂的外界环境的最有效的手段。在心智活动中，通过没有方向的差异放大，在多样并存的基础上通过价值判断将某些模式的可能度增大到一定程度。因此，在一定程度上，问题的关键就转化为"选择系统允许思维和想象甚至还有逻辑和数学计算的大量组合自由度"。②

由好奇心促成的心智的跳跃会形成几种效果：通过引入相当的新奇性信息而控制跳跃力度、增强认定新奇的心理能力、促使心理空间变大、使变化性心理空间变大、使灵活性增强、使变化速度变大、促使导出性泛集的"秩"（泛集中信息元素的数目）变大等，这其中自然还涉及"认定的力度"。认定的力度可以称为肯定新奇性信息的程度，我们运用心智变化持续不断地连续统一这一理念，使之成为一个不可分割的整体，形成一个稳定的泛集、在一个更高的层次上形成概括、基于这些特征而形成一个新的意义模式、产生一个由主导信息模式激活的主导信息模式网络结构等。

杰拉尔德·埃德尔曼将"容错性"（在好奇心作用基础上实施变异后的价值判断与选择）看作人脑与计算机的最主要的区别，认为："与计算机不能容忍程序有错误不一样，大脑要以适应的方式处理新奇事物，因此即使在正常大脑中也必须容许错误的可能。"③ 这既指出了好奇心是人的核心品质，又指出了好奇心所对应的扩展力量。

人在闲暇中突出表现了强烈的好奇心，也是这种特征的基本表现。休闲表现了人处于心理稳定的状态，这种稳定与确定性的模式有所不同，是人对自身在意识层面稳定性状态认识和确定性的感受。此时，生命"活性"中收敛与发散的协调力量会使人从内心感受到扩展包容以及掌握的强大力量，体会到能够对变异和新奇有足够的掌控能力，进而追求变化、未知和新奇。从这个角度看，休闲是好奇心自由表现的舞台。人即使在闲暇状态下，也会因

---

① [美] 杰拉尔德·埃德尔曼. 第二自然——意识之谜 [M]. 唐璐，译. 长沙：湖南科学技术出版社，2010.
② [美] 杰拉尔德·埃德尔曼. 第二自然——意识之谜 [M]. 唐璐，译. 长沙：湖南科学技术出版社，2010.
③ [美] 杰拉尔德·埃德尔曼. 第二自然——意识之谜 [M]. 唐璐，译. 长沙：湖南科学技术出版社，2010.

"活性"中收敛与发散的相互协调而反映出好奇心与不确定性、复杂性的内在联系。也只有在休闲的状态下，人的好奇心表现才能得到更加充分的体验。艾泽欧-阿荷拉在休闲研究中就指出了即使在正常休闲状态下，人也应该通过好奇心的控制，促进"活性"特征中"发散"与"收敛"两者的相互协调，通过进一步的研究，艾泽欧-阿荷拉指出了，好奇心在快乐与焦虑的相互转换过程中具有重要的控制作用。"亨特（Hunt, 1969）将被激发的行为归因于寻求'不适'。当环境为孩子提供太多的信息和刺激而使其不能应付时［如当下处境与大脑中已存信息太不一致（我们认为这相当于环境所提供的新奇性信息过多）］，他就会逃避环境。另外，当环境所提供的信息同已有信息或经历过度相似时（这相当于环境所提供的新奇性信息过少），孩子就会变得厌烦，而寻求能提供更多不适、不确定性、新奇以及复杂性的处境（或者说依靠心理'活性'所表现出来的信息的'涌现'）。如此一来，这种寻求最优不适的倾向便引导着孩子的游戏。"①

当好奇心达到一定程度时，能认识一个新奇的事物，好奇心会一直与其他信息模式一同起作用。这种稳定的关系将由于不同神经系统的自主性增强而有不同的表现。在好奇性自主起作用时，将会由于好奇心的激活而激活与此形成联系的内知识结构，并以极大的变化性、求异性建立新信息与内知识结构的稳定联系。

艾泽欧-阿荷拉通过比较不同年龄的人在闲暇时间的行为特征，指出老年人倾向于积极参与熟悉和"新的"休闲活动来满足其最优唤起的需要。显然，在生命"活性"控制下，无论什么层次的人，都会以追求适合自己年龄的熟悉与新奇相协调的方式求得"最优唤起的需要"②。这是好奇心随年龄的变化而变化表现出来的结果。随着年龄的增大，人的好奇心会越来越小，人的生命力也就越来越低。"老年人对新奇事物和不协调的事物的需求比年轻人少得多"③。据此，我们自然可以将好奇心作为人的生命力强弱的标准之一。

从维持"活性"状态的角度来看，人将在"活性"稳定的前提下，保持好奇与认定的相互协调，也就是说保持心智系统始终处于基于当前稳定态、向其他稳定状态跃迁的临界状态；从构建多样并存的角度来看，应对各种情况的模式越多，人所表现出来的适应能力就会越强，因为它可以提供更加准

---

① 艾泽欧-阿荷拉. 休闲社会心理学［M］. 谢彦君，等，译. 北京：中国旅游出版社，2010.
② 艾泽欧-阿荷拉. 休闲社会心理学［M］. 谢彦君，等，译. 北京：中国旅游出版社，2010.
③ 艾泽欧-阿荷拉. 休闲社会心理学［M］. 谢彦君，等，译. 北京：中国旅游出版社，2010.

确的模式迅速应对。大脑中自由的神经连接由于记忆了相应的信息而形成了确定的模式。高强度的差异性神经系统的兴奋则使大脑神经系统具有并保持扩张新模式的能力，同时由于好奇性自主，使人表现出主动扩张新模式的心理趋势和过程。大脑兴奋状态的唤醒可以使已经被记忆的大量信息处于潜伏状态，只保持一定的信息激活即留出足够的心理空间，在好奇心的作用下向其他信息主动延伸。"就像白天不同于黑夜（相矛盾）一样，在新奇和熟悉之间、在我们日常生活中遭遇太多或太少的不适之间始终存在对抗。作为总体概念的变化过程牵涉从一个发展阶段到另一个阶段的过程中所发生的变化，或者在那个层面上稳定与新奇之间的对抗。同样的过程也能够体现在更小范围的日常活动中。正是因为这个原因，休闲活动才能够（而且也始终能够）依据其与其他同期活动是如何相联系的而决定为个体提供稳定还是偏离（新奇）。"① 只要人处于唤醒状态，在好奇心不能得到满足时，就会强化"活性"的自主扩张本能性，主动地寻找能够满足好奇心的新奇、不协调、复杂性信息："在寻求新奇、不协调和复杂时，孩子们会探究、研究和掌控。"② 成年人也会从事这种活动，只不过其所表现出来的程度相对较小。

从好奇心的定义可以看出，似乎好奇心在不断地将新奇性信息以近乎随机的方式引入人的心理空间，从而促使心理空间越来越大。处于兴奋状态、能够建立彼此之间关系的状态性信息会组成一个稳定的心理空间。此时，好奇心就如同在黑夜中我们用手电筒所打出的"光斑"，此时，光斑的移动力度和移动方向都将由好奇心来控制。好奇心非但将新奇性信息引入建立信息之间关系的大脑，还会将无关的信息移出心理空间。处于"活性"状态的大脑，"只需花费智谋的资源来实现预定目标，有时还能将工作中的一部分负担转移到外部世界。"③

从神经系统中神经元之间的联结数量与变化趋势，可以在一定程度上描述好奇心对联结关系的控制：确定性联结的数量与不确定性联结数量之比与好奇心具有某种关系。神经生理学的研究表明，难度较高或长时间的学习训练，不仅能激活海马神经回路中的神经元（包括新生神经元），还会使它们更

---

① 艾泽欧-阿荷拉. 休闲社会心理学 [M]. 谢彦君，等，译. 北京：中国旅游出版社，2010.
② 艾泽欧-阿荷拉. 休闲社会心理学 [M]. 谢彦君，等，译. 北京：中国旅游出版社，2010.
③ 埃里克·亚伯拉罕森，戴维·弗里德曼. 完美的混乱 [M]. 韩晶，译. 北京：中信出版社，2008.

为活跃，新生神经元的作用很可能是微调和改进已有的技能①。这里所谓的微调整是"活性"随机适应性的表现，可以看作好奇心起作用的结果。

3. 正常心理是扩张与收敛的有机统一

以"活性"为基础，根据信息在大脑中表征的基本特征可知，我们将"落脚点"放到哪里，哪里就会成为我们的出发点。将关注点放到任何一个层面上、任何一个信息模式上，都会以该"关注点"为基础而表现出扩张、收敛以及扩展与收敛有机结合的基本过程。

生命具有"自相似"性特征。这就意味着任何一个小的结构都会表现出发散与收敛的协调统一。从心理背景的角度来看，作为具有很强"活性"的个体，会在心理和行为上表现出扩展与收敛的有机结合。人们看到了这种扩张与收敛的有机统一在心理转换过程中的表现，并认为这就是思维的典型的本质属性。我们则认为，这应是人的一种自然属性，是一个人的生命"活性"在思维过程中不可控制的基本特征。

生命系统会利用自身的"活性"将所产生的意义在大脑中展示出来，进一步地与其他信息发生相互作用，以形成新的意义，并形成一个更大的组成意义的系统。库恩就认为发散式思维与收敛式思维的有机统一组成一个人正常的心理转换过程："这两种思维方式必然会发生冲突，因此要善于在两者之间保持一种张力。这种张力正是我们进行最好的科学研究的重要条件。"②

心智中发散与收敛力量的有机统一，在不同的年龄阶段会有不同的表现。对于幼儿来讲，"当情绪依恋型的婴儿在母亲在场而感到安全时，好奇心和探索行为就会随之产生。相反，不安全感与强烈的恐惧感会中断儿童的探索行为甚至是好奇心"。③ 显然，母亲在场将作为一种起稳定作用的收敛性力量而发挥作用，此时，幼儿便会自然地表现另一种行为特征。产生不安全感，则意味着外界环境作用已经超出了人的最大好奇心所能接受的基本感受区域。此时人便会表现出追求安全与稳定的收敛性行为。

伊恩·莫里斯用懒惰、贪婪和恐惧等人的本性来说明人的"活性"本质的三个不同方面：收敛、扩展、处于稳定的"混沌边缘"。我们可以将懒惰看

---

① 特雷西·J. 绍斯. 拯救新生脑细胞 [J]. 冯泽君, 译. 环球科学, 2009 (4).
② 库恩. 必要的张力 [M]. 吕品田, 译. 福州：福建人民出版社, 1981.
③ 吉恩·D. 哈兰, 玛丽·S. 瑞夫金. 儿童早期的科学经验 [M]. 张宪冰, 李姝静, 郑洁, 于开莲, 译. 北京：北京师范大学出版社, 2006.

作在追求局部极小，贪婪代表着扩张，而恐惧则代表着在更大的刺激作用下能够迅速达到新的稳定状态的趋势：尽可能地减少产生恐惧的作用，以形成新的适应①。我们在这里采取正面理解的角度描述"贪婪"，对"贪婪"全面而正确的理解则需要从道德价值标准的角度来具体考量。

"虽然寻求变化是人的一种天性，但人们却对变革心存戒心。"② 这会成为限制人的扩张（好奇心）力量的重要因素。通过这种关系，我们可以更加清晰地看到对好奇心的追求、趋势等模式在教育中的重要地位和所发挥的关键性作用。在教育中要促使学生成长为拔尖创新人才，人们认为，有三种要素特别重要："第一是追求执着，第二是知识宽厚，第三是实践创新。"③ 这里通过先分解再综合的方法表现了"活性"两个方面的有机结合，促使两个方面协调增长，并将彼此之间的相互作用维持在一个稳定的协调区域内。换一种说法就是：要想取得创新性成功，就必须保持好奇心与勤奋拼搏的有机结合④。单独依靠哪一个方面，都是不行的。恰当处理两者之间的关系，或者依据人自身的特性而在求异探索基础上恰当选择，将会有效促进人的优化性成长。

托比·胡弗认为，科学就是人的这种"活性"在知性（识）中的反映，因此，要促使创造与选择两个方面保持恰当的动态协调（平衡），而这种"活性"也就必须存在于一定的"空间"。从控制和建构的角度来看，就应该而且必须及时有效地提供或建构出这种科学的"活力"所生存的"空间"。促使"科学思想和智识创造力要在总体上保持活力，并发展出新的研究领域和创造领域，那么多方面的自由——我们可以称为'中立地带'就必须存在，在这些地带，人们可以免于政治和宗教权威的压迫而自由地发挥天赋。另外，这种自由必须伴随着某些哲学前提。就科学而言，这样的设想是必要的：个体被赋予理性；世界是合乎理性的、连贯一致的整体；不同层次的普遍的代表、参与及交流必须存在。"⑤ 这里所谓的"中立地带"所表征的就是创造活力能够充分表现的"混沌边缘"状态。

---

① 伊恩·莫里斯. 西方将主宰多久 [M]. 钱峰, 译. 北京: 中信出版社, 2011.
② 约翰·H. 立恩哈德. 智慧的动力 [M]. 刘晶, 肖美玲, 燕丽勤, 译. 长沙: 湖南科学技术出版社, 2004.
③ 胡海岩. 高校如何选拔创新人才 [N]. 中国教育报, 2010-05-03.
④ 弗兰塞斯克-米拉列斯. 坏学生也能成功 [N]. 参考消息, 2009-11-09.
⑤ 托比·胡弗. 近代科学为什么诞生在西方 [M]. 周程, 于霞, 译. 北京: 北京大学出版社, 2010.

对于不同的人来讲,他的生命"活性"会体现在追求确定性和把握发散这两个极端的某个位置。由一个信息"指向"多个信息是扩展,而由多个信息"指向"一个信息,就是收敛。在实际心理转换过程中,后出现的信息称为前出现信息的指向性信息,这种由一种信息模式先激活而后又激活另一个信息的过程,称为指向。由 A 指向 B 的过程是通过 A 构建 B 的过程。在我们将"注意点"集中到建立信息之间的关系时,就会形成基于该关系的扩展与收敛有机结合的情况。"我们每个人都生而具有两种互相矛盾的倾向:一种是保守倾向,由自我保存、自我增加和节省精力等本能构成。另一种则是扩张的倾向,由探索求知、喜欢新奇和冒险——导致创造性的好奇就属于这个范畴——的本质构成。"① 米哈伊·奇凯岑特米哈伊研究了富有创造性成果者的主要特征,指出了这些富有创造性成果者善于在相互矛盾的方面保持协调,能够寻找到相互矛盾特征的协调点。米哈伊·奇凯岑特米哈伊主要研究了十个方面的矛盾特征,包括:精力充沛—很安静,聪明—天真,纪律—玩笑,充满想象和幻想—脚踏实地,外向—内向,非常谦虚—特别骄傲,男性的—女性的,叛逆性和反偶像性—传统性和保守性,充满热情—非常客观,开放敏感所导致的极大愉悦—非常痛苦。相对于一般人来讲,我们也能够表现这些特征,只不过是程度和侧重点与之有所不同。

艾泽欧-阿荷拉研究指出,无论是婴儿还是成人,都会在稳定、结构、安全的基础上,显示出对新奇、复杂和失调的有意识的追求行为(McCall, 1974):我们的前提是人类社会在不断的或快或慢的变化中。这并没有否定行为的稳定性,例如,无论是婴儿还是成人都显示出对新奇、复杂和失调的有意识的追求(也就是变化),但这仅仅在他们的精神与物质环境是稳定的、结构性的和安全的时候方能成立。这并不意味着稳定比变化更加重要,当儿童不断地寻求与征服失调状态,或者新环境与旧环境相互影响时,这种动态的互动将会改变儿童"稳定"的观念,从而持续地改变其稳定的个性特征②。

约翰·H. 立恩哈德研究了著名科学家的行为特征以后指出,"发明的实质就是善于惊奇、乐此不疲",这将"求我们不断开拓自我,对事物产生好

---

① 米哈伊·奇凯岑特米哈伊. 创造性:发现和发明的心理学 [M]. 夏镇平, 译. 上海:上海译文出版社, 2001.
② 艾泽欧-阿荷拉. 休闲社会心理学 [M]. 谢彦君, 等, 译. 北京:中国旅游出版社, 2010.

奇"，而这种近乎本能的行为，却被人们认为是"最难做的事情中的一件"①。因此，我们需要更加强调大脑的"活性"，更加注重"扩展"与"收敛"的协调统一。如果说好奇心表征的是"活性"的扩展部分，那么，就必然表现为对确定意义的追求和对未知的掌控心理——追求确定性的意义。难就难在我们是否善于将其协调性地表现。

罗伯特·西格勒用"统计式学习"来描述信息在大脑中多样并存时的高可能度优化选择的基本过程。"统计式学习是一种有力的学习机制，婴儿能够觉察出环境中的规律性。"② 统计式学习模型所描述的就是随着次数的增加所形成的信息可能度增大的过程。信息之间并不是简单的统计增加，会在某种程度上表现出相干性的增加。而这种过程进行的基础则是差异性多样模式（刺激）的存在与构建。

在教育过程中，要充分利用稳定力量对扩张力量的支持作用。从教育的角度来看，无论是在家里还是在学校，都应该促成孩子在表现这两个方面的有机统一："首先，在家中应该为孩子提供探究和掌控的机会。他应当能够体验新奇、不适、觉醒及不断增多的复杂感和控制。其实现途径可以是为孩子提供诸如玩具之类的具有唤起性的刺激。要让玩具具有激发性，就必须新奇到足以引发孩子们的探究，复杂到足以让孩子感到困惑并引发其研究；它们也应该可以做出回应，如此，孩子们对它的掌控才有可能。"③

"标签""固化""经验""先入为主"等对人灵活运用信息之间的各种关系以构建新奇意义过程的影响是很大的。虽然它有一定的作用，可以使我们在遇到相似的情景时，能够迅速地做出反应，但也促使我们在遇到不同的情景时习惯性地采取这种固定的反应模式，而这往往会使我们落入一个陷阱。虽然说在一定程度上这种反应模式能够使我们创造性地应对新的情况，但与此同时也使我们失去了另一种重要的心理变换：在已有的应对模式的基础上构建新的、多种多样的应对措施以供判断选择。需要的是，应将其作为种种稳定模式中的一种，既利用它联想激活更多的信息、启发得到更多的信息，又需要不受这种确定性意义的制约以保证我们能够从这种稳定模式中解脱出

---

① 约翰·H. 立恩哈德. 智慧的动力 [M]. 刘晶, 肖美玲, 燕丽勤, 译. 长沙：湖南科学技术出版社, 2004.
② 罗伯特·西格勒, 玛莎·阿利巴利. 儿童思维发展 [M]. 刘电芝, 等, 译. 北京：世界图书出版公司, 2006.
③ 艾泽欧-阿荷拉. 休闲社会心理学 [M]. 谢彦君, 等, 译. 北京：中国旅游出版社, 2010.

来，同时去寻找、构建其他的方法。需要既利用局部信息之间的关系，又保持着对其他关系的构建、寻找和灵活运用。

如何在固化以后建立该系统与其他系统广泛的联系、建立与更大范围的其他系统的广泛联系？如何使神经系统功能固化的同时，又保持其足够的灵活性、变异性、可塑性？问题的答案就在好奇心的发挥、固化与扩展两者之间的相互协调过程中。措施可以很多。如根据一项新的研究，轻轻地拍一下背部或者温柔地触摸一下胳膊可以成为一种影响行为的有力工具。他们在研究报告中写道："一名女性以表示支持的方式在背部或者肩膀上拍一下也许就能唤起某种感情。这种感情类似于幼年时母亲令人舒适的触摸带来的安全感。"① 这就已经说明在维持其高稳定性的同时，收敛与扩展两种力量协调同步将增大扩展的力量，人便会形成这种特征指导下的行为。

这里应该看到，只要促成收敛与扩展两个方面同时起作用，又能够保持两者协调在一定范围，就将有效地保持发展与"活力"。伊恩·莫里斯就指出："懒惰、贪婪和恐惧往往带来进步。"这就明确指出了人在正常活动中的意识"活性"本质的三个不同方面：收敛、扩展、处于稳定的"混沌边缘"②。

在一个人的正常活动中，基本上都能够体现出发散与收敛两种力量的有机协调。在某一个方面达到某种程度，而另一方面不能保持彼此之间的相互协调（比如说不能处于稳定的协调区域）时，人们就会从另一方面产生主动性追求的过程，产生期望且尽力使之得到满足，并最终促使两个方面的有机协调："某一种给定的游戏活动可能比儿童想要的活动更为乏味、具有更小的激发性，但由于某些外在因素（如同龄人），他便参与其中。但稍后他可能会通过参与高度新奇、复杂、不协调的探究活动进行补偿，最终的结果便是从最优刺激和不适的角度来看，一天中所有的游戏活动实现了均衡。"③

美国南加州大学的一项研究解释了人们独自不会、但在朋友们面前却有可能采取愚蠢的冒险行为的原因。据这项研究报告称，人的大脑认定在群体环境中获胜的价值大于独自一人时的成功。这就表明了群体相互作用所形成的稳定性因素已经作为一个人扩张与收敛的有机协调状态中重要的稳定性力量。因此，"奖赏超过风险——只要你在群体之中"。

---

① 莱瓦夫. 女性触摸让人更愿冒险［N］. 参考消息，2010-05-15.
② 伊恩·莫里斯. 西方将主宰多久［M］. 钱峰，译. 北京：中信出版社，2011.
③ 艾泽欧-阿荷拉. 休闲社会心理学［M］. 谢彦君，等，译. 北京：中国旅游出版社，2010.

南加州大学文学、艺术和科学学院的乔治·科里切利曾带领一个由多国研究人员组成的小组，对研究对象在参加博彩时大脑中与奖赏和社会推理有关的区域的活跃程度进行测量。研究人员发现，当研究对象在博彩中战胜同伴，与奖赏有关的大脑区域——纹状体，就会呈现更加活跃的状态，这种表现与单独一个人中奖时的反应正好相反。与社会推理有关的大脑区域——内侧额前皮质也将更加活跃。受到这种强化性的影响，在群体环境中获胜的研究对象也往往会在随后的博彩中做出风险更大、冒险性更强的行为。当人的注意力放到不同的方面时，会充分利用扩展与收敛性思维，在好奇心的作用下将与此有关系的信息尽可能地展示在大脑中，由此便会形成不同的偏见和不确定性。通过社会关系，人们将自身实施了扩展，将自己的思想、意愿扩展到其他个体身上，并通过相互交流而形成一个能力更强的群体。这种通过个体的差异化探索并基于交流所形成的群体的力量，正是保证物种得以在适应中进化的基本力量。科里切利由此得出结论认为："这些发现表明，大脑具有能力识别社会信号并加以编码、突出社会信号并利用这些信号来优化未来的行为。"正如科里切利解释道，在个体环境中，失败更容易危及生命。由于没有社会支援网络，赌输了可能招致灭顶之灾[①]。

艾伦·罗指出："人类天生具有好奇心，并且不断寻求答案。"[②] 人类发现和探究问题的动机不外乎两个方面：认识世界的好奇心及追求对问题更圆满的理性把握（追求研究的理论意义），这里指的就是将好奇心与追求更圆满的理性认识的有机结合。人的好奇心与掌控心理的有机结合，表现出了人在不断地探究新奇事物的答案的经常性行为。

人对未知信息天生地存在着掌控的基本心理趋势，哈里·柯林斯用稳定性来说明大脑对确定性追求的本性。柯林斯指出："没有秩序（order），就没有社会。"在追求确定性的过程中，动物的群体性和由此所导致的合作性、相互作用性、信息的交流性等，也成为引起动物进化尤其是神经系统进化的核心因素，也正是由此才形成了一种复杂神经系统的进一步进化[③]。哈里·柯林斯指出，人之所以怀疑，就是因为有好奇心的存在："怀疑主义源于我们为什么要预期未来像过去一样这类问题。"这是在一个稳定心理模式基础上进一步

---

① 美国每日科学网站9月11日，呼朋引伴后为何更愿冒险[N]. 参考消息，2011-09-13.
② 艾伦·罗. 创造性智能[M]. 邱绪萍，王进奎，译. 北京：中国人民大学出版社，2008.
③ 哈里·柯林斯. 改变秩序——科学实践中的复制与归纳[M]. 成素梅，张帆，译. 上海：上海科技教育出版社，2007.

扩展的过程。扩展过后，必然会产生与之具有一定程度相关的各种不同的情况，在"追求掌控"的心理模式作用下就会产生"归纳推理"："对过去经验的概括"①。"尽管原因是看不见的，但是，我们已经把一种心理的倾向性归咎于必然性，因此，原因是有规律地重复的序列。……在基本意义上，人是感知规律性的动物。事实上，我们的确总是从特殊归纳出一般。"② 经过长期的进化，将诸多可能性较低的情况排除在外，而只认可那些确定性（可能度较高）的东西。既然是规律，便可以根据抽象的规律模式与具体事物行为模式之间的联系而形成复杂的信息结构，并可以有效地满足人的好奇心。在诸多可能的选择过程中，排除了那些引起歧义的模式，使我们在诸多可能性中只选择一种，这种过程本身就满足了多样并存的好奇心，同时又表征着生命的意识活性。

"大脑皮层的关键特征之一是能够觉察和创拟意义模式。"③ 所谓创拟意义，就是受到好奇心的作用而试探性地构建多种由局部特征所构建的意义。根据多样性原则，人们总是先根据局部特征构建出多种不同的意义，然后再从中进行优化选择和重新构建。从混乱中构建意义、从多样并存中构建意义，成为脑构建意义的基本过程。大脑总在利用想象而不断地构建各种意义，而且以构建意义的多样并存为基本出发点。显然，在人的大脑中所能构建的意义的数量越多，人的想象力就越丰富。

像儿童一样，我们从散乱的、随机的输入中了解我们的邻居，这些输入有时是凌乱的。人们在追求秩序和确定性的同时，"出于好奇、一时兴起或实验目的而制造混乱、忍受混乱"④。研究表明，输入到我们大脑中的大部分信息，以这种无序方式存储在我们的记忆中。虽然最终会成长为复杂的心智转换过程，但我们肯定的是，在一开始并没有从直接抽象的教导"如何做"而学习如何爬，或者如何说话——表现出令人惊讶的复杂精确动作序列的行为。我们是在好奇心所构建出来的各种心理模式和行为模式的前提下，通过尝试

---

① 哈里·柯林斯. 改变秩序——科学实践中的复制与归纳 [M]. 成素梅，张帆，译. 上海：上海科技教育出版社，2007.
② 哈里·柯林斯. 改变秩序——科学实践中的复制与归纳 [M]. 成素梅，张帆，译. 上海：上海科技教育出版社，2007.
③ E. 詹森. 基于脑的学习——教学与训练的新科学 [M]. 梁平，译. 上海：华东师范大学出版社，2008.
④ 埃里克·亚伯拉罕森，戴维·弗里德曼. 完美的混乱 [M]. 韩晶，译. 北京：中信出版社，2008.

与错误的反馈（根据成功性等控制因素）塑造这种复杂精确的行为的。基本过程就是求异性构建、尝试、反馈与校正。在尝试过以后，如果有效或成功（通过价值判断），就将其稳定地记忆下来，当有新的情况出现时，我们会依据新旧情况之间的局部联系，把这些已经稳定的精确模式再现出来。如果我们的智力达到一定程度，就不再需要尝试，而是采取"格士塔"的方式直接构建激活能够（标示着一定的可能性）实现目标的具体行为。当然，这种构建仍然是试探性的。通过不断地试探性构建（这种试探性构建可以认为是随机的、无序的、混乱的，但当进化到人这一层次，就会使某些活动有序化），然后再由评价加以选择性固定。

维柯指出："人类心灵按本性就喜爱一致性。"① 基于人的"活性"特征，存在收敛与发散的有机统一，自然会在追求统一性的同时，表现出喜爱、追求新奇的一面。人的正常的心理转换过程就是在"促进好奇心"与"追求掌控"有机结合。人就是在这两种共同追求的过程中，表征着思维、创造。在这种有机协调过程中，表现出"一种对理解的追求……对复杂性和简单性、对称性和非对称性的评价。一种思想交流"。对简单性的追求可以看作对确定性追求的另一种说法，也在很大程度上表明了追求共性的过程，更是指明了收敛与扩张的有机统一。是的，当美感自主强大到一定程度时，才可以成为人的意识中所能体现出来的美感②。

从生物本质的角度来看，生物体在任何状态都会表现出扩张与收敛的有机统一。通过变异而形成非线性涨落是生命的本性。研究者已经证明，在我们的大脑中形成的记忆也会产生变异，科学家已经研究出了虚假记忆成因③。另外的研究表明，自然选择可能更"青睐"精神分裂症基因，这会给人类的进化带来新的非线性涨落，并由此而产生更大的不确定性④。如果能从主观的角度，也就是从好奇性智能的角度主动地对好奇心的发挥产生足够的影响，在人们追求确定性关系的同时，不断地追求扩展、变异等，将会从"活性"逻辑的角度更好地维持生命"活性"能力。从这个角度可以更加明确地说：

---

① ［意］维柯. 新科学［M］. 朱光潜，译. 北京：商务印书馆，1997.
② 刘易斯·沃尔珀特，艾莉森·理查兹. 激情澎湃——科学家的内心世界［M］. 柯欣瑞，译. 上海：上海科技教育出版社，2000.
③ 莫妮卡·L. 费拉多. 我们的记忆会背叛我们［N］. 参考消息，2009-07-11.
④ 刘霞. 科学家研究表明精神分裂症基因有进化优势［N］. 科技日报，2007-09-10.

好奇心是人成长的基本力量①。

汪玲、席蓉蓉的研究表明，在中国，父亲、母亲情感温暖有利于创造个性的良好发展。其中原因可能是，情感温暖为孩子的心理安全提供了最基本的保证，有了心理的安全感才敢于冒险、敢于挑战、对环境充满探索的好奇。

人总是在追求一致性的过程中不断扩展。如果结合人行为的进化与成长——由散漫的多种动作到精确的单一动作，就可以明确地说明人为什么会追求精确性的动作。这从本质上反映了人所具有的优化性本能。此时那个更加稳定的动作只是众多可能动作中一种被经常选择的动作，在这个选择过程中，其他动作的存在即表现了动作本身所具有的扩张性。对其他动作的构建，反映出了与好奇心建立关系的必然过程——由散漫到单一。我们会而且总是在构建一个多种不同动作的集合、区域，然后再从中选择具有较高可能度的稳定的动作。但也应当看到，即使人不断地追求精确、优美的动作，也并不意味着人会停止不前，而是说，人会在这种优美动作产生的同时，迅速转身，再去扩展、变化性地追求其他与之差异的动作。

在通过教育对人的改造性研究中，可以发现，这种协调点将在一定范围内受到教育（外界环境的影响）的控制而发生一定的变化。

不同的组织器官在表现不同的发散强度与收敛强度时，具有不同的选择。有些组织器官的收敛强度（稳定性）较高，而发散强度较低，有些组织器官的稳定性较低，而发散强度较高。大脑神经系统则属于后者。

在这里强调扩展，但不能一味无原则地扩展。实际上，我们在具体的工作和生活中，习惯于做各种无原则的扩展。但这种扩张与另一种的扩张则是完全不同的概念：比如说有一种观点，学问越深，就会认为自己知道得越少。越是博士，越认为自己懂得越少。这是另一种心态，因为随着自己对问题研究得越来越深入，认识到自己只是掌握了众多可能性中很少的确定性关系，还有更多的不确定性。我们掌控的仅仅是很少的一部分，有更多的还没有掌控。与此同时，研究者自己具有了更强的自主问题意识，总能够在外部世界中发现更多的问题；由于其具有更强的好奇心，因此，知识越多，则越是容易引导其关注未知的、不确定的、变化的、暂时的信息。但这种感受并不代表其越不会解决问题，或者说越是认为自己只能解决很小一个领域的问题。

博士掌握了更多学科的思维方式和研究问题的方法，而这些方法虽然只

---

① 朱振才. 论生命成长动力［J］. 现代教育科学·普教研究，2012（4）.

是针对很小的一个领域，但他应该能够将其有效迁移、扩展到其他问题领域，并有效地将自己所掌握的方法用于解决自己没有遇到的问题的。不能实现这种迁移的"博士"，本身就具有一定的缺陷。

4. 好奇心的生物学基础

（1）好奇心的生物学基础

随着人们从人类基因的角度研究人与人之间的不同，有越来越多的证据构成好奇心的生物学基础。

丹尼尔·列托通过分析指出，"一个人的多巴胺系统的反应与他寻求有刺激性的新经验的程度有关。这个特点称为'刺激寻求'，或者叫作'探求新知'，是一种稳定的人格轴向，并且具有很强的遗传组分。"[1]

这项研究是 1996 年 1 月，由以色列的理查德·艾伯斯坦（Richard Ebstein）领导的一个研究小组发表的一项成果，这项成果是他们一直在进行的有关人类基因编码如何使多巴胺受体化学物质产生的研究。这些遗传基因中的一个使多巴胺受体产生了第 4 种被发现类型多巴胺受体（forth-discovered type of dopamine receptor），即 D4DR[2]。进一步的研究表明，如果一个人脑部的 D4DR 基因较长，在敢于冒险、追求新奇方面就会有较高的表现值。"这些人容易兴奋，善变，激动，性情急躁，喜欢冒险，比较大方。D4DR 基因较短的人，得分较低。他们比较喜欢思考，忠实，温和，个性拘谨，恬淡寡欲，并注意节俭。"[3] 丹尼尔·列托进一步地猜测，如果"一个被试者的 D4DR 重复越多，他们对新奇事物、寻求刺激或积极的情感方面的开放性的测试的得分就（应该）越高。" D4DR 更多地携带了生命"活性"中的发散、扩展性本能，因此就应该与好奇心具有更加紧密的联系[4]。

（2）好奇心的大脑生物学基础

美国国家精神卫生研究所的研究小组检查了一种叫作 DARPP-32 的基因。研究人员发现，这种普通的基因似乎能使大脑最复杂的思维区更敏锐。它能

---

[1] 丹尼尔·列托. 崩溃边缘——发疯、创造力和人类的天性 [M]. 朱子文，冯正直，译. 重庆：重庆出版社，2010.
[2] 丹尼尔·列托. 崩溃边缘——发疯、创造力和人类的天性 [M]. 朱子文，冯正直，译. 重庆：重庆出版社，2010.
[3] 丹尼尔·列托. 崩溃边缘——发疯、创造力和人类的天性 [M]. 朱子文，冯正直，译. 重庆：重庆出版社，2010.
[4] 丹尼尔·列托. 崩溃边缘——发疯、创造力和人类的天性 [M]. 朱子文，冯正直，译. 重庆：重庆出版社，2010.

优化作为"奖赏中心"的纹状体和作为主导思想与行动的指挥中心的前额皮质之间的信息交换回路①。

研究发现，当存在多种可能性，而又不能确定某一个对应关系时，可以有效地激活好奇心。人类颅内脑电图的记录显示，好奇心与杏仁核和颞顶联合区（该区域参与对新奇事物的感知）的活跃程度的相关性较高。这一方面说明了人的好奇心所在的神经生理学区域；另一方面也说明了出乎意料对于大脑神经系统的认知加工的意义与作用。研究者在猴子身上做的单细胞记录实验结果显示，不论是正性刺激还是负性刺激。杏仁核（脑部的情绪中枢）对于难以预料的刺激，都比对可预知的刺激更为敏感②。

显然，由于好奇心以大脑中表征差异的神经系统为基础，要想准确地定位往往会很困难。尤其是人们越来越多地发现这种广泛性的联系往往能够与人较高的创造力建立起紧密联系。我们宁可相信，好奇心与人的各个古皮质层的神经子系统都有相关性。美国新墨西哥大学的雷克斯·云格和同事通过研究脑皮层中白质的完整性发现，最有创造力的人，与那些创造力较差的人相比，在前额皮层与被称作丘脑的更深组织相连的区域拥有较低的白质完整性。由此推断，大脑内部子系统的"联通更慢可能使人们更有创造力"。③

"当开始新异运动或新组合时，叫作前扣带回的区域尤其活跃。"④ 前扣带回与额叶的距离近，表明好奇心与高智动物的影响，说明了好奇心参与更高层次的计划的构建等，也指出了前扣带回与好奇心在神经生理学上的对应关系。

（3）从神经动力学的角度看好奇心生成的基础

大脑通过不同区域的相互作用维持内刺激，随着大脑的复杂化达到一定程度，随机性的内刺激和超出活性活动范围的非线性涨落将会发生关键性的作用。这些正是促进大脑逐步成长的内在动力。正如 E. 詹森指出的："刺激越新异和越具有挑战性（高到某一程度），就越可能激活一条新的通路。"⑤

---

① 马克·亨德森. 聪明基因也可导致精神分裂 [N]. 参考消息，2007-2-16.
② 凯文·达顿. 不按套路出牌 [J]. 阮南捷，译. 环球科学，2010（6）.
③ 英国《新科学家》周刊2010年3月27日. 缓慢思考可能有助于创造力的培养 [N]. 参考消息，2010-04-10.
④ 哈里·柯林斯. 改变秩序——科学实践中的复制与归纳 [M]. 成素梅，张帆，译. 上海：上海科技教育出版社，2007.
⑤ E. 詹森. 基于脑的学习——教学与训练的新科学 [M]. 梁平，译. 上海：华东师范大学出版社，2008.

伴随着新奇性刺激的一再实施，人关注新奇性刺激的心理模式的稳定性和可能度会越来越高，该模式在任何一个心理转换过程中起引导作用的概率就会越来越大，人也就会越来越关注新奇性刺激。除此之外，信息对于机体的意义——使机体的运动发生改变——也会发挥着重要作用。如果刺激对于大脑——机体没有意义，则该信息将受到较小的关注甚至不被关注，该信息也就只会留下很小的记忆弱痕。如果大脑认为某信息足够重要，应当进入长时记忆，就会出现记忆潜能。詹森指出的挑战性表征着外界信息与内心理结构之间的差距，因此，也就表征着刺激的强度，刺激强度越大，所形成的神经系统相互联系的通路就会越强。

这就会形成一般人认为的下列加工，并致神经网络得以发展：在进行联结，发展正确联结，并在强化这些联结的同时，保持足够的灵活性。根据生命"活性"的扩展性，一般是先建立各种形式的联结，然后再从中进行淘汰、优化选择。但当具有了主观能动性以后，主观积极的主动性会以其先期的选择性而有效缩小这种试探性建立联结的范围。如果形成一定的目标，那些表征目的的信息会在大脑中反映出来，大脑神经系统先是形成弥散性联结，构建各种意义以及彼此之间的联结，然后再从中加以选择。

如果只是生理的本能反应，没有建构起复杂的大脑神经系统，信息模式不经过大脑神经系统复杂的加工转换，也就是说不经过意识层次的信息加工，就不能通过相对独立的神经系统而产生更加复杂的、相对独立的意识加工。形成的应对外界刺激的反应模式的数量也将是有限的。正是由于好奇心促进了人类心智的复杂性进化，通过层次之间的相互作用，形成具有自催化的非线性相互作用机制，并由此而形成一定程度上的模式锁定，才促使人类有了功能更加强大的心智。好奇心与大脑结构的复杂化具有某种程度的正反馈。不同神经系统之间的共性相干过程，总能够将某些看似微小的共性特征放大到足以影响神经系统发展方向的程度。好奇心的这种对刺激的放大并引导其进入大脑神经系统的特征，促使心智与信息之间形成非线性正反馈放大，并进一步地促进大脑神经系统向更加复杂的方向发展。与此同时，复杂的大脑神经系统，也使好奇心有了进一步发展的可能性。

心智所进行的所有过程都能够精确地在细胞水平上有所表现。一个已存在的神经元简单地与附近的神经元"联结起来"。外界信息将促进增强不同神经元之间的联结强度。如果不同神经元所表征的信息内容是无关的（缺乏理解或情绪诱发力），将不会以较大的可能度表征所形成的联结。神经元总在持续不断地发放自己兴奋的运动状态，不断试探性地与其他神经元建立联结，并通过选择所表征的意义将这种联结稳定下来。虽然我们是根据神经元之间的联结来实现信息之间相互作用，并以此构建起完整的内知识结构的，但却可以利用好奇心而将不相关的信息组织起来——表现出构建差异相关性的行为特征。

脑是被新异事物信息所激活这一事实也表现出一种适应性生存反应：任何新事物都可能威胁到现状，因而使人感到一种潜在的危险。人们在这些环境刺激面前可以产生变化，但也可以不产生变化。由于生物体的适应性变化，会使人逐渐习惯于一种新的环境或情形，适应了，它就会变成一种常规，在人的大脑内部，网状结构便开始在较低水平上运转。一旦一个新的或新异刺激再次出现并达到一定的程度，网状结构将再次警醒，进而刺激大脑神经系统的生长[1]。

从适应性创造的角度来看，利用好奇心随机引入与当前问题无关的信息并随机组合，可以改变人的心理过程，这种改变有很大的可能会形成创新。"与任务不直接相关的几乎所有事情都可以让你摆脱偏见，进入创造性的轨道；由于随机加入的词语几乎可以保证与主题完全无关，因此偶尔反而能获得更好的效果。换句话说，随机提示可以让人思维发散，成为惯性思维的解毒剂，而聚集和惯性思维常常是创造力最大的敌人。"[2]

按照非线性构成多样性的特征可以认识到，在大脑神经系统受到刺激时，会在神经元之间形成多种不同的联结，联结的数量会很大，各种可能性的联结都将同时存在，并对进一步的过程产生影响。通过形成各种联结，再通过用进废退原则加以选择，或者根据强化与消除方式，可以将具有意义的、有应用性价值的信息留下来。在丰富的环境中，除去神经元之间联结的树突分支会增加以外，突触的可塑性也将发生明显的变化。这就指出不但通过突触的可塑性可以提高人构建信息模式的可能性，还涉及可塑性本身的变化来表示这种能力的变化。通过神经生理学研究，脑改变结构有赖于应用的类型和数量。了解了神经突触的生长变化依赖经常进行的活动以及活动的复杂性和类型，就容易理解，当进行新异的动作学习时，大脑皮层中会生成新的突触。

---

[1] E. 詹森. 基于脑的学习——教学与训练的新科学 [M]. 梁平, 译. 上海：华东师范大学出版社, 2008.
[2] 埃里克·亚伯拉罕森, 戴维·弗里德曼. 完美的混乱 [M]. 韩晶, 译. 北京：中信出版社, 2008.

在进行重复动作学习时，脑的分子层中的血管的密度发展得更大，稳定性更强，不同类型信息模式之间的联结强度更强。环境的不断变化是促进大脑联结增加的重要因素。外界刺激越丰富，大脑联结就越多。突触的可塑性成为高出具体变化之上的新的特征。新突触的形成使神经系统有了更多的选择，而不断形成新的突触，则表征了灵活性的增加。

将不同神经系统之间的联系弱化，或者说分成碎片时，不同信息之间就会存在诸多建立出乎意料的关系的可能性，这相当于在一个稳定的思维时相表现出非线性涨落的情况。不同的信息会以较大的可能性发生新的相互作用，也就有更大的可能性产生新的意义，并促使系统的涌现性特征得到进一步地增强。这里说明了几个问题：一个是越复杂的过程，涉及的动力学过程越多，形成稳定的新意义的时间就越长；二是针对复杂问题思考的时间越长，涉及的因素就会越多，因此，形成稳定的时间也就越长；三是思考时间越长，也就越有可能成为一个可以言说的稳定性意义，而不是说很快地发生变化，与此同时，更容易使新奇的思想稳定下来成为能够对其他人产生影响的新奇性想法。

这实际上涉及不同的信息模式以近乎随机的方式向其他信息传递作用的可能度的影响。也就是说在这种情况下某种新奇性想法具有了生成的可能性，不是按照已经形成的稳定性的关系而由此及彼。

二、动物的好奇心

按照一切生物皆进化的思想，达尔文写道："一切动物都会感觉惊奇而表示出来，而许多种动物也表现着对事物的好奇的心情。"[①] 根据生物进化的潜在连续性法则，假设在由动物进化到人的过程中，好奇心的成长也具有连续性，这种观点具有更高的可信度。动物学家在长期研究后就发现鸟儿同其他动物一样都有好奇心[②]。

从生命体"活性"的角度，可以得出这种结论：好奇是动物的天性，而好奇心则是人的天性。动物的好奇心较为肤浅，而人的好奇心则要深刻得多[③]。其一是指人的好奇心可以对其行为产生足够的影响。其二从生理的角度

[①] 达尔文. 人类的由来 [M]. 潘光旦, 胡寿文, 译. 北京: 商务印书馆, 1983.
[②] 刘文秋. 鸟儿也有好奇心 [J]. 小雪花, 2003 (3).
[③] 约翰·P. 霍斯顿. 动机心理学 [M]. 阵继群, 侯积良, 译. 沈阳: 辽宁人民出版社, 1990.

来看，人的好奇心与大脑复杂神经系统的进化构成了正反馈，因为已经超出了相互促进、"自我催化"的临界状态，已经具有了自催化加工反应。其三，好奇心已经具有了自主性的角度，可以从自主性的角度对其他的过程产生一系列的影响。其四，好奇心可以被人主观意识到，人就可以从主观的角度来研究好奇心。这里需要强调的是，人的意识的独立化程度要远远超出其他动物，在剩余能力达到一定程度尤其是信息加工的剩余能力达到一定程度时，人的好奇心能够并已经成为人的独立天性中的最为典型的基本特征。罗素就认为："智力生活的自然基础是好奇心，即使在动物身上，我们也可发现好奇心的原始形式的表现。智力需要机敏的好奇心，但这种好奇心必定属于某一种类型。"①

在人的意识层面，"优越的智力所表现出的灵活性就是对生活环境的改变和不可预测性的一种适应生活"。②"灵活地寻求"表明，既要灵活变化，同时又要进行新的、与当前状态特征有差异的寻求。好奇心越强，在大脑中构建出来的多样并存的数量就会越多，人就有更加多样的可选择性，灵活性也就会相应地越强。达尔文特别提到了有些高等动物也会表现好奇心，就已经说明了好奇心是随着大脑神经系统的整体发育而逐渐突显出来的。对于动物来讲，由于大脑神经系统的固有限制，或者说动物没有将促进信息加工能力的增长作为提高其生存竞争能力的主要方式，那么，其心智仅仅能够在维持机体内各组织器官运动协调的基础上，基于神经系统的活性而做出活性本质的扩展，在还没有形成更强的反馈以及更强地表征不同模式之间差异的感受（认识）时，不足以维持大脑以更强的力量构建多种模式的过程状态，也就不能进化出功能更加强大的大脑神经系统。人恰好将对信息加工能力作为其生存、竞争能力提升的有效方式，并将这种竞争能力与"活性"扩张能力的增长建立起稳定的"正反馈"，不断地促成了更加复杂的神经系统的结构，保证了对神经元功能的足够的开发，并将基于对差异感知的好奇心独立强化出来。

三、人的好奇心

伊恩·莫里斯在运用生物学的观点基于比较文化的差异时指出："像所有

---

① 伯特兰·罗素. 教育与美好生活 [M]. 杨汉麟, 译. 石家庄：河北人民出版社, 1999.
② 理查德·伯恩. 会思维的猿——智力的进化起源 [M]. 何朝阳, 译. 长沙：湖南教育出版社, 2002.

有智慧的动物一样，我们有好奇心。我们总是在修修补补，思索着哪些东西能吃，哪些东西能玩，哪些东西能加以改进。……有的人从环境中摄入更多的能量，有的人生育更多的后代，有的人更好奇、更有创造力、更聪明，或者更为实际。"① 可以看出，人与动物的主要区别就在于人有更强的好奇心。人与动物的好奇心仅仅只是量的方面的差异吗？是的。但当这种差异达到一定程度时，足以对人的信息加工能力产生了本能性的影响：能够促使人的大脑神经系统产生质的飞跃，促使人的大脑神经系统形成新的动态稳定结构。而动物的好奇心，则仅能用于维持动物现有的大脑神经系统的动态稳定状态。

当人受到外界刺激时，会迅速而直接地形成两种不同的过程：一是刺激生命体产生直观的本能反应；二是通过神经系统的复杂加工形成对外界刺激的复杂性反应。正是由于好奇心，才促使信息在大脑中被进一步地加工，从另一个方面也可以说，正是由于好奇心才促进了人在意识层面对信息的复杂性加工。在这个过程中，大脑神经系统将实施如下过程：（1）增强相同细胞的更强（共性放大）的联系性；（2）基于彼此的不同通过"活性"扩展而放大差异；（3）相同单元联系的增强会进一步地强化其共性功能；（4）两个方面的共同作用会形成独立与分化过程。在使好奇心独立化的同时，不断地表现一方面会提高其独立性；另一方面又会提高与其他系统的作用强度。人的好奇心持续不断地起到更大的作用，而动物的好奇心只是在某些情况下才会起作用。

即使对于人来讲，也不是一开始就表现出强势好奇心的。人的好奇心可以从是否能够主动表现、是否具有足够的独立性和强度、是否与知识更加有机地结合的角度分别描述。大脑的建构特性表征着只要有足够的心理空间，人的好奇心就会不断地进步，在与知识不断紧密结合的过程中，就会由被动的好奇心转化为主动的好奇心。

（一）被动的好奇心

当不同的信息输入大脑时，大脑总是形成局部的相似反应和部分的差异性反应，将这些反应一同表现出来时，就会表现出对差异性信息的敏感性。这种过程经常性地持续表现，会促使神经系统中形成一个专门反映此种性质特征信息的神经元和神经子系统。随着该神经子系统的进一步特化、增长，

---

① 凯·雷德菲尔德·杰米森. 天才向左疯子向右[M]. 刘莉华，译. 北京：中国人民大学出版社，2008.

就会独立出专门的好奇心。另一种可能的解释是，在大脑神经系统的进化过程中，由于突变而出现了针对新奇性信息加大反应的情况。每当不同的信息输入大脑，就将引起更多神经系统的兴奋，我们将这种状态称为被动好奇心。当神经系统进化达到一定程度时，会以较大的可能性自主性地涌现能够主动引起较大神经系统兴奋的过程，这就是主动的好奇心。使表征差异、引起较大神经系统兴奋的神经子系统达到自主涌现的程度时，相应的神经元就构成了好奇心的神经生理学基础。

不同信息的差异性特征在人的大脑中经过正反馈的放大，通过不同价值标准的选择，会形成偏化性发展：对于取得竞争优势有用的模式，便会被强化，不利于取得竞争优势的，就会被抛弃。正是由于正反馈放大了与竞争过程有关的各种因素，并最终按照达尔文主义加以选择，使人具有了足够的竞争能力，此时人也就自然地将这种能够取得竞争优势的基因传递下来。不具有这种优势的个体、或者说选择（放大）不恰当的个体就会被淘汰。这种描述可以称为好奇心的进化论解释。

大脑神经系统的多层次结构保证着自反馈的形成。大脑神经系统的自反馈具有对任何一种模式的独立特化（放大）的过程，经过自反馈的放大，任何模式都会成为一种稳定的心理模式。即便不能形成稳定的心理模式，自反馈也会在这种模式的锁定过程中起到放大的作用，只要成为一种显现的特征，就可以反复出现，也就有了被特化的可能性。只有当大脑神经系统具有很强的自反馈，并且能够对这种自反馈有效感知和控制时，才有更大的可能性将这种模式独立特化出来。

与人相比，其他动物没有表现出足够的应对环境变化的能力。其他动物只能采取差异化构建基础上的优化选择策略而进化。其他动物在其进化过程中，分别选择了不同的增强竞争力的因素，不需要从心理上强势构建对信息多样而复杂的加工。而人类的祖先只是恰好被动地选择了通过增强对信息的加工能力以提高其生存的可能性，或者说由于语言，或者说由于生存能力的不足反而促使其不断探索越来越多样的食物，使其能够有效汲取其他物种多种可能的探索变异，并在这种变异中加以优化选择，人类祖先由此才自然先行地进化出了突出的好奇心。显然，即使是产生了被动的好奇心，也足以使人能够获得强大的竞争力。人可以寻找更多不同种类的食物，可以应对更多不同的环境，可以提前预判和设想，可以在更多因素和现象之间建立更多可能的关系，可以处理与更多物种的关系等。

(二) 主动的好奇心

当一种心理模式的稳定性和规模达到一定程度，足以显示其强大的作用时，通过反馈，它才可以被人们稳定地知觉到。只有好奇心被人的意识强化达到一定程度而被人能够明显地感知认识时，人才有可能发挥其好奇心的主动性，引导并主动地研究各种新奇的问题。在好奇心独立出来以后，会形成好奇心自主，并能充分展示由于好奇心的作用所涌现出来的新的模式。但只有人的好奇心才能完整地特化和独立出来，成为一种具有较强稳定性的心理模式，并能有效地表现出其稳定的生理功能。只有人类才能借助更多的信息加工、庞大的知识体系（社会交往）将神经系统复杂化到这种程度，只有人类才可以形成多层次神经系统的内部的相互作用，也只有这种具有多层次的、自主涌现的神经系统，才可以促使其达到"自催化"临界状态，并进一步地形成"自反馈"，通过非线性作用促进神经系统向更加复杂的方向发展。

由于好奇心起源于差异性反应，这就促使人更多地关注差异性信息，在视觉神经系统中存在着对间断性信息进行专门反应的神经系统就是佐证[1]。人有丰富的感知外界物体运动变化的感知系统，并在下一步的意识加工过程中起到关键的作用。所谓关键，意思是其通过好奇心将这种差异性信息不断地表征出来，促进心智过程的下一步发展。好奇心在心智系统的运动与变化过程中，从求异求变的角度，能够在更大程度上将其他行为锁定为系统的行为模式，将其他行为引入心智空间作为心智系统可能的行为模式，主动展示对新奇信息的追求、期待，并在神经系统内部由好奇心增量激发出更大的剩余空间，专门用于期待那些未出现的信息。

达尔文的进化论揭示，正是由于好奇心促使智人寻找各种各样的食物，才提高了智人的生存能力，在这种进化过程中又促进了心智的进化。在大脑神经系统复杂化的过程中，会进一步地放大这种功能，放大神经子系统之间的不同，促使神经子系统产生更大的功能差异性（放大了差异，促使神经子系统之间所代表的意义有更多的不同，而在神经子系统的特化过程中，通过差异又会进一步地促进神经子系统内部彼此之间的联系），形成更多不同功能的神经子系统的兴奋，以较高的可能度赋予不同神经子系统以特定的功能，并通过这种不同而建立起神经子系统之间的相互联系。照此作推理性延伸就可以发现，显然，知识越多，好奇心就应该越强。心理空间的有限性则保证

---

[1] 马尔. 视觉计算理论 [M]. 姚国正，等，译. 北京：科学出版社，1988.

着意识"活性覆盖"的"平移"。

确定性意义在神经系统中表征着局部特征的稳定联结。神经元之间的联结是产生相互激励的基础，但同时也是限制的条件。没能联结，不能形成更强的刺激和更加广泛的信息交流，而且联结维系在很小的范围时，便会形成固有联结，从而影响神经元的活跃程度。在联结数量达到一定程度同时又与好奇心有机结合，便会达到"禅悟"的境界——既有效利用联结所对应的意义，同时又不会受到这种联结所对应的意义的限制。这两个过程会同时存在，就看哪一种力量起主要作用。

（三）好奇心与自主性扩展

要注意，好奇心在人类身上被独立强化出来以后，成为能够展示其自主性的基本心理模式，从而引导、促进人类大脑神经系统的进一步进化。以人的意识为对象，依据神经系统的"活性"涌现，会形成主观意识的主动扩展。人对为什么生物体没有按照优化方法迅速选择"最优"的应对策略感到不解，如果能够这样，人就可以为自己的懒惰寻找到生物基础。即便是为了节约能量，也应该选择使能量消耗达到最小的方式。

通过前面的描述，我们可以认识到好奇心的独立、特化与大脑神经系统的复杂化有密切关系，而大脑神经系统的复杂化又与好奇心所起到的放大差异的作用直接相关。放大共性的过程建立在不同点之间的相互联系上。好奇心着力于表现差异，追求另一种意义上的可掌控性，或者说着力于放大差异基础上的共性（确定性总是容易被重复激活强化的，这种确定性的意义会成为我们激活不同事物信息的共同激活的信息）。与好奇心的有机结合，便会形成具有复杂相互作用关系的复杂性结构。从动态的角度来看，会形成"分形"结构，保证其在有足够差异性的同时，保持一定程度的相似性，以各种不同状态的同时并存形成恰当的生存区域，通过相互作用形成并维持在稳定混沌状态和"混沌边缘"状态。

在进化过程中，维持非线性涨落的代价就是通过多样并存而在更大范围内（针对更加多样的环境）形成更加有效的生存策略。提高了生存能力，但却不能达到局部"最优"。不存在无代价的过程。生物体选择这种生存方式，也必须付出一定的代价。

欲保持应对未来不可预测的新变化的能力，只能依靠人的好奇心来构建能够应对未来变化更大的"应对之法覆盖"——能够应对未来世界种种可能性的更大的"覆盖"。应对模式越多，适应能力就越强，模式越多，可选择的余地就越大，就越难准确选择，选择的时间就会越长。而当人具有了足够的领悟能力，即可以在诸多选择模式同时存在时，能够迅速而有效地选择出针对性更强的应对模式。这只是说了其中的一个方面，更为重要的方面还是要维持对固定模式的扩张模式。好奇心使这种扩张模式稳定下来，并会在更高的层次上追求这种扩张模式的增长性变化（在条件不适当时，也将对应于减少性变化）。对于依据哪一个指标实施选择，人类的进化已经做出了选择。

第八节 好奇心的成长

一、从人的成长看好奇心与生物适应能力增长的关系

儿童认知心理学研究发现，在婴幼儿不会说话、甚至在能正常地观察事物之前，婴儿就会注意并想去寻找新奇的东西。与通过预定的程序按部就班地成长的过程不同，人类的大脑在其弱小而漫长的婴儿期就更好地通过与外部世界的相互作用完成发育。虽然儿童身体机能的脆弱性和开放性有时会成为人行动的障碍，但是人类的演化则告诉我们，为认识这个世界所付出的代价却是更为重要的；回报就是好奇心能使我们在非线性涨落过程中寻找机会——让我们在变化和惊奇中不断获益。

在认识心理学研究中发现，如果一个 7 个月大的婴儿习惯化（停止看）的进程越迅速，越会在习惯化后对新图片表现出更大的偏爱（通常称为"新奇偏爱"）[1]。

对于为什么在 7 个月时的习惯化速度能够预见多年以后的 IQ 分数和成就测验分数的问题，科隆伯（Colombo）给出的解释是：早期和晚期的表现反映出儿童在多样探索基础上优化编码的有效性（Bornstein & Sigman, 1986; Colombo, 1993, 1995）。也就是说，更聪明的婴儿能够更迅速地对图片中感兴趣的一切信息进行编码，从而使他们成为最先对图片失去兴趣的人。而当出

---

[1] Colombo1993; Fagan&Singer, 1983; Rose&Feldman, 1995, 1997; Sigman, Cohen, &Beckwith, 1997.

现新图片时，他们则能很快地兴奋起来，因为他们能更清楚地对新旧图片之间的差异反应并进行编码。这就是好奇心在被不断地满足过程中所形成的一种结果。好奇心专门在它所关注的新奇性信息点上起作用，从而驱动认定过程在此点、此领域不断地将新奇性信息添加到内知识结构中。在此过程中，构建并强化了好奇心的大小与学习能力、记忆能力、知识运用能力的关系：好奇心强者引入新奇性信息的速度越大，人的记忆能力相对就比较突出，知识运用的能力也会表现得更加强势。从某种程度讲，所谓更聪明，也就是说好奇心更高、好奇心增量更强[1]。

我们可以根据外界与好奇心的相互作用特点，将好奇心的成长分为几个不同的阶段。

第一阶段是好奇心被唤醒阶段；第二阶段是好奇心与语言及行为相结合的阶段；第三阶段是好奇心的稳定阶段；第四阶段是好奇性自主阶段；第五阶段是抽象思维与好奇心有机结合的阶段；第六阶段是好奇性探索与关注复杂性并深入思考的阶段。

更加简单地，可以将好奇心分为被动的好奇心与主动的好奇心阶段。多样性信息输入大脑形成好奇心的被动满足阶段。在此阶段，大量信息输入大脑被记忆下来，并依据相干（相同、相似）建立信息之间局部的稳定联系。此阶段的好奇心因为不能主动地发挥作用也就意味着没有被唤醒。此时，好奇心会因不同信息的同时并存作用而得到满足，在信息模式积累并与好奇心建立起相当多的关系以后，好奇心便处于被唤醒的临界状态。

当人的"活性"本质表现出来，从而使人产生各种动作并有意识地探索外部世界，包括表现出朝向性行为→不准确的主动性行为→把身边的事物抓到手里并放到嘴里→对行为做出预判时，表现出行动的好奇心。此时，主动的好奇心便初现端倪。

受到主动性行为模式表现的带动，启动了好奇心的主动性模式，人便会受到好奇心的主动引导而表现出各种主动性行为。此时，将会进行如下过程：准确的行为→基于好奇心以对准确性行为实施扩展，促进好奇心与各种动作的有机结合→最优化的动作，并最终使动作模式参与到对外界刺激的反应过程中[2]。

---

[1] 罗伯特·西格勒，玛莎·阿利巴利. 儿童思维发展 [M]. 刘电芝，等，译. 北京：世界图书出版公司，2006.

[2] 美国每日科学网站 5 月 13 日文章. 肢体动作影响思维方式 [N]. 参考消息，2009-05-15.

二、好奇心与心智成长

（一）人的好奇心的降低

每个生灵刚生下来都有一颗对万物充满惊奇的好奇心。可是当人们重视好奇心、求知欲、求知兴趣等基本特征时，却猛然发现，随着年龄的增长，人的这种本能的好奇心却渐渐地呈现出越变越弱的趋势。最显著的表现特点在于人的关注这部分的心理能量降低了，或者说受到追求确定关系因素的不断强化，使人关注其他方面的心理能量降低了（自然也包括好奇心），或者说由于追求确定性心理的模式可能度更强，限制了其他方面的可能性。

儿童的想象力比成年人丰富，说明人在儿时的心理转换过程中，能够依据想象对信息进行更加随意的变化。由于成人大脑中的内知识结构已经被某些知识固化，固化的知识所产生的影响会进一步地随着人们的重视而增强，随着确定性关系的信息增加，也会占据、固化大量的神经系统，好奇心发挥作用的空间将随着确定性关系的逐渐增多而降低，作为自由构建新意义的好奇心便会失去这种多样性自由构建的空间；与此同时，从逻辑的角度讲，确定性关系的出现，必然会对多样性自由构建产生一定的限制性影响；确定性关系的存在及逐渐强化，也将使生命体的"活性"空间变小。长期的进化会进一步地强化另一种本能：尽可能地节省体力，也就是说进一步地缩小扩张活动的范围[①]。随着年龄的增长，会使我们每个人身上暴露出一个隐藏的特征——惰性，使很多人变得不想提问，不想知道事情的真相。在心中埋下一个又一个的问号，对未知的"习得无助性"渐渐地占领我们的心灵。对于这种惰性，有些人能克服，他们中的大多数因此而成为有识之士。而那些没有克服或不想克服这种惰性的人，就在这个转折点栽了下去。

正是由于好奇心所产生的非线性涨落，或者说活性结构固有的非线性涨落特征所形成的好奇心，使心智逐渐特化为稳定的心理模式，使其有了对外界信息进行独立的加工过程，使其具有了更强的变异探索性，也使变异作为其固有特征。随着确定性信息的逐步增多，人的心智会由不稳定到稳定（由易变到稳定）；由少到多，由单一到系统，由混为一体到明确分区，由侧重追求稳定再到侧重追求变化和扩展，由散漫到定向，由模糊到清晰，再到灵活

---

① 哈贝马斯. 现代性的哲学话语 [M]. 曹卫东，译. 南京：译林出版社，2004.

运用等；先是形成稳定的动作行为模式，再与好奇心建立起内在联系而去寻找构建更多的其他行为。在好奇心的作用下，这本应该是一种正常的活动，但却随着确定性信息的增多，促使人更多地关注好奇心的各种不同成分表现，不再追求各种成分的综合性协调表现，而只要表现好奇心的某一种成分——感性多样的好奇心满足即可。

（二）好奇心由与一种信息形态结合向与另一种信息形态结合的转化

好奇心的运用表明了人的主动好奇心的唤醒。

皮亚杰把好奇心驱使下的探索行为分为：视觉性、触觉性、操作性和活动性等4种。据此，我们可以将好奇心分为与动作有机联系的好奇心，与语言有机联系的好奇心，与符号有机联系的好奇心，与抽象思维有机联系的好奇心。在这里，我们还可以根据大脑对好奇心的运用而将其分为信息记忆、行为模仿、自主好奇几个层次。

记忆信息阶段：一般都是先熟练掌握某种模式。此时，会通过大量新奇性信息的输入而满足人的好奇心——满足人对差异性信息作用刺激的需求。

行为模仿阶段：被激活的信息以其高可能度而引导着人的行为，使人产生模仿。好奇心与动作相结合，并以非标准、非稳定的、变异的动作而满足人的好奇心。当内心存在足够稳定的心理模式时，人可以通过激活该心理模式并使之成为稳定的指导模式，此时人便会形成模仿——按模式而变。模仿是内在知识与好奇心相互作用的初级阶段。模仿的条件是一个信息模式可以稳定地成为引导模式。根据心理模式与行为模式之间稳定的对应关系可以看到，一个可能度较高的心理模式会有较大的可能性引导、控制一个人的行为。

他们可以在具有一定确定性信息模式上，展示与已知信息在局部特征上相匹配、相对于以往具有更强新奇感的信息模式。在调动起更大的神经系统以后，一方面会与动作一起形成动作性好奇心，此时动作行为在某种程度上具有一定的确定性，"活性匹配"会促使人生成更大新奇感的模式；另一方面，则会在确定性信息与变化性信息相互作用的基础上，将意识层面的好奇心有效激活，将与各种稳定的心理模式相对应的好奇心有效激活。以往他们内心不具有稳定的反应模式，好奇心会以大量的新奇性信息输入为基础而得到满足，一旦记忆了大量新奇性信息，又会以建立不同信息之间的关系作为满足好奇心的重要形式。当形成固有模式，便会向其他好奇心满足的形式转化。从好奇心成长的角度来看，就应该让婴幼儿多动、多摸，以使其好奇心在各种不同动作的体验中得到满足和增长。让他们多实践，让他们的好奇心与具体行动建立起联系。这样做，一方面通过这种联系而增强他们的好奇心；另一方面通过这种联系还将进一步地增强好奇心与具体活动的关联范围与程度，并在取得成功以后，产生快乐的情感反应。

通过建立稳定的心智模式而构建出让好奇心发挥作用的基础。稳定的记忆使儿童发展出"物体恒存"的概念，即便某些物品不在儿童眼前，他脑中仍会以较高可能度浮现该物品的形象。这个阶段的宝宝特别喜欢玩"藏猫猫"的游戏（反复遮脸又露脸的游戏）。在形成稳定联系以后，这种稳定的行为模式便会占据重要的地位。如果不能建立起稳定的联系，则会保持不同信息之间的多样性关系模式，同时，促进着这种关系模式的不断变化。由于在神经元之间形成了弥散性的联系，要想形成一个确定性的意义，就会对这种大的神经系统能够稳定下来提出较高的要求。弥散性联系的存在标志着有更加多样的可能关系的存在。随着知识的学习，不同神经系统之间建立起了稳定的确定性联系，会导致神经元之间弥散性联系数量的急剧减少，但却会在高层次神经系统中产生具有一定目的性的信息变换方式、建立关系的模式和对建立各种形式关系模式追求的新的控制模式等，也就使得在大脑中所进行的建立关系的过程具有了更高层次的确定性——确定性地建立某种性质的关系、构建具有某种性质的信息模式。从这个角度来看，对于刚出生的婴儿来讲，其学习能力最大，好奇心也是最强的。他们总在问问题，展示出很强的问题欲，他们很想知道原委，在心理空间处于自由状态时，会很快地记住他们所看到的现象，并将相应的信息提取出现，使之成为构建自己心灵的基本"砖块"。

结合好奇阶段：在模仿阶段完成后，探究的好奇心会随着好奇心的整体变化而变化，此时，人会采取各种各样的探索性行为，在原来稳定模式的基础上不断地变异、试探、多样化。由于好奇心的稳定展示，与神经系统中的各种模式和各种行为的联系也就得到加强。由好奇心所驱动的各种行为的自主性也越来越强。

强烈的好奇心会促使他们动手实验，甚至会充当"小破坏分子"。他们常常会把玩腻了的玩具随手到处扔，翻箱倒柜地在家中寻找他们认为是新鲜的玩意儿。因为内心总在想着他还没有去过的地方应该有新奇的东西。他们内在稳定的内知识结构还有限，也没有更多稳定的支持而形成更大的心理空间，因此，他们还不能考虑太多、太细、太明确，还不能引导并有效地施展他们强大的好奇心。但只要他们关注于某一个局部特征，就会按照该局部特征所对应的整体模式指导他们的具体行为。在这个过程中，与不稳定的内知识结构相联系的好奇心，和与稳定的内知识结构相联系的好奇心会分别起到不同作用。

笼统地讲，与多种多样的弥散性联结相比，更加广泛的确定性联结所代表的心理过程是稳定性心智与多样并存的好奇心有机结合的产物。学龄早期是儿童由感觉性形象思维向间接抽象的逻辑思维发展的一个重要时期，它不仅要求儿童在观察力、想象力、记忆力、注意力及语言表达能力等方面有一个质的飞跃，更多地要求应通过好奇心而建立抽象知识与具体实际情况在相互转换过程中的有机联系。这都将依靠于神经系统的稳定性、扩展性和一定数量的稳定性信息的存在。当这些心智成熟为稳定的心理模式时，就将独立地与好奇心建立起关系，通过好奇心的作用而扩展这些心智过程。

（三）人的成长与好奇心

神经生理学的研究表明，人类的大脑比其他同样大小的哺乳类动物的平均脑体积要大 7 倍。人类比其他哺乳类动物多出的大部分神经元都位于一个被称为前庭皮质区的脑区，人类大部分最为复杂的思想都发生在这一脑区。从比较动物学的角度看，前庭皮质区较大的灵长类动物一般都生活在大规模的群体之中。复杂的社会关系所带来的对信息加工功能的冲击，将使相应的动物能够进化出功能强大、结构更加复杂的大脑，通过构建形成更为多样的心智模式，促使人有能力在诸多可能性中进行优化选择而形成竞争优势。人的交流行为促进了好奇心与心智的成长，社会交往也促使神经系统加速发育，促使心理层面的模式增长，促使符号系统的功能变大，促使意识的增强，形成在意识层面更加多样的信息模式，促使信息模式作为反馈环节的不断增长[①]。

好奇心的唤醒，好奇心的强化，好奇心的稳定，好奇心的独立，好奇心的自主，好奇心与其他系统的有机结合等，这一系列的过程都将随着好奇心与稳定心智模式的相互作用而表现出来。如果我们认可好奇心与任何一部分神经系统活动的联系，那么，随着神经系统中固定模式的增多，人的好奇心将发生相应的变化。

首先，由于确定性信息的不断增加，人固有的好奇心将发生减弱性的变

---

① 乔纳·莱勒. 学习"雨人"的记忆方式 [J]. 阮南捷, 译. 环球科学, 2009 (10).

化，新奇性信息所占的分量会降低，人的自由灵活变化的好奇心成分也会降低。其次，由于一部分信息的支持，好奇心的成分将发生变化，由原来的各种成分均衡呈现，转化成为某些好奇心成分减弱而另一些好奇心成分增强。也就是说，人会表现出在某个方面的好奇心不断增强的现象，并促使人在这个方面的行为表现得更加突出。再次，由于确定性信息的影响，稳定的环境不再随着适应能力的增强而提供足够的新奇性刺激，这将直接影响到人向未知扩展的好奇心。最后，由于确定性信息占据了一定的心理空间，其他信息在大脑中被加工的概率就会降低，这也自然降低了新奇性信息的生成，降低了在更高层次形成概括抽象出新信息的可能性。

心智进化与成长的理论研究指出，随着在人的大脑中组织的确定性信息越来越多，人将获得更多的面对不同情景时一定范围内的优化性的行为，人的智商值也将越来越高。说"三岁看大，七岁看老"，指的是那些先天不能增加的成分，这其中就包括一个人的好奇心。人们总是讲一个人的好奇心一开始是最大的，而随着时间的增加则进一步地降低，是由于确定性知识对其所产生的固有的影响。知识越不确定，好奇心就会越强，但同时，由于其还不具有稳定的心理模式，因此，好奇心增量、主动好奇心则会有所不足。或者说好奇心中的扩展部分，包括好奇心的定向等都将产生相应的变化。

好奇心是不同模式化神经系统取得广泛联系的重要方式。如果没有更多的稳定性信息，虽然在大脑初期反映这种本能的控制模式会在大脑中有更加强势的表现，促使外界信息进入大脑时形成更多神经系统的兴奋，有可能建立信息之间更加多样、繁杂的联系，但却不能使人产生有效的行为，这一切的活动都会将因为消耗过多的资源而受到抛弃。这也就意味着，只有在好奇心与较多确定性反应模式有机结合的作用下，不断地产生对人有益的行为，也才能够更好地发挥好奇心的作用。

儿童的心智具有如下特点：不稳定、易变、稳定的模式不多、模式单一、散漫而可能度不高、对行为模式的控制能力低。单从他们好奇心的角度，会表现出不自觉、散漫、不稳定、不深刻和可塑性强（极易发生变化）等特点。此时，可以利用他们心理极大的可塑性对他们实施早期教育，使他们的好奇心与创造力趋向自觉、稳定、定向、具有与知识有更大的结合，让他们处于萌芽状态的创造力得到发展。这里需要强调的是，人不能利用某一稳定模式的自然扩展而无限制地增强知识传授的分量，应在促成好奇心自然表现、好奇心增量自然增长的前提下，掌握知识传授的程度与数量。在现有稳定模式的基础上，非线性的"增长极限"将会限制这种神经系统的进一步扩展。即使如此，随着神经系统中广泛联系的范围越大，新异神经元的数量会越多，好奇心也会越强，好奇心的独立自主性就会越强。

在孩童时代，好奇心的变化最为典型和突出，人的行为受到好奇心的影响最为突出，对行动的好奇心转化为对知识的好奇心也更加明显。随着年龄的增长，好奇心的变化就不再明显，好奇心变得相对地稳定，好奇心的地位也就在人的成长过程中成为次要因素了。

在其他年龄阶段，好奇心已经转化为其他形式的好奇心，比如说问题欲、求知欲、探索欲等，与其他心理因素结合在一起，并隐于相应的心理因素中，而不只是单纯地表现好奇心，好奇心的地位也就愈发显现不出来了。

心智的不同阶段和所关注焦点的不同，导致好奇心的表现与满足要求也有所不同。按照马斯洛的需求层次理论，我们认为，只有在新奇性信息输入所对应的好奇心得到满足以后，才可以凸显学习记忆的好奇心；而当学习记忆的好奇心得到满足以后，才能凸显理解的好奇心（建立关系的好奇心）；只有感觉的好奇心得到满足以后，才能使知觉好奇心的需求凸显出来并进一步地向更高抽象层次延伸；与此同时，在知觉的好奇心得到满足以后，符号的好奇心需求才能凸显出来，按照感觉、知觉、意象、符号的层次表现，分别表现出相应的好奇心。成年人善于在具体与抽象之间来回变换，比如说通过做诗而使他们充分体会到心理转换展开的重要性[①]。

由被动接收到主动趋向，不断的新奇性刺激引发了被动的好奇心，并使好奇心逐渐强化，再到好奇心控制（由好奇心控制的无序行为到有目的的行为）而生成主动表现（自主的好奇心）。

（1）观察的好奇心。受感觉器官发育的影响，不同成长阶段的宝宝，会由于好奇心而对不同的事物产生兴趣。这可以被看作"原始的主动好奇心"。由于视觉提供了神经系统所接收的大部分信息，在最初阶段，婴儿会表现出更强的观察新事物的好奇心：对任何出现在其视觉内的事物都要观察一番。婴儿会通过观察而将事物的特征和过程性特征记忆在大脑中，并成为一种模式。如果对婴儿观察、认定事物的过程加以分析，就可以看到其与生命活性的突出的吻合过程——"好奇+掌控"：开始他们会更多地观察熟悉的事物；然后更多地观察新奇的事物。

---

① 布鲁纳. 教育过程 [M]. 邵瑞珍，译. 北京：文化教育出版社，1982.

对于儿童来说，整个世界是全新的。无论是他们的所看，还是所听、所触，无论是被动接受，还是他们主动的动作，开始由自主性"活性"涌现出来，然后是有感觉的动作，这是在好奇心的作用下，将当前动作与以往的动作相关联、比较的结果；根据我们提出的泛集的概念，在我们选择一个确定性动作指导模式时，都会同时构建出若干个有一定显示可能性的指导动作模式，当这种确定性动作与变化动作之间的有机结合"落入"平常好奇心区域时，会在大脑的神经系统中形成其他的相互联系、相互激励而形成与好奇心相对应的大的神经系统反应模式，会探索、寻找新的动作。而当"落入"好奇心增量区域、不能满足好奇心时，便会刺激大脑在其他潜能区域构建新的模式。在每次与新事物的接触中，都有使他们激动的新奇性刺激，由此而激发的、表现增强的好奇心会使他们热衷于记忆这些信息，建立内知识结构与各种信息复杂的关系，会使他们主动地建立与新奇性信息的关系，并在此基础上形成一种向未知延伸的心理态势，而不是单纯消极地等待和忍受。

（2）行动的好奇心。在心智的成长过程中，会不断地刺激促进着身体运动与心理活动之间的相互协调。一方面构成两者更加强烈的正反馈关系，形成更加紧密的相互促进关系；另一方面又使彼此之间的区分更加显著，两者的分别成长尤其是相互作用将更为突出。这典型地表现婴幼儿在 4~6 个月时用眼睛、嘴和手满足自己的好奇心，这也表征了当好奇心与这些方面相结合时，可以有效地扩展人的本能。开始时，婴幼儿对各个关节以及小肌肉的运用还不熟练，经常可以观察到宝宝对吊缀物的对待方式是手脚并用的。外界各种触觉色彩鲜艳的、移动的物体尤其能够有效激发婴幼儿的好奇心，对于这些信息量较大的新奇物体，婴幼儿往往会投入更大的精力。他们常常是目不转睛。还经常挥舞自己的手臂、做踢腿运动、用手指短暂地抓住东西，认识这些和自己关系密切的"部件"，在试探过程中不断地校正自己精确的动作。差异化的动作本身就是在有效地刺激着好奇心。这些动作本身成就了他们天生的好奇心。

婴幼儿开始学习坐时，他的视野范围发生了根本性的变化，他可以很方便地看到自己的手和自己的脚。他的好奇心的关注点是自己和物体间的关系。最初用嘴探索的方式更加广泛，经常出现"啃"的动作。当行为动作更加准确时，人维持了稳定的、可以顺利达到一定目标的动作，人的好奇心的满足方式也将发生变化。由原来不能确定模式的好奇心转到在具有一定程度的准确模式基础上的好奇心。

10~12个月时，爬和走让婴幼儿好奇的视野更加宽广。婴幼儿从学会爬开始，他所接触的世界就大了很多，他对以往所没有接触过的一切都会感到新奇，并产生相应的行为。好奇心成为驱使其不断扩展运动区域的基本动力。

婴幼儿一旦拥有了站和走的能力，就获得了行动的自由，意味着他的活动空间更为广阔，就开始东奔西跑（运动区域的扩大是满足好奇心的一个方面），他们想触摸东西，把它们抓在手里。这是通过表现而使好奇心得到满足的方式。在好奇心与行为有机结合的状态下，会使自己的行动空间变大。可以看到，婴幼儿在学会准确地控制肌肉、会走会跑以后，他们的活动领域和经验范围有了突破性的扩展。他们便需要在更大空间内、通过更多的活动来表现——满足他们的好奇心；他们需要寻找更多的新奇性信息，表达更多的怪异性行为。

好动是当好奇心达到一定程度时，与身体行为动作系统有机联系的结果。当前的动作不再满足他们的好奇心时，将驱使他们产生更多的其他动作，以与当前的行为有所不同，从而使好奇心得到满足。更多种类的信息会结合在一起。这个时期的婴幼儿对于小角落和小洞洞特别好奇，常常会一个人在角落里咿呀比画，可以说，此时"探索未知"模式已经开始显现。什么都想摸摸、动动。当具有一定的确定性关系心理模式后，会以此为基础而向其他方面延伸扩展。

（3）符号的好奇心。7~9个月时，婴幼儿的好奇心从发现因果关系开始，他们体会到了某一个行为所产生的效果，就会不断地强化这种行为，以更加自如地体现这种行为与效果之间稳定的对应关系。每当他们发现行为中有趣现象，就会继续尝试、反复体验，体会有什么新的结果出现。并由这种体验而保证行为的准确性和稳定性。

通过视觉所建立起来的各种事物之间的"关系模式"，会与各种现象与动作之间的"关系模式"一同在更高层次联系起来，使婴儿建立并体会到不同信息模式之间关系意义，并从多种不同的行为模式中习得建立、选择、固化事物现象之间因果关系的能力，学会基于各种可能的局部联系而建立逻辑关系的能力。

行为模式的强化标志着各种模式之间关系的稳定建立，以及各种模式向控制行为模式方向的转变。随着符号的使用越来越广泛，出现了专门的教育。自从有了正规教育以来，人们越来越习惯于把教育简单地理解为由教育者向学生传授各种被加工成语言信息形式的确定性知识。

如果将心智的成长分为：（1）物我同一阶段；（2）物我分离阶段；（3）自我独立阶段；（4）抽象概括阶段，那么，好奇心将会独立并与每一阶段有机联系在一起。

第三章 充分激发好奇性自主

马斯洛的《人本哲学》中有一个基本观点："人并不是被决定或被限定的，人可以决定自己的命运。"自由地表现人的自主性，并充分利用好奇心在人的自主性中的重要作用。以更加有效地促进人的自主性，是好奇性智能的一个最为重要的职能。好奇心在具有了较强的稳定性以后，必然地具有了一定程度的自主性[1]，人便可以在没有外界信息作用的情况下，自主地发挥好奇心的作用。从好奇性智能的角度看，一方面我们要努力增强好奇心的自主意识；另一方面则应控制好奇心对人类社会所能够起到的作用，为好奇心把握方向。好奇心具有多种不同的表现，好奇性自主以及由此所对应的好奇性智能也相对地表现出各种不同的特征，这种不同在运用好奇性智能的过程中会有所体现。这一方面可以对人的强势智能的构建起到重要的刺激作用；另一方面也会进一步地促进好奇性智能的差异性构建。

自主性对于任何一个领域都具有重要的作用。托比·胡弗将科学的自主性归结为在法人自主和法律自主的基础上："科学社会学家（如科学史家）经常提到科学的自主性，但他们都是在法人自主和法律自主被视做理所当然的现代语境下思考这件事情的。"用通俗的话讲就是，只有当科学、法律等具有了法人自主以及法律自主时，才能有效地促进相关领域的独立与发展[2]。从这个角度看，只有在能够自主地发挥作用时，好奇心才能得到人类足够的重视，好奇心也才能在好奇性智能中起到重要的作用。

对于生命体来讲，任何一种心理模式只要在与人类相关的各种活动强度达到一定程度（某个阈值）时，就会表现出足够强的自主性。正是由于每一个稳定的心理模式的自主性，才能更加充分地展示出其特有的作用。在本章，我们一方面要解剖好奇性自主的意义；另一方面也要思考如何才能更好地发

---

[1] 徐春玉. 好奇心理学[M]. 杭州：浙江教育出版社，2008.
[2] 托比·胡弗. 近代科学为什么诞生在西方[M]. 周程，于霞，译. 北京：北京大学出版社，2010.

挥好奇性自主的作用，思考如何才能更加有效地发挥好奇性智能的意向和心理趋势的引导作用。由此，我们必须在好奇心发展到一定程度时，更加重视好奇性智能。

本章从生命的本质特征开始描述任何一种心理模式独立特化和具有自主性的特点和规律，然后再研究作为人是如何受到好奇心的强势作用而表现出来，以及作为一个现代人的好奇心的意义和作用。

第一节　意志、理性与好奇心

人类特有的意识性特征（独立于外界信息直接作用的、主要表征在大脑神经系统中的、以信息作为主要特征描述的活动），促使人有能力对自身进行独立的观察、反思、变换与控制，促使人对自己的意识进行独立的观察、反思、变换与控制。在这种情况下，主动发挥好奇性智能的需求也就应运而生。

一、好奇心与大脑

好奇心的形成以及大脑的分化、层次化，是在表征信息差异的神经感知元与大脑复杂的神经系统结构之间不断地相互作用的过程中逐步形成的。大脑的复杂化，在很大程度上得益于好奇心的独立与强化，而好奇心的独立与强化又以大脑的复杂化为基础[1]。应当注意，大脑的复杂性须以众多功能独立的神经子系统为基础，这些功能结构独特的神经子系统又是在外界有差异的信息作用并固化下来的。如果不能有更多神经子系统自主地发挥其独立的功能，作为整体的大脑神经系统便不能达到"自催化临界状态"[2]，也就不会促成意识的独立与特化。

脑神经功能研究表明，正如不同神经系统子系统的功能与结构在特化方面表现出"相互纠缠"的关系一样，随着在信息加工过程中神经元的聚集与分化，大脑也分化成为两个功能不同的左右脑。大脑"活性"成分中两种不

---

[1] 徐春玉. 好奇心理学 [M]. 杭州：浙江教育出版社，2008.
[2] 斯图亚特·考夫曼. 科学新领域的探索 [M]. 池丽平，蔡勖，译. 长沙：湖南科学技术出版社，2004.

同功能（发散与收敛）的不同影响，将会促使左右大脑分别表现出不同的功能，分别对人的行为产生不同的控制作用。在这个复杂的分化与融合同时进行的过程中，不同的神经元（子系统）会受到相同（似）共性放大因素的影响，驱动着行使相同功能的子系统不断汇聚（汇聚力量会越来越大）；而在扩展因素的影响下，不同的神经子系统组织则会不断地分化（分化的力量也会越来越大）。虽然分化与汇聚的力量都在同时起作用，但由于从大的层面上形成了整体偏化作用，脊椎动物的左脑最初特化出操控正常和熟悉情况下成熟行为模式的主体功能，并与"活性"特征中的稳定性因素、收敛过程相对应；而主要负责情绪激发的右脑，最初的功能则是检测环境中的意外刺激，并做出相应的反应，这种功能主要与"活性"特征中的变化因素、扩展过程相对应[1]。可以看出，人的大脑中反映和表征差异性信息的信息检测系统更多地集中在右脑。研究表明，在进化过程中，正是由于好奇心才使我们更好地规避风险——发现与往常有所不同的情况并提前采取应对措施或做好准备、做出应对的态度和倾向，或者，通过提前构建多种不同的应对模式，保证我们在应对未来不可预知的事件面前能够更好地生存。

根据用进废退的基本原理，我们可以进一步地推测：在左利手的形成过程中，如果要进行手部的复杂操作，一方面，灵长类动物须尽可能地把大脑形成的控制信号直接传到更加灵活的那只"手"上，这就使得"左利手"的使用频率越来越高，最终导致非人灵长类更多地用左手来进行复杂的习惯性操作。另一方面，右脑的注意系统——对意外状况或"行为相关的刺激"敏感——也必然地处于兴奋状态，能够激活更多其他可能的应对模式，及时地发现差异（外界环境的变化）并将其反映出来（"这些刺激意味着危险就在眼前"）[2]，并将能够反映差异性特征的神经兴奋行为作为一种独立的功能。即使是在安全的环境中，虽然不会经常出现面对危及生命的情况，但已经稳定下来并保持活跃的右脑促使很多脊椎动物的左眼时刻保持警惕，搜寻观察视力范围内的掠食者，保持对意外情况足够的警惕、期待和发现的倾向。生物学家的研究表明，右脑对掠食者保持足够的"警觉性"，这种警觉性在很多动物的挑衅行为中都有所体现：蟾蜍、蜥蜴、鸡和狒狒都更喜欢攻击站在左边的同类。

---

[1] 苏俊杰. 成人大脑能迅速改变 [J]. 新发现, 2009 (9).
[2] 苏俊杰. 成人大脑能迅速改变 [J]. 新发现, 2009 (9).

生命"活性"中的收敛与扩展模式在独立特化基础上的有机统一，意味着这两种过程必然同时进行，所产生的意义，将由其对生物体的效果被选择放大或压缩。为了评估即将遭遇的外界刺激并维持个体的有效生存，生物体必须运用差异性神经系统（最终汇聚成好奇心）同时做出两方面的判断。一是从整体上评价、确定该刺激的相对于人的熟悉程度，将新奇性特征（环境变化）提取出来。如果新奇性刺激强度达到一定程度，就将构建出与新奇性刺激相对应的新的应对模式，此过程相当于皮亚杰指出的同化（此控制过程由右脑负责，而构建新的稳定模式的过程大部分将在左脑中进行）。二是通过局部特征的比较，判断记忆中是否有相同（似）性刺激，以便随时调用比较熟悉有效的应急方案。如有必要，立即做出应激反应（此功能则由左脑担纲）。

为了判断一个刺激的熟悉程度，生物体必须注意到外界刺激中所包含的有别于其他刺激的特征。彼得·F.麦克尼利奇研究指出[①]，这是右脑的功能。相反，如果要给一个刺激归类，就要看当前刺激和其他刺激共同的特征，忽略与众不同之处。这种选择性注意力，将由左脑主控。这就指出了人的反映信息差异的检测系统更多地集中在右脑。因此，可以看出，人的右脑与好奇心的关系将更加直接和紧密，也说明反映差异性信息是促使大脑功能特化的非常重要的因素。这从另一个角度也说明，好奇心只有在人的身上才能更加突出地表现出来。

比较动物学的研究表明，超出活性生命体内部各组织器官的活动所需要的、更多的、更加稳定复杂的神经系统，是人类心智强大和成熟的生理基础。人也依据这种更加强大的剩余神经系统，保证人在应对外界刺激时具有足够的灵活性和多种可选择性。这种灵活性也反映在基于局部特征通过多种关系而构建出不同的整体意义上。

在大脑中记忆了应对刺激的有效模式，意味着神经元之间形成了稳定的联系。这种稳定联系的形成，虽然强化了神经系统对信息加工的弥散、联想功能，但同时也降低了该神经子系统与其他神经系统之间通过广泛联系而形成的更大的灵活性、扩散性。一旦形成稳定的模式，神经系统的灵活性随即变差。大脑中恰恰形成的是"区域应对基础上的可能性选择"，因此，维持多强的稳定性，保持多大的灵活性，不同的人会在无意与有意识的相互交织过

---

① 苏俊杰. 成人大脑能迅速改变 [J]. 新发现，2009（9）.

程中促进着这种建构性的选择。当然，通过联系，单个神经子系统的灵活性会降低，但神经系统整体却可以通过不断增加复杂性而维持大脑神经系统较高的应对复杂性的能力。

二、意识的形成

虽然在对比人的智能与动物智能的差异性研究中，越来越多地发现反映彼此之间本质性区分的特征越来越少，但人们目前已经认识到，是否具有某种行为与能否积极主动、大分量（大强度）地将其表现出来，不只是量的区别，更是反映了人与动物的本质区别。这其中主要反映出人所具有的足够强大的主观意识。

（一）人的自主意识的形成

反映不同功能的大脑神经的层次越多，基于多层次复杂神经系统之间的非线性相互作用特征就会表现得越加突出，神经系统就越有可能使复杂的反映信息加工状态与输出的意识系统置于"自催化临界状态"，形成"自催化"的更大的可能性。这意味着人可以利用这种具有足够剩余能力的大脑神经系统对局部信息进行各种形式的组合、变异，人可以在大脑内部对其自身的运动状态加以表征和认识，并将这种认识独立地在人的内心反映出来，人的自主意识就更有可能被构建起来。通过在内部比较不同神经反应模式的差异，并将这种差异表征出来，是人形成意识的基本过程。人的"主体性是通过自由和反思来加以解释的"[1]。复杂性理论研究指出[2]，对于非线性系统，有更大的可能形成对自身运动稳定的"自锁反馈"。在复杂的神经系统中基于内在正反馈形成"自催化系统"以后，当这种"自催化系统"规模达到一定程度，就会像是"舆论"形成的过程一样[3]，将某些不为人注意的特征凸显出来成为显著特征，并通过特化过程使其成为稳定的独立模式。在对信息的加工以及在大脑神经系统内部所形成的对信息的传递、变换以及感知的过程中，这些心理模式会与外界信息产生作用，并通过彼此之间的相互作用和神经子系统自身"活性"的不断"运营"，以足够的强度将所形成的"意义"模式

---

[1] 柳洲. 后现代经济的本质：广义符号经济 [J]. 经济学家，2007（1）.
[2] 斯图亚特·考夫曼. 科学新领域的探索 [M]. 池丽平，蔡勖，译. 长沙：湖南科学技术出版社，2004.
[3] H. 哈肯. 协同学引论 [M]. 徐锡申，陈式刚，等，译. 北京：原子能出版社，1984.

传递到其他的组织效应器官。此时，通过大脑内部的"自测控"系统将这种状态的变化过程和结果表征出来，成为可以为人所独立认识、体验的意识中的新的信息。

乔纳·莱勒（Jolqah Lehrer）提出的"超连通性"特征，指出了当不同信息以意想不到的方式同时激活并在人的大脑中形成相互作用时，人会表现出富有想象力。在人的成长过程中，不同知识之间的习惯性联结以及大脑神经系统在与信息的分类、汇集过程中形成的稳定联系，促使在人的大脑中，各主要功能区采取分区行使特殊作用的方式对外界信息进行反映（这种结论具有进一步演化的可能性和必要性）。在某一神经功能区主要反映某一类的信息，相应特定神经子系统的高兴奋表现，意味着使有特定性质的信息处于兴奋状态较高。与此同时，具有较高生命"活性"中扩展、发散功能的大脑系统，却可以打破神经子系统这种确定性的联系，构建更加多样的关联。"在一些脑部疾病中（包括自闭症和癫痫），本来正常分隔的脑区却会产生交互联系。"也就是说，人之所以会产生一些罕见的、具有较高新颖度的想象，是因为本来没有关联的思想、记忆、感觉和观点以意想不到的方式汇集在了一起并由此而组成了出乎意料的新意义。"大脑的这种'超连通性'或许就是所有杰出创造力的源泉。"[1] 这种过程的形成与持续进行，可以看作好奇心起作用的结果。

（二）不同层次心理模式之间的差异与相互作用

人在内心对这种差异的感知（好奇心在对此感知的过程中将起到核心作用）形成内在刺激。也正是由于好奇心才将这种不同表现出来，并将这种不同以独立模式的形式表现出来，形成与外部刺激具有相互关联性的感知系统。此时的感知相当于构成了一个独立的神经系统对来自大脑外部和内部状态变化的感知，并将反映这种变化的模式作为一种独立的心理模式特化。一方面，同一层次心理模式的不同只能在其他的层次中反映出来；另一方面，也正是由于这种不同而促进了大脑神经系统的多层次复杂化发展。

考虑到人的神经系统结构与运动的"自相似"特征，依据任何一个大脑神经子系统都会稳定地表现出"活性"的分形特征，我们便可以由此推断，当人的意识成为一种独立的模式后，人就会赋予其独特的功能并进一步地增强其自主性，心智系统的非线性涨落又会使其不断地表现出扩张能力，促使

---

[1] 张厚粲. 行为主义心理学 [M]. 杭州：浙江教育出版社，2003.

扩张（作为一种模式）成为超出相应神经系统功能的更加广泛的稳定模式。这种模式的强大、扩张与自主性，会促使人的剩余能力变得更强，与此同时，机体就会依据其自主意识而产生自主地增强其扩张（发散）力度的控制能力。

（三）对内部所进行的过程的特化与独立化

基于复杂性动力学可以看出，在意识的形成过程中，反馈起着重要的作用，而不同状态之间差异性的联结则构成了反馈的生理基础。在动物的进化过程中，不同的物种会选择不同的获得竞争生存能力的基本行为。某一动物分支选择了通过强化神经系统、形成对信息更加强大的加工能力，尤其是通过形成不同信息之间的稳定性联系及早预警，以应对外界复杂作用并取得竞争生存优势的特化过程，凸显了在形成意识过程中，反思、反馈不但起着"催化剂"的作用，也构成了正反馈闭环的一个基本环节，并由此而逐步进化出具有较高智能的人类[1]。在这个过程中，怀着更大的好奇心去探索各种食物，为人类迈向更高层次的进化带来新的基因。而火的运用又促使他们能够食用并利用更多的动物蛋白（更高效地获得食物，并有更多的能量储存），使他们能够摄取并存储更多的能量，保证他们有更多的闲暇时间，形成更加强大的剩余能力，并依此而促进彼此之间在意识层面（语言）的广泛相互交流。这种通过外界（个体之外）反馈，与内在反馈过程（由好奇心来提供）的共同作用，进一步地促进了语言的复杂化、文字的形成和社会结构的发展，伴随着信息交流系统的不断复杂化，人类构建了复杂的知识结构系统。

（四）语言对人的意识形成的重要作用

随着语言越丰富，人的交流也就越频繁，人对信息的依赖程度会越来越高，反映不同信息之间的差异，以及内在地表征不同信息之间关系的过程就会更加复杂，好奇心在人的意识中的作用表现也就越来越突出。人们并没有忘记好奇心作为人的最原始动机中的核心地位。杰罗姆·布鲁纳（J. S. Bruner）就认为，好奇心是人类行为的最原始的基本动机，这种动机在个体的学习过程中有更加充分的体现，它由个体所接触到的模糊、不确定的东西引起，并在人的意识空间表现出足够的意识（理性）好奇心[2]。

出于交流的便利性，在人类对理性、意识的研究中，特别注重语言等因素。认识到了语言在意识形成与强化中的作用，也就更加明确地强化了人的

---

[1] 徐春玉. 好奇心理学 [M]. 杭州：浙江教育出版社，2008.
[2] 饶新华，编译. 聪明大脑的生长模式 [J]. 世界科学，2006 (6).

语言是人意识主要的表征形式。人能够在语言、符号的层面，脱离对机体内其他组织器官运动状态的依赖，直接在意识层面认识外界事物的意义，并在神经系统兴奋的基础上利用生命的"活性"而进一步地扩展。

卡西尔出于对这一点的明确认识强调："从人类意识最初萌发之时起，我们就发现一种对生活的内向观察伴随着并补充着那种外向观察。人类文化越向后发展，这种内向观察就变得越加显著。人的天生的好奇心慢慢地开始改变了它的方向，我们几乎可以在人的文化生活的一切形式中看到这种过程。"① 可以认为，正是由于认识、体会到了语言、理性、意识之间复杂紧密的联系，人类才在认识自身的过程中更加突出地强化意识、理性、好奇心的关系，更早地从理性、语言等的角度来认识人类自身。较高的稳定性保证着人经常性地关注、表现这种模式，保证着人在表现这种模式的基础上不断地扩展。基于内部过程所形成的收敛与发散的过程，或者说从中所能体现出来的生命活性，自然地延伸到以语言作为人的基本的行为活动中。因此，人会在内部不断地对语言的运用进行扩展与延伸，并保证着"活性"基于语言的收敛与发散的协调统一。这就必然地引导人从主观的层次主动地分析，伴随着理性的形成，好奇心、语言、意识、理性彼此之间所建立起来的密切联系。

表征着人类基本理性特征的复杂语言系统，会伴随其好奇心的要求而逐步突出显化。人的语言会产生由无序到有序的变化，会由原来无序的发音，到有意识地控制声带发出特定的声音，再到结合具体的语义信息，并在好奇心的作用下将无关联的信息一同显示，控制人类理性的进一步增长，也进一步地扩大着语言模式在大脑中所占据的分量——稳定且扩张。这是在神经反应模式、语言、对语言的感知（依据差异构建刺激、反馈、反思）三者稳定联系的基础上所形成的稳定的动力系统。三个子系统稳定的相互作用以及功能的逐步强化，在汇聚、独立和分化之下，会变得越来越稳固，也会在"活性"扩张所导致的好奇心的作用下越来越体现出其独特的意义。伴随各神经子系统的独立与稳定，各系统表征其自身"活性"涌现的特征——自主性也会稳定地展现。三个子系统的相互作用，就会形成更高层次对信息更长时间的复杂反映（表征不同信息、表征不同信息的差异、对反映这种差异状态的感知），最后便产生意识。

人的行为同样在意识的形成过程中发挥关键性的作用。信息在大脑神经

---

① 卡西尔. 人论 [M]. 甘阳, 译. 上海：上海译文出版社, 1985.

系统中被多样加工，通过形成确定的交流模式，形成语言。语言系统会在大脑神经系统中通过广泛的联结激活更大的神经系统，并将在神经系统中确定的模式独立化地传播到相应的动作效应器官，再通过相应效应器官中的感知神经元将这种运动重新输入大脑。在大脑中形成确定性反应以后，会将该反应模式与原来的反应模式联系对应起来。如果形成了稳定的反应模式，就可以从意识的层面上独立地研究信息与信息之间的相互作用，并用于控制效应器官表现出相应的行为。

（五）意识形成过程中好奇心的作用

通过分析不同信息可以在大脑中得到更加多样的组合加工，可以看出，意识的形成与好奇心能够在更大程度上发挥作用密切相关。一方面，会通过不同信息之间差异性的关系并由此而建立更多信息的相互激活关系，大脑将对不同的信息形成自组织构建反映，并将构建的结果反映表征在更高的神经系统中。这也就意味着是好奇心促成了在更高层次反映与当前信息有所差异的新信息反应系统的形成。另一方面，意识与好奇性自主的生成保持着相辅相成的关系。美国麻省理工麦戈文大脑研究所的神经学家坎维舍（Naney Kanwisher）研究指出："视觉皮层几乎是在屏蔽发生的瞬间就会进行相应调整以接收新的刺激。"[1] 即使人们没有觉察到好奇心的存在，在最基本的信息加工层次，好奇心就已经在发挥重要的作用了。

根据意识的形成过程，人在各种复杂的行动中，通过反思、符号、语言等因素，通过动作等外在效应器官的运动对大脑形成反刺激作用以构成相应的反馈过程，以使其得到有效的独立和强化。如果说人的意识已经独立出来，成为可以对其他系统产生重要影响的系统，那么，人的意识就能够在好奇心的自主化过程中起到重要的作用。"创造符号的动力不再是简单的竞争，而是人类天生的好奇心和为实现自我价值的符号创造冲动。"[2]

依据神经子系统之间的相互作用，表征意义的大脑神经区域可以转移、重排和形成新的区域（形成新的"神经地图"），在对信息加工过程中，能够涉及的区域越多，信息的意义、反馈和理解的深度就越大，大脑所消耗的能量也越大。与此同时，参与信息加工的神经系统越复杂，神经系统依据自身形成"自催化"的可能性也就越大。一旦形成了"自催化"，距离能够自

---

[1] 李艳玮，李燕芳．儿童青少年认知能力发展与脑发育[J]．心理科学进展，18（11）．
[2] 朱德生，闵惠泉．网络数字化中的有限无限与好奇心[J]．现代传播，2011（6）．

由表现自主意识的时机也就不远了。

当然，在大脑中所形成的信息表达模式是多种形式的。对于失语症患者来讲，语言模式极少，这将导致他们形成并强化性地使用其他的信息模式。他们会形成一套自己独特的转换规则和方法，并在高层次信息中与相应的模式一同构成独特的意义。

问题是：机体为什么要维持这种过多消耗能量的状态？在这个过程中是否会形成动态应对区域的非线性增长？一对一的"S-R"模式应该是人乐于追求的。因为它能够更快、更有效地形成对外界刺激的反应[①]。但具有非线性特征的活性神经子系统却不"承情"，他们不会这样地安分守己，一方面会充分运用其特有的非线性涨落不断地维持具有"自催化"特征的、动态"活性"系统的有效运转；另一方面还会在具有这种功能的系统规模达到一定程度时，与非线性涨落形成"共性相干"，从而进一步地放大这种扩展能力，甚至会将这种扩展能力独立特化出来而成为一种典型的"元能力"。

从神经心理学的角度来看，心智表现的方式包括以下几种。（1）使各种不同的信息模式同时并存，用一种以可能度为度量的概率分布的形式展现在大脑中。不具有"活性"的神经元的运动是随机的，但具有了"活性"以后，神经系统的运动就具有了自主性，信息可能度的分布也就会表现出一定的涌现性特征；（2）不同神经元之间通过彼此不同的联结强度而表现出不同的意义组合。也就是说，通过神经元之间不同的相互作用方式，表征着不同的信息意义；（3）神经系统非线性运动的混沌特征，将促使神经元之间通过各种组合而产生近乎无限多的可能稳定的信息模式，但也只有那些能使神经元之间通过非线性正反馈而形成相干放大，以及满足某些条件的心理模式才能凸显出来。通过相干（非线性相互作用）而使满足要求（边界条件或初始条件）的心理模式以较高的可能度凸显出来，或者通过自反馈、自涌现而将那些满足要求的心理模式稳定地凸显出来；（4）表征差异的好奇心会在这些信息的凸显中，起着选择其他信息凸显的作用，不只是选择具有较高稳定度（可能度）的信息模式；（5）在人的意识层面所表现出来的心智转换模式，是对这些分布性信息在高层次产生自主性主动控制的结果。通过某种评价，促进某些信息模式凸显、涌现出来，或者说凸显、涌现出具有某种性质的众多信息模式（表现出创造性）；（6）心智的成长过程，是促进信息模式的稳

---

① 莫妮卡·L. 费拉多. 科学家研究虚假记忆成因 [N]. 参考消息，2009-07-11.

定记忆、建立心理模式之间各种可能的组合、形成不断扩展显示不同的心理模式及其组合、并将其所代表的意义表征、优化选择出来的过程。可以说，创造就是在无限的可能当中恰当（优化）涌现的过程。

我们这里要解决的问题是，如何通过信息在大脑中的多样并存，促进人有更强的构建这种多样并存性信息的能力，并在多样并存的基础上优化选择出一个恰当的应对模式。我们需要解释：在刚出生的婴儿大脑中，神经元之间并不存在固定联结，原则上信号可以从一个神经元传到任何一个神经元，由于神经元之间传输线路没有固化或偏化，一个神经元的兴奋状态在向其他神经元传递时应具有很强的扩散性，也不具有方向性（不具有各向异性）。一个神经元一定强度的兴奋，并不能使大脑所有的神经元都兴奋起来。这也就意味着在一个过程中，从一个局部信息出发，只能激活有限的信息模式的兴奋。与此同时，反映差异的好奇心保证人能够基于当前的状态而不断地构建出新的模式，不断地促进着这种多样并存。当人将多样并存作为一个独立的过程时，好奇心便会进一步地增强扩展这种能力。表征信息差异的心理状态，保证人的心理经常地受到（内与外的差异性）信息的刺激作用，从而维持意识的"活性"状态。当"活性"特征赋予到任何心智模式上时，能够保持意识的无限可扩张性。大脑中枢的形成过程也将保持着"活性"的不断扩展，促使大脑神经元数量的不断增加。但显然，由于受到资源有限性的制约，这种扩展能力不是无限增长的，这种扩展能力将随着大脑中所记忆的确定性信息数量的逐步增加而降低[1]。

研究发现，高智力儿童与普通孩子相比，脑发育模式是不同的。美国国立精神卫生研究院朱迪思·拉波波特（Judith Rapoport）等人对马里兰州贝塞斯达市和华盛顿市一个富裕郊区的 307 个孩子展开研究。他们从 1989 年开始，用磁共振成像技术给那些孩子作定期脑扫描。美国国立精神卫生研究院的菲利普·肖（Philip Shaw）和蒙特利尔麦吉尔大学的杰伊·吉尔德（Jav Giedd）等人对这些脑扫描图像进行了分析，并检查了大脑皮质厚度的变化情况。

研究发现，脑成熟的一般模式最初是：皮质随着孩子的年龄增长而增厚，随后又逐渐变薄。磁共振成像虽然无法查看到单个神经元的变化情况，但脑扫描图像所反映出来的基本特征是，脑成熟的过程似乎是对脑神经元和神经

---

[1] 西班牙《趣味》月刊 12 月号，生物进化的十个伟大瞬间 [N]. 参考消息，2010-01-06.

系统的重新部署，大脑皮质层的变薄则是对多余神经联络的"删减"反应。这似乎满足"用进废退"的基本原则，但却是以前期的超量构建为基础的。

仅从这些随着孩子年龄增长而作的扫描图像来看，发育中大脑的动态变化是非常明显的。研究人员发现，智力一般的孩子（IQ 为 83~108）在七八岁时，大脑皮质的厚度就达到顶峰；而非常聪明的孩子（IQ 为 121~149）则要到 13 岁左右才达到顶峰，随后，大脑皮质的厚度才会逐渐变薄。这可能意味着高智力儿童具有较高的建立大范围信息之间相互联系并形成更具概括抽象性意义的过程。拉波波特认为，一种可能的合理解释是：高智力儿童的大脑更具有可塑性或易变性——表征为具有较强的好奇心，各种信息不容易在大脑中固化，面对任何外界事物，都能够在大脑中构建出更加多样的可能性，其稳定的时间也会变得更长。肖说，扫描图像显示了"支撑较高思维水平的大脑皮质中部分皮质的塑造或优化，而这种情况也许在那些特别聪慧的儿童中发生更为频繁"。

该项研究说明了人的大脑先是形成更加多样的模式，然后再从中选择，以实现多种可能并存下的高可能度优化选择过程。这种基本过程在心理上，就是首先构建多种不同的信息模式，然后再从中选择、构建恰当的、美的模式。构建多种信息模式并存的前提是能够充分发挥好奇心，并由此而表现足够的好奇性智能。神经动力系统稳定的时间越长，意味着参与信息加工的神经系统越庞大，越是能够联系更多的信息，构成新意义的创造性也就越大。那么，是否可以认为：大脑皮质在变薄以后，在创造性方面会有较大的缺陷和不足？因为他们有足够多的现成的规则模式可以遵守、有更多的经验可以照搬，于是人们能够无须花费更多的心理资源去创造。只要人们将注意力集中到好奇心增量上，便会维持这种过程的不断进行。

基于好奇心的多样并存，将会促使人产生美感。这里的过程与体操、跳水等动作的形成、准确动作的意义、多种不同动作的意义、人们内心所产生的美的动作、动作的准确性的意义等具有很强的联系。人就是在这种多样并存的基础上才选择形成一个确定性（真善美）的动作［和美感（对美的感知认识）］的。正是人的大脑神经中枢中大量神经系统的存在，才使大脑神经系统具有了超出其机体协调要求的更多的神经子系统[①]，才促使人能够基于好奇心而不断地实施差异化构建，人也才能在多样并存的基础上，通过彼此之

---

① 胡效亚. 从教育文化源头审视创新人才培养［J］. 中国高等教育，2010 (17).

间的关系而形成概括抽象，并由此形成"美"的感受、美的意识以及对美的主动追求。

拉尔夫·D. 斯坦西对复杂自适应系统存在潜在模式的状况的描述①，可以恰当地解释这种基于多样并存时的自组织构建过程。对于复杂的大脑神经系统，其中所显示出来的潜在模式是多种多样的，神经元之间的相邻连接、神经元之间的固有连接、神经元之间的"活性"连接、神经元之间的扩展性连接模式，表征不同信息之间的局部关系等，都有可能潜在地使多种不同的信息模式激活而表现出较高的"活性"状态（但却还没有达到进入意识空间的程度），此时，我们可以将具有不同可能度（兴奋度）的信息模式遵循"活性"规律，以概率的方式表征出来，用于描述当前正在进行的信息加工过程的可能度的变化过程。

通过不同的神经连接，即可以形成不同的信息意义。即使连接发生了改变，该神经子系统中原来被记忆的意义也会以很大的可能性表征出来。受到大脑神经系统通过自组织而生成的意义的数量就会有较大的增长。受到神经系统的"活性"特征的影响，即使一种意义能够以较高的可能度显示出来，相对应的意义发生各种变化的可能性也会很高。人之所以产生幻觉，在某种程度上说明了这个问题②。这种现象的一种可能解释是，不同的局部特征通过各种关系会构建出不同的整体意义，那些可能度较低没能在人的意识空间显示出来的信息，就会通过联系而组成当前信息的潜在性泛集，这些潜在性泛集便会在某种条件的作用下以一定的概率分别显示出来，从而在人的内心展示出不同的意义——依赖于具体的条件。一个客观事物信息输入人的大脑时，会将与不同的局部特征相对应的各种意义一同显示，并利用大脑神经系统的活性将其协调地表征出来。那些从局部上看是合理，而从另一个角度看是不合理的混合型意义，会使人产生在不同的意义之间来回变换的心理认识，此时就会使人产生幻觉。

我们说，神经系统越大，对信息的加工能力就越强，在神经系统自主性的基础上，由于神经系统的易变性，所产生的自主性变换能力也就越强。神经系统越复杂，基于活性的神经系统的可扩展能力也会越强，它所对应的剩余能力就会随着复杂性的增加而增加。当神经系统的剩余能力达到某个程度

---

① 拉尔夫·D. 斯坦西. 组织中的复杂性与创造性 [M]. 宋学锋，曹庆仁，译. 成都：四川人民出版社，2000.
② 贡布里希. 艺术与幻觉 [M]. 周彦，译. 长沙：湖南人民出版社，1987.

时，意识特征便会突然出现并成为"主流"特征。随着人类社会进步与知识非线性相互作用的进一步发展，人的理性尤其是人的理性思维，将会占据越来越突出的主导地位，好奇心的作用便显得尤其重要。

这里应注意，建立信息的状态显示、表征差异、促进更多信息显示并建立稳定的相互作用环，是神经系统形成信息记忆的基本结构。一旦形成循环，就会迅速形成稳定的信息表征。由于非线性关系，该稳定环与其所表征的信息并不构成一对一的关系，相互作用环的激活，将有可能激活不同意义的信息。人们用"虚假记忆"来描述这种状态，"每个人的大脑都可能产生虚假的记忆，或将事物的真实情况扭曲"[1]。形成虚假记忆，意味着在反映不同信息模式的神经子系统之间建立起了相互激活关系，从另一个角度来看就是根据当前信息产生了变异由此而产生新颖性意义。这同时也说明了神经系统越大，参与信息加工的神经元越多，所产生的新奇性的信息就有可能越多［从复杂性动力学的角度来看，就是产生了多个新的稳定域（点）］。

三、好奇心意识的形成

从耗散结构的角度来看，不同的刺激会促使机体产生不同的反应，当这些不同的反应之间建立起某种关系以后，会在更高层次的神经系统中产生专门反映彼此之间关系的模式，也会在更高层次产生专门对差异性信息起反应的差异感知元。按照这种演化，随着大脑神经系统复杂程度的进一步提高，大脑内部的差异感知元会越来越多，彼此之间就会由于"共性相干"而建立起稳定的联系，在进一步地聚集、汇总的基础上，转化成为独特的具有足够稳定性的神经子系统。该神经系统功能与结构的进一步增强，就会将好奇心特化出来，并不断地表现其独特的自主功能。随着好奇性自主与其他意识系统的相互作用越来越复杂，对好奇性自主的反馈便会不断地再现，对好奇性自主的感知与认识也会越来越多，好奇性意识便在不知不觉中得到突出与强化。

从另一个角度来看，在形成确定性的意识以后，基于"活性"的正反馈将对大脑中所进行的各种过程都进行变异与扩展，"活性"的收敛、稳定与掌控又会促使其产生聚集，由此而形成分类和系统化的过程，并将这些过程独立特化出来。当好奇心的特化在意识层面上被独立认识时，人也就可以在意

---

[1] 冯卫东. 科学家揭示大脑虚假记忆机理［N］. 科技日报，2007-11-20.

识的主观能动过程中有效地专门激励与强化好奇心。

好奇性意识的强化也将以其他信息加工系统与好奇心系统建立的相互作用为基础。神经学家把意识分成密切相关的两类——一类是原始意识；另一类是情感意识。而分解的基础就是差异——好奇心。原始意识与情感和感知有关，与大脑获取的各种信息有关。延伸意识则与文化和抽象思维有关。大脑中的各个区域通过神经纤维网联系在一起。当我们接触到某种事物时，大脑的不同区域会协调行动，对其进行捕捉和再现。也就是说，第一种意识收集各种信息，重建当前的情景，第二种意识结合记忆和语言，通过对信息进行组织加工，为每条信息赋予意义，并添加到过去和未来的框架内。

在人的成长过程中，随着意识越来越占据人的主体活动，人的天性好奇心就会不断地表现，在更大程度上表现提出各种问题、"无功利"地试索、冒险、变异地做出各种各样的游戏等。这些自发的行为表现，会在促使人形成独立的好奇心以及促使好奇性自主的形成过程中，起着持续的、重复性的强化、扩展作用。

第二节　强化好奇性自主

从行为现象来看，自主性具有以下可以观察到的行为。①独立地表征自我意识。这种独立表现就如同在一个集会上，某个人在不受其他人的控制而独立表达自己的看法、意见和认识一样，他想到什么，就可以自由地说出什么。②在多样选择时，具有自主选择行为。③自由地构建出多种应对模式。④展示自主涌现性。自主意识独立于其他系统的控制之下，通过自组织涌现形成以后，可以独立地按照自组织涌现出的、或者说由于非线性涨落所确定的新意义而将这种意义稳定地构建出来，并用于控制人的行为。如果说这是一种关于未来的应对模式，当前的行为表现就是一种构建未来的行为。只有具有自主性的个体，才会自主地构建未来。

心理学的研究表明，如果儿童的早期经验促进他们建立起了对他人的信任，进而又发展了他们的自我意识，那么儿童就将进入下一个积极的人格发展阶段，即主动感阶段。具有主动感的三四岁儿童能精力充沛地投入当前的活动。他们想知道自己能做什么，渴望了解关于世界的新的经验和新的信息。

同时，儿童刚发展的推理能力和不断发展中的想象力的结合，共同促进儿童提出可探索的问题。在这一阶段，儿童自然会不断地问"为什么"，表现出令人欣喜的好奇心。与此同时，儿童的行为控制系统也开始萌芽发展，这使得儿童能够延长活动的时间，让他们有足够的时间沉浸在那些能够吸引他们注意力的事件中。

同时，对于那些在某种方式上与自己相似或与自己有共同兴趣的儿童，学前儿童会积极寻求他们的接受与认可。这种社交能力意味着学前儿童几乎很少在科学上独自探索，尽管此时对于他们来说，与他人分享器具和材料可能仍然有些困难。研究表明，这一阶段是与儿童共同探索规律、关系以及周围世界奇观的最佳时期①。

好奇心驱使人产生主动意识，主动地实施各种不同的构建，将不同的信息联系在一起等。总之，依据好奇心，人形成"对生活的主动反应"。② 我们认为，这种主动反映将会在人的好奇性智能控制下得到进一步增强。人也越来越将这种主动性归结到人的自主性本能中。与此同时，人感知自己与他人之间的差异性特征会越来越强烈，人的自主性、独立性也会越来越强，此时成功的自主和差异性的力量，会使人的自信心得到增强。

是的，只有形成自主才能独立地表达自由意志，才能形成对外界足够的冲击（较大的差异化）。只有自主才能发挥个体的作用。自主与异化的、发展的、探索的力量具有紧密的关系，不同个体之间的差异，可以通过自主而得到强化。

人的能力是有限的，这种有限性突出表现在人的理性能力的有限性方面。这就意味着，这种自主性只有在人不注意它，并且已经形成较强的模式时才能够充分地展示出来。也就是说，当一个深思者处于放松状态时，从表面上看他的大脑没有"工作"，但由于先前他所思考的某些问题处于高度兴奋状态，即使其思考已经退出了人的意识心理空间，仍能够表现出足够的自主性。此时人们会在潜意识中不知不觉地建立各种信息之间可能的多样性关系，那些有创意的想法也就会自然地从思想深处浮现出来。

人的自主性与好奇意识具有同时存在的关系。对好奇自主的反馈有力地

---

① 吉恩·D.哈兰，玛丽·S.瑞夫金. 儿童早期的科学经验 [M]. 张宪冰，李姝静，郑洁，于开莲，译. 北京：北京师范大学出版社，2006.
② 文森特·赖安·拉吉罗. 思考的艺术——非凡大脑养成手册 [M]. 马昕，译. 北京：世界图书出版公司，2010.

促进着意识的形成。在这个过程中，表现出人的反馈性心理，同时还将这种反馈模式表征为人的稳定性意识中的重要信息。人的自主性是在差异的基础上表现出来的，这就已经决定了好奇心在人的自主性形成过程中起到的作用。当我们认识到了好奇性自主的独特性质以后，还需要进一步地分析如何才能更加有效地提高好奇性自主。

一、好奇性自主

让好奇心逐步表现出来，一方面会根据大脑神经系统的多层次结构，产生与意识形成相似的过程，也就是通过已经表现的行为的独立性而促进该系统独立化，通过多层彼此独立的神经系统所形成的正反馈强化，构成对这种独立表现的认识与感知，进一步形成自主化。另一方面会由于好奇心的重复表现而使好奇心具有越来越强的稳定性。这种稳定性在好奇心与其他心理模式差异性的有机结合中，将更加有效地促进好奇心的自主化。

好奇心与自主意识的形成具有很强的联系。某个个体具有自主性的前提是形成与其他系统的分离，存在间断结构和具有独立完整的间断结构。心智中的间断结构是通过差异表征的。自主化以后的好奇心即可以自主地发挥其固有的作用，并对人自主意识的形成产生重要的影响。也正是由于好奇心的独特强势表现以及人在意识中对好奇心的重视，才促进了人的自主意识的形成。正是由于不同的心理状态之间存在差异，人又运用好奇心通过反馈将这种差异反映、形成、突显并加以强化，才进一步地形成、突显了人的意识。从这个角度看，研究好奇性智能有可能是研究机器自主意识或者说产生具有自主意识的程序的一个突破口。

我们认为，生物机体内部任何一部分组织，当其专司某种功能的强度达到一定程度时，就会通过独立特化而形成一个完整的组织器官，并依据其"活性"而独立地表现其自主性。生物体的"活性"保证在任何一个层面上、任何一个组织强大到足够的程度时都能够具有自主性。生命系统的"活性"特征表现出：任何一种稳定的模式在其强度达到一定程度时，都能够协调性地表现出发散与收敛性特征力量，将其自主性（自主地涌现出某种行为模式，并对其他系统产生足够的影响力）表现出来。从"活性"所表现出来的各向同性的求异探索特征来看，是大脑神经系统经历优胜劣汰的价值选择才促使其表现出了"偏化"过程，从而使具有某种功能的组织器官逐步得到特化。

好奇心作为心智中一种稳定的组织结构，能够通过其稳定的"活性"展示好奇心的独立作用，通过展示其自身的"活性"，表现与其他心理模式不同的独特性，并通过反馈对好奇心实施监控管理。这就相当于马丁·洛森提出的关于好奇心的"自我激活"[①]。与好奇心相对应的神经系统在自主兴奋时，它所对应的诸多信息模式都将处于兴奋状态，这些兴奋的信息自然可以参与信息的相互作用过程，参与对其他信息实施变换的过程。因此，好奇心的自主化意味着其能够确定性地对应于一部分稳定的神经子系统，并能够自主地处于较高的兴奋状态，在心理转换过程中发挥相应的作用。

当然，任何生命体结构都具有"活性"扩展运动，只有具有了稳定独立性，一种模式所具有的自主性扩展才有一定的意义，也就是说它所产生的扩展才能有效地引导机体产生相应的行动。"活性"的自主扩展包括学习模式的扩展、模仿模式的扩展、行为模式的扩展等。这些行为模式的扩展来源于自主行为的非线性涨落，并成为自主表现的基础。相应神经系统的"活性"成为新异感知系统具有自主性的前提和基础。可以看出，当我们建立了信息与好奇心的种种联系以后，也会必然地扩展增强好奇心的表现强度，使其产生对其他信息更加多样和更强的"作用力"。

使好奇心充分独立化、强化，可以保证其在具体的心理转换过程中能充分地表现其自主性。具有了自主性的好奇心本身也会表现出独立的"活性"，这会促使其不断地通过异变而探索形成各种各样的新的表现模式，同时还有可能通过"随机共振"而将好奇心增量表现出来。生命的"活性"同时具有发散扩展性和收敛稳定性，它会主动地强化扩展、构建扩展，还会导致"活性"区域的不断扩展。自然，如果将好奇心作为一个独立的个体模式，既可以独立地看待它的"活性"，也可以认为它能够在"活性"扩展力量的作用下不断地产生扩展、延伸、变异性的变化。经过判断性选择，基于异变基础上的多样探索会形成一定区域内的优化探索，实际上，这正是我们通过求异（有时也称为试错）而寻优的基本行为模式。比如我们用一种姿态坐久时，会感觉很累，身体的有些部位会较痛。此时我们会不自觉地前后左右晃动，一方面是通过运动将导致酸痛的化学物质通过血液加快排出；另一方面也是在探索哪种姿态不会使我们感觉到累。选择不痛——对应于"价值判断"，而左右摇晃则相当于求异性探索。这种不自觉的行为会在某种情况下转化成为下

---

① 马丁·洛森. 解放孩子的潜能 [M]. 吴蓓, 译. 北京：人民文学出版社，2006.

意识的、自动的、自主的、典型的行为。由此也就可以看出，只有在好奇性自主达到一定程度时，才可以独立地表现出平常好奇心与好奇心增量，从而使生命体表现出足够的适应外部环境刺激的能力。

对于人来讲，只有在神经系统复杂到一定程度，意识因素能够发挥足够的作用时，好奇心的作用才突显出来，才可以使人更加侧重于实施心理模式的任意变换，也才能在意识层面上充分体现典型的心智转化过程。我们一方面要保持大脑稳定地记忆足够多的知识；另一方面要保证神经系统具有足够的灵活性、扩张性、变异探索性；既要形成迅速应对当前环境的能力，但同时还要时刻准备好应对未来可以预测和不可以预测的新的变化情况的能力。

研究指出，"虚假记忆"是大脑中负责处理记忆的神经区域活动增强所致[①]。这说明：大脑神经系统的每一部分都可以形成独立的心理模式，而一旦心理模式的稳定性足够强，就可以稳定地表现其自主性，就可以成为稳定信息的产生、支持源泉。产生源依赖于自主神经系统有多大的可能性不断地将其内在的信息显现出来；支持源则依赖于信息之间存在的局部关系能否作为稳定地激活其他信息的基础。也就是说，大脑会依据信息之间的局部联系而进一步地扩展、延伸。对于好奇心来讲，自主功能的扩展，便是引入更多的新奇性信息，自主地将各种有关、无关的信息引入当前心理空间。

托比·胡弗描述了科学社会学中的一个基本法则，即："给定任一文化客体集合，该集合由能够以不同的结构结合或再结合的指定数目的分离单位组成，那么新的组合和排列（发明和发现）的数目就是现有基数的数学函数。现有基数越大，可预期的科学与技术创新就越多。"[②] 这就表明，基于个体的生命活性，只要不同的个体同处在一个能够相互作用的空间，彼此之间就会依靠其自主性而不断地相互作用，不断地形成各种新奇性的意义，并由此而形成更加复杂的新的结构。

二、系统"活性"与自主的关系

生物体都是具有适应性的。在一个群体中，每个生物体都会根据其他个

---

① 冯卫东科学家揭示大脑虚假记忆机理 [N]. 科技日报, 2007-11-20.
② 托比·胡弗. 近代科学为什么诞生在西方 [M]. 周程, 于霞, 译. 北京：北京大学出版社, 2010年版.

体的行为来调整自己的行为。这叫"互适应"①。"互适应"更多地将生物体自身融入与其他个体的相互作用过程，并构成变大的"整体"。那么，它又是如何形成自主化并表现自己独特个性的？

如果模式是稳定的（稳定对应于一定的神经子系统），在其自主性（因为它对应于一定的神经子系统，就具有一定的自主性。而我们也就将这种自主性认为是该信息模式所具有的自主性）扩展（这又是由于好奇心的作用）的影响下，可以做这样的延伸：如果某个新奇性信息模式兴奋的可能度达到一定程度，就可以通过激活其他信息，建立该新奇信息与其他信息之间的关系，并利用该信息构建各种意义；此时，该新奇性信息所对应的神经系统还会因为"活性"而不断地自主涌现出其他的新奇性信息，并使各种新奇性信息的兴奋度变高，这些涌现出的信息也自然地并入心理转换过程。此时，具有较高兴奋度的新奇性信息自然会成为我们关注的对象。关注新奇性信息的过程就会成为一种独立模式，这种模式的自主性又会进一步地引导我们主动寻找其他的新奇性信息。

大脑自组织地涌现出各种（可能与当前无关系）信息，从而引导心理转换过程不断进行，这个过程可以称为"漫游"。这是人们对"白日梦"做出的解释。

哈佛医学院和马萨诸塞综合医院的心理学家马莉娅·马松领导的研究小组利用机能核磁共振成像（FMRI）技术观察思维活动时发现，当人们在做具体的工作时，他们便会集中精力处理这项工作。一旦闲下来，各大脑区域则会根据其自身的"活性"开始忙碌，使更多与当前工作相关的信息处于较高的兴奋状态，同时还会通过自主性而激活与此无关的信息，表现为人们所谓"白日梦"的复杂、未知及不确定。他们指出，在大脑神经系统具有较高的"活性"时，虽然"不需要专注于一项任务时，思维通常仍会四处漫游，随意地从一个想法流动到另一个想法"，这时候大脑内部相对活跃的区域包括大脑前端的额上回、侧面的脑岛和后端的颞叶。基于此，马松提出了这样一种可能性：大脑必须一直有事可做，以保证当需要迅速思考或快速做出反应时，它总是处于活跃的兴奋状态②。这种白日梦的现象说明了人的自主神经系统活

---

① 肖纳·L.布朗，凯瑟琳·M.艾森哈特．边缘竞争［M］．吴溪，译．北京：机械工业出版社，2001．

② 路透社华盛顿2007年1月19日，大脑思维会漫游［N］．参考消息，2007-01-22．

动的"活性"特征。显然，只要一种模式处于稳定状态，就可以在一定程度上表现出自主性。好奇心也是如此。

（一）好奇心促进智能的强势增长

人的心智是在自身"活性"的基础上不断地受到环境的刺激作用而逐步构建的结果。在神经元以及彼此之间相互作用的非线性影响下，大脑神经元会因处理相同或相似的信息，以及形成彼此之间的相同（相似）关联而汇聚在一起，与此同时，彼此之间结构和活动上的差异又会随着非线性扩张而"离异"。上述两种过程反复进行，就会产生神经子系统功能特化的现象——某一部分神经子系统对某一类型的信息敏感并能产生大量的反应。这种现象被称为神经系统的"功能偏化"。当某一部分神经子系统功能强大到一定程度时，实施相应功能的神经子系统也会相对地包含较多的神经元，人就会在这个方面表现出足够的强势智能。人在表现强势智能时，如果好奇心发挥出相应的作用，一方面会促使强势智能的有效增长；另一方面，在直接增强被激活信息模式的兴奋度的同时，会不断地将新奇性的信息"纳入"到强势智能，扩展强势智能的范围空间，以构建更多信息模式被激活的可能空间。当激活的信息模式数量多到一定程度时，好奇心会对信息模式产生影响：形成更多的可选择过程，或者在人们所习惯的选择模式的基础上，构建其他的选择模式，促使人不断地在各种方案之间来回变动，并将影响人的积极主动性所产生的指引、驱使力的大小。这是当前强势智能的灵活多变与扩展的表现。

（二）语言智能达到一定程度时好奇心会表现出一定的自主性

知识的稳定性会使与之相联的好奇心保持某种意义上的稳定性。语言本身的复杂性，可以在知识、信息领域使人的好奇心很好地得到满足，这反过来又促使人更愿意在知识领域表现、增强自己的好奇心，从而有效扩展人的语言智能、知识符号智能。语言智能的自主性也可以与好奇性自主更加充分地表现出彼此之间的相互作用，从而促使两者之间构成"互适应"关系，促进语言智能的进一步提高。

（三）行动能力达到一定程度时好奇心表现出复杂的好奇性自主

行动能力达到一定程度时，将对应于一系列稳定的心理和行为模式。这些模式组成了好奇心发挥作用的基础，并与好奇心形成稳定的相互作用。这些心理和行为模式的自主性也将与好奇性自主产生强烈的相互作用，以促进两者的共性相干。此时，总体能量的有限性自然会成为限制两者非线性增长的"紧箍咒"。

（四）自主意识达到一定程度时好奇心表现出自由式好奇性自主

由"活性"自主，到好奇心自主，再与信息模式涌现的自主性相结合，将会产生人的主动性意识，并由此而形成稳定性较强的"吸引域"。

好奇心的自主性与人的自主性将会成为两个不同的环节，并在各自表现自主性的基础上，通过相互作用，构成一个更大的动力系统。显然，由生物本质的"活性"到人的自主性，应该被看作一个巨大的飞跃。在形成意识以后，就将在意识层面上表现出足够的自主性。当这种意识独立出来以后，便会与具有独立性的好奇心产生相互作用，以此而使这种积极主动性显现出好奇心的更多的"色彩"。

即使存在好奇心与外界环境之间复杂的相互作用，好奇心发挥作用，也主要是指其自主性的体现。顺带地，从教育的角度看，人的意识能力的提升，也必须在人自觉自愿的情况下进行，并通过这种自觉自愿性行为，与人的内禀品质发展紧密结合而形成共性相干。

（五）理性智能达到一定程度时的好奇心表现

当人的理性智能达到足够程度时，与之相联的好奇心便会以大脑神经系统的强大功能为基础发挥更加积极的作用。这里所强调的是要充分发挥理性层面的积极主动作用，依据理性、理智的主动性而实施更大程度的扩展、延伸，实施具有更强针对性的扩展，在更大限度上容忍变异后的多样并存等，基于理性而关联更多的理性、合逻辑性、合规律性信息。

（六）自主性达到一定程度时的内在好奇心

世界正经历着由不再只是为了满足自身的好奇心，而是为了满足外在的好奇心需求——"知识市场"——所进行的变革。但在人的身上真正表现出来的却是人的内在好奇心。如果我们将好奇心作为一个独立因素来考量，就存在内在好奇心和外在的好奇心之分。所谓内在的好奇心，可以理解为纯粹是由于自我内心依据其生命的"活性"而在意识层面涌现出来的好奇心，所谓外在的好奇心是由于外界环境（自然的、社会的）的诸多因素的变化所导致生成的好奇心。这样，在人由"必然王国"过渡到"自由王国"时，好奇性自主将达到一个足够高的程度，人可以自由地展示好奇心的内在意义，并以内在好奇心为核心而尽可能地在更大范围内基于更多特征实施扩展、延伸，同时增强好奇心的自主涌现能力。

三、自主意识的自我感知

（一）好奇心与差异性

人的自主意识产生于自身对有别于他人的独特个性的认识，这一方面来源于自身运动强度的增大，由此所表现出来的个性行为会相对地更加丰富、典型和突出，会因与其他个体行为的巨大差异产生更大的影响力；另一方面则来源于对自身与其他事物之间差异性的认识。自身表现独特的自主性，外界事物表现与自身表现的差异，以及对这种差异的认识，这三个方面对于自主意识的形成都将是非常重要的。好奇心放大了这种差异性认识，就会更加有力地增强自主性认识。

（二）具有自主意识的复杂神经系统具有分形结构

对于神经系统来讲，每一部分都具有独立的"活性"。从任何一个大的部分来讲，该部分神经系统都具有高度的"容错性"，不同的神经系统彼此之间还存在复杂的相互作用。因此，我们可以把其中任何一个部分（子系统、神经元等）都视作"活"的耗散结构，可以自主地表达基于非线性而形成的自主涨落。基于各部分的自主性，彼此之间的相互作用都应被看作各部分自身生存的基本条件，任何一个部分也都可以视为具有自主性的独立稳定性个体。生命的这种复杂的"分形"结构，为人的自我觉知和自我意识的形成打下基础。可以认为，人的自主意识的形成取决于这种具有自主"活性"的、多层次复杂结构基础上的自我观照。当然，其他生物体上也会表现出这种自相似的分形特征。但由于与人相比，其神经系统不发达，影响了其智能系统的有效发展，也影响了其心智在其正常行为中的重要的指导控制作用。

（三）对自我的感知

一个人自主意识的形成不外乎三种因素：自身、外界环境、外界环境与自身的相互作用。一个人的自主意识就是在自身与外界环境的相互作用过程中逐渐产生的。如果没有外界环境的作用，不会形成一个人的有别于其他个体行为的差异，而如果没有足够的心理加工能力，缺少对自身与外界环境之间（差异性）相互作用的感知、反思、领悟和优化提炼，也不会产生足够的、具有优化功能的自主意识。在这个过程中，自身表现出与其他个体的差异性行为极为重要，但更为重要的则是对这种差异的感知和反映。

自我感知是从心理层面上形成"自反馈"的重要过程，进行自我感知即对这种行为实施自反馈。这种对自我状态的觉知能力自然来源于自主性多层次复杂神经系统所具有的分形特征。对自我的感知将取决于两个环节：一是自我在非线性涨落基础上的自主涌现性表达；二是通过与其他环节部分的非协调性而形成差异性刺激。当某一过程进行结束，对这种状态的觉知就可以自如而稳定地表现在大脑神经系统的其他层面如高层系统中，并将这种差异性特征以心理模式反映出来。

只有通过这种内在的"自正反馈"，促使个体内在地通过比较，才能认识、放大个体与其他个体的不同之处，使婴儿从与母亲的心智联系中解脱出来，只有自正反馈，才能以较大的差异性将自己从周围环境中独立出来，成为能充分表达自主意识的独立个体。

四、超过阈值的自主强度

一个不可回避的、我们一直在强调的问题是：差异感知器的运动是否已经达到足够的强度，能够对其他兴奋的神经元形成足够的作用力。在差异感知器的运动强度达到一定程度时，即标志着好奇心的生成。

我们需要考察好奇性自主的力量是否达到足够高的程度，也就是说，由好奇心兴奋所生成的涌现性信息是否能够基于差异所形成的刺激产生对心理转换以足够高的作用力。只有在影响力达到一定程度，足以改变人的心智转换过程时，我们才能说好奇心具有了自主性。

五、平常好奇性自主与好奇心增量自主

当好奇心稳定地表征出来以后，会不断地寻找其他信息，与其他信息形成更加广泛的联系。这种寻找可以只是平常好奇心的满足，而且也仅仅停留在变化性、多样性信息的激活方面，其中以再现为主，以当前信息在大脑中的直接反应为主。如果形成习惯，就会使人的好奇性自主表现为较强的平常好奇性自主。

如果外界刺激不能满足人的好奇心需求，人就会从内部以及从主体与客体之间的相互作用过程中寻找、构建能满足好奇心的差异、变化、新奇、复杂性信息。这其中包括人的下意识地构建差异性的各种动作、有意识地寻求新奇性信息、从当前信息中探寻更小领域的信息、建立与其他更加广泛的记

忆性信息之间的联系等。从内部寻找好奇心的满足，就意味着对好奇性自主产生作用，促使新奇性涌现的强度变大，促使内部不断地涌现出与当前心理状态有更多无关性、差异性的信息。

在追求新奇性信息的过程中，还会使人向未知延伸的意识不断地得到加强，从而成为一种典型的心理特征，使人在遇到任何一个事物、任何一个问题时，都会在现有"内知识"的基础上去寻找、构建新奇的、未知的整体意义，探索"内知识"与新奇信息更加广泛而深刻的联系等。

如果以当前信息为基础通过激活、引进新奇性信息以构建新奇性意义，就直接涉及好奇心增量[①]。自主的好奇心增量表现出较强的扩展和构建性：以当前信息（及意义）为基础，再构建具有更强新奇性的信息，并促使机体形成新的协调稳定的耗散结构。促使信息再现性地变化和基于一个新奇信息而不断地向未知的方向构建，是两种不同的满足好奇心的方式。一种对应于平常好奇心，而另一种则对应于好奇心增量。如果保持一个人稳定的好奇心增量，在外界环境不能满足对人的好奇心刺激的标准时，就会以很大的可能性激发一个人的好奇性构建策略，不断地构建各种新奇性更强的意义。因此，要提高一个人构建新奇性意义的能力，就要促使其认定自己自主的好奇心增量，充分相信自己在他人未探索领域的价值与作用。与此相对应的社会环境则应该加大对这种自由构建、自主涌现的支持力度。

如果我们将好奇心作为一个独立的对象，那么，好奇心增量就相当于在一个更高的层面上对好奇心进行新的解读，由此而形成对心理状态的差异性特征的叠加式操作，由此也将更加强化好奇性自主。只有在好奇性自主作用下才可以形成人的积极主动性意识，也才可以带领人类走向更高的境界。这也就为增强好奇心尤其是增强好奇心增量奠定了理论基础。

独立的神经系统可以具有更强的自主运动，而这些运动可以与机体其他组织器官的运动及变化无关。好奇心越强，所激活的剩余的心理空间就越多，人就会有更大的剩余空间来展现实施休闲活动。而当好奇心与心理剩余空间形成稳定的联系时，好奇心越强，所需要的休闲活动就会越多。从另一个角度来看，好奇心增量越强，确定性的心理就会越弱，与此有关的功利性意义就会越弱，人就会为了单纯满足自己的好奇心增量而实施新奇性探索。与此同时，人固有的追求确定性答案的心理也会得不到满足。因此，人便会自然

[①] 徐春玉. 好奇心理学［M］. 杭州：浙江教育出版社，2008.

地产生焦虑等负面情感。在这种情况下，人们只是为了满足自己独立自主的好奇心，或者说是为了表现自己的好奇心。

由"活性"所对应的发散变换与收敛变换所代表的"生态位"具有较高的值时，代表着一个人的活力也具有较高的值。对差异感知的发散变换以及建立不同信息之间关系的收敛性变换的有机统一，直接形成生物体以区域来应对外界刺激状态的过程。其意义就在于：构建差异的过程形成了不同的模式，建立关系的收敛又将这些不同的模式联系在一起。此时的差异化构建将作为一种将不同模式联系在一起的关系模式而在不断地发挥作用。那么，多样并存就是一种必然。与活力相对应的每一个部分除了应对当前的活动所需之外，都会有足够的剩余活动展示。结构变化与剩余活动增强之间会形成某种性质的正反馈。这就在多样性探索与目标之间形成了一种超出直接对应的新的应对模式。活力越强，所对应的剩余空间就会越大，所形成的能够应对各种情况的可能模式的数量也就越大。

在不断的多样性探索过程中，通过这种"基于多样性探索基础上的优化选择"，会使人获得最佳（相对意义上）的生存策略、或者说取得更大的遗传竞争优势，依赖遗传的放大与记忆，会将这种模式稳定下来，从而使"多样性探索基础上的优化选择"模式的可能性变得更高。由此所导致的结构新的变化与剩余活动的增强之间的稳定关系，也会随着这种过程的稳定而凸现出来。

在进化过程中，剩余能力的爆发性发展在于突破了一种临界状态——能够充分展示其"活性"自主性的状态。在人的大脑神经元"丰富"到一定程度时，这种要求有可能被独立特化，成为典型的特征模式，由此而促进其独特自主性的生成，人才有自主休闲的活动要求，才能在休闲活动中自主地表现自己的特性，并通过这种"活性"表现，通过所表现能力的进一步扩展而促使人的自主性得到显著地增强。无论是通过好奇心所形成的差异化构建，还是通过多样并存的影响，休闲活动的不断增强，是人的好奇心所导致的大脑神经系统强大到一定程度时的必然结果。

在这里应该注意，大脑神经系统中有足够大的剩余空间能力，这只是表征了问题的一个方面，而使剩余空间进一步地扩大，则是另一个方面。尤其是维持足够大的剩余空间以及促使剩余空间进一步扩大模式具有了自主性以后，人们便能够从主观能动性的角度促进这些方面的进一步强化。

六、不同功能的好奇性自主

根据我们在第二章中对好奇心的分类可以看出，由于好奇心有几种不同的强势功能，而每个人在表现不同的强势功能时会有不同的"选择"（无论是主动的还是被动的），那么，好奇心在表现时（平常好奇心与好奇心增量）则会显示出不同类型的强势性自主。

每个人选择自己的强势好奇心具有典型的建构性特征。第一，这种建构依赖于个人自身的生物基础；第二，会受到人的主观意志的影响，其中包括个人的理想、愿望、兴趣、爱好，责任、使命等；第三，依赖于以往的教育与社会环境等在好奇心的成长过程中所表现出来的外在环境的影响。在这种构建过程中，显示出了个人的主观意志与外界环境之间相互作用的强非线性特征。处于构建成长过程中的个人主观意志是在社会习俗与教育引导的环境中不断演进的，是在发挥个人主观意志而产生相应的行为时，受到社会环境的评价、选择与激励的结果。这种评价对于个人的主观意志来讲，一是具有激励（削弱）的选择作用；二是社会环境能够激发联想出某一部分新的个人主观意志；三是会在相互作用过程中通过自组织形成新的主观意志。

个人主观意识的汇聚与交流，则会构成社会意志，这种社会意志会以氛围、习俗的方式表征。显然，这种社会氛围又反过来对个人的主观意志产生影响。显然，在这个过程中，社会意志与个人意志之间会由于差异而产生非线性互动，并在相互作用中达成"互适应"。

七、好奇性自主的偏化与选择

依靠"活的"神经系统的涌现和非线性相干而表现出来的好奇性自主，虽然具有很强的随机性，但由于该"奇怪吸引子"保持着整体上一定程度在一定范围内的可确定性，可以通过稳定的类属性"内知识"而使好奇性自主产生偏化：在表现好奇性自主的过程中，形成与某一类"内知识"的稳定的动力学相关过程，从而更易于从类属的"内知识"出发形成好奇性自主的偏化。这种偏化会为人最大潜能的形成奠定好奇心基础。

第三节　好奇心激发人的积极主动性

好奇心最基本的含义就是度量强化新奇性信息的可能性，不断地将新奇性的信息引入心理空间、不断地构建新奇性意义，使得这些新奇性意义以很大的可能性成为人们采取行动的指导模式。这就从本质上已经反映出了好奇心与积极主动性的关系。研究问题时，一般的做法是以当前稳定的外界刺激（问题、困难）为出发点，并运用好奇心来不断地构建各种有差异的心理（行为）模式（这种应对模式被人们习惯上称为"应对方案"——行动方案），这就是在充分利用好奇心与积极主动性的内在的本质关系。

在通过人的意识"活性"突出强化出好奇心以后，人会更多地运用好奇心不断地基于当前状态而构建多种与当前有所不同的新奇性的整体意义，并基于诸多可能的整体意义展开优化选择，从而有效地指导人产生新的行动。这种状态，实际上是人的主动性的表现。因此，可以认为，人的主动性来源于人的好奇心。

一、积极主动性——非最优生存

研究表明，人在优胜劣汰的进化过程中形成了不断地追求最优化、寻求最佳的本能，从某种程度上讲就是在追求能更好地节省能量、降低能量消耗，以获得最大的竞争优势。在资源有限的情况下，会将"资源节省原则"——在保持"活性"的基础上尽可能节省资源以减少资源消耗——表现得更加明显，成为机体运动与变化所遵循的基本原则。但这种策略能使生物体在持续的多样竞争中取得优势吗？米哈伊·奇凯岑特米哈伊研究指出："由于随意的基因突变，有些人必定发展出一种神经系统，在这个系统中，新事物的发现会刺激脑子里的愉快中心。……必定也有些人生来就从学会新东西中得到渴望的愉悦。更好奇的孩子可能会遇到更多的危险，因此就比他们那些感觉更迟钝的同伴更容易早死。但同样可能的是，那些学会对自己群体中好奇的孩子表示欣赏、帮助保护他们、奖励他们，从而使他们能长大成人养育后代的人群会比那些轻视自身之中具有潜在创造性的人群更加成功。"[①] 这就指明，人会自然地将自身的好奇心与人的主动性（已经独立特化出来而成为一种稳定的模式）建立起稳定的联系，或者说构建一个稳定的"奖赏回路"，以促进人的差异化构建和发展，并通过对未来的构建而表现出人的主观能动性和积极主动性。

人可以在充分认定好奇心所产生的新奇性意义的基础上，再不断地构建新奇性意义，形成进一步的期望、想象等模式。既然创造性的构建会消耗更多的能量，从生存本能的角度人应该逐渐弱化这种模式，但实际的过程却不是这样。生存进化实际上选择了通过创造而不断进步的过程，虽然这样做会消耗更多能量。那些只选择节约能量从而达到"局部极小"（局部最优）的个体已经被淘汰，就说明他们已经不能在复杂环境的变化过程中有效生存。

通过恰当变异可以使生命有机体有效地避开局部极小。对于人来讲，心理时相由于受到好奇心的影响，可以使心理运动与变化的动力系统具有多种不同的稳定状态。随着时间的增长，稳定状态的多样性还将会进一步地增加；同时，受到好奇心所产生的非线性跳跃的作用与影响，会使人从一种意义的稳定吸引域跳到其他的吸引域的可能性进一步增大。可以认为，正是由于好奇心，才拉近了两种不同意义之间的距离，使两种意义的相互转换形成"零阻碍通道"——"超导通道"，使两者成为一种具有紧密联系的"混沌吸引子"。这也就预示着：好奇心能够通过建立不同意义之间的关系而组成一个更大的"混沌吸引子"，将不同意义统一为一个大的"混沌边缘"，并由此而确保在心理转换过程中，能够非常灵活地由一种意义变换到另一种意义；而且由于各种意义之间复杂的非线性，谁也不保证哪些方面的共性模式将会通过"相干"而成为主要特征。

考虑到生物体存在复杂的非线性相互作用，我们认为，基于"活性"扩张而形成的占有更多资源的本能，促使生命有机体形成很强的追求最优的动机和过程。即便如此，生命仍以多样并存为其有效的生存方式，仍以非线性涨落来保证生物界多种不同探索模式的存在。这其中的因素包括：具有随外界环境刺激变化的灵活性，尤其是自身非常容易产生变异，变异的环节很多，变化的方式很多，外界因素的作用所产生的变化性都有可能导致这种变化，

[①] 米哈伊·奇凯岑特米哈伊.创造性：发现和发明的心理学[M].夏镇平，译.上海：上海译文出版社，2001.

这其中还包括机体自身稳定性、涌现性的影响。实际上，生命体之所以形成这种策略，是在面临更多复杂情景时的进化选择。生物体的"活性"特征，已经使其在很大程度上具有了积极主动性，但人们期望的是能在更加抽象的层次强化这种心理构建。在此过程中，人的智慧将会进一步提升，人与自然和谐相处的能力就会越强，人类认识自然的能力也会越来越强。

好奇心本就代表着一定程度的积极主动性，而我们进一步地强化这个方面的特征，也就意味着促使人在构建、联结其他的信息过程中，表现得更加积极主动。

进化到人这一层次并不绝对地排斥追求最优，而是在维持"活性"的基础上，尽可能减少资源消耗以提高对资源的利用效率。从这个认识出发就可以看出，只要在大脑中激活了高层次的心理控制模式，人便会将这种高层次的控制模式作为一个对象，好奇心便会以此模式为基础而引导人寻找其他的控制模式、对现有控制模式实施差异化构建。当好奇心与策略性心智变换过程稳定结合时，会形成积极主动地研究问题、积极主动地克服困难、积极主动地寻找障碍突破的办法的行为表现。只要一种模式稳定下来，好奇心便与之形成结合并实施扩展。从"活性"的角度看就是如此，而我们往往将这种表现划分到好奇心的功劳簿上。

从减少心理能量消耗的角度来看，的确反映出正是由于好奇心才使人主动构建的基本特征。正是由于好奇心的非线性涨落特征，或者说"活性"涨落作用，导致系统不只在一个稳定状态附近运动，而是会形成更大的运动空间。一方面会形成多种不同的稳定状态；另一方面会通过非线性涨落，使系统不断地在多种稳定状态之间来回变换，甚至有可能通过联系机制使多种不同的稳定状态保持在同一个"临界状态区域"中。

从相空间的角度来认识这种做法；意味着对当前所要采取的行为的跃迁、跳跃、涨落。如果在较高的心理层面已经建立起运用策略性心理模式解决问题的心理结构时，在一般情况下，就更容易采取从已经建立起来的行为模式泛集中选择一个与之相似的模式的方式。如果寻找不到与之相似的反应模式，则采取消极等待的方式来应对，即使所选择的行为有所改动，这种改动也会很少。低层次信息的变化较大且不确定性因素较多，而高层次信息具有一定的稳定性，又可以通过低层次信息的变化作补充。在这种利益取舍过程中，人们会有更大的可能性通过构建高层次的不变来把握对象。

如果有较大改动，会有更多的资源消耗、更长的稳定时间等。虽然会满足好奇心，但如果消耗太多资源，也会使人的行为中止，或者使人认为其不能有效促进机体的进化、不使机体感到好处、或者使机体感受到这种行为会使机体的组织结构遭到破坏，那么，人就会先回避这些作用。

  人是群体性动物，通过社会交往，迅速有效地促进了信息的复杂化，并进一步突显出群体对好奇心的鼓励在进化选择中的重要作用。从一般的"等概率"角度讲，强化好奇心既有可能带来好处，将来可能取得更大的成功，但也有可能使个体遇到更大的危险。但为什么群体偏偏选择了对好奇心的加强？显然，对此选择而形成的竞争优势，或者说在提高其生存能力方面所得到的好处要大于害处。最起码，向其他个体未涉足的领域探寻，可以获得更加丰厚的食物，而这将带来更具竞争力的影响。

  在生命的"活性"能力充分发挥、充分表现时，人的这种主动性便能够充分地表现出来。从生物层面来看，任何生物体都具有一定的自主性，但只有突显出意识层面的自主性，才能在更大程度上真正地表现自主性。我们前面所研究的更多的是生物层面的自主性，是仅仅依靠生物物质本身所具有的"活性"特征来具体说明生物体的自主性、每一部分组织器官的自主性。对于神经系统来讲，更为突出的特征是其会在发展到一定程度时，进化出特有的意识行为，它以符号为对象，使符号之间的相互转换、演化、延伸、扩展等成为主要过程，使人能从"心理"层面充分体验到符号之间的相互关系。因此，虽然基于生命的"活性"扩张都存在能够面对未来主动构建的积极主动性，但人的积极主动性与其他动物的区别则突出地表现在人可以产生比其他动物要强大得多的意识。因此，只有在人的身上这种主动性才能典型地突显出来。

  从比较生物学的角度，我们想知道的是，多大程度的非线性涨落才能更有利于生物的进化？或者说带领个体向他人未涉足的领域探寻多远、人类向未知探寻的跨度应该多大？也许，这是一个在获得丰厚报酬与更具危险性之间恰当协调选择的问题。协调选择的结果将促使个体维持在一个恰当区间。在心理上反映这种区间值时，就是好奇心。人可以在好奇心的驱使下不断地构建新奇性意义，并由此而形成稳定的引导性模式。此时，这种引导模式距离当前信息的距离是由好奇心来控制的。这样可以使人的心理能够长时间地稳定在某一个有意义的信息模式上，又能够使人具有相当强的灵活性。

  这里还存在另一种过程：保持向未知的不断扩展、联系性，虽然未同未知建立联系，虽然不知道是何种联系，但却保持了这种趋势、心态，维持了这种不断向"其他领域"扩展、延伸的力量，或者在迅速形成局部极小和在更大范围内形成更强的探索性之间建立起更加稳固的关系。人可以通过减缓收敛的方式，使有机体保持足够的多样探索性。或者通过非线性涨落，使有机体能够在更多外界因素的作用下，形成一个包含更加广泛因素、环节的动力学系统，以促进其适应更加复杂的外部环境的作用。好奇心所形成的非线性涨落是促进人的积极主动性的基本因素，更为重要的还在于可以通过好奇心的激励促进作用，引导人以更大的可能性构建更加新奇的东西。

二、主动性是认定新奇的必然特征

受到好奇心的作用，必然地会在大脑中构成用于引导人产生不同行为的控制模式，必然地使异于当前模式的心理信息模式处于较高的激活状态。这种基于当前信息而激活其他（包括未知）心理信息模式的过程，会成为一种新的、只是在人的大脑中才能构建起来的反应模式。当此模式在大脑中被稳定地构建出来以后，就会有较大的可能引导人不断地建立当前信息与该信息模式之间的关系，并在一定程度上保持其足够的自主稳定性。

当人基于当前心理状态时，由好奇心所激活、选择、构建的新奇性心理模式与当前的心理状态建立起某种程度的关系时，这种新构建出来的新奇性心理模式就会以较大的可能性成为当前心理状态的主动引导、牵引模式。

从某种角度讲，在"活性"机体内部存在刺激与反应的非一一对应关系时，就已经指出它具有了足够的主动性。存在非一一对应性，表明了无论是刺激还是反应，只要出现（激活）了某个局部特征，就会迅速地将其中一个完整的刺激反应模式激活，并用于指导人产生相应的行动。尤其是仅当出现了很少的局部特征、更直接地说在仅仅出现了与未来有关的很少的局部特征时，即产生能够应对未来的行为，这就典型地标示着在当前能够产生应对未来的行为。

对于人来讲，可以以较大的可能性将这种激活的应对模式在神经系统中稳定地构建出来，对于其他智能较低的生物物种来讲，则只能说具有这种潜在的可能能力，或者说这种可能性很小。显然，对于一个刺激能构建出诸多应对模式，是能力强弱的重要标示，也就是说，对于一个刺激所能构建的应对模式越多，能力就越强。在一定程度上，应对新情况的能力还依据于神经系统所具有的"活性"特征——构建多种可能的神经反应模式，依赖于在广大的剩余空间能够构建应对新出现的外界刺激的应对模式的能力。

不断地从当前内知识结构向未知延伸，试图建立当前内知识结构与未知信息之间的未知关系，这种过程的强化、独立化是好奇心独立的重要特征。当构建起应对未知的心理模式以后，便使心理过程有了进一步变化的目标。可以说，是好奇心驱使这种主动模式具有了独立性，又是好奇心促使这种独立的主动模式成为引导性的信息模式。因此，如果将注意力集中到对所构建出来的新奇性意义的认定上，尤其是在没有出现外界刺激，纯粹是由于内部的"活性"要求而形成时，对这种新奇性、未知性信息的认定和期盼，会促使心理过程不断地向未知领域"前行"。这就是人主动探索求知的积极主动性。

在将好奇心与积极主动性独立特化以后，在好奇心的驱使下人的积极主动性会得到进一步强化。在人的大脑神经系统中可以不依靠外界信息、不依靠机体内部其他系统、甚至不依靠大脑内部其他神经系统的刺激，就可以在大脑中依据神经系统的"活性"而构建出一个全新的信息模式，使其得到认定，并成为引导生物有机体下一步行动的控制模式时，生物有机体的主动性便体现出来。

三、好奇心与积极主动性

当有众多生物个体同时面对资源不足的情况时，就会形成个体为了获取更多的生存资源而竞争的本能性行为。而进化发展到现代人的程度时，这种竞争性本能便成为一种显现的有意识性、人可以主动追求、从主观上形成对这种追求的扩大和表现的典型性的行为。

在好奇心的作用下，能够不断地构建与当前不同的模式，代表了差异性构建。而这其中会包含着能够引导事物向未来发展的引导模式，形成对未来性的引导而表现出行为的主动性。独立化并使其具有自主性作用，促使这种心理模式一再地重复表现，自然会形成一种可能度较高的、较为稳定的心理模式。该模式在表现出它的生命"活性"的同时，也会自然表现其涌现性，一方面使人具有了在遇到未知的信息时，形成可以自主兴奋的独立模式，通过它的激活，使心理变换变得更加复杂；另一方面则强化这种主动构建新奇的行为，不断地主动构建新的模式。即使达到了某种目的、完成了相应的指标要求，积极主动者还会再进一步地去实施差异性构建，以形成新的目标、新的境界。

  这依赖于神经系统自身的活性，因为神经系统也具有生命的"活性"，随着神经系统的独立特化，会在大脑神经系统中不断大量地实施各种信息之间各种关系的组合构建，形成大量的近似随机的意义组合，构建出各种新奇性的整体性意义信息，并在此基础上形成一种追求新奇性信息的独立模式。只要该系统处于兴奋状态，就会不断地构建各种与当前情境相关（有很多也是无关）的不同性信息。"活性"力量本身就是好奇心的内在核心因素。我们就是通过好奇心作为在一定程度上描述人的"活性"力强弱的重要度量。好奇心在某个方面的模式化，即成为具有自主性的积极主动性。

  当人们表现出习惯上所说的具有强烈的意愿、愿望、意象时，就是在说此人具有了主动性。对未出现的现象形成预判性行为，也是说其具有了主动性。

  对于已经存在的事物，存在主动性还好解释，对于还没有出现的心理模式的期待、趋势等，应该如何描述？这不是以空对空吗？其实这并不是在夸夸其谈，而是通过前面指出的由局部特征形成更大新奇度整体意义过程的扩张的结果——一种对未知期待的真实的心理状态。此时，在人的内心对未知只是形成一种期望，至于期待什么，则是不明确的。在这种情况下，最好的就是依据好奇心将各种局部特征联系起来，通过建立各种各样的关系而形成大量不同的意义模式，在多样并存的基础上供人依据一定的价值标准进行选择。只要有未知的新情况出现，我们就会依据好奇心而不断地建构新奇。

  此时好奇心对未知情况掌控的促进作用会表现在好奇心的基本特征上——由于好奇心的作用，使其具有足够稳定的积极主动性。只要我们对待此事具有好奇心、表现出了好奇心，就已经表现出了积极主动性。

  通过前面的描述可以看出，这种在各个局部信息点上不断涌现其他信息（包括联系其他信息）的过程，标志着好奇心所引导的主动性。我们可以明确地说，好奇心是积极主动性的重要特征。在这里还需要考虑，好奇心又与想象的不断构建过程建立起紧密的联系。只要运用想象（无论是想象还是其他的心理转换模式）构建出了一个新的整体模式，并用它来引导我们的行为，就是表现出了某种程度上的主动性。因为这是我们在大脑中先期构建出来的，只是依据信息之间的局部联系而构建一个指导人产生完整行动的全新模式。不管该整体模式是否是恰当的应对模式，总是已经存在了一种应对模式，并且我们还能够在应对的过程中，通过衡量与实际效果的差异而不断地做出调整。

积极主动性具有引导、牵引我们行为的作用；好奇心促进想象性构建过程的不断变换，由当前的意义构建转换到其他的意义构建方向、方式等；好奇心还在更高的层次上促进变化、跳跃、变换。是的，在当前信息作用下产生稳定的反应，标志着学习的完成，而每当出现已经记忆的信息特征，在好奇心的作用下产生了其他的反应模式，就可以说其具有了主动性。

好奇心与基于当前心理状态的"活性"扩展有关系，它在不断地通过非线性跃迁而构建各种新奇的信息，不断地将新奇性的信息关联构建到人的内知识结构中。因此，好奇心就是在基于当前稳定的心理模式不断地构建新颖性的信息。这就表示着人会在好奇心，尤其是自主好奇心的作用下不断地构建有差异的、新颖性的信息，不断地将新颖性的、未知的信息建立与内知识结构之间的确定性联系。因此，不能积极主动地寻找解决之道，就意味着没有完成在理性层面与好奇心结合，意味着虽然好奇心很早便得到强化，但是却没有独立特化。

所谓积极构建，就是围绕使问题得到有效解决而实施的各种心理转换，运用好奇心的驱使而不断构建的过程。此时人已经意识到是好奇心在其中所起到的作用，通过好奇心激励驱动人不断地寻找问题的恰当解决办法，并从意识的角度实施扩展、从意识的角度扩展好奇心的影响与作用。当然，有些人会这样，而有些人则不会这样。有些人会采取回避的心理趋势，或者采取从这个问题的"吸引域"上转移、跳出去的心理。

人为什么会产生主动地解决问题、主动地想尽各种可能的办法去克服困难，遇事积极主动地去研究，而不是消极等待？从我们对解决问题、克服困难、突破阻碍的不同程度的角度来看，可以有被动性构建、主动性构建两种情况。如果再进一步地划分，可以有被动的散漫性构建、被动的有目的构建之分，而从构建的深入程度来看，又可以分为被动性肤浅式构建、被动性深入式构建。虽然同为构建，但却会由于所依据的策略性构建模式的大小而有所不同。

从整体的角度来看，有主动的好奇心；有被动的好奇心；有主动的好奇心增量，也有被动的好奇心增量。它们所代表的心理过程是不一样的，自然会产生不同的效果。当我们集中注意力于好奇心增量所关注的信息时，这本身就具有了积极主动性。

这种新奇性构建就是所谓的积极主动性。在建立了策略性思维以后，作为一种稳定的心理模式，自然会与好奇心相结合从而不断地发挥作用：寻找、构建其他的策略性思维模式。这其实并不困难，有时仅仅只需要一个提醒、一种行为示例、一个鼓励等。

如果从态度和成分的角度来区分好奇心的影响，将会有如下的区分。

主动的平常好奇心：是指在外界信息不能满足人的好奇心需求时，会主动寻找变化性、差异性、新颖性、复杂性信息。但这种寻找在很大程度上仍以满足人的平常好奇心为基础。当人们从新颖性信息出发进一步地构建心理转换过程，构建新奇性意义时，此时所表现出来的就是好奇心增量了。

被动的好奇心：所对应的是随着环境的变化而改变的过程，对应于外界的较大变化而引起心理结构发生变化的情况。皮亚杰所谓的顺应过程，就是外界输入信息的新奇度过大，人不能将其同化到已经建立起来的内知识结构中时，人便会表现主动的好奇心增量，引导人们主动地构建、寻找新奇性信息，并以此为基础而展开进一步心理转换的好奇心部分。

相对于主动性构建来讲，同样地可以分为主动性散漫性构建、主动性有目的构建，也同样可以根据好奇性自主所产生的大小而表现出主动的肤浅式构建、主动的深入构建等。

积极主动性是好奇心发挥作用的必然结果，而人的积极主动性又成为满足好奇心的一个重要方面。在人的意识层面充分体会到积极主动性的意义以后，人的积极主动性便成为一种独立的心理模式，由于它的激活而形成人对外界的反应，将有别于神经系统被激活时的被动反应。实际上，即使是神经系统的受激反应，也会由于神经系统的"活性"而使这种反应具有一定程度上的主动性。有别于神经系统处于警觉状态。或者说处于警觉状态是积极主动性表征的一种特征表现。

塞利格曼（Martin Seligman）、彼得森（Christopher Peterson）等，将引领人类走向幸福快乐的力量分为六种，每种力量都是一种积极的人格特质，而居于首位的就是与智慧和知识有关的：创造性，好奇心，开放的心态，喜欢学习，洞察力（Peterson & Seligman, 2004）。其他方面还包括：勇气，勇敢，坚持，毅力，生命活力；人道主义精神：仁慈，有爱心，有社交能力；公正：行使公民的义务，公平，有领导能力；节制：原谅他人的过错，谦卑，谨慎，自我控制；卓越：欣赏美和优秀的人与事物，感恩，希望，幽默，有灵性。此时，与卓越有关的诸多特征中，有部分特征与好奇心有紧密的联系：幽默、灵性。而"希望、生命力、感恩、爱心和好奇心与生活满意度的关联最大"

(Park, Peterson, & Seligman, 2004)①。

幸福，正如处于协调状态而无感觉一样，只有人从协调状态达到不协调，然后再由不协调重新回到协调状态时，人们才能体会到协调状态的意义，才能体会到由不协调转化到协调的美妙之处②。幸福的感受、体验就是如此。无论是尼科·弗里达提出的"幸福的不对称论"，还是索尼娅·柳博米尔斯基提出的"持久的幸福"③，都已经明确地指向：好奇心的满足（感受差异、体验变化、品味新奇、期待未知）是幸福的重要源泉。既然好奇心是一种需要满足的特征，好奇心的满足本身就会给人带来幸福的感受。适应能力很强的人，会在复杂多变的环境面前很快适应，从而在新的刺激作用下达到新的协调状态。此时，信息的新奇度会因人的学习理解而降低，作用到生命体上的信息的作用力量不再使好奇心得到满足，就需要有外界环境通过新的变化而形成新的作用。

四、积极主动性与期望

动机是由个体的需要和环境中可获得的目标的价值共同引起的。动机的这种理论强调，发生行为的概率不仅取决于目标对个体的价值，还取决于个体对获得、达到目标的期望。

动机心理学的研究揭示，促使人从事某种行为的动机可能来自外部，可能来自人的内心，也可能在外界环境与内心相互作用的过程中逐步形成。外界因素可以逼迫人从事某种活动（人本身不愿意做，但却不得不做），外界激励也可以在满足人期望得到奖赏的情况下牵引、吸引人们去做。但我们更愿意看到："工作得以完成，且是在没有严密的监督或其他控制下完成的，动机的源泉根植于工作本身。"④

神经系统的复杂性，会使人构建与当前刺激或环境不相对应的反应模式。而人在意识层面表现生命的"活性"时，会进一步地扩展这种构建不对应模式的能力。竞争又进一步强化了这种建构能力。在充分表现好奇性自主时，

---

① Denis Coon, John O. Mitterer. 心理学导论 [M]. 郑钢，等，译. 北京：中国轻工业出版社，2008.
② 徐春玉. 幽默审美心理学 [M]. 西安：陕西人民出版社，1999.
③ 西班牙《趣味》杂志9月号. 幸福在哪里 [N]. 参考消息，2007-10-10.
④ 托马斯·J. 萨乔万尼. 道德领导——抵及学校改善的核心 [M]. 冯大鸣，译. 上海：上海教育出版社，2002.

不断地构建新奇性的信息，甚至会在已经足够新奇的信息的基础上再实施新奇构建，只要能使人具有更强的竞争生存能力，就可以使这种新奇性信息稳定下来而成为人的行为的指导模式。人会以这种新奇性信息作为指导模式，反作用过去而强化人的主动性：即使没有外界刺激也同样产生新的探索性行为。在特化出好奇性自主以后，人就会主动地追求好奇心的自主性表现，更大程度上表现人的更强的积极主动性。

基于差异性构建可以看出，期望是好奇心发挥作用的必然产物。当人们将期望作为一种独立的心理模式以后，人便从期望的自主性的角度不断地表现、构建期望，并使期望与好奇心产生相互作用，以促使生成新奇度更大的期望。期望与好奇心频繁的相互作用，促进了这种相互作用模式形成稳定和"闭环"，由此也进一步地凸显了主动意识的形成、增强与扩展。

在人的行为研究中，期望是一个相当重要的概念，因为它假定，行为是个体对获得有价值的目标进行评估的机能，运用好奇性构建以形成期望，这本身就已经进行了评估与选择。如果成功地达成目标的期望很小，即使是价值很高的目标也不会引发相关行为。之所以说是运用好奇心来构建期望，就是因为从本质上看期望就是与当前现状不同的状态。

愿望是想象一种表现。只要愿望产生，这种心理模式即作为内部刺激而被新异感知器知觉。当其表现出足够强的新奇度，并与已知知识结构建立了一定关系，同时还与机体的状态、发展趋势、要求相关时，即可以被新异感知器所认识，在认定模式与好奇心的共同作用下，使愿望成为一个独立被认识的对象。在产生愿望时，以愿望为作用点而表现好奇心，就会形成其他的愿望，促使愿望组成一个包含更多信息的期望泛集。

好奇心在期望的过程中不断地构建，就相当于人们构建了引导其产生新的行为的指导模式。人们所谓的野心就是通过好奇心而构建出来的期望、预期模式的。

（一）趋同与回避

在认可已经形成现有人的复杂大脑，人能够在意识中将任何一个具有明确功能的模式孤立出来，以促使其明确地表现"活性"特征中的收敛与发展性特征。心理学进一步研究指出，信息刺激引起情绪，在将情绪独立特化时，不同的情绪因为在大脑的皮质下区域产生反应，彼此之间会建立起稳定的联系，出于对情绪的不同感受而促使人产生针对环境的趋向或回避行为。处于兴奋状态的神经系统引起了其他神经系统的兴奋,其他神经系统又会由于其"活性"而展示出其自主激活的信息,并进一步地通过相互作用而引导相关信息产生更大的变化,形成新的信息表达形式,从而表现出自主和积极主动性。此时,如果将情感系统作为一个"中介"的独立系统,就可以将情绪看作一个能够与其他系统产生复杂相互作用的独立结构。我们会基于该系统而考虑多种不同的情况,会考虑基于情绪系统的"活性"产生具有情感特征的积极主动性。在将其他系统作为一个"中介"反应系统时,同样会产生其他的积极主动性特征。相关理论强调,诱因动机是刺激与反应之间的中介。只要存在中介,依据中介系统的"活性"以及中介系统能够激活更多的信息的功能,"中介"便会成为引导其产生积极主动性的前提。因为预期刺激会引起诱因动机,诱因动机又会引出恰当的反应,由此,这些研究者认为情绪并不是行为的促进因素,而是预测目标(提供关于目标的信息)并将行为引向目标的一种激发因素。

(二)趋同与回避向期望的转移

只有当有机体多次体验过诱因物体特征、认可了该事物所具有的价值并依据局部特征之间的相关性而建立了认知期望,诱因物体才能对人的行为产生影响。这里的认知期望是指,有机体在多次体验到某个目标后,就会期望将来特定的行为也能够引出这个目标。与当前状态不同的新奇性稳定心理模式,都具有期望的作用。人们会在期望模式的驱动下,不断地在当前状态与期望状态之间寻找、构建各种可能的关系。期望模式也因此具有了指导人产生恰当行为的能力的意义。

好奇心不断地构建各种与当前状态有差异的新奇性意义,人们习惯于这种状态,习惯于在一个稳定的心理状态和过程中不断地有新奇性、未知性、多样性、差异性、不确定性和复杂性信息的引入。在建立起与当前心理状态之间的关系时,便会形成与当前状态有所不同的期望。因此,好奇心的表现自然会形成一种期望。与此同时,好奇心本身的存在即作为一种人在面对外界信息恰当反应时的价值判断标准,在一定程度上满足了好奇心,就已经具有了一定的价值。

动机心理学的研究表明,刺激是否具有动机控制的特征(成为一种诱因动机)取决于它能否预测将来事件;预测线索能激发正在进行中的行为,并作为次级强化因素强化完成反应。此时,对于好奇心的趋同与回避的期望,直接取决于好奇心所形成的对于未来建构意义的价值，也就是说取决于好奇心所能构建出的期望是否有利于生命的生存与发展以及距离当前状态有多大的预期程度。既然好奇心可以进行多样性构建和实施新奇性构建，它本身就已经具备了足够的预期构建，那么，对与期望具有紧密联系的好奇心的趋同（更加充分地表现好奇心）就是必然。

（三）心理反应的增强促进了心理期望的形成

考虑到心理在指导人的行为中的特殊作用，可以将诱因动机看作环境刺激与有机体（人）对刺激的反应之间的中介。这保证着人的大脑信息加工系统能够形成多样性反应模式，而在好奇心的作用下，会将这种表现变得更加明显。诱因不仅具有线索功能，还具有增能功能。当与目标相联系的线索在后来或者在不同的情境中再次出现时，它就可以根据先前获得的联结，增强行为，激发反应。诱因改变操作是因为它们提供了关于目标的信息。刺激与反应形成了多样性模式，模式的多样性越多，则转化为诱因的可能性就越大。这就说明，好奇心越强，心理期望就会越强。

人对于期望所形成的目标，会在生命"活性"本能力量的驱使下，为达到收敛所形成的掌控意愿而不断地追求。在很大程度上，当某人决定追求一个特定诱因（也即目标）时，他会专注于这个目标。尽管行为是有选择的，但个体在某个时刻可以专注于几个当前关注；即使有时行为不能反映当前的关注，它们仍然是存在的。在不同情况下，人往往启动不同的对未来进行预测的心理模式，也就是说存在其他因素控制好奇心起作用的情况。

（四）表现好奇意识

根据神经生理学的研究表明，孩子在3岁之前，大脑细胞的数量就已接近成人，人的大脑随之会通过不断的试探、选择以取得稳定的心理结构。如果说大脑初期记忆大量的信息，建立信息之间复杂的关系，包括已经形成按模式而变的过程，大脑自然会以形成多种不同的应对模式应对外界信息刺激。在此基础上，通过信息之间的竞争与自组织，某些模式的可能度会进一步增强，使之成为可能度较高的行为指导模式。

对于初涉人世、对周边世界尚且无知的宝宝来说，身边的一切都是那么新鲜和神秘，是他们的好奇心驱使他们敏感地感受到差异性信息，并将这种差异性信息充分表达出来；同时还根据彼此的不同（这自然是好奇心作用的结果）与不同的大脑区域确定关联，当然，有可能就是在这种分区对应过程中又有效地促进了好奇心的强化与自主。

受到好奇心的作用而形成的高于具体信息和高于具体心理模式的策略性思维，将会在一定的时机被独立特化出来，并在人遇到复杂问题时，通过有效激励运用策略思维，指导人在众多可能策略中比较选优并在策略思维的层面上提高心智变化的空间。当人从策略的层次构建问题的解决之策时，应从主观理性的角度、从策略的层面上提醒人将这种基本策略的心理模式突显出来，使之成为可以运用好奇心加以改变、变异、扩展、延伸的"基本信息点"。

（五）好奇性自主的积极引导

好奇心所表现出来的结果就代表着人的积极主动性。

（1）它以喜好新奇而向未知不断地延伸、扩展；

（2）以向外扩张而不断地将注意力向未知转移；

（3）通过求异求变而构建新的应对方案；

（4）依据多样并存控制模式构建多种应对之法，使大脑在多样并存的基础上，抽象概括，并有所领悟。

应当看到，在这个过程中，好奇性自主与好奇心增量具有明显的关系，虽然平常好奇心也会在缓慢地起作用——缓慢地实施新奇性构建，但作用却不显著。当人的行为表现在策略层面上时，就会显示出好奇心增量的地位与作用。

在每一个器官的内部不断发生着相干与弱化的过程。这导致有些方面被加强，有些方面则被弱化。紧密联系在一起的共性神经元会通过形成相干而更强地表现出某种突出的个性。从多样并存的角度来看，在存在诸多模式的情况下，每一种模式都有可能在大脑中激活。依据桑代克的行为主义理论，由于反复操作，会使该操作的可能度增强，保证着人总是以较高的可能度将其显现出来。这就为共性相干奠定基础。

（六）好奇心促进自主性活动的深入进行

（1）强化积极主动性与好奇心的相互促进。如果我们将积极主动性与好奇心独立开来区别对待，在各自独立表现并相互促进的基础上再研究两者组成一个新动力系统时的整体效应，将使研究进一步地推向深入。实际上两者的确存在既统一又相互分离的过程。当两种模式分别都具有了自主性时，两种模式都将分别在不同的过程中独立而强大地发挥各自的作用。

（2）好奇心构建新奇并将所构建出来的新奇性意义作为一定程度的期望，这就相当于在好奇心与人的积极主动性特征之间建立起了共性相干，这也就保证了好奇心促进人的积极主动性的顺利展开。

（3）激活双方，形成更多的选择机会。使两者处于激活状态，会增加其形成相互作用的强度和机会。从动力学的角度来研究这个问题时，就可以发现，同时处于激活状态的两个不同系统易于建立起关系，在使这种关系稳定下来时，将相互作用特征也作为其中的重要特征。这种关系越稳定，可能度就越高，也就更有可能在各种心理过程中发挥作用，由此而形成"模式稳定—增强可能度—增加起作用的机会—增强模式的稳定性"的正反馈环。

（4）只有在其分别处于独立的激活状态的情况下，自主地涌现出与当前有关、无关的信息，将其作为指导人产生下一步行动的控制模式，才可以进行下一步的过程。

（5）基于生物进化的积极力量，会在人关注两者之间的相互作用时，通过形成正相关而形成进一步的正反馈放大。积极主动性在动物进化过程中的开始是作为一种被动有变化的因素。虽然它还没有在更多的生物个体上表现出突出的显现性特征，但长期被动进化所形成的变化性模式所表现出来的进步力量，已经在人的身上表现出来。这种积极的力量经过人的意识的放大，显现出更强的作用。

（6）好奇心与快乐之间的紧密联系，会对积极因素起到共同的强化激励推动作用。儿童通过诸如"藏猫猫"会激发出相应的惊奇感，通过艺术审美体验好奇心与美的有机联系，通过创造体验好奇成功所带来的快乐体验，促进人向着更好的境界努力追求。稳定模式可以受到激发而向外扩展，由此而将好奇心与快乐之间的关系进一步地增强和泛化。

五、好奇性自主与主动关注新奇

在新结构的"活性"涌现过程中，任何一种模式的运动强度一旦达到一定程度，就会具有自主性并使其得到充分表现。当好奇性自主达到可以充分展示其作用的程度时，"活性"的力量特征又会将好奇性自主作为一个独立的对象而进一步地扩展、增强，引导好奇心促使人更加主动地追求新奇。这种自主性好奇表现为对关注新奇和主动追求新奇，成为引导人进入美的状态的基本因素，并由此而产生在面对新奇时的乐趣。

这便会成为一种需求、一种期望，也就相当于形成与某种已经存在的心智结构的偏差，产生对已存在的心智模式所代表的耗散结构的刺激（激励）。当这种要求得到满足，人心智的耗散结构又恢复到原来稳定的耗散结构状态，这种过程所表现出来的信息，就将使机体体会到由不稳定到稳定、由不协调到协调的过程特征，也就由此而产生快乐的刺激作用。

好奇心将激活注意力系统[①]，将新奇性信息作为关注的焦点而长时间关注，研究、探索与该新奇性信息有关的信息、特征与规律，力求寻找到对该问题的整体把握。当一个信息模式在我们的大脑中形成记忆以后，与此有相同或相似局部特征的信息输入，便会将此信息激活；不同信息之间建立关系的过程会被独立特化出来；反映不同信息之间关系以及建立关系的神经系统将受到好奇心的激活而处于兴奋状态，由此而形成对该信息模式的关注。激活众多与之有关系的信息，这本身也是积极主动性的一个方面；长时间地关注某一个对象、一个问题，这本身也是积极主动性的重要方面。而从心理动力学的角度来看，要想长时间关注一个对象，就需要运用好奇心使人的心理保持足够的新奇、扩展，由此建立当前信息与众多信息复杂多样的关系。

六、积极主动地研究问题

研究表明，问题和困难作为一种对人的心智的刺激，往往能够在一定程度上满足人的被动好奇心。在人的好奇心已经满足的情况下，或者说在将人的好奇心的满足拉向低层次满足的过程中，会使人失去积极主动性。

人处于积极主动状态，就是一种不断追求新奇的心理模式。虽然已经有相应的方法了，可人们并不因此而满足、停步，而是在好奇心的驱使下再构建其他的方法。依靠主动性，人会在遇到问题时，不再回避问题，而是对问题展开逐步分析，并尽可能地想出多种不同的解决问题方案，研究其他的关系特征，构建各种各样的应对模式，将心理模式转化为未来行动指导模式的心理过程。依靠主动性，人甚至会在问题还没有出现时，就去开始设想有可能会出现什么问题，针对这些问题有什么应对之策、解决办法等，而不是等待问题自动消失。根据好奇心与不断向未知探索的主动构建之间的关系，只要它经常被使用，就会被特化出来，从而成为一种典型的心理模式。这种强化的过程还与人的意识形成紧密关系；与经常使用有关；与占据心理地位的

---

① 徐春玉. 创造力与幽默感 [M]. 北京：中国建材工业出版社，2002.

变化有关；与其独立性有关，此时还与已经同其他系统建立起稳定的关系有关等。这是人在表现自身"面对未知"时的积极主动。

人会不停地想，这个事物是新奇的，我以前从没有见过、用过，不知道它有什么功能，此时不再是不管不问，等待别人告诉我应该如何去操作，而会从各种方法、角度入手，研究它所具有的各种特征、关系、功能、作用等。

好奇心使人从更加主动的角度去解决问题，不再被动地适应性应对；是主动地构建，主动地创造。不再是被动地适应，而是主动创造性地引领，是从心理状态中信息加工的角度去构建更多的应对模式，并将这些应对模式一一地加以实施。一般人在遇到困难、阻力、问题时，都会从内心想通过寻找最直接的、本能的、最低层次的反应而得到问题的解决办法。只有好奇心强的人，才能够使其心理跃迁到更高层次的心理状态，通过信息之间的相互作用，在构建出更加抽象、广泛的解决思路的基础上，具体化为与实际问题相结合的有效解决办法。使人从某种追求习惯的心理模式中解脱出来的重要因素，使心理状态产生非线性跃迁的动力，就是好奇心。应该遵循萧伯纳说过的一句话："如果寻找不到机会，就应该创造机会。"

在一般情况下，如果已经构建出了解决办法——一种稳定的心理模式，又形成了"解决问题"的心理模式，该心理模式就会与其他具有同样类型的行为模式转化而成的心理模式建立起稳定的联系，形成一个稳定的心理——行为泛集，同时，这种心理模式还会在好奇心的作用下不断扩展，不断向其他信息模式延伸，将其他信息模式纳入到控制机体产生更多的相似行为（在一定程度上产生变异）的可能集合中，表现出人在行动上的主动性。

显然，在问题与困难的作用下，人在大脑中构建出众多与解决问题相关的心理模式，尔后又转化为众多可能行为的过程，代表着人的积极主动性。遇到问题以后，人便会依据其积极主动性，把问题搞清楚。遇到困难尽可能地想办法克服，以求得能把握事物的变化规律。

困难与问题会起到刺激的作用，但当问题和困难太大时，往往会因刺激过大而对人的心智造成伤害，由于"习得无助性"，人们会产生回避行为，甚至人为地自设障碍；人们在遇到较大的困难和问题时，往往会认为刺激过大，转而追求更多已知的东西，不再构建新奇性信息。这也是好奇心双面作用的具体表现。

在一般情况下，如果在一定程度上满足了好奇心，人往往不再深究。可以认为，在此状态下，人的好奇心增量没有被激活和重视。人与人的不同更多地表现在这种好奇心增量的激活上。有些人浅尝辄止,而有些人则"欲壑难填""我不就是讨个说法嘛!"(《秋菊打官司》中秋菊的话),有些人就要追求事物的本来面目,而有些人则只满足于表面的"花哨"。

记住列夫·托尔斯泰的名言:"人生不是享乐,而是一桩十分沉重的工作。"养成积极主动的习惯。

第四章　特化好奇心

　　好奇心伴随人的一生，体现在各个领域。人的好奇心并不只表现在科学探索领域，在各个不同领域，我们都能够列出一长串在好奇心的引导驱动下卓有成就的名人。人们所谓的科研领域的好奇心，只是由于好奇心在探索创造过程中的重要作用而被人们重点关注。下面只是其中的典型代表。
　　爱因斯坦——不断跟随好奇心探索构建的"天梯搭建者"。
　　居里夫人——发现意外结果的"拾荒人"。
　　莫扎特——创作出令人痴迷音乐的音乐神童。
　　梵高——独自构建新奇的"单耳前行者"。
　　毕加索——画出与众不同的心灵感受的"勇敢自我剖析者"。
　　爱迪生——在好奇心的不断满足中逐步成长的天才发明家。
　　弗因曼——伟大的诺贝尔物理学奖获得者。
　　达·芬奇——致力于建构未来的"百科全书"。
　　曹雪芹——构建复杂关系的"建筑天才"。
　　老子——合理多样并存的辩证鼻祖。
　　乔布斯——好奇心与想象力的"终极偶像"。
　　从这些简单的罗列中我们可以看到，只要能够有效地将自己的强势好奇心发挥到极致，并跟随好奇心不断构建，就有很大的可能在某一个领域取得巨大的成就。从对好奇心实施管理、控制、引导和激发的好奇性智能的角度看，首先在于要能够发现自己的强势好奇心，使其在与自己的最大潜能有机结合的过程中有效增长，并将这种结合作用于自己所喜爱的工作。换一种说法就是，只让他们自由而大胆地尝试，包括通过在尝试错误（避免危险、伤害）的过程中因取得成功而产生快乐，形成继续探索的兴趣和再创造的稳定的心理模式和信心。
　　有效促进强势好奇心的进一步增长，是需要在好奇性智能的相关环节给予足够关注的。能够认识到好奇心的独特作用，并有意识地加以强化和提升，是一个人好奇性智能的重要表现。这既包括对好奇心的包容，也包括让探索的成功进一步地促进好奇心所驱动的探索。

让我们好好向这些人物学习吧！

第一节 强化对好奇心的反思

一、反思的意义与作用

由非线性科学揭示的迭代特征，引导人们重新重视反馈过程。我们在研究实际问题的过程中，关注相互作用，需要建立反思反馈环。根据神经系统的多层次性特征，除了在单个层次中建立反馈环之外，更多的还在于在多个层次之间运用反馈过程，形成多个层次之间复杂的反馈关系。人们重视反思在教育中的地位与作用[1]，也将这种反思带到任何一个教育对象和教育过程中。反思（反馈）是一个最有效的学习方法。

应当充分认识反馈在思维与决策过程中所产生的影响。如果思维系统不具有反馈环，就应该主动建立一个反馈的环节，以有效地增加反思的可能性。面对存在多种可能性的，具有"活性"特征的复杂系统，人们只能以小概率的可能性形成完全正确的决策，也只能以小概率的可能对未来做出准确的预测。非线性动力学已经揭示，面对具有非线性特征的系统，我们只能通过反馈环节建立起系统的随时控制，一步一步地把握系统的变革，及时调整并随时采取新的应对措施[2]。

对意识的研究表明，反思在自我意识的形成过程中具有重要的作用。对自我思维的反思会对自我思维模式的稳定性产生关键性的影响。根据好奇心的意义可以看到，好奇心以其明确地反映不同神经兴奋模式的差异模式而在人的反思过程中发挥刺激力量的作用。甚至可以认为，正是通过好奇心特有的表征差异的反馈作用，促进了人类的自主意识的形成。而对于好奇心的进一步反思，将会更加有效地促进好奇性自主的形成，并将人的心智向更高的

---

[1] 威廉姆·E. 多尔. 后现代课程观 [M]. 王红宇，译. 北京：教育科学出版社，2000.
[2] 徐春玉，李绍敏. 以创造应对复杂多变的世界 [M]. 北京：中国建材工业出版社，2003.

层次推进，使人有更大的统揽能力并站在一个更高的"思维高地"。

因此，非线性科学的发展促使人认识到反思的重要性。我们也要运用这种有力的特征与工具，进一步地促进好奇性智能的有效提高。

（一）反思是多层次复杂神经系统的基本特征

在心理转换过程中，反思的原意是对思想的思考，所谓的反思就是人的思维以其自身为对象所作的控制与调整，此时，可以将这个过程引申为人能够立足于自身之外对自己的行动进行批判性考察。从对好奇心产生影响的角度来看，对好奇心的反思即是在表现好奇心以后强化好奇心、使好奇心独立的基本方式。

在心理层面上，反思是建立有序的内知识结构的基本过程，反思是对价值进行判断选择的核心品质，反思是在大脑建立信息比较的重要方式，反思是对信息进行重新梳理的重要过程，反思可以促使人发现不同信息间差异的基本模式。反思会将差异表现出来并对进一步的过程产生影响等，反思可以强化突显差异的刺激作用，通过价值判断增强刺激的力量。从这个角度来看，反思对于好奇心本身会以更加直接的方式产生足够的影响力，可以看作好奇心自身对好奇心的反思性强化。因为这种反思本身就是建立具有差异性特征的信息之间关系的基本过程。

在人的进化过程中，人在内心的反思是自然形成的，在其成为一种稳定的心理模式以后，人便可以有意识地利用、控制这种反思过程。当神经系统的复杂度达到一定程度时，构成多个层次信息之间的相互作用，不同信息层次之间又会通过联系而形成有差异模式的其他的相互作用，神经系统中内容不同的相互联系便逐步形成。由于神经系统的复杂性和信号传递的信息意义性，不同神经系统在组成一个更大系统时，每一个子系统都具有相当的独立性，每个层次也都会表现出自身的"活性"特征。不同层次的神经子系统会表现出各自的独立特征，从而使各个部分表现出运动的差异性。感受这种差异，对这种差异通过反馈环形成反思与控制，将会形成有效的正反馈与负反馈复杂的相互作用①，此时，即便没有外界刺激，人也能在活性的基础上基于反思而展开自主思考。

形成反馈、形成多层次神经系统的相互作用、具有大量剩余功能的表现

---

① 拉尔夫·D. 斯坦西. 组织中的复杂性与创造性[M]. 宋学锋，曹庆仁，译. 成都：四川人民出版社，2000.

能力等，都将与反思形成紧密的联系，也会形成相互作用的"自催化"。显然，形成这种过程对自我意识的形成具有重要意义。我们认为，反思是在意识层面上形成"自催化"的基本模式。它通过形成神经系统在更大范围内的超循环（是一种"活性"超循环），将这种非线性放大（由此而导致正反馈、负反馈）表征出来。

在大脑神经系统中依据多层次神经系统结构，会形成对任何一种心理模式的正、负反馈。强化对好奇心的反馈过程，这本身就是在形成与提高好奇心。不断地进行反思，充分利用好奇心的表现效果对好奇心的相关特征表现加以选择判断，会促使好奇心强度得到进一步提高。具有主观能动性的我们，又可以从主观上通过并强化反思而主动地提高好奇心。在这个过程中，需要建立针对好奇心的反馈、反思环节和机制，建立好奇心的价值选择模式，建立好奇心的多环节感受与重复、叠加强化过程，形成好奇心的增强机制。

从某种角度讲，正是由于对好奇心的反思，维持并强化了大脑内部差异化的相互刺激与相互联结过程，形成以内刺激为基础的"耗散结构"，并由此而促进大脑结构和运动的复杂化。

在生物进化过程中逐渐形成的反思过程，在高度复杂的人的神经系统中表现得极为典型。多层次、复杂神经系统的结构保证了反馈过程的进行。可能正是由于信息加工系统的反馈过程，才使人具有了意识过程。从另一个角度讲，也可能正是由于出现了语言系统以及更加充分地利用语言系统（分别独立自主性），才形成反馈，并进一步地促进了神经系统的复杂化。这种相互促进关系一步步地复杂化、强大化，才逐步形成人现在复杂的神经系统。

除了运用好奇性智能对好奇心本身反思以外，由于好奇仅仅是思维过程的一个环节，我们应该反复不断地利用反馈（反思）而对政策、步骤、方法等进行调整，通过反思而将那些不清楚的目标明确化，将那些不切合实际的问题准确化，将那些隐含于表象之下的本质突显出来，通过反馈而随时校正系统在变化发展过程中的控制策略等。尤其注意的是，需要我们关注各个环节所形成的自循环逻辑"怪圈"，在一个更高的层次上开展研究。

（二）反思是好奇心的基本过程

好奇就是在构建新奇的过程中与其他信息进行比较，就是通过比较异同来展示不同状态之间的差异性关系的，表现好奇心本身就已经表征了基本的反思过程。而对好奇心进行反思，是以好奇心为独立对象而使好奇心的变化、延伸、扩展得以表现的过程。一方面意味着通过好奇心建立起不同信息之间的差异性关系，此时好奇心本身起着稳定的反馈力的作用——共同表现好奇心；另一方面，反思好奇心，也意味着对差异的强化，驱使好奇心更加关注新奇性、差异性的信息，从而起到对差异信息的强化正反馈。在这个过程中，我们体会到差异化的意义：好奇心放大差异化；通过好奇心形成对差异的放大的反馈环；更大的差异化；新知识之间更多的交互作用；更多不同信息的同显；更多的创新。对好奇心的反思，还意味着将好奇心作为一个独立的环节，并由此而表现好奇性自主的力量。

（三）运用好奇性智能对好奇心实施后评价

对好奇心实施后评价，是指在表现好奇心并使人获得了某种利益、更多地得到某种资源或者说提高了相关生存（或更高层次上的追求）能力，或者是由于好奇心的表现而使人感受到快乐，在运用好奇心而形成了某个确定性的意义以后，对好奇心的一种反思及价值判断过程。在这个过程中，通过价值判断而进一步地加强好奇心中的对人有利的方面、做法，而减弱、抛弃好奇心表现以后产生不利后果的方面。

从心理过程发展的逻辑性来看，只有在心理转换过程中形成了进一步对生命体作用的过程，好奇心才会有意义。也就是说，只有在好奇心的作用下产生了有意义的作用效果，并被稳定下来（基于优胜劣汰的选择），好奇心才有意义。一般来看，只有对后继的心理转换过程有意义，好奇心的作用才体现出来。这是通过好奇心所产生的价值而形成的对好奇心的后评价。

既然好奇心具有重要意义，就需要对好奇心展开前评价，对好奇心展开主动评价、主动引导、主动教育，尤其是希望能够有效地提高人运用好奇性智能的洞察力。

二、由反思组成正反馈环

（一）建立一个对好奇心反思的动力学系统

反思可以是后评价过程，也可以是在一个动力学过程中的自然表现：在对好奇心的建构过程中强化好奇心。此时，对好奇心的建构与对好奇心的后评价是同时进行的。人可以运用好奇心（体现差异）在这个动力学过程中体验好奇心和对好奇心的反思。

（二）不断体验好奇心表现

美国教育家杜威指出："给孩子准备生活的唯一途径就是让孩子体验社会生活，离开了任何直接的社会需要和动机，离开了任何现存的社会情境，要培养孩子对社会有益或有用的习惯，是不折不扣的在岸上通过做动作教孩子游泳。"[①] 建立对好奇心的反思，核心就是有意识地强化对好奇心表现的体验感受。

我们可以将好奇心的体验分为被动性体验与主动性体验。被动性刺激体验指的是人在好奇心表现达到一定程度以后，根据所产生的行为结果，再去体验这种好奇心的影响。主动性构建体验指的是人在心理转换的过程中，根据好奇心的引导而实施心理变化，发挥在这种心理转换过程中好奇心所起到的作用。在主动构建过程中，就是要按照好奇心所对应的各种表现模式而在心智转换过程中具体地构建、寻找。只要我们将好奇心所起的作用环节和特征构建出来，就可以进一步地体验好奇心的表现和所产生的结果。

（三）享受好奇心

英国的教育家怀特海德（Whitehead）在 1919 年就说过一句话："归根结底，作为学生，你们必须把学习当作一种享受、一种乐趣。"享受是一种作为学生所必须体验的感受。这就启发我们认识到，要真正地在学习过程中享受好奇心，充分自在地享受好奇心的满足、表现、体验并由此而得到的乐趣。

要学会享受由好奇心所带来的快乐，并加以激励和强化好奇心与快乐享受之间的正反馈模式锁定。

（四）建立快乐与好奇心的关系

在反思过程中引入与情感系统的联系，可以进一步强化快乐与好奇心之间的联系强度，强化由好奇而产生快乐的感受强度，并通过反思所产生的快乐感受的强化，将快乐反应这个独立环节加入到反思过程中。更进一步地，可以建立好奇心与各种情感的有机联系，尤其是提高充分利用好奇心的兴趣，从而将好奇性智能与兴趣建立起稳定的联系。可以看出，对好奇心反思能力的强弱（无论是主动还是被动）在一定程度上反映了好奇性智能的高低。

（五）通过其他品质建立对好奇心的反思

我们可以依据好奇心与其他心理品质的本质性联系，运用好奇心以及各

[①] 徐宜秋. 让孩子在体验中成长 [J]. 人民教育，2010（21）.

种心理品质的自主性表现和由此所形成的异变性扩张变换，建立起运用某一心理品质对好奇心的反馈环节。

（六）把好奇心教育作为一个重要环节

把好奇心教育作为教育的一个环节，既研究独立的好奇心教育，也研究好奇心在各种教育环节中的地位和作用。

三、对好奇心的反思意味着主动强化好奇心

通过反思，可以将隐含并在人的潜意识中起作用的好奇心转化为显意识模式，进而对其形成有意识的主动控制。此时，反思就变成一个有意识的控制环节，使我们能够从主观的角度增强好奇心的强度、自主性，强化好奇心与知识之间的联系，强化好奇心与探索的有机结合等。在反思的判断选择作用下，能够有意识地强化好奇心在知识结构边缘扩展的强度，使知识结构保持较高速度的持续增长。

当我们将好奇心独立出来以后，可以将其在更高的心理层次上反映出来，由此而建立起对好奇心的"自反馈"过程——以好奇心扩展好奇心。之所以这样做，基于：（1）好奇心已经成为一种稳定的心理模式。（2）大脑具有多种层次，可以对任何一个心理模式进行多种不同层次和形式的加工。这种多种层次的加工结果可以在多种不同层次之间相互传递，即可以形成对心理模式的有效反馈作用。而在好奇心作为一种稳定的心理模式时，这种过程也同样会表现出来。（3）处于任何一个层次的心理模式，都可以直接传递到高层次神经系统作为更高层神经系统中的模式而稳定下来，也就可以将其作为指导模式引导低层次神经系统的变化。如果我们将好奇心作为一种心理模式，这种在高层展开进行相关过程，意味着运用高层次神经系统中、由差异性神经元所组成的好奇心来对低层次神经系统中的好奇心实施变换控制。（4）神经系统的复杂性导致这种反思既有可能表现出"负反馈"特征，也有可能表现出"正反馈"特征，甚至会将两种特征都表现出来。此时也就意味着对好奇心的主动强化与选择。

由伊利诺伊大学阿尔瓦拉辛教授进行的一项研究表明，那些问自己能否胜任一项工作的人通常比那些告诉自己能胜任这项工作的人干得更好。通过分析我们也认为，在做好一项工作的过程中，好奇性智能起着核心的作用。阿尔瓦拉辛教授及其研究小组猜测，这可能与在心理变换过程中引起的潜意

识暗示有关。"我能吗？"这个问题本身就是通过更大范围内的反思而产生的对自我的正鼓励——在众多可能性中选择那一种可以"能"的心理趋势或行为。正如阿尔瓦拉辛指出的："流行的看法是，自我肯定能够提高人们达到目标的能力。现在看来，面对一项具体工作，问自己能否做到是一个更能使自己实现愿望的方法。"① 形成这种问题的心理状态本身，就是通过构建多种可能性促进对好奇心表现的强化，也是在满足好奇心，并且还是根据其他心理过程而对好奇性智能的强化。

第二节　认定好奇心

世界迅速的变化，带给人们以深刻的提示：应该充分认定好奇心，提高对差异的敏感性，对新奇性信息给予更多的关注，促进对新奇性信息更大的自信心，让新奇性的观念得到更多时间的自由成长，促使人们更多地深入研究，以得到确定性意义，并以此而给人们带来新的启示。

当人们认识到好奇心的重要地位，认识到好奇心的性质，认识到好奇心增长变化的规律，认识到好奇心增量在构建新奇性意义中的作用，尤其是认识到好奇心在未来应对复杂变化的世界的意义时，人们就应该并已经开始有意识地主动认定好奇心，并表现出足够强大的对好奇心的主动认定过程。

一、认定是一个基本过程

（一）认定

所谓认定是指：依据当前信息而将其所对应的意义（包括关系）固化、确定下来的过程。人们早就认识到了认定所具有的基本意义。认定与收敛的内在联系，使人们认识到认定本身就是生物体存在的基本过程。E. 詹森就指出：生物的进化使得人类生来就具有寻求确切意义的心理过程②。带着这种本

---

① 美国每日科学网站 2010 年 6 月 1 日. 我们能成功吗？自我怀疑更利于成功［N］. 参考消息，2010-06-03.

② E. 詹森. 基于脑的学习——教学与训练的新科学［M］. 梁平，译. 上海：华东师范大学出版社，2008.

能，人们自然地认定好奇心。"好奇心不是指人们是否注意到当前所发生的事情，而是指如何对这些事情加以关注。"①

在生物的进化过程中，由于只有迅速构建出一定意义的有机体才有效地生存并取得竞争优势，那么，具有这种基因的个体便将寻求意义——对人有什么作用、是有利还是有害？一切活动都在一定程度上体现出寻求某种意义的特征，这就为好奇心打上了天然的烙印——一切都将在一定程度上围绕寻求意义来进行，对好奇心也会如此。

认知心理学已经证明，大脑以一定意义的形式表征着信息，因此，对信息意义的认定过程就一直存在着。认定对于人类的进化具有积极的意义，因此就会被保留下来。"无论是人类还是其他生物，个体在无法预测周边事物时，会混淆因果关系与非因果关系。"②

认识相对稳定的事物，或者说将事物所对应的意义确定下来，就是在人的生命本能中追求确定性，表现追求掌控的基本过程。人们无论从感觉上还是从理性上，时刻都要追求稳定性，追求"不变量"，进而追求那"永恒"的事物、永远的真理。

（二）"活性"就在于认定（收敛）与好奇（发散）的有机结合之中

反映各个组织器官活动的电信号，具有足够多的信息承载能力。信号的多种形成与结构，反映着组织器官不同状态和过程，能够在神经元中准确地得到反映。而神经元之间复杂多样的联结，又为这种反映提供了足够的基础。灵活易变的结构使人的大脑具有了足够的活力，保障着大脑更容易产生新的运动模式（形成新的意义）。保持灵活性、保持多样并存、保持区域应对是大脑甚至是生物体的基本能力。可以认为，代表扩张的好奇心与追求确定性意义两者的有机协调，本身就表征着人的大脑的"活力"。虽然大脑在设计上显得"古里古怪，效率低下……但却是一团诡异的集合体，把千百万年进化史中积累起来的临时解决方案都攒在了一起"。大脑神经系统是机体中最容易变化的部分，是最为灵活多变的部分。最为神秘的人脑，本就是"东拼西凑的东西"，是一种高度的多样并存体③。为了发挥足够强的功能，这种多变的生物系统也必须保持一定程度上的稳定性。从内在结构上看，大脑神经科学的

---

① 托德·卡什丹著. 好奇心 [M]. 谭秀敏, 译. 杭州: 浙江人民出版社, 2014.
② 迈克尔·舍默. 徐蔚, 译. 进化让人"迷信" [J]. 环球科学, 2009（1）.
③ 沙伦-贝格利. 探索我们杂乱、爬行动物似的大脑 [N]. 参考消息, 2007-04-10.

研究表明，智力不仅取决于大脑的容积或大脑所含神经元的总数，还取决于组成神经元突触分子的多样性。人脑结构和功能的效用不单单与其容积有关，还可能与神经脉冲越来越精密的分子处理过程有关。神经脉冲表现出更大的灵活性（可变的特征点相对较多）可使动作逐渐复杂的动物得以发展进化。不同物种之间神经元突触的数量导致它们的智力级别大不相同[1]。神经元的多样性在一个方面保证了大脑在对信息进行加工时信息模式的多样并存（另一方面则是表征大脑神经系统收敛与稳定的记忆），人刚出生有更多神经元的存在即保证了这一过程的顺利进行。随着用进废退（神经系统的强化与消解——生命活性的具体表现），不被使用的神经元就会死亡，神经元被一再使用时，其生命活力即得到重复性强化，就会与其他神经元建立起更强、更广泛的联系。

神经元运动以及彼此联结的多样性和由此所形成的灵活多变的变异性，会导致各种不同结构、功能神经元的出现。神经元彼此之间的相互联系又促使不同的神经子系统紧密地联系在一起。研究发现，神经元连接除了具有一定程度上的结构性联结之外（这种联结强度将随着神经子系统对外界信息的加工而发生变化），还会针对外界刺激物的特殊模式产生动态性的变化。当大量神经元因外界刺激而做出反应时，动态连接加强了侧向抑制。于是，大脑能更加清楚地识别不同的刺激物，能够有效地将它同其他类似的刺激物区分开来，同时将差异信息独立地表征出来。该研究结果也明确指出，同时表征差异性特征和共同性特征的协调统一，表征着大脑的生命"活力"，是人的好奇心的生理表征。

从耗散结构理论的角度看，好奇心相当于对心理过程的涨落[2]。既然是涨落，就会有可能促使心智状态由原来的平衡状态（甚至是稳定）向新的稳定状态转化、向不确定的方向转化、向未知转化。更准确地说，这是人从基本的物理过程层面所展示的探究未知的内在过程。因此，人的寻求未知的趋势是天生的，与此同时，寻求确定性意义的过程将与之相伴。"进化促使人们在接受正常事物的同时，不得不相信一些离奇的事，这就是模式化。"[3] 我们相信"自然选择更青睐模式化"，但同时也会以很大的可能性引发自然的、向未知探究的非线性涨落。

---

[1] 亚伊萨·莫拉莱斯. 分子多样性可能是智力的关键[N]. 参考消息，2008-07-14.
[2] 徐春玉. 好奇心理学[M]. 杭州：浙江教育出版社，2008.
[3] 迈克尔·舍默. 进化让人"迷信"[J]. 徐蔚，译. 环球科学，2009（1）.

奇凯岑特米哈伊揭示了在人的心理层面所表现出来的收敛与发散两种过程存在并相互作用的基本表现："我们每个人都生而具有两种互相矛盾的倾向：一种是保守倾向，由自我保存、自我增加和节省精力等本能构成；另一种则是扩张的倾向，由探索求知、喜欢新奇和冒险——导致创造性的好奇就属于这个范畴——的本质构成。"[①] 好奇性扩展与对好奇心的认定相互作用地统一于一个有机整体中。他们之间构成一种同生共存的关系，反映着一个真实的鲜活生命中两个不可分割的过程及趋势相反的特征。认定，也是生命本质活动中的一个方面。由认定出发，会进一步地发展出在人们眼中的不同的意义，诸如：保守倾向、自我保存、自我增加和节省精力等。

（三）对好奇心的评价属于认定

布鲁姆（Bloom）将评价作为人类思考和认知过程的等级结构模型中最基本的因素。根据他的研究，在人类认知处理过程的模型中，评价和思考是最复杂、最基本的两项认知活动。他认为："评价就是对一定的想法、方法和材料等做出价值判断的过程。它是一个运用标准对事物的准确性、实效性、经济性以及满意度等方面进行评估的过程。"

评价包括两个方面的含义：第一，评价的过程是一个对评价对象的价值判断过程；第二，评价的过程是一个汇集计算、观察和咨询等方法的一个复合分析综合过程。

百度百科给出评价概念为：评价就是指通过评价者对评价对象的各个方面，根据评价标准（价值准则）进行量化和非量化的测量过程，最终得出一个可靠的结论。

我们认为评价，就是评估者在特定环境中，运用不同的手段和方法对评价对象的各个因素（各种自变量）进行综合的测量、反复校对，最终得出一个科学、信度、效度比较高的结论的评判过程。作用在于通过反馈进一步地促进建设与发展，使目标得以实现，使标准得以落实。

对好奇心的认定，表征着在评价基础上的选择。

（四）凸显认定模式

当认定在心理层面凸显成为独立的心理模式时，便可以依据该模式去变换任何一种心理信息。也就是说，可以在任何一个心理过程中去认定任何一

[①] 米哈伊·奇凯岑特米哈伊. 创造性：发现和发明的心理学 [M]. 夏镇平, 译. 上海：上海译文出版社, 2001.

个在大脑中短暂显示出来的信息模式，并使之成为一种稳定的、具有一定确定性意义的心理模式。

心理学的研究表明，一种模式只要强大到一定程度，就可以稳定地表现出该模式所对应的功能。如果某一种模式没有独立强化到一定程度，虽然该模式可以依据"活性"以一定时间的兴奋而形成对其他信息的刺激（相对比较短且不稳定，没有时间建立起与其他信息之间的关系，或者说由于时间短，所形成的能表征彼此之间关系的生化物质不能积累到一定程度，那么，其再次显示的可能度就比较低），但却不能成为构成某一种意义的稳定的泛集元素，也不能长时间地与其他信息通过相互作用以构建新的意义。由此，为了更好地发挥认定的作用，就要突出认定，增强认定的自主性，使认定具有自主意识，使认定不受机体其他功能需求的影响而自主地发挥作用，使某一种被认定的模式独立地表现自己的功能。

突出认定的自主性，是在"活性"特征保证收敛与发散相互协调前提下的基本过程——在认定的同时保持好奇（扩展）。这往往需要迅速构建认定模式，使认定具有自主功能，并以此作为研究问题的出发点。

二、认定好奇心

所谓认定好奇心，就是对好奇心以及对好奇心各种表现的认可，是对独立好奇心、好奇性自主的肯定和重视。对好奇心充满信心，可以放心地让好奇性自主发挥作用，是从意识层面上对好奇心的体验、认同与提高。

在一个心理转换过程中，好奇心将使心理转换过程产生扩张，但可以将好奇心作为一种独立的心理模式，表征好奇心的生命"活性"特征，产生对这种心理模式的"扩展"与"收敛"。更进一步地，既然生命"活性"对任何的心理模式和行为模式都能够表现出扩展与收敛的有机统一。那么，也必然会对好奇心表现出扩展与收敛的有机统一。此时，对好奇心的认定可以看作对好奇心的"收敛"性作用和以好奇心为基础的发散、扩展。

在认定好奇心的过程中，必然地会受到社会习俗与社会文化的影响。在不同的文化背景下，人的好奇心会有不同的表现形式。尼斯贝特认为好奇心与文化有关系是有一定道理的，但这仅仅体现在好奇心的不同表现形式上。我可以不赞同尼斯贝特提出的其他观点，但我同意他指出的：西方人比东方人更习惯于运用逻辑——形式逻辑得出结论。从好奇心本能的角度，我们还是不赞同尼斯贝特认为的"西方人似乎比东方人更具好奇心",尼斯贝特指出:"我们都知道西方人一直不断地构建世界的因果模式。实际上,美国教师经常认为因为经商而居住在美国的日本人的子女缺乏分析能力,因为他们不会搭建这种因果模型。搭建明显模型的过程可能出现的结果就是意外。这些模型得出的绪论可能与实际情况正好相反,这就促使一个人去获得更加正确的观点——也就刺激了好奇心。"[1] 由于好奇心存在不同方面的内涵,也有不同的外延表现。当我们依据不同的方法关注不同的特征时,所产生的结果自然会有所不同。我们同样存在足够强大的好奇心,但将东方与西方习惯的思维方式相比较,就可以发现,两者差异的实质就在于我们在认定好奇心、运用逻辑规则的基础上,在好奇心的指引下进一步地深入探索方面有所欠缺。东方人更加强势地习惯于表现复杂、关系和多样并存等思维模式。

保持认定未知的心态,将使我们不断地构建。既然要研究问题,为什么不能研究前沿性的问题?也许人们在此时会有这样的疑问:在研究前沿性问题时,不知道下一步该踏向哪里,那么应该如何去做?我的看法是,既然研究的是前沿性问题,因此,就必然意味着踏向未知,由于未知的不确定性,人们往往不相信这种自己构建出来的意义是否合理。应该先认可这种新奇性的意义,然后再建立该新奇意义与其他意义的关系。或者再进一步地说,有可能这种方法还不行,只是知道它具有足够强的新奇性,就先认可这种意义,然后再进一步研究让它能行,通过其他什么方面的证据证明其能行,通过什么关系不断地使这种确定性意义的可信度进一步地增强,或者说关注于如何才能让它达到更好。只要我们将踏出去的脚固定下来,即便是悬在"未知"的虚空中,也先认可它,然后再建立它与其他信息的关系。我们一旦将此"点"作为"脚手架"的汇聚点,就可以以此为基础再往前"搭建"。

认定好奇心,就会进一步转化为强化、注意好奇心所起的作用。通过识别、认定好奇心的种种表现,认定、肯定、认可好奇心所起到的作用,形成一种涉及好奇心的结构性系统,并能将这种结构明确地突出出来。奇凯岑特米哈伊通过研究已经看到了对好奇心的认定的重要性,因此,对认定好奇心给予了足够的重视[2]。

---

[1] 理查德·尼斯贝特. 开启智慧 [M]. 仲甜甜, 译. 北京:中信出版社, 2010.
[2] 米哈伊·奇凯岑特米哈伊. 创造性:发现和发明的心理学 [M]. 夏镇平, 译. 上海:上海译文出版社, 2001.

（一）认定好奇心的心理趋势

在任何一个心理过程中，都有好奇心的作用与表现，而不会被确定性的心理完全占据。这种心态就是认定好奇心基本的心理倾向。

保持好奇心足够的强度，就是维持好奇心在任何一个心理时相的稳定性和一定的向"外"扩张的强度：一定强度的变化性信息、一定数量的多样并存性的信息、一定程度的复杂性信息、一定新奇度的未知信息、一定程度的对未知的期待等。

（二）保持好奇心的独立性

我们需要在各种过程中体验到好奇心的作用，将好奇心作为一个独立的心理模式看待，在更多的心理转换过程中体验好奇心的影响。

1. 把好奇心作为一个独立的对象

随着人们对心理过程的深刻认识，好奇心逐步得到人们的重点关注。对好奇心的认定力度也就在这个过程中逐步增强。如在罗素看来，所谓具有优秀的品质主要有以下几项："好奇心、虚心、求知虽难毕竟可行的信念、耐心、勤勉、专心以及精确性。"在罗素看来，在上述诸品质中，好奇心更是其中最基本的；如果好奇心强烈，并指向正确的目标，其他品质便会随之表现出来。但是，"也许好奇心尚未活跃到足以成为整个智力生活的基础。故学生还应具备随时'做'困难工作的欲望；所求取的知识应是一种技能，就像游戏或体操的技能一样，呈现于学生的脑海中"。[①] 而当我们更加重视这种品质时，将会使相关过程简便很多。

2. 独立强化好奇心的影响与作用

好奇心的独立意识反映，使人可以单纯从好奇心的角度对心理转换实施控制、体验好奇心的作用和特点、体验好奇心促使心理转换发生变化的过程和能力。将好奇心独立并突出出来，将有可能增加人对心理认识与控制的"着力点"，并有可能保证人依据"活性"扩展而形成新的"花样"。

使好奇心独立特化的过程与在神经系统中不断表现出来的正反馈有关，与所形成的正反馈的模式锁定有关。在这个过程中，好奇心越表现，其作用就越突出，好奇心的可能度也就越高，越有高可能性在一个过程中发挥作用。这种显示又会反过来进一步地增强好奇心的可能度。随着好奇心可能度的不

[①] 伯特兰·罗素. 教育与美好生活 [M]. 杨汉麟，译. 石家庄：河北人民出版社，1999.

断增强，好奇心的独立性也就越来越突出。如果能从主观认识上重新认定好奇心，就会更进一步地特化、凸显好奇心。

好奇心促使人的心理过程产生跳跃，认定好奇心，会尽可能地扩大人在好奇心作用下心理变换的跳跃力度，使人习惯于这种较大跳跃力度的新奇性意义的生成与构建，进一步地追求如何才能产生这种跳跃力度更大的新奇性意义。同时还会认定这种向各个不同方向跳跃的主动性和控制力，通过扩展而构建更多可能的跳跃方式。

（三）认定好奇心的扩展功能

认定好奇心标示着将心理扩展转化成一种本能模式，促使人形成：只要基于任何一种信息模式，就可以不断地向其他信息伸出"触手"。可以依据好奇心强化不同神经系统彼此之间的差异性相互作用强度，从而形成一个更大的神经反应系统的模式。好奇心基于新异感知元系统的运动，会使其成为维持更大神经系统稳定的耗散结构的内激励力，并不断地扩展人的求新异变的能力。人之所以做出这种选择，是有其进化的力量的。迈克尔·舍默赞同这样的计算："概率×利益>代价（pb>c）。"①，即人们已经认识到，只有在利益高于代价时，才会采取行动。求新异变与追求最优相比已经付出了相当大的代价。由于这种多样的、不确定的试错能通过必然地形成一系列有错误的行为而提高人在各种情景下的综合生存能力，进化中的人类也是乐于将这种试探能力遗传下来的。迈克尔·舍默指出，误把风吹草动当作危险信号，总好过把野兽的声音误认为风声，至少不会付出生命的代价。显然，正是由于对这种试错的扩展，才进一步地形成了人更大的"剩余心理空间"。人们对估算并不在行，但为了提高人们对未知的把握能力，人们都在不断地扩展这种估算心智："宁可信其有，不可信其无。"从而不断地延伸扩展。

在将认定与好奇心独立开来时，认定与好奇心有关的各种心理变换，就是认定好奇心所形成的扩展，并以这种扩展模式为基础而表现活性扩展的力量。强化这种能力，就是要在各种信息变化过程中，提取并强化关于好奇心所起作用的环节，使其所对应的功能明确地显示出来，将这种模式从具体的心理转换过程中"剥离"、抽象出来。只看到这种过程，只看到这种结构，只看到这种模式所涉及的各个环节，就能够在更高层次的神经系统中表征出来，同时赋予它以更加抽象的意义，赋予其更高层次的职能。

---

① 迈克尔·舍默. 进化让人"迷信"[J]. 徐蔚, 译. 环球科学, 2009 (1).

强化好奇心的扩展、变化、求异强度。这其中涉及：（1）放大差异性信息；（2）加强好奇心与扩展信息之间的联系；（3）认定扩展；（4）在认定新奇的基础上再进一步扩展等。

（四）提高自信的好奇心

认定好奇心的必然结果就是提高人对好奇的自信心，就是能够在好奇心的作用下，在他人从未接触过的领域、事物，从构建的角度稳定地坚持下去，正如陈省身所讲的，要敢于自信地掀起新的潮流，而不是说在没有他人跟进的情况下不敢再次前行。增强自信的好奇心，就是要在其他人还不知道、不理解甚至反对的时候，坚持自己的新奇观点，并以此为基础不断地进入、延伸、扩展到更新的领域，在构建新奇的道路上不断前行。

没有自信的好奇心，便不能认定好奇心所构建的新奇性意义，以该新奇意义为基础所进行的后继构建便没有意义，在研究问题时就会犹豫不决、"左顾右盼"，心理转换过程也就不能定向，新奇性的构建也往往不系统。虽然这在这个问题上还会涉及其他因素，但自信的好奇心不强是其中的关键。

在不自信心理的影响下，我们可能更重视自己在他人眼里的表现，即使我们与他人同步开始，他人有更大的可能会在我们的这种左顾右盼中把我们远远甩开。也很有可能导致我们形成只有跟在他人的后面才会安心的情况。

三、留出心理空间

增强人的好奇心增量，将会增强利用各种信息以及利用对当前信息的"求新异变"而构建新奇意义的能力。"人脑具有地球上所有生物中最大面积的自由皮层（无特定功能）。这赋予人类杰出的灵活性和学习能力。"[1] 大脑中的"自由皮层"就是与我们较大的"剩余心理空间"相对应的神经系统，对于个体来讲，这部分天生自由区域的存在表征了"活性"在基本结构上"自然扩展"的属性。这种自由皮层在社会中的表现就是所建立起来的"中立空间"，也可以看作目前在科幻领域人们热点关注的"赛伯空间"[2]。正是由于好奇心增量所提供的足够的与之相联系的剩余能力，才使随之而来的信息

---

[1] E. 詹森. 基于脑的学习——教学与训练的新科学[M]. 梁平, 译. 上海：华东师范大学出版社, 2008.

[2] 托比·胡弗. 近代科学为什么诞生在西方[M]. 周程, 于霞, 译. 北京：北京大学出版社, 2010.

加工过程具有了足够的自由度和自由延伸扩展空间，也使人能够不断地利用当前信息构建更加多样的新奇性信息，形成与当前新奇性刺激相对应的多种不同的试探模式。适应能力得益于剩余空间的大小[1]。剩余空间越大，人的适应能力就越强。人的心理剩余空间是随着环境的复杂性而逐步增大的，剩余空间与适应能力之间复杂的非线性关系，会使人在复杂的环境中逐步达到"增长的极限"。在此种情况下，要想促使剩余空间有进一步的增长，就需要从主动的角度强化好奇心增量。

神经系统的扩展性生长与出于生存恰当需要的有机结合，促使人形成足够的剩余心理空间。认识到这一点，就是对留出恰当心理空间的一种认可、一种肯定、一种追求、一种要求、一种基本心理态势。因此，应当充分利用、表现这种本能，以防止其不断萎缩。从比较动物学的角度来看，这正是人有别于其他动物的基本特征，就应该使其得到充分表现，让其有足够的表现和扩展的机会。比如，给人以自由"发愣"的时空[2]，引导人们独立自主地思考等[3]。

（一）留出心理空间以加工新奇性信息的心态

要具有这种心态：一旦有新奇性信息出现，不论该信息是否与当前问题有关，不论该现象、行为模式是否符合我们的期望，不论该结果能否达到我们的目的（是否有用），不论该现象是好还是坏，对我们是有利还是无利甚至有害，都应该将其作为我们关注的重点。让我们先利用这种预留出来的剩余心理空间对其进行扩展性加工，在求得一个相对准确的整体把握的基础上，再根据目的和价值标准进一步取舍。

尤其应该注意的是，这种预留的空间是可以供任何信息进入的，不能有任何的限制与先入为主，不能有任何的先决条件。在这种状况下，我们尤其应该保持自由追求新奇信息的态度。当新奇性信息与当前信息相矛盾，或新奇性现象非我们所预料，或者说不是我们所愿意看到，或者说同我们当前的研究不相干时，如果不能保持好的心态，这类新奇现象往往会受到我们从内心的排斥，很多信息就会被我们排除在预留空间之外，也就不会被我们以后专门研究了。为了避免出现这种现象，应该充分重视预留心理空间对任何信

---

[1] 周忠昌. 创造心理学 [M]. 北京：中国青年出版社，1983.
[2] 雷宇，甘晓，庄郑悦. 给科学家一点发愣的时间 [N]. 中国青年报，2010-10-21.
[3] 李淼. 创造力和孤独感 [J]. 新发现，2010 (4).

息的关注，让新奇信息在预留空间自由成长。

（二）运用好奇心增量强化心理空间

意料之外的信息应该成为预留心理空间的主要关注对象。我们应该具有这种心理准备和态度。好奇心增量越大，留出的心理空间就会越大。对预留心理空间的重视，就是对好奇心增量的认定与重视。我们应该运用好奇性智能，主动地运用好奇心增量扩展这种预留心理空间，从心理态势上形成一种期待和趋同。

（三）主动扩展预留空间

应从主动性的角度而不是被动的角度去构建更大的心理空间，形成更大的神经系统，以便能够针对当前刺激产生更加多样的应对模式。正确的心理过程是，在面对问题时，将追求"最优解"的过程立足于先构建出多种不同应对模式的基础上，然后再利用目标和价值标准选出当下的"最优解"。在这种情况下，所形成的"解"有可能只是在当下自己所能考虑到的各种方案基础上的"满意解"，可以称为"主观最优解"，而不是实际中真正的最优解。而这种情况恰恰是我们必须面对的。基于人的能力有限性，我们必须正视这种现状。显然，要想使"主观最优解"尽可能地靠近客观最优解，就必须充分发挥好奇心以及好奇心增量的作用，通过好奇性自主而促进各个神经子系统处于激活状态，将各种信息尽可能地汇聚到心理加工空间，以若干小的"覆盖"向实际逐步逼近。

四、保持好奇心的稳定性

所谓保持好奇心的稳定性，就是保持好奇心维持一定的可能度、一定的强度、一定的显示时间，保持好奇心能够持续地发挥作用。

对好奇心的认定是对新奇性信息的肯定、认可、确认，认定该过程所形成的结果的意义及其存在合理性，就是将其作为进一步研究其他问题的出发点。尤为重要的还在于，要保持对未知存在的认定和期待，由于未知的东西还没有出现，认定什么，还不知道，只是在等待新奇性信息的输入，等待那个还没有出现的"爱情鸟"。

保持好奇心的稳定性，可以使好奇心的独立性得到强化，提高好奇心的自主性，并保证好奇性自主达到一定的强度，促使人产生一定的积极主动性，可以促使好奇心与某个领域的知识建立起有效联系，促使人在相应的知识领域表现好奇心。

以下情况促使我们需要保持好奇心的稳定性。一是尽可能地保持一个人的好奇心不随其年龄的增长而逐渐降低，也就是说不使其所受到的限制逐步增大到足以消除好奇心作用的地步。二是保持对好奇心增量的强化。促使人对即使是已经熟悉的事物，也能产生"哎呀！这是怎么回事"的惊奇感受，不至于使我们即使看到一个全新的东西也没有什么惊叹的热情，甚至无动于衷。三是不使其以后养成熟视无睹的心理状态，没有任何的惊奇感，对任何事物失去探索的兴趣、深究的欲望。四是随着人的心智活动产生疲劳感，将会削弱心智的活动程度，作为心智重要方面的好奇心也会得到削弱，我们则要尽可能地消除这种影响。从主观上保持好奇心的稳定性，就会保证心智在对信息的加工与变换过程中保持足够的灵活性。五是当人的好奇心在某种程度上以某种方式得到满足时，高层信息的不变性将会驱使人的好奇心向其他成分转移，人们需要转换好奇心被满足的形式，转换后，人在当前的好奇心会在一定程度上暂时被弱化，而这其中的好处是能够转移人的注意力。为了保证心理转换过程的稳定性，需要从主观上保持好奇心的稳定性。六是由于存在更多的未解问题，那些未解的问题，会以其未知性使人的好奇心得到满足，存在未解问题，将会强烈地影响到围绕当前问题引入其他新奇性信息的能力。

五、认定新奇性意义

认可新奇性信息，就是认定该新奇性信息的意义；强行有意识地提升该新奇性信息的兴奋值，将其作为一个稳定的心理模式；建立内知识结构与该新奇性信息的关系，通过关系而将其纳入稳定的内知识结构；以该新奇性信息为基础，向其他信息伸出建立关系的"触角"，提升该新奇性信息与其他信息建立起来的短暂、局部关系的可能度，使相互联系的时间变长、联系的范围扩大、方式更加多样等，并将其作为进一步深入推演的基础；保持该新奇性信息以足够的稳定性，使其成为更大范围的不变量——不易变，保护其在受到其他因素的影响时不会发生变化等。正如姚期智所指出的："一定要敢于坚持自己的想法，不要为别人的意见所动摇。当然，要有严格的科学的推断。"[1]

---

[1] 姚期智. 科学的核心价值是求真[N]. 科技日报，2012-12-12.

总是认定新奇性信息，总是将变化的信息模式稳定下来，总是建立一个动态的联系更广泛的耗散结构，就会形成一种认定的模式，这种模式的可能度就会在不断应用中得到增强。好奇心可以在某种程度上对信息实施组织：(1) 使信息具有新奇感；(2) 将具有新奇性的信息联系在一起；(3) 有效扩展心理空间；(4) 使心理空间具有更强的变化性；(5) 使心理空间本身具有扩展性。认可好奇心对信息的组织，这本身就是对新信息的认定。建立信息之间关系的过程首先要将不同的信息激活，尔后再建立彼此间关系。

在信息之间存在多种关系时，无论这种关系是外界刺激还是历史经验，无论是根据确定性关系激活的具有逻辑性的关系，还是信息之间的局部的、暂时的联系，或者是根据人们通过预测而构建的新奇性的关系，人都会时时表现出扩展的心理。表现这种对新奇、未知关系的扩展，这个过程就是在认定新奇。认定新奇可以认为是进化的必然结果。"出于生存和繁衍需要，自然选择会青睐许多不正确的因果关联。"① 正常稳定的心理状态就是在这种确定与不确定、已知与未知关系的交织作用过程中具体表征的。

第三节　好奇心定向

好奇心能够表现对人类社会积极的一面，但好奇心也有黑暗的一面②。好奇心是需要通过引导而定向的③。

一、好奇心定向

当某一类型的信息与好奇心建立起关系，使得由好奇心所激活的信息都具有某种特定的性质。也就是说，使该种类型的信息具有好奇心激活后的选择、筛选功能，就意味着将好奇心限定在该信息上——好奇心定向。所谓"在某个领域的好奇心""在某个方向的好奇心"指的就是好奇心的定向，是指好奇心与单个知识点、信息形成联系或者说让好奇心在这些知识点上发挥

---

① 迈克尔·舍默. 进化让人"迷信"[J]. 徐蔚, 译. 环球科学, 2009 (1).
② 托德·卡什丹. 好奇心 [M]. 谭秀敏, 译. 杭州：浙江人民出版社, 2014.
③ 托德·卡什丹. 好奇心 [M]. 谭秀敏, 译. 杭州：浙江人民出版社, 2014.

作用。

具体地讲，所谓好奇心定向是指在一定的时间内将好奇心相对地集中到某个领域、与某个特征相联系（使所激活的信息都具有这种特征）的过程。使好奇心定向是好奇性智能的重要方面。

由于好奇心具有多种不同的成分，这些成分不同的好奇心会在不同的过程中发挥着不同的作用。促使不同成分的好奇心与不同领域相结合，也是好奇心定向的基本表现。朝永振一郎就特别强调知性好奇心，强调要在知识领域发挥人的好奇心，尤其强调在科学研究中将好奇心定向为探究未知。"推动科学进步的最基本的东西是什么呢？我认为是人类的知性好奇心。"[1]

根据心智表现的非线性和各向异性特征，我们知道，好奇心的表现并不是均等的。随着各种信息贮备的不断增加，人的心智逐渐成熟，由开始对任何信息都能均值联系、重视的好奇心，会发生偏化现象——产生非均衡状态，产生好奇心与某个方面联系紧密、只在某些方面有突出表现，在某个方向上表现出更强的"张力"，而与其他方面联系不紧、在某些方面表现不明显、甚至不起作用的现象。好奇心可以在某些知识领域促进人的深入思考，而对于另外一些方面的知识，人们则仅限于浅尝辄止——止步于肤浅的好奇心。我们也将这种现象称为好奇心定向。心智发展的非均匀化、差异化、各向异性的明显表现，是好奇心定向的基本影响因素，也是好奇心定向的一种结果。好奇心定向反映了心智成长在某些方面的易（激活）化性特征，也反映了好奇心与某种类型的知识建立起了紧密关系而表明人的心智在一定程度上的成熟。只有出现了好奇心定向，才预示着人们真正开始了深入思考，也就意味着能够更加有力地促进着某种潜能的有效增长。

好奇心与某个可能度较高的心理模式建立起稳定的关系，也就意味着通过该心理模式的高兴奋表达而使好奇心具有了定向性。好奇心的自主性促使好奇心对任何形式、类型的信息都能产生相同的作用。使"好奇心定向"这个模式独立特化出来，也意味着使好奇心与内知识结构建立起稳定联系。

在心理成熟过程中，信息的输入与记忆过程会成为一种稳定的模式，"按模式而变"，也成为一种稳定的模式，这些能够建立广泛联系的信息模式，会在后来才进化的高层次神经系统中稳定地反映出来。用于表征更大范围内信息之间的相互作用或共性信息，会成为在更大范围内关于信息不断变化的稳

---

[1] 朝永振一郎. 乐园——我的诺贝尔奖之路 [M]. 孙英英, 译. 北京：科学出版社, 2010.

定性信息——不变量。这些稳定的信息，也就成为大脑对外界信息进行加工而一再显示的指导性信息模式。当好奇心成为稳定的心理模式时，就会与这些稳定的心理模式建立关系，成为对稳定的心理模式产生作用的控制性信息。好奇心也就随着这些信息一起定向。

（一）受某种模式控制的好奇心

在好奇心与某个心理模式建立起稳定的关系时，自然地被打上该心理模式的烙印。比如说在"建立信息之间的关系"模式的基础上，发挥好奇心的作用，就是在该模式的引导下寻找、构建信息之间的其他关系、新奇性关系，将具有这些关系的诸多信息显示出来，将这些关系模式显示出来。这种过程使好奇心也就具有了某个方面的控制因素，使好奇心在发挥作用时，只显示出该控制模式所允许的新奇性信息（同时将具有这种性质的信息同时显示，也可以使好奇心得到满足，从另一个方面看，也可以看作好奇心受控制的一种表现）。

从某种角度讲，这种模式就是好奇心发挥作用时的控制因素，它将成为一个"筛子"，将符合该模式所要求的条件的信息保留下来，将不符合模式要求的信息"漏"下去。这种因素、模式在成为限制条件的同时，也成为激发其他信息激活的诱发因素，其他信息就可以在这种模式的激励下被激活，或者说与该模式有关系的其他信息会被激活，再由好奇心强化选择：选择由这种因素所激活的具有新奇性、能满足相应好奇心的信息。在这种因素的激发下，可以不断地将与该因素相关的信息在大脑中激活，并在好奇心的作用下进一步地扩展。或者说，在这种模式的引导下运用好奇心而不断地向其他信息扩展。

（二）受好奇心作用选择控制模式

当好奇心起到主导作用时，它就会选择、激活那些能满足好奇心的稳定控制模式，从而产生更大的变化。好奇心还在策略层面控制着不断变换控制模式，选择更加复杂的控制模式以及构建具有探索性的稳定控制模式等。

二、为什么使好奇心定向

（一）好奇心定向是一个自然选择过程

复杂性动力学已经揭示，非线性产生非均匀、"对称破缺"、模式化过程，非线性所导致的各向异性和非均衡发展，势必使得某个方面得到强化，使其他方面得到弱化。作为非均衡发展根源的非线性，不可能使人心智的各个方面都得到同样的发展，必然地使某个方面的增长较快，而另一些方面的增长较慢。人们已经认识到神经元之间的联结会使信息加工过程表现出强非线性——突出的非线性特征，任何心理特征都以较高的可能性表现出发展的非均衡性。自然，作为心理中重要部分的好奇心，也将在与各种系统的有机结合、在不断发挥作用的过程中，成为具有一定程度的非均匀化的基本模式。好奇心也会依据其非均衡性特征而促使心智在成长过程中形成"各向异性"。

从心智不断成熟的角度来看，好奇心定向是一个必然的过程。生命的"活性"表征着稳定与变化的协调与统一。在不断的稳定性建构过程中，与追求扩展相对应的好奇心，必然受到追求稳定的固有模式的控制与影响。这就从逻辑上指出，心理的非线性发展必然导致好奇心定向——好奇心只在稳定模式的控制下才能自由地扩展。有机体必然会在变化性信息作用下形成稳定的应对模式，也会在稳定性信息模式的基础上，不断地追求变化、新奇性信息。至于追求哪些方面的新奇性信息，就已经不再是"各向均匀"的了。

一个信息模式的可能度会因为受到其他信息的激活干扰而降低，因此，由若干信息模式组成某个具有确定性意义模式的可能性，会随着其他信息模式数量的增加而降低。虽然在好奇心的作用下，会进一步地扩展这种关注越来越多的信息的力量，而追求确定性意义的心理，则又会使人将注意力集中到越来越少的信息模式上，形成心理定向，并进一步导致好奇心定向。两种过程相协调的结果，就将形成具有某种特征的扩展与收敛相协调、构建出最佳的"混沌边缘"临界状态。

从生命进化的角度看，好奇心定向也是必然。基于优胜劣汰，自然会将有利于生命体的竞争、生存与发展的好奇心的表现保留下来。

好奇心定向可以提高人在定向方向上的竞争力。从研究探索的角度来看，在不同的领域之间出现"产生更大突破"的竞争性本能，将有效促进在某个更加本质、更有希望取得成绩或者说在更能发挥研究者强势智能的领域取得更大的成绩。而竞争性本能的不断作用，会使人在已经取得突破的基础上，受好奇心的作用在前沿领域实施新奇性构建，不断地将研究成果向更进一步的方向推进。这种模式与人所表现出来的"追求卓越"具有很强的联系性：人们不再满足于当前取得的成绩，而是尽可能地将成果（绩）推向极致。关注更进一步的过程，就有可能特化出"追求卓越"的心理模式。

(二) 道德价值判断对好奇心定向的影响

在心智的成长过程中，由于存在各种不同的价值判断和选择，这将不断地导致有些方面受到限制，有些方面得到鼓励。受到奖励的好奇心与这些增长快的方向相结合，可以在这些增长快的方向表现出"马太效应"，使好奇心与增长快的方向形成稳定的联系。而发展过程的非均匀化，各个环节的非均匀化、各向异性，最终形成好奇心定向，形成符合道德价值标准的好奇心。可以看出，各向异性和非均衡性是好奇心定向的动力学和生理学基础，而社会道德价值标准的差别所表现出来的选择性功能，则会使好奇心的定向具有一定的放大性价值意义。在这个过程中，我们需要注意，切不可让孩子的好奇心误入歧途①。

(三) 本能、情绪等的限制

竞争本能的定向化，促使动物在选择取得竞争优势的因素时有所选择；利益驱动的非均匀化导致与之相联系的好奇心定向化：好奇心只有与某种类型的稳定信息模式联系在一起，才能有效地发挥作用。因此，稳定性特征的显化也标明了与之结合的好奇心的定向化。

好奇心定向有更大的可能性使探索不再盲目、不再发散，最起码人们不再对那些已经被认识的信息花费更多的注意力（心理能量），而是促使人将注意力集中到与这个领域相关的新奇性特征上。

当然，这样做虽然强化了新奇信息中那些被重点关注的方面，但同时也会在一定程度上限制了人的自由成长。虽然好奇心定向使心理能量更加集中，但由于限制了其他可能性，而使其灵活性、扩展性受到限制。

(四) 最大潜能形成好奇心的自然定向

从心理能量的角度来看，好奇心定向主要在于建立人的最大潜能与好奇心的有机联系，并在两者之间形成较为明显的正反馈，由此而促进创造力更加自如的表现。

对不同类型信息的关注，将导致心理定向。被关注的信息越多，分配到每个信息上的注意力必然地变小，每个信息显示的可能度越小，信息的平均可能度也就越小。与此同时，人的心理能量是有限的，要想最大可能地发挥

---

① 刘建清. 论青少年犯罪的无意识动机 [J]. 中国人民公安大学学报（社会科学版），2009 (5).

信息的作用，就需要将注意力进一步集中。人的能力有限性也指出我们只能将注意力集中到有限的特征上，这已经决定了好奇心总是要定向的。

随着信息的意义性越来越强，好奇心的定向也就具有了越来越明确的趋向性。（1）对确定性信息的追求，导致好奇心定向；（2）稳定性信息模式与好奇心相联系，导致好奇心定向；（3）对信息之间关系的追求导致好奇心定向（追求新奇的关系）；（4）某一种（类）信息在大脑神经系统的可能度越高，就会导致好奇心越来越定向。

（五）教育对好奇心定向的影响

受到教育的影响，会促使好奇心产生相应的定向。在教育过程中，即使没有教育功利性的作用，即便力图使受教育者站在一个更加宽泛的基础上，心智的定向（包括最大潜能与好奇心的有机结合）也会促使一个人的好奇心自然定向，更何况教育本身就具有社会、道德价值的选择性；教师的教学手段以及学习氛围也会在学生的心智定向中产生足够的影响。一个人所受到的专业教育势必会影响到他的发展，并促进好奇心定向。

在这个过程中，是应先实施好奇心定向，还是先让好奇心自由发展？如果说先形成定向，会有效地促进其在某一个领域得到更进一步的增长，但先实施定向，这本身就是在形成限制，而在限制的基础上，再实施扩展，将会影响其以后的发展。这其中就涉及如何权衡。显然，从教育的角度来看，如果已经实施了定向限制，就应该采取措施在扩展方面加大教育力度。而如果开始实施的是自由构建，那么，就应当在恰当的时机实施好奇心定向。

尤其在新奇性信息的构建过程中，需要将尽可能多的信息在大脑中激活，构建各种方案进行试探，对各种信息进行选择。在这种必要的孵化期中，大脑会滤掉新进来的刺激。它开始筛选已经装满的信息，在分类和存贮时寻求连接、联系、应用和程序性。

三、好奇心定向与认定新奇

根据心智发展的突出强化特征，当不同的信息模式之间建立起稳定的联系以后，作为主要寻找、引入新奇信息的好奇心，会更加容易地处于激活状态，它所激活的引导性的心理模式会使人更容易地按照该模式所指导的意义，构建信息之间的关系等。认定某种性质的新奇性意义，意味着使好奇心具有了某个方面的意义，在使其稳定的基础上，就会形成好奇心的定向发展。

四、好奇心由散漫向集中转化

好奇心会促使人的行为更加均衡，而好奇心定向则会引起注意力的集中而使人的行为具有更强的目的性。如何才能由胡闹、随机、散漫的好奇心，变化为有目的的、相对集中的、有用的好奇心？这需要充分发挥知识领域的确定性、稳定性的引导作用。心理资源的有限性和好奇心强势表现的要求的矛盾，要求好奇心集中。知识的增加与聚集代表着一种情况。随着知识的增多，人的应对那种从未出现过的情况的能力就会发生相应的变化。但如果我们只关注现有的知识，应对未知的能力就会降低，因为人只是简单记忆了现有的应对外界变化的反应模式。好奇心保证着人具有应对未知、变化情况的能力，如果一直关注这个方面，强化和重视好奇心的培养，那么，好奇心就会与知识采取更加广泛接触的策略。在好奇心发挥作用的前提下，知识越多，好奇点就越多，人的好奇心自然就会被相关的知识领域所吸引。

从大脑神经系统的角度来看，如果将好奇心与表征知识的神经系统看作两个系统，在彼此之间建立起稳定的联系时，它们会组成一个具有"活性"的有机整体。那么，好奇心就将在不同的神经系统之间寻找差异性联结、激活新奇性信息，表征知识的神经系统就将起到"稳定器"的作用，在好奇心较强时，知识越多，好奇性自主也就越强，好奇心的表现就越经常和突出。

散漫而不深入的好奇心是没有意义的，因为它不能有效地留下人们思考的"痕迹"，不能留下对于人的生存和未来发展有用的东西。好奇心驱使神经系统建立更加广泛的关系。联系的广泛性对于大脑功能的提高则具有直接的作用。

（一）肤浅的好奇心与深刻的好奇心

肤浅的好奇心仅仅只是使新奇性信息在大脑中显示，但却不实施进一步"建立关系"的过程。从一定程度上讲，被动变化的好奇心往往被称为肤浅的好奇心，而能广泛地与大脑中的信息建立种种联系，寻找更多新奇性关系等所引发的好奇心，便被称为深刻的好奇心。一般情况下，深刻的好奇心往往更多地表现好奇性自主，主动地去寻找更多的关系、更加本质的关系、概括面更广的关系等。

深刻的好奇心表征着好奇心的定向，使人对问题的研究更加深入，在某个方面有更大的可能形成更加深刻的本质关系，驱使人们构建更加本质的描述，或者构建概括面更加广泛的描述。当好奇心定向时，将使好奇心在某个区域不断认定新奇的基础上向未知前行。

（二）使肤浅的好奇心向深刻的好奇心转化

当好奇心产生的效果与以往的信息建立起稳定的联系，并将这种过程进一步地维持下去时，肤浅的好奇心便会转化为深刻的好奇心——此时好奇心维持、驱动着心理转换过程不断地深入进行。如果仅仅是好奇心起作用，并不能建立好奇所展示的信息与以往知识的联系，好奇心的表现就是肤浅的。

伴随记忆与理解，知识在大脑中占据着越来越稳定的地位，这些信息模式将以更大的兴奋度在大脑中显示出来。后继的心理转换过程将越来越多地依赖这些信息，也就必然地使好奇心具有了定向性。某个领域的知识在人的大脑中形成越来越稳定的记忆的同时，如果不加控制，该领域心理模式的灵活性就会越来越低。因此，要促使肤浅的好奇心向深刻的好奇心转化，就需要在稳定知识的基础上，不断地激发好奇心，将更多、更加新颖的信息激活、建立与稳定知识的各种关系，以此促进稳定性的意义不断扩展。

五、好奇心的定向性扩展

我们已经知道，如果将任何一个稳定的模式作为研究对象，心理的"活性"都将导致其具有扩展、具有扩展的力量和趋势。此时，如果将好奇心作为一个稳定的心理模式，自然就存在利用好奇心对好奇心进行扩展、使其具有扩展的趋势的强化性操作。对好奇心在定向基础上的扩展与扩展好奇心后的定向，两者所形成的泛集是不同的。扩展提供给了好奇心以更多的选择，使好奇心在定向方面产生新的变异，同时还通过更加多样的模式而对扩展产生更大的刺激。

六、好奇心定向的方式

（一）好奇心定向与情绪

神经生理学的研究表明："脑对于一定类型的刺激有着天生的偏好。因为人的大脑生来并不是有意识地注意所有类型的信息输入，它会分出那些对于人的生存来说不太关键的信息。为了生存，生命体内始终存在一个有意无意的自然优先注意选择过程。对于脑来说，对照和情绪无疑位居一、二，而新异性稳居第三。"[1] 根据相关的研究人们已经认定，好奇心与情感系统是既有联系同时又有区别的两个不同系统[2]。好奇心具有了稳定的自主性以后，好奇心与情感系统的联系便成为一个突出的特征，并由于与相应的情绪建立起稳定的联系而使好奇心具有了定向性。

（二）好奇心定向与收敛思维

由不同观点向一个统一的信息集中是收敛；由多个不同事物向一个事物聚集是收敛；由多个因素向一个统一事物汇集是收敛；由多种不同类型的事物趋向于用一个抽象概念描述是收敛。具体来说，由多种信息向由少量信息所组成的泛集映射的过程就是收敛。

定向与指向具有一定程度的相关性。指向所描述的是心理转换过程所要进行的方向。我们说由 A 指向 B 意思是以当前信息 A 为基础，在进行某个心理转换过程后得到 B 模式的过程。从多样并存的角度来看，它是在多样性构建的基础上，将某个模式的可能度提升到一定的程度，成为一种引导性、推动性信息模式，使心理过程向这个方面推进的可能性增大的过程；或者形成一种构建的虚位模式、形成一种趋势（只是想构建，至于构建什么则不明确）。

好奇心定向不只是简单地收敛，还包括着发散，受好奇心的作用，寻找、联结、构建具有某种类型性质的其他信息的过程，具有典型的发散心理过程，但由于它具有了某种信息的性质，也就具有了定向性。

（三）好奇心定向与理想的引导作用

从教育的角度来看，使好奇心与人的理想相结合是促成好奇心定向的重要过程。

某个信息模式与好奇心建立起稳定的联系，好奇心所表现出来的结果，就是促进各种信息从各个不同的角度建立与该信息的各个方面、各种角度的关系。更进一步地，采取各种方法建立与某个信息的结构性系统化的关系，将有效地促进在这个方向的不断构建。当心理倾向（期望）作为一种稳定的心理模式，表现出了强势自主，就会对好奇心所表现出来的行为产生选择性的控制影响：选择、强化与期望相符的方面。

---

[1] E. 詹森. 基于脑的学习——教学与训练的新科学［M］. 梁平, 译. 上海：华东师范大学出版社, 2008.

[2] 徐春玉. 好奇心理学［M］. 杭州：浙江教育出版社, 2008.

与理想相结合，可以看作驱动稳定的期望对于好奇心所表现出来的某个方面的行为起到激发、选择、强化、反思、促进的作用。

（四）好奇心定向与责任使命意识

责任使命意识开始对于一个人往往是一种外在的力量，但当责任使命在人的内心形成较强的记忆，并具有了一定的自主性以后，责任使命也就有效地转化成为驱使人行动的内在动机。无论责任使命作为一个人的外在动机还是内在动机，只要与好奇心建立起稳定的联系，就会赋予好奇心以一定的意义，这种赋予性意义也就会随着好奇心的作用而发挥着对其他信息的激发、选择作用，并对心理转换过程产生影响。

（五）好奇心定向与注意力

好奇心定向的重要表征是人的注意力相对集中，在好奇心的作用下，注意力区域虽然仍关注于未知性信息，但此时却使注意力的区域变成只集中在好奇心定向的区域。在集中注意力的过程中，已知信息会越来越多，如果按照保证未知信息在心理状态中的比例不变的方式（维持心智"活性"），人们就会关注未知程度更高的信息，此时也就表现出对未知更强的探索性。从这里也就非常明确地看出，只有在好奇心定向的情况下，才能对问题进行更加深入的研究。

使好奇心定向意味着使心智能量更加集中。使好奇心定向是在进一步地缩小生物本能的区域，或者说使一部分自由变化的区域变成具有确定性的功能。当注意力集中到某个方面时，会激励好奇心在这个方面发挥作用，从而有意识地将这个方面的新奇性、差异性、复杂性、变化性信息突显出来、认定下来。

如果已经形成了好奇心定向，就会通过各种新奇性信息的不断涌现，引导注意力更多地关注这个方面，在这个领域或方向上建立新奇性信息与内知识结构的各种各样的联系。

问题是，当使好奇心定向、给定限制时，心智、好奇心等诸多因素还会像以前那样生长吗？"通向更有创造性生活的第一步是挖掘好奇心和兴趣，也就是说，把注意力集中到事情上。"[1] 只要我们有意识地在集中的基础上促进扩展，就可以有效地促进好奇心、心智的进一步增长。

---

[1] 米哈伊·奇凯岑特米哈伊. 创造性：发现和发明的心理学[M]. 夏镇平, 译. 上海：上海译文出版社, 2001.

1. 将好奇心定向于一个有潜力的领域

当选定了一个自己认为有潜力的领域,就应该不断试探性地构建,构建多种不同的探索方向,将不确定的信息确定下来,更多地看到以往人们认识不到的信息,构建出以往人们认为不可能出现的东西,将未知的东西揭示出来。

2. 增强理性的好奇心

"知性的好奇心"、精神的好奇心、理性的好奇心甚至审美的好奇心等概念,描述了伴随着人进化所形成的精神世界在人类社会中占据越来越重要的地位的特征。当今知识经济社会必然地以知识作为生存的根本,那么,在当今甚至以后越来越重视知识的社会中,必然地需要强化好奇心在知识领域发挥越来越大的作用。单纯地强化人的求知欲望,已经不足以表达好奇心与知识的有机结合。

我们需要的是好奇心在人的理性领域更好地发挥作用,也就是需要提升人的好奇心除了在行为表现上所起到的作用以外的所有的意义。

诺贝尔奖获得者益川敏英在回忆中曾特别强调:"大学的课程开始以后,我对所有接触到的事物都具有极其强烈的新鲜感和刺激感。"[1] 由好奇心所激发出来的感受,是好奇心集中在新奇性信息上时产生的情感。这正是天性的好奇心与理性、知性有机结合的情感感受。只要一个人能够顺利地将好奇心与知性有机结合,就会有一种豁然开朗的感觉,正如爱丽丝进入了兔子洞,或者说相当于一个人在具备了一定的知识以后"穿越"到了另外一个世界——一个以知识为主体的世界。

七、好奇心定向分类

1. 好奇心的被动定向

受到外界新奇性信息的激发,可以使好奇心在某个领域以较高的可能度激活;教育对人的心智的引导性定向会使好奇心产生被动定向过程。生命本质的有目的性,或者说具有本质上的"生存取向"[2],指出了好奇心的被动性

---

[1] 益川敏英. 浴缸里的灵感 [M]. 那日苏, 译. 北京:科学出版社, 2010.
[2] E. 詹森. 基于脑的学习——教学与训练的新科学 [M]. 梁平, 译. 上海:华东师范大学出版社, 2008.

定向。根据神经系统的易变性和易构建性，这种被动性定向不具有某种确定的选优性质，是在保障生命状态区域应对时的选优，只是构建一个包括众多可能应对模式的集合，仅仅是构建了由不同情况下形成稳定的最优模式所组成的一个应对集合。

在被动定向中，还包括好奇心的自然定向。应首先假设在相关过程的开始，各个方向呈现出同步、同值、齐头发展的状态，但随之而发生变化。虽然呈现出被动定向的过程，但却能反映生物的基本属性：（1）受到环境因素非均匀性的影响，由于机体内部非线性相互作用的根本存在，必然导致好奇心的组织结构功能按照非均匀化的方式变化；（2）当存在利益判断所形成的反馈性强化（抑制）时，会使好奇心变化及发展方向出现差异；（3）生物群体中个体彼此之间的竞争［还要结合系统的"活性"所固有的扩展与收敛（这导致"用进废退"）］所形成的选择性强化，会使某些方面得到不断增强（这种增强会出现"马太效应"——强者愈强），与之相联的好奇心也被这样选择；（4）生物体内的非线性使得彼此之间相互作用呈现出非均匀性，必然导致好奇心的各种形式的发展出现非均匀化，由此而导致心智发展的不均衡，并在与好奇心的相互作用过程中形成一个人的强势智能乃至最大潜能。这也就意味着在强势智能的形成过程中，使好奇心产生了相应的定向。由此可以看出，偏化性发展表征着一定程度上的定向。

2. 好奇心的主动定向

好奇心的主动定向，是生物本能的主动定向，是在好奇性自主强化基础上的、主动地使好奇心与某一类性质的信息建立稳定联系的模式。当人们发现由于好奇心定向有可能产生更强的生存竞争优势时，便会进一步地使好奇心集中在这个领域（更多地联系具有某种性质的信息），由此而形成好奇心的主动定向。

八、使好奇心不定向

（一）使好奇心不定向

使好奇心不定向，是使好奇心定向的重要方面。使好奇心不定向，是促使人保持更大范围内随机探索性，保持其开放的心胸，保持足够的自由，具有更强探索性，或使探索性占据更高的位置，使新奇性信息的可能度更强的基本方法；也是人在成长过程中必须注意的一个方面。

使好奇心不定向,有更大的可能性保证人在任何一个方向构建的自由性和合理性,能够在先认可这种合理性的基础上,使其稳定性和兴奋度达到足够高的程度,再对其进行逻辑性分析,通过构建各种证据支持以及建立各种关系,奠定其存在的基础。

(二) 好奇心不能过早定向

在一定时期应保持人的好奇心以充分表现和发展的自由,使他们的兴趣更加广泛。有可能的话,应进一步地拓展其所关注的领域,有意识地拓展他们的视野,使他们有更多的可选择性,也使他们的最大潜能与好奇心在更大范围内具有最优联系性。

能够恰当实施好奇心定向者,往往被人称为是心智成熟者,或者说,人们将顺利实现好奇心定向作为心智成熟的基本标示之一。但我们在这里却要郑重提醒:在教育过程中,勿使好奇心过早定向。

人们提出"幼态持续"的概念[①],所描述的就是为了要保证给婴儿提供一个充足的自由空间,这有可能导致更大范围内信息的更加广泛的相互作用,形成一个稳定时间更长的、规模更大的动力系统。在"幼态持续"时期,就是保证好奇心不能定向的时期,也进一步地促进我们研究如何让学生的童年更具想象力,更加自由地接收、理解更多信息,如何才能促进多样性信息并存。

在人的成长过程中,使好奇心过早定向,将容易导致人的功利性选择。会由于人的发展视野受到限制而使束缚性模式突显出来,这将使人的心智发展力度和空间受到非其所愿的压制。由于人的视野受到限制,心智的发展就不能受到其他方面的有效激发、启迪、促进,也会在不自觉中限制人的最大潜能的有效发展。

由于过早实施好奇心定向,就会将其他方面的心智扩展限制在一定范围内或受到打压,这将限制在社会中生存所必需的知识的学习、能力的提高。成长的缺乏将导致以后在遇到相关问题时受到更强的刺激,也容易使心理产生更大的负担,更容易使人距离正常心理产生更大的偏差,由此而导致的心理失衡,并有可能产生更大的心理问题。

须知,影响人成长的因素有很多,不只是好奇心。好奇心过早定向,容易使婴幼儿只集中到现有少量的确定性知识上,使孩子失去自由而浪漫的好

---

① 蔡宙. 童年越长越聪明? [J] 环球科学, 2009 (8).

奇心，更容易使孩子失去探索创新的本能，从而使心智不能全面而健康地成长。

在教育过程中，人们已经认识到了好奇心过早定向将有很大可能出现问题，因此，更愿意推迟好奇心定向，以保持人更大的自由、自主的属性。

（三）通过自由弱化好奇心的定向

定向在一定程度上意味着受到限制，自由表现则保证了好奇心的不定向。由此，这就意味着，应让好奇心在自由中得到强化并充分发挥，再使人的心智集中到能够与好奇心相互促进的相关领域上，依照其自主性而自由选择。

在人的成长过程中，好奇心开始是散漫的，外界所输入的任何新奇性信息都能激活人的被动的好奇心。随着知识的增加，以及人的强势智能的不断发展，人的好奇心会逐渐集中到某些领域。虽然好奇心会在所有的心智领域发挥作用，但为了促进人的最好发展，还是应该做好奇心的定向工作。这种过程表明了散乱的好奇心向好奇心定向的转化。这个过程的重点在于引导学生自己反思以发现自己的最大潜能，并让好奇心与其最大潜能在有机结合中相互促进。教育所提供的仅仅只是充足而自由的"边界条件"，选择哪种"食物"，完全取决于人的好奇心与最大潜能有机结合。在这个过程中，教育应提供激励的力量，促进学生关注自我，关注个性，关注需求，关注理想。使好奇心不定向，使好奇心保持一定的自由度，维持一定的对于未知的空间，将是最大限度地体现以人为本的教育。

从服从人的扩展本能的角度来看，只要将任何一个稳定的模式作为心智的研究对象、关注对象，受到好奇心的作用，都会产生向其他知识领域、方向扩展的过程。这种扩展也代表着好奇心的不定向发展。

（四）主动弱化好奇心定向

使好奇心定向过早地成为一种更高层次的心理指导模式，这会具有强制性，对心智发展不利。从教育的角度来看，需要考虑如何才能不强制地促使人的好奇心定向，而是在其自然的成长过程中，结合好奇心各种成分的表现，让其自由、自主、自然地形成好奇心定向。

我们应该认识到，强制性地实施好奇心定向，会限制好奇心与强势智能的有机结合，还会削弱好奇心在探索方面的作用。探索在更大程度上表现为无方向性，当给出了相应的限制以后，这种限制会进一步地扩展到其他的方面，由此而弱化探索的好奇心。因此，在恰当时机应主动地弱化好奇心定向。

当然，有目的地探索将有更大的可能集中资源而取得成果。具体如何取舍，还将结合具体情况来定。

弱化好奇心定向的方法很多，诸如，让人处于休息状态时，可以维持信息处于"平等"状态，这是弱化好奇心定向的有效方式[①]，也是目前教育所应采取的无奈之举。

（五）从适应的角度定向于灵活性

将心理的落脚点放到灵活性上面，会以追求灵活性为基本出发点，促进心理的进一步放大、扩展，建立起更大范围内不同事物之间的联系、建立事物之间各种各样的联系、寻找事物各种各样的表现、构建更加新奇的意义，这也是弱化好奇心定向的基本方法。

既要促使大脑保持灵活性，也要保持一定的定向和稳定性，以一定范畴内的知识为基本出发点，进一步地深入下去。在保持好奇心与某个知识领域有机结合的同时，保持并恰当有意识地激发好奇心所引导的足够的心理跳跃力度，以保持人对外界新奇现象的不断探索和追求。

（六）在定向的基础上尽可能扩展

将心智定向在某一个领域，是节省心智能量的有效方法，可以使我们集中精力专心研究当前所关心的问题，避免其他信息的干扰。但当研究该领域的问题而一筹莫展时，就需要运用好奇心，在恰当时机将心智从这种制约与限制过程、氛围中解脱出来，扩展心智伸向其他领域，从其他领域汲取营养，从其他领域的研究方法、知识间的关系中得到启发。

当已经形成了好奇心定向，需要增强好奇心向其他领域延伸与扩展模式起作用的可能性，在好奇心定向的同时保持好奇心所形成的心理扩展。

应当看到，定向形成限定，但同时又成为激励信息之间相互联系的新的激发特征。这就要求：（1）强化对好奇心所关注的领域的研究力度；（2）一定要保持好奇心所引导的心理扩展，而不能将自己的好奇心与注意力仅仅集中到被关注的领域；（3）通过好奇心与注意力之间的对比关系，引导人在这种结合过程中，促进好奇心对注意力的变化与扩展作用力。

从好奇性智能的角度看，好奇心的强化是一种重要的过程，而好奇心的定向也是好奇心教育的重要方面。它在保持散漫好奇心、促进各方探索的态

---

① 冯泽君，编译. 休息时大脑里面发生了什么？[N]. 科技日报，2010-04-10.

势基础上，保持有意识地集中有限资源。一种"两难"的状态是：如果集中了资源（好奇心定向），就会使不被关注的智能的发展受到影响，而如果不集中资源，则不能使某些智能的发展达到最大化。好在目前没有一个必然的优化模型，这只能根据每个人的不同"活性"具体选择。

第四节　增强好奇心增量

一、认定好奇心增量

平常好奇心与皮亚杰的同化顺应模式具有一定的内在关系，保障和促进人的精准、优化、迅捷的正常行为，促进大脑神经系统与机体其他组织器官的协调作用，维持对其他心理与神经行为的正常进行。

依据神经系统的"活性"，任何一种心理模式，只要其达到了极高的稳定性，就会具有自主性。好奇心增量也会成为具有自主性的稳定的心理模式，由此，人会自主地追求各种层次和各种状态的新奇性信息，而不只是在受到外界作用时才表现这种能力。

（一）对好奇心有效扩展

根据耗散结构理论，欲维持正常健康的心理，就必须保持一定速率的新奇性信息的输入，而欲促使心理结构不断增长，就需要表现出好奇心增量的影响与作用。平常好奇心维持心智耗散结构的正常与稳定，好奇心增量则对应于心智耗散结构的变化与增长。扩展与认定好奇心，就会在一定程度上使好奇心增量得到肯定，此时如果有针对性地突出强调对好奇心的扩展，好奇心增量得到增强的幅度就会更大。

（二）强化及追求新奇性信息

好奇心增量追求的是超出人们正常变化区域之外的新奇性信息，人们利用这种程度的新奇性信息不断地构建自身的内知识结构，促进心智的增长。当我们强化对这种新奇性信息的追求时，就是在不断地扩展自己的心智。

（三）增大及追求差异性特征

好奇心增量放大不同信息之间更大的差异。从耗散结构的角度来看，当好奇心增量转化为一种稳定的心理模式以后，好奇心增量将习惯性地引导人们关注新奇性信息、聚集于新奇性信息的作用，引导人们在潜意识中不断关注新奇性信息，更大程度地求异、求变。

那些诺贝尔奖获得者在研究问题时并不总是提醒自己要发挥自己的好奇心增量，而是更多地将好奇心增量表现为一种在潜意识空间稳定地起作用的习惯性行为模式。在形成下意识地运用好奇心增量以构建新意义的习惯以后，对于问题习惯于形成与其他人不同的关注点，总是想采取与众不同的方法和切入点，也总是对那些与其他人不同的结论钟爱有加。他们不再将那些人们已经了解的信息作为自己的关注点，即使是再前沿的新奇性信息，也不再津津乐道，而是迅速地将其转化为自己稳定的内知识结构，并以此为基础，寻找其他与此有关的更加新奇的信息。我们也有较强的好奇心增量，我们也可以做得更好。

（四）保证稳定与延伸扩展的协调稳定

如果将莫扎特和天才画家毕加索的成长经历放在一起比较，就可以看到一些重要的共性特征：(1) 家庭教育、氛围具有足够的重要性；(2) 能够促进好奇心增量得到更大程度的增长；(3) 促进稳定性特征与好奇心增量的有机结合。这些特征同样可以"迁移"到其他领域。比如说，对于学习数学，如果能像华罗庚小时候那样，在父母的引导下形成对数字以及彼此之间关系的稳定性认识，然后再在此基础上引导、激发孩子学习，则可以满足稳定基础上的扩展与变化。这里就解释了为什么对于有些孩子实施相应的教育（促进着稳定性基础与好奇心增量相协调）不是揠苗助长，而有些做法则被人们称为揠苗助长。按照维果斯基的观点，任何一个人的成长都是个人本性与环境相互作用的结果①，这种相互作用是对弗洛伊德提出的本我、超我和自我的系统化描述。教育的重点就是在这种好奇心增量所对应的区域有所"耕作"。

（五）扩大适应区域

这里扩大的是两个适应区域：稳定应对区域和涨落变化区域。要加大、扩展、变化、求异的力度，使两者都得到扩展。

主动地扩展好奇心增量所对应的区域，会带来更大的不确定性，与此同时，则可以顺利地将那些"只对混乱开放"的新概念引入心理空间。在信息

---

① [俄] 维果斯基. 思维与语言 [M]. 李维，译. 杭州：浙江教育出版社，1997.

社会，这种行为的积极意义会更加突出。更强的复杂性驱使人们追求更强的"掌控"能力，而这种掌控又是以足够的好奇心及其增量为基础的。互为基础性，保证着人更加有效地生存。我们的经济和社会正在从以逻辑、线性、类似计算机的能力为基础的信息时代向"高概念""高感性"时代转变①。这是一个处于与外界发生紧密相互作用具有复杂的自适应特征的"活"的时代。"我们现在需要的是一个更能体现混乱的创新概念，任何公司的创新都不应仅局限在员工的范围内，也可以吸取一些外部专家的意见，如董事会、风险投资公司、供应商、合伙人等。"② 也就是说，我们需要更强的好奇心增量在这个时代发挥作用。

（六）以想象与预测强化好奇心增量

某种新奇性意义得到认定，这不仅仅是一种虚无的心态，也不只是一种虚无的等待，而是不断地运用各种心理变换将各种满足要求的信息模式构建出来。这是针对要求的想象。想象在不断地利用本无关系的心理模式去变换其他的信息模式，并由此而构建出各式各样的新奇性意义。这种做法与"变分法"中构建各种可能性的方法是一致的。

达尔文认识到了这种才能在人的进化过程中的重要意义。"一些重要的心理才能，想象、惊奇、探索和少许推理合在一道，一旦有了部分的发展之后，人对于他的周围的事物和事物的经行活动，自然而然会迫切地要求有所理解，而对于他自己的生存，也会作出一些比较模糊空洞的意测来。"③ 在对事物进行扩展预测的心理作用下，形成进一步的各式各样的可能性构建，随即形成一种"模糊空洞"的意测心理。这就将好奇心理与心理模式的自然扩展联系在一起，因此，可以充分利用想象与预测来增强好奇心增量。

（七）预留足够构建新意义的心理空间

预留好奇心空间，形成足够的剩余心理空间是人区别于其他动物的核心品质。达尔文将好奇心作为区别人与其他动物的核心特征，实际上所描述的就是人所具有的好奇心增量。认定好奇心增量，使新奇性信息在剩余心理空间得到认定，就意味着以好奇心增量为基础，发挥人的生命活性的力量，在

---

① 丹尼尔·平克. 全新思维 [M]. 林娜, 译. 北京: 北京师范大学出版社, 2007.
② 埃里克·亚伯拉罕森, 戴维·弗里德曼. 完美的混乱 [M]. 韩晶, 译. 北京: 中信出版社, 2008.
③ 达尔文. 人类的由来 [M]. 潘光旦, 胡寿文, 译. 北京: 商务印书馆, 1983.

一定程度上扩展剩余心理空间。认识到这一点，就要从主观的角度不断地扩展剩余心理空间，甚至还要将扩展剩余心理空间的趋势性心理模式稳定地展现出来。

詹姆斯·L.亚当斯（James L. Adams）把注意力集中于对创造思想和解题能力的培育上，并认为"饱和和信息超载"所导致的"信息太多可能会成为几乎和信息不充分一样的大问题。过分地注意细节，会使你没能力找出问题的关键。"[①] 这里所谓的"信息饱和"说的就是没有给新的信息加工留出足够的心理空间。

二、认定好奇后的扩展

认定了好奇心，就可以通过意识层面的扩展作用对好奇心本身实施扩展。我们将认定新奇性信息的模式作为一种独立的心理模式，就能够产生促使其进一步扩展、增强的过程，这种扩展尤其在形成认定模式的自主性以后更加有力地产生作用。因此，要围绕认定模式自主地实施扩展，将其他领域通过关联也纳入该领域，不断地扩展自己的"领地"，并使这种扩张后的"领地"具有极强的稳定性和扩展性。扩展也会有力地强化认定模式的自主性。

三、弱化特征之间的联系

在大脑所进行的过程中，一方面依赖于信息之间的各种关系；另一方面却要抛弃、摆脱这种关系对所形成的意义的束缚。人们不可能面对外界各种形式的信息刺激作用而一对一地实施表现所有的反应，我们需要在众多可能应对中选择一个模式，同时也需要在人的内心建立一个"活性区域"——在一个区域中灵活地对应着更多具体情况，或者说将各种可能的应对模式集合在一起。非线性神经系统存在"混沌边缘"，这为活性区域的建立奠定了动力学基础。正是由于神经系统的非线性特征，导致了一个信息模式与若干种信息模式之间构成各种联系的可能性。以此为基础的大脑神经系统的超强能力，保证了这一过程的顺利进行。

信息之间依据关系而相互激活。如果说信息之间没有联系、不能将其同时显示在大脑空间，就不能顺利形成相互作用以产生新的意义。联系越强，

---

① H. 斯科特·福格勒, 史蒂文·E. 勒布朗. 创造性问题求解的策略 [M]. 欧阳绛, 译. 北京: 中国编译出版社, 2005.

相互激活的可能性就越大。但如果相互联结强度太强，又不容易产生新的意义。信息之间需要联系，但形成新的意义则更需要变化，这种变化，就是由好奇心增量所形成的在联系基础上的新变化。

这种在稳定状态下的新奇构建，对于人的正常的心理状态不一定都是好的，有可能会带来负面影响。科学家对人类和灵长类动物基因序列的调查显示，自然选择有可能更"青睐"精神分裂症基因。精神病学的研究表明，相比于普通人，患有精神分裂症的人可能更加具有创造力和想象力，生存能力更强，且更受异性欢迎[①]。我们将新奇构建看作由于涨落所引起的差异性探索，是在表现好奇心乃至好奇心增量的力量，而促使有机体具有这种能力，就是使系统不断保持着求异的探索能力。在生命"活性"的不断驱使下，使心理状态不断地向未知扩展，这本身就成为维持其较高适应能力，甚至是主动适应，主动提高适应能力的重要方面。

为了消除局部特征与整体意义之间唯一的对应关系，或者说为了消除"功能固化"，需要在不选择这些特征、不关注这些关系、不确定这些意义的过程中，通过局部特征、关系模式与各种意义的联系，将其他的意义（尤其是新奇性意义）显示出来。利用关系将不同的信息联系在一起，仅仅是为了让其同显，尤其要抛弃由关系所限定的意义。此时，可运用信息之间的关系而将诸式信息激活，然后将注意力集中到某些局部特征上，运用好奇心实施扩展变异，不再只是认定当前信息之间的某种关系，而是在好奇心的驱使下揭示、构建、扩展信息之间的其他关系，甚至可以强行地认定本不具有某种对应关系的信息之间的某种关系。在好奇心所形成的扩展心理作用下，不断地探索构建新的关系、新的意义，在信息模式与信息意义之间构建起更加多样的对应关系，促进信息不断变化等。可见，好奇心增量越强，就越有可能弱化特征之间的关系所限定生成某种意义的可能性，消除功能固化的能力就越强。

四、使好奇心增量定向

好奇心的定向发展，使好奇心增量也出现了非均匀化，好奇心增量的提高，也表现出各向异性。好奇心增量在某些方向可能得到有效增长，在其他方向增长的效率就会受到限制。好奇心增量的定向导致我们运用好奇心增量

---

① 刘霞. 科学家研究表明精神分裂症基因有进化优势 [N]. 科技日报，2007-09-10.

而集中实施某种性质、某个领域的新奇性构建，或者说在"各向同性"的基础上实施构建，进一步地构建具有某种性质、某个领域的新奇性的意义。

在认识到好奇心增量定向的积极意义后，可以在构建新意义的动力学过程中增强好奇心增量的定向能力。运用好奇性智能，有意识地在好奇心增量与某一类稳定的"内知识"之间建立确定的心理动力学过程，并依据这种动力学过程而使好奇心增量带上固有的标志：好奇心增量偏化——与某一类"内知识"一起形成一个稳定的动力学过程。

信息对人有用、有利与否，将成为好奇心增量定向的促进因素。被选择的模式如果对人的生存有用、有意义，该信息就会成为促使好奇心增量定向的有利作用因素，并将促进好奇心增量在该性质信息的方向进一步地强化。从创造的角度来看就更是如此——创造某种具有一定意义的新颖性的产品，"只要从小就提供众多的机会，使儿童对某一学科保持长期的兴趣；帮助他发展天生的创造力，正确引导他的好奇心；那么在任何一个体格正常的孩子身上都可以创造出一种非凡的才华"。[①]

前面我们已经指出好奇心会在若干方面都有表现：复杂性（包括结构性信息）、关系特征、变化特征、显示出来的信息的个数、具有扩展性心理趋势、留出足够的心理空间、对差异敏感、求异求变、求新、探索未知（由期待未知而引起，这里即与留出心理空间有联系）、涨落性（跳跃性）。我们在这里所要强调的就是，当从这些不同成分、方面来考虑问题时，好奇心增量将在这些不同的方面也有相应的表现。

从平常好奇心与好奇心增量之间关系来看，要保证平常好奇心与好奇心增量之间的相互协调；既对新奇性信息保持一定的警觉性，同时又能够形成对新奇性信息的不断追求，同时又能够不断地习惯于新奇性信息的作用，并能有选择地关注某些新奇性信息。从活性中收敛与扩张相互协调的角度来看，信息在大脑中被记忆得越稳定，其显示的可能度就越高，显示的时间就会越长，建立与其他信息之间的关系也就更加多样；与此同时，其所对应的好奇心增量就会越强，新奇性构建的程度越高，信息的复杂程度也就越高。

从心智成熟的角度，从已经记忆信息的稳定程度和由此所产生的对信息能够恰当运用的过程来看，研究表明，儿童能够记住事实，却不善于回忆与事实相关的情境。儿童往往无法坚守长期目标：如果可以立即得到一块饼干，

---

① ［法］克拉克.超级人脑：从异赋到天才［M］.李强，译.天津：天津人民出版社，2002.

他们就不会选择为得到两块饼干而等候 15 分钟。这说明在他们的大脑中还没有形成稳定的神经回路，对信息反映、加工的稳定性较差。基于稳定的结构，自然有更大的扩展能力。

这里存在一个问题：如何才能保证我们的心理不流于肤浅？如何才能让我们在关键的迅速变化的环境面前加强深度思考？我们认为，在很大的可能程度上需要促进好奇心增量与思考的有机联系。这种情况同样会表现在有大量信息迅速输入的情况。一是在信息大量输入时，才会将人的好奇心（包括好奇心增量）的地位突显出来；二是随着大脑对信息的大量加工，会促进知识体系的构建，从而增加人对外界环境变化应对的复杂性；三是在大量信息输入时，需要有更强的好奇心增量，才形成复杂的新奇性构建。在以知识为基础的心理转换过程中，这种新奇性构建将促进人的深度思考。约翰·波洛克和乔·克拉兹在《当代知识论》一书的开篇就明确指出："使人类区别于其他动物的是他们从事复杂高深思考的能力。"① 只有人在从事复杂高深思考的时候，人的复杂的好奇心增量才表现出来，而人类的心理之所以得到如此的进步，就在于人的信息加工能力和信息加工与心智进化之间所形成的这种扩展性的正反馈关系。人们总在利用不同的信息进行构建，但也只有在新奇性信息及其作用达到一定程度时，基于新奇性信息的构建才可以为人们所体会，也就是说，此时才能被人们认识到新奇性信息的构建过程和结果。

从协调稳定的美的状态出发，我们总是趋向于排斥与自身想法和信仰相违背的信息。但也有一些因素促使我们接受他人的观点。毕竟他人的存在也是"我"存在时的基本外界环境因素。这是人活性的意识表现，人的好奇心增量并不都能将新奇性的观点作为自己稳定心理状态的一个有机成分。所谓选择支持自己观点的信息，就是进一步提高那些自己所肯定的意义的可能度。在存在更大不确定性的情况下，人们会将注意力集中到那些能够与自己的观点建立起共性相干联系的信息。出于满足好奇心和好奇心增量的需要，在只存在很小不确定性的情况下，人会选择与自身想法不同的信息，将新奇性观点作为进一步研究问题的出发点。

五、促进好奇心增量与最大潜能有机结合

好奇心在人的最大潜能构建中的作用毋庸置疑。理查德·尼斯贝特突出

---

① 约翰·波洛克，乔·克拉兹. 当代知识论 [M]. 陈真，译. 上海：复旦大学出版社，2008.

地描述了即使存在很小的好奇心优势,也会被人们通过评价"倍增器"而不断地实施非线性强化,最终促使智能形成偏化性增长——形成强势智能。"如果一个孩子因为遗传而具有较强的好奇心,那么家长和教师就有可能鼓励这个孩子去实现各种与学习有关的目标,这个孩子就更有可能发现智力活动的收获很大,就更有可能学习并参与其他的脑力练习。这会使这个孩子变得比不具备好奇心遗传优势的孩子聪明——但这种遗传优势可能很小,并且只有借助环境'倍增器'才能够发挥出来,环境'倍增器'对于实现这一优势是非常关键的。"[1] 通过选择"倍增器",好奇心会随着环境的评价而产生非线性的强化。显然,也只有在能力的强势开发方面有所作为时才能起到较好的效果。

在人的最大潜能领域表现时如果没有足够的新奇性信息,人会主动寻找新奇性信息或者其他类型的信息表征,启动好奇心增量发生作用,由此而形成对新奇性信息的认定与建构。当人在自己的最大潜能领域表现好奇心时,人的视野会有较大的不同,此时所能激活的信息量较非最大潜能领域时的要大得多,参与心理加工的信息就会更多。此时最大潜能所对应的更强的掌控力及愿望会驱使我们对复杂的新奇性构建也有更高的要求,这就意味着更容易形成创造,所产生的创造性成果也会较大。

为此,要面向未来,留出足够的心理空间,以对未知的期待及时地抓住新奇性的现象而展开深入的研究。"仰望星空"其中包括有向未知的"仰望",只是一种强烈的期待,是关于面向未知实施新奇性构建的表现——期待未知、期待新奇。促使这一过程的不断进行,就会在人的内心进一步地特化出专门的对"仰望星空"的主动追求和期望。

六、通过交流促进新思想的生成

伦敦大学学院的科学家进行的一项研究表明,现代人类行为的起因在更大程度上是由于人口密度的提高[2],人口的高度集中使人们得以更好地交流各种思想和能力,激发好奇心增量所对应新奇性信息,从而防止创新能力遗失。正是创新能力的保持,伴随着出现有用创新的更大可能性(得益于新思想的交流),促使人类产生了我们现在能够认识到的独特的行为。

---

[1] 理查德·尼斯贝特. 开启智慧 [M]. 仲田甜, 译. 北京:中信出版社, 2010.
[2] 亚伊萨·马丁内斯. 人口密度决定文明程度?[N] 参考消息, 2009-06-09.

由于人口密度的增加，产生了诸多的结果。

（1）会形成一个社会交往更加复杂的动力学系统，在各种新奇性模式自组织地不断涌现出来时，会通过交流而对人的大脑形成更加强烈的刺激。

（2）彼此之间的竞争将会发挥重要的作用。人类社会的迅速扩展以及更紧密的社会交往会使各种资源处于短缺状态，因而竞争就是必然。

科研人员曾提出多种理论解释古人类脑容量为何增长迅速，例如气候变化说、生态需求说以及社会竞争说等。为了验证这些理论，密苏里大学研究人员搜集了距今190万年至1万年的175个古人类颅骨及出土地点的数据，比较了这些古人类所处年代的人口密度、栖息地纬度、年平均气温以及寄生虫流行状况等数据。结果发现，人口密度对古人类颅骨大小以及脑容量的影响最大。研究人员还发现，气候变化也有助于古人类脑容量的增大，但重要性不及社会竞争①。

（3）促进信息交往的增加，促进人的信息加工能力不断提升。信息的差异性就会被表现得更加充分，受到非线性因素控制的各种模式，有可能处于激励状态而被固化下来。好奇心也就有机会得到进一步增加。如果说对差异性特征的敏感促使其生命得以更好地保存，这种基因迟早会被作为一种稳定的优秀基因而遗传下来。

因此，在人意识中促进竞争能力增加的因素中，信息加工能力、对未来的预判能力、对新奇性信息的关注能力、尤其是与好奇心增量相对应的新意义构建能力，都将被摆到重要的位置。这些能力的超协调性表现，将在人群中产生重要的刺激力量，由此而促进人类的迅速进化，有效促进人类大脑的不断增长。

此时，可以提高主动认定好奇心的影响力，增强好奇心增量，促使好奇心增量在交流中不断提升。把新奇事物作为研究问题的出发点和基础，将自己的注意力集中到关注新奇上不断构建新奇，促进研究者在新奇观点的基础上更进一步，并不断探究新的方法。格雷格写道："人们猜想：对大自然最细微的逸出常轨举动十分注意，并从中得益，这种罕见的才能是否就是最优秀研究头脑的奥秘，是否就是为什么有些人能出色地利用表面上微不足道的偶然事件而取得显著成果的奥秘。在这种注意的背后，则是始终不懈的敏感

---

① 任海军．竞争促使古人类脑容量增大［N］．科技日报，2009-06-24．

性。"①。显然,格雷格所强调的就是在好奇心的作用下人应具有的对微小变化的敏感性。"有时,机遇带给我们线索的重要性十分明显,但有时只是微不足道的小事,只有很有造诣的人,其思想满载着有关论据并已发展成熟适于作出发现,才能看到这些小事的意义所在。"这需要运用好奇心的扩展功能,将当前新奇性信息与已经在人的大脑中形成稳定记忆的内知识建立起种种联系,并赋予该新奇性信息以稳定的意义。与一般人相比,"科学家的好奇心,通常表现为探索对他所注意到的,但尚无令人满意解释的事物或其相互关系的认识。……科学家通常具有一种强烈的愿望,要去寻求其间并无明显联系的大量资料背后的那些原理。这种强烈愿望可被视为成人型的或升华了的好奇心。"与一般学习相比,"热衷于研究工作的学生往往是一个具有超乎常人好奇心的人。"②。这种升华了的好奇心就是好奇心增量。因此,要切实提高好奇心增量,促进人们关注新奇并将其作为研究的重点加以研究的能力。

七、勤奋努力

人是最爱偷懒、也最善于偷懒的高级动物。不是有人说过吗?他是能坐不站、能躺不坐。偷懒也并非一无是处。偷懒首先能够使人节省资源。偷懒有时会促使人不断创新,欲望与偷懒也会在使人养成节俭的良好品质方面有所作为,甚至为了能够有效地应对未来那不知道是什么的未知,我们更愿意努力增强当前的能力、构建未来的创造力。的确,一般人会更多地只看到偷懒的负面效应。在更多情况下,人们期望能够看到勤奋这种优秀品质。人们更多地愿意看到勤快而不偷懒。

偷懒只是人对疲劳状态感受的自主强化与延伸扩张。当人处于疲劳状态时,人一般都不想动,此时人的好奇心也会受到干扰和限制。要想使人从这种懒散的状态中解脱出来而积极地行动起来,就必须发挥好奇心增量的作用。从元心理的角度已经认识到了凡事积极主动的正面意义,就在不断地提醒,要从内心主动地驱使自己应该勤奋、努力,要形成主动地提醒自己应该而且能够养成更好的习惯。

勤奋,这种优秀品质,本质上与好奇心增量有紧密的关系,或者可以直接认为,勤奋就是好奇心增量的直接表征。好奇心增量促使人的心智跳出当

---

① W. I. B. 贝弗里奇. 科学研究的艺术 [M]. 陈捷,译. 北京:科学出版社,1979.
② W. I. B. 贝弗里奇. 科学研究的艺术 [M]. 陈捷,译. 北京:科学出版社,1979.

前的稳定区域，面向更加广阔的领域，面向更大不确定性的对象，面向更多的未知，这就意味着不断地构建新的模式——勤奋。勤快是生命活力较强的充分表现，想要增强勤奋这种品质，从根本上需要通过增强生命"活力"来实现。我们可以不追求局部最优，却需要在好奇心增量的作用下促进心智由一种稳定状态（在这种状态下有可能会驱使系统向局部极小演化，并最终收敛到局部极小）向新的稳定状态实施非线性性跃迁。即便当前生活得很好、很安定，我们也要考虑到以后有可能会遇到更大的困难和问题，面对这些未知的问题，需要我们具有更强的能力，因此，我们就需要在当前就采取未雨绸缪的措施。

勤奋和懒惰已经从各种品质中脱离出来，我们则要根据不同特征品质之间的相互关系，重塑这种关系，并利用这种关系而促进相关品质的有效增长。

只要在好奇心的作用下通过实施差异化构建而构建多种不同的模式，就有可能在诸多可能性中优化选择出更好的行为（结果）。即便当前已经达到了最优，也无妨通过差异化的构建寻找更优。这就是勤奋。

从理性的角度来分析，好奇心对于勤奋的促进作用将反映在以下几个方面。

人的好奇心是消除懒惰的核心因素。只要我们看一看小孩的表现，就能够充分理解这一点：好奇的小孩子不断地活动，抠抠这，摸摸那，上蹿下跳，一刻不停，有更多的不解，有更多的问题。这反映了他们的思想始终处于不断学习、不断思考的过程中，表明了他们在非常勤奋努力地通过不同的行为模式构建自己的内心世界。这是好奇心强者能够更加勤奋努力学习的直接表现。或者说，将这种状态迁移、延伸到学习和工作中，就表现出了勤奋。为什么成年人不会如此？可以说成年人的好奇心不强，也可以说成年人学会了偷懒。当然，懒有懒的一定的好处，比如说可以节约更多的资源①，可以促使人将注意力集中到真正的问题上，而不至于被当前琐碎的问题所干扰，但这的确存在一个选择问题。

好奇心促进人积极思考，是人思维勤奋的表现。面对问题，勤奋者会想得更多，人们也就会在这种"想得更多"的结果中有所选择。如果根本没有想到，是没有可能对多种方案加以选择的。从目前人们所推崇的创新技

---

① 埃里克·亚伯拉罕森，戴维·弗里德曼. 完美的混乱［M］. 韩晶，译. 北京：中信出版社，2008.

法——头脑风暴法来看，其基本原则就是以数量为标准，量中求质。

好奇心促进人更多地采取新的行为模式。不断地采取新的行为模式，就是在表现人的探索性勤奋。开始的新奇性信息会在掌控心的作用下通过不断地建立关系和对各种可能关系的选择转化为已知，人们也会在这种已知的基础上受好奇心的驱使寻找新的未知……这种过程反复进行，既表现了人的不断探索的过程，又表明了人在勤奋地努力探索。是的，在已经完成构建基础上的再构建，不是只守住这种已经构建完成的模式，而是以不断地反复变化而满足人的好奇心。

想得越多，涉及的不确定性就会越多，会浪费更多的资源。在人追求确定性意义以掌控的本能心理模式作用下，会将那些已知的、确定性的信息"剔除"出去，将注意力集中到如何将不确定性转化为确定性的过程中，这其中就包含着新奇性的构建，将好奇心所带来的不确定性减少到一定程度。当我们不断地依靠付出更大的勤奋努力而不断构建时，那些有用的新奇性构建将会以更大的可能性被我们构建出来。至于是进一步地实施新奇性构建，还是追求某种确定性意义，将由人对当前的任务和目的来判断选择。都说爱迪生的天才的发明利益于他那超人的心智，但爱迪生却说他是靠更大的勤奋和努力才取得成功的。在勤奋的习惯作用下，人仍会不断地思考。

在勤奋思考的基础上，人强化收敛性操作，也就是围绕一个问题而建立众多其他信息与之的相互关系，会将问题理得更清楚。显然，能够从更多的其他信息出发建立与该信息的关系，对该事物的理解就会更深。

如果把勤奋作为一种独立的心理模式，以勤奋作为研究的出发点，可以看到，勤奋会促使人的心智处于更高的活跃状态，促使心智不断地向未知跃迁，对信息进行着各种各样的加工变换，这就表明人的心智一直处于勤奋工作状态。

无论是好奇心的哪个方面的表现，只要能够充分地表现出来，就已经证明了好奇心在驱动人的勤奋努力方面具有足够的促进作用。比如说促进人面对更加复杂的事物，促使人不断探索新奇性事物，促使人应对更大的不确定性等，都表明了人在相应方面的勤奋。

总之，好奇心可以促使人勤奋。

第五章 运用你的好奇性智能

好奇性智能的各种成分会导致人有不同的好奇心偏向，但也仅仅是由于在好奇心的不同成分方面有不同的表现程度。这种偏化和均衡需要个人自然建构和选择。我们需要充分发挥好奇心的作用，促进人的心智的强势发展。

第一节 培养敏锐观察挖掘信息力

世界变得越来越复杂多变，越来越大的掌控本能又驱使人更想把握这个变化多端的世界。彼得·M.圣吉（Perter M. Senge，1990）建议，我们只能采取更多越来越小的步骤对这个世界实施改造[1]，试图采取大变革的做法越来越不现实。这就对好奇心提出越来越高的要求：必须运用超常的好奇心敏感地感知、描述世界的微小变革以及有可能对未来所产生的各种各样的影响，及时跟踪，形成一系列小的调整。

失败了会有千万个理由，而成功了，则只需要一个理由，甚至无须理由。但无论哪一个理由，都必须对变化敏感。所谓敏感，意思是能够感知到尽可能小的变化，并将变化后的新情况作为关注的重点，充分运用好奇心增量而在新的现象和问题上不断构建。这其中最初的过程就是观察。

一、观察的过程与心理

将大脑感知、接收、认知外界客观信息的过程都称为观察。观察到更多的新奇性信息，提取出更多的差异性信息，寻找到更多的潜在性特征，发现更多细小性的关系，构建出更多的广泛性联系，保持更长的观察注意时间，

---

[1] 彼得·M.圣吉. 第五项修炼[M]. 郭进隆,译. 上海：上海三联书店，1998.

更加准确地把握事物的主要特征,更加准确地掌控事物特征之间的本质联系;发现过程的主要关系,寻找到主要矛盾;能从快速变化的过程中抓住事物变化的典型特征,从众多眼花缭乱的外在表象中找出关键特征,在众多特征中寻找、选择对象的主要特征,并将其明确地显现出来,如此种种,都是一个人观察能力强的重要表现。

应当注意,在观察的过程中,由于存在人的主观过程,我们所接收的事物信息,所表征的不一定就是事物本身的运动状态。有些是事物在各种外界因素作用下运动状态的表征,有些是事物之间相互作用的表现。在这个过程中,还存在依据主观意愿(主观观察角度和模式、期望等)构建出来的特征来描述真实事物运动变化的情况①。一般情况下,将这种认知的结果与我们所接收到的外界信息一起,就认为是我们所观察到的事物本身的基本特征。

二、好奇心与观察力

觉察事物的全部信息,这种想法本身就不现实,只能是我们的一种期盼。我们不可能感知事物的全部信息,我们只能感知事物全部信息中的很少的部分,只能提取出事物表现中的几个局部特征和很少的几种关系。这就涉及如何才能在事物的诸多特征中有所选择。

事物的有些特征表现得非常明显,它往往表征着一类事物中不同个体的共同属性(但也不尽然);有些特征表现很隐蔽,需要我们通过抽丝剥茧的方式才能发现;有些特征需要我们通过比较不同事物的差异性质,在差异比较中将本质性特征构建出来;有些新奇性特征是需要我们具体界定某个信息模式的意义以后,再将其作为构建事物的本质特征。如何才能发现与其他事物的不同之处,并从中提取出主要差异点,就成为反映观察力高低的主要方面。这主要在于发现并提取差异点,通过差异性特征建立不同事物之间的关系(事物演化过程的描述关系),通过差异与整合之间的整体关系,建立起层次关系、结构关系等。显然,在这个过程中,好奇心的作用不言而喻。

(一) 发现彼此之间细微的差异,并将细微特征提取出来

观察的敏感性,指的是在事物表现出细微的变化时,就能够敏锐地感知

---

① N.R. 汉森. 发现的模式 [M]. 周沛, 邢新力, 译. 北京: 中国国际广播出版社, 1983.
S.J. 塞西. 论智力——智力发展的生物生态学理论 [M]. 王晓辰, 李清, 译. 上海: 华东师范大学出版社, 2009.

到事物状态特征的这种变化，并能够将这种变化用一个稳定的心理模式描述出来，使之成为能被人作为独立认知的事物状态和过程的描述特征——感受新鲜①。好奇心引导人感知外界事物及其变化时，就是通过感知差异而必然地提高其观察能力的。此时人的好奇心突出地表现在感知外在环境变化的差异上。通过前面的研究可以看出，好奇心本来就是新异感知神经元高度聚集、强化与自主化在意识层面的必然反映，它保证（过滤）了只有新异性信息才可以在大脑中被长时间地加工，在大脑中促进试探性地建立并最后"确定"与已经记忆信息之间的各种关系。感受差异，成为好奇心最初的功能。主动地运用好奇心于提高观察的敏感性，就是引导人们从看似寻常的事物中能够发现差异与问题所在。具有观察的深刻性，就是要能够透过现象看本质，由此及彼，由表及里。刘云艳等就直接将观察的敏感性认为是观察的能力，指出"对具有新异属性的刺激物的持久的知觉命名为观察。……观察的目的性、持续性与成果意识既反映了个体的认知能力，也反映了个体在好奇心水平上的差异"。② 但这仅仅是其中的一个方面。尝试着赋予已经看习惯的特征模式以新奇性，重新对其展开新的研究，是好奇性自主起作用的结果。这样做，显然也是增强观察力的有效方法。

（二）在好奇心的作用下将新奇现象作为一个独立对象

受好奇心需要得到满足的驱动，人们总希望在外界客观事物中寻找到新奇性的特征，并赋予心理以新奇性的感受，进而研究该新奇特征与已有信息之间的关系。将新奇现象作为一个独立的对象加以研究，是好奇心起作用后的延伸性结果。既然差异表征着事物状态之间的不同，并由此而形成不同事物信息在大脑中的相互作用。那么，好奇心强者必善于将新奇的现象独立出来加以单独研究，将差异作为一种独立的对象，更加容易将注意力集中到更多地关注事物之间的相互作用特征上，依此将不同的事物有机地联系在一起，促使人能够在更大的范围内、更高层次上研究事物的整体意义。在观察事物的过程中，受好奇心的控制作用而不断地特化出所观察到的新奇性特征。而在好奇心的主动引导下会进一步激发认定心理模式，使人产生一定要将其搞清楚的心理，并围绕该新奇现象从不同的角度展开研究。

---

① 李强. 创造力执照 [J]. 世界博览, 2003 (10).
② 刘云艳, 张大均. 幼儿好奇心结构的探索性因素分析 [J]. 心理科学, 2004 (4).

(三) 通过构建差异，不断地寻找信息之间的各种联系

好奇心一方面反映、构建差异，通过差异而将新奇性信息的差异化表现特化出来，另一方面还会将差异性特征作为独立的研究对象。在认定新奇性信息的同时，从该新奇性特征出发扩展开来，基于共性和差异激活其他的信息，试图与该新奇特征建立关系。如果已经建立起关系，就会在保持这种关系的变化性（使其可能度、显示时间不断地变化）的同时，进一步激发、追求具有其他关系的信息，以促使我们观察更加全面，联系更加广泛、深刻。

人在表现好奇心时，会自然地建立起不同信息之间的关系：好奇将差异性信息一同显示。反映、表现差异的好奇心会使不同的信息之间具有差异性的相互激活关系，相互激活，也就构建了不同信息之间建立关系的可能。也就是说，作为一个正常心理状态下稳定泛集的基本元素的不同信息，即使是不同事物，它们也已经通过好奇心而建立起了相互关系。

从另一个角度讲，不同信息一旦建立起了局部关系，即便只是一种好奇性关系，也会在认定的作用下（不断地认定新奇关系，并以此为基础）进一步寻找信息之间其他形式、更加多样的关系（这里与前面所描述的关注不同事物之间关系的心理过程，都将成为一种稳定的心理模式）。显然，基于事物的不同信息而进一步地寻找其他的关系，是在好奇心控制下的寻找过程。在不断地进行这种寻找过程中，也会使得主动寻找、构建各种关系的模式得到认定。

(四) 扩大建立关系的范围，在更大范围内研究信息之间的各种联系

心理空间一方面会受到被激活的信息之间的关系而扩展，另一方面则会受好奇心的作用而扩展。当在一定范围内认定了各种信息模式，好奇心增量就会驱使人们进一步地扩展心理空间，进一步地扩大信息之间关系的范围，力求能够在一个更大的范围内、更高的层次上构建信息之间的各种联系，形成一个更大的神经系统，并通过神经系统所承载的各种信息且依据神经系统的自主活性，扩展对外界信息进行观察的更多的备选空间。

(五) 建立更大范围的比较

一般心理转换过程中的"比较"，是将不同的事物信息放在同一个心理空间，同时处于兴奋状态而求取异同特征的过程。在观察事物的过程中，比较的过程同样存在：受到好奇心的驱使而不断地构建各种新奇性信息。这些新奇性意义是在原来信息的基础上构建出来的，是通过好奇心所形成的延伸、

扩展、异变比较而构建起来的。在将这种比较而构建新奇性意义的过程独立存在时，便会自主地将这些所构建出来的新奇性意义与不同的信息建立关系，并将这种心理作为人们对外界事物进行观察的基本心理背景。

将在大脑中构建出来的新奇性意义与被观察的事物信息同显时，无论是由于信息之间存在局部特征的联系，还是依据好奇心而建立的关系，都会产生比较。通过比较会不断地发现当前所观察的对象与所构建的新奇性意义、内知识结构之间的联系和差异。由于好奇心的作用，被观察事物的信息输入大脑，大脑随即会根据信息之间的局部联系而将诸多心理性特征激活。由于好奇心的作用，则可能将这种激活的范围进一步扩大。

这是在利用好奇心而使人更加关注被观察的对象，认定被观察事物的新奇性特征，并为此而感到惊奇的过程（自然地激发了人相应的情感）。可以说这就是利用好奇心而建立新奇感、外界事物与情感的稳定对应关系，利用好奇心使人非要从被观察的对象中提取出新奇性特征，将人的内在好奇心体验与外界客观事物对象相结合，将这种内在的好奇心强加到被观察的事物上的过程。

（六）建立对事物长时间的观察

要想更加深刻地认识一个复杂事物，就必须保持足够的观察时间。当我们带着好奇心去观察一个对象时，观察时间越长，提取、构建出来的该事物的特征就会越多，对该事物对象的认识也就越深刻。

一般的心理过程是：当我们观察一个对象时，在准确把握其主要特征的同时，事物所表现出来的特征信息的新奇性程度就会降低，当其不能满足人的好奇心的时候，就会导致人的注意力转移。

将好奇心赋予该对象上，从好奇心体验的角度不断地在好奇性自主满足的同时，观察所选定的具体对象，在强化好奇性自主与被观察对象的联系时，就会由于好奇心的自主作用而积极地产生新奇性的感受，并赋予已知信息以新奇性认知。就会由于好奇心的激励而保持对所观察对象的长时间的注意，也促使人对所观察的对象有越来越深刻的认识与理解。

由此，可以明确地看到，正是好奇心驱使人在更大范围内建立各种信息与当前新奇性信息（现象）之间的关系，正是好奇心在强有力地驱使人们对新奇的现象作出更加深入的调查与研究，并由此而形成了深刻的洞察力，引导人做出更大的创造性贡献①。

三、好奇心提高观察的视野

已经被人们所习惯的观察方式，在遇到一个新的事物时，人们会迅速地实施这种观察方式，以从中提取相关信息。而受好奇心的影响，还会在原来稳定的观察模式（习惯）的基础上，构建出观察的新视野、新方式、新途径。

（一）从观察方法的角度构建新方法

任何观察都是构建，都是运用自己感知外界事物的感知系统、方法，将所接收的信息输入大脑，以进行进一步的加工。每个人都在运用以往所习惯的观察角度和方法，认识被观察对象的基本特征、运动规律、同其他事物的相互作用特征。当将观察与好奇心作为两种不同的心理模式联系在一起时，好奇心会促使这种观察方式发生变化，会使人在原来观察事物方式的基础上，再去寻找其他的观察角度和方法。也就是说人可以纯粹地只是运用好奇心，而不断地变革观察模式，通过构建其他的观察方式而获得更多的信息。

（二）非但观察当前事物，还观察与此相关的事物

好奇心所引导的视野的跳跃，会使人将更大范围内的不同事物信息联通为一个整体。利用好奇心，人可以不断提高观察变化的灵活性，锻炼观察事物的准确性，提高观察事物的全面性，增强观察事物的细致性，重视观察事物的新奇性，达到更加系统地观察事物，形成观察事物的多种层次性，构建观察事物的结构性，提高观察事物的客观性。

（三）使观察能力具有扩展性

对于任何心理模式，都能够在认定的基础上不断扩展。观察是一种稳定而独立的心理过程，在好奇心驱使观察的过程中，能够在所涉及的各个方面进行扩展，包括观察的角度、观察的方法、构建核心特征的模式等。

好奇心还在强化观察事物的构建性。观察一个具体的对象，就是不断地构建该对象的具体特征，通过构建而将由内心构建的信息模式与由感觉器官所输入的信息之间的异同特征表征出来。更为重要的是，这种过程的长期进行，就会形成一种稳定的扩展观察能力的过程，通过不断的观察实践，形成人对观察的扩展模式。

---

① 加里·克莱因. 洞察力的秘密［M］. 邓力，鞠玮婕，译. 北京：中信出版社，2014.

（四）同时运用各种观察事物的方法途径

不同感知器官所感知到的信息是不同的。我们有多种观察认识事物的感知器官，就应该充分运用这些感知器官，尽可能地感知事物多种不同的特征，感知不同特征的关系在表征事物内在本质方面的影响。要充分利用我们的眼、耳、鼻、舌、身等多种感知器官去观察、感知事物的特征，运用好奇心与这些感知系统建立起一个有机的信息整体。

（五）将好奇心作为联系不同信息的一种方式

在观察、感知事物时，可以将好奇心作为其中的一个环节，激活好奇心，主动地建立好奇心与这些感知过程的联系，促使人体验这种关系所带来的新感受。好奇心可以在感知这种观察方式不同的基础上，通过这种联系而将差异和联系形成更加紧密的统一体。

并不是引导人们什么都观察，因为人的能力是有限的，应该观察那些身边的新奇的事物，并通过观察进一步地去研究。要充分运用依赖于当前人对新奇性信息的好奇心和好奇性自主，分别独立地建立当前信息与其他信息之间的关系。

四、运用想象试探构建观察不到的现象

通过不断构建新奇性意义，引导观察者更加细微地观察到与其他事物的不同特征，不断地构建各种新奇性意义，使之在内心稳定地存在一定的时间，在稳定显示过程中较为详细地研究是否具有一定的作用、价值，尤其是比较所构建出来的心理模式与所观察的事物信息之间的不同之处，使其不同特征更加显著地突显出来。我们知道，即使不存在比较，也会由于好奇心的作用而将事物的某个局部特征特化出来，使之成为一个独立的特征。对于未知，我们同样会发挥好奇心的作用，基于局部特征而期待性地构建出各种各样的完整性信息。这是一种运用好奇心主动构建的基本心理。

运用人的思维能力不断地去推演、构建，将那些"有用"的信息提取和构建出来，并将这些认识也作为事物的真实信息，从而对事物的观察更全面、更系统、更深刻、更准确。

对于还不存在的、不能直接观察到的信息，往往需要尽可能地用想象来补充，甚至基于其中所表现出来的局部特征设想出种种不同的情况，以想象性心理而使好奇心得到满足与扩展。有专家就建议可以运用"猜一猜、比一

比、写一写、找一找、做一做"等方法扩展学生的好奇性想象[①]。

运用各种想象出来的模式去构建意义,也是观察的一种方式。既然观察在一定程度上就是认识的构建,我们就要研究受好奇心驱使而不断地构建信息的过程。当运用好奇心与想象力的有机结合构建出了种种情况以后,就可以从中选择出与真实情况尽可能符合的整体性信息。这种过程就是人们内心所描述的洞察:用很少的信息去构建一个与真实情况相符合的整体性信息[②]。

第二节 提高对外界变化的敏感性

一、提高对新奇性信息的敏感

好奇心具有个人主义特征,反映差异的行为模式最终进化成为人的好奇心。正是由于人能够敏锐地感知到对象的变化,激发了人的表现差异的基本心理,才进一步地增强了人的好奇心。好奇心驱使人不断探究。人的探究的心理品质在卓有成就的科学家们的身上表现得尤为突出:"经验反常使科学家感到惊讶,激发他们进一步追溯反常现象背后的原因。"[③] 但凡科学家都会"对各种新奇古怪的想法或事件保持高度的警觉,并为之深深着迷"。[④]

平常者也会表现出这种行为,但其所表现的宽度和深度相比较科学家而言则要逊色很多。提高对外界环境变化的敏感性,就是要运用好奇心将微小的变化表述出来,以有效引发人的注意力。对把外界环境变化的敏锐感知说出来、构建出来,要将隐含于众多表象之中的内在本质特征提取、构建出来。既要进一步地演化细微变化的后果,还要将这种细微的变化描述出来。

戴维斯(Davis)指出了"好奇心引发了分离的需要,以对在探索过程中

---

① 李兴泉,王彩英. 怎样让阅读更有趣 [J]. 小学教学研究,2004 (5):18-19.

② 朱清时. 高考改革怎样促进创新人才培养——当前教育改革的关键是高考考什么和怎么考 [N]. 中国教育报,2013-07-05.

③ 夏代云. 创造性溯因推理与科学发现 [J]. 自然辩证法研究,2008,24 (7):27-32.

④ 齐曼. 真科学:它是什么,它指什么 [M]. 曾国屏,等,译. 上海:上海科学教育出版社,2002.

得到的素材进行重塑"的心理过程[①]。将差异性信息分离出来，并通过联系对信息进行重塑，是与好奇心增量联系在一起的——它进一步引发人们构建新奇。与平常好奇心相关的是由维持正常心智耗散结构的刺激——差异性信息组成的。这些众多小的差异性信息只是用于维持正常心智耗散结构，不会引起人对这些刺激产生有针对性的反应。当差异超出用于维持正常心智耗散结构的差异值时，心智结构就会在这种超量信息的刺激作用下发生改变（心智的变化意味着形成新的稳定状态）。此时，这种差异超量的信息作用到人的心智结构上，才能被认为是刺激，并能感觉和描述这种刺激，这种差异以及构成差异性的信息才能引起人的深度反应。因此，要提高对外界变化的敏感性，就需要更加注重发挥好奇心增量的作用。

二、关注与好奇心的有机结合

好奇与关注相结合，可以集中人的注意力于好奇心上，运用好奇心所产生的构建多种联系、留出剩余空间等功能，形成对外界刺激的敏感性，从而对差异产生独立性的认识。当我们形成了这种稳定的心智模式时，只要外界环境稍微发生变化，就可以被与注意力有机结合的好奇心敏感地知觉到，并将这种敏感性变化以独立模式的方式表达出来，使该变化在人的内心产生足够的停顿，"驻足"相当长的时间。

对新奇性信息进行关注，会由于关注而激活众多的信息，并建立这些信息与当前新奇性信息之间的关系。这个过程相当于构成了对差异性、新奇性信息的放大过程，通过各种其他的信息激活而放大当前认识与由新奇性信息所形成的认识之间的"距离"。在差异性信息被放大的情况下，原本很小差异的刺激就会被放大，那些新奇性的信息就会因被放大而成为更大的刺激。

以"活性"特征为基础的心智变化，维持着扩展与收敛之间的相互协调，而活性结构则会构成一种协调的力量，维持着双方变化的稳定协调。当稳定性增加时，协同性的力量将驱使系统向另一个方向移动，由于这种移动自然也就导致了变化性、扩展性的增强和提高。因此，由于注意力在关注到信息上时会对信息的显现形成很强的增强作用，高可能度的信息将更加稳定，这将更有利于促进变化形态与部分的扩展。

[①] Richard M. Lerner 主编. 儿童心理学手册（第六版）[M]. 林崇德, 李其维, 董奇, 等, 译. 上海：华东师范大学出版社, 2009.

有针对性地练习是注意力集中的一种方法。关键的、有针对性的练习时间越长，在维持"活性"的同时，也会保持扩展力量的进一步扩大，这种发散提升了人构建差异性探索的力量，收敛与发散的有机统一，保证着人不断地取得创造性的成果，这就是《天才从哪里来？》一书中所揭示的基本道理[①]。应当看到，学习（练习）超过1万小时时，会将已经知道的、变化的、暂时的知识转化成为稳定的内知识，形成的完整性意义所对应的各个局部特征以及彼此之间的关系模式的可能度会较高，甚至还会形成下意识的自动反应模式。人们不再为此而运用智慧，只需要简单激活其中的某个局部信息便可以获得信息的整体，会因此而节省出大量心理资源，并将其用到那种消费大量心理资源、需要大量运用智慧对所构建的新奇性意义实施认定的创造性工作上。

在此过程中，尽可能地将知识细化，是集中注意力的有效方式——通过细化的知识可以提高信息的新奇度（增加细节性信息）。长期关注一个确定的领域，在一个领域深入研究达10年以上者，因为掌握了该领域较多的知识、问题和技能，有很大的可能性而成为这个领域的专家。当然，如果不再对该领域的已知信息和问题展开好奇心和想象力，往往会失去对该研究领域的兴趣。成功是好奇心与专注的有机结合，想要取得成功，就要围绕所研究的问题展开好奇心，围绕好奇心所关注的问题深入思考。

如果不能对某个问题进行长时间思考，那些不确定性的问题、多种可能性的解释、未被理解的现象并不会自行消失，人便会对不断地纠结于那些已知的、模糊的、不确定的信息，不能在他人得出确定意义的基础上作进一步的思考，得出有较大创新性思想的可能性就会很小。因此，要在这些已知信息的基础上再运用好奇心思考其他新奇性的信息，将注意力关注到好奇心上，将会有效地推动思维的进一步发展。只有在已知信息的基础上思考新的信息，才可以不断地构建自身新奇的内知识结构，人类的知识也才有可能进一步发展。

三、提高灵活应变力

人的适应能力的重要表现就是能够及时地根据外界环境的变化而调整自身结构、调整遗传优势基因、调整新的活动方式等。

---

① 杰夫·科尔文. 哪来的天才？[M]. 张磊，译. 北京：中信出版社，2009.

好奇心正是促进这种结构变革的内在重要因素。而在迈克尔·吉本斯等提出的知识生产的新模式（模式2）中，"灵活性与反应时间"已经成为其中的关键因素①，在新的知识生产模式中，必须具有足够高的社会好奇心。

第三节　好奇心与提出问题的能力

这一节我们讨论一个常见的现象：有些人对问题视而不见，而有些人则能一眼便看到关键性的问题；有些人能够抓住问题紧查不舍，而有些人则视问题而不见。这是为什么？相关问题是人们在研究好奇心时首先要针对的问题，人们在这个方面的认识和理解五花八门。我们需要厘清好奇心与问题以及由此而带来的主动问问题—质疑等心理品质之间的内在关系，加深对问题本身的"元理解"，有效地提升学生的质疑精神和能力。

质疑精神，简单地讲就是一种敢于怀疑、提问的态度和心理倾向。对质疑的认识和理解可以追溯到苏格拉底的质疑方法，并一直受到教育工作者的青睐。美国教育家肯尼斯·R.胡佛就曾指出："整个教学的最终目标是培养学生正确提出问题和回答问题的能力，任何时候都应鼓励学生提问。"② 能否恰当地提出问题，对应于提问题的能力的大小。我们需要在把握好奇心与提问题能力之间内在联系的基础上，引导人们构建质疑精神、质疑能力的有效方法。

一般人都会经常性地提出一些简单的问题，而好奇心强者则会不断地提出深刻的问题，而且能够提出被称为"巧妙"的问题③。提问题的能力往往被称为创造力强者的重要特征。提出恰当的问题意味着引导人们往正确的方向思考。诺贝尔奖得主布莱克爵士（Sir Jame Black）之所以能够发明β受体阻滞药和治疗溃疡的特效药甲氰咪胍，就在于他敢于迈进一个全新的领域，

---

① 迈克尔·吉本斯，卡米耶·利摩日，黑尔佳·诺沃提尼，西蒙·施瓦茨曼，彼得·斯科特，马丁·特罗. 知识生产的新模式——当代社会科学与研究的动力学 [M]. 陈洪捷，沈文钦，等，译. 北京：北京大学出版社，2011.
② 李如密. 课堂教学提问艺术探微 [J]. 教学与管理，1996 (2).
③ 杰拉德·纳德勒，威廉·J. 钱登. 提问的艺术 [M]. 魏青江，译. 北京：高等教育出版社，2005.

并且"不介意问一些'极其荒谬'的问题"。①

提出问题是人的基本行为特征，恰当地提出问题也是人在成长过程中心智成熟的基本标志。任何一位关注儿童的研究者都能发现，儿童在恰当的时期会提出一连串的问题。这是因为儿童有太多不懂的知识，他们的好奇心又比较强，便能够充分利用好奇心对少量信息进行新奇性构建，在形成一定的意义以后，与所能建立起关系的信息建立起局部联系。此时就会形成差异性相当大的不同信息，感知这种差异就会以问题的形式将其表征（提）出来，习惯于提问的儿童能够自如地将这种差异表征出来。

一、好奇心促进问题的产生

所谓问题，就是在两种不同认识之间存在差异以后，对这种差异本身的反应。有时，人们用两种不同认识之间的距离在心理上的反映来表征这种差异的程度②。人们常用"反常"来表征新现象的出现或问题的产生③。

威廉斯认为好奇心就是对事物感到怀疑，疑问即伴随而来。人们普遍认为：好奇心强的一个必然结果就是提出问题④。问题产生时，便去调查、探询、追问，虽然感到困惑，却仍去继续思索、沉思，以求明白事情的真相。陈龙安进一步认为"好奇心"就是由怀疑、思维、困惑而形成的一种能力，它是开始发问、思索及尝试的关键，好奇心就是在满足于预知未来将如何在意念中产生的⑤。

好奇心不断地构建各种新奇性意义，不断地认定那些不知是否具有价值的奇思妙想、异想天开，不断地采取多样并存的方式将不同的意义显示在认知心理空间。这些构建出来的新奇性信息会促使人对信息之间是否存在必然性的逻辑关系展开研究，当不存在（或者人们当前认识不到）必然性逻辑过渡关系时，就会形成刺激乃至产生问题。

问题代表了不同信息之间存在关系性和差异性信息的"混沌边缘"状态。一般情况下，同样是问题，成年人的问题与孩童的问题相比，往往会具有更

---

① 刘易斯·沃尔珀特，艾莉森·理查兹. 激情澎湃——科学家的内心世界 [M]. 柯欣瑞，译. 上海：上海科技教育出版社，2000.
② 陆阿坤，徐春玉. 普通创造学 [M]. 西安：陕西科学技术出版社，2000.
③ 夏代云. 创造性溯因推理与科学发现 [J]. 自然辩证法研究，2008，24（7）：27-32.
④ 郭静. 好奇心是问题背后的驱动力 [J]. 中国广播，2009（5）.
⑤ 陈龙安. 创造性思维与教学 [M]. 北京：中国轻工业出版社，1999.

多的确定性意义。显然，随着人的不断成长，在人的大脑中记忆了更多的确定性知识，就有可能通过变化性信息在满足人的好奇心的同时，弱化人提出更多探索性问题的能力。

不断引入新奇性信息以形成与原意义有别的新意义，不断向未知扩展，通过不断采取各种方法构造新奇性意义，从而形成新奇意义与当前心理状态之间的差异。这是以某种模式为基础的发散、延伸、扩展，是与好奇心相对应的心理转换的非线性涨落。好奇心总在当前泛集的基础上联系、构建更多的新奇性意义，形成与当前意义有差异的意义，并通过问题的形式将两者联系在一起。

科学研究以问题为对象："应当把科学设想为从问题到问题的不断进步——从问题到越来越深刻的问题。一种科学理论，一种解释性的理论，只不过是解决一个科学问题的一种尝试，也就是解决一个与发现一种解释有关或有联系的问题。"[①] 也许人们会问，既然我们已经知道了一定的知识，为什么还要通过提问来明确知识？从刺激程度的角度来看，运用对比，可以更加强烈地使我们感知、认识到哪些知识是已知的、哪些知识是未知的，在已知与未知之间还存在哪些没有确定的关系。梁启超指出：能够发现问题，是做学问的起点；若凡事不成问题，那便无学问可言了。……所有发明创造，皆由发生问题得来。如何才可以磨炼得眼光快，脑筋快，刁钻古怪，凡别人注意不到的地方，自己都怀疑研究，这是做学问的第一步[②]。列奥纳多·达·芬奇所奉行的格言就是："我质疑。"

二、知识边界与问题

对未知信息期待的心理，促使人产生在已知与未知之间建立某种关系的心理趋势，部分已知知识提供了基础，让好奇心有了发挥的基础、空间或着力点。一旦人们寻找到了着力点，会立足该（确定性的）点展开扩展性心理变换。一是将与此有关的各种信息在大脑中激活、展示出来，这种多样性信息的展示本身就会满足人的好奇心。二是提出问题后，将人引向问题的分析、求解过程。提出问题本身，就是在梳理问题，就是在将人们已知的信息剥离

[①] 卡尔·波普尔. 猜想与反驳——科学知识的增长 [M]. 傅季重，等，译. 上海：上海译文出版社，2005.

[②] 梁启超. 指导之方针及选择研究题目之商榷 [A]. 戴逸. 二十世纪中华学案综合卷 [C]. 北京：北京图书馆出版社，1999.

出来，将未知信息中的已知部分信息显示出来，从而能看到真正的问题和关键的问题在哪里。三是建立向未知引导、期望、扩展的模式，有时还会强行建立信息之间的各种关系，强行使其联系起来，再在两者之间寻找可以逻辑地联系起来的信息模式。四是先构建出与之不同的新的信息模式，然后在两者之间建立"同一化"（作为"掌控"心理的基本表现而起作用）的过程，并通过"同一化"将不同的信息联系起来。五是进一步激活人探求未知的好奇心，从而将人的心理过程引向对未知关系的构建与把握。

提出问题本身会使人顺利地厘清哪些为已知、哪些为未知，使人明确在局部信息之间存在哪些方面的联系，哪些联系是合乎逻辑的，哪些联系还仅仅是暂时的、局部的、片面的，还使人认识到有哪些方面是需要重新建构与梳理的。提问题也就是在寻找新的心理转换出发点、构建心理转换的基础的过程；通过提出一系列的问题使人有很大的可能构建出知识的边界。提问题可以使人们更加明确心理背景；提出问题本身还是一种有效的信息激励作用，它将某些已知信息作为出发点，使人有可能从这些不同的信息出发去激活相应的信息。问题提供了研究对象，指出了科学探索的方向，并促进着对问题的深入研究[①]。

海纳特认为："好问显示了获得以语言知识为目的的强烈好奇心。"[②] 更加直接地建立了好奇心与意识层面的差异性的认知之间的关系。我们认为，问题就是那手电筒打到知识平面上的光斑，而好奇心就是那手电筒。面对不确定、变化、多样并存、复杂的信息，人通过不断地提出问题来扩展知识边界。

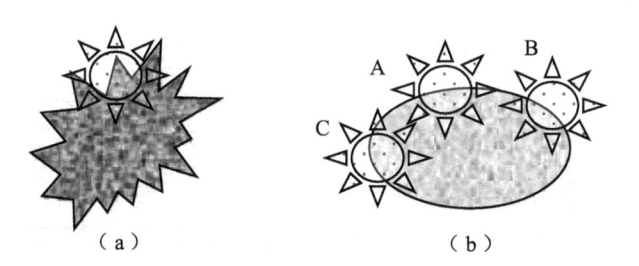

（a） （b）

图5.1 好奇心对知识扩展示意图

---

① 贺定修. 问题意识是数学知识创新的突破口 [J]. 教育探索，2004 (8).
② 戈特弗里德·海纳特. 创造力 [M]. 陈钢林，译. 北京：工人出版社，1986.

这里应该注意（b）图中的问题 A、B、C 之间的区别与联系。它们之间的差异表现在所包含的已知信息与未知信息之间量和质的差异上。如果将具有暗纹的小圆圈内的知识认为是一个人所掌握的知识，那么，包含已知信息与未知信息的三个小圆圈便表明了不同水平和形式的问题[①]。

这其中涉及如下特征：（1）大脑中可以被利用的信息量；（2）用于指导信息变换的模式数量达到了一定的程度，使之可以产生足够的引导其他信息变换的"作用力"；（3）这种用于指导信息变换的模式被突显出来，其可能度达到一定程度，能够自主地起到相应的作用；（4）变化性信息占到一定的比例，此时好奇心具有了一定的自主性，也同时具有了一定的稳定性；（5）在部分的知与不知之间保持恰当的值，使之与恰当的好奇心相对应。恰当的问题能够引导人实施最快的学习。这需要在教育过程中，将已知信息与未知信息之间的比例控制在一个恰当的区间。

在掌握了一定的知识以后，面对未知，在人的内心会激活更多的已知信息。由于好奇心总是激发、提升新奇性信息的可能度，而这些新奇性信息又总是能激发已经在大脑中形成稳定记忆的信息，受到好奇心的作用又会将更多新奇、未知、人们不了解的信息的可能度增强到一定程度，激活一个包含已知与未知的泛集——好奇心覆盖领域。此时表征心理状态的泛集中同时包含反映已知与未知的众多信息，此时的泛集更符合问题的表征形式。在问题被表征出来以后，人会试图在已知信息与未知信息之间建立种种关系，试图将未知信息合理地纳入内知识结构。感知这种形式，就会引导人提出问题。

从已知信息与未知信息之间关系的角度来看，人的知识体系是不完整、不系统的，也总是处于开放状态，在已知的知识点上，存在更多未知的知识空白点。每当将一个信息固化到内知识结构中，就会由好奇心将那些能够与之相关联的各种信息（有理解的也有不理解的）激活，或者说通过表现人的"活性"扩展本性，人会基于当前部分的已知信息而不断地向其他信息扩展，同时留下空白心理供那些未被理解的信息"驻留"。在此过程中，人们对这些心理空白状态会产生某种"空洞"的感受，这种感受在以意识层次的形态表征时，就是问题。

[①] 张军，徐春玉. 创新教育能力论 [M]. 北京：解放军出版社，2010.

三、独立特化问题欲

问题总是以某种语言的形式表征出来。虽然问题也可以通过表情等形式来证实，但显然，语言在提问中具有重要的地位与作用。这与儿童（学生）语言能力的快速发育和语言有力地促进意识的形成有着密切的关系。婴幼儿一来到这个世界就对周围环境在行动上表现出积极的探索行为，当孩子的语言能力达到了一定的水平，他们便通过发问来继续自己的探索活动。认识到好奇心与提问题能力的内在本质关系，约翰·阿代尔（John Adair）就明确地指出："培养好奇心的一种方法就是开始问更多的问题，不论是在与人谈话之时还是在独自思考之时。"①

（一）问题欲

问题欲就是不断提出问题的欲望。好奇心在意识层次的表征，就是问题欲。在不断强化人心智的重要性，使心智成为人关注焦点的过程中，对信息特征的不同、差异的主动追求，就成为不断提出问题的"问题欲"。由于好奇心增量直接与构建新奇性意义的过程相对应，因此，形成"问题欲"，这本身就是在不断地强化好奇心增量。应当注意，问题欲与提问题能力是不同的。问题欲只是好奇心在知识层面上的具体表征，更准确地说，问题欲在更大程度上反映的是关于"知识的好奇心"。因此，问题欲只在人类身上才有力且突出地表征出来。为了恰当而准确地提出问题，就需要对好奇心在知识领域的作用实施管理。强烈的好奇心会促使人产生压抑不住地要将这种差异表现出来的欲望——问题欲。

动用强大的好奇心，虽然人可以在一瞬间构建出问题，提出问题本身则需要运用好奇心中的"求新异变"的扩展模式而不断试探。提出问题在于试图建立当前信息与各种信息之间的种种关系，试探在两种差异认识之间建立某种必然关系的可能性，试探各种解决问题方法的可能性，试图从新的角度概括当前所面临的更多的现象和事物，试图从更高的抽象层次描述所面临的各种问题等。

（二）问题欲表征着剩余心理空间的大小

在心理空间展示出来的信息中既有已知信息、不确定性信息，也有对未

---

① [英]约翰·阿代尔. 创造性思维艺术 [M]. 吴爱明，陈晓明，译. 北京：中国人民大学出版社，2009.

知信息的期待心理。基于生命活性中收敛力量在意识中的表现，随着被认知的已知信息越来越多，人会从心理上认可这种追求已知信息的态势，产生尽可能地把握未知信息的心理。这种心理与好奇心是有所不同的。"掌控未知"与表现好奇两种过程同时起作用，会促使人形成解决问题的基本欲望，从而有效地扩展人的剩余心理空间。

（三）在问题欲的驱使下不断地提出更具价值的问题

科研水平高的一个重要标志是所提的问题、所研究的往往是更加本质和重大的问题。反映一个科研工作者的科研品位高低的重要标志也在于其所研究的问题是否是本质问题、重大问题。"回顾自己的研究生经历，身为诺贝尔奖得主的科学家常常强调他们跟导师学会了对重大问题的感知能力。"[1] 这说明诺贝尔奖得主的导师们具有独特的科学品位，能够引导学生掌握对重大问题、核心问题、关键问题、本质问题的洞察感悟力。正如其他领域一样，自然科学也有其自身所追求的标准。水平越高者，越敢于挑战重大问题，并凭借特殊才能发现解决问题的突破口。对于从事创造性工作的科学家来说，判断重大课题，须把握课题的时机及其可行性。

不断地提出问题，表征着人在不断地思考。提问题的能力也是可以通过不断地有针对性的练习来提高的[2]。美国氢弹之父泰勒进实验室都要问问题，每天至少提10个问题[3]。我们在创新教育教学过程中也对学生专门实施提问题能力的训练，这样做可以使学生的提问题能力得到很好的锻炼与提高。在创造学教学的一开始，就要求学生每天提10个问题；经过两个星期训练后，再要求学生每天将注意力集中一个问题上再提出10个不同的问题；经过一个星期的训练后，要求学生每天研究一个问题，首先提出更多的问题，然后从中选择出自己认为10个有价值的问题记录下来。有不少学生通过这种训练一个学期以后，就体会到："看待事物的方式已经不一样了"，"我们可以从建构的角度来看事物了"，"能够从看似平常的现象中发现问题"，"现在才发现有研究价值的问题太多了"！

在养成了提问题的习惯以后，应该学会对问题进行重新分析、重新整理的技巧并养成对问题重新提问的习惯。这将进一步提升人们深入研究问题的

---

[1] 付美榕. 为什么美国盛产大师 [M]. 北京：科学出版社，2009.
[2] 杨庆华，胡银权. 提高学生提出问题能力的教学策略 [J]. 中国职业技术教育，2003（7）.
[3] 田建国. 推进教育观念创新 [N]. 光明日报，2009-08-18.

能力。

要想提出有价值的问题,需要在提出问题以后对问题进行分析与重整[①]。杰拉德·纳德勒提出了在提出问题的过程中需要把握:"人的参与""目的""未来方案""灵活的解决方法"等四个阶段,并由此而组成"巧妙提问法"[②]。我们的做法是:针对一个问题,不断地再提问。当提出了数量巨大的、针对此类问题的新的问题时,再对我们提出的问题反思、判断,以从中选择出能够引导我们进一步思考的、反映本质的、我们能够解决的问题。要切实学会敏锐地发现问题,准确地提出问题,科学地分析问题和创造性地解决问题。

(四) 通过差异提出问题

既然问题表征的是人内心的差异,还表征着人们的思考[③],那么,为了能够更加有效地促进人的深入思考,一种行之有效的方法就是设立一种"靶子"思想[④],诸如我们可以这样说:"张三对于这个问题是这样看的……""当前有这样的认识……"等,在树立起这种可以供人批判、参考的观点以后,再引导激发自己提出独到的看法:"您对此问题有什么看法?"这样做的好处是:提供了进一步思考的信息起始点;促使人们将注意力集中到这些方面;使之成为激励新思想产生的基础;促使人们在多样构建的基础上进行恰当选择。

(五) 强化质疑能力

要将提高人的质疑能力作为教育的核心目标之一。E.格威狄·博格和金伯利·宾汉·霍尔就将能否以培养学生的好奇心和提问的能力及勇气作为一所成功院校的基本标志[⑤]。在提升学生质疑能力的教学过程中,可通过创设奇趣性、变式型、陷阱型、批判性等情境,来培养学生的探索性质疑、发散性质疑、反思性质疑、批判性质疑的精神[⑥]。但更为重要的则是通过好奇心与问题欲之间的本质性联系,在好奇性智能中充分表现这种本质联系,以促使

---

① T.普罗克特.管理创新[M].周作宇,张晓霞,译.北京:中信出版社,1999.
② 杰拉德·纳德勒,威廉·J.钱登.提问的艺术[M].魏青江,译.北京:高等教育出版社,2005.
③ 威尔伯特·J.麦肯齐.麦肯齐大学教学精要[M].徐辉,译.杭州:浙江大学出版社,2005.
④ 亚伯拉罕·H.马斯洛,德波娜·C.斯蒂芬斯,加里·赫尔.别忘了,我们都是人[M].李斯,译.北京:中国标准出版社,2001.
⑤ E.格威狄·博格,金伯利·宾汉·霍尔.高等教育中的质量与问责[M].毛亚庆,刘冷馨,译.北京:北京师范大学出版社,2008.
⑥ 章日超.创设"置疑"情境培养质疑精神[J].现代教育科学·普教研究,2011(6).

人们有更好的表现。

第四节　求知欲与好奇心

多纳尔多·马塞多在为《被压迫者教育学》所作的引言中写道："正如弗莱雷坚定地主张的那样：对知识客体的好奇心以及对阅读理论性读物和进行理论性讨论的意愿和开放性至关重要。为了实现理论与实践的结合，我们必须具备认识上的好奇心——这种好奇心在把对话当作交谈时往往是找不到的。"[1] 多纳尔多·马塞多则更进一步地指出："如果学生既没有必需的认识上的好奇心，也没有对所学知识客体的某种愉悦感，就难于建立增强他们认识上的好奇心的种种条件，以形成能使他们理解和领悟知识的必要智力手段。……如果没有对知识客体的预先训练，没有任何认识上的好奇心，怎么能进行对话呢？"这就指出了好奇心与知识的关系，指出了如何将一个人的生活经历转化为一个人的内知识结构，转化为可以为意识所认识的知识的问题。这就明确指出了人已经具有了超出本能模式的好奇心，从而具有了与意识有机结合的好奇心：认识上的好奇心，同时也指出了这种认识上的好奇心对于人类进步与成长的意义。这种意识的好奇心，就是朝永振一郎所谓的"知性的好奇心"——对知识的好奇心。[2] 在人们表现这种对知识的好奇心的过程中，涉及知性自主与好奇心的关系，也涉及意识的独立性与好奇心，是将好奇心上升到知性、意识、自主、独立的层面来研究的基础。

理性的研究要符合一定的规范。那些更多地脱离了感性的信息会被固化下来而成为知识。如果缺少了研究的基本假设、方法，也就缺少了结论的判别标准，自然，对与错也就无从谈起。

从好奇心整体的角度来看，只有表现出了足够强的自主意识，构建出了庞大的知识体系，人的自主的好奇心与自主的知识有机结合，才会形成人类特有的——认识上的好奇心——求知欲。人类社会的发展使得知识的重要性越来越大，能否有效地学习知识并在现有知识的基础上促进知识进一步地向

---

[1] 保罗·弗莱雷. 被压迫者教育学 [M]. 顾建新, 赵友华, 何曙荣, 译. 上海：华东师范大学出版社, 2007.

[2] 朝永振一郎. 乐园——我的诺贝尔奖之路 [M]. 孙英英, 译. 北京：科学出版社, 2010.

前发展，就成为知识经济中的核心问题了。

知识的形成并不只在人的意识层面表现，还涉及其他的过程。那么，求知欲自然地会在其他过程中表现出来。吉恩·D.哈兰从认知生理的角度，把好奇心当作构成人的认识与学习的情感因素这一复杂网络的基本因素："认识与学习的情感因素是一个复杂的网络，它由相互关联的各个因素组成，包括好奇心、对生活经验的情绪反应以及源于成就、具有动机性质的自我信念——自我效能（self-efficacy）。"①

从教育的角度讲，我们应该认识到，虽然人们赋予学习以种种的责任，但学习的确只是学习者自己的事。在这个过程中，学习者的积极主动性对于学习效果具有主导性的作用。教育仅仅提供一种环境，供积极主动学习者自由选择。如果学习者不想学习，外界条件再好也是枉然。当今，由于知识的不断增多，会越来越吸引受教育者更多的注意力，因此，教育将有可能越来越多地集中在知识的传授上。如何才能激发学生的求知欲，努力提高学生的自主学习能力，应该是教育工作者首先要考虑的问题。E.格威狄·博格指出："拥有禁不住的求知欲是受过教育的人的一个有力工具，是一个受过教育的人的第一标志，求知欲望也是高校健康精神的重要标志。"② 这就要求我们不得不从求知欲本质——好奇心与知识的有机结合的角度来研究这个问题。人们的确应该保持为好奇心而读书的本能和习惯③，并不断地将其提升到求知欲的层次。

在清华大学2013级本科生开学典礼上，时任经济管理学院院长钱颖一给学生的忠告就是：好学比学好更重要。在钱颖一看来，"好学"包括五个要素——"五好"，分别是"好奇""好问""好读""好思""好言"④。钱颖一已经充分认识到了好奇心在求知欲中的地位与作用，并将好奇心提升到了更高的层面。

提升人的求知欲，一方面是好奇性智能的重要方面，另一方面也提升了好奇心在复杂的好奇心方面的表现强度。

---

① 吉恩·D.哈兰，玛丽·S.瑞夫金.儿童早期的科学经验［M］.张宪冰，李姝静，郑洁，于开莲，译.北京：北京师范大学出版社，2006.
② E.格威狄·博格，金伯利·宾汉·霍尔.高等教育中的质量与问责［M］.毛亚庆，刘冷馨，译.北京：北京师范大学出版社，2008.
③ 丁学良.我读天下无字书［M］.北京：北京大学出版社，2011.
④ 钱颖一."好学"远比"学好"更重要［N］.光明日报，2013-09-02.

一、知识、好奇心、求知欲

(一) 知识的意义与认识

求知欲是人自主的好奇心在意识中的表现,简单地讲就是"人心向学"①。求知欲是好奇心与知识有机结合的产物。不同的人对于知识有不同的理解。我们认可这样的知识界定:"知识是结构化的经验、价值、信息、思维和专家洞察力的融合,提供了评价和产生新的经验和信息的框架。"根据知识与意识之间的关系,我们也可以简单地认为,知识是主体获得、总结、构建出的系统化、组织化了的意识信息。

知识反映了主体对客观事物存在及变化的内在规定性的认识,知识是信息的高级(逻辑化的)表现形式。知识是更符合逻辑性关系的信息体系。从信息与知识的关系出发,可以将知识定义为:知识是主体获得的与客观事物存在及变化内在规定性有关的系统化、组织化的信息。

知识越多,不同知识在大脑中显示出来的可能性就越大。从另一个角度来讲,知识越多,意味着确定性信息和关系在人的意识心理所占据的成分就越大,人就越能理智地建立不同事物信息之间的关系。

心智的进化是外在知识与大脑内模式相互作用的结果。本能可以促进知识的转化与新知的生成,而知识对本能的发挥、变化以及生成新的本能模式也将产生一定的影响。此时,这样两个独立的系统和相互作用的系统(三个系统)都可以成为一个独立的对象而被人单独地重点关注。在对其实施有效控制、激发时,会对心智的变化产生加速的作用。比如,人在关注某个知识点时,心智的其他环节都将围绕这个知识点而兴奋,包括有效激活其他的信息等过程。人关注心智的某个模式,就意味着以该模式为基础而激活其他信息、建立该模式与其他心理模式(本能模式和知识模式)之间的关系,以该模式为基础向其他信息扩展。相应地,如果人更加侧重于好奇心增量,那么,新奇度更高、不确定性更强、更加复杂、更加多样的信息就会被赋予更高的可能度,人会不断地构建新奇性的意义。新奇性信息所对应的泛集的信息熵(或者说信息熵增量)就会发生相应的变化。

当知识模式以较高的可能度显示时,能够对心智实施变换的好奇心自然

---

① 林光彬.论以学为中心的大学教育 [J].中国大学教学,2013 (12).

会与其构建起稳定的相互作用，所形成的稳定的反馈模式将会有效地促进好奇心在知识信息形态上的表现，使人表现出更为强大的好奇心。

按照传统的心理模式来建立信息之间的关系，或者说按照已知的关系模式激发不同的信息，或者说组成一个稳定的泛集，只是平常好奇心在发挥作用。如果人的好奇心达到一定程度，尤其是好奇心增量达到一定程度，就会专门赋予由新奇性信息所组成的泛集以较大的可能度，这就表征着此时心理状态的泛集会迅速地发生一系列的变化。它将促成新奇性信息分布的变化，形成新奇性信息在数量上的变化等。与此同时，与扩展性模式相对应的"掌控"模式会出现协调性的增长，促使所形成的新奇性知识在与其他信息建立关系的过程中不断地沉积、固化。

当知识达不到一定程度，激活的信息量就会相对较小，人的思考就只能是浅显的、表面的、表象的、具体的、暂时的、凌乱的，而且还不具有更强的推广性、概括抽象性（又可以认为是关于信息变化时的不变性）、意识性；而当知识多到一定程度时，将促成人在意识层面的心理达到"自催化临界状态"①，会使人运用好奇心、想象力在建构更加求异、多变的程度上，建立起更加复杂多样的信息系统，建立信息之间更加广泛的联系。从另一个角度看，随着知识增加并达到某种程度，这些知识会在大脑中形成较为稳定的状态，可以非常容易地在大脑中再次显示。人都是具有懒惰性的，因此，人的思想反而会被现有的各种知识所制约，不再具有更大的灵活性，也不具有更强的新奇构建性。这样，大脑会因不断地展示更多的已知信息而形成好奇心的另一种满足方式，从而引导人将注意力更多地集中到已知信息上。当这些已知信息一同显示出来时，会在心理层次生成另一种更加深刻的印象：关注已知性的信息。

研究表明，好奇心较强的学生在学习过程中会表现出更低的错误率和更加高效能学习②。因此，保持强盛的好奇心是提高学习效果的恰当方式。

（二）语言发展到一定程度，必然形成符号表征方式

在大脑神经系统丰富、活动异常的情况下，使外界信息符号化，并在大脑中经常进行符号性转换，便成为人的大脑神经系统中最主要的活动。原因

---

① 斯图亚特·考夫曼. 科学新领域的探索 [M]. 池丽平，蔡勖，译. 长沙：湖南科学技术出版社，2004.

② Mittman, L. R. &Terrell, G.. An experimental study of curiosity in children [J]. Child Development, 1964, 35 (3)：851-855.

不外乎这些心理模式的可能度较高，有足够的力量和"空间"供信息任意变换。

当神经系统进化到一定程度，在人的机体活动中，智力活动会逐渐成为主体活动（已经从表征机体各组织器官电信号相互作用的功能中强化出来）。此时，意识层面独立的心智模式的可能度相对较高，虽然与身体其他组织器官联系的神经系统也以正常"活性"来表征，但此时所表现出来的仅仅是维持一个正常的耗散结构，将使意识层面的"耗散结构"表现突出。此时将受到两个方面的影响。一是依据经常表现的"活性"中的非线性扩张，导致"耗散结构"不断表现非线性涨落。这将促进功能的"剩余空间"越来越大，也进一步促使心智的非线性扩展。二是从主观意愿出发激发意识层面上的好奇心，促使超出正常"活性"分布值的那部分信息的可能度进一步增强，也就是促使心智模式达到超高的可能度。此时内知识结构的变化将更加迅速，符号意识形式的心智活动也会越来越丰富。

（三）符号使用的增多促使人转向对符号的好奇心

随着社会性活动的增多，符号性信息也会不断增加，符号性信息与好奇心就有了更多接触的机会，反映符号信息的人的意识空间便与好奇心建立起更加频繁、稳定的联系，促使人将注意力由外部客观世界转向书本上的种种知识。书本上的确定性知识以及所描述的未知、未能理解的知识以及由此而产生的虚幻性知识（他们只知道存在他们未知的知识，但具体是什么则不知，便构成了一种虚幻心理状态）便能时时激发并满足人的好奇心。

根据心智反映知识的耗散结构特征，可以看出，好奇心是人的内知识结构的增长方式的"平均度量"。当人的内知识结构的增长侧重于人类已经探索的知识信息形式，或者在这个方面表现出这种特征时，就称这种表现为求知欲。

在这个过程中，重复性的活动以及由此而带来的不确定性，通过符号以及由此带来的新认知，便具有了越来越重要的意义。

（四）好奇心促使求知欲成为一种本能

最简单地说：好奇心与抽象的符号相结合，可以使人表现出对知识的好奇心——求知欲，就会成为人的一种本能[1]。阿西莫夫就将好奇心直接界定

---

[1] 雅罗斯拉夫·帕利坎．大学理念重审［M］．杨德友，译．北京：北京大学出版社，2008．

为："求知的愿望。"① 求知欲的本能说受到进化心理学研究的坚定支持②。进化心理学的研究表明，善于进行符号推理，大量地进行语言交流，促进神经系统剩余能力的不断增强，这种生存优势势必会在遗传过程中得以体现，也就导致在正常的社会环境中，使人将注意力有效地集中到抽象符号这种信息表达系统上。由于知识在人类社会大量存在，这种信息表达方式自然也就成为大脑中的核心过程。大量的社会交往，不自觉地促进了抽象思维的形成，使人的理性进一步增加，尤其是意识自主性的突显也使符号以及符号之间的关系成为大脑中主要进行的活动。

从任何现有的知识点出发，好奇心在不断地构建其他信息与当前信息之间的似有似无的关系，维持更大的心理空间，并告诉人们还会有更多的构建可能性。因此，由这种更加多样性的信息所组成的更大的不确定性表征，增强了人的无知感，"人对外在于其自身的世界越无知或困惑，他就越会充满着好奇和想象，并焕发出去努力摆脱这种无知的激情"。③

二、求知欲是好奇心重要的外在表现

虽然在心理学中将学习界定为外界信息作用到机体上使机体建立起刺激与反应对应关系的过程，但这种反应更多地体现在机体的被动适应性上。有研究者指出④，当动物进化出复杂的神经系统，并且具有足够的剩余能力时，便具有了自主性，可以在产生自主愿望的基础上，能够主动地引导各种行为。

通过将好奇心转向知识，可以维持较强的好奇心，原因就在于知识的产生与表现并不受到身体其他功能器官活动的控制，能够更加有效地运用神经系统的非线性而形成更加多样并存的混乱状态。因此，在知识领域，好奇心将有更大的表现自由度及空间。罗素就曾强调："若欲好奇心富有成效，必须与求知的方法相结合。"⑤

信息加工过程的不断进行，使人越来越关注知识领域的好奇心——求知欲。当知识在人的意识层次具有一定的意义以后，好奇心就直接在人的意识层次上构建起求知欲状态。学习知识会越来越突出地表现为一种主动性的行

---

① 李奇. 学习用的什么"心"[J]. 教育与职业, 2003（10）: 6-9.
② D·M. 巴斯. 进化心理学[M]. 熊哲宏, 译. 上海: 华东师范大学出版社, 2007.
③ 阎光才. 关于创造力、创新与体制化的教育[J]. 教育学报, 2011, 7（1）.
④ 徐春玉. 好奇心理学[M]. 杭州: 浙江教育出版社, 2008.
⑤ 伯特兰·罗素. 教育与美好生活[M]. 杨汉麟, 译. 石家庄: 河北人民出版社, 1999.

为，而人对信息的加工与运用以及由此而形成的关于知识的自主性、好奇心的自主性也越来越重要，由此而转化为具有显著独立特征的求知欲。

在人类的进化过程中，不同物种选择不同的增强竞争力的因素。诸如，羚羊选择增强其奔跑能力，猴子选择增强其攀爬能力。其他能力的不足使类人选择了加工信息能力，而信息加工能力由于具有更大的可变性、可扩展性，促使类人有了更大的发展空间。由于人类进化过程选择了增强信息加工能力这条道路，随着社会结构的逐步复杂化而使信息交流成为核心因素，符号系统越来越受到成长初期个体的关注。一方面是受到遗传因素的影响，另一方面也是因为社会环境形成了强大的压力。这便进一步增强了这方面的优势强化，这种心理过程也就会占据越来越主要的地位，从而在很短的时间内，成长初期的人的注意力就会被迅速地吸引到不同信息特征之间的关系以及由此而形成的体系上。

在人类大脑复杂的进化过程中，社会因素（主要表现在信息交流方面）起着重要的促进作用。研究表明，动物的群体性特征通过交流差异形成刺激，促进着大脑神经系统的进化，并由此而进一步促进人类社会的复杂化，最后又反映在人对信息有更大的依赖性上。研究表明，群体活动对于人类的前庭皮质区起着重要的刺激作用。通过比较动物学研究，科学家们发现，前庭皮质区较大的灵长类动物一般都生活在大规模的能够表现出更多信息交流的群体之中①。信息交流更多，将促进各种信息在大脑中的记忆建立关系，而大脑的生长与信息模式数量之间会形成生物学意义上的正反馈——信息越多，则大脑越复杂；大脑越复杂，人处理信息的能力就越强，这种能力的强大又反过来进一步促进大脑的复杂化，乃至达到"正反馈极限"。在这个过程中，维持着好奇心的不变。欲形成新的"正反馈极限"，就需要改变好奇心增量。

随着社会文化的发展，信息交流成为人类进化的核心因素，由此促进人对信息的极大关注，也使好奇心与信息的结合成为人类社会的一种重要过程。正是人类在这种进化过程中已经建立起了好奇心与信息的紧密联系，这也就必然使人的求知欲成为一种基本本能。

三、好奇心与知识的关系

学习不只是知识的简单记忆，更多的还是人的主观能动的构建。好奇心

---

① 齐芳．"顿悟"是怎么发生的［N］．光明日报，2011-01-14．

成为一种稳定的心理模式是需要知识的有效促进，甚至说必须与知识结合而达到一定程度的。因此，好奇心能够起到足够强大的作用，也得益于知识的作用。在人具有了一定的抽象思维能力以后，好奇心与知识的相互作用关系可以充分而明确地表现出来，或者说好奇心与知识在意识层面的结合才会成为一种显著的心理模式。"我们了解得越多，并且能够借助我们的知识思考得越好，我们就会变得越来越成功。"[1]

在好奇心与知识之间存在一种矛盾："充满知识"的好奇心（或者说与充足知识有机联系的好奇心）与"原始自由"的好奇心两者之间，就如同原始共产主义和生产力高度发达的共产主义之间的差别一样，决定着好奇心能否自由地与知识建立联系，能否广泛而自由地利用知识而不受知识的限制。这种感觉如同禅学中的学禅之前的见山是山，见水是水，而领悟以后见山是山、见水是水的感觉一样。开始时见山是山，见水是水，这就相当于在大脑中没有任何知识、没有任何稳定的信息模式，好奇心与知识只具有简单的、片面性、孤立的对应关系。但当学习、记忆了某些确定性的信息模式以后，人学会了针对某种具体情况而采取由经验所确定的行为以有效应对问题时，便能自由地建立好奇心与知识的各种关系，从而对外界事物达到深刻认识的程度。在对事物的认识还没有达到足够深的程度时，人们对客观规律还不能准确把握，就只能更多地利用自己的好奇心对世界形成暂时的理解。但当人们对客观规律的认识达到一定程度，这些知识就会成为能够在人的潜意识中起作用的稳定模式。以此为基础，人会转而关注心理的开放性、扩展性，将注意力放到信息之间的联系上、构建多样性的应对方法上，放到对未知情况的认识能力上。此时就意味着达到了新的境界：见山是山，见水是水，人在这个阶段对好奇心的运用随即达到了禅的最高境界：领悟——自如地利用信息。

既然认知都是在好奇心的参与下将新奇性信息强化出来的（或者说，人用好奇心来描述这个过程），那么，在人内知识的不断构建过程中，必然与好奇心建立直接的关系。正是由于好奇心，才将各种新奇性信息引入心理空间以此为基础而建立与内知识结构各种各样的复杂关系，并在道德价值判断标准的选择之下，在信息之间重复、多样的相互联系过程中，通过可能度的大小而将可能度高的信息"沉淀"（固化）下来成为内知识的一部分。

---

[1] 加里·R. 卡比，杰弗里·R. 古德帕斯特. 思维——批判性和创造性思维的跨学科研究 [M]. 韩广忠，译. 北京：中国人民大学出版社，2010.

"源于人性的好奇心和源于社会的有用性，一直是决定知识性质的关键所在"①，在一定程度上也决定着学习的趋向和学习的价值，两者的有机结合会发挥越来越重要的作用。在一个以知识为核心的自由时代，虽然人们会出于好奇心而开始学习，但"杜克大学的研究表明，如果一个学习者只是出于好奇或好玩而注册课程，则很难坚持下去"。② 在学习过程中，知识虽然可以满足人的好奇心，但同时却有可能使人厌烦。随着知识越来越丰富，人们一般都会认为，要想把人类历史上积累下来的浩如烟海的知识、学问为己所用，除了坚忍不拔地刻苦学习以外，没有别的方法。在其他因素不变的情况下，信息的增加与学习、记忆的时间成正比。在学习过程中，经常会由于人们已经熟悉某种行为模式，尤其要保持这种行为模式的稳定性，必须克服厌恶烦躁、紧张不安的情绪。由于满足人的好奇心需要保持有足够的新奇信息的输入量和输入速度，保证人的心智得到一定程度的刺激作用，从而维持心智正常的耗散结构，因此，保持这样将可以有效地缓解人的厌恶情绪。与此同时，当将刻苦作为一种独立显见的意志品质，将对心理过程产生持续性的重要影响。如果将刻苦与好奇心建立起联系，也就代表着好奇心可以在某个问题上长时间地发挥作用，或者说能长时间地从当前知识出发不断构建新奇性信息。

在人的学习过程中，会存在关于某类信息模式的"钙化"，使人的好奇心在这个方面产生懈怠现象。心理"钙化"与心理懈怠的现象，会在各个层次上都有所表现，并在各个层次之间组成一个整体，在高层次比如说探索性层次表现出懈怠，将会在低层次出现仅以表面上的变化来应付这种好奇心。之所以会引起心理的"钙化"与懈怠，第一种可能是人过于关注"高层次"稳定不变的信息，此时人会感知到信息的新奇度降低，即使有信息其他方面的新奇性变化也不能引起好奇心的警觉；第二种可能是好奇心起作用的成分发生了变化，由追求探究的好奇心转化成为追求多样并存的、追求变化的好奇心等，在人已经习惯了大量变化性信息作用时，即使是有新奇性的信息输入，由于它所产生的变化较小，也不足以引起人的注意而导致心智的变化；第三种可能则是由于好奇心增量受到其他方面好奇心增强的影响而降低，使人构建新奇的好奇心不足以发挥应有的作用等。

好奇心在知识追求、知识特化、使知识成为一种显现的典型特征、使知

---

① 王建华. 知识规划与学科建设 [N]. 高等教育研究，2013 (5).
② 梁林梅. MOOCs学习者：分类、特征与坚持性 [J]. 比较教育研究，2015 (1).

识成为人的一种理想追求、使知识在具有显现性价值意义的过程中具有重要的作用，这反过来又进一步突出强化人的求知欲。人们最早明确提出了好奇心与知识之间的关系，而对好奇心与知识之间关系的认识呈现出多样并存的状况。

（一）好奇心与知识之间关系的"张力观"

我们可以从知识数量的角度看知识与好奇心的关系。知识与好奇心的"张力观"（以下简称张力观）认为，知识与好奇心之间应保持"适度的张力"——知识在满足好奇心方面保持一定的差异性。一方面，知识是好奇心发挥作用的基础；另一方面，过多的、丰富的知识经验又会使人囿于常规，妨碍人好奇心的发挥。张力观认为，个体在一个领域里拥有中等程度的知识水平，可以使好奇心更好地发挥作用，由此，知识和好奇心的关系将呈现出一种倒"U"形关系。

知识与好奇心的张力观得到实验研究的支持。卢钦斯（Luchins）在其著名的"取水问题"研究中发现，一旦被试找到了某种成功的取水方法，他们将迅速地形成思维定式，并习惯于继续采用这种方法；即使存在其他更简易的方法，被试也不愿意再启动好奇心去发现、寻找其他的方法。而另一些没有经过这种取水方法练习的被试，则能很快发现新的简易方法。由此可见，过去的成功经验（知识）会成为限制好奇心发挥作用的制约因素，这会使人容易陷入习惯性的应对模式之中[1]。在问题性质改变时，尤其需要启动好奇心以及人的更多的智能将改变后的问题作为一个全新的对象以寻找全新的对策，而不能再依靠以往知识的简单扩展、延伸。此时人在体验到当以往的知识不能解决问题时，就会受到好奇心的驱动，构建一种全新的寻找模式，不再受现有知识的限制。

威利（Wiley）采用远距离联想（RAT）测验测试知识与创造力关系的方法，同样能够用于说明知识与好奇心的内在关系。实验中使用的 RAT 词汇与棒球运动有关。被试分为两组，一组被试有丰富的棒球运动知识（专家），另一组被试对棒球运动较为陌生。实验结果表明，有关棒球运动的知识经验使被试的知识结构固化，不再重视好奇心，不愿意扩展，更愿意运用已形成的

---

[1] Macgregor J N, Omenrod T C, Chronicle E P. Information processing and insight: a process model of performance on the nine-dot and related problems [J]. Journal of Experimental Psychology: Learning, Memory, and Cognition, 2001, 27 (1): 176-201.

经验解决问题。当测验题的答案在棒球运动知识范围之外时，这种类型的被试很难解决这些 RAT 问题[1]。这是由于知识限定了他们的注意力，好奇心同时也会受到限制，限制了他们的心理开放性和灵活性，也限制了他们的求新异变的能力。而那些对棒球不熟悉者，由于没有受到制约，他们的好奇心可以更加广泛，视野更加开阔，思维也更加灵活。

研究表明，一定量的知识将会促进好奇心更好地发挥作用，由此而形成更加多样的应对模式。如对围棋的研究表明，在面对复杂问题时，专家可以迅速利用现有点局部特征（对于某些局部的确定的情形有最有利的"定式"下法）构建多种方案，而非专家则由于不熟悉相关问题，他们会受到变化性信息的影响（超出了好奇心对变化性信息的需求，因此会消耗更多的资源）只能构建出很少的整体方案。

在主动地强化好奇心时，专家可以将他们所掌握的知识作为进一步探索新问题的基础，现有的知识就不再成为掣肘。

就上述几项研究而言，一旦问题的性质发生了改变，诸如当前问题所需要的知识超出专家的知识范围，那么专家就不再是专家，"专家"的固有知识就有很大可能会成为限制。当然，张力观认为个体的知识经验容易使其形成思维定式，也不是一无是处，因为形成稳定而有效的应对模式正是进化的重要力量。这表现在，其一，有些问题是需要快速决策的，根本不容许有足够的创造性分析的时间。其二，专家的组块化知识，可以帮助专家快速解决其领域内的常规性问题。如果问题的结构或性质发生重大改变，专家的知识组块容易妨碍好奇心的发挥。此时，需要运用好奇心对人的内知识结构进行重新组合。其三，当知识经验形成人的行为的自动化后，确实会形成一种思维习惯，使思维的适应性下降，再采用此法，有可能难以解决一些非常规的、新奇的问题。其四，毕竟人可以利用现有的知识对未知的问题展开一定程度的熟悉的研究，并从中分析出一定量的确定性认识，也会引导人们不断地协调已知与未知信息之间的关系，促使人们将注意力逐步地向未知"延伸"。另外，专家通常有较强的监控能力，他们可以在将常规问题中的已知知识转化到下意识过程中，提高新方案的构建和选择的速度，节省意识空间，以帮助他们重新分析问题的性质，将注意力集中到未解决的问题上，评价自己所使

---

[1] Wiley J. Expertise as mental set: the effects of domain knowledge in creative problem solving [J]. Memory and Cognition, 1998, 26 (4): 716-730.

用的问题解决策略的优劣，以便及时调整问题解决的策略等①。在一定程度上，善于思考使一个人成为某个方面的专家，而这种深入思考的习惯也将使其高于一般人。

好奇心与知识的关系在一定程度上表征了心智形成及成长进步的过程。只有稳定的东西才有意义。因为知识提供了稳定的力量，知识在好奇心的扩张方面起着基础性作用，知识使好奇心的扩张具有了确定性的意义。只有稳定的好奇心才具有自主性确定性的意义，好奇心只有依赖稳定的心理模式才能更好地发挥作用。也就是说，好奇心也只有在稳定的信息模式上发挥作用才能带来心理过程不断的有意义化。

人在研究任何一个问题时，都善于寻找更高层次的不变量——抽象化，得到更加确定的心理，然后再结合一个稍微变化的新的模式而实施"按模式而变"。信息的不变性建构于各种变化的信息基础上，而信息的变化也发生在不变的基础上。心智自身的生命力——"活性"，促使心智变化表现出灵活性与稳定性。这需要在心智稳定的情况下与其他信息、系统建立起新的相互作用关系。而好奇心的独立特化，将对心智的变化真正起到足够的控制作用，由此而保证心智的灵活性。或者说，更是由于心智的"活性"，才促使人在意识心理空间形成变化性信息与不变性信息的协调统一。

在心智构建的初期，人的内心可以随意地受新奇性信息的作用而形成一个新奇度相当高的泛集，虽然他们也能在当前内知识结构的边界点（任何一个小的"邻域"都将同时包含已知的和未知的、不确定的信息）上，运用好奇心而建立一个有较大数量的关系集合，但却不能使这种关系模式稳定地再现在大脑中。此时的关系往往是片面的、暂时的、与具体情景相结合的。如果人的活动情景发生了相应的变化，这种关系模式便不再显现。

有了稳定性的知识，好奇心所对应的虚幻性心理模式才成为实在性存在，并具有一定的意义，这种虚幻性心理模式与确定性知识建立起稳定的对应关系，它将伴随着确定性知识而以较高的可能度显示出来，有可能成为指导人产生具体行动的控制模式，进而表现出对期望的追求。

不考虑确定性知识对好奇心的负面影响，假设好奇心不发生变化，将好奇心作用于各种信息上时，知识越多，确定性的信息也就越多，人表现出来的追求未知的心理就会越强，人们就会表现出越来越强的爱学习、爱了解更

---

① 周治金，杨文娇. 论知识与创造力的关系 [J]. 高等教育研究，2007（10）.

多未知世界奥秘的心理趋势。

与此同时，有了确定性的知识，好奇心所对应的这种扩张过程便会成为具体化的心理模式。如果没有相应的知识而只是存在扩张心理，这种扩张便没有生存（存在）的根基。没有根基的模式一方面不能维持长久，另一方面还会对这种虚空的扩张模式的形成与稳定产生消极的影响。另外，还有可能在心理过程中形成稳定的没有根基的扩张，从而消耗大量的心理能量而使心理转换无从着落；与此同时还不能将这种扩张心理稳定下来成为一种确定的心理模式。

按照进化论的观点，只有那些对维持机体的稳定与促进机体更好地顺应环境作用的模式才能作为优秀（从适应环境的角度来讲）基因而不断得到强化，并稳定地固化到遗传基因中；如果没有稳定的心理模式，信息只以短暂的时间表现在大脑中，也就很容易使人的好奇心得到暂时的输入性满足，只是输入性满足（接收新奇性信息的刺激），不能通过自主表现形成更加深入的探索性研究，不能自主地发挥作用，也不能自主性地成长，不能表现出好奇心的结构与功能的非线性"涨落"行为，人的好奇心便不能变得更加强大。因此，确定性知识在好奇心的成长过程中发挥着"稳定器"的作用。

还可以从这样几个方面来补充说明好奇心与知识之间的相互依存关系：（1）差异本身体现着多种模式的并存，以差异感知神经元为基础的好奇心起作用时，必然对应着多种不同信息的同时并存，由此而表现好奇心对知识的依存；（2）构建了稳定的差异性心理模式，就会从差异的角度追求多种信息的有机联系，通过联系而将不同的信息激活，这也就造成了知识与好奇心之间相互作用的另一个基础；（3）在未知的空间，用好奇心所带来并得到认定的新奇意义将使人的思想走得更远（具有更大的变化性）；（4）信息在人类生存中所占的地位越来越重要，好奇心特化成求知欲就会成为必然。

（二）知识与好奇心的"地基观"

该观点认为，知识和好奇心如同地基与大楼之间的关系，知识越丰富，好奇心就会有更大的发展空间，好奇心也就越强。创造学揭示的创造成果的"十年定律"[①] 以及认知心理学揭示的专家知识组织具有优势等方面的研究，可以看作对知识与好奇心之间关系的"地基观"的有力支持。熊十力指出：

---

① ［美］罗伯特·J. 斯滕伯格. 创造力手册 [M]. 施建农，等，译. 北京：北京理工大学出版社，2005.

"知识不足，则无资以运转；思辨不足，则浮泛而笼统。空谈修养，空说立志虚绥迂陋，终立不起，亦无所修，亦无所养。纵有颖悟，亦是浮明；纵有性情，亦浸灌不深，枯萎以死。知识与思辨而外，又谓必有感触而后可以为人。"① 这就是对好奇心与知识之间关系的明确阐释。

海斯（Hayes）对音乐、绘画、诗歌等艺术创作领域中的成名人物进行的研究发现②，头10年一般是创作者的沉默期，然后是第一部著名作品的问世；如果能坚持下去，在其职业生涯的第10～25年，将达到创作的"黄金期"，在此期间，著名作品会不断涌现；在第25～49年，则是创作的稳定期，最后逐渐下降。韦斯伯格（Weisberg）也得到了类似的研究结果③，他发现新手从开始接触某领域到第一件著名作品或成果问世，个体一定要投入大量的时间，其专门练习几乎达到最大化，足以熟练掌握该领域的各种技能。

从心智进化与成长的角度来看，也正是由于大量不同的知识在大脑中被加工、反应，也才有力地促进了好奇心的强化与独立，并促进了人的意识的强势发展。意识的形成与凸显成为人的核心品质，又反过来提升了人的信息加工能力，形成对更多新奇性信息刺激更加强烈的需求，形成对满足好奇心的更强需求。

西蒙顿（Simonton）调查研究了几个艺术创作领域的专家，并采用多维变量方法以评价专家的创造力。通过研究，西蒙顿发现，许多作曲家需要经过20～30年的训练才可写出最成功的曲目，而另一些作曲家则只需几年的训练便能成功④。

其他领域也有类似发现。这种现象的出现可能有两种原因。其一，杰出创造者本身拥有相关非凡的能力，使得他们能够更加高效地掌握某一领域的重要知识。其二，杰出创造者表现出较强的好奇心（他们往往在年龄较小时即有突出的成果），他们会在好奇心的驱使下试图成为某一领域卓越的创造者，而不仅仅是成为拥有最多知识的专家。因此他们更多地将注意力集中到未知问题的解决上，并因此有更大的可能性创造性地解决新的问题。

---

① 深圳大学国学研究所. 中国文化与中国哲学 [M]. 北京：东方出版社，1986.
② Hayes J R. Cognitive processes in creativity [A]. Glover J A, Ronning R R, Reynolds. Handbook of Creativity [C]. New York：Plenum, 1989. 135-145.
③ Weisberg R W. Creativity and knowledge：a challenge to theories [A]. Sternberg R J. Handbook of Creativity [C]. New York：Cambridge University Press, 1999：226-250.
④ Simonton D K. Emergence and realization of genius：the lives and works of 120 classical composers [J]. Journal of Personality and Social Psychology, 1991, 61：829-840.

前面已经指出，专家可以熟练而恰当地处理他们已经遇到过的现象和问题，对于与这些已知情景有较大相似度的问题，专家处理起来将更加准确、迅速、有效。这是由于专家在其所选择的领域已经将一部分能够满足好奇心的知识确定下来，形成稳定的结构，然后在这些稳定结构之上充分扩展。而对于新手来讲，由于还不能有效地将已知知识稳定下来，也就只是根据信息的变化和不确定来满足其好奇心[①]。一方面，新手处理问题的速度会比较慢，他们还需要在这个过程中将本来已知的知识固化下来；另一方面，还需要构建在新情况下新的应对策略，有时还需要在多种应对策略中恰当选择，这需要花费相当大的精力。

（三）从知识分类的角度看知识与好奇心的关系

要主动地让好奇性智能中的变化部分和主动追求变化性的部分成为一种稳定的显性模式，使其具有、维持足够的自主性，充分展示其作用与能力，并由此而促进好奇心与知识的有机结合。"研究已证明，记住某件事的简易方法是使其新的、不同的、新异的。这是因为我们的脑有着高度的注意偏好，倾向于注意不符合常规或期待模式的事情。当脑发觉某事是不同的时候，会释放出应激荷尔蒙，结果是更加注意。"[②] 我们说，是大量相关联的同类知识的稳定作用让好奇心具有了知识的方向性——这些方面的信息具有了更高的兴奋度。当知识与好奇心建立起稳定的联系时，便使好奇心具有了某个方面的限制与约束，也就是说，只能显示具有某个方面特征的信息，这种性质包括某个方面的领域知识信息、研究方法模式、探索的心理趋势信息等，但同时也使好奇心有了基础。

哲学家波兰尼（Polanyi. M）提出了"隐性知识"的概念[③]，将人类知识分为显性和隐性两种类型。显性知识是指能够"言传"的知识，隐性知识是指只能"意会"的知识。隐性知识具有：（1）形式的多样性，（2）载体的非技术性，（3）内容的不确定性，（4）流通的困难性，（5）外部关联性等特征[④]。好奇心会在潜意识空间构建各种不同的心理模式，这些模式会成为与确定性信息相对应的模式性泛集，通过足够的变异性，以隐性模式的形式存在

[①] 周治金，杨文娇. 论知识与创造力的关系 [J]. 高等教育研究，2007（10）.
[②] E. 詹森. 基于脑的学习——教学与训练的新科学 [M]. 梁平，译. 上海：华东师范大学出版社，2008.
[③] 胡泽平，施琴芬. 高校隐性知识的内涵和流程分析 [J]. 科技进步与对策，2006（1）.
[④] 王众托. 关于创新能力培养的若干思考 [Z]. 大连市老教授协会论坛，2007（8）.

着。因此,好奇心在涉及隐性知识时可以得到更大程度的满足,人也就更加倾向于隐性知识,并使隐性知识发挥更大的作用。可以认为,隐性知识在更大程度上是与好奇心的多样性、未知性、不确定构建紧密结合在一起的知识体系。在这种紧密联系过程中,由于好奇心的独立特化和强势表现,也会有效地将隐性知识转化成为显性知识。

斯滕伯格提出了"缄默知识",并进一步提出只有具有智慧的人,才能有效地将这种在更大程度上取决于经验的"体会"上升到知识的层面。这实际上就是动用好奇心将这些模式突显出来、固化、模式化、程序化、有序化的过程。

像"深蓝"那样的计算机,尽管它拥有许多知识和强大的运算速度,但它却不能像国际象棋大师那样创造一个有价值的、新颖的棋局并对其好坏作出评价。至少在当前是如此。人的好奇心是在适应环境的过程中长期进化的结果,保证着人具有高度的灵活性,可以对问题不断扩展,能够以并行方式对信息进行加工,能够轻松地检测到环境中复杂、微妙的关系,并以隐性知识的方式存贮在长时记忆之中,从而将好奇心注意力集中到真正的问题上。

将知识分为如下层次:状态、关系、建立关系的模式(方法)、期望(它作为知识的一个重要信息部分,始终在起作用,但由于期望构建于人的内心,建立在更高的层次上,因此往往被人们所忽略),由于高层次信息代表着低层次信息之间的关系,因此,在一定好奇心的控制下,信息的层次越高,可变化的程度就越低。这将在一定程度上取决于我们是从什么角度引导心理向什么方向转化,同时还取决于在这种转化过程中是否运用好奇心。如果将好奇心与基于任何一个信息层次的心理转化过程相结合,就会由于好奇心的作用而在低层次中表现出追求更大变化性、复杂性、多样并存性和形成更大的变化区域的行为。由此可以看出,关注哪种类别的信息,也就意味着将人的好奇心引向哪个方面的确定与不确定性的信息;当我们将注意力集中到某个方向时,也就意味着会不断地将这个方向的不确定性的信息转化为确定性的知识,那关注哪个方面,也就意味着促使人的心智向哪个方向扩展。

(四)从知识调用的角度看知识与好奇心的关系

对问题进行分类是个体从当前问题描述中摘取问题的有关特征,或者从问题描述中进一步推理,发现甚至构建问题的特征描述的行为。专家通常根据问题的深层特征对问题进行分类,表征问题;而新手则往往依据问题的表面特征对问题进行分类并形成相应的问题表征。当人们面对"结构不良"的问题，尤其是问题的起始状态与目标状态之间的关系不明确时，需要问题解决者在每一个知识点（状态、关系等）上运用好奇心向其他方面扩展，利用其专业领域的知识去澄清问题、弥补问题描述的不足，甚至修正问题、重新表征问题。专家能够准确地把握某个知识层次的不变量，并以此为基础展开研究；新手则不具备解决问题的知识经验，他们往往在尚未明确问题的性质之前就尝试直接解决问题，更多地关注非主要问题，不善于抓住问题的主要矛盾，胡子眉毛一把抓，在枝节问题上空耗精力。

爱因斯坦指出，尽管"真理的知识本身是了不起的，可是它却很少能起指导作用，它甚至不能证明向往这种真理知识的志向是正当的和有价值的"[①]。孟子有"尽信书则不如无书"的千古名训，庄子亦有书本知识不过"古人之糟粕而已"的判断。

已有的知识既会对好奇心产生制约作用，也会产生支持、激励作用。建立起稳定的内知识结构，就相当于形成了稳定的思维定式。此时，人们便具有了因记忆一定的知识而失去了某种自由——失去了运用、探索其他类型知识的可能。但同时稳定的内知识结构也有了让好奇心充分发挥作用的稳定性基础，使人可以沿着知识所指明的领域与方向不断地联想、延伸。在教育过程中，要在保证"发散"与"收敛"相互协调的基础上进行构建，及时地对教育重心适时调整。如果在教育过程中对学生设置过多的障碍，限制他们行动与思想的自由，他们将逐渐失去对真理的追求，将自身束缚在思维定式之下。当限制成为突出模式时，他们便会将这种模式突显出来，成为一种高层次的指导模式，那么，人心智的发展就必然受到限制，因为只要这种模式被构建起来，它就很容易被激活从而限制心智的扩展。那么，此时在教育中，就应该强调发散性的训练，强势地激励求新、求异、求变。

四、好奇心促进内知识结构不断扩展

只要我们将注意力放到内知识结构的任何一个"点"上，受到好奇心的自然作用，就会激活诸多与当前信息存在一定关系的信息模式，尤其是知识性信息。在这个过程中，其他性质的信息，诸如动作性信息、感觉性信息等也将有效地与稳定的内知识结构建立联系。

---

① 爱因斯坦. 爱因斯坦文集（第三卷）[M]. 北京：商务印书馆，1979.

我们在第一章已经指出，好奇心具有多种不同的成分，这些好奇心的不同成分在需要得到满足时，对各种性质信息的需要程度是不同的。更多情况下，人的多样并存的好奇心、追求新奇的好奇心、不断探索的好奇心、体验复杂的好奇心和力求变化的好奇心往往都需要得到满足，由此而表现出复杂的追求这些满足和表现的心理趋势。好奇心在这些方面的行为如果能够有效地转化到知识上，会以其主动性而对人的内知识结构产生影响。对这些方面同时满足的追求，维持着人的复杂性行为。我们需要这种探索性的构建，只有这种探索性的新奇构建，才能带来人类知识的不断丰富、完善。正如托马斯·弗里德曼指出的："我们越是扩展知识的边界，加强创新，越会导致更多新的突破。"[1]

好奇心只有在知识的边界活动，才能促进知识结构的不断增长。受到好奇心的驱使，不断地将未知知识与已知知识联系起来，从而使知识结构逐渐增长。从好奇心所"打出的光斑"包含着已知与未知的特点就可以看出，好奇心也总是在人的内知识结构的边界充分表现，促进着内知识结构的不断扩展。

受好奇驱使，在问题点上不断建立已知信息与未知信息的关系，在这个扩展过程中，在"掌控"心理操作的作用下，那些"价值高"的信息被稳定地以高可能度显示，这反映出了知识由部分已知（虚假性已知）到更多已知的过程。建立不同特征之间关系的过程是人的本能，建立关系也是好奇心表现和存在的基础，好奇心就是在不同信息之间关系的基础上反映、构建差异性信息的。因此，只要有好奇心的作用，就会不断引导人建立新的关系。

由于知识的增多，增强了好奇心所发挥的作用，也就增加了好奇心的引导力量。同时，就由体现具体的好奇心转而生成抽象的好奇心、更高层次以好奇心为对象的、关于好奇心的控制、变化、发展趋势、策略等更加概念化的好奇性智能模式，好奇性智能就会在知识的学习过程中逐步地显化出来，在提高学习效果和效率中发挥越来越大的作用[2]。林崇德特别强调应增强人的创造性学习，这其中包括要强调学习者的主体性，重视学习策略。林崇德指出，创造性学习者更加擅长新奇、灵活而高效的学习方法，这种来自创造性

---

[1] 托马斯·弗里德曼. 世界是平的 [M]. 何帆, 肖莹莹, 郝正非, 译. 长沙: 湖南科学技术出版社, 2006.
[2] 埃里克·亚伯拉罕森, 戴维·弗里德曼. 完美的混乱 [M]. 韩晶, 译. 北京: 中信出版社, 2008.

活动的学习动机，追求创造性学习目标，能够进行创造性学习的学生往往表现出好奇、思维灵活、独立行事、喜欢提问、善于探索等特征。这已经表明了与好奇心相关的策略——好奇性智能在创造性学习中可以发挥更大的作用[1]。

五、将求知欲从好奇心中特化出来

人们最早认识到对学习能够有效促进的就是好奇心，只要人们研究探讨学习的动力，人们最先想到的就是人的好奇心[2]。但好奇心却不只是从学习动力的角度来认识的，根据好奇心与人的内知识结构之间的关系，人们进一步指出，正是由于好奇心与知识在相互作用中特化出来的求知欲[3]，才促成了人们可以从意识的层次对信息加工实施独立且更加广泛的研究的能力，更进一步地讲也才可以引导人从意识的角度对好奇心进行独立研究。这种知识化的好奇心，或者说知识特征显著的好奇心，就是人们所称的求知欲。

（一）只有在知识达到一定程度时，求知欲才表现出来

作为信息表征形式的知识，可以具有更大的变化性、多样性和不确定性，这能够保证人的心理活动可以更加强烈广泛和自由，根据得到增强的好奇心的扩展操作，可使心理过程的"活性"更强。信息模式在大脑系统表征时与好奇心建立稳定联系，并一再使好奇心表现，这将使与好奇心所对应的模式更加稳定、可能度更高，联系也更加稳固。信息之间的相互联系将进一步地扩展着大脑神经系统对信息的加工能力。因此，正是知识促成了好奇心特化为求知欲。

当求知欲独立特化出来以后，在意识层面所表现出来的积极意义将更加突出，并对人的精神和意识世界产生巨大的冲击。虽然求知欲脱胎于好奇心，但其独立特化以后，就会依据其特有的扩展能力，同知识在意识层面一起共同对人类的精神世界产生巨大的影响。因此，求知欲是一种认识世界、渴望获得文化知识和不断探究真理而带有情绪色彩的意向活动。人们在实践活动中，如果感到自己缺乏相应的知识，就会产生探究新知识或扩大、加深已有

---

[1] 伯特兰·罗素. 教育与美好生活 [M]. 杨汉麟, 译. 石家庄: 河北人民出版社, 1999.
[2] 吉恩·D. 哈兰, 玛丽·S. 瑞夫金. 儿童早期的科学经验 [M]. 张宪冰, 李姝静, 郑洁, 于开莲, 译. 北京: 北京师范大学出版社, 2006.
[3] 徐春玉. 好奇心理学 [M]. 杭州: 浙江教育出版社, 2008.

知识的认识心理倾向,这种模式多次反复再现,好奇心以及与此相伴的认识倾向,就会逐渐转化为个体内在的求知欲。

(二) 好奇性自主促进求知欲的特化

从某种角度讲,人类社会之所以在近代加速进化,是因为通过信息加工而取得种群的生存优势,并在意识层面通过专门的加工而反馈性地强化这种能力,由此使人具有更多的适应策略、应对之法。尤其当知识达到一定程度时,使好奇心增强并达到了一定程度,好奇心便会自主地促使人更加自觉地探索、构建新的应对之法,人类的种群生存优势就会更加明显。这种针对好奇心的"自催化"生存优势,又会进一步促进人的求知欲的不断增强。

(三) 求知欲通过表现而不断特化

外界事物繁杂多样,只要能建立起某种稳定的认识模式,人们对客观事物的认识就可以随意地上升到任何一个层次并成为控制心智变化的指导模式。作为与知识相对应的优势智能(无论是接收,还是作为变换模式;无论是迁移,还是按模式而变;无论是模式的再现,还是构建一种新的模式等),都将以能更好地满足好奇心而成为控制偏化选择的重要因素。人的智能偏化也就在这种过程中不断地强势构建。罗素强调:若欲好奇心富有成效,必须与求知的方法相结合。……如果一个人具备作为原始储藏的好奇心,并得到合适的智力教育,均会自然地得到发展[1]。

在心智被日益强化从而使求知欲凸显出来的同时,在知识领域不断地满足求知欲就成为人的日常生活中的重要方面,基于更多知识的求知欲的特化,也就成为满足求知的好奇心的基本过程。学习"只不过是把童年的好奇心继续带到成人生活中去而已"[2]。要随着知识的不断学习,有效地将好奇心转移到智力方面。贝弗里奇指出:"作为研究工作者,他的好奇心通常用于寻求对那些尚未理解现象的解释。"[3] 当学习成为一种独立的心理模式时,求知欲就会与之产生相互作用,使人具有一种主动学习、主动探索的欲望。因此,在学习知识达到一定程度时,自然应该将人的好奇心引导到探索方面,以保持足够强的好奇心。教育应强化人的求知欲,应该在探究性学习中使人的求知欲不断提升。

---

[1] 伯特兰·罗素. 教育与美好生活 [M]. 杨汉麟, 译. 石家庄: 河北人民出版社, 1999.
[2] J.D. 贝尔纳. 科学的社会功能 [M]. 陈体芳, 译. 北京: 商务印书馆, 1982.
[3] W.I.B. 贝弗里奇. 科学研究的艺术 [M]. 陈捷, 译. 北京: 科学出版社, 1979.

（四）求知欲具有主动性

求知欲是在"被动+盲目好奇→稳定→主动"的过程中转化来的。人类的社会交往、语言的广泛运用、信息交流的频繁等，为这种转化打下了坚实的基础，使这个方面的神经系统具有了更强的联系性、扩展性，从而在这个方面表现出足够大的强势能力。

一般的好奇心同专门与知识相结合的好奇心——求知欲之间是有明确区别的。当学习成为一种具有独立功能的神经反应模式以后，学习的自主性需求就会成为基本的生存需要。从这里我们就可以延伸开去：任何具有独立功能的系统，便会根据它所对应的神经系统的"活性"，表现人所具有的不断学习的主动性。当其自主性充分表现时，这种表现就成为基本的本能要求。E.詹森的研究认同这一点①。在将求知欲作为一个独立的对象时，自然也会存在一个在更高层次对求知欲的变换、变换扩展趋势等更高层次的反应模式，在保持与"求知欲"这种模式的稳定与变化协调统一的过程中，将更有利于求知欲的独立特化。

（五）知识能够更好地满足人的求知欲

从心智成长的角度讲，更具变化性的知识对于遗传优势的长期形成并不具有稳定的促进力量，也不能使之在生理上形成稳定的结构模式。既然知识的丰富程度与大脑神经系统的增加构成某种对应关系，在遗传中的表现就是通过遗传形成大量、丰富的神经元，以保证更多的适应可能性，结合个体不同的成长过程与环境，再形成每个人的知识结构。在这个过程中，以丰富的神经系统大量接收、记忆外界多样的信息，即成为大脑最初进行的主题活动。由于大脑中存在着遗忘过程，随后所进行的过程则是对信息的自然归类：遗忘掉可能度小的局部特征，留下的特征就成为可以与多种模式相对应的主要特征。反映这些主要特征的神经系统会固化成为稳定的记忆"痕迹"，此时，大脑神经系统还会进一步地精减。这种过程与知识表征信息之间关系的过程相类似，也反映了知识更能满足人的求知欲的状态需求。

动作模式可以产生对大脑的有效刺激。动作已经被人所熟知，但人仍可以以多样性的动作来满足好奇心，通过情感系统的放大促进对新奇动作的感知和构建，这也表现出人在这个方面的强势智能。大脑对机体各运动组织器

---

① E. 詹森. 基于脑的学习——教学与训练的新科学 [M]. 梁平, 译. 上海：华东师范大学出版社, 2008.

官的控制，已经转化成为下意识的控制模式，在典型模式的表征下，会形成对机体各种动作的微调，以达到恰当的动作要求。

虽然在人的内心，同样存在对未曾做过的新奇动作的主动探索和追求，但只有在竞技体育中，也就是对于那些在竞技体育方面有超强表现者，才能通过追求超出当前正常动作范围的新奇动作，来满足自己的好奇心，并使自己在这种准确动作中体验到成功、追求的快乐。这也从某种角度上促使不同优势智能的形成。类似的过程同样发生在其他强势智能的生成过程中。

人对各种优势智能形成过程的控制，将会形成"元控制"模式。当存在各种可以偏化的优势智能选择过程时，不同的人自然会选择不同的优势智能。这种过程与遗传因素有关，与环境因素的影响有关，与好奇心和知识的相互作用——求知欲所产生的共同模式的影响也有一定关系。

虽然存在多种不同的智能，但在一个社会中，某项优势智能处于突出地位的人群所占的比例将不会太高。在保证自由教育、自由成长的状态下，所提供的作用环境（包括教育）如果处于均衡状态，那些优势智能表现突出者所占的比例将与整个社会结构形成某种对应关系。受到教育以及社会环境的期望（或者想象）值的影响，不同优势群体智能的比例与由社会结构所转化而来的智能结构相比较，会产生某种偏差。这种偏差往往能带来社会结构的变革。

（六）在知识方面好奇心主动地增强求知欲

在语言系统的基础上进一步地升华出的更高抽象度的符号系统，将以更大的可能度占据着人的心理空间时，好奇心与这种具有符号性质的抽象知识的结合、人的求知欲随之成为典型而突出的行为模式。

表征心理模式之间差异的好奇心，促使不同神经系统彼此独立出来，在各自自主"活性"的驱动下，在不同神经系统之间形成相互作用的正反馈，并在多层次神经结构的基础上，形成"自催化"过程，同时也为构成更大范围的"自催化"反应系统打下基础。知识的出现以其更加经常和多样化进一步地强化、促进这一过程，并使好奇心与其他神经系统的相互作用达到一个新的层次。独立出来的好奇性自主，促使人们追求知识的求知欲更具主动性，进一步地促使学习者由"要我学"向"我要学"转化[1]。

如果外界信息不能表征为稳定的信息结构，心智的特征表现就不会太明

---

[1] 凡勇昆. 从"他者"到"我者"——兼议学生的有效学习 [J]. 教育发展研究，2009（2）.

显，抽象符号信息在大脑的加工转换过程中就不突出，求知欲也不会成为人取得竞争优势的主要特征。在学习的初期，能否掌握符号系统原理，成为高于其他个体，从而具有更强的竞争力的基本标志，但当人类个体都能表现这种能力时，掌握知识的多少便会成为竞争力强弱的标志，而当人的积极主动性成为突出行为表现特征时，主动构建知识，便成为重要的活动。

六、有效促进知识向能力的转化

朱熹在《朱子语类》中指出："致知力行，用功不可偏废，偏过一边，则一边受病。""方其知之，而行未及之，则知之尚浅；既亲历其域，则知益明，非前日之意味。"知识只有转化成为指导人产生恰当行为的能力，才能对人类社会起到足够的促进作用。"除了对于知识本身的好奇和追求对事物更清晰或更简洁的理性把握以外，人类探究知识的强大动机来源于知识的实践应用，即知识对于解决人类生活面临的实际问题的价值。"[①] 人们重视好奇心对于知识形成的促进作用，同样需要重视在好奇心的作用下将知识转化为指导人具体行动的稳定模式。

我们可以从几个角度理解好奇心在促进知识向能力转化过程中的作用：一是使好奇心成为知识与能力之间转化的联系模式，二是通过好奇心而不断地探索构建其他的转化方式，三是运用好奇心不断地构建、扩展这种转化。

知识与行为模式之间并不具有先天联系，或者说心理模式与行为模式之间虽然存在维系双方紧密联系的神经系统，但两者并不必然地联系在一起。这也就意味着，在大脑中形成的心理模式并不必然成功地指导人的行为，运用知识和应对环境的作用并产生相应的行为之间，并不具有必然的确定性对应关系，在知识与行为反应之间有时可能只是存在某个抽象概念之间的局部联系（通过某些泛集的特征元素）。这需要人们形成并进一步地扩展这种局部联系，使这种转化成为一种稳定的模式，一方面可以使实施"按模式而变"的操作时更加顺利，另一方面则会寻找更多的其他局部联系。即使我们认可"按模式而变"的基本模式，也需要将这种模式不断扩展。

不能根据知识的引导构建出恰当的行为指导模式，就不能将知识转化为能力。要快速理解知识，并迅速地将知识转化为控制人的行为的指导模式，

---

① 陈佑清，吴琼. 为促进学生探究而讲授——大学研究性教学中的课堂讲授变革 [J]. 高等教育研究，2011（10）.

这会涉及诸多环节。(1) 要具有这种转化的模式，首先应该具有这种理念，或者说在大脑中已经建立起构建知识与恰当行为之间关系的基本模式，使人具有了基本的态度和心理趋势。这里涉及将知识与行为模式之间建立起恰当的对应关系的能力和过程。能够建立起这种稳定的对应关系，就是具有了这种能力。如果没有建立起这种稳定的对应关系，就将仍处于潜能阶段，甚至还只能说是处于知识阶段。(2) 要充分表现这种能力，要通过练习使这种心理模式的强度达到一定程度，这就要求通过不断的练习、实践来完成。行为主义心理学的一条基本原则即重复律在此过程中发挥作用：能力的提升取决于重复的次数与强度。(3) 要具有表现这种能力的主动性。与这种能力有关的独特的自主性，会使其产生自主表现这种能力的可能性。也许根本就没有外界的信息刺激，没有某种必要的客观需求，而反映这种转化的抽象概括性神经系统，会依据其自主性将这种模式展示在心理空间，使其发挥相应的作用，从而主动促进知识向能力的转化。(4) 在知识的指导下形成恰当的行为模式。知识与恰当的行为模式之间还是有很大的距离的。知识模式与行为模式仅仅只是在某些局部模式上能够相互激活（相联系），并且由于某些局部特征的激活而激活了更多的与当前的知识、行为无关的信息；其中还存在非线性涨落（对应于好奇心增量）的影响。在大脑神经系统中被记忆的一个知识信息模式更有可能对应于若干不同的行为模式。这其中与能够构建出多少种行为模式有关，也与是否能够建立起心理模式与行为模式之间的联结有关。构建出来的可能的行为模式越多，针对当前环境被选择出恰当模式的可能性也就越大，将知识转化为恰当行为的可能性就越大。当然，构建出来的可能性行为多到一定程度时，将会影响到恰当的选择。

根据知识与实践之间的关系，在教育过程中应能根据很少的知识与行为之间的"样本"关系，进一步地形成对知识转化为行为模式能力的扩展和领悟，促使人认识到并强化形成如何才能在知识的引导下产生恰当性的行为。只要这种很少"样本"的模式稳定下来，我们就可以运用"活性"而产生对这种模式的扩展、变异（基于这种稳定的模式而运用好奇心）。这涉及局部信息与相对较大的稳定性泛集对应起来，并以这种扩展后的稳定性泛集而引导人产生进一步行动的能力。

这种能力对处在发展前沿的问题的探索尤其重要，需要我们将注意力既集中到某个正在研究的领域，同时又充分认识、关注相关领域的研究方向、所研究的问题、研究的方法、得出的结论等。既要有自己的研究观点，同时还要了解他人在研究什么问题，了解他人研究的角度和方法，描述特征是什么，目的是什么，现有的知识是什么，还未解决的问题是什么等。同时还需要我们保持开放的视野和不断猎奇的目光。

掌握了这些还远远不够，还需要将其转化成为控制人在相应领域解决甚至是创造性地解决问题的能力。我们还要把握：遇到了这样的问题应该如何解决；对于这种具体的问题，都有什么可能的应对方案，可以有多少种应对之法；他人对此问题解决了哪些方面的问题，对于相关的方面都解决到了什么程度，有什么问题没有得到解决；具有什么样的解决相应问题的策略性思路；对应于解决问题的策略扩展方面，有哪些创造性的方法和创造性思维意识；在更高的心理模式中，应该保持有一种勇于探索、敢于冒险的精神。这些方面结合为一体，可以更加有效地使知识迅速转化为人解决问题的能力。

教育"应鼓励学生不但要学懂科学知识，还要学会用科学的眼光去观察这个世界"。[1] 要熟练掌握知识向能力的转化，就得熟练掌握相应领域的相关知识，就需要在具体运用时，能够将它所代表的模式稳定而全面地再现出来，以其稳定的模式去变换所遇到的任何一种信息。这其中就包括变换的方式、变换的方法、变换的对象等。

舍恩在《反映的实践者》中强调在实践中将经验突显出来，并且采取边构建、边反思、边固化的过程模式。这反映出面对复杂的心理反应，应及时将变化的心理采取小步骤的方式固化下来，同时还要及时跟随人的好奇心有效地控制心理的变化，在保持高度宽泛的基础上集中有限的心理资源于所要解决的问题上[2]。

第五节　引导好奇心向探究转化

探究是好奇心的基本内涵，好奇心是探究的内在本质特征。从人们对好奇心的界定中可以明确地得出这种结论，卡斯特通过更加详细的描述清晰地

---

[1] 美国科学促进协会协会. 科学教育改革的蓝本 [M]. 中国科学技术协会，译. 北京：科学普及出版社，2001.

[2] 唐纳德·A. 舍恩. 反映的实践者 [M]. 夏林清，译. 北京：教育科学出版社，2007.

说明了这一点①。人们经常在科学探索领域发现人因受好奇心的作用而积极探索的力量。受过训练的科学家已经精通了所在领域的现有知识和技能，一旦他们发现了"反常"现象以后，就会在反常引起的惊奇感的驱使下，"继续对反常领域进行或多或少是扩展性的探索"②。杜维（Christian de Duve，1974 年诺贝尔生理学或医学奖获得者）指出："一个人从事科学，成为科学家，主要是受好奇心的驱使。当你面对陌生的事实与现象时，总会情不自禁地想去探个究竟。你让自己的想象力纵横驰骋，你让自己的思考层层递进，你汇集所有可能的线索，并挖掘记忆中的一切相关细节。"③

探究不只在科学研究过程中体现出来，在人的日常生活、工作和学习过程中也体现出来。人的幸福感在一定程度上与好奇心具有密切的联系④。探究是人构建问题恰当应对策略的基本过程，也是人面对新现象、新问题时经常采用的方略。探究也是学习的有效方法。1980 年诺贝尔化学奖获得者保罗·伯格在回忆他青少年时期的学习状态时，就很具有启发性："我意识到自己去发现问题的答案不一定是学习求知最容易的方法，但却是最有意义的方法。教育对人一生最大的贡献是帮助你发展好奇心和培养你寻找有创造性答案的直觉。随着时间的流逝，我们了解的许多事实都会被遗忘，但我们发现问题和解答问题的能力却永远不会失去。"⑤

人们总在不断地研究好奇心与探究的内在关系。⑥ 对于好奇心进行研究的人则干脆将两者认同为是一个同一体。正如我们在前面指出的，好奇心与探究模式的不同也让人在研究两者之间具有"同一性"关系时，更加注重两者的差异性。我们相信，越是研究这两者之间的关系，越是能够提高人的好奇性智能。注重好奇心向探究转化，这本身就是在提升好奇心在探究方面的表现。

朝永振一郎就认为："搞科学研究，首先需要具备理性的好奇心，这点和探险是相通的。""最好不要做任何麻痹好奇心的事情。好奇心，它不会产生在一看就明白的事情中，而是需要一定的困难和抵抗。和食欲一样，如果好

---

① 维蕾娜·卡斯特. 无聊与兴趣［M］. 晏松，译. 上海：上海人民出版社，2003.
② 托马斯·库恩. 科学革命的结构［M］. 金吾伦，胡新和，译. 北京：北京大学出版社，2003.
③ 阿卜杜斯·萨拉姆国际理论物理中心. 成为科学家的 100 个理由［M］. 赵乐静，译. 上海：上海科学技术出版社，2006.
④ 托德·卡什丹. 好奇心［M］. 谭秀敏，译. 杭州：浙江人民出版社，2014.
⑤ 付美榕. 为什么美国盛产大师［M］. 北京：科学出版社，2009.
⑥ 徐春玉. 好奇心理学［M］. 杭州：浙江教育出版社，2008.

奇心缺乏理性的饥饿，那它就不是真正的好奇心。……我认为，还是应该把预算用在限度地引起理性好奇心的事情上。"①

学习新知、探究新奇、探索未知与科学探索虽然都是探究，但彼此之间还是有很大不同的。在科学探索中，"想要理性地或精神地探求事物的心情，把它精密地、精细地研究到底的强烈欲望，是作为一名合格的科学家所必须具备的一个标准"②。

人们之所以在科学领域经常看到探索与好奇心的关系，就是因为科学是以探索作为其核心特征并且更加经常地表现探索行为的。搞科学研究需要理性，而搞任何研究都需要理性、科学，因为人就是在这种不断的探索构建中去追寻真理的。一般来讲，基于好奇心的探索，在于认识新奇、把握未知，自然科学家尤其"对各种自然现象产生兴趣，不断观察，力求从中找出自然规律"。

朝永振一郎赞同科学探究的好奇心，但却不赞同布莱克特的观点："所谓科学，就是拿国家的钱满足科学家的好奇心。"朝永振一郎指出，"诚然，科学家的好奇心也各种各样，也有无聊的好奇心，把国家的钱用在这方面，是令人深恶痛绝的，而发现自然规律，或者从自然现象中找出其中隐藏的联系的好奇心，还是植根于人的本能当中的。我认为这是使人之所以为人的一种行为"。③

一、探索性思维模式及其意义

探索，从心理过程的角度看，就是"向未知扩张"以建立事物之间新的关系的过程。所谓"向未知扩张"，指的就是将其他的信息纳入当前已建立起的关系结构的过程。在原有知识结构的基础上，从某个知识点出发向其他知识点跳跃，就是运用好奇心试图建立当前信息与其他信息之间关系的过程。在好奇心的作用下不断地向包括新奇性信息的其他信息扩展、延伸，就是在试图构建新奇与未知之间的关系。

斯皮尔伯格从情绪与人的探索未知行为相结合的角度来看待好奇心，将好奇心看作以认知为基础的情绪，并指出，正是由于好奇心才驱使我们投入

---

① 朝永振一郎. 乐园——我的诺贝尔奖之路 [M]. 孙英英, 译. 北京：科学出版社, 2010.
② 朝永振一郎. 乐园——我的诺贝尔奖之路 [M]. 孙英英, 译. 北京：科学出版社, 2010.
③ 朝永振一郎. 乐园——我的诺贝尔奖之路 [M]. 孙英英, 译. 北京：科学出版社, 2010.

探究行为（Spielberger&Starr，1994）。斯皮尔伯和斯塔尔（Start，1994）提出了一个"探寻—逃避"模型来协调解释关于好奇心的不同观点，并在好奇心与焦虑感之间建立起了新的关系。他们提出，当情境变得越来越令人兴奋时，人会同时受到两种不同冲动的影响：（1）探究和寻找出路的冲动；（2）逃避不确定情境的冲动。对某一情境既想进行探索又想逃避的两种相反冲动的平衡，导致了与不同唤起水平相联系的情绪经验和行为[①]。在这里，斯皮尔伯和斯塔尔相当于构建了一个将主动探寻与逃避作为一个矛盾体的两极的"尖点突变"模型，在这个模型中，斯皮尔伯和斯塔尔将情境的兴奋度作为基本的控制因素。这其中包含着的矛盾体实际是"趋向"与"逃避"。显然，我们将趋向未知作为一种稳定的模式，或者说趋向于将未知作为已知，这本身就是探索。

伯利恩（Bertyne, D. E., 1960, 1963）更直接地将好奇心作为探究的内在动机。伯利恩研究提出，像新奇或不确定性这些因素之所以具有动机特性，是因为它们提高了有机体的唤醒水平。伯利恩（1951，1958a，1958b）发现，与熟悉的刺激相比较，新奇性的刺激能使行为更进一步地朝向新奇性刺激。蒙哥马利（Montgomery, K. C., 1953）让老鼠探索三种迷津的实验也表明，探究行为是由刺激变化（新奇）的程度来控制的。赫布（Hebb. D. O., 1966）的研究进一步指出，由于存在好奇性本能行为，当我们习惯于某种熟悉情境时，则会趋向于寻找、构建新的刺激的情境；而如果新情境的刺激（"唤醒水平"）太大，我们则会选择回避行为。他同时还指出，我们需要不断地刺激激活身体和大脑，当其他需要不再积极时，游戏行为（更多地表现出内刺激、自我刺激的构建过程）就会出现[②]。

这种在意识层面从内心刺激的不断构建，促使人不断地："(a) 构建某种想象的力量和想象的存在物来解释的知识；(b) 从经验中概括、抽象出相关的知识；(c) 构建某种有条理的操作规则或技术规则的知识。"[③] 以此而形成各种不同的理论知识。但显然，"科学所代表的这种认识活动肯定涉及这种知识在作为人类用来支配自然界的一种工具方面的效能和力量。它还涉及满足

[①] 托马斯·费兹科，约翰·麦克卢尔. 教育心理学——课堂决策的整合之路 [M]. 吴庆麟，等，译. 上海：上海人民出版社，2008.

[②] Herbert L. Petri, John M. Govern. 动机心理学 [M]. 郭本禹，等，译. 西安：陕西师范大学出版社，2005.

[③] M. W. 瓦托夫斯基. 科学思想的概念基础——科学哲学导论 [M]. 范岱年，吴忠，金吾伦，林夏水，等，译. 北京：求实出版社，1989.

某种渴求理解的愿望,某种不属于实用范围的好奇心。我们已经提到,那种为求知而求知的欲望可以看作与科学指导成功的实践的功能具有显著的密切关系"。① 但如何才能理解这种相互矛盾的看法?"科学是通过试错、猜想和反驳向前发展的"②,就是为了满足人的"知性好奇心"。③

具有足够神秘感的探究模式是可以通过一定的步骤系统地反映出来的。人可以通过学习记忆和实践体会掌握这种探究的过程和步骤。虽然人很容易赋予好奇心以功利性的作用,但在探究未知客观的过程中,则应该关注这真正引起人不断深入探究的无功利的好奇心。杰恩·川迪斯也相信默顿(1973, p.276)所始终坚持的观点:"对知识的热爱,无任何目的的好奇心,为人类利益无私奉献以及其他许多特定的动机都是科学家的特点。"④

科学家的好奇心,通常表现为探索认识他所注意到的、但尚无令人满意解释的事物或其相互关系的特征及其内在的本质性关系。所谓解释,通常在于把新观察或新设想同已经接受的事实及设想联系起来。一种解释可能是一种概括,它把一大堆资料、数据连在一起,成为一个有意义的整体,并可以和现时的知识与信念联系起来。与一般人相比,科学家通常具有一种强烈的愿望,能够多主动地寻求其间并无明显联系的大量资料背后的那些原理。热衷于研究工作的往往是一个具有超乎常人好奇心的人。

认识到困难或难题的存在,可能就是认识到知识体系中存在着能令人不满意的现状,它能激励设想的产生。好奇心不强的人则很少受到这种激励。人们通常通过询问其过程为什么会发生作用,作用的方式如何,某物体为什么采取现在的形式,如何采取其他的方式,从而发现问题的所在。

对于科学家来说,永远有他们感到新奇的东西。每当满足了当前的好奇心,随之又会生出其他的好奇心,这就又需要得到满足,因为随着每一个进展,正如巴甫洛夫所说的:"我们达到了更高的水平,看到了更广阔的天地,见到了原先在视野之外的东西。"

科学史上著名人物的表现、反思和体会使我们相信:正是由于好奇心才

---

① M. W. 瓦托夫斯基. 科学思想的概念基础——科学哲学导论 [M]. 范岱年, 吴忠, 金吾伦, 林夏水, 等, 译. 北京: 求实出版社, 1989.
② A. F. 查尔默斯. 科学究竟是什么 [M]. 鲁旭东, 译. 北京: 商务印书馆, 2007.
③ 朝永振一郎. 乐园——我的诺贝尔奖之路 [M]. 孙英英, 译. 北京: 科学出版社, 2010.
④ 杰恩, 川迪斯. 研发组织管理——用好天才团队 [M]. 柳卸林, 杨艳芳, 等, 译. 北京: 知识产权出版社, 2005.

带领他们在不同的领域不断探索并幸运地取得成功。我们这里用"幸运"来描述，意思是说，积极探索并不一定能够取得所期望的成功（成功一定是积极探索的结果），但不探索则一定不能取得成功。

心智中稳定的结构因素促成了人一出生就形成了对未知想要有效掌控的基本心理。尤其希望自己有能力对未知的东西可以掌握（把握、掌控）。受到"活性"基础上特化出来的好奇心的影响，人会不断地在将未知转化为已知的过程中产生新的未知，形成向未知延伸的状态、过程与趋势与掌握心理建立起稳定的联系。此时的心理状态就是人们习惯性称谓的"我就想了解、知道这是为什么"。

这种心理就是通过好奇心不断地将新奇性、变化性信息引进来，同时又在"掌控"心理的作用下期望能够有所把握的一种心理状态。无论是在"掌控"基础上的好奇，还是在好奇基础上的"掌控"，两者的有机结合构成了人们习惯上称为的探索。好奇与掌控的有机结合，将有效促进探究、求知欲的稳定表现。不断地产生新奇性信息与扩展的心态，使"掌控"的基本心理不断地起作用，就会不断地形成探究行为。

从形式上看，好奇心与当前稳定信息的结合，可以有效促进人在某个问题上不断地深入研究，驱使科学家发掘表象下的本质，还可以引导新闻工作者发现虚假表面后的真相[1]，顺应好奇心奔向前方[2]。好奇心在此所起的作用就是引导人们将注意力集中到未知、新奇、不确定、复杂上，运用"掌控"将未知转化为部分（或全部）已知，将不确定转化为确定，将模糊转化为明晰，将不可把握转化为可把握[3]，并由此而激发他人产生进一步探究的心理，进而关注当前的事态。

曾任麻省理工学院院长的查尔斯·维斯特就认为，未知的永远比已知的更重要[4]。好奇心就是将未知放到当前心理状态中的过程。大学本就应该将注意力集中到探索未知并引导学生学会探索未知上。我们应该运用充足的好奇性智能中应对未知的能力，预留足够的"剩余心理空间"。

将新奇性信息的可能度增大到足以引起人们注意的程度，这本身就是认定新奇性意义，并建立当前信息与其他信息的关系。而关注新奇、将未知转

---

[1] 苑祥. 浅析记者的好奇心 [J]. 新闻窗, 2009 (5): 126.
[2] 张泉灵. 我爱新闻 [J]. 新闻战线, 2009 (11).
[3] 贾学清. 从受众心理看社会新闻的写作理念 [J]. 新闻界, 2006 (2).
[4] 查尔斯·维斯特. 一流大学, 卓越校长 [M]. 蓝劲松, 译. 北京: 北京大学出版社, 2008.

化为已知的乐趣则又是好奇心的重要表现。在当前信息的可能度较高的情况下，好奇心与掌控的有机结合，就会促成从该信息出发，形成一系列将未知转化为已知的过程。

这种结合已经从根本上决定了探索就是人的本性，这种本能在幼儿身上比科学领域的科学家的身上得到了更加充分的体现。当然，这种具有一定流程的探究模式的形成，会在很大程度上固化到婴幼儿的行为中。当他们还没有形成固定的行为模式，比如说将抓在手中的小东西放到嘴里时，他们会通过不断地试错将东西往嘴边送；当形成能够将远处的东西抓在手中并顺利地放到嘴里时，他们便进一步地通过差异性试探，通过比较优化的方式，固化构建出最佳的行为模式。因此，异化性探索基础上的优化选择是人基本的探索性行为。既然如此，为什么不以充分发挥儿童的探究本能，将其作为促进其构建自身内知识结构的基本过程？简·约翰斯顿通过研究指出："儿童拥有的以他们为中心的探究性经验越多，他们的科学发展程度就越高。提供各种各样的探究性游戏资源将有助于儿童的科学发展。应该鼓励儿童探究尽可能多样的资源，只是出于安全或其他考虑的时候才去限制儿童的探究。"① 人们可能担心，这种多样化的探索会不会将儿童内知识结构的构建引向"歧途"，也在担心这样做是否有可能迅速有效地完成教育。每个国家的基础教育在这个问题上都很纠结，但至少说明了一个问题：在当今世界，从基础教育阶段开始强化探索能力培养，既能有效地促进心智的成长，也能够在儿童阶段协调知识传授与能力培养。虽然如何才能更加有效地摆正两者之间的关系还有待探索，但至少这样做遵循了儿童阶段人的心智成长变化特征和规律。我们认为，在好奇心驱使下的多样化探究是儿童心智成长的基本过程，无论是由此而构建儿童的内知识结构，还是不断地强化其探究模式，都应该而且需要在这种过程中不断地促使探究的多样化，并通过所形成的多样化模式彼此之间的相互作用，最终形成稳定的内知识结构。大脑则会在探究的多样化的基础上，促使这些多样的模式产生相互作用，最终将稳定的模式固化下来。这在一定程度上反映了基于好奇心的教育的基本原则，既让其有一定的未知感，又让其有一定的已知感。

生物学的进化理论已经揭示，善于探究的一支最终进化成为今天的人类，

---

① 简·约翰斯顿. 儿童早期的科学探究 [M]. 朱方，朱进宁，译. 上海：上海科技教育出版社，2008.

而不善于探究的那些分支有可能会被不断变迁、越来越严酷的自然环境所淘汰。无论是追求差异化、多样并存、认定新奇，还是运用想像力构建未来，都是人在好奇心与想像力的共同作用下所形成的基本生存策略。进化到今天，基于好奇心的探索已经成为人类必定要表现的基本特征。因此，功能固住就不能满足好奇心的需求。

当今社会的生存现状也说明，虽然社会已经进入一个服务化的社会，但以好奇心为基础的知识社会，更加需要人们表现自己强烈的探究能力。遇到越来越多的问题，尤其是大数据信息的出现，在给人带来更多知识的同时，也带来了大量的需要探究才能解决的问题。人们已经看到了这种现状。据调查，在"网络游戏中最爱做的事情"的问题回答中，仅有9.90%的游戏玩家选择"探索游戏中的未知领域"。该调查结果表明，人的探索性本能会在恰当的时候发挥作用，并随着人们更加自由地表现自我，会越来越强烈地显现出对好奇心表现的需求。

二、好奇心是探究的原动力

面对新鲜的事物和现象，基于收敛性特征力量，人会表现出了解、把握、掌控的本能和需求。显然，只有在好奇心的作用下不断地提供"掌控"所需要的"原材料"——新奇性信息，人的这种本能才能不断地得到满足。人的成长是非均匀的，人的各种潜能并不是齐头并进地同步成长，当神经系统进化到一定程度时，探索便成为人的典型本能并突出地显现出来。

人运用好奇心不断地构建新奇，并将新奇性信息与已知的知识建立起稳定的联系。人在所有的领域都在进行着这样的心理转换过程，而最能反映探索好奇心的领域则是科研探索。能够在科研领域做出重大贡献者，依据的必定是其探究未知的好奇心。"每次重要突破，最初都源于对未知领域的好奇心。"[1] 更多的诺贝尔奖获得者的工作也进一步证实人们的一种普遍性认识：个人好奇心驱动的研究是产生新思想的唯一途径，对大自然和周围世界保持一颗好奇心，是引领诺贝尔奖获得者走进科研世界的直接原因。即使是受项目、问题和利益驱使的探索，也必须基于好奇心。1973年诺贝尔物理奖获得者江崎玲于奈对此深有感悟：一个人在幼年时通过接触大自然，萌生出最初的、天真的探究兴趣和欲望。这是非常重要的科学启蒙教育，是通往产生一

---

[1] 褚波.好奇的科学家[J].环球科学，2010 (2).

代科学巨匠的路，理应无比珍视、精心培育、不断激励和呵护①。实际情况往往是复杂的，相反的观点是，"研究者发起的项目对技术及其应用缺乏明确的理解，从而不可能产生对社会实用的、强有力的科学和思想"。② 最起码有明确目标的研究可以很快产生经济效益和社会效益。2009年诺贝尔生理学或医学奖颁给了美国的科学家伊丽莎白·布莱克本、卡萝尔·格雷德和杰克·绍斯塔克，诺贝尔奖委员会认为，正是由于他们的工作，人类对细胞的认识由此而上升到一个新的高度。格雷德在获奖后接受采访时表示，这项研究一开始只是为了弄清细胞是如何工作的，并没有想到有哪些医疗用途。她认为："以治病为方向的研究并不是解决问题的唯一方式，这与好奇心驱使的科研具有相互促进的作用。"格雷德认为，研究过程中最令基础科研人员感兴趣的是，每当她的新发现被人们认可时，将使其倍感激动，格雷德的感受是，"在好奇心的驱使下，科学具有强大的力量"。③

三、探索是好奇心的高级阶段

由于好奇心与"掌控"心理的有机结合表征着人的生命"活性"，在好奇心发挥作用时，必然地促使人的"掌控"心理起到应有的作用，促使人想了解、认识、把握、掌握未知。好奇心引导人们不断冒险地建立各种可能的关系，不断地向未知扩展、延伸，先延伸出去，然后再去把握它、建立彼此之间的关系等④。

威廉斯（Williams）认为，比较重要的创造个性有冒险性、好奇心、挑战性、想象力⑤。好奇心与认定、掌控心理的不断作用，表现出典型的探索性行为：先由好奇心建立不同信息之间的新奇性关系，然后在好奇心的作用下扩展构建其他各种不同的关系，最后在认定心理作用下会将那些具有确定性逻辑特征的关系以较高的可能度显示出来。"既然研究是一种探究活动，那么，一个具有强烈求知欲的、高效的研究者必然是喜欢'寻根究底的'人。"⑥ 探

---

① 张贵勇. 诺贝尔奖背后的教育启示[N]. 中国教育报, 2009-03-17.
② 杰恩, 川迪斯. 研发组织管理——用好天才团队[M]. 柳卸林, 杨艳芳, 等, 译. 北京：知识产权出版社, 2005.
③ 张巍巍. 获奖不会改变研究本身[N]. 科技日报, 2009-10-12.
④ 艾泽欧-阿荷拉. 休闲社会心理学[M]. 谢彦君, 等, 译. 北京：中国旅游出版社, 2010.
⑤ 张文新. 中小学生创造力发展[M]. 北京：华艺出版社, 1999.
⑥ 齐曼. 真科学：它是什么，它指什么[M]. 曾国屏, 等, 译. 上海：上海科学教育出版社, 2002.

究的基本动力是好奇心，而且好奇心则在探究过程中发挥着核心的作用，但当探究固化成为一种稳定的心理行为模式时，它所表现出来的自主性会将人的注意力引向分别对其展开的独立研究。有将探究模式固化出来以后，人们不再描述探究时总是提及好奇心，而是在将好奇心固化到探究过程中后，将探究作为好奇心的更加高级的表现。

根据生命"活性"所对应的扩展与收敛的协调稳定性对应关系，人在表现扩展能力时，必然地与记忆能力有机协调。在多样性构建的同时，会表现出扩展及认定、记忆之间的有机联系。对未来的预测模式，作为一种稳定的模式，其扩展——向更大未知的未来扩展——也将受到好奇心独立地对预测扩展过程所产生的影响。正是好奇心将这种稳定的预测模式引向其他的对信息的变换模式中，是好奇心将预测扩展到了其他的对信息实施变换的过程中。

四、好奇心在探索方面的定向

有研究者指出，可以根据构建程度的不同，将好奇心分解为探索未知的好奇心、体验未知的好奇心、探险未知的好奇心和揭示未知的好奇心。这些不同的创新好奇心在表现时会呈现出递进的方式：先表现出探索未知的好奇心，最后表现出揭示未知的好奇心[1]。其核心就是以求新求异求变的方式不断地建立新奇性信息与已知信息之间的关系。

虽然人的心智表现是复杂多样的，但在当今以知识为核心的社会里，正如格里菲思曾指出的：对学问的追求是无穷无尽的，而钻研学问唤起的好奇心只有通过更深入的钻研才能得到满足[2]。对这种需要满足的期望的追求，自然会进一步地促进探索好奇心在新奇构建过程中更多、更好地发挥作用。

当探索的模式稳定下来以后，会在某个稳定的神经系统中反映出来，并与某个稳定的神经系统建立起对应关系。依据该神经系统具有自主"活性"的特征，该探索模式随之便具有了很强的自主性，并在面对新的情况和问题时，能够自主地发挥作用。根据大脑不同神经系统之间表现出相互作用的结构和关系的特点，将好奇心与探索结合在一起的模式独立特化出来，可以使好奇心与探索成为具有相互作用的稳定联系环中的不同环节，并依据两者同

---

[1] 郑千里. 创新的好奇心 [N]. 科技日报，2001-08-08.
[2] 约翰·S. 布鲁贝克. 高等教育哲学 [M]. 王承绪，郑继伟，张维平，等，译. 杭州：浙江教育出版社，1987.

时对新奇性信息产生共同"兴趣"的"相干"性特征,将有更大的可能以"正反馈"的作用促进两者的相互作用。

具有探索自主性者,会产生对探索的主观需求,也就是能够自主地将探索作为其生活的重要方面。没有从事探索活动,就相当于这种自主性需求本能得不到满足,人们就会想方设法地从事这种活动。这就意味着具有自主性的好奇心,会在人成长的不同时期促进好奇心与具有自主探索的有机结合。

五、由好奇心决定探索的"步长"

只有好奇心,才能带领我们探索那无尽的未知世界[①]。探索的步子能够迈多大,这将取决于好奇心。在好奇心驱使下的构建过程中,好奇心越强,构建出来的信息的新奇度就会越高。构建过程本就是在新奇性构建以后,建立新奇性信息与已知信息之间更加可信的关系的过程。向未知迈出的步长越大,所得到的新奇性意义的原创性就越高。

延迟人好奇心的满足,是增加探索步长的有效方式。"耐得寂寞",推迟小创新成果的发表,在创新成果的基础上再创新——将使创新的步伐迈得更大[②]。善于在新奇观念的基础上构建更加新奇的观点,可使最终发表的观点具有更大的新奇性。从国家的层面上看,如果只受到功利性的影响和控制,仅仅取得一点进步就赶紧发表,而不考虑探索的"步长"性特征,就只能得到表面的繁荣[③]。

六、好奇心促进探索心智特化——特化探索欲

当一个人的探索性好奇心得到强化而成为一种稳定的心理模式时,它就会独立地表达其"活性",成为一种即使不受相关刺激作用也能够自主兴奋表现的自发性行为。我们说,不断地重复探索性行为,探索性心理便会从好奇心中独立特化出来,从而成为一种稳定的行为引导控制模式。对于此,人们会形成自主的、状态表现、过程表现和趋势表现。在这个过程中,这种趋势表现——探索欲就会被特化出来。

---

① 杨书卷. 好奇心能带我们走多远 [J]. 科技导报,2011(18):29.

② 张志勇,高晓清. 寂寞的能力——关于学术自由的另一种思考 [J]. 现代大学教育,2009(4).

③ 高晓清. 通识教育及其功能——一种以"研究意义"为起点的逻辑考证 [J]. 现代大学教育,2012(5).

在探索欲还没有独立特化时,人会在好奇心的作用下,以当前信息为基础,不断地向其他形式的信息"伸须"——伸出用于试探探测、先行。当这种"伸须"试探模式以高可能度稳定下来时,就会以较大的可能性与各种信息模式发生相互作用并成为指导其他模式变化的控制模式。而希望表现这种模式,就会形成强大的需要。在好奇心驱使下的探索会成为一种独立的探索意识乃至最终成为强大的探索欲望。

实际上,这种探索欲望在人很小的时候就已经特化出来。是的,儿童会像科学家一样[1],与科学家联系在一起的许多特质——实验(不断地向未知世界探索。由于他们不知道的东西太多,每当遇到一个新的环境、新的刺激,他们所展示出来的典型特征模式就是学习)、好奇心、创造性、理论建构与合作等都是儿童所能表现出来的特点。

---

[1] 克里斯汀·夏洛,劳拉·布里坦. 儿童像科学家一样 [N]. 中国教育报,2007-05-23.

第六章 操控好奇性智能

随着交流手段的变化，在单位时间内接收到的信息会不断增加，这对人的能力提出了更高的要求，同时也要求人能够站在人类知识的边界不断地探索解决新的问题，以求更加有效地增进人类知识。与此同时，抽象知识越来越多，一方面，有效提升了人的意识水平，针对在意识之中生成的人的好奇心来讲，会与意识形成复杂的相互作用，这种相互作用会随着人的意识水平的提升而不断复杂化；另一方面，也会因其过于深奥而使人忘而却步。通过前面的研究可以看到，唯有好奇心才能促使人进一步地抽象，才能有足够的求知欲以及足够的质疑能力，才能有更强的解决问题的能力。从教育的角度来看，随着知识的增多，促使人在迅速学习的过程中解决真正的问题，而不至于在大量确定性信息的作用下简单接收，失去深入思考、深入探究的能力。显然，作为方法中的重要心理成分，人们会对好奇心的运用越来越关注，因此，好奇性智能的作用就会越来越突出。

第一节 想象性构建——大脑是如何运作的

人是想象力非常强的动物。依靠特有的大脑的"活性"，人在不断地将各种外界输入的信息与内知识一起形成各种各样的神经兴奋模式，构建着信息各种各样的组合，并最终将某个具有较高可能度的整体意义稳定下来。大脑就是在这种多样构建的想象中，在一定价值观的判别中，通过信息模式的高可能度进行选择的。显然，在这个过程中，主要表现为先想象再选择。

信息在人的大脑中总在不断地被组合、排列、叠加，在其他模式的指导下变化、拉伸、求同、分类、建立时空关系、建立概念下的关系等，所形成的变换模式的数量要远远超过机体内部其他组织器官相互协调时的模式的数量。因此，人是想象性动物，也只有人才是想象性动物。而人总是在这种通过局部特征所构建出来的整体性意义的引导下，超前想象，构建未知、走向未来、引领着自己的行动方向和意向（趋势）。在此过程中，人尤其执着于自己通过想象所构建出来的最美好的"理想"[1]。

教育中对想象力的忽视，会导致人的思想匮乏、创新贫瘠。这需要我们更加重视想象力，并在严谨的教育过程中努力提高想象力。根据好奇心与想象力之间的本质关系[2]，我们可以运用好奇心而有效地促进想象力的提升，并在想象力的充分表现过程中，迅速强化人的好奇性智能[3]。

一、想象的意义与特征

（一）想象

想象是与当前情感、心理状态、心理变换的指导模式等相一致时，在大脑中构建出按当前逻辑结构变化、满足一定要求与目的、完成一定功能的新形象的过程；是从某个角度或局部特征出发，通过扩展、延伸建构完整的形象性意义的过程；是人们根据一定的事实对研究对象的一种形象化的构思和设想，是对若干相关研究对象——某一类事物——的形象性概括和抽象化[4]。简单地说，想象就是依据当前局部信息特征构建新奇性形象信息的过程，也可以将其看作在人的意识中依据局部信息的任意构建加工过程。这种加工过程与机器对局部信息的任意组合最大的不同，就在于其所具有的意义性。

想象总是构建出与当前有所不同的信息，从某种意义上讲，想象在于依据其超强的任意构建意义的能力选择性地构建一个还不存在的形象性信息，供人们进一步地去追求、去实现。想象的这种鲜活的启迪、预测、牵引作用，与其变化的、不确定的、未知的信息一起，往往更能引起人们对未来、未知的向往，更加急迫地看到未来的场景，更加迫切地想要过上这种由全新事物构成的新的生活。想象所表现出来的无目的、无方向的探索，会以具体的创造过程、具体的不管是否符合实际或者部分符合实际，给人类文明的进步与发展带来更大的变化、选择和不确定。

---

[1] 塞缪尔·斯迈尔斯. 四种执著 [M]. 王润芳, 译. 北京：九州出版社, 2004.
[2] 徐春玉. 好奇心与想象力 [M]. 北京：军事谊文出版社, 2010.
[3] Kieran Egan. 走出"盒子"的教与学 [M]. 王攀峰, 张天宝, 译. 上海：华东师范大学出版社, 2010.
[4] 徐春玉. 好奇心与想象力 [M]. 北京：军事谊文出版社, 2010.

想象是一种在人的内心进行的、不需要目的、愿望和要求限定的、可以随时随地地构建形象性信息的活动。这种活动的进行与环境及条件可以没有很大的关系，即使条件不成熟，只要人们愿意，都可以进行不同程度的想象。

想象与年龄无关，想象既是儿童构建自己心灵的基本方法，也是成年人解脱、放松自己的有效手段。它可以通过各种各样的形象性构建而使人的好奇心得到满足。尤其是想象追求形象性信息的多样性、变化性、求异性、不确定性、非线性中的敏感性、体验不可控性等。想象往往利用局部信息特征之间局部的合理性、可行性、从局部特征出发构建、取代一个完整的还不存在的形象，使人在这种构建出的形象与现实之间所存在的巨大差异刺激的作用下，不断前行。

（二）想象是在大脑中进行的对信息自由组合以形成确定的形象性意义的过程

更一般地讲，想象是大脑利用当前信息以及所能联想、激发的信息，自由地构建 N 种可能的、确定的形象性意义的过程。在这里，有两个重点需要注意，一是想象会构建多种可能性的意义，二是想象构建出了多种确定性意义，这种构建过程是没有任何先期制约的。即使我们认可了想象可以基于当前的局部特征而构建出种种的形象性意义，即使是按照排列组合中的全排列来计算，所形成的意义的数量也是有限的，但在好奇心的作用下，却可以形成开放的、无限的意义，而这正是新奇性想象的魅力。

一旦在大脑中激发了 P 种信息模式，这些信息模式之间存在 Q 种关系，大脑就有可能将这些信息以及关系任意地组合起来，并给确定性的意义。这个过程，就是想象。

（三）想象对关系的利用

从构建各种可能意义的角度来看，想象既利用关系，又能突破关系所形成的固有限制。利用关系实施任意构建正如太极图中的发散与收敛、变化与稳定、肯定和否定，扩展和收敛会组成一个稳定的、不可分割的统一体。如果说想象依靠特征之间的关系构成不同信息之间的相互激活关系，紧接着的就是直接否定由于这种关系而联系激活的"现成"的意义。想象离不开利用特征之间的相互关系而激活其他新的信息，这使得不同信息模式在大脑中处于兴奋状态，并通过神经连接构建一个新的神经动力学系统；想象又通过收敛而组成一个反映新的确定意义的稳定神经子系统，将想象的完整意义表征出来。一方面利用关系，另一方面又尽可能地抛弃特征之间的这种相互关系特征以及由这种关系所形成的制约，尽可能地消除这种局部特征、关系特征与确定性整体意义的稳定对应关系，从而形成新的整体意义。显然，在想象过程中，人始终处于这种不可分割的纠缠状态。此时，在达到既充分地利用关系，又能自如地从关系的制约中解脱出来，就达到了人们平常所谓的"悟"。"悟"就是达到了这种自如运用的最高境界。

通过对想象过程的研究可以看出，确定关系对想象的制约力在于：信息在大脑中只能按照这种关系而形成一定数量的可能的意义。但好奇心却扩展了这种限定，可以将其他信息尤其是新奇性信息引入心理空间，引入其他关系，引入构建意义的其他方式，引入其他的价值判断标准等，并使这种引入新的信息的模式始终处于一种扩展状态。新信息的引入意味着形成了信息之间新相互作用的可能性，由此而形成新的动力学系统和过程。基于信息及其所关联信息之间的各种组合性的意义也就具有了扩展的可能。这种限制的作用还体现在：它将人的注意力吸引到只利用这些关系、只形成这些意义的"吸引域"。而人的好奇心则将人的注意力导向其他。

心智的生命"活性"特征在不断地提醒我们，即使在平常心态时，也应该同时赋予知识两种不同的作用：稳定与变化、扩张与收敛的同时并存。要使人们充分认识到，这种变与不变的真实、必然的客观存在性。要从心理上对信息赋予可以利用以及可以变化的意义，促使人们从内心建立起这种对相关的信息可以进行变换操作的心理趋势，而不只是选择（认定）一种认识模式。

从构建新意义的角度看，在知识的运用上，就是要做到既不能受固有关系的制约，又要根据信息之间的相互激活关系而将相关的信息在大脑中同时显示出来。既要有效地解决利用信息，同时又不被信息所制约。只有这样，才能有效地想象。

（四）想象是人的本能

人是想象性动物的另一种说法是：想象是人的本能。在人醒来的大部分时间内，都会对信息进行着各种形式的组合与变换，通过组成各种意义而评价其与当前情景是否匹配。因此，可以认为，人时刻都处在想象的状态之中，除非外界环境强制地限定我们的心智于确定的逻辑关系上。美国德保罗大学进行的一项研究就认为，每个人都会憧憬未来，而且还会在较多的时间里展开想象。对未来的想象是新奇和开放性的基本表现。德保罗大学研究人员进行的问卷调查结果显示,人们每天大约有38%的时间是在对未来的憧憬中度过的。该项调查得出的另一个结论是,人们作出的大多数决定都是基于对自己未来的筹划,而现实情况反而成为并不是必须考虑的因素①。

  人的生命"活性"决定了信息在大脑中被表征时,"活"的大脑神经系统会不断地将各种信息激活并依据各种关系组成一个活动的信息表征集合,不断地对局部、部分、状态性信息、关系性信息等进行各种形式的扩张与收敛变换。更一般地讲,每当一种信息在大脑中显示时,便会激活更多的其他信息,这就是在表现想象。这些不同的信息在大脑中一同显示时,神经系统便会依据其自身的"活性"特征,不断地运用自组织的力量将不同泛集元素组合(综合、创造)成各种各样的意义并体验其中所展示出来的种种确定性的含义。这种过程就是以想象来具体完成的。

  先在大脑中运用想象力构建出种种可能的意义,然后与实际情况(边界条件、定解条件)相互作用,将最符合实际情况的"那种"意义(或具有较高可能度的整体意义泛集)确定下来,这就是一般的逻辑心理过程。在这种过程中,往往会产生新奇的意义,也就是会构建出不与实际情况相符的各种可能的意义,这就是好奇心在起作用。无论是受到好奇心的影响引入了状态性信息,还是引入了关系性信息、选择了新的意义组织方式,都将在想象对信息的组合过程中形成新的意义。

  既然在大脑中较多地进行着对信息的无限想象,"认为未来比现在更重要似乎是无法避免的"②。随着人类的进化,人脑的体积就会逐渐增大,前额叶皮质就是人脑中增大并显著变化的部位。哈佛大学心理学家丹尼尔·吉尔伯特认为,前额叶皮质使人类具备了思考自己未来存在状态的能力,我们可以将那种不断构建新奇想象的过程认为就是在思考未来。我们这是在运用想象将新奇的、未知的与未来的未知建立起了某种可能的关系。

  以想象来构建未来各种可能的情况,这种心理活动可以提高人洞察自己未来人生的能力,使自己对未来有一定的掌控能力,使自己的未来具有一定程度的确定性,并保证这种掌控和扩展的有机统一。当然,未来的不确定性仍然是其核心特征。这正是人们愿意花费大量时间考虑尚未发生的事情的主

---

① 安德烈亚·佩雷斯·米利亚斯. 人类为什么喜欢幻想未来? [N]. 参考消息, 2010-07-05.
② 安德烈亚·佩雷斯·米利亚斯. 人类为什么喜欢幻想未来? [N]. 参考消息, 2010-07-05.

要原因之一。这些事情可能根本就不会发生，而人也在利用其足够的剩余心理空间未雨绸缪。掌控需求使人们能够获得对未来在某种程度上的控制，成为人类的一种基本需求。人在利用其所建立起来的剩余心理空间与意义构建意义的想象之间正反馈，进一步地扩展着依据局部特征而构建各种可能性的能力，也进一步提升着人对未来的"预测性覆盖"。

考虑尚未发生的事情与预防可以避免的事件以及对可能发生的事件事先采取心理准备有关。从当前信息出发不断地构建新奇性的想法，是人的好奇心性本能，即使没有任何的目的，人们也会在其生命"活力"的意识功能表现中，不断构建与之有各种不同程度关系和差异的想象性信息。只要是一个活着的人，都会不断地在这种层次进行这种意识构建。这种构建可以看作对当前实际的一种扩展。无论是向哪个方向扩展，都在构建与当前信息有所不同的差异性、新奇性意义，而这也正是好奇心的基本表现。

运用想象关注未来也就成为我们活性本能的意识体现。应当注意，这种关注是以当前、已知的信息为基础的，如果不兼顾当前、已知的信息，过多地关注很少与当前有任何联系的未来，则可能会产生危害，特别是对那些患有焦虑症的人尤其如此。最起码会干扰人的思想与现实的有机融合。如果人的好奇心不足以使其应对这种具有更高新奇度的想象，就会使人从内心产生焦虑，并由此而影响到心智的健康稳定与发展。

（五）运用想象构建美好、理想

从构建各种可能性以及等概率的角度来看，有关未来的想象并非都是令人愉悦的。我们可以很自然地问：为什么关于未来的想象都能令人愉悦和美好？大概的解释可能包括：我们已经习惯于不断地通过试错而构建美好的未来，并通过这种多种可能的美好构建而形成一个"美好"可能集合。这些美好信息之间会通过相互作用而形成一个"最美"的形象，由此，在憧憬中会提前感受未来给人们带来的快乐。事实上，这是人们喜欢思考未来的又一个重要原因。由于与人的想象性本性相吻合，吉尔伯特就指出，对未来的想象甚至能比真实的体验带给人更多的快乐。期待美好事情的过程本身已经成为一种美好的体验[1]。这种吻合包含着消除由好奇心所带来的差距以重新回到"协调状态"后的刺激作用。因此，"吻合"便成为一种对由偏差回复到"协调状态"的有效作用力。通过想象构建一个恰当的心理背景，或者说表现一

---

[1] 安德烈亚·佩雷斯·米利亚斯. 人类为什么喜欢幻想未来？[N]. 参考消息，2010-07-05.

种心理趋势。这种心理趋势对于好奇心来讲也是极其重要的，仅从满足好奇心的角度也将赋予对未来想象的美好感受。带着这种心理趋势，对可能发生的不良状况的考虑就有助于使负面影响最小化。

二、好奇心与想象力

如前所述，将新的信息引入大脑，同时又完全不依靠信息之间的固有关系，完全抛弃由局部特征和彼此之间的关系所形成的意义，这就是人能够自由想象的基本根据。在这种自由的感受中，主要体现出来的是好奇心的作用。

没有知识，不能构成一个人完整的心灵，但如果不能从对知识的依赖中解脱出来，也是不能达到新的境界的。显然，被稳定记忆的信息会必然有效地控制人的心理转换过程，那么，怎么才能做到心理转换的无拘无束呢？欲达到在已经记忆了丰富信息基础上的"非非相"的境界，不运用好奇心与想象力是根本不行的。无限的好奇与想象必然使各种信息达到"众生平等"。也正是这种无限多样的同时并存，才造成"众生平等"的领悟。

好奇心促使人构建新奇性的信息，如果人们认定这种新奇性信息，就等于在内心形成了以这种新奇性信息为指导、目标的新的期望。如果我们所期望的信息没有出现，那么就"有可能选择惊奇、惊讶、震惊、好奇、静观其变、充满敬畏感等感受"，并采取某些行动以满足这种需求[①]。认定期望，就是把期待作为已知信息，如果在所观察到的行为中没有相应的与期待性信息相同或相似的信息出现，就会产生差异，并由此以未知性信息来满足人的好奇心。

从"活性"的角度来看，在人的心理转换过程中，人所依据的既有信息之间转换必然性的因果联系，也同时是偶然的、暂时的、片面的、非逻辑的、随机的、局部的、非本质的、形式上的、表面的关系。这种特征之间的非因果关系在人的认知结构中还会占据更大的数量和更大的比例。正是具有这种特征性质的关系的存在，才有效地保证了自由想象的确定性构建。正是好奇心才保证着这个庞大可能性的存在。

由想象到思维的过程，是将想象的可能性泛集空间逐渐缩小的过程，就是从众多局部的可能性中剔除那些无关紧要的、可能性较小的信息的过程，

---

① 哈里·柯林斯. 改变秩序——科学实践中的复制与归纳[M]. 成素梅, 张帆, 译. 上海: 上海科技教育出版社, 2007.

甚至可以说是在排除人们认为的不合理关系的过程。而在这个过程中，应该是运用好奇与想象，先构建出众多各种可能的意义模式，然后再与环境的相互作用中筛选和认定。虽然说人运用想象可以更加自由地利用局部特征、非逻辑关系而实施确定性意义的构建，但当人将好奇心与想象力结合在一起时，却可以将这种构建引向新奇、引向一个更加深邃的领域。

我们已经指出，好奇心与想象力是人的心理"活性"这枚硬币的两个方面，是在一个正常心理活动中不可分割的统一体①。人面对任何信息，都会同时表现好奇心与想象力，并在具体表现时体现出"活性"的扩展和收敛的有机统一。我们这里强调，要想在创造方面有所收获，两者缺一不可。正确利用这种有机统一，将会有更大的收获。好奇心与想象力的不可分割性，促成了如果一种模式得到有效表现，必然会促成另一种模式充分表现。正如波利亚科夫（Alexander M. Polyakov，1986年ICTP狄拉克奖获得者）指出的："只要你对事情有目标、有好奇心，便能激发想象的潜力。"② 确定性的目标，构建了好奇心与想象力自由发挥的稳定性基础，而自由的好奇心与想象力则保证着"活性"的另一种特征和需求。由此可以得出这样的结论：在某一个领域研究达到足够长的时间以后，在好奇心的驱使下，某些新奇的概念、模式、关系就会通过我们的想象涌现出来。这会促使我们提高获得更大创造性成果的可能性。

三、想象与新奇性构建

想象是在好奇心的驱使下不断构建各种新奇性意义的过程。促进人想象的基本条件是信息在大脑中能够自由地相互作用，各种思想都能够成长并接受检验。此时，好奇心则保证着依据新的局部特征采取新的、差异化的多样性构建。卡达诺夫（Leo P. Kadanoff，1980年沃尔夫物理学奖获得者）结合自己的感受和研究体会时指出："物理学要寻求关于自然界的真理。借助薛定谔方程，人们可以真实地揭示氢原子的结构和运行，准确预言氢的发射谱线。这些都深深激发了我的想象力，使我梦想着探索真实而新奇的事物。"③现实中神奇的现象以及理论能够神奇地预测实际的发展变化，在卡达诺夫内心激

---

① 徐春玉. 好奇心与想象力［M］. 北京：军事谊文出版社，2010.
② ［俄］维果斯基. 思维与语言［M］. 李维，译. 杭州：浙江教育出版社，1997.
③ 阿卜杜斯·萨拉姆国际理论物理中心. 成为科学家的100个理由［M］. 赵乐静，译. 上海：上海科学技术出版社，2006.

发出了强烈的惊奇感受,也由此而激发出了其强烈的好奇心与想象力,促使他醉心于探索这种神奇的掩盖于事物宏观表象之下的更加本质的规律。

既然好奇心能够有效地促进想象力的充分发挥,我们就能够而且应该有效地利用好奇性智能提高好奇与想象的相互促进关系。

好奇心促使人在想象中不断构建新奇想象。在想象性构建过程中,受好奇心的驱使可以选择各种新奇的信息,选择通过信息组成整体意义的新的方法和过程,甚至在构建各种意义时,能够在好奇心的作用下选择新奇度更高的意义等。好奇心使人从现有信息元素组成的各种现成意义中解脱出来,促使人采取形成意义的新的关系、促使人选择组成意义的新的方式,也就意味着促使人从现有意义"范式"的"陷阱"中解脱出来。可以在好奇心的作用下不断地将这种构建过程一步一步地引向深入,在认可当前意义的基础上通过不断地引入新奇性信息(或者其他信息)而持续地扩展。如果持续不断地坚持这样做,从信息构建的局部层面来看,所构建出来当前被认定的信息的新奇度就会越来越高。当这种构建过程不断进行,最终就会得到具有较高新奇度的整体性意义。

当然,还存在另外一种过程:利用在大脑中激活的信息而不断地重组。这是联想性想象,在这种状态下,这些信息及其意义会反复地显现在大脑中,形成具有封闭性的心理转换过程。显然,开放的心理转换过程是需要有好奇心参与的,通过引入新奇性信息,不断地求新异变,将心理引向其他领域。

求异性构建(新奇性想象)是基于好奇心的构建,而形成求异心理模式以后,或者说在更高层次上形成"求新异变"的模式以后,它就会以较高可能度而稳定地在心理转换过程中发挥相应的作用,甚至会表现出足够的自主性,驱使人不断地实施"求新异变"性质的构建。

研究人形成意义的认知过程,可以发现人的心智构建表现出多样并存上的高可能度优化选择。先是运用好奇心将各种不同的信息汇聚在大脑的想象空间,然后运用好奇心组合构建出各种各样的模式,最后通过比较将"美好的信息"固化下来。

四、弱化特征之间的联系

在大脑所进行的过程中,一方面依赖于信息之间的各种关系,另一方面却要抛弃、摆脱这种关系的束缚。人们不可能面对外界各种形式的信息时一对一地实施表现所有恰当的反应。我们需要在众多可能应对中选择一个模式，同时也需要在人的内心建立一个"活性区域"——在一个区域中灵活地对应着更多具体情况，或者说将各种可能的应对模式集合在一起。非线性神经系统存在"混沌边缘"，为活性区域的建立奠定了动力学基础。正是由于神经系统的非线性特征，导致了一个信息模式与若干种信息模式之间构成各种联系的可能性。

这种在稳定状态下的新奇构建，对于正常的心理状态不一定都是好的，这需要具体判断和选择。科学家对人类和灵长类动物基因序列的调查显示，自然选择可能更"青睐"精神分裂症基因。精神病学的研究表明，相比于普通人，患有精神分裂症的人可能更加具有创造力和想象力，生存能力更强，且更受异性的欢迎[1]。新奇构建是由于涨落所引起的差异性探索，而促使有机体具有这种能力，就是使系统不断保持着求异的探索能力。在生命"活性"的不断驱使下，使心理状态不断地向未知扩展，这本身就成为维持其较高适应能力、甚至是主动适应、主动提高适应能力的重要方面。

信息之间依据关系而相互激活。如果说信息之间没有联系、不能将其同时显示在大脑空间，它们便不能在大脑中顺利地形成相互作用以产生新意义。联系越强，相互激活的可能性就越大。但如果相互联结强度太强，又不容易产生新意义。信息之间需要联系，但欲形成新的意义就需要变化，这种变化，就是由好奇心增量所形成的在联系基础上的新变化。

为了消除局部特征与整体意义之间唯一的对应关系，或者说为了消除经验的"功能固化"，需要在不选择这些特征、不关注这些关系、不确定这些意义，通过局部特征、关系模式与各种意义的联系，将其他的意义（尤其是新奇性意义）显示出来。此时，可运用信息之间的关系而将诸式信息激活，然后将注意力集中到某些局部特征上，运用好奇心实施扩展变异；不再只是认定当前信息之间的某种关系，而是在好奇心的驱使下揭示、构建、扩展信息之间的其他关系，甚至可以强行地认定本不具有某种对应关系的信息之间的某种关系。在好奇心所形成的扩展心理作用下，不断地探索构建新的关系、新的意义，在信息模式与信息意义之间构建起更加多样的对应关系，促进信息不断变化等。可见，好奇心增量越强，消除功能固化的能力就越强。

---

[1] 刘霞.科学家研究表明精神分裂症基因有进化优势[N].科技日报，2007-09-10.

五、管理好奇心与想象力

（一）展开想象的翅膀

"人只有在生命的自由状态下才能富有创造性。"这种论点的基本出发点就是确保人能够充分表现自身的"活性"，充分表现"活性"中的扩展变化功能，基于自由地构建多种不同的模式并从中加以选择、认定，形成一连串的确定性轨迹。人只有在自由状态下才可以提供更加多样的可能性，并且形成一种追求多种可能性的趋势。只有在自由状态下才能让各种"嫩芽想法"成长为可以被人进行价值判断的相对较为完整的想法。与此同时，还会在人的内心形成足够强度的自由氛围；保证思想尽可能地向其他方向自由延伸；保证各种信息在进入心理空间和在构建新奇意义过程中的同等作用地位，没有任何的条件限制或者没有任何的前提条件；构建新意义的方式也可以是多样并存的。这其中所表现出来的就是好奇心与想象力的内在本质联系：只有在自由状态下，才可以表现出新奇性想象，并留下由确定性意义所表征的心理迹线。

问题是，在人的心智成长过程中，是如何构建出自由与想象的这种关系的？这不需要我们有意识地构建，它是伴随着我们自身的成长而自然表现的。能够想象，可以增强人的自由感，而当自由得到充分保障，想象得以自由表现时，自由与想象的关系特征就会愈加凸显。根据行为主义心理学所揭示的信息在大脑中形成稳定记忆的基本规律可以知道，信息在大脑中重复表现时（受到足够的"刺激冲量"——刺激量与作用时间的乘积——的作用），其可能度会得到不断提高，独立性不断增强，该信息模式的自主意识也就有更大的可能性充分显示。当自由与想象的关系模式的可能度达到一定程度时，人们便会自如、贴切地体验出自由与想象的独立性以及两者之间的内在关系。促使想象力更自如地发挥，将会更加有效地提升自由与想象之间的关系。但的确需要首先认可各种意义在一定程度上的合理之处，再进行判断选择。

自由想象应是人成长的核心过程，我们所需要防备的是如何才能避免对这种关系的阻止与伤害。"人是展开双翅在天空中逍遥地飞翔，还是双脚囚禁于尘土中艰难地匍匐？"这种问题本不言而喻，只是由于在强制性教育模式下，随着儿童的逐渐成长，其天性的幻想能力很可能逐渐走向衰弱。偷走孩子想象力的不仅有时光,也包括成人对孩子想象力的忽视和抹杀[①]。说起来,哪一位父母都不愿意从主观上这么做,但客观上的确在使这种"不愿意"成为现实。

(二) 尽可能扩展想象

生命不断地表现出"扩展"的基本特征。树叶为了增长便具有了竞争,因为当在某个方面具有竞争优势时,就能得到生长需要的能量物质等资源供给,相关系统也会呈现出较强的变化,从而表现出更强的竞争状态、过程和趋势。当今社会,在自由状态下,创新就是一种"自觉"的行为,没有人逼你这样做,但你却更加主动、自觉自愿地这样做。由已知探究未知本就是一项符合生命本能的积极行为,这种本能的积极行为是在自由的基础上成长起来的,也是在自由表现的过程中逐步突显出来,并在自由的氛围下表现其自主性的。由于该过程会消耗更多的资源,就需要人从主动性的角度进行构建。

一旦形成了稳定的想象模式,便能够不再受到各种条件限制自由地展开想象,还会经常不断地突破各种限制。时间、环境不适当时,可以想象;条件不具备时可以想象;心情好的时候可以想象;心情不好的时候也可以想象。总之,人总可以想象、总在想象,没有不能想象的时刻。想象虽然不受各种关系的制约,但却要充分利用各种信息关系。所形成的激活力将不同信息显示在大脑的工作记忆空间,利用信息之间的各种关系而将不同的信息作为构建想象的基本"元素"。

(三) 就一个话题不断地引申

应该关注这样的心理转换过程,并提高其可能度:从某一点上不断地"延伸"开来,基于当前问题,尽可能多地考虑其他情况,试探性地研究能否与其他方面建立更加多样的联系(并尽可能地将这种联系显示出来),开放、灵活并随机考虑无关事物信息之间各种各样的联系和与当前研究对象的相互促进关系;在一个更大的系统中研究它;研究组成当前问题的各个小的部分以及小部分之间的相互作用;广泛地考虑其他变换模式用于当前情况等。要尽可能地收集相关信息,将所有可能的情形都考虑进去;在对当前研究对象采取多样研究的基础上,形成多层次的研究与概括;使具体化、概括抽象化之间的相互转移成为一种突出的行为,并维持这种过程相当长的一段时间。

---

① 朱自强. 守护儿童的第三种力量 [N]. 中国教育报, 2009-05-28.

应通过提出问题的方式，一方面满足人关于提出问题的好奇心，同时也通过梳理问题，将那些已知的知识揭示出来，将那些未知的东西描述出来，使人切实地感受到那些未知的东西在哪里，不能确定的信息是什么，还不能建立起逻辑联系、实现逻辑转化的知识有哪些等。要动用一切心理模式对当前信息进行各式各样的建构。这就是从一个信息出发不断地建立该信息与其他信息之间关系的过程，在这种心理模式的扩展过程中，好奇心起到核心的驱动作用。

"我们所面临的问题可能是被不恰当的线索、引人误入歧途的信息所蒙蔽"①，解决这个问题的办法是根据当前线索运用想象尽可能地构建出所有的可能性，进一步地基于好奇心而构建更加开放、多元的意义，再从中做出优化判断选择。人们或许寄希望于能够在相对很小的范围内迅速而准确地洞察到本质性的信息，然后一举突破，而能够形成对相关问题洞察的前提，是必须对此问题进行长时间、大深度、多样性的研究和探索的。在人经过长时间的练习与探索实践，形成更高层次上的概括与抽象能力以后，能够具有对此类问题的洞察能力，并保证想象力能够在此领域充分自由地表现。

数学家丘成桐结合自己不断探索数学奥秘的经历告诫后人："要成为一个优秀的数学家必须有创造性思维。要像解决庞加莱猜想一样，找到一个关键点，产生一个宏观想法，然后搭建一个框架，最后细致地完成工作。""奥秘"中起主要作用的就是由好奇心所导致的扩展性想象构建。丘成桐补充说："从没想法到找到正确想法是一个去粗取精、去伪存真的过程，也许这个过程会很漫长。"② 丘成桐在这里隐含的提示是：在"去粗取精"之前，应先要将好奇心与想象力有机结合而充分地扩展构建，然后从众多可能性中去筛选，这就要求应有足够的耐心，并容忍自己处于长时间的无定型探索过程中。从复杂性的角度来看，运用好奇心与想象力构建的可能存在的情况越多，需要判断选择的时间就会越长。

（四）运用好奇心不断扩展想象的视野

丘成桐在对年轻人的忠告中就有这样的描述：要想成为科学家必须有宽广的视野。"宽广的视野"是扩展性地将其他信息引入当前心理状态的基本条

---

① 詹姆斯·L.亚当斯.突破思维的障碍[M].陈新,等,译.北京：中国社会科学出版社,1992.

② 齐芳.丘成桐指出：学术的热情是解决问题的关键[N].光明日报,2006-06-27.

件，是"去粗取精"的前阶段，也是运用好奇心与想象力不断向其他信息扩展的基础。具有宽广的视野，意味着能够不断地接受其他领域的启发、作用，促进本领域的本质性进展；意味着将本领域的进步迁移到其他的应用领域而推动科学的整体发展。丘成桐非常喜欢阅读文学作品，也有很多物理学界的朋友。他把这些比作"做学问的养分"。他说："从书籍中、从和朋友的交往中，我得到很多灵感，也许它们对我的工作没有直接帮助，但对培养创造性思维却至关重要。哈佛等名校也非常注重通才的培养。"他同时指出，应该有意识、主动地开阔视野、多交朋友，以丰富人生阅历，学会应对生命中或工作中可能出现的很多负面因素。一方面促进各种不同思想的相互交流与碰撞，并由此而产生各种新奇的思想；另一方面也可以从更高的层次看到问题及其解决办法，同时还可以促进不同学科之间的相互启发、相互促进①。

第二节　由好奇心引导不断地深入思考

世界的复杂性要求必须充分动用我们的智慧对所面临的对象作深度思考："我们伴随着思考成长，并因此而改变我们将来之思考能力。"② 著名科学家爱因斯坦在回答别人询问为什么他会有那么多伟大的创造时说："我没有什么特别的才能，不过喜欢寻根刨底地探究问题罢了。"不是浅尝辄止，而是深入思考，是深刻地研究事物的本质，详细探讨问题的关键；不再孤立地看待一个事物，而是更多地从联系的角度、比较的角度等，寻找不同事物之间的共性关联点，揭示相互作用模式和特征，按照某一个完整的结构引导，形成各个方面的思考。

好奇心通过不断地在当前心理状态中引入新的信息元素而成为人打破"墨守成规、固有偏见、仅满足于简单地解决问题"的有效力量，通过好奇心而看似随机地（是"混沌边缘"状态下的固有表现）引入其他信息尤其是新奇性信息（这个过程可以看作主动的求新、求异、求变的过程），用以突破

---

① 齐芳. 丘成桐指出：学术的热情是解决问题的关键 [N]. 光明日报，2006-06-27.
② 加里·R. 卡比，杰弗里·R. 古德帕斯特. 思维——批判性和创造性思维的跨学科研究 [M]. 韩广忠，译. 北京：中国人民大学出版社，2010.

"过去的经验、非理性的偏见以及个人偏好"①。

面对繁杂多变的问题，要想使自己具有杰出的头脑，就应该如霍华德·加德纳指出的："沉思、发挥和调整②。"所谓沉思，按照加德纳的说法就是，大量地进行"参照更长远的目标对日常生活进行规律、有意识的思考"——对问题作深度思考。为此需要充分发挥自己的"优势才华"，"认识自己的特点并积极地利用它们"③。在这个过程中，要能够主动地对自我进行调整，运用这种自动的"以积极的、有益的试为分析经历并使自己充满活力和继续前进的能力"④。

如何才能让新奇性的观点深入持续地成长下去，成为一种有系统性、理论性的体系，如何才能使其成为一种能够揭示事物运动变化的更加本质的特征，不至于使人在复杂多变的环境面前流于形式、流于皮表、过于肤浅，或者只满足于那复杂多变、绚丽多彩、暂时的图画？换句话说，应如何促使人养成与好奇心相伴的深入思考的习惯？约翰·阿代尔给出的回答是，要想深入思考、有创造性的思考，就必须先养成"好奇的习惯"，这种"好奇的习惯"，可以"使他们探索性地关注他们感兴趣的事物"⑤。

人们已经认识到，教育的核心的确在于促使学生养成深层次学习和深层次思考的习惯。⑥ 与世界一流大学所培养的人才相比较，就可以发现：我们在培养学生的深度思考能力方面还有很大的扩展空间。

我们要通过教育使人从天生的好奇转变为能够表现主观意识的好奇，使人具备良好的哲学思维和逻辑思维，变得善于思考、富有想象、更加敏锐、洞察和表现，增强勇往直前、勇于追求、不怕失败、不迷信权威、独立自主等个性品质，以成为更完善、更成功的人⑦。

---

① 埃里克·亚伯拉罕森，戴维·弗里德曼. 完美的混乱 [M]. 韩晶，译. 北京：中信出版社，2008.
② 霍华德·加德纳. 杰出的头脑 [M]. 乐文卿，王莉，译. 北京：中国友谊出版社，2000.
③ 埃里克·亚伯拉罕森，戴维·弗里德曼. 完美的混乱 [M]. 韩晶，译. 北京：中信出版社，2008.
④ 埃里克·亚伯拉罕森，戴维·弗里德曼. 完美的混乱 [M]. 韩晶，译. 北京：中信出版社，2008.
⑤ [英] 约翰·阿代尔 (John Adair). 创造性思维艺术 [M]. 吴爱明，陈晓明，译. 北京：中国人民大学出版社，2009.
⑥ 安迪·哈格里夫斯. 知识社会中的教学 [M]. 熊建辉，陈德云，赵立芹，译. 上海：华东师范大学出版社，2007.
⑦ 王一夫. 谈好奇心对纪录片导演素质的影响 [J]. 当代电视，2005 (7).

深度学习、深度想象、深度思考、深度创造等都与好奇性智能有着很强的联系，我们也期望人们能够在好奇心的驱使、主动运用好奇心控制自己的心智转换的过程中，提升自己的深度思考能力。

一、深入思考的意义与作用

什么叫思考？思是在人的心理中所进行的对信息有序化的分类过程，而考则是寻找构建不同信息之间内在联系的过程。毛泽东在《矛盾论》中指出，研究问题要"去粗取精，去伪存真，由表及里，由此及彼"，这就是思考的过程。简单地讲，所谓思考主要是指在大脑中所进行的建立信息之间优化的、必要的关系的过程，而不只是对外界信息直接的反映。

孔子在《为政篇》中说过一句话："学而不思则罔，思而不学则殆。"孔子办学的出发点是传授知识，但在当前知识很多的情况下，关于人的思考与学习的特征就成为被人所轻易忽视的现象。那么，促进、提升学生深入思考能力的过程，体现出由个人的思考再到知识的扩展能力，也就成为教育的重点。当人们掌握了相应的思维习惯（研究问题的方法），就可以自己去研究探索问题了。因此，教育主要在于强化深入思考的能力与习惯。

（一）深入思考

深入思考意味着人的自主性思考，是在人的自主意识、愿望、期望、需求、兴趣、爱好、情感等因素作用下长时间的心理转换过程。

能够正确对待所遭受的失败和挫折，并把它转化为竞争优势的能力是杰出者的重要特征。要想成为杰出者，就必须充分发挥好奇心，并详细地剖析、深入地思考自己所遇到的一事一物，及时地将失败、挫折等不利影响转化为有利的力量。不断地采取差异化思考与行动，是取得竞争优势的核心力量，加德纳给予了由好奇心所引起的好奇性智能以足够高的重视程度。

在理解、认识任何一个新奇事物的过程中，往往是先把握其若干典型而突出的局部特征信息，然后再具体地理解掌握其他信息。复杂的问题是需要长时间思考的。从复杂性理论的角度来看，所谓一个问题越复杂，意味着解决该问题所需要"运算"的时间就越长。随着我们认识该新奇事物的时间越来越长，掌握的关于该事物的信息会越来越多，关于该事物的未知性信息就会越来越少，对该事物的认识就会越清楚。

人依据这些长时间稳定的心理反应过程，将更多的信息反应纳入更大的心理反应动力学系统，从而在保持更多信息相互作用的基础上，形成一个稳定（"混沌边缘"的稳定意义）的动力学系统，从而将一个覆盖面更广、涉及因素更多、抽象度更高、具有更大程度上的"不变量"的信息统一联系在一起。

深入思考需要关注复杂信息的各个方面，关注复杂信息中的关系信息，关注更大范围内不同信息之间的不变关系，这就需要让思考者学会结构性思维，让思考者学会系统性地按步骤步步深入[1]。只有通过深入思考，才有更大的可能把问题厘清；更多的机会构建出覆盖各种关系、各种可能性、各种解决问题的方法的更大的覆盖集合；更大的概率抓住核心的问题；更多的机遇将新奇性的"闪光点"放大，构筑成真正宏伟的理论大厦；有更大的可能建立更大范围内的信息之间的关系；建立"程度"更深的关系；与那些反映长时间特征的信息模式联系在一起。

通过深入思考有更大的可能得到更能反映事物运动变化发展的规律，并使规律的形式更加简洁。爱因斯坦以及后来的研究者都在追求"四力统一"[即将强力、弱力、电磁力、万有引力用一个统一的方程（规律）来描述]，追求宇宙的终极形式和唯一描述，将各种具体形式归结为统一描述的各种具体情况，反映了人们"追求终极目标"的基本心理。

在外在知识不多时，受到好奇心的驱使，人会不断地在内心进行着信息变换、进行各种方式的组合、尝试性地构建各种关系、建立更高层次的概括等，人不再被表面现象所迷惑，而是专心于研究各种事物的内在联系、本质描述，追求描述关于事物变化时的不变特征和规律。当我们提高了自身的好奇心，会在心理转换过程中引入新奇性的信息，提高我们对下一步思考方向的"有限覆盖"，这虽然会带来更多的无关性信息从而增加心理决策过程的复杂度，但对于难题的解决却有着出乎意料的好处。研究表明，最起码可以开阔视野，提高效率[2]。

威廉·詹姆斯指出："对于更具好奇心的探寻的心灵来说，这种对单纯事实的简单化表达还不够；还必须为它们找到'理由'，而且某种东西必须'决定'那些法则。当一个人认真地坐下来，思考在寻找'理由'时他所指的是

---

[1] [美] Arthur L. Costa, Bena Kallick. 思维习惯 [M]. 李添，赵立波，张树东，胡晓毅，等，译. 北京：中国轻工业出版社，2006.

[2] 理查德·加纳罗，特尔玛·阿特休勒. 艺术：让人成为人 [M]. 朱健兰，译. 北京：北京大学出版社，2007.

一种什么东西时，他会感到茫然，如此地远离通俗科学及其墨守成规。"①詹姆斯在这里指出了心智几种不同的意义：一种意义是威廉·詹姆斯将好奇心作为一种描述人的心灵的基本的"词汇"，在詹姆斯的研究体系中，好奇心已经是被人们所默认的、意义已经明了的、不需要再进行研究的基本"砖块"；另一种意义是说，人在好奇心的驱使下不再只满足于简单的信息（复杂性与好奇心具有某种程度的关系），人们会在好奇心的驱使下进一步地思考和构建，将人的思考逐步引向深刻和复杂。

  善于思考的大脑促进了人类心灵的不断完善和成长，而具有了完善大脑的人们却不再愿意深入思考。人们为什么有着那可以深入思考的大脑却不愿意充分利用起来？或者说人们为什么不相信"磨刀不误砍柴工"？比如说，人们宁可沿着已经掌握的方法费力地一步一步地"往下走"，也不愿意花少许功夫寻找其他更有效的方法。这的确让人费解。

  按照"活性"理论，既然大脑可以有效地完成"我"的日常生活工作需要，为什么还要不断地向外扩张？我们说，这正是生命体"活性"本质的自然表现。在外界环境作用下，生命体不断地由一种状态向另一种状态转化，这种转化被人们称为成长（在一定时间以后，就被人们称为衰老）；就是生命"活性"所形成的非线性涨落以及由此而促成系统由一种稳定状态向另一种稳定状态的"跃迁"；从心理的角度看，就是不断地展示好奇心增量，以形成一系列的心理过程；按照功利的价值观，这样做是为了提高应对未来可能出现的超出当前情况的新的挑战的能力。也就是说，人在进化过程中已经产生了"未来不知道会遇到什么"的心理，人具有担心未来不确定性所造成的负面影响的本能，为了更好地生存，或者说那些能够更好生存下来的人，通过从内心主动构建这种心理反应模式，使其具备能够迅速应对新奇的、未来的情况的可能性，并由此而取得遗传优势。对于现代人来讲，这种决定竞争优势的因素就更是在不断的表现中增强好奇心增量。可见，问题的基本点在于人们从主观上是否愿意付出更大的努力，是否更乐于表现其活性意识本能。我们认为，但凡生命体都具有通过某种程度的"好奇心增量"应对未知的能力，只是人具有了更强和更加主动的这种能力。为了在更加复杂的未来有效生存，人就会更加主动地深入创造。

  当今世界需要越来越强的深度思考能力，如果学生在大学时代不能使这

---

① 威廉·詹姆斯. 心理学原理［M］. 田平，译. 北京：中国城市出版社，2003.

种能力得到充足的培养，他们在进入社会以后，就会面临更多的窘境。问题是，应该从哪里入手开始？我们的建议就是：将好奇心与系统思考有机结合开始，让好奇心引导人的兴趣，在一个问题上不断地将思考联系为一个有机的思考整体。

受到好奇心驱使深度思考的爱因斯坦，创立了相对论①。不只是我们，其实任何人，只要缺少了好奇心驱动下的自主、逻辑而深入的思考，都不会有大的建树②。

诺贝尔奖得主哈勒（John L. Hall）教授认为，获得成功比较关键的一点是，不要害怕学习新的东西，也不要忽视一些微小的东西③。很显然，哈勒关注的就是如何才能更好地运用自己天性的好奇心。一是要深入研究，要将自己的乐趣建立在研究的过程中，而不是以直接看到结果为目的。能一眼看到底的水不深、也无鱼。能直接看到结果的研究必定不能取得重大突破。二是要从新知识出发去构建更新的东西。应该在新奇观点的基础上再进一步地构建新奇……在这种连续不断地基于新奇再构建新奇的过程中，得到足以引起巨大变化的、颠覆性新奇的观点。

（二）必要的深入思考

在一个复杂的问题中往往包含大量未知的问题，信息的层次相当繁杂，未知与已知交织在一起，不确定的东西太多，等等。小的问题已经被解决，而剩下的都将是一些涉及范围广、涉及因素多、涉及层次深、各种事物交织在一起的复杂问题。这些问题会对已经存在的事物认知造成很大的冲击，人在不同的价值判断之间进行取舍时，会给人的认识和理解带来一定的困难。人的能力有限性不能保证人一下子就形成对复杂事物深刻而全面的理解，人往往采取以时间换空间的方式来解决。这是需要深入思考才能解决的。

知识的进步已经使很多问题深藏在表面化的知识下，这要求人必须运用深入思考，才能除去表面的、无关的、已知的信息，将人的注意力集中到已知与未知的边界，才能将那些关键的问题揭示出来。要把那些表面的、变化的现象抛开，直接指向核心性矛盾，指向关键性问题，如果不加以比较研究，不从诸多变化中寻找到真正不变的特征和过程，是不能达到要求的。要将反

---

① 袁维新. 创新人才培养的另类思考：爱因斯坦给我们的启示 [J]. 天津教育, 2006 (7).
② 张洪雷. 创新环境缺失的遗憾 [J]. 经济与社会发展, 2003, 1 (11).
③ 朱丽亚. 诺贝尔奖得主告诫学子不要只看结果而忽视过程 [N]. 中国青年报, 2009-10-19.

映更多事物和过程的不变特征和过程揭示出来，把那些不稳定的信息舍去，把那些仅涉及很小范围的因素排除，从而将注意力集中到那些涉及范围更广泛的因素上，相应的取舍过程需要花费相当长的时间，对此必须深入思考。

卡尔森（Lennart A. E. Carleson，1992 年沃尔夫数学奖获得者）认识指出："就包括诺贝尔精英在内的大多数科学家而言，除了良好的智力外，成功的最重要原因仍然是刻苦耐劳与坚持不懈。即使是牛顿，其万有引力定律也是'长期专注思考的结晶'。"① 牛顿采取"长期专注思考"，意味着付诸更多的注意力于所研究的问题上。虽然没有提及好奇心的作用，根据前面的研究就可以看到，这种长时间的思考状况已经表明了好奇心与注意力的有机结合对于取得创造性成功的意义。正如詹姆斯·L. 亚当斯指出的，那些历史上做出杰出贡献的人，他们虽然能力非凡、得不到富人的赞助，但他们仍"异乎寻常地反抗社会对他们施加的约束力"，并"专心致志于他们所热爱的工作"。②

（三）深入思考的意义与作用

（1）扩展心理空间。深入思考的过程，就是不断扩展心理空间的过程。相应地，具有更大的心理空间，是人们深入思考的前提与基础。（2）不断地将新奇性问题凸显出来。（3）在更大范围内建立信息之间的关系。（4）使更多的信息一同显示，通过相互作用而形成更加本质的特征。（5）构建事物更加本质的特征和规律，得到更加本质的抽象和概括。（6）发现更加本质的问题。当前世界变化多端，我们所面临的复杂问题又太多，在这种飞速发展的世界中，只能依靠深入思考习惯和能力，才能抓住真正的问题。（7）从主观的角度讲，面对复杂问题有可能我们还没有寻找到相应的研究思路和解决办法，人对信息的组织能力还存在不足，不能及时地将已经解决的知识组织起来；多样性探索方法，甚至从表面上看来相互矛盾的观点，也为知识的组织带来困难。要使问题研究更加全面。一个深入的思考，就是一个多角度、多方位的思考，甚至还包含着相互矛盾的思考，但最终会形成一个统一的体系。（8）一个深入的思考，是一个尽可能往后推演的思考，推演到尽可能远的未来有可能出现的种种结果，也是坚持不断地对未知思考的结果。（9）将"持

---

① 阿卜杜斯·萨拉姆国际理论物理中心. 成为科学家的 100 个理由 [M]. 赵乐静，译. 上海：上海科学技术出版社，2006.

② 詹姆斯·L. 亚当斯. 突破思维的障碍 [M]. 陈新，等，译. 北京：中国社会科学出版社，1992.

续地深入思考"作为一种习惯,仅此而亦。作为一个古生物学家,埃尔温·西蒙斯(Elwyn Simons)对"坚持"思考情有独钟,并因此而有所收获。①

我们知道,深入思考是一个长时间的思考过程。任何思考都需要时间。相对应地,人的能力是有限的,问题越复杂,需要关注的"特征点"就会越多,结合彼此之间相互作用的复杂性,准确把握复杂对象的时间必然会越来越长。形成对复杂而完整信息的理解需要更长的时间。对事物的认识往往决定于人们对事物所掌握的信息量的多少。随着考虑的角度、方法的增多,研究的特征、关系的逐步丰富,对事物的认识就会更加全面,所花费的时间也就越长。对复杂问题的长时间思考,是复杂问题对思考能力的一种必然性要求。在复杂性理论中,可以将计算时间作为复杂度的一种度量。

要想全面把握一个具体的对象,就应该长时间地关注研究对象。对某一个问题保持长时间思考,就有更大的可能将已知信息与未知信息区分开来,将那些确定性意义的信息稳定下来,将各种信息之间的关系梳理明白,将问题的结构看清楚,将过程的演化特征和规律清理出来,还可以使人对任何复杂的问题从心理上做好准备。能够使思考者更加明白自己下一步思考、行动的方向和目标。如果人们没有做好心理准备,那些没有被解决的问题,没有被认识到的关系,随之就会成为对好奇心产生重要刺激的因素,一方面有可能转移人的注意力,另一方面也将影响建立恰当有效的解决问题的方法和途径。

迈克尔·贝里奇(Michael Berridge)就曾明确指出:要想成为"一个有所成就的科学家,你确实必须把所有时间都用于思索问题,甚至要求你睡着时,你的潜意识仍然在继续冥思苦想。你得像小猎犬那样穷追,直至找到了答案。这全然是一种需要全神贯注、全身心投入的职业"。② 显然,不只是科学家应该如此,作为一个有所成就的企业界人士,也应该不断地思考。彼得·米切尔就认为,只有"深思熟虑"才是取得商业的关键因素。

深入思考是心智成熟的一个重要方面。塞尔对智能的界定是:"智能就是一套内部符号。"③ 可以认为,当我们说"我在思考"时,实际上是在说,我

---

① 刘易斯·沃尔珀特,艾莉森·理查兹. 激情澎湃——科学家的内心世界 [M]. 柯欣瑞,译. 上海:上海科技教育出版社,2000.
② 刘易斯·沃尔珀特,艾莉森·理查兹. 激情澎湃——科学家的内心世界 [M]. 柯欣瑞,译. 上海:上海科技教育出版社,2000.
③ 塞尔. 心、脑与科学 [M]. 杨音莱,译. 上海:上海译文出版社,2006.

是在以一种有意义的方式操纵这种内部符号，包括构建起了这种内部符号系统，构建运用这套内部符号系统去理解、描述自己所看到的外部世界，或者在没有先前表征的情况下去创拟出一个新的指导建立关系的模型的过程。我们需要不断地根据人在内心的虚拟想象性构建，与现实现象建立起更加准确的关系。完成这种对应以及构建内知识之间严密的逻辑关系，就意味着深入思考。因此，深入思考，应是心智成熟的关键特征。

如果满足于表面学习，就会与深度学习相违背而落入浮浅学习状态。在科技创新方面投入的浅视，希望能迅速取得收益，或者说保证得到相应的收益，就会影响长远的科技创新成就。好奇心的不确定所带来的非收益性，会促使在对好奇心的投资方面出现短视现象。不愿意开展深度研究，就是不愿意使自己的好奇心增量得到满足。即使创新如美国的硅谷，如此不足，也会产生相应的危机[①]。

二、影响深入思考的因素分析

波兰尼曾分析过与深入思考相关的因素。人们也许会置疑：为什么要创造性地解决问题？其根本在于针对新的情况和新的问题，用传统的方法不能使问题得到解决。而要想创造性地解决问题，就需要充分考虑各种方法是否恰当。虽然说能够深入思考是进化到人类这个高度必然性的本质体现，但影响制约人深入思考的因素还是很多的。

（一）内部因素影响

1. 降低消耗能量的需要

从竞争的角度看，当资源有限时，由于非线性因素的存在，任何资源都会在群体的非线性扩大之下达到"增长的极限"，并使以往相对丰富的资源变成稀缺资源。与此同时，在资源有限的前提下，在非线性扩展影响中，任何生物群体都会形成一种竞争本能以获得更多的生存与发展的资源保障。那些有利于取得竞争优势的基因（模块），会通过遗留（传）成功地传递下来，并在恰当的时机成为控制人行为的基本因素。比如说"节约基因"是为了应对食物短缺时的有效措施，而在非资源紧缺时，只是出现了其中的某些因素，也会激活该基因，从而不自觉地限制人的行为。

---

① 毛磊. 美国硅谷正面临创新危机——思维短浅和不愿承担风险 [N]. 科技日报，2009-01-06.

通过对进化过程的长期研究已经使人认识到，在心理中进行的各种活动，表征创新、构建必须动用"好奇心增量"，此时激发兴奋的神经系统会更多、神经系统的运动时间更长、达到稳定的时间更长，所消耗的能量也就越多。由于资源有限，而资源总是有限的，在生物进化过程中，必然尽可能地节约体内的能量，促使其"饥饿因子"不断地起作用。在资源有限的情况下，谁在当下能够节省更多的能量，谁就会为以后的竞争提供更多的能量保障。

人的大脑在思考时一般要占据全身能量消耗的25%左右，而人的大脑却仅占人的全身重量的2.33%。因此，在遇到一个稍微复杂一些的问题时，人宁可花费大量的体力，也不愿意动用脑力。因为运用大脑是很浪费能量的。特里·伯纳姆揭示了人之所以不愿意运动，就是为了节约有限的能量的基本结论，也正是由于这种本能，才能保证生物体在严酷复杂的环境面前能够有效生存[1]。

如果说节省能量的心理（另一种说法是懒惰）占据人的潜在意识，人就会产生只有"节省"心理能量的行为才是恰当的认知，在人遇到需要消耗更多能量的"决策"、思考等问题时，最起码从初步遇到问题的瞬间，人就能够体验到：必须启动"好奇心增量"。

2. 存在诸多不确定性

以活性为基础的生物进化出了以追求扩展为核心的好奇心和以追求确定性意义为主的掌控、认定心理模式和心理趋势。两种心理模式在人对外界的信息加工过程中都会发挥相应的作用。在好奇心的引导下，人会不断地变换心理模式，形成心理过程的非稳定状态。如果人已经习惯于很快认定一个确定性意义，也就是说使迅速认定信息意义的心理模式的可能度达到相当高的程度，使这种心理模式在对信息的加工过程中占据重要地位。那么，就会在这种本能的驱使下，追求确定信息，在诸多可能性中迅速选择其中的一种，或者干脆从一开始就不去追求未知性、变化性、多样性信息，舍弃不确定信息。最起码，人会得到一个确定的行为。

因为不确定性涉及变化、不稳定、临界、多样并存等性质特征，思考会激活更多的信息，甚至会有效激活独立自主的好奇心所带来更多的新奇性信息，促使心理空间产生更大的期待未知的心理，由此而使人面临更多的不确定性。此时，好奇心的双向调节功能——心理"活性"的表现——提醒人们，

---

[1] 特里·伯纳姆，杰伊·费伦. 欲望之源 [M]. 李存娜，译. 北京：中信出版社，2007.

太过新奇时，会超出心理"活性"收敛力量所能控制的范围，人们不愿意使所产生的新意超出人正常的认识范围，从而直接寻求确定性的意义，由此而阻碍人们在新奇方面进一步思考。

3. 懒惰心理的影响

动脑会被人直接感知，而且还是一个高能耗的过程（会占总能量消耗的20%）。人所存在固有的懒惰心理，更直接地反映在对自身运动的感知和控制上，这会促使其不愿意思考。人的这种追求节省能量的模式具有自主性以后，便会直接起作用，从而使人更不愿意去深入思考。

4. 没有建立起好奇心与深入思考的关系

从生存进化的角度来看，的确可以通过不思考而迅速达到"局部极小"，要想形成新的意义，必须通过"非线性涨落"而跳出"局部极小"。最起码需要先通过差异化构建多种不同情况以后再行比较、选择，才能得到优化的结果。思考是一种内在过程，如果不是因为出于习惯和乐于从事这种活动，人们则更愿意从那些已经形成有效的行为反应中选择已知的信息。在不存在明显的威胁时，人们会更多地选择节省能量，而不是激发更大的"好奇心增量"，从而在应对当前与应对未来之间做出恰当调整。

5. 更多的群体思维产生了诸多"南郭先生"

在群体已经形成不深入思考习惯的前提下，滥竽充数的现象会更加普遍，大家都会主动选择做各种目标下的"南郭先生"，而且会认为，如果我不这样做，就有可能会迅速被这个群体排斥在外。人是需要在社会中生存的，为了不受排斥，我也随大流，人云亦云，我也就会表现出"南郭先生"的不加思考的特征。

6. 对自己能力不信任

没有形成一种自主思考的习惯，在面对各种问题时，不能表现出自己的思考，没有自主性的见解，自己的想法得不到他人的肯定、重视和尊重，就会同时在内心以及社会交往的共同作用下使自己形成一种潜在的心理模式：自己的意见可有可无，自己也用不着对当前这个恼人的问题多加考虑，自会有人经过研究以后得出结论，我只要跟着走就行了。显然，这种不自信的心理也在影响着人深入思考。

7. 习惯使然

在成长过程中由于受到各种因素的影响，人已经不习惯于深入思考，只是习惯于采取简单的接收行为反应,任何外界信息都不想经过大脑的反复思考。不追根究底,不求甚解。

在成长的初期,儿童有很大的可能会在好奇心的引导下深入思考,但随之却会遭受确定性知识的打击、家长的呵斥而失去深入思考的愿望和能力。更为严重的还在于由此会形成习惯:只需听话,你告诉我怎样做就行了,不愿意通过自己的思考而得出结论。在这种形态作用下,人们会下意识地问:请直接告诉我这是什么,我应该如何去做(我应该如何简单地去做就能很快达成结果)。现在,上网查,看手机就行。

8. 急于求成

受到"快餐文化"的深度影响,快节奏的生活,急功近利,希望速成,会导致人们没有时间去深入思考,大信息量的强作用,使得人们根本来不及消化吸收便囫囵吞枣地强行咽下。人们期望能很快取得成果,那种"前人栽树后人乘凉"的思想已经被人或多或少地抛弃。国人经历了漫长的、刻骨铭心的物质贫困,挣钱的机会突然多了起来,于是面对一个物质的时代,一个物欲横流的时代,普遍的浮躁,人们自然难以静下心来读书、深入思考、创新探索。

9. 疲劳的影响

身体产生疲劳后容易恢复,而大脑产生疲劳后则不容易恢复,大脑产生疲劳后所产生的难受感较之身体产生疲劳的感受会更加强烈。因为深入思考是要消耗过多能量的,由此所产生的大量的剩余物质也需要花费多的资源排解出去,人们便选择宁可使身体做出更大运动量的动作,也不愿意去深入思考、深入分析。

10. 不习惯于抽象思维

思考是后来才进化出来的基本心理模式。从人遇到问题的直接反应来看,也是先产生机体的运动,然后再形成大脑的运动。遇到问题时,如果机体的低层次简单运动能满足要求,人们便不会再向更高层次转移,或者说产生转移的可能性会减小。当机体的单一运动模式不足以应对这种刺激作用,这种刺激作用便会在神经系统中产生较大的反响(较小的刺激也能在神经系统中产生反响,只不过反响较小)。来源于实际的各种信息将与大脑的符号信息系统(来源于抽象概括)建立起密切的关系,有效地促进思考的深入进行。人们会针对复杂的实际问题,在概括抽象出种种概念信息的基础上,又从这些概念信息出发导出更多的外延性具体事物信息，通过进一步的抽象概括，或者依据实际过程导出概念性信息之间的逻辑关系，在运用实际过程引导概念性信息的变化过程。如此等等，必将促进并维持思考的深入进行。如果人们不再习惯于抽象思维，这种过程进行的可能性就会很小。

11. 好奇心降低

人们不愿意深入思考的根本原因是好奇心降低。应激励、保证好奇心较长时间地起作用。"在有结构的情境中，引入大量新异事物。"[1]，以保证对有规则心智的新奇刺激。好奇心会主动地通过认定、扩展这种差异性信息，从而放大外界对机体的刺激。与此同时，人的主观能动的好奇心还会内在地构建更多的差异，将内部差异与外界刺激一起向其他神经系统传递，通过引起更多神经系统的活动，导致更多神经系统产生高兴奋过程，从而形成对外界刺激的大范围的信息加工。

（二）教育因素的影响

课堂过多地传授知识，在带给人新的角度和方法的同时，也会限制人面对复杂现实问题的视野。如果能够尽可能地研究实际问题，并从小就使这种研究复杂问题的能力得到不断提高，不断地给他们提供难度不同的研究课题，就会促使这种能力大大增强，甚至还会基于自主而主动构建、研究复杂的问题。

教育的功利性显示，家庭、学校和社会在教育中不能更多地从小培养起人良好的阅读习惯和理智的好奇心。无奈的应试教育使学生只集中在有限的知识领域并反复练习，自由阅读的空间变得十分狭小，也只能使学生从小养成阅读的功利性取向。教育本身简化为只是给学生出题，让其熟练掌握基本概念、基本规律、基本方法，不愿意让学生接触更多的实际问题以学会从现实中提取出相关的问题；教育在更大程度上只让学生关注书本的知识，而不再是从实际问题出发去掌握"具体—抽象—再具体……"的基本过程。这样做已经使学生的天性受到极度的压抑，在这种压抑之中人们感到了痛苦，便就再也不愿意进一步深入学习、深入思考，也就更谈不上养成纽曼所提倡的"把事物追溯到基本原则的可贵习惯"了[2]。

---

[1] E. 詹森. 基于脑的学习——教学与训练的新科学 [M]. 梁平, 译. 上海：华东师范大学出版社, 2008.

[2] 雅罗斯拉夫·帕利坎. 大学理念重审 [M]. 杨德友, 译. 北京：北京大学出版社, 2008.

这一切的一切似乎都源自功利性的评价——高考。然而，当高考中加入对好奇心运用的考核时，可能一切都可以发生变化——朝着好的方向发展。

（三）环境因素的影响

1. 环境过于复杂性

社会的多元化发展，互联网的广泛普及，促使不同事物、不同因素之间的相互联系更加广泛，能对问题产生影响的因素越来越多，需要考虑的范围越来越大，需要综合考虑各种问题的情况也越来越复杂。这一方面促使人们必须深入而广泛地研究任何一个问题，同时考虑与之相连的诸多事物，需要将诸多因素同时考虑进去；由此而带来的心理转换的难度有可能会促使人产生畏难情绪而止步不前。

当人惧怕复杂环境时，就不再愿意深入思考，因为问题太复杂，解决起来太难了。既然自己解决不了，干脆就不去解决，并由此而表现出典型的"习得无助性"。

2. 信息变化太快

"海量信息"将会占据人更多的心理空间从而阻止人的深入思考[①]。各种形式、内容的信息变化太快，让人应接不暇。人们还没有把这个问题搞清楚，新的问题又来了。你还来不及消化吸收刚输入的信息，新的信息又让你不能拒绝地涌入内心。由于"海量信息"输入大脑，让人只能简单地接收，失去了留待其他信息进入的剩余心理空间，使得对信息实施操作的心理模式也没有了存在的空间，变化性的信息被固定的关系所排挤，信息之间的相互作用就没有了表现的机会。不能建立信息之间的各种联系，只是显示那些确定性的、已知的信息，也就只能满足接收性的肤浅的好奇心，失去了思考的时间，人便不再有时间对信息进行再加工。此时人们也更愿意采取只简单接收新奇性信息的办法，更容易养成只通过接收新奇性信息来满足好奇心的习惯，人们会逐渐适应这种外界信息迅速输入的情况。在这种恶性正反馈的长期作用下，就会成为一种稳定的心理模式，使人习惯于此、乐于此。因此，圣迭戈加利福尼亚大学的科学家就认为，信息量过大可能会对我们的大脑造成有害影响。处理如此大的信息量在带来的好奇心满足的同时，也意味着我们因失

---

① 英国《每日电讯报》网站 12 月 13 日报道. 海量信息摄取不利深入思考 [N]. 参考消息，2009-12-15.

去与他人交流的时间而与他人隔断,并将进一步地导致我们注意范围的缩小。

如果外界总是传递给我们确定性的信息,将会压缩生命特有的发散性特征力量,也会让人失去思考未知、建立新奇与已知之间关系的机会,进而患上"脆弱知识综合征"。

3. 服务业兴起的负面影响

服务行业的兴起使得市场进一步地细化,促使人们尽可能地将所有一切都做得尽善尽美。这也给了更多的人不深入思考的理由:把问题交给他人,把困难交给专业人士、专家来解决吧!

4. 中庸思想做祟

当人进化到今天这一步,社会性在人个性形成过程中的地位越来越突出。生存于这个群体中的每个人,都会在潜意识中认识到,要想在一个群体中有效生存,就应该具有这个群体若明若暗的潜在性群体特性。群体特征也就成为起重要作用的引导力量,决定着人们的心理偏向、心理趋势,也决定着人们的取舍方式、价值取向。

"出头的橡子先烂""树大招风"是我们常听到的说法。思考得越多,越容易得出与众不同的结论、提出"另类"的观点,受到好奇心的主动驱使,产生这种新奇观点的人又会自然地将其表达出来。如果没有相应的"群体氛围",群体中的其他个体就将视提出这种新奇观点者为"异端"。"另类"者在一个好奇心不强的群体中会被抛弃。为了避免在群体中被孤立,人会更多地避免这种"出力不讨好"的做法。

5. 以多样并存的好奇心代表探究的好奇心

"差不多就行了!"也可能引导人们不再去深入地思考问题。将更多的信息展示出来,通过满足多样并存的好奇心取代探究的好奇心。更多地习惯于模糊性的思想,不追求精确、不力求准确,只是选择对问题起正面支持作用的信息。以人们已知的信息泛集去满足对不确定性问题的解释,虽然能在一定程度上满足人的好奇心,但却不利于人的深入思考。

三、深入思考是好奇心的持续表现

(一)深入思考是满足好奇心、提高复杂性好奇心的重要方面

好奇心强的一种内涵表现是追求复杂性信息。信息的复杂性与好奇心对

复杂性信息关注程度具有一定的相关性，人也正是通过深入思考来满足好奇心的。好奇心与复杂性具有直接的联系。我们认为，好奇心是信息增长的直接动力，好奇心越强，信息增长的速率就越高。

维萨曼（Mariana Weissmann）——一个拉美女物理学家回忆道："我选择以科学为业或许是因为我喜欢抽象思维。从中学时代起，我就一直擅长理论思考，并充满好奇心。"或许我们可以说，喜欢抽象思维，再结合好奇心，就会使每个人的探索知识的动力变得更强①。维萨曼通过自身的体会指出了好奇心与深入思考的同时并存性特征，也就直接指明了两者之间的正相关关系。

人们在研究出其不意地"不按套路出牌"的行为时发现，好奇心会促使人产生并表现深入思考的能力。这种"出乎意料"的态度转变完全改变了整个事态的形势，改变了人的注意力，并促使人围绕该问题而不断地产生新的想法②。

（二）好奇心促进人更加深入地思考问题

好奇心是人思考的动力的结论已经不言而喻。当思考成为一种稳定的心理模式，好奇心就会成为促进人更加深入地思考、促使其思想变革的基本力量。米哈伊·奇凯岑特米哈伊通过研究，指出了强烈的好奇心对坚持不懈地作出重要贡献的意义：要想坚持不懈并能够作出重要贡献，就必须具有强烈的好奇心和稳定的兴趣③。根据我们在第五章所做的描述，好奇心本就是兴趣动力系统中的一个有机成分，因此，兴趣所表征的就是好奇心与深入思考的内在联系。

"有突破和有洞察力的人是好奇的人"④。需要从主动性的角度强化好奇心与深入思考的联系，提高对复杂问题的洞察力。我们要运用好奇心以敏锐地发现变化（及趋势）、差异以及事物之间的相互作用，并以此做出延伸扩展，尽可能地将与此有关的信息激活、建立联系并组成一个整体，同时运用想象力建构多种多样的"空中楼阁"。加入好奇心，则可以构建具有新颖元素的"空中楼阁"。同时，还可以依据信息之间的局部关系，在好奇心的驱动下

---

① 阿卜杜斯·萨拉姆国际理论物理中心. 成为科学家的100个理由 [M]. 赵乐静，译. 上海：上海科学技术出版社，2006.
② 凯文·达顿. 不按套路出牌 [J]. 阮南捷，译. 环球科学，2010 (6).
③ 米哈伊·奇凯岑特米哈伊. 创造性：发现和发明的心理学 [M]. 夏镇平，译. 上海：上海译文出版社，2001.
④ 文森特·赖安·拉吉罗. 思考的艺术——非凡大脑养成手册 [M]. 马昕，译. 北京：世界图书出版公司，2010.

不断地延伸，形成基于当前面向未来的推演过程。

米哈伊·奇凯岑特米哈伊针对自己思考的体会指出："如果我没有好奇心，如果我觉得自己的好奇心很有限，那么，我的创新性可能就消失了。正是因为好奇心常常推动着我去思考找出一些别人认为你根本不可能找出的方法。或者一些以前从未有人使用过的看问题的方法。正是这些因素促使我不断地去跑图书馆，不断地想啊，想啊，想啊。"[①] 正是由于其好奇心才驱使一个人遇到问题和困难时不断地"想啊想啊"。沿着成功者的足迹，就可以明确地发现，每一位成功者都是高明的深度思考者、好奇的深度思考者。

大脑可以依据信息之间的关系而相互激活，由于激活需要相应的能力、能量、资源作保证，大脑系统一般只能依据这种自然的激活关系向前迈进很少几步。但好奇心的扩张性却可以不断地维持这种过程的持续进行。我们向未来推演出所有可能的演化状态，把握了在每一个分歧点分化出的各种情况，尽可能地沿着每一种可能的情况延伸、扩展，评价每一种可能情况的价值，并由此而做出判断。即使是从好奇心基本内涵讲，运用好奇心而在当前心理状态中不断地引入其他的信息，这种过程本身就是在维持心理状态的不断发生变化。基于局部特征的逻辑关系，意味着在心智的"活性"状态构建了稳定的、关系性的泛集元素。而基于好奇心的扩张、延伸，则意味着在心智的"活性"状态构建甚至期望构建变化性、临界性的泛集元素。两者协调的综合反映，组成了人基本的心理推演过程。

这个过程本身的持续进行，可以在多样性构建中表现出人的洞察力。洞察的深度更多地依赖于好奇心，运用想象建构"空中楼阁"，将更加依赖好奇心增量。想象可以根据以往所掌握的知识而建立当前局部特征与众多局部特征的关系，并依此组织起不同的整体意义，而启动好奇心，可以引入新奇性信息、构建更加多样、新奇的整体意义，选择哪种新奇性更大的"空中楼阁"，就需要由好奇心来控制了。

正常状态下，在遇到新的问题时，人的直观反应先是翻开记忆的书签，看能不能从以往的经验中寻求对策，看能不能将以往的经验反应模式加以组合，或稍加改善以形成针对当前情景的有效模式。如果人们认为采取这种做法所构建的行为模式足以应付当前的问题，便不会启动"好奇心增量"而深

---

① 米哈伊·奇凯岑特米哈伊. 创造性：发现和发明的心理学 [M]. 夏镇平，译. 上海：上海译文出版社，2001.

入思考。当人们遇到难题，发现采取这种过程不能奏效，用现有模式以及各种模式的组合不能解决问题时，人们才开动自己的好奇心并深入研究。可见，好奇心增量是伴随着人们深入思考才形成的，是人们在遇到复杂性问题并寻找解决的办法时才表现出来的。思考的程度越深，涉及的信息越多，需要构建的新奇性意义就越多，也就更能满足好奇心的需求。这从另一个角度也就验证了人的好奇心总是与复杂问题相对应，也就是说，喜欢一定复杂性的信息，是人的好奇心的一种基本内涵。

深入思考是大脑神经系统能力增强的重要标志，也是我们研究探索构建关键问题的基础。据此，我们可以站到科学研究的前沿，提出他人没有提出的问题，寻找那些本质的问题、发现为他人所忽略的特征、现象，采取新的方法手段，在充分考虑现有的所有环节的情况下做出新的探索，一句话，就是必须深入思考。

要想提高大脑思考的效率，也需要有好奇心起作用。尤其是长时间思考一个问题而不得其解时，需要主动地控制好奇心随机引入其他信息，并力图得到启发，有可能带来更大的突破。"当我们把注意力从思考已久的问题上转移开时，往往是大脑效率最高的时候。"[1]虽然"混乱随机地排列并改变了系统中的元素"，但却使各种元素平等相处，而好奇心则将人的注意力吸引到它所感兴趣的信息特征上，"将它们推到更显眼的位置，从而带来全新的解决方案。"在研究问题的初期，信息的完整性要求我们尽可能地考虑到所有的因素，将所有的要素置于同等重要的地位，考虑事物之间所有的关系，这会出现主次不分、胡子眉毛一把抓的情况。同时我们也应该看到，信息模式的增加会增加心理思考的复杂性，延长人们得出结论的时间（$t \sim e^{\lambda n}$），但却会有可能导致新意义的形成。人们期望很快得出结论，期望得出井然有序的结果，而这只是满足了人的"掌控"性心理，由于掌控而形成的"整洁倾向于限制新奇、意想不到的事物的诞生，即使它们真的发生了，也常常被忽略掉"。[2]

（三）神经动力系统的复杂性保证人的深入思考

心智是灵活的，也正是因为灵活，心智活动才不具有很强的稳定性。对

---

[1] 埃里克·亚伯拉罕森，戴维·弗里德曼. 完美的混乱 [M]. 韩晶，译. 北京：中信出版社，2008.

[2] 埃里克·亚伯拉罕森，戴维·弗里德曼. 完美的混乱 [M]. 韩晶，译. 北京：中信出版社，2008.

新奇性信息的认定需要有较强的稳定性，这需要强化认定新奇性信息的扩展与收敛之间的相互协调，当我们长久地保持这种协调关系，而且还能在不同的信息点之间建立起稳定联系时，就从某种形式上表征了心理过程的深入进行过程。

在将心智的稳定性作为一个独立对象来研究时，要保持心智过程的稳定性，就需要在好奇心的作用下不断地在某个领域、某个方面、具有某种特征情况下，建立各种信息之间原有的和新的关系；利用好奇心的其他特性，促使心智的不断进行。此时，我们会涉及这样的问题：（1）所形成的动力学系统越大，信息之间通过相互作用以产生新意义的可能性也就越大；（2）构成一个稳定的混沌系统时，我们既能够充分利用信息之间的关系，又能够尽可能消除这种由于信息的相互关系所联想出的固有的意义，以使其关注其他意义出现的可能。

当我们在不知不觉中吸收了大量的信息，停下来处理、加工、联系、组织这些信息是必要的，否则，我们将背上越来越大的"包袱"。这就需要对已经进行的过程再检验。在教学过程中，如果学生们看似"停止了注意"，就应该能够考虑到他们也许在做一些对于学习过程非常重要的事情——反思（提供给他们足够的反思时间，而且一定要有一定的反思时间，并能有效引导学生进行反思）。实际上，信息输入的"停工期"对于学习和理解是绝对必要的，它使学习充满着个性化的意义（需要有一定的时间来梳理彼此之间的关系，编排不同信息特征在大脑中显示的顺序）。由于好奇心的不同，每个人对于能容忍的"过载信息量"是不同的，信息加工时间的长短，将由好奇心来控制。从对信息包容性的角度来看，好奇心越强，对这些"过载信息"包容（一定程度上的理解）能力就越强，包括就能在很短时间内建立与更多信息之间的关系、构建更多可能的意义而加深对意义的理解，把握其在同其他事物发生相互作用的可能的相互作用特征。

深入思考意味着在对知识实施结构性理解的基础上，能够有效地将知识转化为指导人产生正确行为的最合适指导模式。这就要求不能只满足于记忆知识，要学会运用，学会扩展，学会在相关的领域不断地深入探索。这其中会涉及人的扩展性，会与好奇心的各个不同方面的表现都建立起有效联系[①]。

深入思考以其更大的复杂性而浪费人大量的心理资源，如果能够与好奇

---

① 夏杨，杨文静. 高等教育：要深度还是要广度[N]. 科技日报，2010-06-03.

心以及好奇心增量相结合，人们还是会在无意中专注于深入思考的。而且，由于运用好奇心的乐趣会给人们带来快乐，通过快乐的反馈作用促使人也愿意深入思考。"当许多有独创性的人们专心致志于某个已被充分展开的学科时，研究是愉快而平等地进行的。"①

四、强化深入思考的好奇心

知识结构的变化来源于个体的好奇心增量以及个体之间相互作用所构建的产生新意义的作用力。要使一个社会呈现出加速发展的过程，就应该表现出更大的好奇心增量。除了要保证对好奇心以及好奇心增量有一个足够的认识以外，还要考虑如何才能促使表现好奇心增量有一个更大的"中立空间"，以保证中国的科学技术有一个更大的发展加速度。

（一）复杂性信息是满足好奇心的重要方式

好奇心强时，复杂性信息在大脑中被认可的程度将会进一步增加。根据认定与好奇心的关系，在好奇心增强的同时，认定过程也会得到增强。此时，各种信息不断得到肯定，信息在大脑中激活时的记忆性与持续稳定性又会形成信息之间各种各样的关系。这就必然导致各种信息在大脑中交织在一起，构成极为复杂的关系结构体。满足了复杂性信息需求，建立起了好奇心与复杂性信息的关系，在好奇心成为稳定心理的基础上，主动追求复杂性信息，信息的复杂性便成为满足好奇心的基本因素。

好奇心强时，新奇性信息在大脑中的展示会形成一个更具变化性的、持续不断的过程。不断地将新奇性信息展示在心理空间，必然导致信息的复杂性增加。而信息特征之间各种各样关系模式的显示，也表明了好奇心与复杂性信息之间稳定的内涵性的对应关系。

（二）由需要复杂性向自主性深入思考转变

虽然研究问题的目的是为了寻找到事物确定性的变化规律、确定性的关系，是为了简约地认识事物，将人们从不确定性的迷惑中解脱出来，但喜欢复杂性信息的好奇心，将直接导致人的深入思考。只要形成这样一种习惯，便会从复杂思考的角度引导人们研究一个具体而又复杂的问题。

这种能力在某种程度上与追求复杂性的好奇性自主建立起了某种关联。

---

① 科恩. 科学中的革命 [M]. 鲁旭东，赵培杰，宋振山，译. 北京：商务印书馆，1999.

从模式构建的角度来看，只要这种模式经常性地或者以较高的可能度在大脑中发挥作用，它就会固化为一种稳定的模式，并以一定的可能度在各种心理变换过程中"活性"涌现，不断地使人的认识复杂化。

从研究问题的角度来看，问题越复杂，涉及的信息点越多，需要认定的时间就会越长，那么，要想给出确定性意义的时间也就越长。由于创新成果的新颖度较大，按照"新奇性步长"来计算，"单位新奇性步长"的数量越多，则创新成果的新颖度就越高。如果将好奇心起作用时所产生的信息的新奇度作为创新的"新奇性步长"，在某个领域以信息点为基础发挥好奇心而形成的新奇性信息的数量越多，使人产生的新颖性的感受就越高，经过最终确认的成果的新颖性就会越高。这个结果必然地依赖于人对新奇问题深入思考的时间的长短以及持续地表现好奇心。

（1）好奇心本就在思考过程中不断地发挥作用。根据行为主义心理学，在联想过程中，可以只根据已记忆信息之间的局部特征的局部关系"由此及彼"。此时，好奇心可以在思考过程中不表现，而我们这里却是在明确两者不同的基础上促进两者的有机结合。在好奇与思考两者之间虽然会不自觉地表现出紧密的相互联系，但在强化好奇心教育时，会不自觉地将其从与之紧密联系的教育中割裂开来。虽然将好奇心独立强化，可以提高相应的增强好奇心的效率，但它所具有的作用以及所具有的提升空间也就会因此受到限制。

（2）在强化好奇心的基础上，有意识地引导两者的有机结合，在结合的过程中充分体会好奇心对思考的拓展过程和特征，并由此而体验到这种结合的快乐感受。

（3）要在好奇心的引导下，促使心理逐步成熟；使信息之间的任意构建以得出确定意义的过程不断得到锻炼；提高在一个更加广泛的领域不断强化对信息进行变换的可能性；不断地将其他信息转化成为控制模式；不断使控制模式保持足够的灵活性；不断地扩展心智的转换空间。要在这些过程中，充分体验到好奇心的独立作用以及与相应过程紧密的结合过程。

（三）研究感兴趣的问题以及对问题感兴趣

只有好奇才会感兴趣，只有感兴趣才会深思，只有深思才能有所发现。

显然，只要感兴趣，就会引起深思。所谓深思，很大程度上指的是建立当前信息与更多其他信息之间的联系，联系越多，则深思程度就越高。深思是在更高层次上的抽象，也就是说，所建立的特征能描述更多的现象，所能描述的现象越多，则抽象度就会越高。在人们关注某一个信息时，好奇心就会以此信息为基础不断地发挥作用，建立当前信息与众多其他信息的关系，或者说以某一种信息为基础而不断地推进信息之间关系的逐步延伸。

（四）突出好奇心增量

只有在好奇心增量起作用的情况下，才有可能形成新的心理结构，人们才能从当前的"范式"中解放出来，而且，在认定好奇心增量以后，就会不断地探索新的问题，从而将问题的研究引向深入。那么，解决我们思维方式不足的关键就是不断绝强化好奇心增量。

五、保持深入思考的主动性

教育应在通过恰当方式激发学生好奇心的基础上，促使其进一步深入地学习、思考、探索[1]。学校不应只是将知识传授给学生。学校所应起的恰当作用就是要"培养独立思考的习惯和不带成见与偏见的探索精神。一所大学如果不能完成这项任务，那么就说明它堕落到了只会灌输的水平""教育就是让学生在教师的指导下学会独立思考"[2]。促进学生形成深度思考的主动性——将好奇心与深度思考有机结合，应是好奇性智能的重要职能。

（一）提高思维过程中好奇心的稳定性

主观上应以积极主动的态度，保持好奇心以一定的强度维持对新奇性信息的寻求，不以各种信息的干扰而使好奇心发生更多的变化，保持好奇心的良好定向，在一个相对恰当的知识（信息）领域保持好奇心所引发的更大的灵活变化性。

（二）强化好奇心与某个领域的知识的联系

领域知识的形成会表现出一些共同的特点：具有一定的共性特征、一定程度上的逻辑联系等，相近时间内学习相关的知识时，容易被划分到一个领域。这些同一领域的知识会以某些共性信息而建立起一定的联系。

维持好奇心与某个领域信息的稳定联系，比如说围绕物理学的某个方面的问题进行长时间的探索研究，从某种角度讲，这是在某个信息特征上保持稳定注意力的过程。由于人是活性体，好奇心与注意力会组成一种活性状态

---

[1] 钱贵晴．"科普环境信息场"理论研究［J］．科普研究，2009，4（10）．
[2] 杨玉良．今天我们该如何培养人才［J］．新华文摘，2010（18）．

而稳定地展示。因此，如果我们采取某种方式将注意力集中到这个更加概括抽象的信息表征形式上，进一步地再以由该抽象概念所引导的其他变化信息而满足人的平常好奇心，就会将好奇心增量从好奇心的作用中凸显出来，并运用人的主观能动性而充分地表现、强化人的好奇心、好奇心增量。

维持好奇心在相关领域（由某个抽象的信息来描述）长时间地发挥作用，或者说维持好奇心与某个领域较长时间的联系，以促进人们在某个领域较长时间地探索，将具有重要的意义。要引导他们长时间地就某一个事物、某一个问题进行思考、"把玩"、研究。

（三）让好奇心始终伴随思考过程

在心理转换的不断进行过程中，始终有好奇心在起作用。这里所谓的让好奇心始终伴随思考过程，强调的就是让人在思考过程中充分体验好奇心所起的作用，在好奇心的主动引导下不断地深入思考。

对某件事保持持续的好奇心是不容易的。需要保持对该心理转换过程的好奇心的稳定性，关键是如何才能引导人深入持久地研究问题，通过不断地引入新的信息，将问题在大脑中反复"琢磨"，不断地建设该问题与各种信息的各种关系、不断地构建新的关系、不断地构建多样并存。

要将好奇心转化为能较长时间在某一个方面持续起作用的模式，并使这种模式保持足够的稳定性，不会因某个局部的好奇心满足而转移其关注焦点。需要维持好奇心与信息记忆的联系。这里应该注意，维持好奇心与记忆过程的联系，这个过程本身也可以作为一个独立的模式，它也可以作为一个被独立研究的对象而在心理转换过程中起作用。

将由好奇所引导的心理的变化轨迹联系起来，可以形成对某一个问题广泛而深入地构建研究与分析"迹线"。问题链式教学方法就是采取一连串的提问方法，通过提问向未知的扩展，而促进人们深入地思考问题的。

（四）形成好奇心与深度思考联系的习惯

取得成功的关键是深入思考。布朗尼（M. Neil Browine）等认为："如果你想要做艰苦的工作去寻找出更好答案的话，你需要相当的好奇心甚至勇气。"[①]

---

① M. Neil Browine, Stuart M. Keeley. 学会提问——批判性思维指南［M］. 赵玉芳，向晋辉，等，译. 北京：中国轻工业出版社，2006.

（五）通过争论有效满足好奇心

应使不同的意见，尤其是人们所提出来的不同看法与其他人的看法一起同时兴奋显现，让人们体会到不同观点的相互"碰撞"，并以此而鼓励其进一步地深入研究。在他人指出的不足方面进一步地完善，本身就是进步。多样并存的现实，会对人的心智成长产生冲击，争论则会表现出让其进一步思考的更大的力量，充分运用人的竞争性本能而促进深入思考。

（六）扩展思考的角度和范围

变换当前思考问题的角度，扩展当前思考问题的范围；要在更大的系统中研究当前问题，在更长的时间内研究当前问题，在更大的空间中研究当前事物，将更多的因素同时并列考虑，研究更多事物的相互作用，将当前事物与更多的事物相比较，将当前事物与更多的事物建立联系等。

（七）促进原理性、基础性学习与思考

围绕预期的问题学习，只记住一些没有关联的事实，不去深入理解作者写作的主旨和课文的大意，这种方式就被马顿（Marton）和萨尔乔（Säljö）称为表层的学习方式。如果努力透过课文的事实和细节去理解作者想要表达的意思，通过表面意义进一步地思考作者想表达的掩盖于表层之下的更进一步的意义是什么，这种方式就被马顿和萨尔乔视为深层的学习方式。马顿从学习动力的角度认为，采用深层方式进行学习的学生，对学习有内在兴趣，注重理解，强调意义，集中注意于学习内容中各部分之间的联系，系统地陈述问题或概念的整体结构的假设，通过构建复杂性结构来满足自己的好奇心[1]。

在这个问题上，无论是学习，还是研究，如果只满足于枝叶性的技术开发，是不能取得更大突破的。只有从理论层面上强化研究，才可以使研究走向深刻，也可以有效地促进科技开发在一个更广的范围内"开花结果"。福井谦一在1981年摘取诺贝尔化学奖后回忆到，在上大学的时候，福井听从了导师"要先打好基础"的告诫，对"基础学问"倾注了满腔的热情。福井认为，"与其精细地吸收各复杂分支的发展成果，不如把精力集中到与理论都一脉相承的基础学问上去"[2]。

---

[1] 叶信治，杨旭辉. 深层学习与支持深层学习的教学策略 [J]. 中国大学教学，2008 (7).
[2] 年轻一代应如何做学问 [N]. 中国教育报，2009-03-17.

(八) 掌握深入思考的思维模式

根据问题的复杂性，可以将把握问题的方法分为整体把握法、逐次分析法和自组织建构法。

对于简单的问题，可以从整体上准确把握，但对于稍复杂的问题，就只能在先把握其显现出来的局部特征的基础上，再把握隐含的特征，逐步深入地把握问题。对于复杂性的问题，就只能采取自组织建构的方法了。

从自组织建构的角度来考虑问题，应该掌握几个基本特点：①必须对整个过程作通盘考虑，充分影响事物发展的诸多因素之间的相互制约性；②开始阶段任何一个小的事件都将产生重要的影响，有些影响是决定性的。对当前孤立事件的研究并不能够决定事件的最终结果。而混沌动力学所揭示的"路径相关性原理"就是指一个系统中互相关联的各因素共同发展的密不可分性，共同发展是指两个或两个以上的因素相互影响而共同进步。

问题的解决在大脑中是一个自组织构建过程，当一个问题解决以后，新的问题会不断地涌现出来。必须随时关注那些新的情况和新的问题，及时有效地采取创新思维去解决已经出现、正在出现和将来准备出现的问题。

1. 运用好奇心促进思维模式的变革

多样并存与错误会形成不同信息之间的相互作用，会引导人进一步地思考。这里的关键在于信息之间的相互激励一方面会促使产生新的信息，另一方面，还会激发好奇心的兴奋，并促使在满足好奇心的状态下进一步地生成新的意义。此时，便有可能在两个方面之间形成共性相干，促进过程的进一步发展。此时，若将自主能力作用到思维方式上，则又会有效地促进思维模式的变革。产生错误，并从错误中形成正确认识，相当于建立了正确与错误的对比关系，从神经心理学的角度来看，也就是形成了对正确认识丰富的信息联结，通过错误与正确的对比，可以使人产生幽默式的快乐感受，使人的心灵受到矛盾的冲击，有效满足人的好奇心，同时还能推动人的进一步思考。

2. 促进好奇心与归纳性思维与教育相结合

演绎性教育和归纳性教育反映了两种不同的教育哲学，在人才培养过程中都要体现，但不同阶段则要有所侧重。演绎性教育是先讲普遍，再由普遍推及特殊。归纳性教育则是先从个别入手，再到一般。从国外引进的工商管理硕士（MBA）等专业学位教育就非常注重案例教学，启发学生从大量案例中发现一般规律，并体验到发现一般规律的快乐。我们的教育哲学偏重于演绎性，和中国传统思维重视宏观思考有关，例如追求"天地人合一"。演绎性教育表现出来，就是强调知识的系统性、教学内容的完整性，这有利于让学生全面系统地了解某门学问和知识，对于基础知识的学习是有很大帮助的。问题在于，我们的课程体系、教材内容上往往求大求全、过于精细、面面俱到，企图将所有的相关知识都教给学生，想象的教育与教育实际相差太大。在当今这个知识大爆炸的时代，知识是永远学不完的，我们习惯采用的教育方法会使学生学习负担和压力过大，有更大的可能使学生对学习失去兴趣（失去学习的探索性）。生命进化所形成的"学以致用"的天性，推动着人不断地学习、思考。归纳性教育则是从问题入手，一开始就使学生建立问题意识，通过问题意识引发好奇心中的探索性成分，从而自觉探索。欧洲大学的强力推行基于项目和问题的学习方式就是这种教育的集中体现。应该说，单一的演绎性教育或归纳性教育都是有缺陷的，大家都在思考如何将两者更加有机地结合起来。法国巴黎高师的办法是，一二年级进行严格的基础训练，偏重演绎性教育，三四年级则偏重归纳法。

无论是演绎性教育还是归纳性教育，对于学生思维方式的训练、探索创新模式的培养和知识学习都是重要的。科学的目标就是要不断进行探索和发现。要想在科学上取得成功，最重要的一点就是要运用与别人不同的思维方式、采取别人忽略的思维方式来思考。在教育过程中，一方面是要教会学生学会用不同思维方式来思考，引导学生认识到每一个学科都代表了一种对于现实世界的解释方式和思维方式，多种思维方式为学生解决问题提供多种路径，其间的碰撞会以很大的可能性产生创新的火花；另一方面，在同一学科领域，思维方式也有一个不断转变和提高的过程。要在引导学生掌握不同学科思维方式的基础上，促进不同思维方式的交流与融合，促进学生针对思维模式的概括与升华。要注重培养学生的理性思维和独立思考，加强理论思维训练，使逻辑思维和发散思维有效结合。总之，思维训练是不容忽视的，要将其放到与知识学习同等的地位上来[①]。

3. 采取系统思维方式

采取系统思维方式是深入思考的基本形式。所谓系统思维，就是运用系统的观点和方法去分析和处理问题的一种思维方法体系。按照这种方式，就要研究系统的整体性特征，研究组成系统的各种要素以及要素之间的相互作

---

① 胡和平. 对高校人才培养中若干关系的思考［J］. 中国高等教育，2011（23）.

用特征；要从结构和功能的角度关注研究对象，考虑更多因素的相互协调，研究更大范围的相互作用，考虑与外界其他事物更多的相互影响，关注系统的自组织特征，建构多样性等。

要在系统思考指引下运用好奇心，在系统的每一个环节、每一个要素、每一个关注点上，促使激励好奇心发挥作用。以每一个思考点作为进一步研究的出发点，从而运用好奇心去构建新奇的、变化的、复杂的信息模式。我们总是讲"人无远虑必有近忧"，为什么不能在系统思维的指导下，面向未来作更长远的思考？要避免短视心理，凡事要有长远打算。做事要尽可能地追求卓越、好上加好，而不能满足于现状、维护"既得利益"、完成任务、达成指标要求等，还要进一步地思考：能不能做得再好一些，如何才能做得更好一些。

李培根提倡在专业教育尤其是在工程专业教育中，使学生形成在一些宏观问题、重大问题、整体联系上的思维能力，并把相应的思维称之为"宏思维"。促使学生掌握"宏思维"，可以引导学生深入思考，促进心智在好奇心的引导下向其他方向扩展，并向高层次概括的方向有效扩展[①]。

4. 促进好奇心与结构（法律体系）（更为重要的是自主性结构）的有机结合

就是要求我们应该在不断地构建自主独立结构的基础上，促进好奇心在结构模式的指导下不断构建。基于当前结构，在不断实施局部化变异的基础上，再作选择。

（九）促进好奇心与批判性思维的有机结合

实施批判性思维，可以更加深入地引导人们不断思考[②]。曾任哈佛大学校长的陆登庭指出："我们别无选择，只能带头帮助我们的学生（在进入大学之前就）提高他们的批判性思维能力和想象力，学会发现和鉴别事实真相，坚持对事物进行严谨的分析，在不失事物复杂性的前提下，探求对他们所遇到的各种情景最透彻的理解。"[③] 而好奇心与批判性思维的紧密关系也促使人们不断地在好奇心与批判性思维之间建立更加紧密的关系，以促使两者都能更

---

① 李培根. 谈专业教育中的宏思维能力培养 [J]. 中国高等教育，2009 (1).
② 缪四平. 美国批判性思维运动对大学素质教育的启发 [J]. 清华大学教育研究，2007 (3).
③ 教育部中外大学校长论坛领域小组. 中外大学校长论坛文集 [M]. 北京：高等教育出版社，2002.

好地表现，都能在对未知的探索过程中发挥更大的作用①。

2005 年诺贝尔生理学或医药学获得者巴里·马歇尔（因为发现了导致胃溃疡最大诱因幽门螺旋菌，使胃病患者获得彻底治愈的机会而获得诺贝尔奖）回顾成功的过程时说："作为一个科研者要有坚定的态度，坚信自己是对的，即使是面对大量怀疑和讽刺，也不能动摇。获得诺贝尔奖的科学成果往往是在研究者的早年发现的，得到认可需要很长一段时间，坚持和自信尤其重要。谁也不能避免失败，但失败是成功之母。"马歇尔提醒中国的中学生们，"一个合格的科学家的基本法则是怀疑一切，不断地去质疑、探索和创新，去发现自己的答案。要确定自己从事的科学领域是唯一的，或你是第一个研究的。"②

恩尼斯（Ennis）说："批判性思考就是指在确定相信什么或者做什么时所进行的合理而成熟的思考。"批判性思维表征了要寻找准确证据的心理转换过程。2008 年春节联欢晚会上蔡明的一句"为什么呢？"抒发了人们寻找充分证据的基本心理。"我们已经把这些问题表述为一系列你应该做的事情，这些系统性的问题与好奇心、质疑、智力挑战等批判性思维的基本要素是一致的。认真思考是一个永远没有结局的工程，一个寻找结尾却永远找不到的故事。批判性问题为批判性思维的一个刺激和方向：它激励我们继续去寻找更好的观点、决定或者判断。"③

（十）激励人运用好奇心促进独立思考

好奇心可以更好地促进人自主的形成，好奇心可以引导人发现自己的与众不同，从而有助于形成独特的个性。

具有独立思考能力，并能按其本身的道德价值，而不是根据主宰当时的观念去判断，或者说的不去跟风、不去考虑他人会想些什么，不去考虑如果自己提出这种观点别人会怎么看等问题，将最有可能认识事物的潜在意义，从而做出正确的判断。要勤于思考，强化批判眼光，注意从不同的角度看问题，培养发现问题的能力。所谓有独立见解，就是不要在别人告诉你什么，你就马上相信什么。要学会追根究底，多问几个为什么，在差异化的多样试

---

① 王源生. 关于批判性思维 [J]. 求索，2004（7）.
理查德·保罗，琳达·埃尔德. 思考的力量：批判性思考成就卓越人生 [M]. 丁薇，译. 上海：上海人民出版社，2006.
② 李禾，侯静. 诺贝尔奖获得者马歇尔给中学生作科普讲座侧记 [N]. 科技日报，2006-03-24.
③ M. Neil Browine，Stuart M. Keeley. 学会提问——批判性思维指南 [M]. 赵玉芳，向晋辉，等，译. 北京：中国轻工业出版社，2006.

探基础上，给出自己的观点和看法。要积极发挥自己的主动性和创造性，吸收别人的经验智慧；要多看，多想，多做比较，提出自己的独到见解①。

要正确引导人们在争强好胜中凸显自己独特的高明之处，并对此加以鼓励，以使之成为一种典型的社会特征。

（十一）激发深层学习

叶信治认为，深层学习是一种基于理解、深入探究、寻求意义、学以致用和注重反思的学习②。其特征包括：具有把新信息与先前所获得的知识相联系的能力；对材料的不同方面进行学习以便获得整体认识；寻求相关意义并且在学习材料和日常生活、个人经验之间建立联系；学生倾向于运用元认知技能去开发学习材料，使之成为创生新观念的基础，以好奇的、批判的、求实的观点寻求多种解决问题的方案。通过元认知可以引导他们去寻找和发现他们内在的自我。源于学生对学习材料达到完整理解的内在需要，这背后隐藏着学生对自我实现的寻求，因而能让学生成为学业上的高成就者和情感上的高度满意者③。

爱德蒙·费希尔（美国华盛顿大学教授，1992年诺贝尔奖获得者）在对中国中学生的演讲中就指出，要"少学习，多思考"。他认为科学在本质上和艺术一样，需要直觉和想象力。要让学生的好奇心与想象力在教育中发挥作用。在教育中如果着重于把过多的信息塞入学生的大脑，会让他们没有时间放松，没有时间发展想象力，也没有深度思考的时间和机会④。

（十二）促进好奇心与坚忍品质的有机结合

要想在一个问题上长期坚持思考、不断地有新颖性构建，就必须促进好奇心与坚忍品质有机结合。也就是说，如果要想在某一个领域不断地以新奇观念为基础再进一步地构建新奇性的观念，就需要同时发挥好奇心与坚忍品质的作用，并使之成为一种稳定的动力学过程。从心理转换过程的角度看，能够促进两者的有机结合是最好的。这种结合是在充分考虑两种心理品质之间不同基础上的更高层次的结合。这种结合将促使人能够自主而突出地表现

---

① 江东洲. 多看，多想，多比较，提出独到见解——访香港大学经济与金融学院教授丘晓东博士 [N]. 科技日报，2010-01-08.
② 叶信治. 大学教学方法中的教育功能 [J]. 中国大学教学，2012（7）.
③ Aharony, N. The use of deep and surface lerning strategies among students learning English as a foreign language in an Internet environment [J]. British Journal of Educational Psychology, 2006 (76).
④ 李雪林. 给梦想多点时间 [N]. 文汇报，2004-11-11.

出好奇心与坚忍品质的独特作用，同时还能够促使人体会到两者之间相互影响所产生的新的心理特征。

高水平的科学家之所以特别重视在探索过程中不断地感受到快乐、不断地强化快乐的感受，就是能够强化好奇心与坚忍品质的有效结合。一方面要强化形成一种稳定的相互作用环，另一方面则是在这种相互作用过程中，有效促进两者的相关增长。

王极盛通过研究，指出了中国高水平科学家之所以能够取得成功的原因就在于：能够坚持不懈地努力创新[1]。这就是好奇心与坚忍品质有机结合的具体表现。这种行为特征不但是中国科学家的典型特征，也是世界范围内科学家身上的共同特征。

（十三）维持思考的高层次特征

有时，人们会用引导学生多思考"大气"的问题来说明深入思考，指出，考虑的问题越大气，则代表思考的程度就越深入。所谓大气，就是一个人的科研品位、教育品位较高，意思有更大的可能成就大气候。在纪宝成这里所谓的大气，除了包含高品质、高难度、本质性、复杂性的大课题等以外，还包括在教育过程中给学生以足够的自由、包容和求异求变性鼓励[2]，并由此而促进学生的深入思考。

第三节　灵活构建多样并存

杜威在文章"教育中的民主"所提倡的就是多样并存基础上的高可能度优化选择[3]。这也印证了多样并存正是好奇心的一种基本内涵。

好奇心能够促使人构建不同的意义，并促使人迅速地由一种意义构建变换到另一种意义构建。正是因为这种迅速构建和迅速放弃，才使人形成一种灵活性的心理状态。与此同时，也才能使人们认识到，心理太过灵活时，不利于确定意义的稳定，也不利于新奇性意义在构建稳定的知识结构中的作用。

---

[1] 王极盛. 科学创造心理学 [M]. 北京：科学出版社，1986.
[2] 纪宝成. 倡导"大气"的学术氛围 [N]. 中国教育报，2006-07-21.
[3] 徐春玉. 好奇心理学 [M]. 杭州：浙江教育出版社，2008.

因为任何新奇性信息要想与其他信息形成稳定的相互作用关系，是需要一定的时间的，需要在一定的时间内通过与其他信息的相互作用而形成一种稳定的联系。

弗雷德里克·桑格（Frederick Sanger，1918—2013，英国生物化学家，因测定胰岛素等蛋白质结构方面的研究成果，获1958年诺贝尔化学奖；因确定核酸的基本顺序的研究成果，于1980年再次获诺贝尔化学奖）回忆自己的研究经历时，特别推崇尝试多种不同的方法、尝试采取与以往有所不同的方法的意义与作用："科学研究就像发现新大陆，你不断地尝试以前没有尝试过的新事物。这些尝试中有很多是没有效果的，使你不得不尝试另外一些新的事物。有时，尝试是奏效的，并且告诉你某些新东西，这的确是令人兴奋的。……科学研究最大的乐趣之一就是你总是可以进行一些不同的尝试，它从来不会令人厌倦。"①

一、多样并存与好奇心

无论是从量的角度，还是从性质的角度看，不同的刺激形成不同的过程，将这些不同的过程联结起来时，就可以构成一个能够发生自身相互作用的反应集合。先是形成多样并存，然后再形成好奇心，这是生物体本身对不同的刺激形成不同反应的本能，这种表征不同反应模式的本能标明了好奇心存在的基础。

具有某种共同特征的不同个体并存于一定的范畴内与其他事物构成相互作用关系，就称为多样并存。不同人同处于一个集体中，为应对突发事件而建构不同的方案等，都是多样并存现象。在心理转换过程中，一旦形成一个信息模式与多个信息的稳定对应关系，这样的信息所组成的集合就是多样并存的。我们提出泛集的概念②，就是为了描述这种多样并存的现象：信息 a 的泛集是指当该信息被激活时，通过各种关系将与此信息有关的信息在大脑中激活，这些被激活的信息模式作为一个集合，就称为信息 a 的泛集。以集合的形式与外界刺激相对应，这既反映了不同信息之间通过局部特征建立关系的必然过程，同时也成为好奇心满足的基本因素。而大脑神经系统广泛的联系性，则构成了不同兴奋模式一同兴奋的神经生理学基础。

---

① 中国科学技术协会. 厚望与期待［M］. 北京：科学普及出版社，2001.
② 徐春玉. 幽默审美心理学［M］. 西安：陕西人民出版社，1999.

由于心理转换过程中存在非线性特征的影响，将导致心理转换过程对环境以及内部彼此之间相互作用极度敏感：只要发生稍微的变化，相当于有很小新奇度信息的引入，就会促使人在大脑中构建出完全不同的结果。因此，信息在大脑中的联系性，与对差异起反应的好奇心的共同作用，将导致多样并存。显然，正如我们已经指出的，非线性是好奇心之源。

人的联结记忆能力构成了多样并存与好奇心紧密联系的心理基础。差异化作用促使生物体形成了新的反应模式，而原来所记忆的应对模式还在起着一定的作用。好奇心则驱使人在 M 种应对模式稳定兴奋的时间内再生成新的应对模式，这 M+1 种模式就会以多样并存的方式稳定地起到应有的作用。

1. 多样并存是好奇的必然结果

在必须依靠其他个体才能生存的前提下，彼此之间的合作成为群体维持稳定的基础。作为一个稳定的耗散结构，必须与其周围的环境发生相互作用，那么，构成个体生存环境的其他个体就会以其差异性而对当前个体构成有效刺激。百万年的进化，促使生物体形成了应对所有外界刺激的有效反应，特化生成了专门的组织器官。随着刺激的不断变化，器官的适应反应构成专门的复杂应对结构。随之，生物体的"活性"特征也促使生物体超越被动适应的多样性而形成主动适应的多样性过程。通过环境的不断变化以及彼此之间联系和差异而凸显刺激，以其固有的好奇心而有意识地寻求、建构差异化的个性与多样化，同时利用"活性"扩展而形成建立多样化的趋势。可以认为，正是由于对差异的认定，才形成了功能独特的组织器官并由于彼此之间的相互作用而形成复杂的结构。

2. 多样并存是好奇心的基本形式

在心智层面上，由于好奇心的作用，人们既采用那些习惯上观察事物的角度、方法以及所注意的特征，也会研究那些以往习惯上不加注意的特征、角度和方法。由于好奇心的作用，会进一步地提升那些局部的、偶然的、暂时的、片面的关系信息的可能度，甚至使之成为构建意义的核心特征和关系；当由这些局部特征组成各种不同的意义时，那些人们习惯上常见的意义被选择的可能性会被降低，而那些为人们根据以往经验和习惯所排斥的意义，有可能会由于好奇心的作用而得到增强并被选择。因此，无论是事物的局部特征泛集、局部特征之间的关系泛集，还是研究事物的角度泛集以及研究事物的方法泛集，都将由于好奇心的作用而形成多样并列。

3. 多样并存是好奇心满足的基本形式

好奇导致多样并存，而多样并存又会自然满足人的好奇心。个体的差异和自反馈相互作用导致差异的进一步放大，使表现"活性"的差异尽可能超出"活性"范围——形成更大的非线性涨落——同时形成差异较大的稳定区域；认定的力量又会将其紧紧地维系在一起而形成多样并存。在神经系统中，高层神经系统会大量接收来自低层次神经系统的刺激作用，在神经系统进化出多种不同加工区域，出现了建立信息不同关系的更高抽象层次，此时，高层次的好奇心就由低层次信息通过相互作用以形成多样并存来满足。

二、好奇与求异

（一）好奇心直接导致求异

认知心理学的研究表明，任何一个事物信息在大脑反映时，都表征为由若干个局部特征通过关系组成一个网络结构。虽然意义可以由局部特征通过相互关系所唯一地组成，但反过来的过程则不是唯一的。也就是说，由这些局部特征所组成的完整的、有确定性的意义却不是唯一的。在人们关注不同的局部特征、研究局部特征之间不同的关系、甚至使局部特征在大脑中显示出不同的兴奋度时，都有可能形成完全不同的意义。由于诸多不同的整体意义是从相同的局部特征泛集出发建构出来的，就会在相同局部特征联结激活下，有可能激活多种不同的整体意义，这就必然形成多种被激活意义的并列同显。这种状态是我们认识事物的基本过程，也是研究问题的基本出发点。由此，将注意力集中到泛集中任何一个局部特征上，研究与其他事物的相互作用，或者研究在新的目标、期待引导下的意义建构（好奇心所导致的求异作用），就有很大的可能形成多个全新的意义。

好奇心源于差异，而在差异化成为一种独立的力量以后，就会自主地发挥作用，从而主动地求新、求异、求变。求异就是在现有信息模式的基础上，寻找与之不同的其他信息模式的过程。好奇心基于差异，好奇心又进一步地促进求异，导致形成尽可能大的差异，而好奇心所形成的对不同信息的包容心态，又使差异性的意义同时并存。在形成多样并存以后，对多样并存现象的认识，又反过来满足人的好奇心。好奇心使多样并存得以实现，并有效扩大多样并存的数量和范围。

(二) 寻找共性与扩大差异性

一个独立的个体之所以有存在的必要，就是因为它与其他个体是不相同的。"世界上没有两片完全相同的树叶"。正是由于不同个体能够依据共性的兴奋而有机地协调联结在一起，才组成丰富多姿的世界。无论是针对有机个体，还是具有不同意义的思想，个性化的重要特征之一就是扩大不同个体之间的差异性。只有将差异性扩大到可以明确区分的程度，个体的存在性才有必要。因此，为了更好地生存（无论是群体还是个体），是需要极尽可能地扩大与其他个体的差异的。

构建了新的表征差异特征的信息模式，并不意味着将原来稳定的信息模式完全蚀消，原来表征一定意义的反应模式仍以一定的可能度处于兴奋状态，……由此自然会形成不同信息反应模式的多样并存。

三、好奇心与包容能力

(一) 好奇心强与容忍矛盾

所谓容忍矛盾关系，就是能够容忍相互矛盾的观点并将其显示于同一个心理时相。好奇心一方面造成了多种不同的信息，另一方面则使这些不同、甚至相互矛盾的信息同时并存。

容忍矛盾关系是好奇心强的一种体现。构成一定的矛盾关系，在一定程度上就是好奇心作用的结果。通过形成新奇作用，构成对大脑稳定时相的差异性刺激，这种差异性刺激就会在一定程度上满足人的好奇心。根据信息的相互激发性，只要彼此之间存在相互激活的关系，不同的信息就可以同时显示。当彼此之间形成矛盾关系时，己方的存在本是对对方激活与存在的否定，因此，好奇心不强的人，一般不会容忍相互矛盾的观点同时显示在大脑中。由矛盾而形成新观点是在将相互矛盾的认识同时在大脑中显示出来才可以进行的过程。失去了同时并存，也就没有了后继的过程。

虽然说好奇心是人的本性，对新的观念应该容易接受，但实际上，人们更习惯于原有的已经习惯的观念而拒绝新观念。正如贝弗里奇所指出的："科学上的伟大发现在做出的时候，人们对它们的看法与现在迥然不同。当时，很少人能认识到自己对该问题原来一无所知，因为，无论是对问题视而不见，对它的存在置若罔闻，还是在该问题上已经有了普遍接受的观念，都必先驱除后才能建立新概念。巴特菲尔德教授指出：思维活动中最困难的是重新编排整理一组熟悉的资料，从不同的角度着眼看待它，并且摆脱当时流行的理论。"①

(二) 认可多样并存，学会容忍

在人际交往过程中，要容忍对方的存在，容忍对方的缺点和不足，容忍你所看不惯的行为。应该认识到对方的行为可能是行之有效的，最起码是有一定的合理性的。这种心态反映在研究探索中，将会起到促进不同观点相互激励的作用。从文化的角度也应该认可具有不同文化背景、不同宗教信仰的人同存。应该相信，这个美丽世界的根本特征就在于多样并存。

我们更需要重视反对者的观点和言论。"往往是那些有反抗情绪的人会告诉我们一些重要的东西，我们也会受到他们的影响。他们为那些认为是好的东西据理力争，他们或许看到了我们不曾梦想过的解决方法，他们或许看到了我们从来不曾看到的实施过程中的细节问题。"② 最起码，他们反对的能够让我们看到问题的另一面。解决了他们指出的不足，我们就前进了。

四、好奇心与灵活性

美国竞争力委员会在 2007 年的一份报告中呼吁，美国人应当努力获得经济恢复力——即迅速从"9·11"这样的破坏性事件中恢复的能力。报告中说，美国人需要的是一种灵活性和适应性，这是一种自然的能力③。我们已经看到，当今世界的变化速度越来越快，伴随着不断创新，人类的进化速度也在加快，将会出现不能为人们所忽视的加速度。如果不通过提升人的好奇心以提高人的适应能力，人类在进化到某个程度时，将会形成高等人类与低等人类的明确划分线。在当今世界，人们的一个基本假设就是所有的人，"众生平等"，这就要求必须保持多样并存，保持灵活性。

灵活性包括以下内涵：(1) 更大的覆盖面（多样并存）、更大的可达性；(2) 更强的创新构建（可扩展性）；(3) 更大的可拓展空间；(4) 更加突出的开放性；(5) 更多的可变化性特征和趋势。这些方面都与好奇心及其相关表现密切关联。我们可以有意识地通过好奇性智能主动地增强人的灵活性。

在对创造力的研究中，人们始终关注灵活性尤其是基于差异的多样并存

---

① W.I.B. 贝弗里奇. 科学研究的艺术 [M]. 陈捷, 译. 北京：科学出版社, 1979.
② 迈克·富兰. 变革的力量 [M]. 中央教育科学研究所, 译. 北京：教育科学出版社, 2000.
③ 阿诺德·布朗, 生物学世纪：不要"完美"要"最好" [N]. 参考消息, 2008-09-10.

模式在创造中的作用①。斯滕伯格在研究智力的三元理论的外部关联时发现，创造力强者在常规思维和非常规思维之间具有较高的来回转换的效率。由此他发现："那些能够有效地 green-bleen 和 gtue-bleen 思维之间来回转换的人，往往也是最能运用创造性思维方式进行思考的人。"② 这就是说，当我们将注意力集中到心智策略，或者说已经具有了较为稳定的心智策略，并且心智策略较多时，好奇心强的人就会在实施一种心智策略的同时，不断地将其他的心智策略提醒、激发出来（或者在原来有效的策略上实施局部的变革）；不是使用唯一的心智策略研究问题，而是先构建诸多策略，运用各种策略概率大小的方式决定选择使用哪一种策略，又使哪些策略作为备选策略而被好奇心所关注。

当人们发现已经实施的应对方案不能取得良好的效果时，就会启动好奇心，探索构建、选择其他方案，而在其他方案同样不能达到预期效果时，就会不断地变换、试探构建各种方案。在变换过程中，好奇心越强，变换的速度就越快、范围就越广，力度也会越大③。当人们所记忆的经验性方案都不能达到预期效果时，人们还有创造——这一构造全新方案的方式和努力。人们会不断地改变自己固有的知识结构，以构建适应新情况的各种反应新模式，并基于此而选择恰当的应对之法。在这个过程中，无论是新奇性信息的引入，还是新关系的采纳；无论是新控制模式的选择，还是信息新的组织方式、信息的自组织过程，都会受到好奇心的有效作用而表现出差异性选择与构建。遗传算法中变异因子的作用已经证明，虽然说在自组织过程中，由于受好奇心的作用使心理加工过程具有更大的发散性、变化性而不能迅速稳定下来，但这种更大范围的相互作用却可以导致更高层次、更大范围、更多联系、更新信息的产生。即使是现有的方案能够有效地解决当前的问题，我们还是有可能可以说："等等，让我再想想！"而知识社会对人的核心要求就是创造力和灵活性④。

---

① J. P. 吉尔福特. 创造性才能——它们的性质、用途与培养 [M]. 施良方，沈剑平，唐晓杰，译. 北京：人民教育出版社，1990.
② 罗伯特·J. 斯滕伯格. 智慧、智力、创造力 [M]. 王利群，译. 北京：北京理工大学出版社，2007.
③ 托德·卡什丹. 好奇心 [M]. 谭秀敏，译. 杭州：浙江人民出版社，2014.
④ 安迪·哈格里夫斯. 知识社会中的教学 [M]. 熊建辉，陈德云，赵立芹，译. 上海：华东师范大学出版社，2007.

（一）灵活性与好奇心

上述我们所讲的这些过程并不是"串联"地一一实施，而是采取多样并存的方法同时进行。也就是说，由于人所具有的主动创造性，在选择已有应对模式的同时，就已经在潜意识空间酝酿新的应对之法了。

心理学家推断，有五大关键的调节器可以说明人格的绝大多数变异，这"五大调节器"包括外向性、神经质、尽责性、开放性和随和性。人们期望从这些基本特征出发来构建人类复杂多样的人格特征[①]。这些特征对于生物进化能够起到积极的作用，而在其他方面则有可能会起到消极的作用。神经科学家试图将"五大调节器"和大脑结构联系起来，每种性状都代表着一种生理反应的强度和极限，而且这些反应依次取决于大脑中特定的或专门的神经生物学机制。

1. 灵活性

能够迅速从一种状态变换到另一种状态的特征称为灵活性。人们习惯中的灵活性是指在已经固执于某种模式的前提下，在新的情况面前能够迅速改变心智模式的可能性。保持态度的灵活性，是人们对待事物的心理趋势和基本看法。不固执己见，随时抛弃不切实际的幻想（有时它还有可能非常美丽），在对信息加工时，留出足够的空闲余地，留待其他信息随时进入，并与已经存在的信息发生各式各样的相互作用，以形成新的意义。

2. 转换心态与灵活性

好奇以及求异已经为灵活性打下了基础。因为好奇，人会放弃甚至主动放弃原有的控制模式，从已经认定的心态迅速转换到其他心态。由原来的肯定态度，有可能转为否定的态度，由原来的非认同态度，有可能转变为背向的态度。还有可能在肯定与否定之间来回变换，或使其同显、共同作用，通过对变换所引起的变化的研究，最终寻找到事物的综合性整体意义。

因为好奇而将新奇性信息引入心理空间，并引发新的相互作用；因为好奇，会不断放弃原来已经得到认可、喜欢的模式，转而认定其他信息、不断认定具有新奇性的信息。因为好奇而不断适应甚至主动适应新情况所带来的变化；因为好奇而在新奇性信息作用下迅速形成新的应对方略。因为好奇心而使人们在关注某个稳定信息（这种关注还是由于好奇心与注意力稳定相互

[①] 吕静. 人格来自进化？[J]. 中国新闻周刊，2008（12）：60-61.

作用的基础上建立起与其他信息的联系）的基础上，转而关注其他的信息（包括关系性信息），以此而形成新的意义等。在心智转换过程中，依据关系的激活与受好奇心作用的激活将同时发生，当人在更大程度上依据好奇心激活时，将会表现出更大程度的灵活性。

3. 改变心智模式

圣吉通过研究指出，保持开放大脑的一个重要方面是随时主动改变自己的心理模式①，应随时根据知识的增加、环境的变化等，调整自己的知识结构，变换自己观察问题的角度、方式和方法。通过不断认识分类影响判断方式，我们也许能越来越有效地控制对事态的曲解，同时也增加改变心智模式重要性的认识。改变心智模式的动力来源于变化的世界。应该充分认识到危机时刻存在，主动改变自己的心智模式。

正如乔布斯指出的，要主动地保持"初学者的心态"，也就是说："不要无端猜测，不要期望、不要武断也不要偏见。初学者的心态正如一个新生儿面对这个世界一样，永远充满好奇、求知欲、赞叹。"②

4. 排除自然推理模式（想当然）

如果让你列出在给出的1、3、5、7后面的那个数，你会列出什么数？是9，还是11？你的依据是什么？人需要在好奇心的作用下，从自然推理的模式中解放出来，通过更加广泛而深入的研究，在先构建出所有可能性的基础上，再给出某种"合规律性"的推演。有可能从某些局部关系出发，所能构建出来的规律是多种多样的，需要具体确定人们会选择哪种"规律"。即使是合规律性的研究，也应该在服从规律而进行研究的过程中，时刻提醒自己这些规律均是可以根据条件的变化而变化的。

（二）保证在稳定联系基础上的灵活性

在思考问题的过程中，同时应该注意（甚至需要不断地提醒自己），总有意外的出现，总有新情况出现。即使是在我们很熟悉的情况中，也要主动构建多样并存，主动求异、求变，主动寻找新奇信息，构建角度的变化，构建方法的变化，从更大的种类上寻找变化，时刻寻找变化的可能，把变化作为一个可能考虑的项等。

---

① 彼得·圣吉. 第五项修炼 [M]. 郭进隆, 译. 上海：上海三联书店, 1998.
② 卢晓东. 关于北京大学"十六字"教学方针的反思 [J]. 中国大学教学, 2014（1）：19-28.

（三）保持开放的大脑

1. 以好奇引领主观上的开放性

好奇心不断地寻找、构建新奇性信息，不断地在稳定的神经动力学过程中引入新奇性信息刺激，这就意味着扩展。而当人的心智集中在"视野"方面时，这种寻找与当前信息有关系的其他信息、寻找当前信息与其他信息各种各样的有关系的模式（过程），就是扩展视野，这直接导致神经系统的开放。受好奇心的控制不断开放和保持心理变换的持续不断，会致使创造过程一直进行。创造包含了一对矛盾：既需要保持交流公开又不做出最终需要的可度量结果的判断，这是一个两步过程：扩张，然后收缩；在向前一步的同时，又后退一步。建立一种开放的气氛，后判断，同时随时注意保持对整个过程行进的敏感性①。

越是具有相互矛盾、相互否定的关系信息（与所研究的问题相关），越是能对人的心理形成强大的刺激，通过协调就越是能形成更加强大的融合变异。这种追求新奇、追求想象的心理，会使大脑更加开放，而大脑的开放在想象过程中又会成为被自我肯定的心理，在以后的表现中展示出更加开放的心态，并表现出主动追求大脑开放的态势。

好奇心使心智更具变化性，避免因落入确定意义的"局部稳定"而过早收敛，从而保证心灵在转换过程中保持足够的灵活性。从教育的角度，就必须保证人的好奇心能够顺利成长为"对外界开放的心态"②。

2. 用好奇提高降低特征间的固有联系力

如果人们被已经习惯的固有观念所束缚，就会在控制模式的转换上产生很大的"阻力"，那些可能度比较高的信息会一再地显示出来，从而对正常的创造性变换产生不利的影响。

按照心理转换的特点和规律，当降低了特征之间固有联系的强度，即使特征间已经形成稳定联系也不一定必然地在大脑中激活，此时，会节省一定的心理空间，节省一定的心理能量。当好奇心的作用凸显出来时，按照确定能量原则（也就是说，必须消耗一定的能量），也就增加了其他特征显示的可能性，那些以往不被人们所关注的信息，就有了显示的可能。特征之间的固

---

① 约翰·高. 创造力管理——即兴演奏 [M]. 陈秀君, 译. 海口：海南出版社, 2000.
② 马丁·洛森. 解放孩子的潜能 [M]. 吴蓓, 译. 北京：人民文学出版社, 2006.

有联系降低后，会出现特征之间新组合的可能性；同时，还会增加这些特征与其他特征组合在一起的可能性。

3. 强化由好奇而弱化特征间固有联系的强度

固化是指局部信息特征与其整体意义形成一种稳定的对应关系，在诸多可能的对应关系中只选择一种，从而在以后的心理转换中也只显示这一种。弱化特征之间固有联系的一种好的训练方法就是尽量寻找某个局部特征的多种解释，寻找某一事物的新特征以及建立特征之间各种各样的新关系。

这里应该注意，如何才能做到既有效利用信息之间的关系，但同时又不受到这种固定意义的制约，从而保持更大的自由性？

在人的大脑中形成的意义是人与其他事物在相互作用中表现出来的一种状态。在量子力学中，一个信息的意义确定地表征着一种状态，而当这种意义与其他信息发生相互作用时，又会形成另一种状态，实际上我们是以人与事物相互作用所形成的状态来表征该事物意义。从量子力学的角度来看，这是那种"原始"意义的"塌陷"而形成一种确定性的意义，也就是说在诸多可能性中给出了一种量子力学的"特征测量"。要想形成另一种特征，就需要对这种状态通过另一种作用产生另一种"特征测量"，形成另一种"量子塌陷"，通过这种量子塌陷而形成另一种相互作用意义。信息在大脑中是以一种稳定的形式而不断地重复再现量子力学的"原始"意义，并可以及时地向任何一种意义塌陷。保持稳定的"原始"意义，并通过相互作用向任何一种"特征测量"——意义——转化，这是我们所要描述的大脑形成意义的过程。通过大脑的多层次结构中的高层结构，人们可以感知到低层次结构中的结构，促使人们产生"确定感"。这也就是说，稳定的泛集表征着"原始"意义，而该稳定泛集与其他信息发生相互作用时，会表现出特有的相互作用泛集，而对这些泛集的认识与感受，就形成新的意义。当消除了相互作用，会使原来稳定的泛集保持原有的状态，那些相互作用特征以及由此而形成的新的意义便不再起作用。

如果从语言的角度，可以根据这种模式来描述抽象概括的形成。那些作为概括模式的模式，就会在这些模式同时显示时，通过彼此之间的相互作用而促使其可能度变大，这些被增大的部分可能是众多模式中的某个局部特征，也可能是所形成的一种新的稳定的模式（由若干局部特征通过某种关系而形成并表征一定的意义，此意义的表征方式可以根据泛集所确定意义的方式来确定)。

此时，受到文化的影响，不同群体中的个体会按照自己的思维习惯提取复杂事物特征中的不同特征，从而形成不同的概括抽象。具有"活性"的神经系统会保持彼此之间的非线性相互作用，当多样并存的不同模式数量达到一定程度时，这些模式的同时显示会产生一种突然变化的过程，突然形成一种"序模式"，也就是说，会通过非线性相干等自组织过程，这些模式突然会成为对神经系统的运动与变化起决定作用的模式，或者说有效地建立起了与其他信息模式的关系，并将其以高可能度反映出来。

感觉性信息与其他形式的信息表征最大的区别是它所具有的固有扩展性。也就是说，从感觉得到的信息表征形式是唯一（当前唯一）的，但在由感觉向其他形式转化、连贯、激活时，所产生的信息认知结构就不是唯一的了。根据信息之间的非一一对应性和信息之间联系的局部性，会将具有某种关系、表征各种关系的信息模式（无论是整体还是局部）都在大脑中显示表征出来。格士塔心理学所描述的则是在感觉一个信息时形成了一种整体性的认识，一旦形成一种稳定的模式，就会用此模式去描述其他的信息转换、加工过程。

我们这里指出了人在通过观察而得到感觉信息时所具有的唯一性，但是如果我们在观察同一个对象时，好奇心发挥了作用，一方面人会改变自己的观察方式、观察特征和观察关系，由此所导致的观察性感觉信息也就会发生本质的变化；另一方面也会启动内知识结构以及对信息实施变换的心理模式，形成对所观察的信息的新的加工，并将观察与加工相结合后的信息输入到大脑中枢。

第四节　引导好奇心与最大潜能有机结合

与不同组织器官的结构及功能相对应的大脑神经子系统，在大脑逐步升华为意识心理以后，形成不同功能的意识信息兴奋模式。伴随着人的成长过程，受到神经子系统与外界环境的影响，意识信息会分别与这些不同的功能子系统建立起不同强度的联系。与此同时，也会促进着不同的意识信息之间形成不同强度的联系。逐个单一地考察这些功能系统在人的行为中的作用，就可以看出，受到这种不同强度联系的影响，使人具有了不同的能力和不同的发展潜能。好奇心在将各种信息引入意识心理的同时，也与不同的功能系统建立不同程度的联系，促进着人的最大潜能的偏化性发展。

一、好奇心与最大潜能

好奇心在心智的成熟过程中起着向外扩展的作用[①]。通过好奇心的自由表现，并通过各种自然情境的激励而使好奇心不断强化、使好奇心不断地与某个心智领域形成更加紧密的结合，以此而形成最大潜能的自由构建。

这里包括的含义是将好奇心与人的某项潜能有机结合。基于环境的作用（非线性变化出现了偏差），和人的先天本质性差异，人在诸多潜能方面的发展能力是不同的。无论是人的能力有限性，还是复杂事物给人类带来的刺激与影响；无论是遗传影响，还是不断地受到社会因素的制约，建构于物理、生理层面上的非线性，促使相应的自组织发展过程（自组织的构建性特征、自组织的涌现与聚集并对外形成有效作用，也"自催化"式地促进自身有一个进一步的增长）中产生非均衡的发展模式。不同人的不同组织器官、神经系统的不同区域，将具有不同的发展趋势、速度和不同的发展空间，内在各种因素的共同作用以及彼此之间的相互影响，会促进大脑神经系统中各神经子系统发展的各向异性。人的各种潜能由于与不同神经子系统相对应，虽然这种对应并不严格，但这种各向异性的活动模式和发展模式在很大程度上将导致各种潜能的非均匀化发展。各种潜能之间通过相互比较，也就有了强势与非强势之分。如果能够存在社会和人的好奇心的外在满足性鼓励及判断、选择，就会在某种程度表现出由正反馈所形成的选择。好奇心的不同特点也会促进某种潜能的最大化发展，同时也使好奇心与这种潜能更加有效地结合在一起。

人的各潜能内自组织的好奇心与相关潜能会依据先前形成的紧密联系，在人有意识的促进下，形成彼此之间正反馈的相互作用，并作为确定的模式而成为一种稳定的作用环，促进两者的共同发展以及保持着持续的相互作用。在好奇心与一定的选择标准建立起稳定的联系时，好奇心与最大潜能的增长还将形成一种新的选择。显然，不管是哪种强化与选择，只有受到好奇心作用而被选择的最大潜能才会得到进一步的增长，也会反过来成为引导好奇心定向的基础。

---

① 徐春玉，张军. 最大潜能让创造力跳起自由之舞 [M]. 北京：经济日报出版社，2007.

这里有一种潜在假设：在最大潜能发展领域，好奇心也一定最活跃。这是一种相互关系的描述：好奇心活跃时，会不断地将各种信息固化到当前发展的潜能领域，该潜能也有较大的可能性处于发展的活跃状态；潜能发展得越大，形成联系的心理信息模式就会越多。由于先前已经建立起了心理信息模式与好奇心的联系，相应地有可能激活好奇心的可能性就越大，对好奇心的吸引力就越强（如果说在信息模式 a 激活时，同时有众多信息模式的激活，就会在大脑中表现出建立该信息模式与众多信息模式相互联系的过程。而从神经动力学的角度来讲，形成更大的神经系统以后的稳定时间一般也会延长，又结合神经系统的"活性"而不断地产生作用，这就导致在该信息的反映过程中"花费"更长的时间。这是从时间的角度来讲的，从"吸引强度"的角度来讲，诸多信息的激活，将使信息模式 a 的可能度进一步地增强），就会吸引好奇心在这个区域有更长时间的表现。

好奇心在智能发展领域的表现特征就是"活跃"、扩展、延伸，不断地向其他领域伸出"探测器"。而"活跃"的智能发展领域，也更能满足好奇心。"最近发展区域"从某种角度已经指出了该过程的另外一面：这些要发展的"最近发展区"具有更大的发展趋势和吸引力。好奇心在最大潜能领域，能够充分利用更多的信息，并在此相互作用的基础上形成概括性更强、联系更多的新奇性的概念。

非线性必然导致智能发展的非均衡性。智能的强势发展，势必在这些发展区域产生最为活跃的过程，也会通过活跃状态和过程而激发好奇心、满足好奇心，并进一步地促进好奇心在这个领域发挥更大的作用，并主动地发挥作用。在这里我们一般潜在地假设：好奇心先是被动性地得到满足，再到被动满足的"活性"扩展，然后再表现出主动的行为。这是在已经形成稳定的好奇心以后，才可以有的行为。分散在神经系统中的新异感知神经元开始并没有形成彼此之间的稳定性联系，人的好奇心并没有表现出特殊独立的行为特征。因此，在功能系统的自组织的构建过程中，包括有可能出于偶然的因素，有可能由于某种刺激因素的出现而形成稳定的应对模式。更多的是该功能系统的稳定与扩展，该稳定的应对模式会不断地在建立与新知识联系的过程中得到强化，不断地以此稳定模式为基础与其他信息模式建立起稳定联系，此时好奇心就有很大的可能与该模式稳定地联系在一起。

从节约资源的角度看，在好奇心起作用时，应该说是生命体处于探索过程中，这往往要消耗大量的资源（能量、物质和信息），而机体内部节约能量的生存发展性本能在起作用时，自然会减少一部分信息的激活，这将促使生命体保持一种恰当的反应状态（在"活性"状态下，将保持一定激活的信息模式，也就是说"活性"的扩张模式尽可能地激活更多的信息，而节约能量的本能模式、"活性"的收敛模式又要尽可能地减少所激活的信息。两种力量表达竞争的结果将保持"活性"的恰当状态。受到主观意识的影响而产生更大扩展的心理反应，在好奇心满足以后，将有可能表现出好奇心的懈怠现象）。

从信息在大脑中被加工的角度来看，由于某一类信息的可能度较高，当大脑处于兴奋状态时，该信息会自然而然地显示出来。由于在大脑中已经显示出了其他的相应信息，那么，接下来进行的就是以该信息为基础建立与其他信息之间的关系。自然，由此所建立起来的信息之间的关系，就都形成当前信息的引申性和关系性信息。

当形成一种稳定的心理模式以后，比如说掌握了某一学科的整体思维模式，就会在这个稳定的思维模式的指导下实施"按模式而变"，将其所对应的心理转换过程展现出来，从而表现一个完整的过程。当好奇心与之有机结合，或者说这种结合得到进一步的强化、凸显时，好奇心将围绕这个稳定的模式而一再地展现、发散。

我们前面已经指出，可以通过建立好奇心与强势智能之间稳定关系引导好奇心定向。儿童因不能表现出稳定的心理状态，其好奇心将呈现出散漫状态，他们会对任何的事物及其变化产生好奇。随着好奇心不断地发挥作用，或者说在儿童利用好奇心构建自身的内知识结构的过程中，会受到"边界条件"——环境因素——的影响而使某些特性的信息集合具有较高的可能度。环境中提供了特色不同的知识，会促使人形成与所输入的知识相对应的"强势智能"，从而表现出较高的兴奋可能度，这些信息也就会稳定地产生持续性的影响。当人们在内心建立起强势智能与相关领域的知识之间的关系时，将会进一步地扩展、强化强势智能。

从大脑生理的角度来看，大脑首先会先构建出更多的神经元，然后再利用心智运行所表现出来的"用进废退"而消解多余的神经元及其连接。大脑中存在的对信息的消解过程（如遗忘），形成对外界信息以框架结构为基础的反应模式，这会导致信息局部特征的凸显与强化，同时又使不同信息通过局部特征的激活而处于同时激活状态，这便构成在大脑中通过某些局部特征的激活而将不同的意义联系在一起的基础。在这种构建过程中，好奇心可以使表征差异的局部特征成为主要特征，使反映主要作用的典型局部特征更加典型，使大脑联系更多的具有此局部特征的整体性意义，将新奇特征转化为主要特征，甚至使大脑构建出足够的剩余空间，并维持对该剩余空间的扩展能力。

  在先天的好奇心不具有某种先入为主的基础上，我们假定儿童的心智构建具有任意性，在环境条件的不同，尤其是教育的关注点不同，对于受环境支持而生存与发展的大脑心智结构，环境相当于提供了不同的环境信息因素作用——心智生存与发展的"边界条件"。在这种"边界条件"的作用下，就会有相应的心智构建。据研究，莫扎特音乐天赋和数学天赋都比较突出。如果莫扎特出生在一个数学氛围很浓厚的家庭，他就很有可能成为一名优秀的数学家。我们忍不住地问：如果毕加索出生在一个不具有浓厚的绘画艺术氛围的家庭，他的绘画艺术天赋能得到进一步地培养吗？能发展，但却达不到毕加索的水平。

  一开始人的好奇心不具有选择性。好奇心可以与任何一个领域的内知识结构发生相互作用与相互联系。但根据强势智能与好奇心所形成的相互作用关系，在强势智能达到一定程度时，会达到一种临界状态：激活更多的信息，尤其是在好奇心与强势智能的稳定关系得以体现时，就会产生好奇心与强势智能结合从而能够以更低的阈值激发更多相关的信息，并联结到强势智能的现象。激活信息的数量与好奇心发挥作用之间会具有一定的正反馈关系。如果在形成"强势智能"的过程中，又恰当地保持了人的好奇心。那么，这种好奇心就会与"强势智能"形成稳定的相互促进，好奇心可以与"强势智能"一起联合表现。维果斯基通过"最新发展区"的概念解释了好奇心在人的强势智能中的作用。同时，这种"热点"发展区也具有进一步的意义：由于好奇心的作用而使相关的智能发展点的信息兴奋度较高，更容易再次兴奋而促使人的好奇心再一次地发挥作用。……随着好奇心在"热点"不断构建，长此以往，自然就会形成稳定的强势智能。

  当好奇心与某个强势智能领域建立起稳定的关系时，双方的相辅相成作用会促使人更加自如，更大力度地运用这种联系而展开更广泛而深入的探索、扩展、延伸。由于是强势智能，当好奇心与之相联系时，这种联系也表现出强大的扩展性态势。由于好奇心与强势智能的稳定性联系，那些构成强势智能的信息会在好奇心激活的情况下迅速激活，从而激活更大范围内的信息，就会形成好奇心在强势智能领域能够更好地发挥作用的现象。人们所谓的兴趣在某个领域能够发挥作用，就是如此。

通过教育，在强势智能的构建过程中，人们接触到更多的确定性知识，表现出稳定的特征，有确定的特征之间固定的关系，还有更多已知的信息，因此，会表现出对好奇心的限制（因为好奇心没有表现的机会而受到压制）。而当好奇心所受到的压制达到一定程度时，人就会限制好奇心所对应的相应习惯的可能度，不会再强势地表现相关方面的好奇心，强势智能所对应的增强性意义也就不存在了。

神经系统的进化已经使人类维持了加速进化的能力和过程，欲使人的最大潜能不断增长，就需要有好奇心增量不断地发挥作用。最大潜能作为一个稳定的动态耗散结构，维持该结构必然需要不断地受到新奇性信息的作用。

心智的"活性"特征决定了在任何一个稳定状态下都会同时包含已知信息和新奇性信息。在恰当好奇心的约束下，知识越多，则对新奇性信息的追求就越强烈，就会有更加新奇的意义的构建。在这种情况下，最大潜能的构建力度也将是最大的。

从另一个角度来看，好奇心在某个方向表现过强时（比如说已经形成在某个方面表现强的习惯、较高的可能度），就会限制其他方面的表现。比如说人在乐于表现较强的探索能力时会限制人对信息的记忆，不再习惯、不再乐于或者说促使人不再将更多的已知性信息在大脑中激活而使相关的神经系统处于兴奋状态。

好奇心与信息生成具有稳定的对应关系，从内知识构建过程的动力学的角度来分析，可以得出这样的结论：将那些具有更强关系的信息保留下来，形成多种信息、多种关系并存的稳定的关系结构。

二、最大潜能与好奇心的有机结合

我们研究的出发点是假设：在大脑神经动力系统中，开始时所有的信息都是平等的，所有的神经系统具有对外界信息反应的公平性，即便如此，也会由于遗传以及信息输入的不同而表现出"只有一个半球比另一个半球更好地被激活的偏好"[1]。"存在更好被激活的偏好"是说明其变化的速度大、促使变化速度发生变化的加速度大。它更容易被激活，更容易对信息进行相应

---

[1] E. 詹森. 基于脑的学习——教学与训练的新科学 [M]. 梁平, 译. 上海：华东师范大学出版社, 2008.

的加工。因此，将存在一种潜能比其他潜能可以更好地激活的偏好。

强势智能的形成会表现出先形成多样试探性的构建，然后再淘汰其余、固化"核心"信息的过程。在人的心智成长过程中，先是通过多样并存的构建，然后形成稳定的模式，再建立彼此之间的关系。E. 詹森用"试错"来描述这种多样性构建，从而促使神经系统在这种多样构建中，使那些"质量好的神经网络"的稳定性进一步增强。先建立各种形式的联结，然后再从中选择。尝试代表着多样构建，而错误则是在不断的"反馈"过程中必然地体现出来的[①]。由单个事物，到不同的事物，再到彼此之间的关系，再关注事物之间的各种关系、寻找各种关系、构建各种关系、具有这种趋势心理、寻找事物之间的本质联系等，在众多的变化过程中通过多样并存而构建出不随不同事物的变化而变化的稳定模式，通过这一系列的心智变化过程，会将人的"内知识结构"稳定地构建出来。

在数学中，人们构建"变分法"就是基于这种思想：在诸多变量的任意可能变化所对应的"基本泛函"（比如通过某种方式所构建出来的"能量"）中，符合实际的"基本泛函"才能达到极值[②]。爱因斯坦由此而建立了光线沿直线传播的基本理论，并有力地促进了广义相对论的发展。而在分形几何学中，也是按照这种思路，界定了对"维度"新的理解，使人能够恰当理解事物的运动表现与其所处的"空间维度"之间的内在联系。

任何一个人都会在某个信息特征方面激活更多的信息，不具有相关特征的信息则不被激活。激活更多的信息、将其组合起来成为解决实际问题的信息组合，并用于指导人产生恰当可行的具体行为，这便表示生成并表现出相应的智慧。强势智能的存在促使人探索当人的某项智能存在弱化现象甚至出现残缺时，是否在其他方面存在强势智能，在这个过程中，好奇心自然会发挥作用。有研究指出，存在阅读障碍的儿童更善于形象思维，他们的感觉往往更加敏锐，表现出更强的对差异、变化的敏感性——较强的好奇心，他们通常具有较强的创新能力和较高智商。

智力均衡时各种智能会存在稳定的相互促进关系。根据不同智能之间的相互促进与相互作用关系，某一方面的智能受到压制，与此有紧密联系的智能也会因为联系而受到压制，这相当于对大脑施加了抑制性影响。而在某个

---

① E. 詹森. 基于脑的学习——教学与训练的新科学 [M]. 梁平，译. 上海：华东师范大学出版社，2008.
② Л. Э. 艾利斯哥尔兹. 变分法 [M]. 李世晋，译. 北京：高等教育出版社，1958.

方面的增强，也会在这种整体协调力量的作用下，带动其他智能的相应增长。当然，由于存在资源有限性的制约，强势智能的增长力度也是有限的——"增长的极限"①。

因此，当某个方面的智能被压制时，从表面上看是在为其他智能的开发提供更大的空间，但应该看到，这不是让各种智能在适当的环境中自由竞争、相互促进、共同进步，而是使人们期望某种智能（从功利性的角度）得到更大程度的开发。当某种智能受到压制时，并没有给人们所希望得以增强的智能提供更大的发展空间，反而根据彼此之间的相互牵连，会反馈性地使其受到压制。这也就是说，教育应该以激励、鼓励为核心，而不应该通过制约、限制为主。

从争夺资源的角度看，某个强势智能的发展会压制其他智能的发展，但根据智能彼此之间的相互联结关系来看，不加人为限制而是让其自由地发展，强势智能的发展则会有效带动其他智能的协调性发展。争夺共同资源和相互促进发展可以在两个不同的过程中体现。在没有人为限制时，人在日常生活中遇到大量不同的场景，会促进不同智能的相互联结，通过强势智能的发展有效激励其他智能的发展。此时，强势智能与环境激励的双重作用，会形成促进其他智能发展的正反馈。这种增长又会过来促进强势智能的迅速增强。更为重要的还在于，在这种协调发展过程中，有可能会促进好奇心增量空间（在好奇心增量发挥作用时所激活的神经系统所组成的心理空间）朝更大"覆盖"的方向增长。没有好奇心增量对强势智能的强力促进，神经系统越来越复杂的趋势就会停止。

这里提出了这样的问题：各种智能之间应该是相互协调的、共生的关系，因此各种智能的发展应该是协调的、相互促进的。相互促进可以使各种智能之间得到相互激励性的强化，使彼此都得到相应促进与发展，而如果将落脚点放在对某项智能的限制上，由于彼此之间的相互作用，势必会影响某项人们所期望的智能的最大程度的发展。因此，从相互促进和集中资源的角度来看，这就存在一个明确的适度优化问题：一方面，只单一地开发某一种潜能时，此时会由于其他方面的潜能没有得到开发，很有可能会通过相互作用而影响该单一潜能的开发水平；另一方面，如果使众多的潜能都得到开发，势必影响单一潜能的发展空间，但可以通过各种潜能之间的相互促进而使某个

---

① 彼得·圣吉. 第五项修炼［M］. 郭进隆，译. 上海：上海三联书店，1998.

潜能站在"潜能发展高原"上。虽然它的相对高度并不高，但绝对海拔高度却可以很高。显然，在这种相互促进过程中，好奇心起着重要的调控作用。

（1）好奇心可以有效扩大最大潜能的扩展区域。任何一个潜能都将同时对应于一个稳定区域与扩展区域，在每一边界点上，好奇心都可以发挥作用而有效地扩展最大潜能。这其中，受到影响最大的则是最大潜能的扩展域——好奇心直接在这里发挥作用。如果一个人的知识少，所对应的知识圈小，与外界的接触就少，所产生的问题就少，扩展域也就越小。与未知世界的接触就多，所产生的问题就多，扩展域就越大。

（2）好奇心在某个方向的充分发挥，可以使最大潜能在这一方面进一步地固化。在人的成长发育过程中，由于好奇心而使人的潜能在相应的方面进一步地固化，使人的"中心"不断移动。它所留下的"痕迹"就成为一种固有的模式而对外界进行反应。能力（包括潜能）的发展从表面上看是通过活动区域的变化（移动、扩大、缩小）来完成的，实际上则是通过好奇心的表现来实现的。

（3）有效改变最大潜能的性质。好奇心的充分表现，还将使最大潜能更加侧重于好奇心的满足与扩展方面，使人在最大潜能充分发挥时，更加侧重于新奇性信息的作用，习惯于接受众多新奇性信息的刺激，习惯于积极地探索、构建新奇性信息。善于在众多、习惯性信息中选择某一类的新奇性的信息，按照模式、模式的应用、探索模式的角度对能力进行划分，会将最大潜能定性。创造力的发挥将使最大潜能与创造力有机结合，将使探索模式的可能性进一步增强，从而构建更具探索创造性的最大潜能。

（4）好奇心使参与信息加工的神经系统进一步增加，并有效扩展最大潜能。第一个方面是说好奇心关联调动的神经区域进一步增多。大脑古皮质区内更多的是被动创造活动——被动适应，而构建于大脑古皮质区之上的大脑新皮质区则具有主动创造功能。构建在古皮质区与大脑新皮质区之上的创造性活动，是生物有机体被动适应环境的重要方式，同时，也成为主动创造外部世界、预测世界的发展和构建客观世界的主要内在动力和前提。两者形成相互作用的良性正反馈，会使参与信息加工的神经系统进一步增加，使参与信息加工的能力增强。第二个方面是说，这样做，将会进一步地增强不同神经系统之间的相互联系。好奇心将作为一种心理反应过程的中间环节而形成不同信息模式之间各种各样的联系，从而形成新的关系、新的联系通道，使其意义通过这个联系通道得到转变、加强，并有效增强这种"联结中值"。不同功能的神经系统之间的协调运动会对外界综合性的信息进行分别加工，并将其有效地协调统一在一起。在这个过程中，与"联结中值"形成紧密联系的低频率神经兴奋波，会在不同系统的同步共振中起决定性作用，它使不同功能的神经子系统相互协调，并将各个不同部分的加工统一起来形成一个有机整体，而不至于使我们在吃苹果时形成触觉、味觉、嗅觉等相互分离的体验。尤其是将不同信息之间的差异性信息作为一个新的独立信息，在其稳定增长基础上，转化成为一种独立的心理模式。该心理模式会以其稳定的兴奋构成不同信息之间相互联结的新途径。第三个方面是说，好奇所激发的情感反应过程使得不同的部分之间的共振、同步性进一步增强。由于在进化过程中建立起了创造与各种信息模式之间的联系，能够通过好奇心所激活的"中值联系"而使信息模式激活或处于待激活状态，这些被激活的信息就可以参与信息加工过程。由于好奇而不断地激活更多的其他信息模式，就会形成以好奇为中心而聚集信息的过程。好奇心将进一步调整神经系统之间的相互联系，使联结中值进一步提高，会由于"联结中值"而使那些无关信息有了相互激活的可能性，好奇心也就成为信息"无关激活"的重要因素。

三、最大潜能将促进好奇心的充分发挥

彼此独立的最大潜能与好奇心可以形成强势相互作用，从而对人的心智产生重要影响。不是说，只有"偏执狂"才能在当今有效生存吗？[①] 我们需要极度地强化好奇心、好奇心增量、好奇性智能以及与最大潜能的有机联系。

（一）最大潜能对好奇心起正反馈放大作用

最大潜能有效促进好奇心的发挥，而好奇心的发挥将有效扩展最大潜能。最大潜能的进一步扩大，又将增加人在最大潜能领域从事创造性活动的可能度，进一步促进创造力的增强。在好奇心的表现过程中，最大潜能领域成为创造力有更大发挥空间的催化剂、倍增器。

由于好奇心在最大潜能领域内发挥作用，更多地寻找与当前所采取的方法有所不同的各种方法、途径和角度研究问题，那么，最大潜能之上的好奇心也最容易发挥作用，更容易构建各种模式之间的关系，也更容易构建关系的关系，以及形成对关系转换的控制。

---

① ［英］摩根·威策尔·格罗夫：偏执狂的力量［N］. 参考消息，2003-09-03.

(二) 最大潜能提供给好奇心一个充分发挥的空间

在人的神经系统中，新异感知器的数量与激活程度同参与激活和对外进行信息加工的神经系统的数量紧密联系。如果说一定数量的神经元必定对应着一定数量的新奇感知器，那么，参与信息加工的神经系统越多，则需要的新异感知器的数量就应该越多，提供给相应神经系统的差异性（新奇性）信息也就应该越多。在好奇心确定并得到满足的情况下，思维空间越大，需要的差异性信息也就越多。心理空间越大，人的好奇心越不容易得到满足。

思维空间小，只需要引入很少的差异性信息，就可以显示出很强的差异性，人的好奇心也就很容易得到满足。但如果思维空间很大，虽然引入同样的差异性信息，它的新奇性则显示不出来，就不能满足人的好奇心。

人的好奇心满足时会与这种空间的大小形成稳定的对应关系。由于知识通常表现为已知信息与未知信息的综合，从对信息感知的角度来看，已知信息越少，人们对新奇性信息的感知就越弱，而差异性信息越多，人们对新奇性信息的感知就越强。好奇心所要求的信息的新奇度与在大脑中显示出来的信息模式的个数有关。根据新奇性的意义，当神经系统处于激活状态时，较少的差异性信息输入（指单位时间内输入的新奇性信息）信息的新奇程度达不到好奇心的要求，人的好奇心就不会得到满足。

在最大潜能领域，相应的神经系统提供了足够的思维空间。按照往常的信息输入速度和方式，那些数量有限的差异性信息在最大潜能领域就会显得更少，对心理的新奇性冲击力就会显得不足，人的好奇心也就得不到满足。每个人的好奇心是确定的，它必须得到满足，如果得不到满足，就会形成一种心理缺失，这种缺失会反过来促使人去主动地寻找更加差异性的信息，包括从环境中发现其他新的信息，按照主动性原则主动创造新奇性的信息等。既然外部环境所提供的新奇性信息不能满足人的好奇心，就会在好奇心的驱使下，主动探索，去研究复杂的事物，去寻找未知的东西，尽可能地在思维空间中引入更多的未知的、变化的、复杂信息来满足自己的好奇心。

当建立起好奇心与最大潜能的关系以后，就可以在一个更大的范围内研究那些新奇性信息，通过各种方法和角度去理解它、认识它。坚持这一点，就能够使好奇心乃至创造力得到有效发挥。

(三) 更容易产生成就感也就更容易使好奇心得到强化

成就感来源于所取得的成就的大小。在最大潜能区域，由于更容易取得成功，可以使人产生更强的成就感，更容易建立起自信心，更容易将坚强的信念与最大潜能结合起来，并相信自己一定会取得成功。在创造力发挥作用时，也就能够更加自信地产生创造性的成果。通过自信，就会反过来对创造力的充分发挥产生重要的影响，更加坚定地相信自己一定会取得创造力的成功。相信当前所面临的困难只是暂时的，经过自己的努力，这种困难一定会被克服。

多丽丝·奈斯比特就建议，要找"一份真正的好工作，是你所喜欢的工作"。这是能够给你带来更大快乐的工作，也是能够促使你的好奇心、创造力与最大潜能有机结合的工作。单从自身好奇心的角度选择自己感兴趣的工作，而不是从功利的角度来选择，不是出于功利的角度进行科学研究，而是从满足自己兴趣的角度进行科研探索，就会有更好的发展。如果从功利的角度来考虑问题，较大的独创性观念出现的可能性就会小很多。

由于能够发挥强势智能，涉及更多的信息、想出更多的办法，更容易取得成功，能够在取得成功时得到更大的满足，也就更容易树立起坚强的信念，使自己的自信心得到最大限度的提高，在遇到困难和挫折时，就会更努力地寻找解决问题的方法，并用坚定的信念鼓励自己。

（四）在最大潜能区域，参与信息加工的知识增多

认知心理学已经揭示，在某一个心理时相，最多只在大脑中显示出9个独立的信息模式。如果将知识分为状态模式、关系模式，以及建立模式之间关系的思维过程模式，无论是状态模式、关系模式还是建立模式之间的关系的思维模式，都将是有限的，它所建立起来的关系也必定是有限的。

从另一个角度来看，受到好奇心的作用，则会增加在心理反应时相中信息模式的个数，随着信息模式的增加，信息模式之间差异性特征的可能度便会降低，信息之间的无差异化状态特征就会非常突出。此时，并不排除可能度比较低的信息在形成意义过程中起关键作用，而是在这个状态中，促进不同信息通过相互作用，通过各种不同途径（受到好奇心的控制）自组织而形成新意义的过程模式就会增加，形成新的自组织过程的可能性就会进一步增加。

在最大潜能领域，与此有关的神经系统会引导心智进入潜意识而处于激活或待激活状态。此时，能够有效地节省人的注意力资源，即使参与反应的神经系统增多，各种层次的信息也将能够迅速、广泛而有效地组织起来。在

最大潜能区域，起联结作用的知识的节点进一步增多，就使更多的其他信息有了在大脑中显示出来的可能性。

（五）最大潜能可使人的好奇心最大限度地得到满足

由于最大潜能可以提供给人以更大的心理空间，提供更多的变化性信息，让更多的新奇性信息出入信息的相互作用区域，保证使信息之间发生各种各样的相互作用，让各种各样的整体意义在大脑中具有更大的显示可能性。提供大量的未知心理空间，构建较大的"虚位心理"，这种未知心理因素的影响，会使人在最大潜能领域，更容易处于未知的新奇性信息的作用之中，人的好奇心就会在这种未知的新奇信息作用下得到满足。

（1）在最大潜能区域，所需要的信息往往会更多，但当信息不够丰富，人的好奇心得不到满足时，人们会主动地寻找新奇性的外界事物，寻找那些未知的信息，创造就会成为一种自然而然的事。

（2）探索的欲望会在最大潜能区域得到进一步的增强。从动物进化的角度来看，神经系统越发达，探索的欲望就越强，这一点从比较动物学的角度可以表现得非常充分。

四、有效扩展剩余心理空间

（一）心理空间与好奇心

在人的进化过程中，心理空间的逐步加大，促成了人的信息加工能力的不断增强，而生命"活性"的本质又使得这种心理意识空间扩展出了更大的剩余空间[1]。人能够独立自主地进行意识层面的信息加工，主要得益于心理空间（剩余心理空间）的足够强大。虽然心理剩余空间与平常好奇心具有一定的关系，但是在构建新奇性意义的过程中，更多地与好奇心增量直接相关。这也就使得具有足够的剩余心理空间成为区别人与其他动物的核心品质。按照卡西尔的观点[2]，要增强作为"人"的核心品质，就需要不断地增强这种剩余心理空间。

（二）好奇心对剩余心理空间的扩展

当将好奇心与剩余心理空间作为两种不同的心理模式时，应该既看到彼

---

[1] 徐春玉. 好奇心理学 [M]. 杭州：浙江教育出版社，2008.
[2] 卡西尔. 人论 [M]. 甘阳，译. 上海：上海译文出版社，1985.

此之间紧密地连在一起。而作为一个有机整体，也看到其独立自主地发挥作用的情况。好奇心可以在大脑神经系统完成机体内各组织器官运动协调（包括有机体在形成更强运动时各组织器官的协调）的基础上，基于相关神经子系统的稳定表现而表现出非线性的扩张行为，不断地在稳定运动状态的基础上形成非线性涨落，向与当前状态不同的信息模式延伸扩展，从而促进剩余心理空间更大的扩展。同时，好奇心增量还基于新意义的构建而使这种扩展得以认定。

第七章　保护、表现与激励好奇心

从教育的角度来看，使某一个心理品质得到培养，意味着由简单到复杂，意味着复杂性的知识不断地与之建立起稳定的联系，也意味着其可能度由低到高，进一步的发展则会促成其由被动到自主、主动。为了达成这样的结果，需要从四个角度入手：（1）使其得到重视，认识其地位与作用；（2）使其通过"活性"扩张而形成的期待得到满足；（3）使其得到表现，以发挥其作用；（4）通过反馈性增强，使其得到鼓励（舞）。我们在第一章等相关章节研究了好奇心的地位与其在各种行为中的作用，提出了强化好奇心的认定过程。这都是在促使我们以肯定的态度认识和对待好奇心。

在斯塔科认为的应努力培养与科学探索密切相关的诸多品质，并使其得到尽可能的增长中，这些特征主要包括："感兴趣的探索，嬉戏和好奇，及捕捉住问题。感兴趣的探索意即好奇地接近世界。……创造性个体注意他们的好奇心——他们捕捉住他们的观念，并以这些观念为基础精心建构。"[1]在此，对好奇心的培养被放在了核心的地位。虽然创造作为人的本性已经被人给予足够的重视。但对人的行为及研究也进一步地表明，太新的观点虽然有可能带来科技的巨大进步，如果超出人们的接受和理解的范围（太多地超出好奇心所能"覆盖"的新奇信息区域），往往不被人所认可[2]。人们甚至还出于追求掌控与稳定性的本性，本能地抗拒创新[3]。事实上，任何一种新的观念都会在人的内心产生两种感受：喜爱与恐惧。具体到哪种情绪会占表现的主导地位，则要根据情况而定。爱因斯坦提出相对论时，遇到了大多数人的不理解

---

[1] A.J. 斯塔科. 创造能力教与学 [M]. 刘晓陵，曾守锤，译. 上海：华东师范大学出版社，2003.
[2] 罗伯特·J. 斯滕伯格. 智慧、智力、创造力 [M]. 王利群，译. 北京：北京理工大学出版社，2007.
[3] 梅里姆·比拉利奇，彼得·麦克劳德. 大脑抗拒创新 [J]. 吴好好，译. 环球科学，2014（4）：44-49.

甚至排斥，但出于尊重科学探索的基本心理，人们并没有一味地反抗、否定这种不被人容易理解的新理论，也没有将其"一棒子打死"，而是在包容心理的驱使下，在看到其能够在一定程度上"自圆其说"、能够解释一些新奇现象、解决一些理论上的矛盾的基础上，寻找（构建）支持其被认可的理由（实验支持）。为了使这种新奇的思想能够对人类的发展做出贡献，人们甚至会想办法尽可能地增加这种新奇观点的合理性，使其与越来越多的信息产生相互作用、建立联系。显然，在这个过程中，新奇的观点是需要得到保护的，因此，人的好奇心也就需要得到保护。吕同舟指出科学家的很多基本素质，比如敏锐性、洞察力、持之以恒的精神、科学的研究方法等，可以在学习过程中不断地得到训练，但是求知欲、好奇心和兴趣等先天成分的需求则是需要在一开始就应加以保护的。我们需要提供和建构这样的土壤和环境，让人的求知欲和好奇心能够得到持之以恒的发展[1]。从保护好奇心的角度来看，爱迪生的母亲可以称得上是一位伟大的母亲。

弗兰克·维尔泽克认为，好奇心有两大敌人，分别是恐惧和自满[2]，为了防止恐惧和自满对好奇心造成伤害，既需要保护人的好奇心，也需要对人的好奇心实施恰当的激励。阿尔弗雷德·戈德曼·吉尔曼将对好奇心的保护、支持与鼓励看作促使青年人取得成功的重要条件："青年人要获得成功，除了勤奋、好学、好奇心等，还必须具备外界的支持，给他们求知的自由度，自由地去探索他们想要探索的东西。"[3]

在更加强调好奇心的今天，应该采取恰当的措施使人产生认可、肯定好奇心的心理倾向，使好奇心得到满足，使好奇心得到表现，还要采取有效措施激励好奇心，使之得到强化与提高。这就需要我们不断地探索构建何种挖掘、保护与激励措施。在本章，我们将着重研究以下问题：树立正确认识好奇心的理念，保护好奇心，满足好奇心，激励好奇心，评价好奇心。

为了保护、激励好奇心，让好奇心能够充分表现，在教育过程中，人们提出了种种的方法。诸如增加学生动手参与的机会，使其在各种行为与操作中激发好奇心；形成自由民主的课堂氛围，为学生的兴趣触角能够自由延伸提供安全的环境保障；在活动中认真对待学生提出的任何问题，及时做出反

---

[1] 靳晓燕. 成才之前是保护 [N]. 光明日报, 2010-11-03.
[2] 邓雪梅, 编译. 我心目中的魔法师 [J]. 世界科学, 2008 (4).
[3] 北京青年报社, 发现·图形科普杂志社. 与诺贝尔大师面对面 [M]. 北京: 文化艺术出版社, 2002.

应，抓住良机适时激发鼓励，以形成良性循环；引导学生直接参与到教师的科研探索中，增加其进行科学活动的直接兴趣，促使其形成自己独特的创新思维；同时要求教师要容忍学生的失败，鼓励学生在其好奇心的驱动下，自主地求新、求异、求变等。这些行之有效的方法需要与教育环节有机地结合在一起。而我们也需要主动地研究与探索好奇心的更加有效的保护与激励方法。从主观能动性的角度对好奇心实施保护以及激励，作为好奇性智能的重要方面应该得到应有的重视。对科技人才如何才能实施有效的激励已经引起人们的重视①。我们也会在这种对好奇心的保护与激励过程中，有效增强自身的好奇性智能。

第一节 保护好奇心

道格拉斯·奥谢罗夫作为美国斯坦福大学物理系教授（于1971年因发现3He（氦三）超流能量重要现象，而获得诺贝尔物理奖）在中国讲课时，讲起他在6岁拆卸琢磨玩具、父亲的呵护支持、玩具爆炸有惊无险等趣事。可以认为，正是由于在其成长初期父母能够提供给他足够的自由，支持着他不断地采取试探性行为，尤其是其好奇心因受到父母的保护而得以顺利成长，才促使其探索欲望更强并一直维持到成年②。

阿尔弗雷德·戈德曼·吉尔曼在回答创造力、创新意识是否是天生的问题时，指出："人生下来总具备一些创造力的天赋，也可以培养，可我不知道如何去培养，但这种创造力很容易在外界的影响下被熄灭掉。"显然，这是需要保护的，因为"很容易在外界的影响下被熄灭掉"③。

一、保护好奇心的意义

所谓保护，一般具有如下意义：（1）使某种事物保持下来，维持其现有

---

① 文魁，吴冬梅，等. 激励创新——科技人才的激励与环境研究 [M]. 北京：经济管理出版社，2008.
② 呼延思正，刘徐东. 诸将得主对话中学生 [N]. 西安晚报，2009-07-31.
③ 北京青年报社，发现·图形科普杂志社. 与诺贝尔大师面对面 [M]. 北京：文化艺术出版社，2002.

的情况不变；(2) 采取某种行为使其不至于受到伤害；(3) 使其在成长过程中不受到任何限制，能够使其自由而健康地成为具有自主性的稳定的心理模式；(4) 使其生命的本质不受到压抑，使其扩张的本性不至于受到限制；(5) 不使其受到人们的曲解、误会；(6) 使其得到正确的教育、引导、激励，以使其健康地发挥作用；(7) 不阻止其发挥应有的作用等。

我们说，要对好奇心加以保护，是出于人在构建自己所感兴趣的新奇性意义时，往往具有很强的变化性、不稳定性、不确定性、"个性"。诸如还存在由更多意义所组成的多个不同的"稳定吸引子"，这些可能的稳定性意义都有可能从当前的心理状态演化过去。我们不知道心理过程会"收敛"于哪一个"意义吸引子"，人们在选择"收敛"到哪一个"意义吸引子"的过程中存在着选择与判断的难题，有时甚至会存在时间不允许的情况。对于这种更大不能掌控的情况，人们会本能地对其排斥。要使这些新奇性意义壮大到足以明确地对人类社会产生积极作用的程度，就必须首先对好奇心实施保护。"求知欲、好奇心和兴趣等人的先天成分是需要保护的。"① 无论是在幼儿教育阶段、小学教育阶段，还是在科研过程中新思想刚提出的阶段，尤其需要对好奇心实施保护。②

既然好奇心是人的天性，应该是非常稳定的，只需要让其自由发挥就可以了，为什么要对其保护？人们已经从教育理论的角度认识到了好奇心是需要得到保护的。《学会生存——教育世界的今天和明天》中指出："人是在创造活动中并通过创造活动来完善他自己的。他的创造机能就是那种对文化最敏感的机能，就是那种最能丰富和超越成就的机能，也就是那种最容易受到压制与挫折的机能。"③

科恩从科学史的角度研究指出，在科学研究的历史上会表现出："对新理论的提出者往往怀有偏见的指责，试图将已开始的科学革命扼杀在萌芽状态，不幸这是一种普遍现象。"④是的，出于对新奇想法的认识不足、甚至误解，新奇想法中还存在更多的未知、不确定性、变化、复杂等特征，人们天生地

---

① 靳晓燕. 成才之前是保护 [N]. 光明日报, 2010-11-03.
② 潘洪建, 马华. 保护：学校教育的第三种功能 [J]. 萍乡高等专科学校学报, 2009, 26 (4).
雷春霞. 要精心呵护学生的好奇心 [J]. 科技资讯, 2009 (15)：175.
③ 联合国教科文组织国际教育发展委员会. 学会生存 [M]. 华东师范大学比较教育研究所, 译. 北京：教育科学出版社, 1996.
④ 科恩. 科学中的革命 [M]. 鲁旭东, 赵培杰, 宋振山, 译. 北京：商务印书馆, 1999.

会对这些新奇想法恐惧和排斥。在将好奇心强作为取得竞争优势的重要因素时，人们则会出于嫉妒、排斥、否定他人所产生的新奇性思想。当然，害怕由于新技术的出现而使自己失去优势地位，也是人下意识地阻碍、排斥新奇想法的一个原因。但是，科技前进的步伐不会因少数人的阻碍而停滞不前，最好的办法就是及时跟上，并在好奇心的驱使下走到问题的前沿。

对好奇心的保护，就是要使好奇心所形成的新意义稳定地显示出来，使人在这种过程中逐渐形成对"形成有意义的信息"的洞察力。人们由此建议，在科研探索过程中，尤其应该包容能够产生千奇百怪想法的好奇心，而不应使其受到限制，不能过早地因错误判断而失去发展的机会[1]。

你没有想到，并不意味着别人没有想到，你不愿意想，并不能阻碍其他人会去想。天体物理学家苏布拉马尼扬·钱德拉塞卡（S. Chandrasekhar）在研究黑洞和白矮星理论时，试图推测当较大的星体烧尽坍缩时会发生什么情况。当时他从理论上证明，当星体的质量是太阳质量的1.4倍以上时，星体坍缩生成的大密度物质会在其质量所形成的引力作用下一直收缩，不能进入到白矮星阶段。他的关于上述理论的论文，最初因审稿人不理解而被《天体物理学杂志》拒绝。正如《纽约时报》（1983.10.20）所报道的，阿瑟·艾丁顿（Arthur Edington）爵士在拒绝接受苏布拉马尼扬·钱德拉塞卡的理论时曾断言："自然规律不会允许星体以这种反常的方式运转。"显然，阿瑟·艾丁顿用自己内心习惯的"常规"排斥了符合另一种理性假设的逻辑体系。且不论艾丁顿所谓的自然规律是什么，在钱德拉塞卡不断追求其成果发表以及进一步的研究过程中，有不少的科学家也极力劝说钱德拉塞卡放弃该研究项目，因为在该项目研究的初期看起来是没有什么希望和意义的。但苏布拉马尼扬·钱德拉塞卡坚持了下来，并终于在1983年因这一发现而获得诺贝尔物理学奖[2]。

钱德拉塞卡以和爱因斯坦一样的方式，典型地说明了这样一种现象：一种新奇的理论一开始是非常不容易被他人理解并接受的。奇凯岑特米哈伊在其所构建的创造力的三要素系统结构理论中，明确地提出："为了理解创造性，只研究与某种新奇和思想或新事物最有关系的人是不够的。……如果没有先前的知识，离开了促使他们思考的知识和社会网络，没有那些承认并传

---

[1] 田友谊. 教学需要宽容——再论创造性人才成长环境的培育[J]. 教育科学研究, 2010(8).
[2] 杰恩, 川迪斯. 研发组织管理——用好天才团队[M]. 柳卸林, 杨艳芳, 等, 译. 北京: 知识产权出版社, 2005.

播他们发明的社会机制,爱迪生和爱因斯坦的发现都是不可想象的。"因此,"创造性源于一个由三要素组成的系统的相互作用:一种包含符号规则的文化,一个把新奇事物带进符号领域的人,以及一个能够认出并证明其创新性的专家圈子。"① 论证新奇性的想法并将其转化成为社会创造性的前提有三个,其中包括新奇想法的提出者,对新奇想法包容并促使其进一步地"成长"、接收新奇性想法的个人和一个社会群体。这就意味着,欲取得创造性的成功,就必须有一个能够对新奇想法甚至是好奇心接纳、认可、包容与保护的群体。与高深理论相结合的新奇想法尤其需要得到相应的专业团体的认可,然后再向一般大众延伸。实际过程也往往如此。

理查德·尼斯贝特通过"延迟满足感"②,描述了让新奇想法成长壮大的基本途径。这是从人的内心所产生的对新奇想法的追求过程。延迟满足感与非最优成长和非线性涨落延伸具有某种内在的联系。"延迟满足感"意味着从时间的角度让新奇性的想法再成长,这本身就是对在好奇心驱使下所形成的新奇观念的保护。如果我们急于看到一种新事物对整个人类社会的巨大的作用,那就只能放弃。还是让我们将其完善一些再看吧!

二、为什么保护好奇心

在人的成长过程中,心智模式的低可能度(易塑造性、灵活性)导致人的心理过程非常容易转换方向,也更容易受到压制和伤害③。知识的飞速发展导致人越来越依赖于主要体现在意识层面的知识,而知识的爆炸式增长,也促使人的"幼态持续"——学习成长期变得越来越长。洛伦兹通过研究(Lorenz, 1971)指出:"比生理特征更为重要的是幼态持续的行为结果——诸如好奇心、嬉戏、灵活性等孩子似的特质的保持。"④ 对此必须加以保护。

1. 心理特征具有较高的不稳定

由于传播及接受的影响,在新意义(新概念、新观点、新理论)形成的初期,一般都不能达到可以被人们广泛认可的强度。新奇性意义不具有较高

---

① 米哈伊·奇凯岑特米哈伊. 创造性:发现和发明的心理学 [M]. 夏镇平, 译. 上海:上海译文出版社, 2001.
② 理查德·尼斯贝特. 开启智慧 [M]. 仲田甜, 译. 北京:中信出版社, 2010.
③ 刘萍. 要不要珍惜和呵护孩子的好奇心 [J]. 家庭与家教, 2006 (5).
④ Richard M. Lerner 主编. 儿童心理学手册(第六版)[M]. 林崇德, 李其维, 董奇, 等, 译. 上海:华东师范大学出版社, 2009.

的可能度（稳定性）和独立性，反映了该新奇性意义的心理状态容易"消失"，不能与其他信息建立起广泛的联系，不能对其他信息产生较高的"刺激冲量"的特征和能力。此时，在人的神经系统中各个新异感知元之间还不能建立稳定的联系（也就是说不能通过组织形成一个稳定的动力系统），与新奇意义相对应的神经系统不能维持较长时间的兴奋稳定性。其中，没有足够数量兴奋的神经元及神经子系统，没有建立与其他神经系统更加广泛的联系，不容易形成"自催化反馈系统"，不能充分利用每个子系统的"活性"而维持对系统整体运动的内刺激。那么，反应相关信息的神经系统的兴奋时间就会较短，所形成的稳定的神经动力学过程的兴奋度也会较低。不稳定的动力学过程自然极易因受到扰动而改变，即使这种扰动来自系统内部。因此，在不能得到足够的肯定与支持力度时，不稳定的新奇性意义是不能与其他信息发生有效的相互联系、相互作用的——使被作用对象的运动状态产生足够大的变化。

最能反映人的生命"活力"的好奇心、主要表征差异的新奇性意义，既需要一定稳定心理模式的支持，也需要脱离具体心理模式的制约。没有足够稳定心理模式的支持，好奇心便不能顺利地发挥作用；即使好奇心以人的大脑神经系统中存在的差异感知神经元为其生理基础，但如果被激活的差异神经元的数量不多，好奇心也不能有效地发挥作用。

如果好奇心与知识的联系不稳定，与某个已经形成稳定记忆的某个领域的信息还没有建立起这种稳定而广泛的联系，基于好奇心所构建的意义以及所引入的新奇性信息便因不能得到广泛的支持而不能形成较高的兴奋度，由此对新奇性意义的认定也就相对缺乏。在不被认定时，就很难与其他知识建立起联系，所产生的作用就会不稳定，信息之间相互联系的反馈环不能稳定地建立起来，反映信息之间关系的信息模式就极易遭受破坏、消解；在更多情况下，只能依靠所对应的神经系统的自主活动建立新奇性意义，并与反映其他知识的神经系统建立联系。由于受到神经系统侧抑制的影响，该新奇性信息的兴奋值就会迅速降低，会由于有其他信息的出现而对该新奇性信息的兴奋产生消耗性影响。

神经系统运动不稳定，所对应的信息就不能稳定地与其他信息发生相互作用，这既说明创造应在认定基础上保持足够的灵活性，同时也说明创造性进展需要得到其他已知信息足够的支持。创造，既要建立神经系统之间的广泛联系，又要保证所建立的新意义（包括建立新意义的足够迅速的过程和不断被认定的过程）不断被认定、被研究。这也由此说明：儿童的想象力比成年人丰富，说明想象在于对信息进行更加随意的变化。由于儿童的心理易变，活动区域更加不稳定，要保持活动区域的稳定存在，其好奇心、想象力就需要得到保护。

不能容忍混乱，急于得出某种确定性的结论，是阻碍取得创造性成果的重要因素[1]。这也往往会导致人们急功近利，再往下延伸，就更容易出现对他人原创成果的模仿、剽窃等行为。

能够容忍不稳定心理状态的存在和表现，是需要足够大的胸怀，也需要有足够的耐心。爱因斯坦很晚才会说话，表明了他的家人对于他的成长以及好奇心给予了足够程度的容忍和保护。

2. 在发展的初期容易受到伤害

好奇心虽然很早就显露出来，但如果没有稳定的相对较大的内知识结构，好奇心不能与稳定的内知识结构建立起很好的联系，好奇心就很容易因受到打压而减弱。自然，好奇心也就易被人忽视。只有当心智进化到一定程度时，好奇心才显示出来，比如说知识达到一定程度、心理成熟到一定程度、具有多样并存稳定的行为模式（行为模式的扩展不再成为主要行为模式，而多样并存模式已经能够在一定程度上满足人天性的好奇心时）。欲有效增长这种应对复杂环境的能力，就需要更强的好奇心以及好奇心增量了。

新奇性意义会以其差异性而受到人们的排斥。否定性的心理会对好奇心产生很大的影响。新奇性的信息模式在大脑中的可信程度还不高，在受到否定性心理的排斥时，该信息的可能度会迅速降低。任何相互作用都将受到生物"活性"的影响而表现出放大的特征。当不同的信息模式之间出现相互否定的心理模式时，会阻断信息之间的相互作用，"活性"本能也会放大这种影响的效果，并将这种影响扩展到其他过程。如果这种模式因为作用强度达到一定程度而具有独立性，它就会独立地作用到同其他神经系统的相互作用过程中，并产生相应的消极影响：自主阻断不同神经系统之间的相互联系，从而阻止信息之间建立更加广泛的联结。

莱文（Simon A. Levin）结合自己的工作体会曾指出，"对质朴、原创思想的宽容与呵护，是促进知识生产的关键。在一定程度上，我自己的研究经

---

[1] 詹姆斯·L. 亚当斯. 突破思维的障碍 [M]. 陈新, 等, 译. 北京：中国社会科学出版社，1992.

历正可视作某种平衡激进与保守做法的综合历程。此种平衡无论对普通人还是对科学家都是必要而有意义的。"① 这其实与人的成长过程是极其相似的。

人本主义心理学早就假设：本性是需要得到满足的，如果得不到满足，就会受到伤害，或者产生种种的心理问题，比如说在不同的年龄段人的一些本能得不到满足，便会产生一些病态行为。好奇心也是如此。人的好奇心需要得到满足，科学家的好奇心也是需要满足与保护的。爱迪生7岁上学，不到3个月，就因满脑子充满了稀奇古怪的问题和想法，被老师劝退。但他母亲一直没有放弃教育的责任，她不仅给爱迪生讲名人的成功故事，鼓励他对身边的每件事都问"为什么"，更是允许其自由尝试。

3. 容易被改变

一个新奇性的想法，在没有得到人们的肯定之前，是很容易被抛弃和改变的，原因就在于它不稳定。一种意义的稳定性在一定程度上可以用有多少人在多少种情形中认可它的合理性、正确性来度量。一种新的想法不稳定，没有得到人们的认可，不能建立起与稳定的内知识结构之间的广泛联系，就极易受到其他人的排斥，这种新奇性想法就因极易受到打压而受伤。

促使意义不稳定、变化的因素很多，诸如人的关注点的变化，会导致其所形成的新奇性意义迅速消失，导致所形成的新奇性意义不能对后继心理过程产生任何影响，也不能对形成新意义的过程产生影响等，这都将促使认知过程发生不可逆转的变化。

当一个人的想法与他人的不一致时，很容易受到否定和排斥。这一方面是群体好奇心不强的缘故，同时，处于群体状态下，由于彼此的不同是根本性的，在多种不同观点同在时，群体将更容易关注彼此之间的相同性信息，自然，维系群体存在、稳定和健康发展的作用力也将驱使群体更加关注共性信息。从社会心理学的角度来看，相互关联性强的群体，将更多地关注彼此之间的相同点，从而不自觉地压制差异点。

并不是说要如何保护人的好奇心，而是说只要提供给他们以自由，给他们以一定的自由自主时间和空间，先促使他们让这些想法具有一定的稳定程度、具有一定的完善程度，使其具有一定的成熟度。只有其稳定，它才能被人们所认可。只有稳定，它才有被人们评价的资格，人们也才能评价它，选择它。

---

① 克劳塞维茨. 战争论［M］. 张蕾芳，译. 北京：译林出版社，2010.

4. 发展势头易被压制

对未来的迷茫存在更多的不确定性，尤其是好奇心还带来更强的不可掌控性，人们的心理越来越没有底，是否再投资就会犹豫①。与此同时，对新奇想法的价值判断还更容易受到社会功利的影响。排斥、打压新奇的想法就是一种很自然的过程。

打压好奇心，意味着打断了信息之间在某个方面扩展联系的可能及途径，限制了这种建立关系和发展的趋势。"如果没有先前的知识，离开了促使他们思考的知识和社会网络，没有那些承认并传播他们发明的社会机制，爱迪生和爱因斯坦的发现都是不可想象的。"②

人们打击新奇性想法的理由其实也很自然且"充分"，更可以讲出很多似是而非的理由，比如说，对新意义的片面性缺乏理解；为了维护自身的即得利益，包括能够持续地获得足够的研究经费、自己取得的学术地位不被动摇；为了维护自身的权威；为了防止"错误思想的蔓延"等。人们也许有心，也许无意。尤其是专家的一些无心"常规"说，更能在无意中对新奇思想造成较大的伤害。苏联错过发表其首先发现超导现象的事实更加有力地说明了这个问题。

5. 使关注变化部分的态势受到压缩

否定性的做法将压缩、降低扩张性心理模式的强度，在这种过程中，所有与此有关的独立的心理转换模式的强度都会被降低，彼此之间的联结强度也会被降低。这将导致神经系统的规模逐渐变小，也预示着人的心理空间不断缩小。从心智的角度来看，就是不同信息之间相互联系、随机联系、信息自主涌现的可能性不断减小，并间接地限制了好奇性自主的展示、扩展与增强。

6. 转化为创造动力的过程明显不足

当前教育表现更多的是促使学生在内心形成确定性反应，并保持再次显示时的稳定性和迅捷性。但教育更为重要的责任是引导受教育者在形成确定性反应的同时，还要学会构建新的反应模式，形成恰当应对未知情况的心理模式，通过自己的探索以形成确定性的反应方法。好奇心受到压制，创造的

---

① T. 普罗克特. 管理创新 [M]. 周作宇，张晓霞，译. 北京：中信出版社，1999.
② 米哈伊·奇凯岑特米哈伊. 创造性：发现和发明的心理学 [M]. 夏镇平，译. 上海：上海译文出版社，2001.

动力不足，在由想象转化为创造时，就会产生诸多困难。

无论何种原因，这都说明好奇心需要保护。更何况由于好奇心在创新中的重要作用，就必须实施保护[1]。

7. 保护好奇心防止社会退缩

当孩子的好奇心受到压制时，直接会导致好奇心的降低，进而会促使孩子产生焦虑、恐惧等心理，会导致孩子关闭心灵，减少社会交往，失去对外界探索的兴趣，进而影响到孩子自信心的树立和正常成长[2]。在教育中，应该充分利用好奇心的积极意义，促使孩子形成积极乐观的态度、主动进取的精神，更好地融入社会。

三、避免孩子因好奇而受到伤害

儿童在好奇心驱动下的行为有时是危险的。譬如，他们对电源、电器和刀具可能产生好奇，此时，家长务必要采取足够的防范措施，避免孩子触电或受伤。平时要不厌其烦地叮嘱和警告孩子远离电源、电器和刀具等危险物，让孩子的好奇心在安全的氛围中得到满足。对此家长一定要重视起来[3]。我小时候经常玩陀螺，自己玩的陀螺通常自己削。没有更锋利的工具时，就用家里的切面刀去削陀螺，如果拿不到手，便想办法也要拿到手，或者寻找其他的解决之道比如说用割麦子的镰刀削陀螺。在用木头削陀螺的过程中，经常会因使用不当而削到手上。这种小伤算不得什么，我的体验是自己会在这种不断的受伤过程中探索构建、寻找到保护自己的方法和手段，并在自己即使是很小的时候便学会协调运用自己的力量探索、构建工具的使用方法，优化自己的行为。

四、尊重孩子的好奇心

"他懂什么？"这是在成人的内心并没有给予婴幼儿以足够的重视，还没有把他们真正看作足以信赖的独立个体的常见想法。婴幼儿由于没有足够的合乎逻辑的知识，他们的心智肤浅，认识多变，动作不准（精）确，想法不稳定，认识中更多地充满了错误、疑虑和不解，他们内心储存的信息往往是

---

[1] 潘正祥. 创新性文化环境的营造和建构研究［J］. 科技进步与对策, 2003（1）.
[2] 叶平枝, 张彩丽. 幼儿社会退缩与好奇心的关系［J］. 学前教育研究, 2009（5）.
[3] 刘馨, 成利新. 幼儿常见的安全问题及家长对其认知的调查[J].儿童发展与教育, 2006（9）.

局部的、孤立的、静止的、模糊的，他们的看法短暂、幼稚而片面，眼光短浅而且局限（部），他们的说辞经常会因出乎意料而令成年人捧腹大笑。但"没人生来会唱歌"，哪一个人不是由此成长起来的？在轻视他们的同时，我们并没有给予婴幼儿以足够的尊重。而教育的基本出发点本应对学生给予足够的尊重[①]。吉恩·D. 哈兰，玛丽·S. 瑞夫金指出："如果我们尊重儿童尝试认识事物的朴素行为，而不是将他们的观点视为可笑或奇特，需要立即纠正这一极为错误的观点，儿童就会获得自信。"[②] 自信的儿童才能懂得自尊、自爱。儿童天性的好奇心得到肯定，一方面会建立好奇心与自我肯定的关系，另一方面也会有效地促进儿童的自信心。可以认为，儿童的自信心就是在好奇性异变得到肯定时所表现出来的稳定的心理模式。

尊重儿童，首先要用孩子的眼光去看待世界，按照禅学中对事物的观照方法去理解孩子：将自己重新变成儿童，用儿童的眼光看待事物，用儿童的心态去体悟外界环境的状态与变化，用儿童的心理特点认识外界，用儿童的语言描述世界，让自己的好奇心也变得鲜活起来。

五、保护孩子好奇心的自然成长与表现

要让孩子新奇的观点自然长大，这样做非但能够促进他们习惯于让自己新奇的思想成长为一个完整体系的心理素质，与此同时还能培养孩子的自信心。

孩子的好奇心是积极而自由的，但也是多变而脆弱的。要注意在每一件事上培养孩子的自信心，将其自信心与各种稳定的心理模式尤其是好奇心建立起稳定的关系，他们会更加自觉地表现自己的好奇心。

在教育中要相信学生的好奇心。家长（教师）在相信孩子（学生）的好奇心以保护他们的好奇心方面可以起到重要的作用。美国多元智能理论提出者加德纳就研究发现，在师生关系发展过程中，学生创造力水平会受到家长（教师）的态度和期望的影响[③]。正常情况下，教师给予学生充分的尊重和信任，将会有助于学生好奇心、想象力以及创造力的发展。如果在教学过程中

---

① 陈钱林."尊重教育"与儿童发展 [J]. 人民教育，2007（11）：30-32.
② 吉恩·D. 哈兰，玛丽·S. 瑞夫金. 儿童早期的科学经验 [M]. 张宪冰，李姝静，郑洁，于开莲，译. 北京：北京师范大学出版社，2006.
③ [美] 罗伯特·J. 斯滕伯格. 创造力手册 [M]. 施建农，等，译. 北京：北京理工大学出版社，2005.

为学生提供自由选择的机会，对学生的创造性行为和态度予以及时的鼓励和适当的期望，并帮助他们在面对挫折时树立自信心，都能够有效地激发学生的好奇心倾向，进而发展其创造力。

六、保护儿童科学探究的好奇心

要保护和进一步地激发儿童的好奇心，首先就要尽可能满足儿童对未知事物的探索欲望[①]，鼓励他们对新异事物的观察、体验和认识，让他们在新奇探索中更加多样地表现他们与众不同的想法和行为，给他们以充足而自由的空间，并使其在这一过程中获得心理上的愉悦和满足[②]。

在教育中，是要传授、给予恰当的不确定性知识，尤其要避免由于"教育过度"——过多地传授确定性知识——而扼杀孩子（学生）的好奇心与想象力[③]。当然，与此同时，还要注意防止保护过度[④]。

七、保护新奇思想的苗头

我们曾将创新者习惯地界定为"经常发表奇谈怪论者"，我们曾经通过问卷方式调查过，所谓"经常"，是指与他人在一起时，10次中有超过7次经常发表与众不同的见解，此时即被称为具有创新习惯。基于此，需要思考的是，我们是否善于保护他人所提出的新奇思想的苗头？如果按照这种度量方法，我们应该思考：在我们的社会中，他人提出了10种新奇性的思想，有几种能被我们所肯定、鼓励并允许其成长为可以被判定的情况？

人们可能已经认识到好奇心的重要性，但却对由于外界信息作用到大脑而产生的"认识差异"产生恐惧、精神紧张，有可能还会形成焦虑并造成精神疾病，不再喜欢他人的好奇心，不再乐见善于构建新奇性意义者，排除异己、否定持不同见解的人等有一定程度的存在，不少人因为怕触及已经得到的既得利益而不思进取。正如詹姆斯·L. 亚当斯指出的，人们会尽可能地保

[①] 王开敏. 好奇心和想像力是智慧的源泉 [J]. 中华家教，2007（3）.
[②] 王连洲. 0-3岁幼儿想象的发展与教育 [J]. 学前期教育，2005（3）.
[③] 郑永年. 中国的"过度教育"和"教育不足" [N]. 参考消息，2009-02-26.
[④] 明喻学堂，为什么你家的男孩子，越来越不像男孩子了？ [EB/OL] https：//www.sohu.com/a/166844665_ 683045．

护自己稳定的内知识结构而排除异己①。

"学术自由意味着松散的结构和最低程度的干涉",包容性创新是对科研好奇心的较好的保护方法②。因此,在大学,人们常常用"学术自由"的概念来保护好奇心,用以保护那些"异端思想和非常规的行为"③。

第二节 以各种行为表现满足好奇心

能够支持以表现来满足、增强好奇心的理论大概有以下几种:行为主义心理学认为,好奇心作为一种心理模式,会在不断的重复表现过程中得到稳定性强化,这种看法与人们习惯上认为的"用进废退"相一致;认知心理学认为,好奇心作为一种可以指导人产生具体行为的心理模式,将在与各种信息的相互联系中得到组织和增强,自然可以依据好奇心与各种行为所形成的联系,通过各式各样、有差异的行为表现来满足人的好奇心;根据人本主义心理学理论,在人的不同时期会有不同的需要,而需要如果得不到满足,将会产生相应的问题,甚至会使人产生心理疾病等。按照马斯洛的心理学理论,我们每个人都有天生的好奇心,需要不断地以各种表现来满足人的好奇心,自然还包括通过各种差异、新奇性、不确定性、未知性信息、环境的构建来满足人的好奇心的过程。

人们一般都认为,孩子的好奇心得到满足以后,便会产生更强的好奇心。使人的好奇心得到满足,意味着经过好奇心的作用,那些不确定的、变化的、未知的信息会被成功地加入到我们的内知识结构中,这也就相当于建立起了好奇心与更多知识的联系,那么,在相关的知识处于兴奋状态时,便会自然地激发好奇心。从动机的目标理论来看,也意味着人对新奇性信息期望的心理得到重复,会使这种期望得到强化。好奇心的复杂性在好奇心的满足过程中从模式到强度都会得到提升的变化,促使好奇心由简单到复杂,由表面到深刻,由局部到整体,由部分到系统,由静态到动态。

---

① 詹姆斯·L. 亚当斯. 突破思维的障碍 [M]. 陈新,等,译. 北京:中国社会科学出版社,1992.
② 郝君超,王海燕. 包容性创新的实践与启示 [N]. 科技日报,2013-06-16.
③ 唐纳德·肯尼迪. 学术责任 [M]. 阎凤桥,等,译. 北京:新华出版社,2002.

因为人的心理状态服从"活性"原则，当人内心的已知知识增加时，人会有意识地加强未知知识的建设力度，或者说提供更多的面向未来的"剩余空间"。因此，满足人的好奇心，可以使人更加关注不确定、未知，并使人面向更远的未来。

我们可以通过不断地对一个人输入更多的新奇性信息，以使其好奇心得到满足。但这个过程是需要"恰当"处理的。过多地输入新奇性信息，会使人养成一种习惯性的简单接收心态，不再抓住新奇性的现象展开进一步的研究工作，也不再愿意建立新奇性信息与各种信息之间深刻的关系。朝永振一郎就曾明确地指出，是"信息爆炸麻痹了真正意义上的理性好奇心"[1]，会使人失去深入思考和不断探索的乐趣。

要满足人探究的好奇心，从探究能力的意义上看：一是指人在遇到问题时，能够更多地运用探究心理模式去研究问题；二是指人会越来越深刻地构建不同现象之间更加本质、更加复杂多样的联系；三是指人会越来越多地探究更多的现象与问题；四是指人会探究交叉、融合性的问题。也就是说，当人乐于表现出探究的好奇心时，就会在这些方面不断地得到强化与提升。自然，我们也就可以通过在这些方面的表现而有效地提升好奇心。

中国古代思想家荀子有句名言："不闻不若闻之，闻之不若见之，见之不若知之，知之不若行之，学至于行而止矣。行之，明之。"房龙曾精彩地描述："有些人对知识的渴望是无法压抑的，积蓄已久的精力必须有发泄的地方才行。"[2] 既然压抑不住，那就让其表现出来吧。

一般的教育遵循"用进废退"的原理，对于好奇心来讲，也就意味着：好奇心越是表现，就会越强。那么，让我们更加主动地充分运用、引导学生更好地表现其好奇心，并在好奇心的作用下尽情地向其他领域扩展，以发挥更大的作用[3]。美法等国的小学教育阶段普遍采取"动手做"（hands-on）就是以引导学生充分表现自己的好奇心为基本前提[4]。

从另一个角度来看，人们认为"好奇惹祸"，究其原因，可能在于人会在

---

[1] 朝永振一郎. 乐园——我的诺贝尔奖之路 [M]. 孙英英，译. 北京：科学出版社，2010.
[2] 亨德里克·房龙. 宽容 [M]. 迮卫，靳翠微，译. 北京：生活·读书·新知三联书店，1985.
[3] 孙振军. 网络环境下三维设计在信息产业人才实践培训中的探索 [J]. 电子商务，2002（14）：315.
[4] Mittman, L. R. & Terrell, G.. An experimental study of curiosity in children [J]. Child Development, 1964, 35 (3): 851-855.

好奇心的驱使下不断地探索新奇的东西①。当这种探索的结果不合乎人的期望或想要达到的目标时，人们便将引起这种结果界定为"不好"，然后将其原因归结为好奇心。探索过程不具有价值判断和选择，有些新奇性探索会对人类有益，也肯定会有一定数量的新奇探索对人类无益，甚至有害。另外，探索往往会打破人们已经稳定的认知模式，不断地促进人的心智发生变化、进步，习惯并乐于承认固化模式（典型的好奇心增量不强）的人，更愿意生活在稳定的社会环境中，会在这种促进社会变革的力量面前感到紧张、焦虑不安。对于好奇心不强者来说，下意识地拒抗社会的新进展是正常的。人们谴责引诱夏娃吃下苹果的那条蛇，但也正是由于夏娃吃了苹果，人类社会才有了更加丰富、多样并存的"色彩"。虽然好奇心是人的本能，我们则要大力提倡促进好奇心的充分表现，增强人的表现欲、"展示欲"②。福兮祸兮？

从行为表现的角度讲，当他们有好奇性疑问时，一定要让他们去亲自试试③。在教育中，"让他们亲身体验，动脑、动口、动手，不断积累丰富的生活经验，使其好奇心逐步由不切实际到切合实际；由对事物外部的好奇发展到对事物内部的好奇；由对事物现象的好奇到对其本质规律的好奇，将好奇心和探索科学奥秘联系在一起，在不断提高好奇水平中满足儿童的好奇心"。④

一、表现好奇心

对大自然和周围世界保持一颗好奇心，是引领诺贝尔奖获得者走进科研世界的直接原因。虽然人们越来越多地认识到国家的重点关注和经济因素会起到越来越多的作用，但充分自由地表现好奇心，则会有更大的可能性取得重大的科技成果。在 2010 年的 Intel ISEF 期间，4 位诺贝尔奖得主与学生进行了一次面对面交流。参与交流的有 1986 年诺贝尔化学奖得主包括：杜德利·赫施巴赫（Dudley Herschbch）、1993 年诺贝尔生理/医学奖得主：理查德·罗伯茨（Richard Roberts）、1996 年诺贝尔物理学奖得主：道格拉斯·奥谢罗夫（Douglas Osheroff）、2002 年诺贝尔化学奖得主：库尔特·维特里希（Kurt Wiitrich）等乐于通过自身的体验教育启发其他对科学感兴趣的中小学生。在回

---

① M. W. 瓦托夫斯基. 科学思想的概念基础——科学哲学导论 [M]. 范岱年，吴忠，金吾伦，林夏水，等，译. 北京：求实出版社，1989.
② 赵浩军. 师能是教育发展的最大"能源"[J]. 中国教育报，2013-01-24.
③ 史莉红. 蚂蚁会游泳吗？[J]. 幼儿教育，2002（1）.
④ 燕华，燕萍. 重视实践体验，培养创新能力 [J]. 天津教育，2002（7-8）.

答人们提出的"如果要在中学的科学教材上写一句话，会是什么"的问题时，他们给出的回答是："寻求梦想，追随激情。""不要受这本教材的约束，敢于冒险，尽情享受科学的乐趣。""保持好奇心，在平凡中发现不寻常"等。如果只用一个词来代表的话，那就是：表现好奇心①。

如果不能令好奇心自由表现，是不能促使好奇心有效增长的。在不为人所注意的教育过程中，尤其要关注父母与孩子在一起时的做法。有一种常见的行为，作为家长通常不注意，那就是家长总是以命令的方式教训孩子，而命令显然"不会激发孩子们智力方面的好奇心"。好奇心作为智力的重要成分，应该通过激励而促使其成长，保证有效教育的前提就是给予其足够的表现的自由度。从另一个角度讲，只要是限制，无论以任何形式来表现，都会对好奇心的成长产生阻碍作用②。

由此，人的好奇心是需要不断满足和不断表现的，如果不能满足人的好奇心，比如说当我们研究完某个方面的问题而转向另一个方面的问题研究时，就有可能因为人的好奇心得不到满足而促使整个心理转向其他方面。而转化思维过程这本身就是通过促使心理过程的变化而在满足好奇心。

二、好奇心表现可以增长好奇心的理论基础

从复杂性动力学的角度来看，让好奇心表现能够有效促进好奇心的增长，有以下几个方面的原因。

（1）表现可以让好奇心形成更加稳定的心理模式。让好奇心表现，就是认定好奇心，将好奇心作为一种独立的心理品质。根据行为主义心理学所揭示的心理变化规律③，凡是与内在心理品质表现有关的特征，只有让其充分表现才能得到固化，才能有更多的机会参与到控制机体产生各种活动中，并以高可能度而起到相应的作用。某一心理模式的重复表现，会使其模式的稳定性得到重复强化，该心理模式会以高可能度而有效地转入稳定性的潜意识空间。该模式会在潜意识空间以低可能度而稳定地起作用，虽然不为人所感知，但却能在人的意识之外控制着人的内心的信息变换。心理品质的重复表现，还可以促使其从复杂的心理动力学过程中孤立特化出来，独立而不受限制地

---

① 赵小雅整理. 保持好奇心——参赛学生与诺贝尔奖得主面对面［N］. 中国教育报, 2010-06-27.
② 理查德·尼斯贝特. 开启智慧［M］. 仲田甜, 译. 北京: 中信出版社, 2010.
③ 江山野. 简明国际教育百科全书——人的发展［M］. 北京: 教育科学出版社, 1991.

发挥这种心理品质的作用。重复表现，还可以强化该心理品质的自主性。对于好奇心，也会如此。

（2）在好奇心表现时，意味着以好奇心为基础而表现其扩张性，形成基于好奇心的"活性"扩张。它所对应的扩张性变换会不断地引导人在内心建立与更多其他信息的、更加广泛的联系；诸如，通过表现好奇心，使人对任何未知的信息展开研究，并经过选择而将有意义的问题、事物和意义确定下来。通过好奇心的各种表现，建立好奇心与各种活动的有机联系，进一步增加好奇心的活动空间和活动机会。通过表现好奇心，在建立各种不同心理模式之间联系的过程中，充分体现并增强好奇心关注关系模式的强度和作用。通过让好奇心表现，扩展好奇心向未知领域延伸的力度、可能性和心理趋势，提高运用好奇心产生好奇性行为的可能性。还可以使好奇心在与知识的有机联系过程中，使深刻好奇心的作用范围更加广泛，保障好奇心的连续性，保障对好奇心的有效扩展。

（3）稳定的好奇心表现将会促使其涌现性的特征更加稳定，通过让好奇心不断地重复表现，可以进一步地提高好奇心的可能度。关注好奇心的作用，也就是使这个方面的模式得到不受干扰的独立强化，使之不断地得到重复，从而使其稳定性增强、可能度变大。在使好奇心的选择自主性得到增强的同时，有效地强化好奇心的涌现性特征，能促使人在构建中自主地加入更多新奇的、无关性的信息。当好奇心作为一种稳定的心理模式时，它所表现出来的涌现性特征需要在好奇心的表现过程中具体展示，展示的次数越多、强度越大，则自组织涌现的强度也就越强，也就越能体现好奇心的自主性。

（4）让好奇心充分表现的另一种理论基础是：一个热力学系统在任何状态下都会表现出非线性涨落。如果教育过程有意识地强化、促进这种非线性涨落，使这种非线性涨落的力度更大、频率更密集，则有更大的可能使系统通过非线性涨落而到达的新的状态并固化下来。这就将更容易地促使心理过程由一种稳定状态进步到新的稳定状态。在好奇心稳定表现时能够将心理动力学过程中的"非线性涨落"表现出来，并由此而促进好奇心及好奇心增量的有效增长。

任何一个心理模式，都将由更多小的环节通过组成一个动力学系统来表现。当展示这个小系统中的诸多环节，就可以通过这些环节所对应的相关模式的表现而表现出非线性涨落，这些环节的非线性涨落中的共性特征就有可能表现出相干效应，会以较大的可能性将某些隐含于非线性涨落过程中的特征突显出来。

既然我们已经认识到好奇心是人的本性，已经产生出足够大强度的"元好奇心"，就应该在思考问题的过程中主动地构建让好奇心有效发挥作用的"舞台"。鼓励好奇心，就是鼓励人从事那些与好奇心内涵相关的诸多行为。在中小学教育中，作文就是一个重要的阵地①，应善于在各种教育活动中引导、激励学生表现出展示好奇心内涵的行为，从事探索性行为、展示不确定性的行为、构建恰当复杂性的行为、不断涌现新奇信息的行为、展示更加多样模式的行为等②。既然求异是好奇心的基本表现，那么，在我们遇到难题而不得其解时，就应思考如何才能让我们的心思偏离当前的思维轨道（心理转换过程的变化），从而采取其他方法促成棘手问题的解决。教育要引导、鼓励人们经常从事这种类型的行为。

那些取得成功的科学家，总愿意将自己在成长过程中的经验总结并传递给他人。当有学生问到这些科学家"要成为一名好的科学家，怎样才能提出好的问题"的问题时，得到的回答与好奇心直接相关："要保持好奇心，要持怀疑的态度，不要被传统束缚。"③

三、给人的心智以足够的快乐性新奇刺激

阿尔弗雷德·戈德曼·吉尔曼在回答父母是否在着力培养他时，他说："我小时父亲常带我去天文馆，我也非常喜欢去天文馆，也曾想当天文学家。……我的意思是说，做父母的不需要费很大的精力去培养孩子的兴趣，因为孩子的注意力很容易被吸引。"儿童的心智很容易被改变（这也反映了心智的灵活性），一方面因为他们有很强的好奇心，另一方面则因为在他们的内心还不存在一个由确定性知识所组成的稳定的内知识结构。因此，他们很容易被某些现象所吸引。阿尔弗雷德·戈德曼·吉尔曼回想其成长经历，指出："我最想告诉孩子的就是，你要做什么事情必须首先喜欢它，在做的过程中一定要感到快乐，这样的事情才值得去做。"④

---

① 李淑芝. 想象作文训练的几种形式 [J]. 语文教学通讯，2002（9）.
② 潘玉琴. 小班幼儿吹画活动与想像力发展 [J]. 上海教育科研，2002（1）.
③ 赵小雅整理. 保持好奇心——参赛学生与诺贝尔奖得主面对面 [N]. 中国教育报，2010-06-27.
④ 北京青年报社，发现·图形科普杂志社. 与诺贝尔大师面对面 [M]. 北京：文化艺术出版社，2002.

四、表现模仿的好奇心

对于与模仿行为有很强联系的好奇心来讲，由于孩子能模仿其他人的行为。所以，好奇心首先促使人模仿不同事物的特征并进行转换，然后再实施强行构建。也就是说，当用于指导人行为的控制模式与当前环境之间没有一点联系时，可以采取这种心理就这么强行地实施控制。这种直接模仿已经表明了信息在大脑中的独立性。由无意识的"活性"展示，到有意识选择模式控制，再到无意识的选择控制，这些过程都表征了心理模式的独立性和自主性。

要真正地让人们采取各种行动表现自身的好奇心，尽可能地不用空洞抽象的语言指导、要求他们，而是要让他们在表现自己的好奇心的过程中充分体验、感悟，通过自我的表现感知、反思、提炼[①]。

这里强调表现，主要是强调当行为模式与好奇心有机结合时，会产生对行动的有效作用，同时考虑到，由于好奇心与行为有机结合，能够产生通过各种动作来满足人的好奇心的基本模式。要不断地按照好奇心的作用要求而求新、求异、求变。

五、让好奇心表现成为习惯

虽然好奇心是人的本性，会在不知不觉中表现出来，当我们主动地增强好奇心表现，则希望好奇心能够不影响人的主观意识，成为一种强势的下意识表现的心理模式——表现好奇心的习惯。通过表现好奇心，使之不再成为人的意识所关注的对象，这将有效地节约人的注意力，并在自身求异因素强有力的潜在作用下，关注向外扩展和关注好奇心的更大变化性、不确定性的信息。

从表现程度上来看，所谓让好奇心表现成为习惯，也就是经常表现好奇心，能够在各种场合、各种情况下表现好奇心，最起码能够在 10 种情况下有 7 次会表现出好奇心以及好奇心所对应的行为。斯塔科认为，要培养学生的"好奇心、探索逻辑和一致性、从多个视角看问题和面对困惑坚持不懈等"，

---

① 胡馨月．"你扼杀了我对汉语的兴趣"——从哈佛的一门课说起［N］．中国教育报，2010-11-17．

要能够使之成为与科学家相一致的习惯①。

科斯塔，卡利克等人更明确地认为，教育就是要让学生养成相应的习惯。因此建议，要努力培养学生在以下行为方面养成习惯：坚持不懈；管理冲动；理解和共情地倾听；灵活地思考；对思考的思考（元认知）；力求准确；提问和质疑；将过去经验用于新情境；清晰而准确地思维和交流；利用所有感官收集信息；创造、想象和革新；好奇和惊叹，让自己被世间万象和美的事物所激发，发现世界上的令人好奇和惊叹的事物；合理的冒险；发现幽默；互助思考；不断学习等16种思维习惯中，与好奇心直接相关的就有：灵活思考、提问和质疑、利用所有感官收集信息、好奇和惊叹、合理冒险等。由此可见美国的教育工作者对于好奇心培养的重视程度②。养成习惯相当于形成不需要人采取有意识控制的稳定的思维及行为模式。在这种稳定的思维及行为模式中，可以以此为基础而表现人的"活性"特征，并进一步地形成具有探索性的、扩张性的、与自己所喜爱的工作相结合的、富有自己个性特点的独立的心理转换模式。

六、让好奇心自由表现

纽曼明确指出："伟大的心灵需要自由活动的空间。"③ 好奇心需要自由，因此千万不能束缚人的自由。自由保证着自主，让好奇心自由表现，就从基本上保证了好奇性自主。让好奇心自由表现，这本身就是对好奇心的一种保护方式，而且是一种更自然、更重要的保护。

让好奇心自由表现，意味着以一种新的角度看待儿童、学生的淘气。著名教育家阿莫纳什维里认为，淘气是儿童"智慧的表现"，是儿童探索性、扩展性成长的必然过程；如果一个儿童一点儿也不顽皮，就意味着他内在的智慧和创造潜能在沉睡，就不能通过表现使其心智、身体等得到发展④。要跟随好奇心与想象力（让他们自由表现），而不是试图控制它们。

陈帼眉指出了好奇心强的学前儿童的基本行为特征，包括：喜欢提问、

---

① A.J. 斯塔科. 创造能力教与学 [M]. 刘晓陵，曾守锤，译. 上海：华东师范大学出版社，2003.
② [美] Arthur L. Costa, Bena Kallick. 思维习惯 [M]. 李添，赵立波，张树东，胡晓毅，等，译. 北京：中国轻工业出版社，2006.
③ 雅罗斯拉夫·帕利坎. 大学理念重审 [M]. 杨德友，译. 北京：北京大学出版社，2008.
④ 王灿明. 走进顽童的精神王国 [J]. 天津教育，2006（2）：11-13.

喜欢探究、对差异敏感、具有较高的积极性①。通过前面的研究可以看出，这些特征就是好奇心的内涵性特征，表现出这些行为，使之得到强化和提升，自然会促使儿童、学生的好奇心的自然增长。那么，就让他们自由地将这些行为表现出来吧！

朝永振一郎认为，在取得成果的群体中可以而且应该通过彼此之间的相互激励、相互启发、自由研究而不断地取得进展。朝永振一郎回忆到：更珍贵的是，那里有研究者的自由。研究员可以自主选择研究题目和研究方法，甚至从来没有因为哪个研究没有实际作用而遭受歧视②。

2009年的诺贝尔化学奖获得者文卡特拉曼·拉马克里希南（Venkatraman Ramakrishnan）在获奖后特别感谢同事及剑桥大学生物学实验室（LMB），特别指出了LMB能够给许多杰出科学家从事由好奇心驱动的研究的自由③。在这里，我们更愿意重新回忆爱因斯坦的名言："妨碍青年人用诧异的心情去观看世界的那种学校教育，完全不是通向科学的阳关大道。"④

M. W. 瓦托夫斯基在比较科学思想形成的过程时指出，"很清楚，不论产生这种区分的社会背景如何，沉思、批判的智能和理论思维所需要的思考的时间确实要求与繁忙的直接实践活动保持一定的距离或相分离。在这种意义上，历史上属于社会特权集团的特权闲暇，事实上正是理论活动的需要。这种'自由的'活动，从它不是与直接的实用考虑相混合而是出于其自身的缘故而从事追求的意义上说，也是'纯粹'的。直接关心的不是旨在应用这种理论概念的理解以求得实践的成功，而是为了满足不谋利的好奇心，或是为了满足关于事物的整体化或秩序化的'非实用'的美学爱好。"⑤ 在社会的进步与发展过程中，"不谋利的好奇心"在自由好奇心的表现过程中并不容易形成，它是在相关方面得到恰当保证，诸如具有了"特权闲暇"以后，才能以自由的方式逐渐成长。自由的好奇心将驱使人的好奇心更加自如地表现，以促使各种新意义的自由构建与成长，并进一步地促进人在超出实用好奇心的基础上产生更加深刻的思想变革。显然，只有在自由的情景中，新意义的成

---

① 陈帼眉. 学前儿童发展与教育评价手册［M］. 北京：北京师范大学出版社，1996.
② 朝永振一郎. 乐园——我的诺贝尔奖之路［M］. 孙英英，译. 北京：科学出版社，2010.
③ 傅佑丽，编译. LMB：产生诺贝尔奖的工厂［J］. 世界科学，2009（11）.
④ 麦可思编译. 跟随激情，寻找方向——哈佛大学迎新典礼致辞——劳伦斯·萨默斯（哈佛大学前校长）［N］. 中国教育报，2011-09-07.
⑤ M. W. 瓦托夫斯基. 科学思想的概念基础——科学哲学导论［M］. 范岱年，吴忠，金吾伦，林夏水，等，译. 北京：求实出版社，1989.

长才更加自在、迅速，这也更能激励好奇心自如地发挥作用。

在认识到自由对于科技探索所具有的重要意义时，这也在不断地提示我们思考：如何为自由的创造提供宽松的条件？如何把中国文化当中最有助于创新的文化力量激发出来？简言之，从自由好奇心的角度，就是如何通过"无为而治"，让那些乐于自主创造的人，按照自己的特长和意愿，在不断实施新奇性构建的过程中自由生长。学校尤其是大学的使命就应该是替那些专注于"仰望星空"的人清除地面上的障碍。人们已经看到了这一点，但如何去做则需要思考①。

（一）充分认识好奇心与自由的内在联系

1. 好奇心是自由的基本特征

德国哲学家黑格尔曾深刻地指出："精神的一切属性都来自自由，都是争取达到自由的手段，都是在追求并产生自由。自由是精神的唯一真理。"什么是自由呢？英国大诗人约翰·弥尔顿指出，要自由地认识、抒发己见，根据良心自由地讨论，这才是一切自由中最重要的自由。

好奇心能够充分表现就代表着自由；在多大程度上表现好奇心，就代表着有多大程度的自由；提供给好奇心以多大的"空间"，也就代表着提供给一个人有多大的自由度。能让好奇心充分表现的社会就是一个自由的社会；能体现追求好奇心所展示的意义的群体，就是一个崇尚自由的群体。正是好奇心才形成了自由的社会，表现好奇心才是自由的本质。反过来，也正是自由的社会，才有效地保证了好奇心的充分表现。

之所以称自由是好奇心的基本特征，指的就是基于好奇心所产生的各种模式都能够不受干扰、阻碍，可以按照"自己本性"自为、自由地成长，人也在这种自由中，不受任何干扰和限制地形成各种各样的意义。不断表现好奇心，就是在形成更大程度上的自由、促进自由。

自由的基础是自主，自由的意义在于能促进自由的人独立思考。而独立思考的前提是具有批判精神和能够表现出批判思维能力。根据人们对批判思维能力的研究，可以看出，离开了好奇心，是不能形成批判精神的。

科学和艺术都需要好奇心与想象力，也都是需要自由来作保障的。每当人们构建出新奇性的意义，一方面这些新奇性的意义会与原意义形成并存，

---

① 孙焘．"钱学森之问"的启示：科学与艺术何以相遇［N］．中国青年报，2010-11-15．

另一方面，这些新奇性意义的差异性并存会以差异的力量构成对心理的有效作用，促进心理空间的延伸与扩展。因此，好奇心不断地起作用，就会导致各种新奇性信息被自由地构建出来，没有相互否定，不存在相互排斥（非此即彼）促进多样并存，从而以联系的方式维持着更大的心理空间。如果这些新奇性信息不能被认可，就会依据已知的信息对新奇性信息加以排斥，人的心理空间就会被压制变小。

2. 自由对好奇心产生重要影响

自由对于信息之间相互联结的作用是巨大的，自由以及对自由的认可本身就意味着提供更大的可能使更大范围内的神经系统建立起联系。

自由对于神经系统各种形式的运动实施的是保证、鼓励，而非限制。这就是自由的意义。当实施否定、阻碍时，相当于否定、排斥了不同领域之间信息相互联结的可能，相当于构建了一个阻断，这种阻断还会作为一种稳定的模式。尤其在将其提升到更高层次并起作用时，对其他系统在建立关系的过程也将产生相应的"阻断"性影响，这必将对以后建立信息之间更加广泛的联系造成巨大的阻碍性作用，从而减少心理转换的效率，造成心理效益的损失。此时，关于在这两个领域建立后信息之间关系的可能性就被降低到了极点（因为否定的原因）。

自由所提供的心理空间，会潜在地使不同的神经系统之间产生相互激励，从而使各种新奇性的想法更容易显现，会使某些共性特征通过相干而涌现，使新奇性想法得到培养和强化，以使其得到进一步地完善，为这种新奇性想法被最终稳定地确认打下基础。而不至于在仅仅得到这种新奇性想法的简单形式时，就被人运用想象力（往坏的方向想象）扼杀掉。

"好奇心促进自由"，这种模式将随着自由与好奇心的相互影响而突显出来，并成为一种与自由、好奇心相对独立的特征。正是因为有了好奇心的充分发挥，才会使一个社会表现出更强的自由度。的确，好奇心所具有的包容性将使更加多样的事物一同显示，而且还促使人们在更大范围内追求多样并存。"自由不仅要战胜我们以动物本性为基础的持久生活目的，……它还要战胜社团对精神——对它的勇气和好奇心，追求前所未有的创新和发明，追求富于想象力的冒险和内在的变化和改革的精神——禁令。"[①]

2009年诺贝尔物理学奖获得者、华裔科学家高锟，小时候就充满好奇，

---

① 约翰·高. 创造力管理——即兴演奏 [M]. 陈秀君, 译. 海口：海南出版社, 2000.

在其成长过程中，也能够自由地表现好奇心。高锟在小的时候，什么玩具都喜欢拆开，但他的父母并没有惩罚他，正如高锟所说："（我）不是研究，是看里面好不好玩。我运气很好，没有人罚我。如果当时他们觉得我这么做是不好的习惯，那我的好奇心可能会受到打击。"每个孩子小时候也许都有过拆玩具的经历，但多数情况下都会遭遇到呵斥。也许，一声呵斥能够彻底扼杀孩子的好奇心[①]。

人们总是期望追求"最优"，但对于复杂性系统来讲，保持一定程度上的"试错"，将使系统在更大范围内的非线性涨落具有更强的适应能力。一味地回避探究好奇等冲动欲望的"干扰"、回避创造、回避耗时的酝酿过程是效率至上（功利至上）的教育价值观的必然但也是无奈的选择，这的确是需要改进的[②]。问题是，如果不将注意力集中到力促学生表现自由的好奇心上，这种教育状况真的能改进吗？给学生自由，不是不管学生。应该怎样做？

（二）允许胡思乱想（自由探索、任意构建）的存在

当人们对自己不了解、没能把握、不能掌控的事物觉得新奇时，能够在好奇心的作用下细心观察，浮想联翩，胡思乱想，并尽可能构建多种可能性。而人的心智也就会在这种不断的求新异变的构建过程中，以高可能选择构建恰当的应对模式，不断成熟。虽然在不同的时代人们会关注不同的能力，但以好奇心为基础所形成的应对未知、不确定、复杂的能力则是一项最基本的方面。即使没有环境的变化，在好奇心的引导下，人也总是将新奇性信息（外界环境的新变化、从没有遇到过的新奇性环境）引入大脑，并通过大脑神经系统的自组织过程而构建多种不同的应对方式，会延伸扩展性地设想未来种种的可能性，通过构建各种可能的对策再从中做出选择。艾伦·罗指出：好奇心是人的天性，通过支持开放的思想和怀疑精神，人的好奇心可以得到鼓励[③]。在人的成长过程中，我们所能做的就是而且也仅仅是提供一个能让他们自由表达自己见解的宽松环境[④]。

如果只采取强制性灌输而不通过自由的多样性探索，虽然可以使学生具

[①] 王石川. 没有好奇，谈何想象力？[N]. 西安晚报，2010-11-25.
[②] 刘华杰，崔岐恩. 我们的教育有利于创造力的培养吗——对创造力阻滞因素的审视 [J]. 教育发展研究，2010（6）.
[③] Stead G B, Palladino Schultheiss D E. Construction and psychometric properties of the Childhood Career Development Scale [J]. South African Journal of Psychology, 2003, 33（4）：227-235.
[④] 陈乐光. 孩子创造能力的培养 [J]. 家庭教育，2003（2）.

备应对以往出现过的刺激的恰当反应模式,虽然也在一定程度上能够增强他们应对环境及其变化的能力。但确定性的知识却会降低其大脑整体神经系统的可塑性,降低其思维空间扩展的可能性,使他们的好奇心自然降低,由此而减弱对未知和探索构建能力①。

应当认识到,表现好奇心本身就是在追求自由。我们内心已经存在稳定的信息模式,这些信息模式一方面成为好奇心表现的基础,但同时也会对好奇心的表现产生制约的力量。因此,自由地表现好奇心的难点在于如何才能让好奇心既充分利用当前知识,同时又能够顺利地跳出当前知识的限制。当我们具有了自主的好奇性智能意识以后,就可以在好奇心表现的基础上更进一步地追求好奇心的自由表现。

(三) 让好奇心自由

自由感是对那种没有限制的心理状态的一种感受。"海阔凭鱼跃,天高任鸟飞"。我们这里说到对自由的追求,可以将其归结到活性生命体的扩展性上。扩展是生命的"活性"基本特征,在任何方向的扩展表征了自由的特征。当这种扩展性具有了独立性,就会表现出典型的自主性。从另一个角度来看,自由感往往与所受到的压抑感有关,或者说在受到压抑时并解除压抑才对自由有所感受。那么,对自由的追求就是在突破这种限制与制约时的体验了。

任何意义在心理空间的表征都表现出动态特性,好奇心所表征的就是这种动态特性中的涨落和非线性涨落部分。不断地求异扩展,这本身就是在扩展自由空间,促进好奇心的自由表现与强势发挥,是对好奇心所对应的自由的认定与保护②。爱因斯坦认为,让好奇心自由,就是对好奇心的最好的保护。爱因斯坦曾从儿童性格和心理方面对学校教育进行过研究,并对压制儿童好奇心的旧教育提出了尖锐的批评。他指斥:"妨碍年轻人用诧异的心情去观察世界的那种学校教育,完全不是通向科学的阳光大道。"③

在自由环境中,没有了限制,就可以使更多的信息展示在大脑的信息加工空间,让各种信息平等相处,让各种新奇性的观点在大脑中自由酝酿,提供足够的时间令其通过相互作用而产生更多的新奇性意义,通过形成更大范围的概括抽象能力,促使各种新奇性思想成为一种稳定的新奇性意义,并在

---

① 王欢英. 满足孩子的探索欲望 [J]. 幼儿教育, 2002 (1).
② 袁维新. 创新人才培养的另类思考:爱因斯坦给我们的启示 [J]. 天津教育, 2006 (7).
③ 中国科学院自然科学史研究所, 北京第一机床厂. 科学技术发明家小传 [M]. 北京:人民出版社, 1978.

人的大脑中显示足够长的时间以引起人们的重视。

在将好奇心独立出来以后，好奇心的表现与扩展就需要自由空间。好奇心在自由的空间中得到满足和增强，而好奇心的表现又使自由的空间变得更大。与被动地受刺激而变换，进步到不断主动地构建刺激，好奇心的表现成为好奇心对自身强化的一种形式，这也就意味着已经形成了好奇心对自身的"自催化"。也正是这种表现好奇心所产生的对新的好奇心（提升后的好奇心）的"自催化"，才能促使好奇心有一个新的正反馈增长。

没有让学生的好奇心自由发挥的时间和空间，不强化自主，应该是当前中国教育的最大问题。没有了自主思考的空间和时间，就不会产生自主独立的思想，也就谈不上有所创新[①]。在一个美国中学生的眼里，中国学生没有自己的思考，没有思想的自由交流，没有构建自己思想的时间和机会，尤其在自由决策和审慎思考方面缺乏锻炼[②]，如此情景下的教育，也能够培养高层次的人才吗？有人会问：给他们自由了，他们是否愿意深度思考？

（四）不限制好奇心

注意，当我们教会了孩子（学生）一些规则，纠正了他们的错误行为，使他们能够在特定的场合稳定地表现出特定的行为时，就是在无形中强加给他们一些限制。这虽然可以使他们学习迅速准确地应对当前的刺激（环境作用），但由于在这个过程中限定了其他的可能性，阻止了向其他方向的试探，也会使他们失去探索新方法的可能性的能力，也会以很大的可能阻止他们在面对新的环境作用时自主探索出更恰当应对模式的可能性。当前，形成确定的应对模式可以更大程度地降低多样探索所导致的能量的多余消耗，人们想当然地认为，既然当前模式可以有效地应对当前的问题，就没有必要再进行多余构建——只需要告诉我这道题的正确解法。从"活性"特质来看，超出正常范围的"非线性涨落"（与好奇心增量相对应）是产生新思想、新行为的必要过程，这种构建新模式的能力准确地代表了复杂系统的适应能力，不再是告诉你这道题如何解，而是让你通过自身的多样性探索而掌控这类题将如何求解。这种能力需要从小得到强化练习。应让孩子的心智尽可能自由地向外扩展、延伸，切不要按照成年人的想法限制他们[③]。

[①] 张洪雷. 创新环境缺失的遗憾 [J]. 经济与社会发展，2003，1 (11).

[②] 安妮·奥斯本. 中国学生"自由发挥的空间很少"——一个美国中学生眼里的中国中学教育 [N]. 参考消息，2009-06-09.

[③] 仲秀英，周先进. 家长：请珍惜孩子的探索欲 [J]. 江西教育科研，2007 (10).

能否给孩子自由思考的空间和时间，是呵护孩子好奇心的关键①。"为探究留出足够的时间很重要。儿童需要时间进行自由的探究、建立联结，不能刚体会了这个经验，又要赶着去体会另一个经验。"② 这一方面是说要让儿童有足够的探索时间，另一方面是说要让儿童有足够的建立探索所得结论与其内知识结构有机联系的时间，以便促使其内知识结构的生成与扩展。一定要给儿童一个理解、消化、吸收新知的时间。

给孩子（学生）以充分行动的自由，相当于让他们的好奇心得到了自由表现。孩子一旦拥有了站和走的能力，便会在好奇心的驱使下追求更大范围的行动自由，他们不断地东奔西跑、触这摸那。家长所采取的任何形式的"禁止"，都会使他们的"发现热情"受到限制，并会将这种限制性的影响"迁移"到其他的活动中。限制了他们的动作，就意味着限制了他们的心智空间。在这个过程中，还会使他们掌握这种"限制"的模式。并通过扩展性应用而产生更大的限制性力量。有父母曾说："我之所以不让孩子对事物太好奇，是怕他出事。"比如，有的孩子好奇自行车的大小齿轮转动咬合现象，便把手伸进去感受，手被齿轮咬住了……这种情况应属于保护孩子不受到好奇心的伤害，真实的原因可能是不愿意受到孩子好奇心的牵制、控制。他们也体会到了被控制而不能表现自我的痛苦和焦虑。他们因痛苦而不愿意做。为什么还要控制孩子？很多父母会为了给自己的懒惰、不作为寻找借口而盲目地制止孩子那无处不冒的好奇心，强硬地说："不许乱动东西，不许胡思乱想。"甚至还会说："这是为你好！"长此下去，孩子会失去对新鲜事物的兴趣，停止了好奇和思索。显然，这是多么地得不偿失！当孩子的好奇心自由发挥时，就相当于使激情具有了基本的动力，他们会因为好奇心的满足而再次充满激情。教育就是"要让学生放松自己，自由想象，自由思考，自由实践，自由发挥"。③

都说要给孩子（学生）以自由，但也有人担心在给他们自由时，他们会不会养成无所事事的习惯？不是有研究表明人具有懒惰的天性吗？既然已经提供给了他们以机会，他们懒惰不就顺其自然了吗？请不要担心，你见过不好奇的孩子吗？只要不给他们限制，他们就会很好地表现他们自主的好奇心，

---

① 托德·卡什丹著. 好奇心 [M]. 谭秀敏, 译. 杭州：浙江人民出版社, 2014.
② 简·约翰斯顿. 儿童早期的科学探究 [M]. 朱方, 朱进宁, 译. 上海：上海科技教育出版社, 2008.
③ 纪大海. 高校人才培养的三点思考 [J]. 中国高等教育, 2001 (7).

不断地思考与试探。因此，在给他们自由的同时，可以恰当地引导他们表现自己的好奇心，不是为了让他们自由而无所事事。要在自由中激发他们的好奇心与想象力，促使他们自主地实施多样性、求异性试探，不断地深入思考。

在引导孩子（学生）自由表现好奇心的过程中，要让他们能够主动地研究问题、学习探索未知。当孩子（学生）的好奇性自主达到一定程度时，家长（老师）眼中的那些"不许碰""不必管""还不懂"等的事物却反而会成为孩子探究性好奇心增长的基本载体[1]。当然，还存在另一种情况，如果父母经常给孩子布置一些强制性的智力作业任务，孩子就有可能会感到总是处在一种有压力的环境之中，他们便会将思考问题看作一种额外的负担，久而久之，他们的好奇心和学习的兴趣也会消失殆尽。因此，对于强制性的智力作业，要少些，少些，再少些。这其中，问题的关键在于如何在自由与教育之间寻找到一个恰当的平衡点[2]。这里顺便提醒，教师在课堂上提问后要给学生一定的思考时间。

（五）让他们自由玩耍

英国的研究者发现，儿童时期多从事创造性活动和多运动，成年后会比较健康[3]。凯·雷德菲尔德·杰米森更加明确地指出："玩耍和好奇心是分不开的。"[4]让孩子自由玩耍，就是让他们自由而不受限制地表现其天性的好奇心，或者说表现他们自由的好奇心天性。近代最伟大的理论物理学家之一，诺贝尔物理奖得主、美国加州理工学院物理系教授理查德·费曼天性好奇，曾自称为"科学顽童"，他也因"玩"而获得较高的原创性成就。

幼儿首先表现在自发观察、动手尝试、拆卸探究等各种自由玩耍活动中。有的幼儿趴在地上看蚂蚁怎样搬东西，有的把闹钟拆开，看看是什么东西让钟每天走个不停，等等。所有这些，不能简单地说幼儿越来越淘气、越来越调皮，这正是幼儿好奇心的外在表现。无论是家长还是教师，都不应过多地干涉他们，尤其不能按照自己的想法去要求他们这么做、那么做，要时刻提醒自己：不应该在言语上、行动上不自觉地压抑甚至扼杀幼儿的好奇心。让他们自由地玩吧！

---

[1] 曾有娣. 不许碰，你不懂 [J]. 父母必读，2002（9）.
[2] 张华香. 解放儿童，首先要解放教育者 [N]. 中国教育报，2009-08-27.
[3] 何屹. 儿童多玩耍有助长大后全面发育 [N]. 科技日报，2010-04-16.
[4] 凯·雷德菲尔德·杰米森. 天才向左疯子向右 [M]. 刘莉华，译. 北京：中国人民大学出版社，2008.

2008年诺贝尔化学奖获得者下村修谈及自己为何走上科学之路时,道出了跟随好奇心的自由的追求:"我做研究不是为了应用或其他任何利益,只是想弄明白水母为什么会发光。"对于2002年诺贝尔物理奖得主小柴昌俊来说,最令他难忘的就是小时候在学校后山与同学追逐赛跑、拔农家蔬菜、肆意玩耍的那段时光。正是这种自由的玩耍,保护了小柴昌俊的好奇心,也促进了其心智中探究、构建能力的自由成熟与发展[①]。

(六)自由的好奇心与重大科研成果

人的成长依赖于自由的好奇心,与此同时,自由、自主也是科技创新的基本条件[②]。人类就是在自由中不断成长的,在这个过程中,好奇心起着关键的作用。科技创新同样需要好奇心的自由发挥。"学术界可以提供的'自主支配你的研究''自由发挥你的创造天赋'的特别机会,实际上是每个学科所表明的主题。被采访者毫无疑问地认为,选题自由和研究自由对他们至关重要。"[③]"有创造力的人就是那些总能有一些新想法跳入头脑中的人。而由他们所想的新鲜事物则需要一定的时间才能被人接受。加德纳认为,如果一个想法或者一件产品很容易就被人接受了,那么它就不能算是真正的有创意。"[④]

2009年诺贝尔物理学奖获得者、美国人乔治·E.史密斯说,他所工作的贝尔实验室的科学家们能够"在很大程度上无视"自上而下的决策,只是通过自由合作就取得了好成绩。发明数码相机传感器的美国人威拉德·S.博伊尔也强调,具有选择自身研究领域的自由是其成功的关键。他们并不是无所事事的人,他们不愿意碌碌无为,也不甘人后。总想自由而快乐地表现他们天性的好奇心。诺贝尔化学奖获得者之一、美国科学家托马斯·A.施泰茨说,喝咖啡的工休时间使他能够与同事一起就问题研究展开讨论。他在回忆1967年到剑桥大学的第一天时说:"多棒的地方啊!早上喝咖啡,中午吃午饭,下午喝茶。我想知道大家是如何完成科研工作的。这是因为他们相互交谈,弄清应该进行哪些实验。"诺贝尔经济学奖获得者埃莉诺·奥斯特罗姆也有类似的看法:"进行高质量的科学研究需要一个你可以讨论今后的想法、总

---

① 张贵勇. 诺贝尔奖背后的教育启示[N]. 中国教育报, 2009-03-17.
② 李醒民. 科学的自由品格[J]. 自然辩证法通讯, 2004(6).
③ 托尼·比彻, 保罗·特罗勒尔. 学术部落及其领地[M]. 唐跃勤, 蒲茂华, 陈洪捷, 译. 北京: 北京大学出版社, 2008.
④ 马卡雷娜·佩里. 新世纪需要具备五种思维能力[N]. 参考消息, 2009-05-03.

结近期的发现和困惑的环境。我从这个环境中受益良多。"① 可以看出，在科学研究过程中，让好奇心自由表现、通过高水平的交流促进好奇心进一步发挥作用，是取得突破性进展的重要影响因素。

自然，只有在有众多人参与、都努力进取的情况下，通过思想碰撞而不断地产生新的思想，在他人的激励驱动下，在本能的竞争意识作用下，才可以不断地深入探索，最终才能有效地促进相关领域的迅速发展。孤家寡人式的研究掀不起多大的浪。美国科学促进会会长艾伦·莱什纳指出，诺贝尔奖通常颁给历时10年或更长久的科研成果，如果没有长期地对好奇心的自由表现的大力支持，是不能够取得这样的成绩的②。

七、让好奇性自主充分表现

（一）激发好奇性自主

当自主性激活能够在神经子系统的兴奋中起到一定的作用，或者说，通过自主性活动所产生的信息可以干扰、影响该神经子系统与其他神经子系统的相互作用结果时，该神经子系统的自主性就可以独立显示出来。由此看来，好奇心越表现，其可能度就会越高，独立性和稳定性也就越强，那么，自主好奇心的表现就会越充分。

在婴幼儿降临到人世间的一开始，就表现出了较强的被动好奇心。新奇而复杂的外界信息的大量输入，能够有效地激活婴幼儿的好奇心，并使信息被迅速地记忆在大脑中。在这个过程中，对差异敏感的新异性神经元会被稳定地激活，不同新异神经元也会通过建立关系而汇集在一起。由于新异感知神经系统的稳定性与"活性"，自然会展示其由于"活性"所表现出来的主动追求新奇性信息的心理模式。而当新异感知神经系统足够强大，可以对其他系统产生不可忽略的刺激作用时，好奇心的自主性、涌现性便能独立地表现出来。依据生命的"活性"特征，被动好奇心在逐步强化过程中，也会促使其形成独立自主化的过程。对好奇心"活性"的增强，就是在扩展好奇心增量，自然地，也会增强好奇心增量的自主性。

如果由好奇性自主所形成的新念头不能满足人的好奇心，新的信息就不

---

① 美联社斯德哥尔摩12月7日电，诺奖得主谈成功因素［N］．参考消息，2009-12-09.
② 美联社斯德哥尔摩10月12日电，经费和雄心奠定美诺奖霸主地位［N］．参考消息，2009-10-13.

会被确定下来。同时，由好奇性自主产生新信息的模式也会因此而被压制，好奇性自主就会受到抑制。我们应有效鼓励好奇性自主，使好奇性自主可以充分地表现出来、充分展现其作用。好奇性自主与其他智能领域的关系就会逐渐建立起来并得到强化（这也是教育可以做工作的地方），好奇性自主对其他领域神经活动的控制作用就会逐渐凸显。

即使人的被动好奇心也应该得到充分的满足。这就意味着，可以使其：（1）稳定性得到加强；（2）独立性得到加强；（3）能将差异表达出来，并通过其他系统形成多层次、多系统组成的"自催化"系统；（4）对其自身的扩展、求异模式得到强化。

要运用好奇性智能指导好奇心由被动向主动转化，引导人由单纯接收信息，到寻找新奇性信息，由关注状态信息，到研究信息之间的关系，再向复杂信息延伸，向更大范围内的信息的联系等。由整体联系向局部联系转化——只要信息之间存在某个局部联系，就可以联系在一起；然后形成自主构建与自由探索。

使好奇心具有自主性，使人具有自主性，使人能够独立自主地产生具有个性的自主意识，将是教育的重要目标。这需要容许学生（孩子）在自由表现好奇心的过程中逐步增强其自主意识，并形成好奇心表现与自主意识（自信心）[①]。

心理学家托兰斯经过对学生创造性问题的研究，于1965年向教师提出了鼓励学生展开思维的五项原则：（1）尊重与众不同的疑问；（2）尊重与众不同的观念；（3）向学生证明他们的观念是有价值的；（4）给以不计其数的学习的机会；（5）使评价与前因后果联系起来。这些具体建议对培养学生在好奇心基础上形成自主意识具有重要的指导意义。

（二）促进好奇性自主的"活性"扩展

我们总是不断地运用"活性"具有扩展性的结论。基于"活性"，任何行为模式都可以表现扩展能力，并通过扩展更加有力地强化其作为自主体的存在。具有自主性的好奇心，也具有扩展性特征。好奇性自主的扩展将使其在所关注的方向上产生更强的变异，在信息的更高层次上进一步地求新、求异、求变。突出强调好奇性自主，将促使人能够更加积极主动地求新、求异、求变。让好奇性自主充分表现，就是要在这些方面表现出更大的"力度"。

[①] 王小英. 学前儿童创造人格构成与塑造 [J]. 东北师大学报（哲学社会科学版），2003（2）.

好奇心与各种心理模式原本是一体的，是在不断的心理转换过程中才突显出好奇心的独立特殊作用的，好奇心因受到心理转换的不断重复作用而独立显现。为了使好奇性自主更好地发挥作用，可以有意识地将注意力集中到好奇心与心理转换的有机结合上。我们所强调的是结合以后的综合表现，是与各种心理现象的结合，通过结合达成双方的相互促进，并且在结合点上形成新的特征、现象和规律。

由于好奇心更多地在不同信息之间建立稳定的联系，因此，我们可以充分利用人对关系的偏爱而突出对关系信息的关注。对关系特征的认识可以由于反映关系的神经系统进化发展到一定程度，而显示出一定的自主性。由于关系模式的自主性能够起到相应的作用，关系模式所代表的特征意义就可以显示出来，人就可以进一步地认识它的独特意义。在好奇心的驱使下，与关系性自主相结合，就会形成对关系特征的特别关注，进而主动地追求新奇性关系特征，启动构建过程，以构建新奇性关系特征乃至新的意义。

八、让好奇心深度表现

人在自然地表现天性的好奇心时，并不会感到有什么问题，但要深刻地表现自己的好奇心，就会遇到一定的困难。人们不愿意深入思考的一个原因，就是人们已经习惯地流于皮表，总是研究事物的表面现象，也总是孤立地研究一个现象。

表面的好奇心是好奇心的一种表现，但却不是唯一的表现，也不是在知识社会中人们所追求的好奇心的表现。当我们在树下寻找坚果时，听到树枝被踩断的声音而转过头去观看原因，就是受到表面好奇心的驱动所致。而看到天上乌云笼罩，便迅速地寻找较高的地方，以有效地避开随之而来的狂风暴雨，则是受到深刻好奇心的驱动。面对大量的问题，我们需要的是能够更加深刻地表现好奇心，能够研究更加复杂的问题、能够研究更大范围内涉及更多因素的问题、能够研究更加不确定的问题、能够研究更加新奇的问题，研究更加抽象的问题等。

在深刻地表现人的认知能力时，是需要有足够的毅力的，这将耗费更多的资源，也会使人产生更多的烦恼、不解，促使人产生更多的不确定性、未知性。当人们将好奇心与竞争拼搏的内在意志相结合时，将会在好奇心的深度上有更加出色的表现，尤其是推动好奇心的深度表现与其内在动机的有机结合，促使人更加乐于表现好奇心。与此同时，深刻好奇心的成功表现，将能使人感受到更大的内在满足。

九、增强好奇性洞察力

在表现好奇心的过程中，人们以较大的可能产生对好奇心的感觉，能够在好奇心独立的基础上体验好奇心，也才能认识到好奇心在各种场合表现时的独特性质以及对心理转换过程的有效作用。并在此基础上，形成对运用好奇心的更高层次的抽象性理解，以在遇到其他问题时，启动并保持足够的扩展、变异性的适应力量。在科研活动中需要好奇心，也需要将好奇心通过一系列"愚蠢好奇心"的不断试探，从中通过价值判断以形成对好奇心的适应性优化选择，充分认识在哪种情况下应该更强地表现好奇心，在哪种情况下应该将好奇心引导向有意义的方向等。也只有在不断的试错实践过程中，从愚蠢的好奇心中形成新的感悟，才能将其转化为聪明的好奇心。没有大量的愚蠢好奇心，哪里才有聪明的好奇心？

对未来发展方向的洞察需要聪明的好奇心。其核心在于以未来发展的"节点"为基础运用好奇心构建多种可能性，并从中选择出最为恰当的结果进行进一步的推演。而这里所谓的"节点"也是人们运用自己的好奇心构建出来的。这由好奇心所构建的"跨度"——以确定性为基础向未知迈出的最大的"跨度"——是在最大限度地发挥好奇心的基础上能够最小确定的意义（比如说，我们也可以将其称为能够形成确定性意义的最大变异量值）的跳跃幅度。

"聪明的好奇心"，是在事后被人们赋予的。我们所期望的是还在没有结果时，就能够从好奇心的层面直接洞察未来。如果没有在不断使用过程中建立起好奇心与洞察未来行为之间的直觉关系，人们就不会在这种不断的构建、试探中，有效地运用当前很少的局部特征准确地洞察到未来真理的发展方向和途径。

学会了洞察，人们就会不断地运用好奇心而学会提取哪些特征，关注哪些关系，集中哪些现象，而不是无谓地将好奇心集中到任何一个新奇的现象上浪费好奇心资源。

十、通过好奇心表现与好奇心增量形成正反馈

根据李伯曼的理论①:在表现人们内心某项模式的功能时,表现越好,除了会进一步增强该模式的可能度以外,人们还越是能够对表现该行为模式有更强的注意力,并更加愿意表现该模式。好奇心强者更愿意表现自己的好奇心,这种表现在进一步地使生命取得了某项收益时,便会进一步地促进增强好奇心。这就等于在好奇心增强与好奇心表现之间建立起了某种形式的正反馈:好奇心越强则越愿意表现,越表现,取得的成果就越多、越大,好奇心也就越强。从好奇性智能的角度来看,我们则更愿意促成这种"正反馈"过程的形成。

第三节　通过激(鼓)励增强好奇心

如果说好奇心是人的本性,而且只有在好奇心自主独立、只有在与知识建立起稳定的联系、只有与认定过程建立起稳定的联系时才有意义,那么我们就需要研究在人的成长过程中,如何避免使人的好奇心受到压制。对于好奇心的培养则更多地表现在激励中②。正如詹姆斯·L.亚当斯指出的对创造性思维的培养主要应实施激励措施一样③。弗兰克·维尔泽克更加直接明确地指出,培养好奇心的方法有三种:"保护它;奖赏它;实践它。"④

虽然好奇心在很大程度上表现出先天性特征,但我们仍需要使好奇心达到一定的程度,仍需要对好奇心加以鼓励。刘云艳提出促进好奇心增长的策略性支持方法,其中包括:好奇陷阱策略、心理匹配策略、开启问题策略等⑤。这些策略性激励不只是在促进好奇心与各种信息模式的有机结合,还包括促进好奇心自身的成长。让好奇心充分且自由的表现,是激励好奇心增长

---

① 莫琳·T.哈里楠.教育社会学手册[M].傅松涛,孙岳,谭斌,谢维和,等,译.上海:华东师范大学出版社,2004.
② 托德·卡什丹.好奇心[M].谭秀敏,译.杭州:浙江人民出版社,2014.
③ 詹姆斯·L.亚当斯.突破思维的障碍[M].陈新,等,译.北京:中国社会科学出版社,1992.
④ 邓雪梅.我心目中的魔法师[J].世界科学,2008(4).
⑤ 刘云艳.好奇心的实质与老师的支持性策略[J].理论建设,2006(2).

的一个方面。作为一种稳定的心理模式，当其达到一定程度时，便会具有足够的自主性，此时它就会表现出恰当的涌现性，即使是从非线性动力学的角度来看，也会由于非线性涨落而不断地向另一种稳定状态"跃迁"。那么如果外界能够有效地在这种"涨落"过程中通过"共性相干"而产生推动力，就将有力地促进好奇心自身的增长。

理查德·尼斯贝特推崇犹太人的智慧，并将犹太人的高智商来源分为五个方面："迫害的馈赠""尼布甲尼撒二世的偏爱""嫁给学者""不能阅读并理解《塔木德经》"以及"职业压力"等①。这其中明确提出了犹太人总是面临较大的"职业压力"，这种较大的"职业压力"会对犹太人智商的增长产生较大的促进作用，这种具有较强压力的外界环境成为促使其心智较强增长的核心因素。这种因素的强度越强，则促使心智变化的力度就越大（当然是在好奇心的满足允许的情况下）。可以看出，要促使人的心智得到有效提高，就要给予大脑以足够强的刺激，这里是指给予好奇心以恰当的足够强的激励。而"那种带有成就机会和成就感的工作、能带来兴趣和挑战的工作以及能带来提高和发展机会的工作，最具激励力量"。② 能够满足人的好奇心的工作是最具激励性的力量。我们恰恰是在运用这种力量对这种力量本身实施激励。为了能够最大限度地发挥好奇心的作用，人们正在探讨通过激励来强化好奇心以及好奇心智能③。一个人的好奇心如果受到恰当的鼓励，就有很大的可能性将其引向科学探索之路④。

通过人们对激励的界定就可以看出，激励更多地表现为外在的刺激因素。从好奇性智能的角度来看，需要内在地对好奇心实施激励。在好奇性智能中，对好奇心的激励就是在更大程度上表征为内在激励。

一、激励及其意义

所谓激，是指将原来沉寂的激起；所谓励，是指将原来弱小的变成强大的。

---

① 理查德·尼斯贝特. 开启智慧 [M]. 仲田甜, 译. 北京：中信出版社, 2010.
② 托马斯·J. 萨乔万尼. 道德领导——抵及学校改善的核心 [M]. 冯大鸣, 译. 上海：上海教育出版社, 2002.
③ 文魁, 吴冬梅, 等. 激励创新——科技人才的激励与环境研究 [M]. 北京：经济管理出版社, 2008.
④ 王冲. 日本人获奖的背后 [N]. 党政论坛, 2003-01-15.

激励在心理学上一般被认为涉及行为的发端、方向、强度和持续性。激励是利用外部某种刺激，激发个体自觉产生某种行为的心理过程，是指利用某外部诱因调动人的积极主动性和创造性，使人形成一股内在的动力。《史记·范雎蔡泽列传》中就有"欲以激励应候"的记载；《学记》更明确指出，作为教师，要"导而弗牵，强而弗抑，开而弗达"。我们说激励本身存在着对刺激的价值判断并进一步增强的意义，它通过价值的判断、选择、反馈性增强，实施进一步的再作用，促使刺激通过非线性增强，并达到足够的"刺激冲量"，从而有效改变机体的稳定结构。

在管理学中，激励是指行为主体采取一定的措施激发个体的动机使个体产生一种内在的动力朝向所期望的目标前进的过程。激励既可以来自外部，也可以来自内部。在这种内部或外部的刺激影响下，使人在较长时间内始终维持一种积极、兴奋和运动的状态。激励就是通过各种方式，来激发人的内在动机，振奋人的精神，鼓舞人的斗志，调动人的积极性，从而为人们的生活、学习等活动提供巨大而持久的动力。

马斯洛提出的需求层次理论，是解释人格的重要理论，也是解释动机的重要理论。其提出，个体成长的内在动力是动机，而动机是由多种不同层次与性质的需求所组成的。各种需求间有高低层次与顺序之分，每个层次的需求与满足的程度，将决定个体的人格发展境界。需求层次理论将人的需求划分为五个层次，由低到高，依此，我们可以分别提出激励措施。

二、对好奇心的激励

我们说，心理特征的增强与提高都是需要鼓励才能实现的。鼓励相当于对心理特征这种特殊的耗散结构的有效刺激的正反馈。人们也更多地看到正反馈在教育中的作用：一个人在某个方面的表现越好，就越鼓励其在这个方面的强化与增长。这相当于"鞭打快牛"。这种情况，在美国的教育中也有所表现。根据理查德·尼斯贝特的研究，"如果一个孩子因为遗传而具有较强的好奇心，那么家长和教师就有可能鼓励这个孩子去实现各种与学习有关的目标，这个孩子就更有可能发现智力活动的收获很大，就更有可能学习并参与其他的脑力练习。这会使这个孩子变得比不具备好奇心遗传优势的孩子聪明——但这种遗传优势可能很小，并且只有借助环境'倍增器'才能够发挥出来，环境'倍增器'对于实现这一优势是非常关键的。"[①] 这里指的就是好奇心会随着环境的评价而产生非线性的强化。这里同时也指出了关于强势能力的开发与弱势能力开发的关系。显然，只有在强势能力开发方面有所作为才能起到较好的效果。

对各种模式实施激励，相当于在建立一个外环控制的基础上，通过外在激励而使被控制体在某个方面所表现出的结果得到进一步的增加。有意识地选择一个特征加以强化、提高，就是说需要将激励的环节突显出来，通过其自身的独立稳定性和所表现出来的自主性，产生对其他系统的有效激励。

对好奇心的激励，就是进一步增强好奇心显示的可能度，促使好奇心在更多的心理过程中发挥重要的作用。对好奇心的激励，意味着对表现好奇心内涵的各种模式（心理、行为）的肯定、促进、增强，尤其是实施正反馈的放大、扩大。激励可以促使好奇心向人的稳定性潜意识转化，可以在不消耗人的意识能量的前提下使人更加自如地运用好奇心引导心理的变化。激励可以使好奇心独立特化，可以使好奇心的自主性得到增强，可以建立激励好奇心与激励其他模式之间的联系等。激励对好奇性自主所产生的决定性影响，也就意味着增强好奇心，鼓励好奇心的表现，构建好奇心表现的更大的空间。

对好奇心的激励将根据该模式表现的程度和与其他系统之间的相互作用，有效激发人的内在心理模式。这种激励就可以使人在追求内在动机方面有更强的表现：只是为了满足内在需求，增强内在动机。

对好奇心的激励将促使好奇心由散漫向集中转化。这是由于人出生后的好奇心表现为散漫的好奇心，而在实施好奇心定向与认定以后，在某种程度上会使好奇心受到相应的限制。当前所实施的教育在更大程度上强化了对好奇心的限制，基于这样的背景，就需要实施恰当的方式激励增强好奇心，以使人在复杂多变的环境中的适应能力变得更强。

（一）激励好奇心增量

根据平常好奇心与好奇心增量的关系，只有好奇心增量才能使相关因素得到增强、得到扩展，在其可能度达到一定程度时，促使其稳定的发挥作用。即使存在其他的信息模式，也能够在这些不同的信息之间相互作用的基础上选择（甚至在某种程度上使这种指导模式发生变化）具有相关意义的模式，并实施按该模式而变的过程。

[①] 理查德·尼斯贝特. 开启智慧 [M]. 仲田甜, 译. 北京：中信出版社, 2010.

因此，所谓的对好奇心的激励，更多地应表现在对好奇心增量的激励，通过激励的方式促进好奇心增量的不断增加。

当我们将好奇心增量作为一个稳定的心理模式，就会涉及通过何种量值和形式的刺激促进好奇心增量不断增长的过程。自然，从形式上来讲，首先就是要把好奇心增量作为一个独立的心理模式，然后构建对好奇心增量的恰当量值的刺激，有效改变好奇心增量。这样做，一个方面是增强了好奇心增量的独立化、模式化并增强了好奇心增量发挥作用的可能性；一个方面是促进了平常好奇心区域的扩大，增强了向更大变化性的方面的扩展能力。

人的适应能力被自然地分为应激性适应能力与新奇构建性适应能力。平常好奇心越大，表明其所对应的有效覆盖区域也越大，所激励的应对策略的数量越多，适应能力也就越强。而好奇心增量越强，则表明人的探索性、新奇与求异构建性适应能力越强。平常好奇心是适应新奇性信息的状态，而好奇心增量则是关注新奇性信息、构建新奇性信息、形成新的策略行为的过程，以不断地实施心智结构的构建，将新奇性信息作为基本的心智构建"砖块"来构建心智结构。

（二）强化好奇心的积极主动性

好奇心是人心智中的重要因素，必须无功利地加以强化。正如米哈伊·奇凯岑特米哈伊指出的："最好的方案同样会在一些有机物中包括一种补充系统，每当它们发现一些新东西或想出什么新颖的主意或行为方式，不管是否当前就有用，就会进行积极的强化。在确定并非仅仅因为有用的发现而给予奖励，这点尤其重要，否则它在面对未来时就会特别缺乏能力。因为没有一个地球上的建造者能够预见这种新的有机物在明天、明年或下一个世纪会遇见怎么样的情况。因此，最佳的计划就是让它一旦发现什么新东西时就感到开心，不管那在现在是否有用。"[①] 虽然不知道未知是什么，但我们仍会努力地追求未知。采取探索的方式是有机体最容易选择的一种系统功能。直接激励好奇心，将更容易生成好奇心的内在动机性。

表现好奇心的积极主动性，是指一开始就启动好奇心发挥作用，不再因为陷入困境、手足无措才启动好奇心。

---

① 米哈伊·奇凯岑特米哈伊. 创造性：发现和发明的心理学 [M]. 夏镇平，译. 上海：上海译文出版社，2001.

(三）减少限制

成人常常会说："别做白日梦了！""别浪费时间了！""那是不可能的！"这种"不可能"从根本上否定了好奇心，将各种的可能性都主动地排斥掉，使那些本可以自由出现的可能情况也失去了表现的机会。如果不允许学生根据信息之间的局部联系而自由地构建新奇性意义，就会在无意中扼杀学生的想象力[①]，这种情况下，心智是不能健康有效地成长的。

某种角度讲，这是与人的心智成长的多样性试探及稳定性选择的本质过程相矛盾的。本来是存在种种可能性的，但"标准答案"却限制了诸多种种可能性的出现，也从根本上违反了人的认识与思维的基本过程：多样并存基础上的高可能度优化选择。虽然说错误的做法应该限制（比如说，也可以通过身体惩罚形成反馈并促进反思），但过多的限制往往会从限制一件错误的行为进一步地扩展到限制其他方面。如此这般，将会限制其儿童进行多样性探索的空间的大小，而且还会通过"活性"扩展将这种限制扩展到其他方面，并进一步地增强该限制模式的作用。与此紧密相连的好奇心将直接受到制约。因此，不在于是否寻找"标准答案"，关键在于寻找答案的过程。应通过优化的过程寻找复杂问题恰当的"答案"。

我们知道，作为一个活的有机整体的我们，各种活动本身是相互联系和相互影响的[②]，各个组织器官彼此之间由信息交流所形成的相互的促进，可以使其有一个更大的活动空间和发展空间[③]。当某个方面受到限制时，会限制其更大空间的形成，尤其是限制模式和由此产生的影响还将扩展到其他系统的运动上，这种被强化的能力，将使人的心灵的自由空间更小。

即使是在人们习惯中认为无关的行为，也会因一个方面的限制而牵连性地影响到其他方面。研究人员已经发现，打孩童的屁股或是其他的体罚方式，有可能会阻碍孩童智商发展。大脑左右半球虽然具有不同功能，但两半球是协同工作的。孩子受到责罚，负责空间知觉、情绪、艺术欣赏等功能的右半球就会处于紧张、压抑和恐惧的状态中，这样将影响左半球的功能，而左半球又主要负责言语、阅读、数字运算和逻辑推理，长此以往，容易对孩子的

---

① 林玫伶. 被无意扼杀的想象力 [N]. 中国教育报，2010-09-30.
② 阿尼尔·阿南塔斯沃米. 肢体动作影响思维方式 [N]. 参考消息，2010-04-11.
③ 路透社伦敦 10 月 11 日电. 学习手技杂耍之类新把戏的成年人的大脑神经系统能够得到改善 [N]. 参考消息，2009-10-13.

智力发展产生抑制作用①。左右半脑的相互作用又将进一步地强化这种抑制作用。

长期被体罚还有可能导致儿童脑萎缩。美国新罕布什尔大学2009年公布的一份研究结果显示，受到体罚的儿童的智商普遍偏低②。研究发现，对于体罚时间超过三年的儿童，其大脑中与感情和决策能力相关的额叶皮质区内侧部分，平均要比未受体罚者小19.1%，与注意力相关的扣带前回以及与认知力相关的额叶皮质区背外侧部分，分别要小16.9%和14.5%。

美国新罕布什尔大学的教授斯特劳斯和同事对806名2~4岁的儿童和705名5~9岁的儿童进行了研究，4年之后对这两组研究对象进行重新评估。结果显示，2~4岁没有受过体罚的儿童比受过体罚的儿童智商高。在5~9岁的儿童中，4年之后，没有受过体罚的智商水平比受过体罚的同组儿童高2.8分。斯特劳斯指出，父母体罚孩子的频率对孩子的智商也会产生影响，体罚越频繁，孩子的智力发育越慢。此外，在体罚儿童现象比较普遍的国家，智商水平也普遍较低。

对于孩子的行为，什么应该受到限制，什么不应该受到限制，如何限制，以多大的力度实施限制，家长、教师以及学校还是应该好好想一想的。对于儿童探索性的出错是应该鼓励的。那些总是"惹事"的孩子实际上是在探索，但由于他们的行为往往会出乎成人的意料、其行为结果不是成人所期望的，就往往被家长认为是"惹事"。限制了这些行为，要求孩子按照家长所设定的成长路线发展，势必就会与孩子的本性、愿望、自主产生矛盾，孩子会产生逆反心理，并由此产生一系列的不良现象。

有家长认为，如果不实施更大力度的"体罚"小孩就一点都不长记性。"说过多少回了，难道你就不长点记性？"我们常常听到这种类似的说法。因为小孩的心思非常活跃，在其大脑中出现的信息会非常多，针对任何一个外界现象，都会在他们的大脑中产生很多的想法，这些想法会对他们选择出正确、恰当、满意的应对模式产生较强的干扰，因此，即使是再次产生行为错误，也是可以理解的。如果实施"体罚"性限制，就更容易将小孩的灵活变化性心理限制在一个缺乏变化的、僵硬的空间内，导致他们不敢扩展视野，而且也不会扩展，那么，他们的智慧之根就再也不会成长。

---

① 雍智渊. 打屁股能让孩子"长记性"吗？[N]. 科技日报，2009-12-14.
② 埃菲社华盛顿9月25日电，受体罚儿童智商偏低[N]. 参考消息，2009-09-27.

生命体是非常奇妙的，各种影响因素都会在不知不觉中起到刺激性、限制性的作用。在人们以往看来无关的因素也会有可能对人的思维产生一定的控制性影响。建筑师早就悟到："居所能影响我们的思想、感受和行为。"比如说，天花板较高，可以激发人们的创造力；天花板较低则会使人们更加注重细节。

这项研究始于 2007 年，美国明尼苏达大学的营销学教授琼·迈耶斯—利维（Joan Meyers-Levy）研究①。琼·迈耶斯—利维研究报告称，天花板的高度会影响人们的思维方式。她在其早期研究中就曾指出，较高的天花板会使人感觉身体更加放松。接着她又发现屋顶较高还能激发人的自由思考，能够发现更多事物间的抽象性的联系。相对应地，较低的天花板则会使人产生束缚感，然而却可以引导人更加注重细节，善于用统计性的眼光看待事物，而且在某些情况下，这一视角更具优越性。可以认为，这是在保持好奇心的基础上，心理所产生的相应的变化。人的某个方面受到激励时，会通过神经系统之间的相互联系，将这种促进作用放大到其他过程中。与此同时，某个特征受到限制时，也会通过神经系统之间的相互联系，将这种限制力扩展到其他方面。

（四）加大对好奇心的激励力度

人们所谓的激励往往是超出维持心智正常耗散结构所需要的刺激。

心智作为一个稳定的耗散结构，维持正常状态是需要一定刺激的，这种量值的刺激对应于人的平常好奇心。心智的成长意味着心智结构的变化，要使心智耗散结构产生增长性的变化，就需要加大刺激的力度，增加刺激的类型，改变刺激的方式，改变刺激的作用模式等。当有超量刺激（包括出现新的刺激类型）时，就会有促使系统产生新的稳定状态，也就意味着有可能产生新的结构，并促使系统朝着更加复杂的方向进化。随着刺激的不断增大，耗散结构本身会发生相应量级的变化②。因此，通过有效地激励好奇心增量，可以促使人形成由直接被动适应、间接被动适应、超过正常生长之外的超增长模式等过程，向产生主动适应、创造性地引领人的主动变革的过程转变。

机体本身不是在变化吗？既然在变，这种"变"就成为一种稳定的模式，

---

① 埃米莉·安特斯．红猪，翻译．建筑能让我们更聪明 [J]．环球科学，2009（8）．
② P. 葛兰斯多夫，I. 普里高津．结构稳定与涨落的热力学理论 [M]．海彦合，张建树，江耀华，译．西安：陕西人民教育出版社，1990．

此时，也就需要维持正常"变"模式的力量和促使"变"模式产生进化的力量，由此而产生追求生长的模式与过程。如果说机体的生长出现了加速变化的因素，并且这种模式形成了较高的"刺激冲量"作用，那么，我们就会追求这种与加速生长相对应的超量刺激。这里就包括：（1）扩大区域，对多个点同时好奇；（2）增强向外扩展动态力度，加大那些有着更少联系的信息涌现出来的可能性。

刺激的不断增强，标志着耗散结构大小的不断变化。从相空间的角度来看，既有其稳定区域的不断增强，也有其动态活动区域的不断增强。受到负刺激的作用，心智耗散结构会不断缩小，无论是稳定区域还是活动区域，都将相应地减小。

好奇心增量引导着人们关注新奇性信息、聚集于新奇性信息的作用，是在引导人们潜意识地不断关注新奇性信息、不断地求异、求变。当好奇心增量转化为习惯性心理模式以后，这种耗散结构状态与平常好奇心所对应的耗散结构相比较，具有向外扩张的固有特征。此时的耗散结构也可以称为增量耗散结构。而要维持该模式的稳定与变化，同样需要寻常刺激与相应的超量刺激。

研究表明，那些诺贝尔奖获得者并不是在研究问题时总是提醒自己要发挥自己的好奇心增量，而是在形成一种习惯以后，在不知不觉中，对于任何问题总是形成与他人不同的关注点，总是想采取与众不同的方法和切入点，也总是对那些与他人不同的结论钟爱有加。他们不再将那些人们已经了解的信息作为自己的关注点，即使是再前沿的新奇性信息，也不再关注，而是迅速地将其转化为自己稳定的内知识结构，并以此为基础，寻找其他与此有关的更加新奇的信息[①]。

增大耗散结构的动态稳定区域，相当于增强了机体的动态适应能力，增加了新的应对方略。机体就是把新的刺激以及所形成的新的反应稳定地构建于机体的有效行为结构中，这相当于增加了机体应对更多外界刺激的恰当反应能力，相当于扩展了机体应对外界刺激的动态反应区。该动态区域越大，标示着机体适应能力就越强。扩展这种动态区域，意味着增强机体的适应能力。

平常好奇心与耗散结构的时间空间的大小有关系，而好奇心增量则与创

---

① 豪尔吉陶伊. 通往斯德哥尔摩之路 [M]. 节艳丽, 译. 上海：上海科技教育出版社, 2007.

新性构建有关、与平常好奇心的变化有关。如果说平常好奇心可以通过信息的变化、多样并存的信息数量、信息的复杂度来满足，那么，好奇心增量将更加直接地通过创新中所需要的、高强度的构建新奇性意义的过程模式来满足。

心智的稳定结构需要新奇性信息来维持，而该心智结构的增长与变化将由好奇心增量来表征、驱动。平常好奇心与稳定心智结构的维持相对应，所谓平常好奇心较小是指利用少量的外界刺激即可以形成较大的心智结构，也更容易使人将注意力集中到将新奇性信息构建到心智结构的过程中。

（五）根据好奇心的不同成分激发学生的好奇心

好奇心具有多种不同的表现形式，只要我们采取任何一种方式，就可以有效地激发学生的好奇心，并能够引导学生表现出更加积极的探究性行为。此时，可以通过介绍对同一问题的多种不同看法和观点来激发学生的好奇心，可以通过给学生引入新颖、不熟悉的刺激物来激发学生的好奇心等[①]。

三、运用措施激励强化好奇心

J. 布罗菲提供了几种激发好奇心的方法，其中包括设置悬念，体验"怀疑或混淆"，提出问题，激发学生的兴趣，处于积极的信息加工状态，争论、关注矛盾等[②]。文森特·赖安·拉吉罗则构建出了重获好奇心的六种具体技巧，包括：（1）观察力要敏锐；（2）寻找事物的缺点；（3）注意你自己和其他人不满意的地方；（4）寻找原因；（5）对内含问题敏感；（6）意识到争议中的机会[③]。这些都是可以借鉴的好的做法。

（一）树立激励好奇心的意识

将成功期望与好奇心激励有机结合，不断强化好奇心激励与快乐感受的有机结合。

做事成功将会有效激励与此有关的各种因素。因此，应该以成功而满足人的好奇心、增强人的好奇心。就是要建立一个稳定的反馈环，使一定时间

[①] Mittman, L. R. & Terrell, G.. An experimental study of curiosity in children [J]. Child Development, 1964, 35 (3): 851-855.

[②] J·布罗菲. 激发学习动机 [M]. 陆怡如，译. 上海：华东师范大学出版社，2005.

[③] 文森特·赖安·拉吉罗. 思考的艺术——非凡大脑养成手册 [M]. 马昕，译. 北京：世界图书出版公司，2010.

的成功成为有效激励、增强取得成功的好奇心的有效激励因素,也使由此而建立起来的相互作用环节能够稳定地维持下去。

理查德·尼斯贝特认为,为了开启孩子的智慧,在辅导孩子学习时,应遵守"5C原则":"培养一种控制感谢(Control)(让他能感觉到他能够掌握所学的内容),向孩子发起挑战(Challenge)(挑战难度不要超出学生的能力范围),向孩子灌输信心(Confidence)[通过大力表扬学生的成功(表达对学生的信心使学生确信他刚刚解决的问题难度很大)和淡化学生的失败(为学生所犯的错误找出种种借口,强调学生做对的部分)],灌输培养孩子的好奇心(Curiosity)[使用苏格拉底的问答法(诱导性的提问),并将问题与其他学生们已经见过但表面上看起来却并不一样的问题联系起来],将问题放在真实世界的环境里或电影电视节目中出现的环境里,让孩子将问题放到一定的背景中去思考(Contextualize)。"[1]

(二) 不断学习新知识增强好奇心

在学习新知识的过程中,新奇性知识一旦被固化为一个人的内知识结构,该新奇性信息在人的内心所产生的差异感、新奇感就会消失,相应地,在一个心理时相中的确定性知识所占的比例就会增加。好奇心是要求在正常的心理状态中,保持一定确定性知识和未知性知识的恰当比例的。因此,就必须在下一个时刻引入新的信息。对好奇心的激励将促使人更加关注未知性的知识,在保持人心理稳定的基础上,促使未知性知识占据更大的比例,或者说以更快的速度得到认定。

从好奇心与知识的关系来看,如果将好奇心作为促进心智耗散结构的内在促进因素,显然,知识越多,所对应的好奇心就应该越大,伴随着心智的不断扩展,好奇心也应该相应地扩展。

(三) 启发体验激励好奇心

当因为差异化行为而取得成功时,虽然会有种种因素影响取得成功,为了突出强化好奇心的作用,我们要通过体验、反思、感受、领悟等心理,提醒自己好奇心在其中已经起到相应的作用,并有意识地突出强化好奇心与这种成功之间的关系。

体验作为一种学习方式,可以有效提高学习效率。按照通过体验以强化

---

[1] 理查德·尼斯贝特. 开启智慧 [M]. 仲田甜,译. 北京:中信出版社,2010.

学习的方法，我们应该明确地体会到是好奇心在心智中所起的作用，将这种感受在内心停顿一定的时间，并将其在内心中"把玩"。可以将好奇心与情感系统建立起稳定的联系，尤其是要通过快乐的情感模式强化对好奇心的体验，体验到认定新奇性信息的喜悦、惊奇。要使人对好奇心表现具有极度的敏感性，充分体验好奇心的独立特征，热情地表达新奇性的感受。

体验好奇心是认定好奇心的一种形态。如果一种新奇性观点没有得到及时认定，就不能作为进一步研究问题的出发点，心理过程就总在思来想去的过程中不定型。在具体研究问题的过程中，既要及时认定新奇性想法，也要保持对问题一定能够确定性思考，不断地在考虑各种情况、各种因素的前提下，在一个更加广泛的范围内研究问题的本质（这就需要长时间思考）。虽然随着所要考虑的因素、环节、范围的不断增加，新奇性意义很难得到确定，但只要形成一定区域内的稳定性意义，好奇心的作用就能够充分表现出来。此时，好奇心的作用与意义就不容易被发现，对好奇心的体验也就越来越难。

显然，好奇心的意义是通过一定区域内稳定的意义来表征的，因此，我们仍可以体验到好奇心，这就需要我们带着体验的主动心态来把握好奇心了。

（四）领悟好奇心

得到鼓励的好奇心，会与知识、潜能等系统组成正反馈，以此表现出更大的"活性"（由此会形成更强大的"活性"系统，形成功能更加强大的结构），由此而使人更易于产生洞察和领悟，形成更高层次的把握，具有更强的广泛联系性，同时又能运用好奇心而将人的心智从信息关系的固有的约束中解脱出来。

要形成对好奇心满足的领悟感受，主动地在好奇心与各种信息表征形式的联系中领悟，在好奇心的各种变化中领悟、把握，让好奇心的自主性足够稳定，让其充分表现，然后再以一种自由的心态让其充分展示。在领悟中建立好奇心与各种变换之间的有机联系，把握好奇心运用的特点和规律，以此而建立更高层次的好奇心与其他信息、行为模式的稳定性关系（更高层次的"不变量"）。

（五）用快乐奖赏好奇心

"除非我们学会欣赏好奇，否则好奇心就不会持续长久。"[①] 满足了好奇

---

① 米哈伊·奇凯岑特米哈伊. 创造性：发现和发明的心理学[M]. 夏镇平, 译. 上海：上海译文出版社, 2001.

心，我们会感受到快乐。快乐的感受又进一步地强化了我们表现好奇心、满足好奇心的行为。

要善于体验内在作用所产生的快乐的好奇心。弗兰克·维尔泽克写道："好奇心的一个敌人是无用：好奇心不会得到奖赏，……好奇心的最佳伙伴是那些不断增强它的人，其彰显的不仅仅是一种探索的方法，更是一种生活方式，并为那些具有好奇心的孩子送去了礼物。"①

（六）对好奇心充满期望

期望作为一种引导性的力量，会对好奇心产生足够的扩展性影响。在好奇性智能中，应该充分运用期望以对好奇心产生有效激励。弗雷德（Robert L. Friedp）写到：我希望全班的孩子们能够：好奇、专心，对正在发生的事情充满兴趣；相信我对他们和他们的所思所想很感兴趣；愿意与人交谈、辩论，积极发表自己的意见，不做旁观者；对问题的复杂性具有开放心态，对可能影响生活的各种事物感到好奇；能够从众多事物中思辨并确定最重要的事物；利用自己的知识、技能帮助同学，并把课堂知识应用于生活实践；能够反思并评价自己及他人的思想，准备在必要时修改自己的主张；乐于奉献自己的思想与情感，为社会创造价值②。

（七）鼓励好奇心的自由表现

提倡、提供自由，虽然没有直接鼓励好奇心，但根据好奇心与自由之间的内在联系，这就相当于在鼓励好奇心不断地构建新奇性的意义，追求构建更多的模式，扩展更大的空间，更加自由地不受约束、更大程度地减少自己的内心所产生的限制或固有模式、使人从心理上真正达到"解脱"。

在教育中要强化自由式学习。自由的学习过程要求教师组织课堂的形式要不断地调整变化。有学者根据教师的课堂行为将课堂划分为"整合型"和"支配型"。其中"整合型"的课堂行为以灵活性、适用性和科学客观性见长，有助于促进创造力的表现和发展。在这样的课堂中，学生有机会展示更真实的行为和想法，包括对他人的反应；"支配型"的课堂行为则"以目标的严格性或不灵活性为特征"，它会使学生对教师产生更多的依赖性，创造性表

---

① 邓雪梅，编译. 我心目中的魔法师［J］. 世界科学，2008（4）.
② Robert L. Fried. 做个充满激情的教师——教师成功之道［M］. 张乃东，译. 北京：中国轻工业出版社，2009.

现减少，并压抑其他行为①。教师在课堂中表现出更多的支配性倾向，会使学生缺乏自主思考和独立判断能力，无论是受约束的行为还是放任的行为都较多。在这里，作为学生要不断地提醒自己勿受现有模式的限制，要从更加一般、更具抽象、或在更高的心理层面上保持足够的变化、灵活性、发散性和构建性。促进这种能力的增强，也就预示着强化好奇心增量。

自由表现作为一种稳定与促进的力量，好奇心会在表现的过程中充分运用自身的"活性"展示而有效地扩展其作用空间。这种作用将形成对机体内部其他系统的有效作用，从而建立起不同信息之间的相互促进关系。扩展是这样，而限制也将会如此。如何让好奇心自主、自由地表现，让好奇心与客观实践活动相结合，才是培养好奇心的关键②。

我们这里重点强调的是，应鼓励好奇心的自由表现，要跟随好奇心，并在好奇心独立表现以后再对其激励、强化。

（八）强化交流

人的好奇心能够在信息与思想的交流中得到提升③。好奇心强的人，善于交流。美国密歇根大学的一项研究指出，友好地与他人交谈可以帮助人提高大脑的执行功能，从而使人更容易地解决遇到的一些日常问题。如果以带有竞争的口吻，而不是合作的态度与人交谈，则不利于提高执行功能。这是因为，社交活动指引人们尝试读懂对方的心思，并抓住事情的要领，而这种努力有助于促进思维敏捷。而具有竞争、命令式的交往本身就已经形成了限制④，一种可能的推论是：对好奇心的激励性刺激将有效激发好奇心的增长。

当我们把好奇心当作一个稳定的耗散结构时，这个结构的运动与变化同样需要有不断的刺激作用来维持和保证其成长。交流就可以作为一种稳定的作用力量促进好奇心的不断增长，并通过交流所形成的超过维持正常结构的刺激，促进好奇心系统的结构性变化。

（九）提出要求固化好奇心

即使人有天生的好奇心，而且在人的身上已经表现出了足够高的好奇心，

---

① 张引. 西方课堂气氛研究评述 [J]. 外国教育研究，1989 (1).
屈智勇. 国外课堂环境研究的发展现状 [J]. 外国教育研究，2002 (7).
② 李培根. 主动实践是教育的关键 [N]. 中国教育报，2006-07-21.
③ P. 布尔迪厄. 国家精英 [M]. 杨亚平，译. 北京：商务印书馆，2004.
④ 雅伊萨·马丁内斯. 社会交往使我们更加聪明 [N]. 参考消息，2010-11-02.

但我们仍会坚持认为，这种程度在适应社会的生存需要方面仍然不够，现代教育仍需要进一步地提升好奇心。

美国大学，对所招收学生的好奇心有很高的要求。比如，要想进入哈佛学习的人，"光学习好是不行的，还要看他是否有开创新天地的创造性；仅有知识是不够的，还要看他是否有探索未知的好奇心；单关心自身专业领域是不足的，还要看他是否有关注其他方面的广泛兴趣"。这种要求本身就已经在告诉学生，在校学习期间必须有效地表现自己的好奇心[①]。并有一个更大的发展，因此，哈佛大学对所招收的学生主要考查15种品质，其中包括：A. 好奇心（求知欲）；B. 创造性（创造力）；C. 学业成绩；D. 学业前景；E. 领导能力；F. 责任感；G. 自信心；H. 为人热忱；I. 幽默感；J. 关心他人；K. 充满活力；L. 成熟；M. 主动性；N. 对挫折的反应；O. 受老师的重视程度。这些正是哈佛大学招生时所关注的"优秀品质"[②]。显然，在这诸多要求中，好奇心位列第一。这些明确的标准要求，使得想进入哈佛大学学习的学生必须在这些特征方面表现出类拔萃，尤其是不能平庸。

（十）恰当引导

在促进学生自由表达自主看法的基础上，要善于引导学生好奇心的进一步扩展性、延展性表现。此时，可以顺着学生的好奇心往下进行；可以将自己的疑问提出来，引导学生；可以将自己的设想提出来启发学生；还可以以一种期望性的心理促进学生对未知的构建[③]。

（十一）不可限制好奇心

现实大量地需要好奇心、需要较高值的好奇心，但矛盾的却是：社会和学校不断地使学生所掌握的知识与专业技能在不断增长，可学生的创造力和创新能力却趋于停滞。一方面是因为我们的思想被不断积累起来的经验束缚了；另一方面则有可能是因为现有的知识占据了人的心理空间。由于对现有的知识已经形成了稳定性记忆，这些信息再次显示的可能度会比较高，一旦出现相关的信息，会根据信息之间的关系而构建起一个涉及当前局部信息的整体意义泛集，尤其是这些已经被记忆的信息会以较高的可能度值被再次选择。随着知识的增加，束缚也变得越来越紧。换言之，你几乎不太可能认识

---

① 美国名校如何看待"高考状元"[J]. 教育发展研究，2010（11）.
② 高瑞. 哈佛大学本科生的招生标准及启示[J]. 继续教育研究，2010（5）：139-141.
③ 李晓敏. 没有画画的美术课[J]. 人民教育，2002（7）.

在你的知识范畴以外的东西，也不太可能摆脱已经为自己设置的框架的束缚而展开新的思考。这就像是人们所谓的"知识的诅咒"。此时，只有在掌握知识的基础上，更加有效地发挥好奇心的作用，提高好奇心的地位，才能将我们从这种"知识诅咒"中解脱出来。

从神经系统之间的联系性特征可以看到，一个神经子系统中的稳定模式，会通过该子系统与其他系统的联结，将这种稳定性传递到其他神经系统中，神经系统彼此之间的制约将会影响、限制相关系统独立地差异化地有效发展，专门强化好奇心教育，重点实施创新教育，是改变这种现状的有效方式。基于后现代理论，我们认为，就采取措施使系统的非线性特征更加突出，离平衡态更远。这也间接地要求应从激励的角度来培养人才。可以奠定通过激励的方式、加大对心智这种特殊的耗散结构的刺激力度，促进人的心智得到更大发展的基础。

要解放好奇心，突破限制好奇心自由发展的条条框框；突破限制，让好奇心自由；消除限制的影响，通过消除限制而使自由促进好奇心的增长。在教育过程中，要彻底摒弃扼杀学生创新精神的教学方法[1]。

"或许，他们成为'坏学生'的唯一原因，就是被学校教育压抑了想象力，而外面的广阔天地才是他们的真正学堂。"[2]

（十二）消除消极怠工的好奇心

当处于疲劳状态时，人一般都不想动，人的好奇心自然也会受到干扰和限制。要想有所成就，就是要启动好奇心增量，促使其在新意义的构建过程中发挥作用。首先要克服疲劳所带来的困难，随时将那些新奇性的现象表征下来，要从内心主动地驱使自己应该勤奋、努力，及时而主动地提醒自己。要学会享受由好奇心所带来的快乐，并加以激励和强化好奇心与快乐享受之间的正反馈模式锁定。

（十三）采取创造性思维方法培养学生的好奇心

国内外的研究均表明，教师关注学生的自我成长、鼓励学生独立思考等行为，会激发学生的创造性动机。综合国外文献来看，教师在课堂上的教学

---

[1] 路甬祥. 彻底摒弃扼杀学生创新精神的教学方法［J］. 中国高等教育，2006（15，16）.
孙波，杨欣虎，纪玉超. 加强激励机制建设促进大学生创新能力发展［J］. 中国高教研究，2007（8）.

[2] 弗兰塞斯克-米拉列斯. 坏学生也能成功［N］. 参考消息，2009-11-09.

方法或策略对学生创造力的培养有重要影响；给予学生自主学习的机会、关注学生自我提升、允许学生犯错的课堂教学行为，都将有利于学生好奇心力的发展。如，采用分组教学法可促进学生创造力发展，包括按学生兴趣或能力分组，以"头脑风暴法""六顶思考帽"或者"三六五卡片"等创造性思考活动为手段对教学内容进行讨论与教学①。总之，更加自由的学习过程是激发学生学习内在动机的前提。

（十四）通过身体锻炼增强好奇心

无论是由于身体锻炼提供了复杂的刺激并使相应的刺激保持足够的强度，还是不断地给予大脑以各种刺激，以及由于身体锻炼会促使人保持乐观向上等积极情绪，研究者指出了锻炼有助于我们保持头脑的灵活性。这一方面说明了好奇心对于大脑的积极意义以及身体锻炼对于保持好奇心的作用，同时也说明了对不同神经系统的刺激将有效地增长与此有关的其他系统的功能②。

体育锻炼不仅能强身健体，还能增进脑力，其中就包括好奇心③。这种结论进一步地证实，不同的神经系统彼此之间既存在着相互联系、也存在着彼此相互激励以促进共同增长的过程，彼此可以通过"正相干"形成对共性的放大力量，但同时还存在着彼此的相互限制。为了有效增强学生的好奇心，是应该根据好奇心与相关行为的紧密关系，有选择地促进共性行为的增强与提高，以此间接增强好奇心以及增强好奇心增量。

（十五）让孩子们在一起玩耍

同伴关系作为儿童青少年间的主要人际关系，对学生好奇心的发展有着显著影响。已有研究表明，这种影响可以分为两种：正向影响和负向影响。支持正向影响的研究者认为同伴关系中他人的支持、群体的互动会促进个体创造力（好奇心）的发展④。如，将学生按能力水平编班或是将杰出学生选拔出来进行教育，都能更好地激发优秀学生的创造性意识和倾向，并促使其

---

① Fleith D. Teacher and Student Perceptions of Creativity in the Classroom Environment [J]. Reper Review, 2000, 22（3）：148-153.
② 克里斯托弗·赫佐格，阿瑟·F-克雷默，罗伯特·S. 威尔逊，厄尔曼·林登伯杰. 锻炼身体，重塑大脑 [J]. 王刚，译. 环球科学，2009（10）：46.
③ 史蒂夫·阿扬（Steve Ayan）. 运动提高孩子智力 [J]. 环球科学，2011（3）.
④ Siomto and Social D. K. Aspects Creativity：Cognitive, Personal, Development [J]. American Psychologyst, 2000, 55,（7）：151-158.

积极参与创造性活动①。

与此同时，托伦斯（Torrance）等人的研究却发现，儿童在四年级左右会为维持良好的同伴关系而出现"与同伴保持一致"的倾向，这种倾向的逐渐增长，且抑制儿童思维独特性的表现，导致儿童人云亦云，盲目顺从，不敢创新，影响个体创造力的发展②。在这个年龄段正是想象力表现更为丰富、强烈的时期，也应是学生的好奇心达到最大的时期。从相互协调的角度来看，之所以会有这种表现，就是因为人的好奇心理处于更大的表现时期，在需要协调两者之间关系的状态下，也就会形成"与同伴保持一致"的心理存在。

从另一个方向来看，与同伴在一起时，由相互作用所形成"共性相干"会使彼此之间获得更大的竞争资源处于高兴奋状态。既是共性相干，又是以差异而获得更高的竞争力，两者的协调共存，恰当地表征着人的生命活性，并使生命活性随着人的自然状态而不断成长。

（十六）恰当运用一定的反向刺激

只要对好奇心实施相应的刺激，都将会产生一定的效果。人们更多地看到对好奇心的正向刺激，而在一定情况下，对好奇心实施一定程度的压制，有可能会产生强烈的反弹——"禁果效应"③。这种方法在运用时，需要倍加小心。

（十七）强化艺术修养

一个艺术家对生活的感悟与好奇心是紧密相关的。从人对感悟知觉的形式看，这种感悟是需要运用好奇心将这种感悟与其他心理状态区分开来，并通过这种差异化的心理将这种特殊的感悟独立特化出来，使之成为一种鲜明、独立、自主的思想状态。要通过好奇心与学生自主意识之间的关系，通过强化提高学生的自主意识而促进学生好奇性自主和好奇心的不断发展。这其中可能的方法与途径，就是引导艺术家、欣赏者在好奇心的下意识作用中，大量地构建差异的、新奇的表达方式。先形成具有广博的内涵和新颖的构思，在多样性构建与并存的基础上，生成最能表达人的美感的"最佳"表达模式，然后再通过恰当的方式表达出来。这里强调艺术的个性化特征，就是在强调

---

① 特丽萨·M. 艾曼贝尔. 创造性社会心理学［M］. 方展画，文新华，胡文斌，译. 上海：上海社会科学出版社，1987.
② 金盛华. 论创造力的本质与测量［J］. 北京师范大学学报，1992（1）.
③ 郦腊凤. "禁果效应"的启示［J］. 天津教育，2003（2）.

差异化审美表现，强调"我"在其独特审美过程中的独特地位与作用，促进人在审美表现与审美欣赏过程中进一步地表现自主意识。

从艺术教育的角度来看，更为重要的是要引导创作者采取恰当的艺术表现手法表达创作者的思想、对生活的感悟和对美的独特追求。将自己的思想通过艺术手法更恰当地表现出来时，就成了艺术作品。没有自己的思想而只有娴熟的手法，不知道其想表达什么，再精妙的形式表现也只能称为"匠人"的作品。

运用好奇心可以将这种独特化思想的特色变得更加鲜明和突出，也会更有效地促进表达美感的多样化模式的形成，从而更加有力地激发人的审美享受，激发人更多的情感、反映"人更多的忧伤、愤怒、平静及快乐的心情"。在深度的审美氛围之下，当人们将审美作为核心模式时，便会为求得"最佳"的美感体验而竭尽所能，围绕审美体验构建审美模式的"无限激化"，由此而更加有力地推动好奇心的表现与扩展（通过与审美激发建立关系，而形成更大的扩展）。

艺术家可以运用这种好奇心提高自己对生活和美的观察、体验能力，产生并固化新思想的能力，"打破传统的束缚，对事物产生强烈的好奇心，以此来训练自己的创新能力，使自己的画富于创造性"[1]，并将这种美的瞬间固化下来。

---

[1] 刘春雨. 绘画中的创意 [J]. 美术观察, 2007 (8).

第八章 提高人的好奇心的教育

培养和强化好奇心的主要方法就是让好奇心更多地表现，让好奇心在表现中通过非线性涨落（构建异变的应对模式）而产生自组织增长。心理学的研究表明，哪一种心理模式得到更多机会表现，哪一种心理模式的稳定性就会得到强化［具体表现为显示的时间得到延长和显示的强度（用该心理模式的可能度来度量）得到增强］，相应地，也就会增强人在以后的生活和工作中以更大的可能性表现哪一种行为的能力。教育将以其特有的引导、相干性特征，在更大范围、更大程度上激发学生的好奇心[1]。

从好奇心与各种心理模式之间的关系看，如果没有记忆到足够量的知识信息，好奇心会处于肤浅状态或"漂浮"状态，不能更加深刻地与人的心理变换过程建立关系，也就不能在人的心理变换过程中起到应有的作用。我们有意识地将人的好奇心尤其是好奇心增量在与知识的有机结合中得到更多的表现，并从这种表现中使人的好奇心增量得到有效增强。

迈克尔·吉本斯等从知识生产新模式的角度指出，"研究从好奇心驱动到解决问题优先，以及原始知识产品的缩减这两大转变都将进一步推动大众化教育系统的发展。"[2] 由于问题是在好奇心的驱动下形成的，因此，好奇心仍将在知识生产新模式中发挥越来越重要的作用。伴随着知识生产新模式的形成与表现，对好奇心会提出越来越高的要求，好奇心的作用将越来越突出，在人天性的好奇心不足以满足新知识生产模式的要求时，就需要采取专门的措施有针对性地提高好奇心以及好奇心增量。

"教育的出发点必须是儿童的经验、好奇心以及儿童觉醒的能力。"[3] 尤

---

[1] 林绍良. 随机教学策略：教学机智的闪光 [J]. 人民教育，2007 (7).
[2] 迈克尔·吉本斯，卡米耶·利摩日，黑尔佳·诺沃提尼，西蒙·施瓦茨曼，彼得·斯科特，马丁·特罗. 知识生产的新模式——当代社会科学与研究的动力学 [M]. 陈洪捷，沈文钦，等，译. 北京：北京大学出版社，2011.
[3] 肯·罗宾逊. 让思维自由起来 [M]. 石孟磊，译. 北京：东方出版社，2010.

其是：教育在于激起学生的好奇心、兴趣等①。即便如此，针对好奇心的教育也不应只限定在幼儿教育阶段，正如朝永振一郎指出的："好奇心作为人类精神、事物思考的结构，是与生俱来的，但是如何做才能满足它，或者说如何做才能刺激它，这个问题不仅仅限于幼儿教育。"② 虽然在幼儿教育阶段培养人的好奇心是最重要的，但是却应根据各个阶段知识教育的特点，在教育的各个阶段都实施好奇心教育，彼此之间的不同仅仅在于在不同的教育阶段应分别强调好奇心的不同方面。

圣奥古斯丁曾在好奇心的作用下反思自己、人与社会。1918 年，美国的制度学派创始人凡勃伦（T. B. Veblen）曾在 "*The Higher Learning in America*" 一书中指出，正是因为当时的大学人，在 "随意的好奇心"（idle curiosity）的驱使下，才使大学 "从宗教实用主义的堡垒转化为追求纯粹学问的殿堂"。③ 最起码，好奇心在人的理性从神性的解放过程中发挥着关键的作用。有可能正是由于好奇心，尤其是对知识的好奇心，才使大学从宗教的氛围中解放出来，从而成为纯粹探究知识的殿堂。无论是哪种水平和层次的教育，都需要强化培养人的好奇心。而大学也必须基于好奇心开展教育，并致力于将好奇心与勤奋、坚韧有机融合④。在大学发展到今天，我们是否忘却了在大学转型过程中起重要作用的好奇心？无论如何，这是不应该的。约翰·S. 布鲁贝克认为，所谓恰当的教育，"可以完全没有的天才的智力和自发的创造性，只要好奇心、勤奋和坚韧存在就行"。约翰·泰勒·盖托指出："总体上，我们要达到的目标很多：独立自主、战略部署、灵活地掌握口头及书面语言、大胆、有好奇心、能够写出个人生活的故事。"⑤

已经充分体会到好奇心作用的诺贝尔物理学奖获得者丁肇中，在教育教学过程中特别重视好奇心。他在中山大学与师生展开一番精彩对话时就曾经指出："无论什么时候，我们都无法控制人类的知识、人类的好奇心，这推动着人类一直向前走……"丁肇中表示，历来的诺贝尔奖获得者之所以大多出

---

① 德雷克·博克. 回归大学之道 [M]. 侯定凯，梁爽，陈琼琼，译. 上海：华东师范大学出版社，2012.
② 朝永振一郎. 乐园——我的诺贝尔奖之路 [M]. 孙英英，译. 北京：科学出版社，2010.
③ 孙传钊. 凡勃伦的大学论 [J]. 中国图书评论，2007 (12).
④ 约翰·S. 布鲁贝克. 高等教育哲学 [M]. 王承绪，郑继伟，张维平，等，译. 杭州：浙江教育出版社，1987.
⑤ 约翰·泰勒·盖托. 上学真的有用吗？[M]. 汪小英，译. 北京：生活·读书·新知三联书店出版，2010.

自高等院校的校园，正因为大学里有充分的优势和学术自由，他结合自身的研究探索体会勉励学子们："记住，要实现你的科学目标，最重要的是要有好奇心，对正在做的事感兴趣，并且要勤奋。""无论什么时候，我们都是无法控制人类的知识、人类的好奇心，这推动着人类一直向前走。"①

我们可以这样说："教育不是万能的，但没有教育是万万不能的。"教育应该做什么？让好奇心在人的成长过程中自主选择吧！

第一节 将好奇性智能引入教育

一、教育中的好奇性智能

有效地激发学生的好奇心，并引导学生主动地增强自身的好奇心、促使好奇心与知识更加有机地结合、在自由探索中促使好奇心与求异并构建新意义过程的有机结合、更加自觉地增强提高自身的好奇心，将是教育的重要工作。"努力把孩子们的好奇心，把那些无聊的好奇心逐渐诱导到具有意义的高层次的好奇心上是科学教育的一个最基本思想。"②

有教育研究者指出，满足好奇心的学习是最有意义、最激动人心的学习，因为它满足了人的本能。在教育中，既要通过各种活动满足好奇心的相关需要，也要采取相应措施提高人的好奇心，尤其是提高其好奇心增量。好奇心的满足不只是被动的，由于好奇心在人的积极主动性方面的作用，教育在这个方面也应该有所作为，正如皮亚杰指出的，教育的目标之一就是使儿童能够主动自发地学习，这就需要创设相关的情境和条件，以诱发儿童的学习兴趣，有效激发学生的求知欲与好奇心③。我们的教育能顺利做到这一点吗？或者说，我们需要做到这样时，应该如何去做？

（一）现代教育需要好奇心教育

在人的成长初期，婴幼儿会为了进一步探究事物之间的内在关系而提出

---

① 陈骁. 自信好奇定位——丁肇中谈科学研究 [J]. 上海教育, 2002 (10A).
② 朝永振一郎. 乐园——我的诺贝尔奖之路 [M]. 孙英英, 译. 北京：科学出版社, 2010.
③ Piaget, J. The Psychology of intelligence [M]. New York：Littlefield, Adams, 1969：140-148.

各种问题。此时，父母要根据婴幼儿的年龄特点、知识经验，深入浅出地给予解释，鼓励他们去探索、研究并验证，给他提供一些自己探索的机会，让他自己在探索的过程中发现事物真正的奥秘。之所以要给他们提供深入浅出的说明，就是为了让他们能够理解以及有时间理解，所做的解释要与他们的好奇心相适应。作为成年人，应当非常明确地认识到，如果解释太过复杂，他们根本就理解不了；对问题的解释中所包含的信息量不能太大，太大往往会干扰他们建立起信息之间更加广泛的联系；解释不能太抽象，要尽可能地具体。这种抽象概括能力在他们不依赖信息进行独立转换时会起到重要的作用。他们的抽象能力还达不到一定程度时，就不会在这种认识过程中掌握概括的原理和方法。当其抽象能力达到一定程度，能够自由地在意识层面运用符号操作能力对信息实施各种变换时，就可以在"恰当新奇"原则的控制下，提供更多抽象层次的"边界条件"。

当前教育因为忽视了好奇心而偏离正常轨道越来越远。"在小学，本应探索所有自我发展无限可能和多种多样的好生活，可是首要的却是限制。"[①] 我们需要从好奇心教育入手，拯救那些有失偏颇的教育。

如果分析教育的产生和教育的历史就可以看到，正是由于文明发展到一定程度而出现了智者，有效的行为模式促使人凝练出经验，心智的扩展性需求导致经验模式的提前与多样，经验的自然传承使知识具有了继承性、独立性，教育便由此而产生。在不同的阶段，由于在不同的方面（任务还是需求）赋予教育以不同的权重，从而形成了不同的教育特点。

在知识日益重要的今天，人们不断地加重科学教育的分量。生命的扩展性本能在儿童身上的表现就是其"具有寻求周围世界含义和理解的天然倾向"，为了提高教育质量和水平，2009年的10月，由少数教育研究专家召开了一个小型的国际研讨会，提出了科学教育的原则和应该掌握的核心概念，并提出了教育应该关注的重点内容[②]。由温·哈伦主持召开的这个研讨会："目的是为了确定学生在科学教育中应该接触到的核心概念，以帮助他们理解自然、赞赏自然，并且对自然界充满好奇。"研究者得出的结论是："科学教育应该增强学习者对周围世界的好奇心、欣赏和探询。学生在学校里学习科学应以活动的方式进行，这种活动是一种包括了学生本人参与的人类实践活

---

① 约翰·泰勒·盖托. 上学真的有用吗？[M]. 汪小英, 译. 北京：生活·读书·新知三联书店, 2010.

② 温·哈伦. 科学教育的原则和大概念 [M]. 韦钰, 译. 北京：科学普及出版社, 2011.

动——他们亲历发现和将新的经验和过去的经验相联系，这不仅能给他们带来激情和快乐，而且能够通过主动的探究增加他们的知识。"[1] 这应是科学教育过程中所遵循的首要原则。在人天性的好奇心、想象力充沛的儿童阶段，应该以满足、激发他们的好奇心、学习兴趣为核心，有效地运用经验、探索带给他们以更多的激情、自信、快乐和主动性。让他们更加积极地从事与探寻好奇心有关的科学研究活动，让他们体会到探寻的乐趣，让他们感受到新奇所带来的惊讶。

对于高中以后的若干教育阶段（诸如大学、研究生教育以及博士生教育阶段），并非不再需要对好奇心实施专门的教育，而是要对教育中的好奇心提出更高的要求，要求经过培养的学生："具有文化意识，具有分析能力，智力上有好奇心，适应工作要求，以及具有领导能力。"[2] 随着教育程度的不断提高，好奇心会与越来越复杂、越来越系统、越来越深刻的知识建立起关系，在越来越难的探索过程中发挥重要的作用。需要注意的是，在这个过程中，大量已知知识会以更加多样、变化、数量增多等方式满足人的好奇心，对人探索的好奇心以及与构建新意义相对应的好奇心增量带来更大的干扰。因此，在大学教育阶段（以及以后的各教育阶段），更应该引导学生通过探索来满足和提高其自身的好奇心。从当前总的趋势来看，教育已经不再局限于知识的传授，而是已经转化到以启发人的心智为基础，以关注知识为核心和以关注掌握知识、探索知识为主的能力培养同时并起，并在争夺教育的时间资源的过程中相互碰撞。"有一些是确定的：大学将继续发挥重要的用途：社会'不重视智力的培养就注定要被淘汰'……现在我谨慎地加上一句：大学如果首先不是充分地致力于继续推进智力的培养，就注定要被淘汰。"[3] 克拉克·克尔首先重视的就是大学在于推进智力培养这一核心功能。作为智力核心因素的好奇心，就成为在教育中必须得到培养的重要方面。

社会要发展，需要在现有知识的基础上有所创新，就只能依靠其足够的好奇心。大学已经成为产生原创性成果的主阵地。而且我们也在利用这个主阵地"站肩"式地培养高层次创新人才。在新奇基础上再产生新奇，是其中的核心过程。

2006年7月14日，围绕"科技创新与人才培养"这一议题，参加中国举

---

[1] 潘云鹤. 抓住机遇大力培养创新型工程科技人才 [J]. 中国高等教育, 2009 (24).
[2] 唐纳德·肯尼迪. 学术责任 [M]. 阎凤桥, 等, 译. 北京: 新华出版社, 2002.
[3] 克拉克·克尔著. 大学之用 [M]. 高铦, 高戈, 汐汐, 译. 北京: 北京大学出版社, 2008.

办的第三届中外大学校长论坛的中外校长就如何培养创新型人才进行了深入讨论。哈佛大学校长说:"哈佛需要知道,一个学到了很多知识的学生,是否也具有创造性;是否有旺盛的好奇心和动力,去探求新的领域;除了本专业的领域,是否关心其他领域的东西,是否有广泛的兴趣……"法国国立高等先进技术学校校长多米尼克·迪克斯隆明确指出:"大学要注重培养学生的好奇心和求知欲,要通过让学生参与科研培养创新的兴趣,刺激他们的想象力,提高创新能力和推理能力。"① 美国莱斯大学校长大卫·李博隆在 2010 年第四届中外大学校长论坛上也介绍了他们的一些做法:"我们在创造一个环境的时候,应该从以下四个方面进行考虑:第一,注重培养学生的好奇心和求知欲;第二,解决问题的能力;第三,承担责任的能力;第四,培养其他能力和领导力。"②

我们不只是重视好奇心培养,而且要更加重视在新颖的基础上再产生出更加新颖的概念、观点和思想,使新颖更加深入。

我国的大学校长们也已经认识到好奇心的重要性,认为当前已经到了应该重视好奇心以及好奇性智能的时候了。朱清时在时任中国科技大学校长期间,多次提出应重视学生的好奇心、想象力和领悟能力的培养③。时任厦门大学校长的朱崇实曾指出,大学就应该"培养富有创新精神和实践能力的创新型人才,要把提高学生的学习能力、思维能力和动手操作能力作为教学目标的基本内容,教学的重点要放到以学生为主体,培养学生的好奇心、求知欲,帮助学生自主学习、独立思考,鼓励学生发现问题、提出问题和解决问题,并尽可能多地提供动手操作的内容和机会,培养学生浓厚的研究和解决问题的兴趣和能力"④。目前,越来越多的中国大学的校长、教育专家们开始认识到,大学应采取各种措施尽力培养学生的好奇心与想象力⑤。

如果说教育以一定的社会历史环境作为"边界条件"的话,要依照教育

---

① 唐景莉. 创新人才应当怎样培养 [N]. 中国教育报,2006-07-15.
② 唐景莉. "第四届中外大学校长论坛"精彩语录及解读 [N]. 中国教育报,2010-05-06.
③ 朱清时. 缺乏好奇心想象力难成创新人才 [N]. 中国教育报,2009-09-08.
④ 程光旭. 努力实现人才培养模式改革的新突破 [J]. 中国高等教育,2009(1).
⑤ 程光旭. 努力实现人才培养模式改革的新突破 [J]. 中国高等教育,2009(1).
杨希文. 培养创新人才加快建设西部强省 [N]. 中国教育报,2009-12-21.
张杰. 让学生产生终身受益的智慧和创造力 [N]. 中国教育报,2011-03-01.
梁国胜. 我们做了教育应该做的事——访西交利物浦大学执行校长席酉民 [N]. 中国青年报,2010-06-07.
吴志攀. 一流大学要培养什么样的学生 [N]. 光明日报,2010-05-19.

规律培养出所需要的人才，就应该在有所欠缺的方面，采取措施强力培养。在这一方面有大量的工作要做。如王义遒指出，即使像清华大学这样的一流大学，学生在学习的主动性和深度上还是不足的[1]，在教育过程中，就应该注意如何才能有效地提高学生学习的主动性，激发学生的好奇心，增强求知欲。

从理论探讨的角度，专门研究创造力、研究创造理论的研究者，更多地将创造力归结为好奇心，并开始深入地深究好奇心在科学探索中发挥作用的机理[2][3][4]。虽然人们从理论上对于如何培养好奇心还存在诸多不解之处，但好奇心受到校长、老师的重视，对于好奇心的研究、强化好奇心增量在好奇心结构中的地位与作用等，已经成为一种强大的需求驱动和促进力量[5]。张杰就指出：在我的心目当中大学应当有效地把一群极具创新思维的老师和一群极具创新潜质的学生会聚在一起，让他们能够互相激发，互相学习，并且在这个过程中，让学生产生令他们终身受益的智慧和创造力，而这，才真正"是大学的本质"[6]。

（二）在传授知识的同时需要强化好奇心教育

人类文明就是在好奇心的驱使下逐步构建起来的，当人类更加关注自身的文明建设时，对文明起传承、组织、创新作用的教育，必然地走到社会的核心地带，好奇心就应该而且必须在教育中受到高度重视。在人才培养中起到关键作用的院校，就应该加强自身建设，正如托马斯·J.萨乔万尼所讲的，要建设"有德行"的学校，致力于"触动成人（如同触动学生一样）的求知、探寻和反思精神"。[7] 作为人的德行的重要方面的好奇心，就应该在教育中得到重点关注、激励和培养。

根据第六章的研究我们已经知道，好奇心发挥作用的能力将伴随知识的增加而不断地发生变化。当我们没有能力以原始的好奇心来顺应世界的变化

---

[1] 克莱斯·瑞恩. 异中求同：人的自我完善 [M]. 张沛, 张源, 译. 北京：北京大学出版社, 2001.
[2] [美] 罗伯特·J. 斯滕伯格. 创造力手册 [M]. 施建农, 等, 译. 北京：北京理工大学出版社, 2005.
[3] 徐春玉. 好奇心理学 [M]. 杭州：浙江教育出版社, 2008.
[4] 徐春玉. 好奇心与想象力 [M]. 北京：军事谊文出版社, 2010.
[5] 吴晶, 赵凤华. 诺贝尔奖评委直言：中国应鼓励青年投入基础科学研究 [N]. 科技日报, 2006-03-28.
[6] 张杰. 让学生产生终身受益的智慧和创造力 [N]. 中国教育报, 2011-03-01.
[7] 托马斯·J. 萨乔万尼. 道德领导——抵及学校改善的核心 [M]. 冯大鸣, 译. 上海：上海教育出版社, 2002.

时，开展以提高好奇心为重点的教育就成为一种重要的选择。是的，教育不应该只是单一地集中于好奇心上，教育必须在各种因素整体协调的基础上，确保学生的创造力、灵活性、冒险、不断改进提高的模式、独创性、集体智慧、专业信任等特征得到有效培养①。从人的个性化培养的角度，我们应该利用知识以使人的各种潜能得到极度开发、使人的最大潜能达到最大限度地增长、使人的好奇心得到更大程度的扩展、使人的学习能力得到进一步增强、使人的探索欲望得到最大限制的强化。随着人们对这一过程的深入研究，这一过程也将变得越来越科学化。此时，科学教育将起到重要作用，"对于学习者个人来说，科学教育帮助他们发展理解能力、推理科学态度以及引导学生拥有一个身心健康和有价值的人生。对他们周围世界，包括对自然界和因科学应用而造成的环境的理解，不仅能满足他们的求知欲，激发他们的好奇心，而且能帮助他们在健康与环境上做出抉择，也会帮助他们对自己的生涯做出选择。"②

（三）科学技术发展要求改进教育方式、实施好奇心教育

据有关统计资料显示，中国用于科技研究和开发的支出每年以 10%～15% 的速度增加，远远超过"经济合作发展组织（OECD）"中的其他成员国。在 2002 年，中国科学研究与试验发展（R&D）经费已经超过 1000 亿元人民币。OECD 认为，中国的科技投入在 2002 年已经仅次于美国和日本，居世界第三位。曾有外国人羡慕地说："中国学术界真是富得流油。"国家领导人对科技的改革和发展也非常重视。无论是中国科学院院士大会，还是中国工程院院士大会，国家领导人都要到会并发表重要讲话，这显示出最起码在我国，无论是党和政府的领导者还是国家的政策方面，国家在政治层面已经给予中国科技的研究与发展以足够的重视。

任鸿隽（1886—1961）在 20 世纪 30 年代就曾指出：总地看来，科学有两个起源，一是实际的需要，二是人类的好奇心。单就原创的科学研究与探索而言，"好奇心比实际需要更重要"。我们总是擅长于从总体的角度、联系的角度、背景的角度研究一个客观事物，我们更多地将自己置于其他事物的作用环境中。由此，我们更多地关注不同事物之间的联系，一方面在避免孤

---

① 安迪·哈格里夫斯. 知识社会中的教学 [M]. 熊建辉，陈德云，赵立芹，译. 上海：华东师范大学出版社，2007.

② 温·哈伦. 科学教育的原则和大概念 [M]. 韦钰，译. 北京：科学普及出版社，2011.

立地、片面地、形而上地研究一个客观对象的同时，也在更大程度上促使我们更容易功利地考虑问题。这种状况与重视探究的好奇心的教育是不相容的。"西方科学家研究科学，不是为名利所驱使，而是为好奇心所引诱。为了这天生的好奇以及由此而来的精神需求，许多人甚至不顾自己的生命。"①

如果对探索与发现的过程进行研究就可以发现，任何一个探索发现过程都将涉及众多复杂的问题，在其中每一个步骤的完成都会遇到很大的困难和障碍。当存在诸多不明确、不确定性时，人会面临更大的压力。没有坚定的好奇心，受外在动机力量作用下的探索与发现将很难深入地持续下去，人会更容易地通过将注意力转移到其他方面而使本任务失败。你所关注的，不一定能取得进展。只有充分利用人的好奇心和由好奇心所产生的主动探索精神——非常坚强、稳定的内在动机，不断地瞄准、围绕确定的问题，在好奇心的驱使下构建各种新奇设想，才能保证这种过程的持久和深入，也才能有更多、更大的原创性成果。这其中涉及两个关键的因素：一是自由好奇心的探索。美国IBM实验室发明反光板材料的过程理应使我们受到更大的启发。二是依据课题研究发展的好奇心驱使的探索。如果只是跟踪、模仿，"利润"的大头只会被原创者们拿走，跟随者也就只能在不断消耗不可恢复的自身自然资源的前提下，依靠简单劳动力赚些"小钱"。随着这个过程的深入进行，原创在产值中所占的比例将会越来越大，贫富不均将进一步加剧，我们所不愿意看到的"剥削"现象将更加突出②。

我们应该树立这样的理念：无论是基于国家战略，还是基于实际应用的需要，从根本上讲，科学研究与科技创新的最大核心动力只能是人类的好奇心与对美好生活向往的有机统一。在人的好奇心驱使下的科学研究，有很大的可能完全处于不可预测、不能计划、没有功利色彩的状态。在自由而发散的好奇心的作用下，各种新奇的、有无用处的、前景暗淡（有这种可能性）的思想，都有可能被人们在无意中仔细琢磨。这些新奇的思想也会在这种无意琢磨中得以成长，并受到好奇心与快乐相互作用的影响而强力地推向深入。"外在需要"会在很大程度上以外在动机的形式激励推动科学研究与探索，在遇到相应的困难时，人们有可能会更大程度地满足于"应付"——达成科研课题申请时的指标要求即可，而不再努力地追求卓越。真正的科学家之所以

---

① 张伟，任鸿隽：真正的科学是独立的［N］．中国青年报，2006-12-20．
② 李维安主持，杜龙政、林润辉、王芳，封红雨持笔．国家大型企业集团创新能力研究［N］．南开—清华课题组．模仿者岂能占据未来产业高端？科技日报，2009-08-16．

能够耐得住清贫寂寞，能够在实验室连续工作几十个小时，或者甘愿在非洲丛林与野兽为伍，主要就是有好奇心这种"内在的动力"，这是一种"不属于实用范围的好奇心"。人类社会之所以应该重视这种"不为功利的好奇心"，就是因为这种"为求知而求知的欲望"将与"科学指导成功的实践的功能具有显著的密切关系。"①

（四）教育既要拯救学生也要拯救老师

当我们更多地关注科研中的好奇心时，教育中的好奇心在不知不觉中处于关键的地位。有时我们会遇到这种情况：当学生考上大学以后，反而不知道自己应该做什么了，整天处于恍惚不定的状态。这可以认为是教育功利主义所产生的不良后果。当学生将自己的注意力集中于考上大学、考上一所好的大学时，实现了这个愿望，也就意味着失去目标。上大学，相当于给了学生以更加充分的自由，如果学生不能以较强的好奇心作为学习、研究、探索的基本动力，就会出现上述现象。在这种情况下，最需要的就是激发学生的好奇心，引导他们在好奇心的作用下学习探究、取得竞争优势。保罗·诺斯就非常感谢他的一位老师对他的好奇心的培养与强化："他让我们动手做实验，去观察、去实验，培养我们的好奇心。"②

卢晓东采取反问的方式指出了大学教育的重点："我们是否给予学生足够的挑战？是否激发起他们的好奇心、持续的学习和探索欲望？是否使他们具有生机勃勃的学习动力和生命力？当他们具有不同于传统的构想时，我们如何保持宽容并提供足够的支持？"③ 再往下深究，如果不实施好奇心的培养，还能称得上是教育吗？

社会已经进入一个新的开放时代。这种开放以网络的迅速发展为标志，这促使人们表现出更加多样的"指尖知识"④。而我们所考虑的是，这种"指尖知识"是否能够真正培养出社会所需要的："问题发现和问题解决信息综合、知识协作、原创性和批判性分析之类的技能？"教育是否跟得上这种社会的需求？教师是否具有相应的能力？

---

① M.W. 瓦托夫斯基. 科学思想的概念基础——科学哲学导论 [M]. 范岱年, 吴忠, 金吾伦, 林夏水, 等, 译. 北京：求实出版社，1989.
② 北京青年报社, 发现·图形科普杂志社. 与诺贝尔大师面对面 [M]. 北京：文化艺术出版社，2002.
③ 卢晓东. 关于北京大学"十六字"教学方针的反思 [J]. 中国大学教学，2014（1）：19-28.
④ 陈明选. 论网络环境中着重理解的教学设计 [J]. 电化教育研究，2004（12）.

作为教育成果使用者和探索者的科技界，需要反思：我们应该创造一个什么样的世界。作为教育基础的中小学教育阶段，也需要在肯定以往成绩的基础上反思当前工作做法是否符合社会发展的需要、是否符合社会未来发展的需要。在教育过程中，除去只专注于传授确定性知识以外，教师在教育教学过程中做得还很不够。这可能是世界范围内的一种普遍现象[1]，这种状况，与知识社会对教育的要求相差甚远。从教师个人的角度，需要反思：是否具有足够的好奇心？[2] 粗略地分析，我们可以从以下几个方面来思考这个问题：(1) 知识社会所需要的创造性是否得到了大力培养；(2) 个人才华的充分表现依赖于人的个性的极致化发展，人们越来越倾向于发挥自己的"特长"，引导教育指向"特长"而不是"水桶理论"中的短板正在成为一种显著的教育行为；(3) 灵活性、多变性、迅速性等特征在要求教育个性化的同时，要求应努力地使学生具有更加广阔的视野和更加灵活的适应能力，对这种能力的培养虽然在一定程度上能够受益于当前的教学模式，但却需要更加专业的培养方式。教育政策要求大力开展启发式，不少学校的老师却不鼓励学生自由而新奇的思想。这种情况形成的原因很多，诸如知识社会对教师本身所产生的巨大的压力[3]、教师本身的职业"倦怠"等[4]。如果能够提升教师的好奇性智能，则可以重新使教师充满激情，并与学生以及同其他教师一起，通过合作共同地促进创造力、灵活性、冒险性、集体智慧、专业信任、不断改进与提高的品质等的提高[5]。在这个过程中，教师尤其（要）能充分利用自身"榜样"的力量，与传递信息及有效激发学生的好奇心一起提高教育的效果[6]。要求提升学生的好奇心，教师对知识的好奇心也是应该得到强化的。

达尔文的成长经验已经非常明确地说明，大自然是培养学生好奇心的最佳场所和最为恰当的工具[7]，通过参加在自然界的实践活动，学生的好奇心与

---

[1] 安迪·哈格里夫斯. 知识社会中的教学 [M]. 熊建辉，陈德云，赵立芹，译. 上海：华东师范大学出版社，2007.
[2] 胡效亚. 从教育文化源头审视创新人才培养 [J]. 中国高等教育，2010 (17).
[3] 安迪·哈格里夫斯. 知识社会中的教学 [M]. 熊建辉，陈德云，赵立芹，译. 上海：华东师范大学出版社，2007.
[4] 安迪·哈格里夫斯. 知识社会中的教学 [M]. 熊建辉，陈德云，赵立芹，译. 上海：华东师范大学出版社，2007.
[5] 安迪·哈格里夫斯. 知识社会中的教学 [M]. 熊建辉，陈德云，赵立芹，译. 上海：华东师范大学出版社，2007.
[6] 亨德里克·房龙. 宽容 [M]. 迮卫，靳翠微，译. 北京：生活·读书·新知三联书店，1985.
[7] 王恒. 谁培养了诺贝尔获得者（上）[J]. 知识就是力量，2004 (10).

探究欲可以更好地得到满足[1]。但我们却更愿意将学生圈进课堂。在使学生远离实际的同时，离好奇心也越来越远。邬德云讲了他的一个朋友孩子的故事很能说明问题：还在上幼儿园的小孩对土豆很好奇，天天研究为什么土豆的芽是从凹进去的地方发出来的。有一次幼儿园老师让大家带一个最好玩的玩具到学校来，这孩子就带了一个土豆，结果却被老师训了一顿："怎么带这种东西来？"在受到教师的训斥以后，这孩子以后就再也不碰土豆了[2]。孩子怕受到老师的批评，这种评价将直接决定他们在同龄人心目中的地位，或者说直接决定着他们在同龄人中的竞争力。也许老师有诸多理由，但是简单地想一下就可以产生这样的疑问：所谓最好玩的玩具应该是以老师的观点为标准，还是应该以孩子自己的看法为标准？我们还可以继续提问：为什么要以老师的标准作为唯一正确的标准？或者说，对于任何一个实际问题，我们为什么要追求这种确定性的"唯一正确"的答案？真的有事事都存在这种"唯一正确"的答案吗？现实告诉我们，在实际事物中，能够得到"唯一正确"答案的问题仅占很小的一部分。从心态上看，老师为什么要将自己化身为无所不能的"圣者""智者"甚至是"神"？我们想要拯救教育，是不是连老师也应该拯救？是的，最起码教师也"应该表现出好奇心和热情，并且明显地表明自己就是终身学习者"。[3] 教师都应该以其自身的榜样而产生巨大的教育力量。

由于事物本身的复杂性，有许多事本就不具有唯一性。多样并存基础上的高可能度优化选择，本就是人的心智成熟的基本过程和基本规律。好奇心在其中的作用则一目了然。如果在教育过程中硬性地强调"知识的确定性"，并且将这种思维模式进一步地扩展到其他方面，就会形成"劣性教育"。也许有人会问，难道就没有一个标准吗？有的，基于不同的价值观就会形成不同的标准。这就看教育的取舍、社会的取舍了。我们需要引导学生在掌握相应的方法上构建其自主的思维模式。以老师的标准来限制孩子们的取舍，仅仅只是一种方法。

苏霍姆林斯基说过："凡是那些没有让儿童每天都发现周围世界各种现象之间的因果联系的地方，儿童的好奇心和求知欲就会熄灭。"益川敏英既认识到了课程的重要性，同时也指出学习课程并不是唯一重要事情，教育是一系

---

[1] 吕燕琴. 大自然是孩子获得科学经验的最佳途径 [J]. 企业科技与发展, 2009 (20).
[2] 周凯. 创新人才难产, 怪学校还是怪文化 [N]. 中国青年报, 2010-11-15.
[3] 克里斯托弗·K. 纲普尔, 阿瑟·J. 克罗普利. 高等教育与终身学习 [M]. 徐辉, 陈晓菲译. 上海: 华东师范大学出版社, 2003.

列环节的有机结合,在每一个环节,教育都会起到相应的作用。"能够激发孩子们对某些事物、问题、领域产生强烈好奇心的,绝对不仅仅是学校的课堂,一定是各方面的因素共同促成的,鼓励和培养孩子对某些事物产生兴趣的过程就非常重要了。"① 为了培养学生的好奇心,教育的各个环节都起到应有的作用,尤其是应该构建彼此之间的相互协调,以形成促进好奇心增长的整体合力。

钱旭红指出,信息革命的理论基础来自普朗克的量子力学思维,量子的跳跃、不连续、不确定、应变多样的特点对信息时代产生了诸多影响。现实世界中要具体地呈现哪个"象",将取决于观察者与被观察者之间的相互作用,在某种程度上也就取决于观察者先期所持有的思想与行动。与此相适应,以顺变、互动、个体针对、非标准化为特点的教育制度将应运而生。此时的教育会更加强调复杂多维、系统整合、多向联动,使知识传授与精神熏陶相衔接。如果不能顺应新环境的要求,任谁都将落后②。

对教育的好奇心将有效促进稳定的"学校情境"发生变革。"好奇心不但解救学生和老师,也在无意识之中解救学校。面对日益复杂多变的世界,面对越来越普及的互联网,人们一方面在反思学校的意义与作用,另一方面也在对学校的变革提出越来越多的要求。"③

二、如何看待教育

任何生物群体都是独一无二的,每一个物种都有其生存优势和特点。人类在适应自然的过程中,与其他物种一样,会通过各种变异性试探以形成独特个性,再通过不断地认定、扩展、增强自己的生存优势,不同的个体又通过相互作用形成适应能力更强的种群。人类依据能够对信息进行大量加工的大脑构建了独特的信息社会,并以从各个不同的角度充分利用信息而获得更加强大的生存优势。人类以其对信息大量的深层次的利用、加工尤其是创造而独树一帜,成为地球的"骄子"。教育,就是专门以信息的形式有效提升人的生存、竞争与发展能力的。

人类选择了通过进化复杂神经系统(较高的信息加工能力)的方式来赢

---

① 益川敏英. 浴缸里的灵感 [M]. 那日苏,译. 北京:科学出版社,2010.
② 钱旭红. 创新型人才成长呼唤师生同行 [N]. 中国教育报,2010-07-05.
③ 莫琳·T. 哈里楠. 教育社会学手册 [M]. 傅松涛,孙岳,谭斌,谢维和,等,译. 上海:华东师范大学出版社,2004.

得生存优势,在动物界占据一席之地。强化、扩展这种优势便不断地进化出知识并依此而构建出越来越完备的知识体系,致使知识在人类社会中占据越来越重要的地位。人又以反映生命活力的神经系统的主动性(心理主动性)在未来赢得更大的差异化生存优势。这一切都来自伴随神经系统的复杂化而逐渐突现出来的好奇心。那么,以强化和培养学生的好奇心为主的好奇性智能,就应该处于更重要的地位。

正如人们已经明确指出的,任何一所培养创新型人才的大学,首先就应该有一种能容忍并鼓励学生质疑和批判精神的人文环境。教室里学生的很多行为都是好奇心的直接表现。认识到这一点,就能正确对待学生行为中让教师感到有些愤怒的行为:混乱[1]。教育首先就要保护好学生的好奇心和学习兴趣,促使其向自主性有效转化,努力增强学生积极主动的好奇心[2]。无论是教师还是教育管理者,都要努力使学生成为学习的主体、主人,帮助学生乐于提出新问题,养成质疑、主动思考问题的习惯,对学生的创新成果(无论是只言片语式的新观点,还是系统的新奇理论体系,无论是在某些方面的局部改进,还是提出全新的发明革新),要给予适当的奖励,即使是尚未成熟的创造性设想,也要给予及时而恰当的支持。更要针对好奇心的教育与保护进行深入研究,探索构建如何才能保护好学生创新的积极性[3]。

人类的长期进化以及神经系统与各种机体效应器官的广泛联系,已经使好奇心达到了足够强的程度。在20世纪中叶的某个时期以前,人类所进行的各种活动还不足以对安然的好奇心提出更大的挑战,因此,好奇心处于不被人注意的状态,这也是很自然的。现代社会的发展则对好奇心提出了更高的要求。正如朝永振一郎所讲的:"在当今科学领域,出现了一个以前从未遇到的新问题,那就是信息爆炸麻痹了真正意义上的理性好奇心。"[4] 如果说好奇心达不到足够高的程度、好奇心的需求得不到满足保障,好奇心得不到满足、不能得到表现的负作用便会显示出来:信息可能会时时"溢出",对信息的加工过程有可能会频频"死机",有时神经系统还会出现"崩盘"现象。

自由地让儿童在游戏中玩耍,这是西方幼儿教育的核心。我们也总想在

---

[1] 埃里克·亚伯拉罕森,戴维·弗里德曼. 完美的混乱 [M]. 韩晶,译. 北京:中信出版社,2008.
[2] 戚业国. 我国大学创新人才培养的实践反思 [J]. 中国高等教育,2012 (9).
[3] 赵洪祝. 仰望星空树立理想,脚踏实地培养能力 [N]. 中国教育报,2010-11-03.
[4] 朝永振一郎. 乐园——我的诺贝尔奖之路 [M]. 孙英英,译. 北京:科学出版社,2010.

幼儿教育中引入更多的知识。这里存在一种潜在性假设：这种教育不会干扰、降低幼儿的好奇心、想象力。人们常用"不要输在起跑线上"提醒自己应尽早地实施教育。在这个过程中，存在一个不好把握的"度"，尤其需要注意应适度地扩展反映好奇心增量的知识"有限覆盖"区域，应在教育中采取相应的措施促进这种"剩余空间"尽可能地扩展。如果我们把心智看作一个稳定的耗散结构，要促使该耗散结构发生变化，就需要有超出最佳环境的刺激作用[1]。从耗散结构运动与变化的角度来看，其变化可以认为是服从"尾迹"规律的，即除了在它正常的活动范围内以较大的可能性显示以外，在其他活动范围即使距离该常态区域再远，任何状态也都有表现的可能性。此种关系可以用一个分数维来描述：存在以正常活动的中心点为参考，活动模式距离这个中心点的距离记为 d，那么该活动模式能够表现的概率即可以写为 $P \propto d^{-\kappa}$。这里 κ 即为所对应的分数维。这里的 κ 值需要通过具体实验来确定。

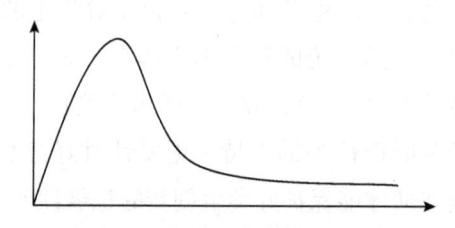

图 8.1 影响强度变化示意图

从图 9.1 中可以看到，即使是距离中心点再远，也会有一定的概率可以达到、表现。这里只是说存在这种可能性，实际上，在距离达到一定程度时，耗散结构就会有很大的可能发生较大的变化——被破坏。

在教育过程中，确定性知识的输入有利于心智的迅速构建，但却有更大的可能性以丧失求新异变的"剩余空间"为代价。如果以保证足够大的"剩余空间"为标准，心智的构建过程就有可能会稍微慢一些。这就需要在教育过程中，具体"衡量"如何才能促使受教育者的"剩余空间"尽可能地扩大，而不至于促使心灵的建构处于失控状态，也不至于使心灵构建的速度过于缓慢。正如有人评价道："究竟之于学生的创造力培养有多大贡献，迄今我们不得而知。不过，我们很难否认，由于受强大的同质化和水平测试影响，学校教育往往趋向于妨碍人的诸如好奇心、原创力、想象力和独创精神的

---

[1] 徐春玉. 幽默审美心理学 [M]. 西安：陕西人民出版社，1999.

养成。"①

教育应该是鼓励扩张而不是限制，是发现、引导而不是控制。切不可过早地引导学生养成只接收确定性知识的习惯②。

第二节 不断转变教育模式

一、教育面临的问题

旧的人才培养模式被研究者概括出如下特点③：秉承以继承为中心的教学思想和教学目标，以传授前人知识为主，注重演绎，忽视归纳，在知识传授中特别注重知识的系统性、逻辑性和完整性，缺乏知识的开放性、构建性和未知性，缺乏科研探索实践的训练，缺乏有效引领学生进入科研前沿的环境、主动的态度和能力；在当今学科交叉与综合背景下专业对口教育根深蒂固，人为地将学生限制在很小的领域，不能有效考虑培养学生的扩展意识和能力；不能理顺知识与能力之间的关系，不以能力培养为重点，学生学习仅仅是为了应付考试；以教师和教材为中心的教育教学组织形式占据大部分时间和空间，学生只能处于简单被动的接收、记忆状态，不能与实际问题相结合，即使是能够理解，也仅仅是表面的；采取单向传授为主的教学方式，基于学生个性爱好和发自内心的主动学习的主观能动性没有被调动起来，双向互动、探索研究以促进知识的学习和理解的活动居于从属地位，导致教学过程中学生主体要素的缺失④。这样做，从表面上看是"以知识为中心"，实质上是把书本知识与"知识"等同⑤。在实施传统的教育模式时，人们忘却了"尽信书，不如无书"的合理性。这种教育模式不仅压抑了学生的兴趣、个性、好

---

① 阎光才. 关于创造力、创新与体制化的教育［J］. 教育学报，2011，7（1）.
② 高伟山. 过早"长本事"伤害儿童［N］. 中国教育报，2009-04-11.
③ 段远源，张文雪. 创新人才培养模式，着力培养创新人才［J］. 中国高等教育，2009（1）.
④ 袁祖望. 中国科学创新薄弱原因探讨［J］. 华中师范大学学报（人文社会科学版），2006，45（1）.
⑤ 黄首晶. 对"以知识为中心"批判理论的批判——实施素质教育的深层理论探索［J］. 教育理论与实践，2010（9）.

奇心和想象力，还使他们习惯于在学校、老师、家长的安排下按部就班地学习、生活，与人的自主性紧密相关的学习和生活的独立性和自理能力得不到应有的培养。相当一部分年青一代大学生学习热情不高，研究激情更少，他们似乎已经失去了对学习快乐的"享受"和美妙的感悟，主要就源于此①。

在如此沉重的功利化教育环境下，所培养出来的人才可能会"学富五车"，可以掌握很多实用的技能，但却缺乏探索未知世界的热忱和能力，空有知识，却无智慧。尽管他们可能深知谋生之道，却思想贫乏，心灵空虚，缺乏信仰，缺乏对真善美的渴望与追求，学校也失去了足够的吸引力，学校的教育再也满足不了学生们那压抑不住的好奇天性；扼杀了学生对知识的兴趣和对未知世界的追求，使学习变得索然无味，导致学生甚至"没有时间睡觉""没有机会思考""对学习感兴趣的比例不到50%""80%以上的学生产生'失败者'的心态"②。

功利过于单一的教育违反了在多样并存基础上的高可能度优化选择的心智进化规律。学以致用没有错，知识在更大程度上就在于被人们广泛地应用于解决实际问题。如果被人们过于功利化，便会将其不好、不利的一面无节制地加以放大。赵毅衡将学以致用之所以流行的原因归结为两条：首先，儒家文化强调"学而优则仕"与"经世致用"，赵毅衡认为这是学以致用观的直接源头（其实，从某种角度讲，也正是这种方法，将最优秀的人集中在国家管理方面，才使中华民族很早便进入文明社会生活中）；其次，近代以来，整个社会将关注焦点放在如何尽快把知识用于发展生产力上，"实用"随即成为学术发展最主要的目的。兴趣、好奇心等其他的学习目标则不应受到压制③。这种目的片面和集中的教育不应该被划归到"以人为本"的教育模式中。赵毅衡由此认为，现在应多鼓励国人特别是年轻人，以兴趣和好奇心为指导进行学习④。高校欲培养拔尖创新人才，其真正的动力不是近期的"功利"，应该是基于探究人类未知世界的兴趣与好奇心⑤。

---

① 侯建国. 激发大学生压抑已久的科学热情[N]. 中国教育报，2009-04-06.
② 黄首晶. 对"以知识为中心"批判理论的批判——实施素质教育的深层理论探索[J]. 教育理论与实践，2010（9）.
③ 戚业国. 我国大学创新人才培养的实践反思[J]. 中国高等教育，2012（9）.
④ 向楠. 73.5%受访者认为学以致用被过于功利化了[N]. 中国青年报，2011-11-17.
⑤ 刘理，韦成龙. 高校创新人才培养中的动力机制问题思考[J]. 中国高等教育，2010（7）.

二、我们是如何学习的——好奇心伴随人成长

心理学研究表明,在婴儿出生以后,有几种典型的行为特征对于以后心智以及行为的成长具有重要作用,其中包括:(1)能安静地集中注视和注意;(2)能与他人相互作用;(3)能有目的地交流彼此的需要;(4)能参与复杂问题的解决;(5)能运用想法和语言;(6)能合乎逻辑地整合想法。吉恩·D. 哈兰、玛丽·S. 瑞夫金的研究进一步地指出:"如果儿童成功地达到这六个核心阶段,那么就会为他们日后克服挑战、灵活和创造性思维以及保持对世界的好奇心等能力的发展奠定基础。"[1]

生物的进化基本上体现出由对直接刺激产生反应,到对间接信息起反应,再进一步地提高剩余、容纳能力以提前创造性地构建新的应对行为模式的过程。作为大脑神经系统中的一个部分——好奇性神经系统,也必然具有这种变化的过程和规律,并在与其他神经系统的相互作用中,展现出足够的变化性特征。

从人们通过研究而得出的宏观效应已经表征了这个的问题。对外界新奇性信息的接收与不断记忆的过程,表征着大脑对外界信息适应的扩张。当大量信息记忆在大脑中时,大脑具有了针对众多外界刺激做出恰当选择反应模式的能力,随之,就会降低大脑本身所具有的对外扩张能力。要想提高大脑天性的扩张能力,就必须在构建确定性应对的过程中,着力强化与扩张相对应的基本模式。

婴儿的好奇心足够强,保证了这种扩张的存在及力度。在婴儿出生不久,信息的大量输入会使其好奇心得到满足,并使其通过建立与诸多信息之间的关系而独立、自主。当记忆了大量的信息以后,与之联系的好奇心的自主性作用就会以很大的可能性突显出来,人们便可以在外界信息不充分时,依据好奇性自主而寻找探索构建新奇性的信息。学习大量的信息对于自主好奇心的成长是有足够的作用的。当大量信息记忆在大脑中时,好奇心的自主性会表现得非常充分,此时只依靠大量信息的输入已经不能满足要求了。从内部好奇心的角度来看,就会在不断实施新奇信息构建的基础上产生新奇性信息的自主构建,这就是自主性好奇心的作用。从另一个角度来看,当具有了稳

---

[1] 吉恩·D. 哈兰,玛丽·S. 瑞夫金. 儿童早期的科学经验[M]. 张宪冰,李姝静,郑洁,于开莲,译. 北京:北京师范大学出版社,2006.

定的好奇心以后，自主性构建就是满足好奇心需求的一种必然表现。

在人的成长过程中，好奇心会呈现出几种变化：

（1）好奇心的依托点将越来越多，随着知识的增多、行为模式的增加，这种稳定性的信息会越来越多，而好奇心依托这些稳定的心理模式生成反应的过程就会越来越多。

（2）随着神经系统中记忆的信息越来越多，自由的心理空间会越来越小，神经系统的可塑性、灵活性会越来越差，好奇心就会越来越低，确定性知识的追求限制了好奇心的探索与扩展性，确定性知识越来越多，好奇心发挥作用的空间就越来越小，此时，会由散漫的好奇心向确定性的好奇心发生转变。

（3）确定性知识越来越多，人们对好奇心的关注程度就会越来越低。虽然开始时，正是由于好奇心而促进了人的内知识结构的迅速增长，人也在神经系统中将这种增长的功劳归功于好奇心。但人的确是为了促进内知识结构的增长而表现好奇心的，并不是为了满足好奇心而表现好奇心的，因此，当内知识结构增长达到一定程度时，人们便不再重视好奇心。

（4）出于对更深层次问题的关注会促使好奇心由浮浅向深刻转变，人们有可能会集中于某一个领域，从而持续不断地钻研相关的问题。对知识真正的理解是需要诸如"运用实证和推理的能力，具有好奇心，尊重实证和具有开放性思维的科学态度等"的[1]。当人们研究深刻性的问题时，此时的好奇心就会被看作深刻的好奇心，在人的好奇心增量的作用下，伴随着人不断地研究问题，再结合人"大脑稳定兴奋灶"的影响，人会有更大的可能性研究深刻性的问题。

（5）沿着自己得出新奇性结论的方向不断发挥好奇心，好奇心将会进一步得到增强。这是指，在认定自己的好奇心以后，人们习惯于认定自己得出的新奇性意义，就会在表现这种稳定的心理模式的涌现性特征的基础上，以新奇性信息为基础而展开进一步的变异构建。此时，还会出现另一种可能性，就是人们不再进行新奇性构建，转而去满足其他方面的好奇心。如果人们在某个好奇心方面形成强势表现习惯，就会在习惯中不断表现。

我们在这里就可以解释为什么婴儿的好奇心比成年人的强。一种可能是因为婴儿所面对的世界是新奇的，他们面临太多的新奇性信息，这有效地激发了他们的好奇心，使他们由被动的好奇心再到习惯以后形成主动的好奇心。

---

[1] 温·哈伦. 科学教育的原则和大概念 [M]. 韦钰, 译. 北京：科学普及出版社，2011.

第二种可能是因为成年人能够想到某种行为的结果，而在预测结果时，则会根据是否采取行动而有所选择：在不想行动时，会朝着不利的方面考虑问题，而在想采取行动时，则又会朝着好的方面对后果做出预测。成年人会面临更多已经知道的事物（虽然有些是似是而非，或者说是想当然）的影响，此时还会表现出另一种趋势：成年人遇到更多的确定性关系，那么，确定性关系所产生的刺激往往会有更大的影响力（因为是稳定的，可以以稳定的刺激冲量产生较大的影响，而在不稳定时，往往由于不断的变化而产生较小的影响），人们也就更多、更愿意激活、遵循这种确定性的关系。此时，人探索未知的好奇心也就在某种程度上呈现出减小的变化趋势。但不管怎样，好奇心会伴随着人的成熟而逐步降低，则是令人遗憾的。诺贝尔物理学奖获得者罗伯特·拉夫林对此有同感[1]。成年人具有更多的现实性目标，这会促使其排除其他的可能性，只将与现实性目标相关的信息及想象性模式展示在大脑中。

如果简单地把人的心智及其成长作为一个孤立的"耗散结构"，可以看出，儿童时期大量的心理活动在于记忆新奇性信息，并通过各种局部关系而将不同的心理模式联系组织起来。在这种情况下，儿童时期即便只是促进了接收信息的好奇心的增长，本质上也在不断地引入新奇性信息而促进内知识结构的逐步完善，儿童内在的生命力促使好奇心的各个方面都能够得到充分表现。因此，各个方面的好奇心会在儿童的自由成长过程中都能得到表现、增强。在儿童成长过程中，如果过于集中强化确定性知识对大脑的作用，用于探索的好奇心就会弱化，大脑神经系统开始保持有足够变异、扩展的神经元，会随着信息记忆的增加而不断消解。大脑神经系统不断地建立各种关系以表征着对确定性信息的记忆，随着稳定性联系越来越多，神经元之间自由构建各种关系的可能性就会不断降低。儿童的行为及其心理行为显示，在自由教育的情况下，可以通过不断地构建诸多有差异的模式，使某种性质信息的可能度增高、稳定性增强。教育的选择性一方面破坏了教育的自由性（也间接地破坏了自由的好奇心），另一方面，也会增加功利的局部性、"短视"性和盲目性。成人对预测的功利性评价促使其不再做某件在他看起来对他无利的行为。这种功能性评价及其延伸往往会限制成人构建多种的差异性信息。

人们俗称的增强学习能力，诸如增强学习的速度、提高理解的深度和力度，也是需要好奇心发挥强势作用的。"如果学习者认为学习的任务对他们没

---

[1] 林英，俞彩英. 论物理教学中学生创造性的培养 [J]. 商场现代化，2006：365-366.

有意义，他们要理解所学的内容会很困难。如果能够将新的经验和他们已有的经验相联系，如果他们有时间交谈和提问，并因好奇心而希望寻求问题的答案时，学习会更为有效。"①

对于好奇心来讲，教育的问题之一是如何促使松散、散漫的好奇心向深刻的好奇心转变、由感性的好奇心向理性的好奇心转变。这与人出生时已经在大脑中生成有众多联系但联系却不紧密的神经系统有关，此时神经元彼此之间还没有形成反映必然关系的稳定性的联结。如果联结稳定，意味着机体形成了稳定恰当的反应模式，当有相似的情景出现时，可以迅速再现这种有效的行为，但这将会降低神经系统灵活变化的能力。这就是心灵成长过程中所必须面对的矛盾。这种特征可以很好地诠释比如说为什么要不断地练习跳水动作等诸如此类的问题。这样做，（1）是为了扩展"动作"的难度和优美程度；（2）是为了提高"动作"的准确度（稳定度）；（3）提高构建其他动作的可能性；（4）扩展各种可能的动作；（5）形成扩展动作的基本模式。人的大脑由不具有很强联系的神经系统开始，变成构建出稳定反应模式的过程，可以使人的行为具有更加准确的有效应对性，也会增强对机体的行为控制能力，将心理模式迅速转化为对机体的控制模式，还同时构建出能够迅速创建新模式的应对能力以使人的行为具有更强的探索性。有意识地关注并增强这些方面的可能度，将可以更加有效地提高人在这些方面的能力。自然，有意识地强化好奇心增量，可以使人更加关注新奇性信息，从而构建出更强的探索构建过程（还应保持足够的神经系统空余空间，使人具有更强的灵活性、多样并存以及构建多样并存）。最终，好奇心作为一种本能，保持了更强的稳定性。我们可以运用好奇心建立起与众多信息之间稳定的联系，使机体具有很强的扩展探索性，又具有很强的自主性特征；更加广泛地建立起不同信息之间的联系，使人在面对外界刺激时，能够更加深刻地思考；使人具有更强的主动意识和主动探索性，具有更强的探索能力，并使人在其他方面得到增强时，还能保持足够的好奇心，具有更强的主动性扩展能力。

在这种成长过程中，好奇心必然会伴随着思考能力的不断增长同步增长。在好奇心由松散形式向深刻形式转化时，必然会伴随着思考能力一起成长。

在人的心智成长过程中，为了增强和提高教育的效益，需要把握几个过程。

---

① 温·哈伦. 科学教育的原则和大概念 [M]. 韦钰，译. 北京：科学普及出版社，2011.

专注：通过研究，我们提出了好奇心、注意力、快乐情感与掌控，彼此之间可以建立起一个稳定的动力学系统①，并赋予该动力系统一个古老而又新奇的描述——兴趣。使好奇心成为人们的关注焦点，从而引起人们对好奇心的重视，引导人对好奇心的特征和规律的研究，这将使人们充分认识好奇心的独立意义，更加主动地促进好奇性自主的充分发展，充分认定好奇心所导致的新奇性意义，从而有效增强好奇心及好奇心增量。

重复：不断地在各种情况下使好奇心发挥作用，使好奇心在各种场合发挥作用，使好奇心的作用重复再现，以使其成为一种独立的心理模式，并在人们对外界信息进行加工的过程中充分表现出来，并能引导人们在各种心理活动中建立与好奇心的关系。

反思：在人所表现出来的对各种心理和身体行为的反思过程中，好奇心起着核心作用，甚至可以说，人对外界的差异化作用的感受并产生各种各样的差异化反应的核心就是好奇心。而有效促进对好奇心的反思，将会更加有效地促进好奇性智能的独立强化，并有效提高人的好奇心。

激励：对于好奇心这一独立的心理模式，需要通过恰当的方式不断使之得到强大，不断使之在创造性心理转换过程中的作用逐渐突显出来，不断地建立与其他心理模式之间稳定而又具有扩展性的联系，以有效促进心智的不断增长。

三、应有效地推动好奇心教育

根据好奇心的特征与分类可以知道，想要促进人的心智的有效增长，就不能过早地传输更多确定性的知识。"尤其是在基础教育阶段，对于所谓带有'科学'标识的学科性知识，过早地让学生形成一种书本知识就是真理，甚至以标准化、刚性的测试和刻板的训练来强迫学生就范，这对创造力之培养无疑是一个灾难。"② 邦迪（Hermann Bondi）就认为："关于科学，它根本不是一个谁对谁错的问题，而毋宁说是一个谁的更有效、谁的更能让人欢欣鼓舞、谁的有助于对事物认识的进展问题。众多的证据表明理论都是临时性的。"始终带着理性的审慎、怀疑和批判，同时又借助丰富的想象力另辟蹊径，这本是我们应该秉持的学习、研究、探索的理念。

---

① 徐春玉. 幽默审美心理学 [M]. 西安：陕西人民出版社，1999.
② 阎光才. 关于创造力、创新与体制化的教育 [J]. 教育学报，2011，7 (1).

(一) 好奇心教育的可行性

我们需要说明：(1) 虽然好奇心是人的本性，也可以在适当的引导下得到增强。只要我们采取适当的方法，就可以有效地提高一个人的好奇心，并将好奇心引导到人们所期望的领域、方向上；(2) 儿童的好奇心与成年人相比要大得多，但也更加易变；(3) 人的好奇心只有与相关的知识结合起来，才能具有稳定性的足够的力量，才可以促进知识不断的向外扩展；(4) 当求知欲独立特化成为一种典型的心理模式时，好奇心的独立与特化以及由此而产生的好奇性自主也就成为一种重要的心理模式；(5) 要在恰当的时期、采取恰当的方式使好奇心定向。应充分考虑我们所采取的措施与方法是否有利于知识与好奇心的有机结合——好奇心与特定的领域结合在一起，起到对好奇心引导的作用，使好奇心在这些领域发挥作用。

哈佛商学院、欧洲工商管理学院以及杨白翰大学研究人员对500多名企业家、3000多名中层白领进行了调查，从中发现，成就巨大的创新者在5种能力上优于常人。这5种能力分别是联想、质疑、观察、尝新及社交。创新者善于以全新方式将不同来源及领域的观点和信息组织起来，从而拥有出众的思维与执行模式。他们就像人类学家那样，是敏锐细致的观察者，且勤于探索未知，尝试陌生事物，不断反省自己、质疑陈规。这种研究表明，创新能力蕴藏在人的日常行为方式中，常人只要善加改进，一样能逐步强化自己的创新能力[①]。这其中的关键在于人的好奇心，既有平常好奇心，也有较强的好奇心增量。可以看出，只有在好奇心增量达到一定程度时，才可以对创新过程产生重要影响。所谓质疑陈规，就是对现有的规则保持质疑的态度，并试图在现有规则的基础上实施求新、求异、求变性的构建、寻找其他方面的信息。重要的是构建了一种主动求新、求异、求变的心理态度，接下来的重点就在于下一步如何采取相应的动作了。

学习要善于联想，将不同的信息组织起来。善于联想，一方面会形成更大的心理空间，而另一方面，则可以在好奇心的作用下激活更多其他的有别于当前信息的新奇性、变化性以及不确定性、未知性的信息，基于通过联想所激活的信息，进一步求新求异求变。只是利用当前通过联想所激活的各种局部信息而进一步地扩展，是不能够有所创造的。正如博耶指出的，要构建

---

① 言思行. 创新能力可后天加练 [J]. 新发现, 2010 (2).

能够强化联系的课程体系和教学单元①，这些"强调课程联系的教学单元，不是按照中心主题组织教学，而是围绕想象、好奇和怀疑的观点去启发学生学习，或者让学生对某项看法或做法提出'挑战'。在这种学习中，需要一件有形的实体（通常是一项计划或一件赠品），来调动学生面对挑战的积极性"。②善于联想（将不同的事物信息联系在一起），关键在于形成众多与此有关信息的同时显示，使人可以从更大层面上认识与把握事物的变化规律，善于联想，就是将更多的信息显示在大脑中，使各种信息之间自由地相互作用［在众多相互作用的基础上，将某些信息模式显示（选择）出来］，形成一个更大的心理空间。随着大脑神经系统所具有的稳定性与"活性"的内在本质联系的逐步增强，一定大小的神经系统的兴奋，必然伴随相应的"活性"扩张系统的兴奋。如果有意识地促使这种激活"活性"稳定活动和功能进一步地增强，将会使这种以"围绕想象、好奇心和怀疑"的扩张心态得到强化。

虽然我们目前仍不了解参与兴奋的神经元的数量与大脑神经系统"活性"能力（或称强度）的内在联系，但我们已经知道，一定数量的神经元彼此之间的相互作用既有对"活性"强度的促进力量，也有对"活性"强度的制约力量。随着神经元数量的增加，系统的"活性"呈现出逐步增加的趋势，系统的"活性"会随着单个神经元的增长而非线性地增长，与此同时，系统的"活性"也会通过相互作用形成并达到新的状态，使系统的"活性"表现出与单个神经元的"活性"有很大不同的行为模式；随着神经元数量的增加，当增加到一定程度时，通过彼此之间的相互作用所形成的制约力量也会越来越大，此时系统的"活性"便会随着神经元数量的增加而相应地减少。此时，起作用的有可能就是那些外围的神经子系统的"活性"。

如果只考虑与外界相接触的神经系统的"活性"特征，当我们将注意力集中到神经系统的"边界"时，那么，"边界"越长，神经系统增长的可能性就会越大。

创新者如果在接受教育之前还能表现出由于好奇心所引起的盲目性多样化构建（试错），在形成一种稳定的模式以后，并习惯于此（也是受好奇心的影响），就能够在遇到任何问题时将此模式激活而表现出解决问题的习惯性行

---

① ［美］欧内斯特·L. 博耶. 关于美国教育改革的演讲［M］. 涂艳国，方彤，译. 北京：教育科学出版社，2002.
② 美国科学促进协会. 科学教育改革的蓝本［M］. 中国科学技术，译. 北京：科学普及出版社，2001.

为。盲目探索的可能性随之降低。

按照"不考虑是否可行,只考虑如何才能让其能行"的想法,不考虑是否应该实施好奇心教育,而是将好奇心培养作为一个目标,真正地去思考如何去做。多伦多大学《迈向2030》的规划中,就强调要继续激发和培养本科生的好奇心,提高和重视学生的创造能力、思维能力、实践能力,丰富教室内外的学习环境,给学生提供良好的学习与发展经验[1]。教育提供学生心智自由发展的保护力,主要表现在保护其能够"公开地批判陈旧思想,鼓励辩论精神,包容那些'以不同方式思考'的人,大学或许就应该一直是这样的"[2]。

教育提供了一种同龄人同步竞争的舞台,让他们能够依据彼此天性的竞争心理更强地表现好奇心,同时还将好奇心作为取得竞争优势的重要特征。只需要教育者将受教育者的注意力吸引到如何才能更好地发挥好奇心、想象力和质疑上。当然,如果说受教育者已经对此有了明确的认识,他们能够自觉地表现好奇心所对应的竞争力,那就只需要让他们的好奇心、想象力自由发挥、充分表现、自主发展;当受教育者对这种认识仍处于朦胧状态时,则需要专门指点。在受教育者根本没有认识到这一点时,就应提供专门的课程和训练,并让其充分利用比较、竞争的机会增强受教育者以好奇心的强弱来表现较高的竞争能力。

(二) 好奇心教育的原则

教育在于提高人的自由能力,但忽视好奇心的教育是达不到目的的。这其中涉及好奇心是否得到保护、是否得到增强与鼓励,是否引导学生及时地将好奇心转移到更加新奇的学习中[3][4],是否及时有效地从事更加复杂的工作,是否提出恰当的问题以及发现关键的问题,是否将一般的好奇心向探索方面转移等。陈赛对哈佛大学教育原则的解读就是:"'自由教育'——在自由探究精神指导下的不预设目标、不与职业相挂钩的教育。"[5] 这是以自由的探索和构建与天性的好奇心建立联系的过程。

---

[1] 强海燕. 世界一流大学人文课程之比较——以哈佛大学、斯坦福大学、多伦多大学为例 [J]. 比较教育研究, 2012 (11).
[2] E. 格威狄·博格, 金伯利·宾汉·霍尔. 高等教育中的质量与问责 [M]. 毛亚庆, 刘冷馨, 译. 北京: 北京师范大学出版社, 2008.
[3] 徐春玉. 好奇心理学 [M]. 杭州: 浙江教育出版社, 2008.
[4] 李亚楠. 学风建设:北师大出重拳 [N]. 中国教育报, 2013-09-30.
[5] 陈赛. 哈佛大学: 从绅士到精英 [J]. 三联生活周刊, 2013 (26): 39-52.

学科的结构复杂性会以其困难而带给学生足够的困惑、焦虑与紧张,甚至会转移学生的好奇心。在这种情况下,就更应该基于人的生命活性,在提升掌控力度的基础上,激发学生的深度好奇心,在引导学生体现复杂好奇心的基础上,强化探索与构建的好奇心。

这与人在儿时由单纯接受模式转化为控制模式的过程密切相关,如果在儿时不能很好地完成这种转化并形成这种稳定的转化模式,就会在以后的学习与工作中产生诸多障碍。因此,在教育过程中需要保护学生的好奇心,有效激发求知欲[1]。

在人的成长过程中,好奇心起着核心的作用。好奇心教育决不只是小学以前的事,好奇心教育涉及教育的每一个环节,结合我国的教育现状,好奇心教育更要涉及大学以后的教育过程,涉及科学研究等各项工作。由于各个不同阶段的人的心理特点有所不同,因此,在不同的阶段实施好奇心教育就具有了很大的差异。好奇心教育的规律应该包括:(1)生命活力规律;(2)时间发展规律;(3)鼓励与压抑规律;(4)好奇心与知识结合规律。还应该有几条好奇心培养的原则,包括:(1)以人为本原则;(2)尽量满足原则;(3)赞赏鼓励原则;(4)自由发展原则;(5)定向引导原则;(6)反馈反思原则;(7)快乐强化原则;(8)自主好奇原则等。

四、有关学习的新建议

学习在更大程度上主要表现为学生自己愿意学习、自主学习。自主学习的基本动力就在于内在强烈的求知欲——好奇心。因此,教育的重要任务之一就是通过激发学生的好奇心来促使其自主学习。这就要求,在教育的各个阶段和各个环节,都要以有效地激发学生的好奇心作为基本出发点[2]。

今天的中国儿童教育亟须来一场思想解放运动,今天的教育工作者更面临一个极其严峻的课题"捍卫童年",应该将把发现儿童和解放儿童作为儿童教育最神圣的天职[3]。捍卫童年,主要在于重视及保护好奇心。离开了对儿童好奇心的重视,离开了对儿童好奇心的引导、激励与培养,这种捍卫的意义又在哪里?

---

[1] 野晓航. 论中小学学生创新能力的培养[J]. 教育探索, 2002(9).
[2] 威廉姆斯·C. 里兹. 培养儿童好奇心——89个科学活动[M]. 王素, 倪振民, 译. 北京: 教育科学出版社, 2009.
[3] 孙云晓. 捍卫童年[M]. 南京: 江苏教育出版社, 2007.

1. 创设培养好奇心的教育氛围

米哈伊·奇凯岑特米哈伊提出了"孩子最初的好奇心由社会环境的某些因素激起"的问题①。考虑到教育只是提供了受教育者的内知识结构在好奇心作用下自由构建的"边界条件",我们就应该围绕好奇心与内知识结构相互作用的特点和规律,构建心智成长的"边界条件",并由此而建立心智成长的"定解方程",正确求解教育规律。

我们应该围绕好奇心建立激励好奇心教育的氛围与措施②。理查德·尼斯贝特同意马克·莱普总结的辅导5C原则:培养一种控制感谢(Control),让孩子感受到挑战(Challenge),树立孩子成功的自信心(Confidence),增强孩子的好奇心(Curiosity)以及引导孩子将问题放到一定的背景中去思考(Contextualize)③。美国教育专家托兰斯就认为④,教师在培养学生的创造力时要从以下5个方面入手:(1)尊重与众不同的疑问;(2)尊重与众不同的观念;(3)向学生证明他们的观念是有价值的;(4)给以不计其数的学习机会;(5)使评价与前因后果联系起来。这些方法对培养学生的好奇心或实施好奇心教育很具启发意义。

基于好奇心的教育应重在构建民主型的课堂氛围。不应该将学生置于被动地位,而是应该让学生处于主动地位。在课堂氛围的营造方面,教师的作用至关重要。帕特里克(Patrick)实验研究发现⑤,在民主型教师风格的课堂中,师生关系融洽,学生的学习主动性高,对知识的反应能力和接受能力较快,这种氛围也有利于学生创造力的发挥;而紧张压抑的气氛则相反,它会将压抑的力量转化成为阻碍学生发展的刺激力。日本学者押谷由夫等人通过对小学五年级学生创造性活动测试发现,处于积极"支持型"课堂氛围中的学生要比处于消极"防卫型"氛围中的学生有较多的自信与信赖,宽容与互助行为较多,能促进学生的自发性和多样性想法,从而有利于学生创造性行

---

① 米哈伊·奇凯岑特米哈伊.创造性:发现和发明的心理学[M].夏镇平,译.上海:上海译文出版社,2001.
② 龚乃新.论探究式物理教学[J].陕西师范大学学报(自然科学版),2003,31(4):227-229.
③ 理查德·尼斯贝特.开启智慧[M].仲田甜,译.北京:中信出版社,2010.
④ 徐建华.美国的创造力教育[J].北京教育,2004(10).
⑤ 田友谊.中小学班级环境与学生创造力培养研究[D].武汉:华中师范大学,2004.

为和活动的产生①。

民主型的教师领导风格和支持型的课堂气氛有利于学生好奇心的发展，因为民主型的教师尊重学生的人格平等和学习者的主体地位，给予学生独立思考的自由和空间，鼓励学生敢于批判，勇于挑战权威，形成主动学习，积极参与构建课堂的融洽氛围②。

教师提前掌握知识的天然教育属性，必然使学生处于被动地位，在教与学的过程中，学生的好奇心更容易受到打压。此时，作为教师，就应该"保持童心未泯"，主动建立师生平等以及民主和谐的人际关系，充分相信幼儿的创造能力并保障幼儿的自由游戏等③。教师的包容、引导、激励技巧也变得越来越重要④。基于好奇心的教育，重在加强好奇性互动，"在幼年，最好的互动是与成人的互动。互动太少，儿童就会缺乏动力，很快失去兴趣。成人干预太多，探究框得太死，儿童可能会变得过于依赖成人的帮助，没有了自由探究的机会，这对发展不利。通过这些探究，儿童也会形成一些有用的科学态度。儿童的探究可以鼓励他们变得好奇、有创造力并不断询问与周围世界有关的问题"。⑤ 教师要善于引导和激励⑥。引导激发学生在互动的过程中增强自主性，形成独特的研究问题的个性方法，启发式教学就是基于好奇心最基本的教学引导模式。而这种教育模式则是对成年人的严峻的考验。

在课堂教学中可以有针对性地实施好奇心教育，在课堂外实施好奇心教育则会面临更大的困难。我们是否能够将那些"来自五湖四海"、想表现自己好奇心的人士通过非行政组织的方式汇聚在一起，促使大家充满乐趣地表现自己的好奇心，并通过交流相互促进，形成更强表现好奇心的追求和向往？包括自由地表达自己发现的问题，充满新奇地构建各种各样的意义，自在地描述自己的感悟，并能够耐心地聆听他人的新奇观点？我们相信，在畅快地表达自己好奇心的同时，能够充分容忍他人新奇的观点，将是构建好奇心教育氛围的基本原则。

---

① [日]片冈德雄. 班级社会学探讨 [J]. 吴康宁，译. 华东师范大学学报（教育科学版），1985（3）.
② 黄建初，陆英. "我要喝水"引发的教育学思考 [J]. 上海教育科研，2003（8）.
③ 马慧芝. 呵护幼儿的好奇心，仰视幼儿的好奇心 [J]. 中国校外教育，2009（8）.
④ 江琴. 小兔吃草 [J]. 学前教育研究，2003（3）.
⑤ 简·约翰斯顿. 儿童早期的科学探究 [M]. 朱方，朱进宁，译. 上海：上海科技教育出版社，2008.
⑥ 王芳. 以揭秘导课 [J]. 中小学信息技术教育，2004（3）.

以研究探索为主要特征的"慕课"开始在教育领域产生影响。作为"慕课"发起者的麻省理工学院的院长查尔斯·维斯特指出,当 MIT 采取开放式课程网页(MIT OCW)的开发时,对教育已经产生了足以引起人们注意的重要影响。有学生感谢道:"要按照 MIT 的标准来行动。……这是全球性的。……感谢你们对于教育的贡献,你们不仅提供了高质量的内容,还创设一个培养好奇心、倡导愉悦学习的环境。"① 我们认为,在学生获得更大学习自由的同时,好奇心受到的关注及作用将会越来越大。

2. 保护与激励求新求异求变

无条件地保护甚至捍卫学生的好奇心和主动性,是教育者最需要做的事情②。人们普遍认为,要通过激励的方式激发学生"求新异变"的思维模式,引导他们从某一个信息模式出发,向其他信息模式尽可能地扩展、延伸,并在这种"求新异变"的过程中,促进内知识结构的有效增长③。要促使这种教育模式规范化、制度经、系统化,使之贯彻到教育的整个过程。只在某一门课程或某些时间实施这种教育模式是远远不够的,最起码这样做不能在更大程度上有效地促使学生养成相应的习惯,或者说不能保证这种有针对性的培养占据主流。"标准答案式教育"会使学生的思想变得更加"机械化":失去好奇心与想象力——失去灵性④、失去自主,甚至失去人性。

对4~6岁幼儿好奇心的调查研究表明,从本质上虽然多数孩子具有强烈的好奇心,但多数幼儿的好奇心仅仅只停留在新奇、感兴趣的层面上,还没有深化、转化为一种稳定的探究性行为,在教育界甚至缺乏对这个方面的正确指导。这已经开始引起人们的重视。申继亮通过"中外青少年创造性跨文化对比研究",指出了教育应该强化以下几个方面的做法:一是支持性,鼓励每个学生敢于大胆地表达自己的想法,敢说真话,敢于说出与别人不一样的东西,给学生以安全感;二是开放性,允许有新东西出现,允许有不同的声音发出,促进学生心灵的开放;三是建构性,要更多地关注学生人格的成长,关注他们的亲身感受、自信心和成功体验,让学生在快乐体验中不断成长,不再仅仅是关注学生的智力发展⑤。这就意味着,要真正地在教学过程中鼓励

---

① 查尔斯·维斯特. 一流大学,卓越校长 [M]. 蓝劲松,译. 北京:北京大学出版社,2008.
② 林格. 教育是没有用的 [M]. 北京:北京大学出版社,2009.
③ 刘良华. 我们的教育是符合人性的吗? [J]. 教育科学,2007,23(2).
④ 付君萍. 闲暇出智慧 [N]. 光明日报,2013-10-16.
⑤ 申继亮. 中外青少年创造性跨文化对比研究 [N]. 科技日报,2007-11-22.

孩子的新奇想法，追求多种的新、异、变，以强化好奇心的扩展功能①。

学生的心智在各个阶段都会有较大的变化性空间，尤其要在高等教育阶段强化以研究探索为核心的教育模式。不要认为学生没有探索的基础，不要认为他们什么都不懂，实际上高中教育已经为他们的探索打下了坚实的基础。好奇心与想象力是他们展开研究探索的最坚实的基础。无论是在课堂教学中，还是在课下的各种活动中，都要贯彻以好奇心培养为基础、以研究探索为核心的教育宗旨②。而教育其实没有必要做得太多，只需要与学生一起享受"一定程度的诧异或不确定之感会引发好奇心（Berlyne，1960）"即可③。在课堂上引发学生发表自己的看法、体验惊奇、形成讨论的氛围是至关重要的。是的，虽然讨论与交流是人类社会的核心品质，但我们在实际教学中也能明显地看到在课堂上学生们并不愿意发表意见、展开讨论，威尔伯特·J. 麦肯齐等指出的诸多原因，在我们的学生身上也有反映④，我们认为，通过引导学生展开前期研究、养成发表自己看法的习惯、养成讨论的习惯、设立主题发言者等措施加以改进，通过激励提出差异点非常明确的各种观点等；引导学生体会讨论的快乐享受，并在这种感悟中有效地促进学生的深入讨论，是很有必要的。

2018年诺贝尔生理学或医学奖授予京教大学教授本庶佑，以奖励他对如何激励免疫细胞攻击癌细胞所做出的贡献。无一例外地，人们会问及其成功的经验。当被问及怎样才能做出独创性研究时，本庶说，他跟自己的学生总是要重视强调六个"C"，"珍惜好奇心（curiosity），满怀勇气（Courage），去挑战（Challenge），坚持所信（Confidence），全神贯注（Concentrate），持之以恒（Continuation）⑤。

3. 正确对待学生（孩子）提问题

如果对学生（孩子）略作观察，我们会产生这样的疑问：为什么某一时期学生（孩子）的问题特别多？从好奇心的角度来分析，可能存在以下几个方面的原因。

第一，他们受到好奇心的驱使处于已知知识的边界，由于具备了一定量

---

① 王永华. 家庭教育中培养孩子创造性思维的策略［J］. 当代教育科学，2003（20）.
② 段洪波. 以人才培养为导向的高校科研评价改革探析［J］. 中国高教研究，2013（5）.
③ 威尔伯特·J. 麦肯齐. 麦肯齐大学教学精要［M］. 徐辉，译. 杭州：浙江大学出版社，2005.
④ 朱邦芬. 关于培养杰出人才的一些想法和做法［J］. 中国大学教学，2011（8）：7-10.
⑤ 杨汀. 重视六个"C"才有独创性［N］. 参考消息，2018-10-10.

的知识，又掌握了建立信息之间关系的心理指导模式，具备了一定的信息转换方法，也在不断地对信息实施变换，已经在各种活动中表现出了相关的模式，得出了具有一定自主性的看法和结论，形成自己对外界的看法和习惯性方法思维模式，也能迅速理解恰当的知识。此时，他们的好奇心已经得到了一定的扩张，只有具有一定抽象程度的符号性信息，才能满足他们的好奇心（因为任何符号性信息都具有所指和能指的信息，这些信息特征作为符号性信息的恰当扩展和所包容的未知信息能够更好地满足人较强的好奇心），并随之而在意识层面提出具有抽象概括意义的问题。在人的成长过程中，孩子对事物生发了好奇的心理，产生了要认识该事物的愿望，通过动作、询问而思考、探索，从而认识这个世界。这种看法仅仅是根据局部信息并受好奇心作用而作了整体延伸、扩展的结果，与现实中的事物信息有可能存在很大的不同。

第二，他们由好奇心而开辟出了更大的心理空间，这是一个存在未知信息的、没有被其他信息所占据的、由好奇心虚空性地构建出来的未知性、包容性"空间"，这种虚空性的空间急需大量知识的填充。这种由好奇心所激发的虚空空间越大，表现出来的人的求知欲就会越强。

第三，通过本能好奇心的扩张心理，会驱使他们将自己的目光转向他们不知道的未知信息，基于当前知识运用发散联想、主动地求新求异求变构建出了新的意义。他们也通过观察和学习了解到新奇性的信息，但他们还没有建立起完整而系统的信息，此时受到整体化和掌控心理的驱使，他们会不断地将与之相关的信息与自己的心智结构联系起来。这种随机的、不加选择判断的联系自然会与必然的、逻辑性联系有所不同，并由此而产生差异。在他们将这种差异状态反映出来时，就会在收敛力量的作用下表达出努力与之求同的过程，形成向这种状态转换的过程和力量。

第四，由于没有固定的知识及结构的制约，其心灵中代表着扩展、张扬一面的好奇心会充分地表现，展示出他们极强的扩展、学习欲望。

第五，他们的被动好奇心已经被稳定地激发出来（这自然需要一定数量的新奇性信息的刺激作用），稳定神经系统的"活性"引导他们将好奇心激活，而当好奇心与信息建立起联系时，使他们具有了提出问题的基础。此时他们会运用类比等各种方式建立不同信息之间的关系，不断地寻找不同信息之间的内在本质联系，寻找更大范围内关于事物变化时的不变特征等。

第六，他们的掌控心理已经成为一种稳定的心理模式，此时，更希望把握未知的、不确定性的、变化性的信息，一定量的内知识结构和大量的未知知识会对他们的掌控心理产生巨大的吸引力,由此而促进问题的大量产生。

　　学生(孩子)所提问题的基本特点是:问题往往具有很大的不确定性,具有很强的未知性,还没有准确的问题表达方式。此时,按照教育的一般原则,主要是鼓励他们的好奇心,让他们的心智自由,鼓励他们的探索性构建,鼓励他们自由提问,引导他们沿着一个方向深入思考。或者抓住他们的好奇心,激励他们尽可能地展开联想①。要让他们敢于提问②。要保证他们能够跟随自己的好奇心大胆提问,保证他们想问什么就问什么,切实保证他们在好奇中形成自主③!

　　从某种角度讲,当学生(孩子)提出了大量的问题时,意味着他们在引导家长(老师)按照其思想前行,此时家长(老师)往往产生一种被控制的感觉;有时会因为学生(孩子)提出的问题家长(老师)不了解,会挫伤家长(老师)的自尊心,也容易引起家长(老师)的烦躁感、焦虑感、恐惧感等。这些感受将影响家长及教师对待学生(孩子)所提问题的态度④。

　　面对孩子(学生)的大量问题,我们应该怎么办⑤?给你一个忠告:千万别置之不理!美国国家科学院院长布鲁斯·阿尔伯兹指出:"探究部分地是……一种好奇心驱使的心理倾向。大多数的儿童具有天然的好奇心,他们总喜欢问这是为什么,那又是如何。然而,如果成人对他们不厌其烦提出的问题置之不理,认为那不过是一些幼稚可笑或无聊的问题,儿童就会丧失这种好奇心。"⑥ 积极回应是对教师和家长一个最基本的要求。针对学生(孩子)所提的问题,答案未必精确、精准,但回答必须积极、及时。对学生(孩子)的问题,家长(老师)是否有一个标准而正确的答案并不重要,重要的是回答的态度能否引导和满足他的求知欲。家长(老师)在遇到孩子(学生)提出了自己不懂的问题时不应该轻易作答,更不能随口否定,而是应该通过启发、引导的方式这样对学生(孩子))说:"我想听听你的看法""你是如何看待这个问题的?""查查资料看他人是怎样看的?他人是如何研究这个问题

---

① 张红英.教师预设活动和幼儿生成活动之间的关系［J］.早期教育,2002(11).
② 朱静怡.让幼儿敢于提问［J］.幼儿教育,2004(4).
③ 李淑芹.孩子的创造力哪里去了?［J］中国教师,2005(4).
④ 许丽.是谁悄悄蒙上你的眼睛［J］.江西教育科研,2004(3).
⑤ 李晓燕.幼儿质疑能力的保护和培养［J］.早期教育,2003(10).
⑥ 国家研究理事会科学、数学及技术教育中心《国家科学教育标准》科学探究附属读物编委会.科学探究与国家科学教育标准——教与学的指南［M］.罗星凯,等,译.北京:科学普及出版社,2004.

的?"这种开放性的启发会使学生(孩子)用心去思索和探讨,他们主动思考问题的空间就会越来越大。除此之外,还需要以下环节:

启发提出问题。要发现孩子(学生)的疑惑、不解是什么、在哪里,看他们好奇在哪里,再通过自己提出问题的示范过程,引导他们提出更多的问题,引导他们通过提问展开思考①。要引导并鼓励孩子(学生)感受差异和变化,体验惊奇和不解,然后将这种差异性的感受用恰当的语言表述出来。

重视提出问题。不要轻视孩子(学生)提出的问题,应重视、尊重并鼓励学生(孩子)多提问题,启发学生(孩子)提问,切记不要讽刺、嘲笑。尤其要忌否定性话语。虽然我们可以提出很好的问题,但我们切不可看不起学生(孩子)们的不成熟的问题。

倾听什么问题。要认识到赞许式倾听是对学生(孩子)好奇心的最好支持。不仅要倾听他们说了什么,还要倾听他们想说什么、是怎么说的、是否激情涌动等。要听出他们最激动的地方,并借助这股激情引导他们向问题的本质步步逼近。在倾听的过程中要不断启发示范性地把他们的观点用自己的话复述一遍,把彼此之间的不同观点联系起来。在此过程中,重点要集中于能把他们新奇自主的思想一点一点地挖掘出来。

引导分析问题。引导他们反思、掌握提出问题的方法,引导他们运用连续性思维提出问题的方法,促使他们学会由散漫性提问转化到能够提出关键问题。要在激发他们围绕一个问题提出各种各样的提法,并在提出大量的问题以后,加以反思和比较,从中选择出相对恰当的问题②③。要使他们学会并习惯于这种提问题的模式,引导他们学会这种准确提出问题的心理模式,引导他们通过简单练习独立提问。在此过程中,可以采取进一步提出众多疑问和悬念的方式,激发他们将所提的问题引向深入。

应该认识到,提出问题本身意味着对问题进行着一定程度上的分析,因此,在这个过程中,可以引导围绕该问题深入地提出一系列相关的问题,并由此提出恰当的问题。

给出思考时间。与其告诉学生(孩子)是什么、应该想什么、如何去想,不如给孩子(学生)时间让他们自己思考。对问题的回答要保持恰当的新奇度、开放度,要使学生(孩子)有思考的时间和空间,并有意识地引导他们

---

① 许永红. 培养幼儿的问题意识 [J]. 幼儿教育, 2002 (5): 15.
② 王世凤. 如何培养小学生的问题意识 [J]. 天津教育, 2006 (8).
③ 约翰·P. 霍斯顿. 动机心理学 [M]. 孟继群, 侯积良, 译. 沈阳: 辽宁人民出版社, 1990.

深入思考[1]。可以从他们所感兴趣的方面入手不断提问。在具体的教育教学过程中，各种活动的时间安排要尽可能地跟随学生（孩子）的好奇心，在一定时间内灵活调整，不可僵化[2]。

共同探索问题。否定他们的提问，意味着否定他们的思想。要以问题的形式引导他们进一步思考。要应因势利导，启发他们去积极思考。如，"你想想，这是为什么？""还有可能是什么原因？""还有哪些方面？""还可能有哪种可能性？"要通过一个个的提问，推动学生（孩子）思考和发现，把那些看似支离破碎的信息串起来，形成内在的因果联系，在盘根错节的内外部环境中让他们找到问题的本源。要与学生（孩子）一起研究、探索，寻找、构建问题的答案；提供各种资料，供他们自己去研究，由他们自己得出相应的结论。

开展研究讨论。学生（孩子）们对问题都有自己的看法和认识，在争强好胜意识的驱使下也更加愿意发表自己的看法。因此，要让他们自由发言，在表现自己独到观点的同时，引导注意他人观点的有意义之处。美国学校教师经常采取四种策略：引导性讨论、质询性讨论、反思性讨论和探索性讨论，引导学生持续性地展开讨论[3]。

在这里还应该注意，在回答孩子（学生）的问题时，要根据他们的理解、接受能力，尽量采用生动具体的描述，给出他们能够明白的解释，使他们真正享受到探索事物奥妙的乐趣。对于年龄较小的孩童，可以探索运用比喻和拟人化的方法讲解，也可以通过故事的形式来回答。含有一定成分的正确答案的隐喻性回答，将具有更大的启发性。

4. 正确对待孩子的调皮

好奇心表征着孩子们的生命力。在成年人眼中，好奇心强的孩子往往"精力过剩"，也往往被人看作调皮，其实这正是由于与成年人相比，孩子表现出了更强好奇心从而超出成人"掌控"能力的缘故，因此，必须正视[4]。孩子调皮，意味着他们在运用好奇心不断地实施自主性探索，这是在运用好奇心不断地扩展其自主性能力。当这种独具特色的探索不符合家长、老师的

---

[1] 许永红. 培养幼儿的问题意识 [J]. 幼儿教育, 2002 (5): 15.
[2] 王晓红, 等. 该让孩子继续研究吗？[J]. 每月话题, 2001 (5).
[3] 刘继文. 美国学校的讨论式教学 [J]. 小学教学研究, 2004 (12).
[4] 晴文. 正视幼儿的精力过剩 [N]. 中国妇女报, 2004-07-28.

想法、意愿时（这种不符是必然的），就被认定为调皮甚至逆反。探索意味着通过构建差异不断出错，这与科研探索、创新的特质是一致的。而不断出错的过程往往意味着不断建构正确道路（方法）、不断改正错误方法的过程。基于好奇心的异化探索，是孩子们学习的基本方式。正确对待孩子的调皮，也就意味着尊重他们的好奇心、尊重他们的主体地位、尊重他们的积极主动性[1]。切不可根据家长老师的价值判断标准武断地打压孩子的好奇心和探索欲[2]。这需要成年人摘掉戴在孩子好奇心上的"紧箍咒"，鼓励他们的独到见解和标新立异，使他们敢想敢说，勇于创新[3]。让我们将自己的爱与孩子的好奇心结合在一起吧！

第三节　基于好奇心的教育与学习

教育必须加以改进。我们的基本观点是：教育应基于好奇心。通俗地讲，就是要激发好奇心、激励和增强好奇心，并建立好奇心与想象力等其他心理品质的关系，包括通过好奇心激发人的"学习能量"[4]。

一、重视学生（孩子）在好奇心方面的差别

随着年龄的增长、心智的不断完善，简单、直观性信息所带来的新奇性已经不足以满足学生的好奇心，学生的思维能力、认知能力也会有一个较大的提高。在这种情况下，要将他们的好奇心引向知识的学习与理解，必须有一些能引起他们研究与探索的新奇性、复杂性信息才可以。由于心智不同，在新颖性信息的选择上就有很大的不同。

基于多元智能理论，我们认为，教育有责任在多个维度促进人的潜能与好奇心的有机结合。人成长的非线性特征使我们认识到，个性差异及教育开发的影响，每个人的潜能发展是不同的。人的强势智能也会有不同的表现。

---

[1] 耿涉玲，伍成泉. 培养儿童质疑精神的价值与途径 [J]. 学前教育研究，2010 (10).
[2] 刘萍. 要不要珍惜和呵护孩子的好奇心 [J]. 家庭与家教，2006 (5).
[3] 李冰，张庆琴. 摘掉"紧箍咒" [J]. 中小学教师培训，2004 (3).
[4] 任凯，鲁思·迪肯·克瑞克. 探索有效终身学习之指标："学习能量"及其动态测评 [J]. 教育学报，2011，7 (6).

有的善于分析，有的善于综合，有的善于实施新奇性构建，有的喜欢多样并存。"多元智能理论最大优点就是能够根据孩子不同的天赋智力类型而设计相适应的教学内容，从而更能激发和满足孩子的好奇心。"[①] 教育应该围绕好奇心组织内容和教学方法，引导学生不断的表现好奇、探究意识及行为，在教育过程中，可以通过启发筛选机制和相应的因材施教，使学生的特长得到确认和开发，并有意识地培养一个由个体的特长所组成的完整的群体。在保障能够培养出社会所需要的各种人才的前提下，应促进多种教育模式发展、建立多元的质量评价标准，充分发挥每个人最优秀的潜能，努力把所有的人都培养成自身所在领域中的精英。

在专门化和职业化日趋强化的时代，哈佛大学重申研究型大学本科教育的实质是自由教育，这是着力培养"学生成为具有好奇心、反思和怀疑精神，并至少能在一个知识领域中进行专门和集中学习的人"。为了更好地达成这个目标，哈佛大学通过新一轮的教学改革，用"哈佛学院课程"取代以前的"核心课程"[②]。虽然对于这种改革还存在种种异议，但这种改革在更大程度上重视学生的好奇心，努力从好奇心出发构建学生的整个学习人生，体现了基本的"以人为本"。在能够认识到好奇心与人的个性发展的关系时，显然，这种基于好奇心的教育改革将更加有利于因材施教。

学生的自主、自发学习是学生最原始的学习形式，也是其最为核心的学习形式。在保证学生自主、自由形式顺利成长的过程中，需要外界能够提供恰当的教育"边界条件"，促进学生在相关方面自由而迅速地增长。为此，在大学教育阶段，可以通过个性化的导师制，在大量时间保证基础上有效引发、激励学生的好奇心、想象力，在学生的创造力得到强化的基础上使学生得到个性化培养。世界上没有两片相同的绿叶，更没有相同的好奇心和想象力，要根据不同学生的特点，指导他们阅读、实践、感悟，"自己生产自己"[③]。独具特色的好奇心和想象力是学生个性的重要方面，可以通过培养学生的好奇心与想象力，提高学生个性化培养的力度与质量。

二、促进学习理论不断深化

基本原则：按照学生（孩子）的兴趣点鼓励他们，引导他们将好奇心与

---

① 许珺. 正确对待学生的好奇心 [J]. 安徽教育，2005（2）.
② 张晓鹏. 哈佛教改 [J]. 上海教育，2004（10B）.
③ 刘献君. 创新教育理念，推动人才培养模式改革 [J]. 中国高等教育，2009（1）.

兴趣有机结合，并进一步地引导、激发他们，跟随他们的愿望激励、促进他们。核心是引导学生学会深入思考，学会从多个角度思考，考虑更多的因素，充分地表现好奇，充分想象等。显然，我们不能过于单纯地培养人的好奇心，要将好奇心的培养与其他方面的教育有机结合。

如何才能叫结合学生（孩子）的心理生理特点实施教育？学生的学习生理心理体现出了如下特点：（1）开始是大量记忆，后来则是理解记忆，再后来是模仿，再后来是探索未知；（2）开始是感性知识，后来才是理性知识；（3）开始是与具体事物相结合的知识，后来只是在心理层面上的信息模式的变换。好奇心的逐步深化将在这个过程中体现出来。实施符合学生心理生理特点的教育，就是让教育体现出这些特点。

即使是坚持围绕课程单元，也应该"围绕想象、好奇和怀疑的观点去启发学生学习或者让学生对某项看法或做法提出'挑战'"。尤其不能实施单纯的知识传授，不能空泛地讲解抽象的理论，不能使他们简单地接受，要使他们在思考中理解，要注意理论与实际的有机结合，尤其要注意通过"一件有形的实物（通常是一项计划或一件赠品），来调动学生面对挑战的积极性"。[1]

要强化学生在实践中认识理论或者在实践中自己锻炼提炼概括理论的能力，同时要通过实践与理论结合后的反思，深化学生对知识的理解。丰富的实际信息将带给人以更大的冲击。尤其重要的是，研究实际问题的过程，会有力地促进学生形成将知识扩展到其他领域的方法和能力[2]。

我们已经对好奇心进行了分类，需要依据好奇心的不同类别分别采取不同的措施。如针对多样并存的好奇心，可以罗列针对同一个问题的不同观点、学说；针对探究的好奇心，可以设定学科前沿的相关问题；针对不确定的好奇心，可以将现实中隐含于不确定的问题描述出来等。

探索促进学习。在稳定模式基础上的变异与扩展，能够有效地增长孩子（学生）的知识。这是孩子已经认识到了一种模式，并且很自然地将这种模式推广、扩展、延伸到一般情况的心理作用。这是他们固化了一种关系模式以后，会将这种关系模式向其他具有相同局部特征的事物扩展，这本身就意味着探索、意味着新奇构建。袁茵、杨丽珠根据探索在好奇心中的本质性内涵，

---

[1] 美国科学促进协会. 科学教育改革的蓝本 [M]. 中国科学技术协会，译. 北京：科学普及出版社，2001.

[2] 美国科学促进协会. 科学教育改革的蓝本 [M]. 中国科学技术协会，译. 北京：科学普及出版社，2001.

提出探索是培养好奇心的最佳方式,因此,在教育过程中,可通过探索以更好地促进学习[1]。与接收学习信息最大的不同是,探索是自己构建、优化选择出相应的信息,然后将其固化到内知识结构中。

好奇心度量的是人扩展心理的强度,好奇心强时,意味着学生(孩子)的扩展能力就强,将一种模式延伸、推广到其他事物的能力也就较强。因此,在教育中,就应该依据这一原则,促进孩子(学生)进一步地表现相关的行为,将一种关系模式推广到尽可能多的其他事物上,将一种关系模式推广到具有比较少的关系的其他事物上,对一个事物用到尽可能多的其他关系模式[2]。

好奇心与竞争意识相结合。当学生(孩子)在学习过程中产生了问题、遇到了困难时,会对他们的进一步学习产生某种影响。突破这些困难不能仅仅依靠好奇心,还要依靠在学习过程中彼此之间的争强好胜意识以及习惯性行为所产生的维持稳定的力量。好奇心与竞争意识的结合,将促使人表现出更强的好奇心。基于好奇心的竞争可以引导人构建、选择其他的竞争策略,在诸多策略中选择相对最佳的,在差异中获胜。好奇心与竞争意识之间的相互作用,将会对学习、探究过程产生足够强的影响力。

超前教育意味着在促进心智的变化方面需要提供足够的刺激力,但也应该注意超前的力度。我们不是不提倡学前教育,而是需要注意教育确定性知识的程度(力度)。根据心智耗散结构发展的特点以及促使心智迅速成长的特点,要在其自由发展的基础上有限度地增加相对于学生(孩子)来讲是新奇的确定性知识的成分,并随着学生(孩子)心智的成熟而不断改变知识的成分,尤其是要结合学生(孩子)的心理生理特点实施符合心智发展特点,尤其是符合好奇心的超前教育。所谓符合好奇心的超前教育,指的是在好奇心变化区域的限制空间内适度超前,不能长时间、大数量地超出好奇心的变化区域,以与生命的本性相吻合。要在确保学生(孩子)好奇心分类特点的基础上,促使好奇心的各个方面得到有效发展。这一点,E. 詹森讲得非常清楚:"首先,为得到丰富环境效应,刺激必须新颖。其次,刺激必须具有挑战性。……再次,刺激必须是连贯和有意义的。……最后,学习必须过度。多长时间有赖于神经改变的程度,而仅有即刻发生的改变是刺激反应学习的途

---

[1] 何善亮. 论科学精神的养育策略 [J]. 教育理论与实践, 2012, 32 (1).
[2] 陈惠, 孙祥. 引导幼儿在科学探索活动中学会探究 [J]. 幼儿园教育教学, 2006 (3).

径：这意味着反馈。……反馈越一致、具体、适时，学习者控制就越好。……一言以蔽之，丰富脑的关键要素是新异挑战性、一致性、时间和反馈。"[1]

促进好奇心与价值标准的有机结合。在社会进步过程中所形成的道德价值标准决定着人的判断与选择。人在好奇心的作用下产生了新奇性的行为，会被社会道德标准赋予其一定的意义。从效果来看，也就意味着这种新奇性行为被打上了一定的价值标记，由此而延伸到对好奇心的直接价值标定。

不同的社会有不同的价值判断标准，从全人类的角度来看，也有基本的道德价值判断标准。好奇心是不具有道德价值标准的，我们要在教育过程中恰当地将好奇心与社会道德价值标准相结合，以有效培养有利于社会进步与发展的人。对于那些有害于社会进步与发展的不利的新奇行为，应该避免，而对于那些有利于社会进步与发展的积极的新奇行为，则应加以鼓励。简单地说，符合道德价值标准的好奇心应该得到鼓励与强化，违背道德价值标准的好奇心，则应得到阻止[2]。与此同时，还须运用好奇心，不断探索新情景下的新的价值判断标准。

激发好奇想象引领学习。人的心智成长是依靠好奇心与想象力在共同起作用的基础上，运用价值判断而优化、固化的。当心智结构达不到一定程度时，如果好奇心与想象力所起的作用不能固定下来，通过探索所获得的知识也不能稳定，人的天性探索的好奇心不能形成有效的思维方法，人的学习、探索的过程也就不能形成一个习惯性的稳定模式。人类获得的知识与一个人内心的"内知识结构"会有很大的不同的。外界各种信息在一个人内心的"积淀"成为一个人的"内知识结构"，这其中既包括抽象的知识、不可言说的"缄默知识"，也包括认知的过程和方法、人的习惯性行为模式在内心的"表征"、固化。"内知识结构"的增长就是在外界环境的作用下，在好奇心与想象力构建多种不同反应模式的基础上，通过"价值"判断而优化取舍的结果。这其中包含着通过扩展而形成的缄默知识。当各方面的心智达到一定的成熟度时，必然会对好奇心满足的形式产生影响，促进人更多地由具体的感知性、形象性信息过渡到抽象性、符号性信息。在这个过程中，可能会由于大量信息的同时输入促使人产生对确定性信息（关于各种信息变化时的"信息不变量"）的追求，从而使人更加关注符号性信息。当然，由于反映具

---

[1] E.詹森.基于脑的学习——教学与训练的新科学[M].梁平,译.上海：华东师范大学出版社, 2008.
[2] 林美香.是借还是送,是捡还是偷[J].学前教育研究,2003（4）.

体事物之间共性特征的符号性信息,可以对应于众多不同的具体事物而具有更大的变化性、模糊性和不确定性,也将在更大程度上满足人的好奇心需求,使人更愿意运用符号来满足人的好奇心(尤其是满足人的多样并存的好奇心)。同步地,会由此而激发人的掌控本能,使追求确定性掌控的力量不断增强,使掌控本能在不断获得确定性知识的过程中不断强化。从教育的角度来看,我们需要考虑符号体系在满足好奇心方面的限制性影响,避免过多、过早地让心智集中到符号性信息所产生的限制性副作用上。

三、测试、评估与学习

在教育过程中,除了引导、激励、激发、传授和构建相应的环境以外,还包括对学习过程的考核与评价。评价作为一种引导、反馈环节,引导着下一步学习的方向,修正人的行为。所谓学校,学是一个方面,而校(在这里读 jiào)就是评价。不同的评价标准决定着不同的教育环境,也决定着人们的选择和追求。在美国人看来,优等生具有如下基本特征:(1)具有技巧和知识,能适当运用这些技巧和知识解决具体问题;(2)不容易分心,能在充分的时间里集中注意力来解决某一个问题;(3)热爱学习,喜欢探讨问题和做作业;(4)坚持性强,能把指定的任务作为重要目标,用急切的心情去努力完成;(5)反应性好,容易受到启发,对成人的建议和提问能积极地做出反应;(6)有理智的好奇心,能从自己解答问题的过程中得到满足,并且能够自己提出新的问题;(7)乐于处理比较困难的问题并展开争论;(8)机灵,具有敏锐的洞察力;(9)善于正确地运用众多的词汇;(10)思维灵活,能够及时摆脱偏见,用他人的正确观点看问题;(11)具有独创性,能够用新颖的或者异常的方法来解决问题;(12)想象力强,能够独立思考;(13)能把既定的概念推广到比较广泛的关系中去;(14)兴趣广泛,对各种学问和活动都感兴趣;(15)关心集体,乐于参加各种集体活动,助人为乐,能够与他人融洽相处,不对别人吹毛求疵[①]。在我们的教育工作中,更多地将那些听话的学生看作好学生。尤其是将"成才""有出息"等模糊不清、过于笼统的要求压在学生身上,过早地使其背上了沉重的负担,严重地影响了学生的正常成长。有不少人追求高学历的主要动机不是基于兴趣、爱好(好奇心)而是为了找份好工作,"就业于好的单位,谋得更高的职位,具有高层人士的身

---

① 王展. 美国人眼中的优等生[N]. 知识文摘, 2003C-10-04.

份，等等，唯独不是出于对科学、对探究、对想象的热爱。由于这种社会性的普遍心理暗示，对新鲜事物感兴趣的本能从儿童时代就在不同程度上被破坏、扼杀，以致使人缺乏求知的欲望和活跃的思维能力"。①

应该以什么标准来考核教育的好与坏、效率的高与低？应该从哪些方面着手进行这些相关的工作？E. 格威狄·博格和金伯利·宾汉·霍尔已经明确地建议："大学的男女教师生活于质疑的情绪中，把学院和大学展示成为我们的能力和求知意愿的工具。赋予这一事业的传统以荣誉，就是对我们的好奇心的活力十足的动力的认可和褒奖。如果对于我们深信不疑的机构的目的和纯净存有异见，那么让我们热情地拥抱这一异见，因为它或许可以被看成是证据，即高等教育正在履行其最根本的追问什么是真、善、美的责任和提供其毕业生以提出攻击性的问题和挑战传统智慧的动机和技能。"②

标准的答案、简单的"对"与"错"，与实际生活可能相差甚远的问题[这些问题只是简单地指出了已经典型化的过程、模型，简单地提出了已知条件，而且已经明确告知学生想要求得某种结果。这种验证性的问题更多地出现在课程的学习中。且不说实际问题会受到非线性的影响有可能有多个可能的状态（解），甚至因为某些问题过于复杂而不能寻找到相应的"解"]，扼杀了学生的多元化思维，远离了实际社会问题和自然生活的多样性、未知性、变化性和复杂性，成为在评价过程中压制好奇心的最大的力量③。

对此，研究者提出建议：为了有效提高人的好奇性智能，需要围绕好奇心来"做文章"——展开评价。首先，确立"激励性评价"观念，强调评价要在增强学生的好奇性智能方面发挥教育的作用，帮助改进教学方式、提高教学质量、促进学生发展，要减少乃至放弃威胁性的、引起学生高度焦虑的、导致学生逆反心理而采用作弊等手段的评价方式。其次，采取"整体性评价"取向，不仅仅是评价学生的学习结果，还要评价他们的学习动机和学习方式，以引导他们持续性地反思自己的学习动机和学习方式，超越功利主义的学习动机，形成对学习本身的兴趣、好奇心和探索欲。再次，应选择与实际问题相接近的问题供学生研究，引导学生不断地探索研究现实的、未知的、不确定性的问题。最后，尽可能少地采用鼓励学生死记硬背的评价，多采用鼓励

---

① 胡启恒. 真正的突破性创新不可能按照规划出现 [J]. 中国人才, 2012 (9).
② E. 格威狄·博格，金伯利·宾汉·霍尔. 高等教育中的质量与问责 [M]. 毛亚庆，刘冷馨，译. 北京：北京师范大学出版社，2008.
③ 胡效亚. 从教育文化源头审视创新人才培养 [J]. 中国高等教育，2010 (17).

学生理解的评价方式：关注理解性的表现，通过任务发展和表现理解力，在反馈中强调理解力；通过技术来唤起理解力，多研究包括开放性的问题、实际的问题、复杂的问题、未知的问题、没有确定性答案的问题，同时需要减少对多项选择题的依赖①。

四、游戏、教育与好奇心教育

（一）玩是好奇心促进本能性行为的核心表现

玩耍作为人的生活和成长的重要方面，得到了人们的认识与理解。凯·雷德菲尔德·杰米森通过研究，描述了玩对于动物生存的意义与作用②。虽然目前仍不清楚与"幼态持续"相关的基因有什么具体功能，但研究者已经了解到，发生高级思维活动（higher thought）时，人类大脑灰质中的某些基因会变得异常活跃。因此，"既然幼态持续意味着幼年期的延长，人类就有更多机会来发育大脑"，"幼态持续"将有可能导致更大范围内信息的更加广泛的相互作用，也就是形成一个稳定时间更长的、更为持续强大的脑神经动力学过程。此时，需要在保护与激发孩子的好奇心的基础上，进一步地保证他们在童年更具自由性，更加自由地接收、构建更多的信息，促进多样性信息等，维持这种动力学过程以较长的时间③。

（二）让玩耍与知识学习有机结合

只有神经系统充余的动物才表现出典型的玩耍行为。正是通过玩耍，才将人的好奇心有效地满足与激发，使之成为可以为人所能感知到的心理品质。玩是展示好奇心的异变探索的基本过程，玩是将好奇心与众多事物联系在一起的桥梁，玩更是自由的展示。胡伊青加论述的"人就是游戏者"的观点具有非常的吸引力④。

玩耍能促进心智的成熟。"幼态持续"中的玩耍奠定了以后所进行的各种活动的基础。这与人的学习过程、对信息的理解过程、应用心智过程、创造性应用心智变换过程、自组织信息意义的过程、主动创新的过程等密切相关。

---

① 叶信治，杨旭辉．深层学习与支持深层学习的教学策略［J］．中国大学教学，2008（7）．
② 凯·雷德菲尔德·杰米森．天才向左疯子向右［M］．刘莉华，译．北京：中国人民大学出版社，2008.
③ 蔡宙．童年越长越聪明？［J］．环球科学，2009（8）．
④ 胡伊青加．人，游戏者［M］．成穷，译．贵州人民出版社，2007.

玩耍可以看作差异化构建基础上的优化选择。

在这个过程中，有几个基本变换表征着在心智成熟过程中的表现：记忆一个信息，构建一个模式，"按模式而变"，自组织形成新意义，主动追求创造。优化的过程性特征也将在玩耍中表现并得到强化。这些过程又同时表现在下列信息的表征层面，感觉层面：感觉与行动综合层面；知觉层面：知觉与行动综合层面；语言层面：语言与行动综合层面；符号层面：符号与行动综合层面、心理模式与行动的综合层面。

如果玩耍能达到上述目的，何乐而不为？按照贝弗里奇的观点[1]，随着人的成长，不同层次心智的出现，会对新奇性信息产生越来越高的要求，此时如果仍坚持于低层次表征，自然不能满足好奇心的要求，也就是说，满足好奇心的方式会随着心智的不断成熟而发生相应的变化。及时地将适量的抽象性信息转化到教育中将是重要而恰当的。我们需要研究好奇心与心智成熟的不同阶段相结合时的心理特征和好奇心教育的特点及规律。这里，如何在引导孩子（学生）在玩耍游戏中学习，应是教师着重考虑的关键问题[2]。

（三）自由玩耍

顽皮——孩提时代的天性。好奇则意味着孩子的行为与他人的不同、与以往相比有较大的变化。能够经常表现出这种行为特征的孩子，往往被人视为"头疼"的孩子。如果得不到正确的引导，这些智力往往很优秀的学生就会朝着"邪道"发展：不断招惹是非。从某种角度讲，人正是在这种不断的招惹是非的过程中优化构建出自己最恰当的行为并逐步成熟的。在这里，尤其要注意让幼儿自己选择玩耍的方式。如果把"自然的空间"交还给孩子，不同类型孩子的天性得以自由而正确的释放，是能够顺利成长的[3]。

M.W. 瓦托夫斯基从科学探究能力培养的角度，认可在教育中促成儿童游戏的重要性。指出："我们都知道孩子们的天然好奇心，这不仅表现在他们直接提出的问题上，而且也表现在作'不谋利'的探索、实验、冒险这类对事物本性的天真探究的游戏活动上。"人在成长过程中的这种游戏性行为虽然会为以后的工作和生活奠定基础、为成年生活做准备，但的确应当看到，"不论老天爷为儿童的游戏安排了些什么样的巧妙用途，这些活动常常被描述成

---

[1] W.I.B. 贝弗里奇. 科学研究的艺术 [M]. 陈捷，译. 北京：科学出版社，1979.
[2] 程国琴. 引导幼儿在生活游戏中学习数学 [J]. 学前教育，2009（10）.
[3] 胡明珍. 顽皮是每个孩子都应有的权利 [N]. 中国教育报，2008-05-14.

是'自发的''未经指导的'和'自由的'。"① 我们相信，提供自由游戏的氛围才是针对儿童乃至科学探索初期所要创设的教育保障氛围，无论是否是在培养好奇心。让科研人员处于自由的游戏探索中，应该是推动科学发展的重要形式。

玩耍能促进心智模式化，又能使人快乐，能接受更多的心智模式的转化，促进更加多样和复杂的心智模式向行为模式的转化（而这恰恰是知识传授的弱点，缺少这种过程就不能使学生在这种转化过程中，深化知识模式与客观世界之间的关系，从而减少深刻理解客观事物本质过程的可能性），也能促进人不断地探究如何将未知的、模糊的、不确定性的信息转化成为确定性知识——迅速形成恰当有效的应对模式。要利用玩耍"异变快乐"的基本模式固化人的好奇心，利用玩耍强化人在稳定模式基础上的求新求异求变性试探，利用玩耍强化人探索的好奇心，利用玩耍强化人的自由探索。因此，要让他们想怎么玩就怎么玩，想玩什么就玩什么。

人在玩耍时会不断地实施想象性变换，而教育则仅仅将心智限定在有限的符号转换规则中。从表面来看，建立意识层次多样复杂的转换模式并不是一个容易的过程，但玩耍将进一步强化人对信息自由转换的想象力。对于人类来讲，由于符号的简化作用而具有了更强的智力，因此，关于符号与符号之间的关系模式——在心理层面上反映出来，便成为极其重要的。

玩耍的快乐性特征促使人更愿意玩耍。不考虑玩耍在教育中的积极因素，就会对玩耍产生消极的看法。教育应该充分利用一切有利于教育的原理，逐渐在保证学生玩的过程中不断加入其他教育因素。以玩为基础而实施教育。单纯地玩，在孩子（学生）成长到一定的阶段，将不足以达成教育的作用，要进一步强化将各种具体的模式一同显示（包括知识、行为等）的能力，由大脑自组织地建立更高层次的抽象模式之间的关系。要伴随各种具体视觉模式在大脑中的不断转换，强化与此有关的各种转换和更高层次的心理转换。给人带来（各种潜能的同时被强化，将会因为这种多样不同的作用而满足人的好奇心）不快乐甚至痛苦的感受，会使人感到恐惧。

多种多样玩耍的过程引导着人在玩耍中构建与遵从社会道德，强化与他人合作的精神，树立起社会责任感。简单玩耍只是一时的，家长应该根据孩

---

① M.W.瓦托夫斯基.科学思想的概念基础——科学哲学导论[M].范岱年,吴忠,金吾伦,林夏水,等,译.北京:求实出版社,1989.

子的成长和心智变化的特点，让他们去玩，尽可能地引导他们的思考，让他们自己学会探索、反思、概括与总结。要突现由简单玩向复杂玩的过渡，要恰当引入锻炼心智的玩、运用智慧的玩、能引起孩子探索欲望的玩，要能使其最大潜能得到不自觉培养地玩。要通过玩促使他们的心理空间变大，使探索性更强，使想象力更加丰富，能够建立神经系统之间丰富的关系，促使神经系统形成更具创造性的新意义。

从心智变化与成熟的角度来看，玩是构建多样化稳定性的心智模式并保持足够试探性的过程。要让孩子在玩耍过程中强化变换心智模式的方法，学会创造心智模式的模式，掌握运用心智模式的做法，将心智模式转化为有效控制效应器官运动的"指挥中枢"。彼得·格雷指出，人类在以狩猎和采集为主的原始社会进行的某些游戏，帮助了他们战胜各种攻击，创造了一个交流与合作的社会。从那时开始，人类一直在坚持这些游戏，将其作为制造社会凝聚力的赖以生存的社会的工具[1]。这就指出了，人类文明在极大程度上依赖于人类的玩耍。

玩耍是需要玩具的，但却不是必要的。人们研究指出，是什么玩具并不重要，关键是要让他们玩得开心。要让他们的好奇心得到充分满足，要让他们能够充分把握，那些能够引起他们的深度玩耍，引发他们进一步地思考、充分发挥想象力，进一步地促进他们的交流与合作等[2]。

在各门学科的教育过程中，我们界定了一些反映特殊现象和事实的概念，指出了这些概念之间的某些关系，在潜在性的推理假设之下，让学生充分理解这个构建于假设之上的理论体系。这是人为地引入一个理论体系，然后让学生学会以后，能够用这个理论体系的概念、关系、方法去描述事实世界中的相关问题。我们想问的是，为什么不能在快乐的玩耍过程中，将这些概念体现出来，将这种关系反映出来，将人们遵循逻辑关系的推理方式与这种理论体系有机地结合在一起？如果我们只是描述概念以及概念之间的关系，没有引导学生学会运用概念和关系推演其他关系，以及用这个理论体系去描述现实世界的方法，那么，仅仅只是教给学生学习"死的知识"，此时学生也就变成了"学死"。

由于我们对于"玩的科学"的研究较少、肤浅，没有能从各个角度进行

---

[1] 亚伊萨·马丁内斯. 因为我们忘记了如何游戏 [N]. 参考消息, 2009-04-19.
[2] 范珊珊. 追寻童年的游戏足迹 [N]. 中国教育报, 2009-05-30.

深入细致的研究，比如说没有研究游戏与心智成熟的关系，没有研究知识与游戏的关系，没有研究智能的各个不同层次与更缺少游戏与知识教育的关系的系统研究，导致人们对待游戏的认识不正确、态度不端正，游戏的教育意义也就越来越薄弱，这都为以后的深入研究带来新的研究课题。应如何既赋予玩以孩子般的自由，但同时又使其具有很强的教育意义？我们不应该问能不能在玩耍的过程中促进教育，而是应该问如何做才能在玩耍的过程中更有效地推动和促进教育。

五、环境与教育

"在呼唤高层次创新人才的同时，我们且不可忘记：创造性人才是特定制度和环境中的产物，创造性人才的培养首先应从环境的改善做起。"要通过建立学术共同体、学术团队等以构建良好的学术组织氛围[1]，构建有利于科技创新的文化氛围，特别是原始创新的文化则以探索自然规律和发明创造为目标，鼓励探索、鼓励批判、尊重失败、宽松从容、崇尚十年磨一剑的科学精神[2]。如果我们要寻找个体成长的规律，就要将教育作为这些一般成长规律的"边界条件"，让人的心智在这种条件的影响下按照其自主成长的规律自由地构建[3]。而我们则只需要构建这种人才成长规律的定解方程（一般规律+定解条件）即可。问题在于，这种"定解方程"很难建立，也很难求解。

（一）构建崇尚好奇的环境与氛围，为教育引入新的变化

在存在竞争的环境中，要培养以好奇为荣，以好奇为乐，自由的、积极向上、崇尚创新的社会氛围，有效改变对待好奇心的态度，提高对好奇心的忍耐力。尤其在学校，应构建激励好奇心、解放好奇心的环境氛围，一个由"较少的教师控制和僵硬，由牢固的组织、积极的程式和鼓励选择、新异性与挑战性所强化的和谐的学习环境"。[4]

早在2007年5月14日，时任国务院总理温家宝在同济大学的演讲中就指

---

[1] 张伟.高层次创新人才成长的制度保障探索[J].中国高等教育，2010（21）.
[2] 赵沁平.发挥大学第四功能作用，引领社会创新文化发展[J].中国高等教育，2006（15、16）.
[3] 郭传杰.思维之花在自由的氛围中盛开——谈创新人才与文化环境[N].中国教育报，2006-06-26.
[4] E.詹森.基于脑的学习——教学与训练的新科学[M].梁平，译.上海：华东师范大学出版社，2008.

出:"一所好的大学,不在高楼大厦,不在权威讲坛,也不在那些张扬的东西,而在有自己独特的灵魂,这就是独立的思想、自由的表达。"而"大学之所以存在不在于其传授给学生知识,也不在于其提供给教师研究机会,而在于其在'富于想象'地探讨学问中把年轻人和老一辈人联合起来,由积极的想象所产生的激动气氛转化为知识"。①

(二)给学生创造一个丰富多彩的学习环境

学生尤其是幼儿会在丰富多彩的环境下,通过遇见各种新鲜事物、新颖现象,会更好地激发其好奇心,向成人提出疑问。要引导学生在好奇心的引导下,有效地沟通其经验世界与想象世界②。如果学生对什么事情感兴趣,就应因势利导,基于他们的兴趣点,给他们时间,与他们交流,启发他们去积极思考,培养他们的好奇心,按照想象力,一步步由浅入深地引导他们学会分析、学会研究、学会探索。教师在教学中要"充分利用学生的好奇心创设情境、开展竞赛活动、积极开辟第二课堂,激发学生的学习兴趣,诱发他们主动参与学习的动机,积极引导学生自主学习、探究发现、合作交流,从而拓展学生学习知识的渠道,拓展学生发展的空间"。③

心智本就是一个复杂的自主性系统,即使一个拥有平凡基因的孩子,如果养育在一个支持性激励的、智慧刺激的环境中,也会有很大的可能性因得到丰富环境的功效而取得较大的发展④。这种丰富环境的基本特征,就是具有满足平常好奇心和好奇心增量所需要的各种刺激。就当今的教育来讲,教育所提供给受教育者的激励从丰富程度上讲是不够的,而如果不能有效地控制教育的难度,又往往会给受教育者以伤害。

要在幼儿时期给孩子提供多彩、安全、自由的环境。环境刺激应是丰富多彩的。当世界上千姿百态的事物具体地呈现在孩子的面前时,要让他们亲自去看看、听听、闻闻、尝尝,以至摸、掰、拆等摆弄一番。这实际上就是让孩子主动去探索生活中的奥秘。应该是在多样性探索过程中使其好奇心得到重视与培养。

---

① 约翰·S. 布鲁贝克. 高等教育哲学 [M]. 王承绪,郑继伟,张维平,等,译. 杭州:浙江教育出版社,1987.
② 周双清. 依托文本,放飞想象 [J]. 语文教学通讯(小学刊),2006 (5).
③ 王素琴. 在地理教学中激发学生学习动机的尝试 [J]. 教育理论与实践,2006, 26 (6).
④ E. 詹森. 基于脑的学习——教学与训练的新科学 [M]. 梁平,译. 上海:华东师范大学出版社,2008.

要保持幼儿快乐的好奇心。布鲁肖结合自身的教学实践指出:"幼儿在情绪兴奋、愉快时其创造力就处于最佳状态。所以教师和家长要保护幼儿的好奇心,给孩子们营造宽松、愉快的教育氛围,给予孩子们以创造的自由。""研究已经反复证明,感到焦虑或紧张的时候,人的大脑就会专注于如何来消除这种焦虑和紧张感。研究还表明,大脑处理否定言论所需的时间比处理肯定言论花费的时间多得多。"① 作为教师,此时要特别注意信息的更新速度:不能太快。不应使孩子(学生)因受到过多新奇性信息的冲击而使他们产生紧张或焦虑。要给他们创造一种安心的环境。要在保持足够确定性信息的基础上,引导他们将自己的注意力集中到学习研究上,逐步地掌握逻辑思维方式,集中到如何发挥自己的创造力、如何提高自己的创造力上。

(三) 提高包容能力

包容性要求我们站在一个更高的角度,去研究更大范围内的问题。将相互矛盾的事物作为一个整体中的要素,通过研究其相互作用特征而产生新的特征和意义。要具有这样一种情怀:容忍各种不同意见,认可其他人各种看法的合理性,包容不同性情、不同思维模式、不同为人处世方式,尤其是那些在某些方面的潜能得到最大限度的扩展的行为与一般人不同的人。

好奇心意味着产生不同的行为。当我们的想法与他人的想法、行为不同时,更要强化包容能力②。尤其是当处于教育弱势的孩子(学生)的思想和行为,与处于教育强势的家长及教师的愿意不符时,更要善于从孩子(学生)的角度去考虑问题,即便是从保护孩子(学生)基于好奇心的异变探索能力,也应该从他们的视角去考虑问题③。

六、加强学术的合作与交流

英国雷丁大学进化生物学家马克·佩奇尔的研究表明,即使在智人以前的古人类,想要进行发明和创新,也囿于当时缺乏创新和交换想法的土壤。探索是一种基本方法,但交流也许更重要。他将智人同黑猩猩进行了比较发现,尽管黑猩猩也能制造粗糙的石制工具,但是技术却没有什么进步。他解释到,在很大程度上,黑猩猩们通过个体的不断尝试、不断摸索来学习;然

---

① 安奈特·L. 布鲁肖. 给教师的101条建议 [M]. 方雅婕, 译. 北京: 中国青年出版社, 2007.
② 朱新秤, 蔡立新. 宽容: 创造性人格成长的催化剂 [J]. 教育导刊, 2004 (7上).
③ 仲秀英, 周先进. 要爱惜孩子的探索欲 [J]. 教育导刊, 2007 (9上).

而，现代人却通过相互观察来学习，并依靠在交流中更有力的表现，追求更好的竞争本能，不断地创新构建。而且，通过此，我们学会了直觉判断什么事情值得我们学习和模仿。如果佩奇尔是正确的，那么就可以认为，交流和社会学习才是点燃技术创新的灵感火苗。他说："现代人类的出现改变了制造工具的游戏规则。"①

不同个体之间的学术交流与合作，是促进好奇心满足的极佳方式，其基本原理就在于能够基于不同人对事物看法的不同而形成差异，并促使人进一步在彼此的不同之间尽力地去建立合乎"逻辑"的关系②。既然不同思想的交流基础是想通过这种不同而满足好奇心、在不同的思想之间建立关系等，就应该在协调自己的想法和他人的认识之间达成新的"平衡"，以更加有效的方式激发发散性思维，尽可能地将各种不同信息展示出来。促使交流能够深入进行的基本条件则是保证彼此之间的"随意交流"③，也就是确保交流的自由。一来形成交流，是将他人的大脑作为自己大脑一部分的过程，是在不断地扩展自己的思维空间、扩展自己的信息量，增强不同信息之间的相互作用，以更加有效地形成新观念的过程。可以有效扩展交流者彼此的心理空间——将他人的思想空间作为自己的思想空间。二来在此基础上建立信息间的相互激励，促进更多思想的交叉、组合、启发，并产生更多新奇的想法。辛西娅·B. 拉伯（Cynthia B. Rabe）建议把一些她称之为"失重思想家"的外行人集中在一起，以使我们的创新和创造能力朝着预定的方向发展④。

在现代教育科研体系中，通过交流，可以促进思想的相互启发，交流彼此的研究方法和研究思路，减少别人少走重复的路。系统梳理混乱的研究思路，强化系统整体研究体系，更快地了解研究进展，传播研究进展，以使别人开展学习，促进合作，形成稳定的社会群体等。

强好奇者，会尽可能搜集新奇性信息；对接受信息方面，更愿意接受新奇性信息；在信息加工方面，尽可能改变信息，尽可能求异，尽可能产生新奇性信息。通过交流，可以使强好奇者认识到，别人的想法也是非常独特的；

---

① 刘霞. 我们为什么是人而不是黑猩猩？——与人类进化有关的十大谜团 [N]. 科技日报，2012-06-10.

② [英] 德·博·诺. 水平思考的力量 [M]. 周悬崖，译. 北京：中信出版社，2009.

③ 埃伦·康德利夫·拉格曼. 一门捉摸不定的科学：困扰不断的教育研究的历史 [M]. 花海燕，等，译. 北京：教育科学出版社，2006.

④ 余家驹，编译. 创意的头脑、不同的思路 [J]. 世界科学，2008（5）.

通过交流，可以促使他们便利地提供并使用各种新奇的观点，并使自己的好奇心得到有效满足。在交流时，强好奇者更愿意表达自己的想法，愿意把自己的研究心得告诉给别人，更愿意把自己内心的想法说出来。

为加强交流，可以采取许多办法。仅仅通过打开办公室的门，或者将热水器放到办公室的中间，就可以增加人们见面的机会，促使人们在倒热水时自由地开展思想交流。英国人爱喝咖啡，在喝咖啡时就可以展开交流。也可以通过设立研究进展公告栏的方式，描述自己的研究进展。

李政道就特别注重与学生的交流，提供各种机会促进学生的竞争与合作。李政道指出了顶尖人才培养时，师生间"一对一"教育的重要性，提出了要组成一个小而精的研究中心，使那些志同道合的人聚拢在一起工作，通过相互竞争、相互启发，以共同成长[①]。"正如我在上课时经常讲的，反正是要研究问题，为什么不研究前沿问题？那就在交流中，通过相互启发而更迅捷地向前推进吧！"

在涉及学术交流时，人们可能会有这样一种担心：别人将这种方法或者说从这个角度研究问题的方法学去了以后，会不会影响到自己的研究？显然，这种担心是多余的。当别人学会以后，一方面会以其思想的不断的进展而有效促进你的研究，还会给你带来新的启示，只会促进你深入研究。每个人都会在这种思想的相互激励中不断成长。即使别人听我的思想受到启发可以有新的发现和进步，但就我的研究来讲，他们也只是先学习理解，然后才能有所创新，而我却能在这种交流过程中受到他人的启发，将自己的新奇思想进一步深化，我还可以在这种交流的过程中，尽可能地去完善我的思想，通过向他人描述进一步肯定自己的想法，还会有很大的可能在向他人的描述、说明中产生新的思想。

在交流过程中会经常表现出辩论、质疑的过程。"一所好的大学应该是充满辩论精神的，异议和争辩是求知欲自然的产物。而求知欲则或许可以说是受过教育的思想的最根本标志。伴随这种求知欲的应该是完成求知的过程的勇气和坚持的价值。"[②] 因此，美国大学特别重视小型讨论班对培养创新型人才的作用。其长期坚持的教学理念是，小型研讨班有利于激发学生思考、发表自己的观点并在讨论中完善和捍卫自己的观点。

---

① 李政道. 培养顶尖人才秘诀 [N]. 人民日报，2006-09-07.
② E. 格威狄·博格，金伯利·宾汉·霍尔. 高等教育中的质量与问责 [M]. 毛亚庆，刘冷馨，译. 北京：北京师范大学出版社，2008.

高水平的科研往往是在交流过程中诞生的。没有达到科研的最高水平者，只是没有站在科学发展的最前沿来研究边缘性的问题。如果他们所研究的是具有更大的不确定性的边缘性问题，他们会更加愿意与他人交流，更希望通过他人的思想带给自己启发，也希望有更多的人共同参与到这个边缘性问题的研究中。人们也会在某种情况下对自身形成一种新的认识，认识到自己能力的不足，认识到有更多人参与到问题的研究过程中时，将会有更大的可能性带来突破，最起码人们会在不断的逐步积累过程中将问题不断地向前推进。

低水平的科研工作者之所以不愿意交流，有可能是他们已经认识到其他人也能想到那点小的新奇性思想，只要能够领先他人一点，将这个新奇性想法迅速付诸实施，最起码可以超他们一步写一篇论文。他们希望能够从这个小的新奇性思想出发做出自己应有的贡献。这种想法的不足也显而易见，一是不能够有效地促使科研工作者追求卓越，而只满足于达到科研课题申请时指标要求的承诺，还会促使人产生其他的想法：“当用其他方法来研究问题时，又可以申请新的课题了。"这会导致出现低水平研究的重复现象。

七、互联网对人脑结构变化的影响

有研究表明，高科技已逐渐成为我们日常生活中不可或缺的组成部分，甚至已经改变了我们的思维方式[1]。这些究竟会给我们的未来带来何种影响？我们是否已经准备好去应对这种变化？我们是否能够有效地应对如数字世界、物联网、能源革命、生命科学、人工智能等？可以断言的是，科技不仅影响未来人类的生活，而且还会从社会学乃至文化意义上影响人类社会[2]。

在线课程、Facebook风格的教学辅导网络等技术的进步正在极大地重塑美国高等教育的面貌[3]，也势必在我国引起较大的反响[4]，必将对我国的教育产生深刻的影响。

（1）网络"聚合"的教育理念将大行其道。基于人生新的目标，人们上大学不再仅仅只是为了学习知识，学生会希望借此而获得一个学位、一个证书，或者能够建立一个更大的交际社团。网络教育的课程通常采用学分来计

---

[1] 加里·斯莫尔（Gary Small），吉吉·沃根（Gigi Vorgan）. 科技重塑大脑[J]. 冯志华，译. 环球科学，2009（4）.
[2] 李培根. 高等教育还需面向什么[J]. 中国大学教学，2011（1）.
[3] 刘霞. 高等教育正在被网络重塑[N]. 科技日报，2009-09-29.
[4] 马若龙，袁松鹤. MOOCs：教育开放的模式创新与本土启示[J]. 中国高教研究，2013（11）.

算，而不是像传统大学教育那样，需要学生一窝蜂似的涌向教室。

（2）便利性将会起到决定性的作用。美国《华盛顿邮报》在2009年9月13日的一篇报道中就已经指出，由互联网所导致的教育变革的真正驱动力是市场：网络教育的成本更低，时间更加自由，学校也不再需要租借更多的场地，并可以提供给人以更大的"可以上场公平竞争的赛场"。凯文·曼尼则在2009年9月14日出版的美国《商业周刊》上提出"精度互换"的概念来分析这一现象。所谓的"精度互换"，曼尼指出，上名牌大学是一个精度非常高的丰富经历。如果你想获得一个受人尊敬的本科文凭，那么，你必须付出非凡的努力，支付昂贵的学费，然后才能进入一所名校，开始一段丰富的、可以向人炫耀的经历，但至少在目前，有很多人可能都无法承受如此高的代价。

相比较而言，公立大学和网络大学，更多的MOOCs将以其便利性而取胜，学生可以在任何时间、任何地点、任何以自己愿意的方式学习任何内容，教师不再超前一步地掌握知识；而且，通过这种方式学习的学费会更低，网络大学可以接受更多的申请者，而网络大学由于其资源的丰富性、便利性和专业化，受欢迎程度可能会超过普通大学。与此同时，正是由于这种便利性，也会让人们随时退出学习状态，这就对学习的内在动力提出新的更高要求，只有在好奇心驱动下保持较强的求知欲、探索欲，才能进一步促进这种教育活动的持续开展。

（3）社会观念需要转变。今天孩子（学生）的好奇心会更加突出，他们会对他们所感兴趣的东西学得特别快，他们之间也更愿意通过网络交流学习经验和所出现的问题，网络和新技术开阔了他们的视野，引导他们更加关注实际问题，接受各种不同观点的刺激作用。但是如果不能完全消化海量而快速的信息，如果不能有效地排除有害性信息，这将会促使他们满足于肤浅的信息接收，对于他们来说也是极其危险的[1]。

（4）随着网络教育的兴起，社会结构也要随之转变。人会受到好奇心的驱使而上网，但随着人上网的时间越来越长，会随之带来一系列的社会、文化、生活、工作等方面的问题[2]。人的活动、人与人的关系、社会文化的观念等都将发生相应的变化。已经有很多重点大学都通过网络来教授一些课程，也许，随着社会的精细化程度越来越高，未来的年轻学子将在一个按需定制

---

[1] 创造力、思考力、好奇心电视都给不了 [J]. 父母必读，2004 (11).
[2] 朱斌. 大学生网络心理障碍现状及对策 [J]. 江苏高教，2006 (1).

的、个人化的环境中长大，在这个世界中，划分班级、学期等行为看起来都是非常落伍的。虽然今天的网络大学在某些方面还赶不上传统大学，但我们可以针对其中的问题不断探索构建解决办法。人们有理由预测，也许在不远的将来，一般的大学毕业生在毕业之前都会读过几所学校，学生也因此有了更大的选择空间。这并不仅仅意味着教学模式的改变，学术研究基金、高校的文化和教师的任期制度也许都将发生重大的变化。与此同时，创新团队的学员结构将更加复杂。这种选择的好坏将如何判定[1]？

人们已经注意到了，婴幼儿在花费较多时间看电视时，会由于信息变化太快而不能引导他们深入地思考问题，不能保证他们有时间组织信息，这不但会影响父母与婴儿的交流，也会干扰婴儿的注意力，因此，会有很大的可能影响到婴儿的语言发育。由于不利于语言的发展，在很大程度上将会影响到婴儿抽象思维能力的发展[2]。网络授课中各种信息内容的可变性和便利性也同样会给人们带来相似的影响。也许人们只愿意学习给自己带来快乐的内容，而谁又能保证这些知识的价值？或者我们可以换一种说法：如何更好地利用新技术所带来的好处？如何减少新技术对教育所产生的负面影响[3]？

技术在提供给学生足够的刺激性信息方面具有得天独厚的条件。网络以其大量的多样性、新奇性、鲜明性、变化性、自由性满足学生的好奇心和求知欲，使其产生满足性的快乐并由此而产生足够的兴趣，也会因好奇心、兴趣和体验，更愿意以网络的形式接受教育[4]。而网络以其与大脑深入交流的形式，将会有效地改变人的大脑[5]。伊安·洽博指出，网络时代的到来，决定了年轻人从互联网上能够学到很多东西，有天赋的学生甚至在教师上课前就可能已经掌握了教师要讲的将近50%的内容，再听课就会让他们感到无趣。面对新的教育形势，教师要充满热情地在学生的"心理前沿"实施教育，采取教学互动的种种方式来增加学生的兴趣、满足他们的求知欲，鼓励学生在提出问题的基础上引导他们不断地构建，激发他们的好奇心，进而引导他们用

---

[1] 蔡伟. 网络：对我们来说意味着什么？[J]. 中国电化教育，2002 (8).
[2] 李楠，编译. 电视不利于儿童的语言发育？[N]. 科技日报，2009-06-18.
[3] 李玉娥. 多媒体在阅读教学中的运用 [J]. 教学与管理，2004-05-20.
[4] 刘志华，张漓雅. 青少年网络情结的心理分析 [J]. 教育理论与实践，2003, 23 (1).
[5] 冯卫东. 人还能全神贯注于一本书吗？——人类的思维方式正在被网络重塑 [J]. 新华文摘，2010 (20).

新方法、新技能去解决问题①。

我们还应该充分认识一点：外界某种类型信息的强势输入，会促使大脑神经系统发生相应的变化，而这种变化也会促使人形成一种心理策略：控制大脑从策略的角度对信息进行接收、选择和加工，以更加有效地适应这种信息环境的变化②。

技术的进一步发展，将会对教育产生重大改进。在电影《黑客帝国》中，人们只要想学习哪种知识、哪种技能，只需要大脑下载所需要的技能信息，就可以达到目的。目前人们正针对这一设想构建具体实施方案。

第四节 不同阶段的好奇心教育

一、婴儿阶段的好奇心教育

1. 把握婴儿期的基本特点

婴儿教育阶段主要属于家庭教育阶段。我国教育家陈鹤琴对此阶段的儿童教育问题进行了深入研究，并做出了突出的贡献③。

根据我们前面对好奇心所作的结构分类描述可以看出，幼儿期好奇心培养的主要内容是：培养幼儿对新异刺激的敏感性，形成关注未知的倾向，培养其好问、持久探索、喜好动手、喜欢摆弄的行为，增加积极的好奇体验④，并通过适当增加感性刺激，通过感性好奇心的增长而促进其向理性好奇心的转化。在本阶段，应强化在大量接收感性信息的同时，引导其实施初步思考，在考虑能使其深入思考的前提下，突出信息的新奇性，提供充足的加工时间让信息在其大脑中反复被加工。在这个过程中，要注意有意识地引导激励儿童内在天性的好奇心，引导儿童，并向儿童提出各种各样的问题，为了促进

---

① 杨晨光，唐景莉，沈祖芸. 澳大利亚国立大学校长伊安·洽博：为英才提供健康多元文化氛围 [N]. 中国教育报，2006-07-16.
② 尼古拉斯·卡尔. 互联网让人变得更愚钝？[N]. 参考消息，2010-06-16.
③ 吕静，周谷平. 陈鹤琴教育论著选 [M]. 北京：人民教育出版社，1994.
④ 袁茵，杨丽珠. 促进幼儿好奇心发展的教育现场实验研究 [J]. 教育科学，2005，21 (6).

儿童的思考，还应该激发儿童"提出各种设想"①。

在这个教育阶段，家庭教育起主要作用。如果将家庭类型分为权威型、溺爱型和民主型，那么，只有民主型家庭才能有效保护、激励和培养孩子的好奇心②。事实证明，造就那些伟大科学家的教育绝对不生硬地将科学知识和科学思维强加给儿童，而是主要培养他们的科学兴趣、对大自然的好奇心和探索精神，让他们自己做。物理学家爱因斯坦四五岁时看到罗盘，发现那只指针以如此确定的方式行动，这使他感到十分惊奇和困惑，认为"一定有什么东西深深地隐藏在事物后面"。生物学家威哥斯伏斯5岁时看到毛虫变成蝴蝶，给他留下的触动也是惊奇和困惑，并不表明他有什么独特的科学思维。实际上，正是这种惊奇和困惑导致了科学家们日后对自然现象的无穷探究③。

3~7岁的儿童对外界事物较为敏感，容易被新奇的事物和现象所吸引，他们更愿意购买图书、玩具；他们会要求父母带他们上公园、看电影、做游戏等。他们的心智还比较简单，只能考虑很少几件事，往往只专注于一件事，还不能从综合的层次、复杂的角度考虑问题，他们不能在大脑中建立起更多信息之间的联系，更多地依赖于直接的观察、依赖于感性好奇心，在观察中去做，在做中思考。这种做会有效地激发儿童的运动好奇心，这种肤浅的探索与实践能够奠定以后探索实践的基础和基本经验。

从本能好奇心中逐渐解脱出来的儿童，更愿意从本能好奇心通过有机联系而扩展。此时，玩就是他们学习、固化、构建的基本活动，玩可以有效扩展儿童的心理空间，使他们能将更多的信息展示在心理空间，试探性地通过其他方式将不同的信息采取不同组合的方式组成各种可能性的意义，并进一步推测会产生何种结果，他们也就会在这种不断的扩展过程中促进心智的完善与深化。

由于此阶段的儿童具有心智不稳定的特征，这就需要家长和老师要充满爱心、耐心④，重视儿童，最起码在与儿童交往的过程中将注意力和心思集中到他们自身上，并着重强化和提高容忍能力，尤其要保持对儿童（还有自己

---

① 美国科学促进协会. 科学教育改革的蓝本 [M]. 中国科学技术协会，译. 北京：科学普及出版社，2001.
② 李红艳. 影响儿童创造性思维能力的家庭因素分析 [J]. 现代教育科学·普教研究，2010 (6)：31-32.
③ 刘晓东. 儿童科学教育不是消灭童话 [N]. 中国教育报，2009-05-07.
④ 万培珍. 您真关注幼儿了吗？[J]. 幼儿教育，2003 (2).

的）好奇心的包容态度。最好的教育就是和孩子生活在一起，让孩子远离孤独、无助与恐惧。"看着孩子长大也是我们最大的幸福"[①]。

前面我们已经指出，好奇心强者的包容性强，此时我们可以通过更大限度地包容孩子的好奇心，鼓励他们由于好奇心而产生的各种各样的行为表现，给他们充分的自由，允许他们大胆地去想象。家长和老师可以给他们提出各种建议，但却不要试图去控制他们。要认识到，他们的心比你想象的还要大。要关心他们提问所涉及的内容，尤其要关注那些大人看来是"错误"的行为。要善于发现他们"不足""缺陷"中的创造性的成分，帮助他们选择适宜的方法继续探索，鼓励他们大胆把自己的发现展示、描述出来，及时肯定他们与众不同的想法和做法，激发他们的创新意识，以保证他们的自由探索空间。

在此教育阶段，家庭环境对儿童成长的影响最大[②]。无论是老师还是家长，都需要不断地扩充这个空间，尽量为他们提供丰富的环境和素材。鼓励孩子（学生）利用自己已有的知识、经验继续探索，及时肯定他们付出的努力。这个保护好奇—支持探索—培养创新精神的过程，犹如在孩子（学生）好奇心的背后，架起一座有利于他们自由探索，感受成功的支柱。这里所说的成功，不是大人眼中的成功，而是他们大胆尝试，包括尝试错误而产生的快乐和过程，以及继续探索的兴趣和再创造新的信心。在这里尤其需要注意，对儿童的新奇刺激要恰当，以不引起他们的焦虑、恐惧为前提[③]。

保护他们的学习积极性。充满生命活力的婴幼儿，以其强烈的好奇心，表现出典型的积极学习、主动试探的行为。此时无论是他们的好奇心、想象力还是由此而产生的心智（理性）都会在自由的好奇心和想象力的表现中得到逐步增长和强化。此时，家长（老师）所显现出来的心态、愿望和想象，往往与婴幼儿的心理趋势有很大的不同。此时，教育的前提只是尊重他们的积极主动性，跟随他们的目光，顺从他们的好奇心，甚至将好奇心作为培养他们积极主动性的核心要素[④]，只要他们在尝试[⑤]。

耐心对待孩子（学生）的求知欲。阿莫纳什维利说："期待儿童出现奇

---

① 张文质. 陪伴是送给孩子的最好礼物 [N]. 中国教育报, 2009-08-20.
刘良华. 父母失陪造就"问题学生" [N]. 中国教育报, 2009-08-20.
② 胡克祖, 杨丽珠, 张日昇母亲教养方式及其相关因素同幼儿好奇心关系的研究 [J]. 心理学探新, 2005, 25 (4).
③ 余俳. 宝宝出行记 [J]. 幼儿教育, 2003 (8): 37-38.
④ 刘玉娟. 幼儿积极心理品质培养研究 [J]. 中国特殊教育, 2010 (11).
⑤ Britt-Marie Egedius-Jakobsson. 天分来自于尝试 [J]. 曾有娣, 译. 父母必读, 2006 (4).

迹，既要有耐心，又要时刻准备迎接它的到来！"在面对老实的孩子和特别顽皮的孩子时，都应该用一种欣赏、肯定的目光去关注他们，耐心地等待他们的不断发展，这样才可能有针对性地培养他们的精神特质[①]。要根据孩子（学生）不同的发育特点和发育"热点"实施有重点的激励和引导教育，尤其要注意引导将这种发育的"热点"与好奇心有机结合。

鼓励引导（不能强制）他们思考。我们强调：（1）只要他们在动手；（2）只要他们在思考；（3）只要他们乐于在动手中思索和在思索中动手；（4）只要他们在不断地寻找最佳的方法（考虑的角度、动手的方法、触摸未知、不断学习等）。在恰当好奇心的"覆盖小领域"引发他们的心智不断地向其他信息延伸。只是鼓励他们不断地这样做。因为我们的目的在于提高其思考能力和动手能力，这样做不就是在促进他们心智的提高和动手能力的强化吗？在对此阶段婴幼儿的教育过程中，还要注意恰当引导，有意识地提供一些能满足他们好奇心的其他方面的信息。当他们的好奇心引导注意力集中到家长所愿意看到的事物上时，不是可以皆大欢喜吗？[②] 除了在思考角度、思考出发点、思考方法、思考的心理背景等角度展开启发性引导、期待、多种情况并存以及恰当地延伸、扩展以外，还可以有效利用兴趣、爱好以及其他情感反应激发学生展开好奇性想象。

心理学家希特罗娃指出："家长最容易犯的错误是忽略对孩子勤勉精神的培养。"成为一名天才儿童是相当困难的。他们会被成年人的各种"你应该……"的话折磨得寝食难安，他们不停地练习，他们很难抵挡"明星梦"的诱惑。在社会与家长的努力下，他们很容易成为"仲永"。要通过他们乐于从事的活动，充分利用他们不同的发育特点和成长"热点"，有效地激发他们的"活性"，促进扩展与稳定的有机统一。想扩展，就必须保持足够的稳定性，而促进性增长就必然带来以稳定性作基础。哪些方面得到发展时，哪些方面的稳定性是足够强的，这就是教育应该遵循的基本规律[③]。

2. 激发深刻的好奇心

朝永振一郎认识到即使是泛泛的好奇心也具有意义，但更为重要的就是，在科学教育过程中，应"努力把孩子们的好奇心，把那些无聊的好奇心逐渐

---

① 亚伊萨·马丁内斯. 因为我们忘记了如何游戏 [N]. 参考消息，2009-04-19.
② 茅于燕. 女儿总追得鸡飞狗跳 [J]. 父母必读，2004（4）.
③ 斯韦特兰娜·普列沙科娃. 轻轻松松成神童 [N]. 参考消息，2007-05-30.

诱导到具有意义的高层次的好奇心上"。[①] 此阶段的教育尤其要保持新颖性知识与已知知识的恰当比例。比如，可以多将理论知识与他们所熟知的自然现象有机结合，既可以深化他们的认识与理解，还能更多地促使他们建立起当前理论知识与实际问题的有机结合，确保他们的发散、扩展基本模式等[②]。

3. 充分开发各种感觉器官

0~2岁的宝宝还处于感觉运动阶段，他们更多地通过感觉器官与肌肉的工作来获取外界的信息，他们的学习方式具有"感觉+动作"的特点，而不是用语言。摸、听、看、闻、尝是儿童个体最基本的感觉，也是个体认识世界的基础方式。多种感官的参与，会让孩子从不同角度了解信息，也使他对物体具有更综合、更立体、更准确的认识。要真正地让幼儿动起手来。

家长要参与儿童好奇心的激励与表现过程，此时，家长要以自己的好奇心天性（童心）与儿童一起"成长"，与他们一起观察、模仿、动手、惊讶、快乐，父母应与孩子一起阅读、讨论、提出问题、参观博物馆和科技馆等，"为孩子做出终生好学、询问和好奇心的榜样"。[③]

在这里，尤其要注意发挥父亲在教育孩子中的重要支持和引导作用。父亲与母亲角色的不同直接导致对孩子教育的不同结果。一般认为，父亲很少以固定的模式来玩游戏，因此，父亲可以通过玩耍打闹游戏、喜欢让孩子尝试更多更新的挑战、经常会发明一些新玩法或者把很多玩具放到新游戏中。鼓励孩子迎接挑战、鼓励孩子冒险，这将使孩子不断地感到惊喜，这或许更有利于孩子认知能力的发展。研究表明，父亲在扩展孩子情感和认知能力、帮助孩子做好面对大千世界的准备等方面，发挥着非常重要的作用[④]。

4. 充分利用榜样的力量

无论是家长还是老师，都应注意榜样所形成的鲜活的影响力。形成积极的教学态度的关键是父母与教师真正有兴趣与婴幼儿一起获取更多的信息，其中就包括由此而表现出探索、新奇构建和关注新奇的心理趋势。也就是说，当老师和家长不知道问题的答案时，应该与婴幼儿一起学习。而承认老师

---

① 朝永振一郎. 乐园——我的诺贝尔奖之路 [M]. 孙英英, 译. 北京：科学出版社, 2010.
② 谈晓红. 追求物理教学的魅力 [J]. 上海教育, 2004 (11A).
③ 美国科学促进协会. 科学教育改革的蓝本 [M]. 中国科学技术协会, 译. 北京：科学普及出版社, 2001.
④ 埃米莉·安特斯. 父亲角色的科学脚本 [J]. 杨少娟, 曹婧谦, 译. 环球科学, 2010 (7).

（家长）并非无所不知，则是优秀教师（家长）应该具备的品质之一。具体行动所产生的效果更强。

"榜样示范者（the model）会有意向儿童展示成功学习者的重要品质，如好奇心、鉴别力、坚持性和创造力。"① 正如吉恩·D. 哈兰、玛丽·S. 瑞夫金指出的，教师对教学的积极态度非常重要，它就是科学教学理论框架的基础。有样学样。如果教师对事物如何活动都漠不关心，那么儿童又有什么理由去关注它呢？

老师如果能够表现出对获取信息的强烈的兴趣，则会更有利于保持、促进儿童已有的好奇心，能够进一步固化儿童的好奇心并使扩张、探索的基本模式得到强化。家长和教师的这种兴趣能够重新激发儿童由于提问而受到忽视的好奇心，也能够重建儿童在枯燥贫乏的环境中逐渐消退的好奇心。如果家长和教师自身对事物的好奇心变得很活跃、很积极，他们也在不断地提出问题，也在积极努力地思考，采取异化的方法试行各种方法，他们就为儿童树立了好奇行为的典范。"教师最重要的性格特征是：对学生热情，有移情能力，有献身精神，富于变通性、开放性、创造性和想象力；同时，教师的创造动机、自主性、好奇心等特征与学生创造力的发展密切相关。"②

二、小学阶段的好奇心教育

学龄早期是儿童由具象的形象思维向抽象的逻辑思维发展的一个重要时期，它不仅要求儿童在观察力、想象力、记忆力、注意力及语言表达能力等方面有一个质的飞跃，而且更需要具备良好的思维品质，如观察的敏锐性、记忆的持久性、注意力的广度及深度等。

1. 正视教育初期孩童的好奇心特点

每个人都有好奇心和想象力，并以不同的形式表现出来。年少时期的玩耍最有利于好奇心和想象力的产生和培养，因为世界在年少者眼中是新奇的。此时虽然符号、语言的发展已经达到一定程度，但由于他们的控制力还不强，确切而稳定的知识不多，无论在大脑中产生了什么想法，都能迅速地将其表达出来。他们好问，求知欲望极强，以掌握利用信息模式实施转换的方法，

---

① 吉恩·D. 哈兰，玛丽·S. 瑞夫金. 儿童早期的科学经验 [M]. 张宪冰，李姝静，郑洁，于开莲，译. 北京：北京师范大学出版社，2006.
② 李鹰. 师生交往如何促进学生创造力发展 [N]. 中国教育报，2013-07-05.

建立起了只要是信息模式就可以用来对其他信息实施变换的心理控制模式。

2. 关注学生的注意力

教育不只在课堂上，时时和事事都充满着教育[①]。程福蒙等建议，在老师与学生相处的过程中，要从培养学生个性的角度出发，注意观察他们在注意什么，他们的好奇心落在哪里。要基于他们的兴趣点，逐步引导，引导他们观察、触摸、思考与实践。在将他们所思与所动等向确定的理性思维转变的同时，保持足够的向未知扩展的可能度。

3. 促进对行动的好奇心与对符号的好奇心的有机结合

在欧美国家，老师并不急于给学生传授抽象的书本知识，不急于让学生去死记硬背根本就不属于其年龄段应该懂得的东西，而是从维护好奇心、丰富想象力、诱发潜能、培养独立思考这样的角度去"放纵"学生，让他们在自我感知客观世界的轻松环境下无拘无束地成长。他们的教育是以培养波普尔所谓的第三世界知识为核心的[②]。学校教育以娱教于乐、娱教于玩为主，让学生在尽情享受童年乐趣的同时不知不觉地接受自己理解的知识。欧美国家在小学教育中更多地采取鼓励性的构建，而不是限制构建。各种各样的实践机会恰恰让他们学以致用，学有所用。与我们传统的"没有规矩不成方圆"的社会习俗不同，西方教育很少用"圈"去箍孩子。应当注意，国外也在实施规矩性教育，但却是从孩子日常的行为过程中逐步引入规矩。有一位诺贝尔奖获得者在被人问到他是在哪一所大学受到了最好的教育时，回答说是在幼儿园。是幼儿园的老师教会了……这本身就是在实施规矩性教育。应该在日常生活促进其心智成熟的过程中，不断地通过实施多样性探索，最终形成良好且稳定的行为模式，然后再将这种心智模式扩展到意识的层面。毕竟在意识层面进行规矩性教育会带给人们更大的冲击。哪种方式更好？取长补短吧。

在教育过程中，如果从激励与保护的角度来划分，可以简单地分为两类：一类是挫伤孩子主动思考并表现自我的积极性，似乎凡事只有被动接受老师的告诫才最为正确和妥当。另一类则让孩子感到自己想法的价值所在和"宏伟"设想的意义，使孩子有兴趣并愿意去接受老师的知识诱导。这是在鼓励

---

① 程福蒙, 葛春. 日常锁事：一笔重要的课程资源[J]. 现代教育科学, 2006 (1).
② 卡尔·波普尔. 猜想与反驳——科学知识的增长[M]. 傅季重, 等, 译. 上海：上海译文出版社, 2005.

他们进一步去研究、去思考，这种非常难得的思考能力，恰恰被有效地培养出来。应该选择哪一种教育模式，人们会有自己的判断。

4. 让学生自主表现他们的想法

要让孩子在好奇心的驱使下，在多样探索的过程中，逐步地在大量变异后的认知模式基础上，将"中心"知识固化下来，并通过他们自己所构建的道德价值观，形成其独特的思维模式，形成独立的自我[①]。

5. 逐步增强学生的阅读能力

阅读是促使孩子将好奇心与知识有机结合的重要过程。在当下，受环境的影响，许多孩子已经不再愿意思考性地阅读。那么，"究竟有什么办法让孩子喜欢阅读？"曹文轩认为是："朗读——通过朗读，将他们从声音世界渡到文字世界。""朗读着，朗读着，优美的书面语在不知不觉中变成了口语，从而提高了口语的质量。"[②] 要"声情并茂地读出声来"——"悦读"[③]。在引导阅读时，要注意引导学生的自主性构建，促使其在多样的比较中自主地构建美的模式。儿童的自发性阅读与大众文化阅读在许多方面具有相似性特征：盲目地，并沉溺于被大众媒介所营造和操纵的奇思幻想之中。具有审美教育功能的儿童读物并非将取悦于儿童作为创作目的，而是将儿童的深层心灵需要作为终极目标[④]。

实践表明，通过富有情感的朗读引领读者能够深入地学习，让阅读到的信息能够较长时间地在大脑中"回响"，让读者能够细细地"品味"，可以有时间促使阅读者让各种复杂性信息有效地建立起联系，建立当前信息与其他信息的关系，还能够形成有效的长时间思考一个问题的模式、涉及一个问题的各个方面的复杂性问题。

这种教育是一个系统工程，应从标准、内容、形式等角度系统开发。为了更好地激发儿童阅读的兴趣，有研究指出，应有大量的大气、善意和新奇、温暖、充满激情和关怀、深刻但不乏风趣和幽默等特点的儿童读物[⑤]。

6. 通过作文激发学生的发散联想

有条理的描述与表达意味着幼儿理性的逐步提高。从任何一个信息点出

---

① 宋智灵. 培养幼儿独立性之我见 [J]. 当代教育科学，2003（17）.
② 曹文轩. 朗读：让孩子爱上阅读的最佳方式 [N]. 中国教育报，2009-05-28.
③ 李东. 让快乐朗读成时代风尚 [N]. 中国教育报，2009-05-28.
④ 徐妍. 用朗读的方式辨识文字的审美价值 [N]. 中国教育报，2009-05-28.
⑤ 顾雪林. 我们该拿什么书给孩子看 [N]. 中国教育报，2009-05-28.

发，幼儿都可以充分地发散开来，但需要家长和教师在激发幼儿发散的基础上恰当地选择、构建，在这种发散、扩展、延伸的过程中促进幼儿生成自主的好奇心和自我独立意识，并学会选择与构建方法，在保障其多样试探的前提下，学习价值判断、组织综合、抽象概括、系统化等。在这种教育过程中，作文会起到重要的作用。尤其是在小学教育阶段，更应该关注作文的作用[①]。

三、中学阶段的好奇心教育

在中学阶段，生理与心理逐渐成熟，随着人的心理空间越来越大，表现出追求复杂性的好奇心，人们会追求更加复杂的现象，还会由于活动范围增大而接触到更多、更复杂的事物。

此阶段在人的心智成长过程中，既有通过知识之间的相互关系构成系统知识结构的过程，也有通过探索而形成知识体系不断增长的过程。此时，人们更加关注理性思维，关注科学思维，关注不同信息之间确定性的对应关系，探索的好奇心将会受到压抑。

人的剩余能力会在知识的迅速增加、好奇心与知识的有机结合过程，逐渐地表现出来。逐渐由隐性到显性，显性特征由小到大，并在显性的增加过程中与知识好奇心组成有效的"相互作用环"。由于人的剩余能力的增加，人便有更大的机会将信息在心理空间加工、转换，而不再仅依靠相应的"效应器官"的表现而表现。

教育犹如种树挖坑。如果开始时仅将注意力限定在一个很小的区域，往下挖到一定程度，再想扩大，难度就会很大。当然，如果一开始将注意力放到一个更大的区域，甚至还在不断地往外扩，自然就挖不深。对于中小学教育来讲，这个"坑"本来就不可能挖得很深，但却留下更多的向外扩展的"扩展点"，成为边缘粗糙的"毛坑"，将会更好地为以后打基础。如果我们非要在挖这个坑时，把坑挖得非常整齐，再向其他方向延伸时，扩展的可能性就会很小。

在中学阶段，应该强化学生追求复杂的好奇心，并使这种能力得到强化。一方面应保护学生的好奇心，同时也应该让学生体会到严谨逻辑思维的神奇，为以后的深入思考打下基础。

---

① 王小云. 让作文成为童心的自由表达[J]. 江苏教育研究，2009（5B）.

第五节　大学及大学后的好奇心教育

人们往往会担心说，大学生的基础还不完整、不厚实，他们哪里有能力进行研究与探索？其实，经过繁重高中阶段的学习，他们已经掌握了大量的知识，因此他们已经具备了探索研究的基础，但由于在此阶段过于专注少量的确定性知识、唯一"正确"的答案，无论是天生的好奇心还是天性的探索能力都会受到不同程度的压制，那么，在大学及大学后的教育阶段，其核心就应该集中在如何促进学生充分表现、有效提升自己的好奇心和探索欲。

一、高等教育的特点

我们知道，现代大学是从西方中世纪大学发展起来的，并且一直传承中世纪大学的核心精神与理念。在大学诞生初期，把心智训练放在首位，注重思维与表达的训练，推崇"自由的教育"，在这种以人文为中心的大学教育阶段，教授什么知识不是最重要的，关键的是引导学生形成独特的思辨能力，致力于展开心智的训练，强调"培养有修养有智慧的人"[①]。这种智慧的碰撞集中于思维训练，体现了创新与创新人才培养中最为重要的思维特质的训练。这样一种看似不求有用性的教育，其培养的学生都在政策辩论、宗教和社会活动中发挥了更大的作用。中世纪大学"追求心智训练"的传统作为大学的基本精神得以传承，推动了中世纪大学的发展。

柏林大学作为大学发展的一个里程碑，主要就在于它把高深知识的探究作为自己的使命，强调培养"有学问的人"，把科学实验室引入大学，开创了教学与研究相结合培养创新人才的新模式，并一直影响着今天大学的发展。德国大学的精神和传统到了美国大学得到实用性的诠释，大学的创新进入社会生产和社会生活，从科学原理与理论创新发展到技术与应用的创新，形成完整的创新人才培养新模式，这成为现代大学的核心标志。有很多大学正在构建研究探索氛围[②]，但我们则担心，如果不重视好奇心，能否构建出这种

[①] 戚业国. 大学创新人才培养体系改革的深层次思考 [J]. 中国高等教育, 2010 (17).
[②] 乔建永. 构建"创新教学环节"突出创新能力培养 [J]. 中国高等教育, 2012 (9): 30-32.

"氛围"。

除了强化研究以外,大学还提供了一种条件和机会,使得年轻人可以无拘无束地交流和分享创造,在碰撞、质疑和争论中锤炼学生的智慧。大学提供了成熟学者和年轻才俊交流的机会,学术活动伴随着年轻思维的参与变得永葆青春、活力无限,创新活动始终活跃于社会发展的最前沿;成熟学者的严谨和对规训及范式的坚守使得年轻学生的"思想自由"始终飞翔在理性的轨道上,保持了大学创新的方向和创新活动的时代传承。这样的文化,这样的氛围,这样的机制才是大学持续创新和培养创新人才的基础。像怀特海(1929)所表述的:"大学之所以存在不在于其传授给学生知识,也不在于其提供教师研究机会,而在于其在'富于想象'地探讨学问中把年轻人和老一辈人联合起来,由积极的想象所产生的激动气氛转化为知识。"①

二、大学应以培养学生的好奇心为重点

约翰·S. 布鲁贝克从高等教育哲学的角度将高等教育分为两种,一种是以认识论为基础的高等教育,另一种则是以政治论为基础的高等教育。"强调认识论的人,在他们的高等教育哲学中趋向于把以'闲逸的好奇'精神追求知识作为目的。"② 随着人们对未知世界的探索越来越深入,随着知识的不断增加和构建,未来的人们将面临越来越复杂严密的知识体系,这种现状我们已经认识到了。诸如"即使在一个很小的领域,要想阅读完该领域所有出版物,也足以花费一个人的一生"的观点不绝于耳,要促使知识的进一步发展,尤其是对知识的探究,就不能只依靠"闲逸的好奇""只有越来越精确的知识验证才能使人们得到满足。高深学问踏实于真理,不仅要求绝对踏实于客观事实,而且要尽力做到理论简洁、解释有力、概念文雅、逻辑严密。"③ 约翰·S. 布鲁贝克并不排除在探讨深奥知识的过程中要充分运用闲逸的好奇,闲逸的好奇心是知识进步的基础,但约翰·S. 布鲁贝克却进一步强调要将

---

① 约翰·S. 布鲁贝克. 高等教育哲学 [M]. 王承绪,郑继伟,张维平,等,译. 杭州:浙江教育出版社,1987.
② 约翰·S. 布鲁贝克. 高等教育哲学 [M]. 王承绪,郑继伟,张维平,等,译. 杭州:浙江教育出版社,1987.
③ 约翰·S. 布鲁贝克. 高等教育哲学 [M]. 王承绪,郑继伟,张维平,等,译. 杭州:浙江教育出版社,1987.

"闲逸的好奇"与国家的建设与发展有机结合①。

艾伦·罗则更加明确地指出:"真正的高等教育的特点在于:激发学生好奇心,提高学生自学、试验、探索能力以及怀疑精神;这也是确保增强创造性智能的基础。"② 弗兰克·H. T. 罗德斯基于美国教育的特点指出:"本科教育应该提供通识性的入门知识,培养一种批判性思考能力和经过训练的好奇心,以及一些特殊的技能。"③

大学普遍在实施以好奇心为基础的个性化教育,这可以从世界一流大学的校训和教育理念中得到充分体现④。我们需要着重指出,好奇心在人的生理成熟以后就应该得到独立表现。到了大学以及大学后阶段,学生就确实应该更加充分地表现自己的好奇心,通过好奇心所激发出来的兴趣、爱好,与其固有的理想、责任一起面对各种未知的现象进行不懈探索。"对学问的追求是无穷无尽的,因为钻研学问中唤起的好奇心只是通过更深入的钻研才能得到满足。"⑤

目前在大学的建设过程中,往往将学科放到大学的组织基础的地位。要认识到学科也是某一知识范围内的学术人员依据一定规范形成的学术共同体,不同学科形成自己独特的学科规训和研究范式,这些成为学科组织自己的"宪章",尊重这样的规训、范式是被学术共同体接受的基础,这就使得大学的创新和创新人才培养能够坚持恰当而有效的方向,并能得到社会的接受和认同。

大学从形成后就具有了自己独特的文化,大学培养人才的基本机制在于大学的文化、氛围、精神和理念,其基本特征是清晰的:包容多样、尊重差异;鼓励尝试、宽容失败;注重传承、怀疑权威;坚持理性、提倡质疑。大学的真正意义和价值在于营造一种利于创新的制度和文化,在这样的土壤和环境里学者充分表现自己的好奇心、想象力与坚韧力的有机统一。大学则不断产出辉煌的创新成果、培养优秀创新人才,推动社会的不断进步和发展。

---

① 约翰·S. 布鲁贝克. 高等教育哲学 [M]. 王承绪,郑继伟,张维平,等,译. 杭州:浙江教育出版社, 1987.
② 艾伦·罗. 创造性智能 [M]. 邱绪萍,王进奎,译. 北京:中国人民大学出版社, 2008.
③ 弗兰克·H. T. 罗德斯. 创造未来:美国大学的作用 [M]. 王晓阳,蓝劲松等,译. 北京:清华大学出版社, 2007.
④ 别敦荣,张征. 世界一流大学的教育理念 [J]. 高等工程教育研究, 2010 (4).
⑤ 约翰·S. 布鲁贝克. 高等教育哲学 [M]. 王承绪,郑继伟,张维平,等,译. 杭州:浙江教育出版社, 1987.

创新活动的不确定性决定了创新成果需要在好奇心、想象力自由而深入发挥基础上的"水到渠成、瓜熟蒂落",基于创新者的兴趣和爱好,在对未知世界的探究愿望、孜孜不倦的追求中取得具有影响的创新成果。

世界上多数拔尖人才出自少数优秀大学,这些大学培养出如此多的人才显然与其汇聚了大量优秀学生有关,但无可否认,这些大学提供的教育,这些大学的理念、文化与氛围对创新人才的成长具有更加重要的作用。大学培养人才的文化内涵非常丰富,但鼓励基于兴趣与好奇探索未知世界、坚持社会责任与理想、遵循学科规训与研究范式、注重科学理性与人文情怀文化特征则是大学培养人才最重要的基础。如约翰·S.布鲁贝克同意高等教育的核心在于培养学者、科学家和相关专业人员的探索研究能力,并赞同将好奇心作为大学必须依靠以及培养的六种核心品质之一:"智力、创造力、好奇心、抱负、勤奋和坚韧。"①

与世界一流大学相比较,今天的大学对培养创新人才的本质性问题关注并不够,院校更多关注如何通过各种"工程"与"计划",以得到更多的办学资源和政策支持。人才培养是一个长周期的复杂过程,教育成效的滞后性使得大学的人才培养成效难以直接得到社会认同并直接为大学带来利益。于是,为了大学自身尽快得到收益,为了争取各种办学的资源,大学创新和创新人才培养也在无意识中走向"速成"的道路,总希望拔尖人才尽快出成果、尽快有收益。长期艰苦的思维训练、长期深入细致的探究被忽视和遗忘甚至遭到排斥,追名逐利的功利影响越来越大,功利也成为驱使创新活动的主要动力,甚至从某种意义上已经成为显然的功利文化,而好奇、兴趣、社会责任以及相关特征的培养就只能退居次席。在高等院校,受到这种功利的影响,教师的研究活动很大程度上受到职称晋升、项目收益的驱动,学生的学习更多取决于就业和升学的需要,基于兴趣与好奇的探究近乎已经成为"奢侈品"。校园越来越大越来越漂亮,却越来越难以容得下好奇的眼神、兴趣的"湿地",独立的精神、自由的思想越来越难以在新的大学生态系统中找到自己的"生态位"。

实际上,创新人才的成长需要鼓励创新、尊重探究、自由发挥的土壤,没有这样的土壤,创新的种子就难以发芽和成长,这些深层次问题不解决,

---

① 约翰·S.布鲁贝克.高等教育哲学[M].王承绪,郑继伟,张维平,等,译.杭州:浙江教育出版社,1987.

大学拔尖创新人才培养将是一种奢望。这样的创新机制和行为恐怕也会在一些方面有违创新人才成长规律的。

对此，王义遒也有同感。王义遒指出，大凡成长为杰出人才，都需要主客观条件及其互动。对于不同类型的"杰出"，条件是不同的。就成为杰出科学家来说，主观条件基本上是：好奇心和探索未知的强烈兴趣，锐明的科学概念和扎实基础，掌握正确的思维方法和一种精湛的技能（如演算推理、实验动手等），勤奋刻苦，顽强的意志、毅力和信心。对于当今大科学时代，还要有较强的交流、合作和组织能力。客观条件首先是大环境，即时代和社会需求，其次是为完成杰出业绩所需要的资源和物质、精神条件，此即小环境①。

三、大学生应充分表现好奇心

社会的复杂性促使人的"哺乳期"延长，学习期增加，即使人已经到了法律所认可的具有独立性的学生时代，但仍然是其个人成长发展、价值观形成，以及个人探索的紧张时期。作为大学，满足以及让学生探索的好奇心充分表现并得到充分鼓励，是大学最为主要的任务和存在方式。

大学"将聪明、上进、好奇而又热忱的年轻人集聚在寄宿制大学里"，②提供场所和时间让他们交流、讨论、竞争，表现和展示他们的创造力，由此开始为社会做出更大的贡献。在时任上海交通大学校长张杰的心目当中大学的实质，就是"把一群极具创新思维的老师和一群极具创新潜质的学生放在一起，让他们互相激发，互相学习，并且在这个过程中，让学生产生终身受益的智慧和创造力"。③

大学的创新虽然与工厂、公司、企业集团有相同或相似的成分，但由于大学更自由更能基于兴趣与好奇而实施探索创新，也更能满足人类探究未知世界的需要。同时，责任与义务使得大学承担更大的公共责任，产出更多公共知识成果。创新活动更多需要精神的自由，在问题与目标的选择上可以更多地基于个人兴趣与好奇，学者们自由地组成探究共同体，将评价更多交给同行和群体学术组织而不是市场。在这种氛围中，学生的批判性思维、好奇

---

① 王义遒. 提高教学质量要面向全体学生 [N]. 中国大学教学，2012（4）.
② 查尔斯·维斯特. 一流大学，卓越校长 [M]. 蓝劲松，译. 北京：北京大学出版社，2008.
③ 张杰. 让学生产生终身受益的智慧和创造力 [N]. 中国教育报，2011-03-01.

心和想象力得到提升就是必然。

爱因斯坦曾有句名言："大学教育并不总是有益的。无论多好的食物强迫吃下去，总有一天会把胃口和肚子搞坏的。纯真的好奇心的火花会渐渐地熄灭。"在最近一二百年中，人类的知识已经呈现出"大爆炸"的现象，再用这种灌输的方式教育学生，学生的负担将过于沉重，他们的其他素质根本不能得到发展，甚至会直接扼杀学生对知识的兴趣和好奇心[1]。这将使教育得不偿失。

要充分认识到："大学生的头脑不是一个要被填满的容器，而是一把需被点燃的火把。"学校的任务是发挥学生的天才，教师和家长应是广大学生的点火者，而不是灭火者。我们需要将学生的好奇心点燃[2]。法国国立高等先进技术学校采取让学生独立完成在实验室的计划、进行科研可以刺激他们的想象力，提高他们的创新能力和推理能力，通过鼓励学生学习外语、重视培养学生创新的兴趣等，着重开阔学生的思路，培养学生们的好奇心和求知欲[3]。这是老生常谈，但却要将其真正地付诸实际行动。

四、大学立足于保护好奇心

一个半世纪以前，纽曼（J. H. Newman）就提出大学应该是"保护所有知识与科学、事实与原理、探索与发现、实验与推理的场所"，学生应该学习探索知识的方式，"去思考、去推演、去比较、求差异"，而不是仅仅考虑结果的实际应用。克拉克·克尔更加明确地指出："大学作为一个机构，必须给它的教员创造一种环境：一种稳定感——他们不用害怕使他们工作分心的经常变化；一种安全感——他们不必担心大门外对他们的攻击；一种持续感——他们不必关切他们的工作和生活结构会受到极大破坏；一种平等感——他们不用怀疑别人会受到比他们更好的待遇。"总之，一句话，大学应充分保护学生和研究者的好奇心，就像每一位家长尽心保护自己的孩子一样，保护学生们的好奇心，让他们的好奇心充分表现，保护他们受好奇心驱使而构建出来的新颖性产品[4]。

大学创新活动的动力不是"功利"，而是基于好奇，大学承载着人类期

---

[1] 纪宝成. 倡导"大气"的学术氛围 [N]. 中国教育报, 2006-07-21.
[2] 董元篪. 点燃学生的好奇心 [N]. 科技日报, 2006-06-02.
[3] 巴黎高科：我们怎样培养工程师 [N]. 科技日报, 2006-08-24.
[4] 克拉克·克尔. 大学之用 [M]. 高铦, 高戈, 汐汐, 译. 北京：北京大学出版社, 2008.

望。代表全社会探究未知世界、解决人类面临的共同问题，因而社会给予其以充分的尊重。在这种价值判断中，大学更应该坚持客观真理，以对人类社会负责任为自己的道德规范和约束机制。

耶鲁大学校长莱文非常明白地告诉进入大学的学生并对其提出期望："我们鼓励你们提问，探求答案，并充分利用这里丰富的资源，包括优秀博学的教师，与所有大学一样出色的图书馆和博物馆资源，以及求知欲强烈又有背景各异的同学，他们将是你探寻人生意义道路上的同伴。"①

教育的复杂性要求应保持及时的改革，保证在新的形势下能够基于好奇心而恰当地展开教育。哈佛大学针对教育中出现的问题，由2004年12月至2005年2月开始，深入讨论2004年《哈佛学院课程改革报告》中提出的课程改革建议。新一轮改革初步认定的本科生教育目标是："培养好奇的、反思性的、经过良好训练的、有知识的、严谨的、有社会责任感的、独立的、质疑的创造性思想家，他们有能力在全国和全球过着奉献性的生活。"②

好奇的自由探究形成创新的动力，社会责任则会约束大学创新的方向。大学在这样的传统与运行机制中，保持创新动力，承担着社会责任，尽力培养学生的创新精神和实践能力。大学就应该像是一个"饺子"，将千奇百怪的思想包容在大学中，各种思想都可以在大学中出现、形成并与其他思潮相互碰撞，但却不是一块孤地。大学与社会始终存在紧密而复杂的相互作用，这就必然地要求，真正从大学"拿出来"的"东西"，一定要有所担当，应该是对人类社会有好的促进作用的。大学人应该在自由探索的基础上，拿出真正有利于社会发展的作用力量。最起码，大学应该秉持开发人类智力的重要场所的基本功能，而且必定要担负起这个重要的责任使命。布鲁贝克赞同弗莱克斯纳的观点高等教育哲学应该以认识论为基础，因为持这种观点的人"趋向于把以'闲逸的好奇'精神追求知识作为目的。他们力求了解他们存在的世界，就像做一件好奇的事情一样"③。

在大学，人们应该更愿意追求卓越，不满足于当前的成功，不仅不止步于当前的结论，还不断地在好奇心的作用下"更进一步"。追求卓越的动力应来源于大学人内心的好奇心，而不是如企业、公司一样追求外在利润。如果

---

① 朱易，王建华，等，译. 常春藤名校校长演说精选［M］. 南昌：江西人民出版社，2009.
② 张家勇，张家智. 新世纪哈佛大学本科生课程改革及启示［J］. 比较教育研究，2006（1）.
③ 约翰·S. 布鲁贝克. 高等教育哲学［M］. 王承绪，郑继伟，张维平，等，译. 杭州：浙江教育出版社，1987.

不受功利性的影响，大学会将追求卓越表现得更加突出。正如约翰·S.布鲁贝克指出："学业精深是治学的标志。因此，学者道德的第一条是，坚持学者社团中所有成员都必须在高等教育的某一领域受过长期的系统训练。按照类似的精神，第二条准则是为教授们保留尽可能大的自治天地。应该允许教授们选择自己的研究课题和实施研究的方法。……在决策方面，要允许教授追随他们的好奇心，而不去跟随某种外部强加的方法和目的。作为调查研究的过程，当意外的情况出现时，他们应该有调整和重新组织研究过程的自由。作为结论，任何人都不应对一个从这一点出发而以另一问题终结的学者感到奇怪。而且，学者还应该不受规定期限的限制，时间限制可能会使他们匆匆忙忙，也会使他们的研究进程失常。"[①]

澳大利亚国立大学校长伊安·洽博对此更是直言不讳："大学要为天才学生提供正常成长的环境，满足他们多元化的学习需求。"大学就是应该提供能够满足其好奇心向求知欲转化的氛围，能够让其理想逐步实现的氛围，能够使其成就动机不断增强的氛围，应该让其拼搏竞争本能得到与社会要求相适应、有机结合为一体的氛围，他们每时每刻的心理期望能够得到恰当的满足，他们始终处于一种习惯性的探索过程中[②]。

五、大学应深入开展探索性研究

大学教育毕竟不同于大学以前的教育，因为人的心智和生理已经基本成熟，即使内知识结构还不健全，甚至有很大的缺口，但实施相应的心理转换、应对一般的日常中的各种问题时，已经绰绰有余。在这个阶段实施好奇心教育就需要针对好奇心的高级特征，强化探索性的好奇心，或者说使表现探索性好奇心的各种行为得到充分表现。

此时知识储备已经达到了一定程度，对将任何一种信息模式作为转换指导控制模式的心理也已经稳定地建立起来；心理空间足够大，既有稳定的"内知识结构"，同时又能保证具有足够的扩展变化性，还有更强的剩余空间；由于自主意识的建立以及与好奇心的有机结合，还具有了更大的主动追求新奇性信息、主动追求预备空间，以随时准备对新奇性信息实施重点加工。

---

① 约翰·S.布鲁贝克.高等教育哲学[M].王承绪,郑继伟,张维平,等,译.杭州：浙江教育出版社,1987.

② 杨晨光,唐景莉,沈祖芸.澳大利亚国立大学校长伊安·洽博：为英才提供健康多元文化氛围[N].中国教育报,2006-07-16.

大学在组成研究团队方面具有得天独厚的环境和基础，有更多的人可以更加自由地追着自己的好奇心而参与各种问题的研究，大学还为从事科研提供有安全保障的环境，给他们自由，同时允许失败[1]。

对高深知识的探究更大程度上表现为原始创新活动，在这样的活动中可以有效地实现创新和创新人才培养、智慧的训练和追求提升创新能力。教师对智慧的追求和对学生进行的心智训练，将有效锤炼学生的思维，培养学生的创新能力；而走向应用的创新更能成为大学发展的巨大推动力量。大学是作为一个创造思想、体现智慧的创新机构出现的，"追求心智训练、坚持高深学问、结合社会实践"，这样的精神正是大学创新和创新人才培养之源。

博士，无疑是高层次的创新人才。按照项健等的研究，"上博士"的原因主要可以分为三种：第一种是以学问为乐，学生基于好奇心而专注于知识的创造，心甘情愿坐"冷板凳"；第二种是为了追求外在的价值，更多是出于一种社会责任感；第三种则是为个人创造更多利益，希望以读博为跳板或敲门砖，获取体面的收入、职务和地位[2]。我们权且按照这种思路来理解接受博士教育："上学—读大学—做硕士—拼博士"。

博士教育本应是"知识创新"的重要过程，如果人们将读书延伸至"读博"，则直接弱化了博士教育的本质和意义。与一般性的创新人才相比，博士需要有更强的好奇心，尤其应该表现出更强的好奇心增量[3]。这里所强调的不应是培养博士的好奇心，而是应该鼓励他们充分表现自己的好奇心增量，表现自己受到好奇心的驱使而自由探索的力量。如果说博士都不能够按照自己的好奇心自由地在某一选定的领域深入探索，还能指望谁来做这项工作？

由此就可以看出，博士培养的核心就是创新能力的培养[4]，从博士培养的目标上就应该要求博士必须做出独创性的工作。诸如，英国要求博士论文必须具有独创性，因为英国所界定的"博士学位"应该授予对知识有独创性（贡献）的人，而所谓"独创性"也称"原创性"，是指研究一个以前从来没有人做过的事情，或者一个研究创造了新的知识。它意味着博士论文必须有更多的新内容，不管是新观点、新角度、新假设，还是新方法、新发现、新

---

[1] 原春琳. 大学重新成为欧洲国家研究的中心力量 [N]. 中国青年报, 2006-07-17.
[2] 项健, 邹一娇, 靳晓燕. 博士是"读"出来的吗？[N]. 光明日报, 2011-01-04.
[3] 赵锋. 以创新能力培养为核心提高博士生教育质量 [J]. 中国高等教育, 2011 (3/4).
[4] 李云鹏. 由美国博士生课程看创新人才培养——以教育学为例 [J]. 中国高教研究, 2010 (11).

成果，应该足以表明作者对知识的发展做出了突出的贡献。尽管所有的研究工作都是建立在已有研究的基础上，但作为独创性研究，就不能仅仅重复他人的工作。英国教授菲利普斯曾将博士论文"独创性贡献"的表现归纳为15种形式：（1）第一次用书面方案的形式把新信息的主要部分记录下来；（2）继续前人做出的独创性工作；（3）进行导师设计的独创性工作；（4）在并非独创性的研究工作中，提出一个独创性的方法、视角或结果；（5）所提观点能够包含其他研究者提出的独创性的观点、方法和解释；（6）在证明他人的观点中表现出独创性；（7）进行前人尚未做过的实证性研究工作；（8）首次对某一问题进行综合性表述；（9）使用已有材料做出新的解释；（10）在本国首次做出他人曾在其他国家得出的实验成果；（11）将某一方法应用于新的研究领域；（12）为一个老的研究问题提供新证据；（13）应用不同的方法论，进行交叉学科的研究；（14）注视本学科中他人尚未涉及的新的研究领域；（15）以一种前人没有使用过的方式提供知识[1]。按照这些要求，无论在哪些方面做出"独创性贡献"，都必须充分发挥其好奇心。

从某种角度讲，应要求博士生必须发表一组高质量的论文。可以设想一下，博士在研究前沿性问题时，经过自己的思考，肯定会有自己独特的理解，在前沿问题上不断地探索构建，就会有所突破，或者说就会如同芝麻开花一样地步步提升。他们已经针对前沿性问题提出了自己的见解，又写出了论文，那么，肯定能够发表。如果单纯地为发表文章而寻找文章的发表，应该是很难的。发表文章是因为你已经有了研究成果，已经得出了他人没有得出的结论，任何一级杂志都会接纳这种论文的。从这个角度来看，关键还在于是否能够在其好奇心的驱使下站在科技前沿而不断地构建[2]。

六、按照好奇心要求实施教育改革

构建符合好奇心的课程体系。我们认为，符合好奇心教育的课程体系应具有如下特征：丰富性，扩展性，前沿性，讨论性，实际性。要以好奇心有效促进他们的热情，促进他们学习动力的迅速增长。"正是对发现的迷恋与向往引导着年轻人开始其学习和探索的科学生涯。""我们永远不要忘记，支撑

---

[1] 王建梁，郭亚辉．英国博士论文"独创性"标准的研究及启示［J］．中国高教研究，2006（7）．
[2] 项健，邹一娇，靳晓燕．博士是"读"出来的吗？［N］．光明日报，2011-01-04．

一种大学体制的终极原理更多地来自于未知而不是已知。"[1]

"年轻人中有很多富有创造潜力的高材生,发现并把他们招进大学容易做到,但是如果没有一个很好的创新氛围和环境来引导他们,天才也会逐渐平庸。"不使天才平庸化的关键就在于充分认定他们的好奇性探索能力,将课程作为满足他们好奇性探索的基本舞台。澳大利亚国立大学校长伊安·洽博明确指出:"大学要为天才学生提供正常成长的环境,满足他们多元化的学习需求。"[2]

广泛开展研讨式与归纳式教学方法。奈斯比特夫人指出,对于中国的教育来讲,真正的改变应该"始于思维方式的改变。你可以重新设置学科、增减教学科目,但是如果所有的教学都是自上而下的灌输,而不给予学生平等交换想法或质疑权威的宽容度的话,那么所有的改变都将只停留在表面。中国教育面临的挑战并不在于要改变'教些什么',而在于改变'怎么教'"。[3]长期的接受式、灌输式教育,使中国学生更多地习惯于听取他人的教导,因此,学生在自主地表现自信的实践过程中形成对自信表现的领悟方面表现较差,学生不能自信地实施多样性探索,不能够在自信的好奇心的作用下自由构建,在这种情况下,是不会有效地实施好奇心主动的心理构建的。

应围绕教育整体,针对教育的每一个环节,强化将知识学习与好奇心探索有机结合。王生洪认为,"物质至上的功利泯灭了青年人尝试更广泛和更深层思索的动机"。王生洪指出,应强化通识教育,因为"通识教育开阔学生们的视野,激发他们的好奇心和探索冲动;研读经典让学生领略人类思想的深度和力度,接受心智的训练并感受其中的愉悦,了解人生与社会培养学生独立的意识和批判的精神,养成健全而有力的人格"。[4]

不断扩展视野。扩展视野是由好奇心来确定的,是由人的习惯来确定的,而人习惯上的扩展也是由好奇心来驱使的。科学家的创造力一方面来源于对于世界的观察,他们总能在纷繁芜杂的世界中找到他们关注的重点,并深入地探索下去,对事物进行抽象化,并积极地进行联想和想象。另一方面来自

---

[1] 查尔斯·维斯特. 一流大学, 卓越校长 [M]. 蓝劲松, 译. 北京: 北京大学出版社, 2008.
[2] 杨晨光, 唐景莉, 沈祖芸. 澳大利亚国立大学校长伊安·洽博: 为英才提供健康多元文化氛围 [N]. 中国教育报, 2006-07-16.
[3] 刘坤喆. 宽容异类思维就能创造奇迹——本报独家专访未来学家奈斯比特夫妇 [N]. 中国青年报, 2010-01-21.
[4] 王生洪. 大学是社会的良心 [N]. 中国教育报, 2006-07-21.

自身的思考、总结和归纳，将外界事物和事物的关系转化为抽象的逻辑后，进行推理。推演、推算、预测等过程也是他们发现新想法的源泉。要正确引导学生首先将注意力集中到课堂所要教的内容上，并在此基础上促使他们做进一步的扩展。

引领学生站到学科发展前沿。只要有众多好奇心没有受到压制的年轻人，任何一个国家就不会缺乏勇于站到科技前沿的年轻人。下一步的重点则是如何引导年轻人能够站到科技发展的最前沿，而且了解最前沿有哪些探索研究的"着力点"，有哪些现象值得研究，其他人已经做了哪些研究，有哪些问题正在被何种方法所研究，哪些问题基于当前条件有可能得到解决，而哪些问题要解决的条件还不具备等。对于这些不能被解决的问题，在当前条件下，可以做哪些辅助性的工作？可以做哪些方面的铺垫？

实施正确的评价方式。当前的评价方式所评价的是学生所掌握的知识的多少，评价的是学生的记忆能力。而正确的评价方式所评价的则是学生对所学知识的运用能力，评价的应是学生的好奇心和想象力。对于学生的考核应集中在发挥好奇心、表现想象力和展示创造力上，此时可以选择开放性的课题，引导学生参与实际问题的研究，促进学生探索前沿性问题，尤其要采取多种尺度对学生进行评价，注意评价的"去标准化"[①]。香港城市大学校长张信刚同意这种看法，张信刚总结他在国外教学和考察经验，提出人才培养需强化的4个方面：让学生扎实掌握所学的基本要素；功课、考试不设标准答案；鼓励学生和宽容学生；培养学生的兴趣[②]。

七、突出在好奇心引导下的深入思考

我们已经研究指出，人在好奇心的驱使下会实施有效的深度思考。有一位上大学的学生，在不愿被教师逼着写论文而寻找借口时写道："我是北京某综合性重点大学文科院系的本科生，高中时听说过不少这个学院的各种传奇逸事，很符合身陷题海的高中生对大学生活的美好想象，便暗下决心要跻身其中，并最终如愿以偿。到了大学以后却发现，那浪漫潇洒的生活状态虽然也偶有经历，但基本上都限于每学期刚开学的第一个月，在此之后，生活就

---

① 朱清时. 高考改革怎样促进创新人才培养——当前教育改革的关键是高考考什么和怎么考[N]. 中国教育报，2013-07-05.
② 唐景莉. 创新人才应当怎样培养[N]. 中国教育报，2006-07-15.

像上紧了的发条，毫无停歇的可能。若要问何以至此？答曰：因论文也。"①如果都以此作为借口，那么，还有什么不能成为借口的？学生在大学期间本来就应该付出更大的努力而艰苦学习，在学习中努力增长自己的才干、在研究中扩展自己的智慧、在探索中提高自己的能力，旺盛的脑力活动会消耗更多的能量，也会带给人更大的焦虑和烦恼，人也更容易感知到这种状态，但这却决不能成为人们偷懒的借口。如果你本身对学习就不感兴趣，为什么还要刻苦学习？是你的好奇心在驱使你吗？是你的由好奇心所转化的在信息层面得到充分体现的求知欲在驱使你吗？是你的理想在驱使你吗？还是你认为的责任在驱使着你？如果没有这些内在动机的驱使，你能想尽各种可能的办法去努力克服困难而且学习吗？不会的！你总是会想出各种各样的办法来逃避应该担负的责任。甚至不能够在自身好奇心的驱使下深入地思考。有什么比这还要可悲？

如果没有经过全面而且深入的研究，是不可能顺利地写出论文的。对于本科生而言，最重要的是培养思考问题的能力。结合我们前面的研究就可以看到，如果没有好奇心的驱使，人们能够深入思考吗？

八、形成好奇心驱动下的思维习惯

所谓形成习惯，就是形成稳定的行为反应模式，或者将各种可能性中的模式确定下来，或者使某一个行为模式的可能度达到最高。人们会在习惯性心理模式的引导下，将心理转换过程程序化、结构化，从而促使人在不需要花费心理资源的前提下，完整而结构化地将其所对应的行为一一地展示出来。

教育就要引导学生自主思考、独立探究。因此，在教育过程中就要引导学生自主发问，深化多样探索，尤其要养成这种习惯。通过培养学生良好习惯来解放学生的大脑，要让学生从一些低级的、束缚自己的不良行为习惯中解放出来②。

---

① 周子岳. 多写论文就能提高学术素养吗？[N]. 中国青年报，2010-01-08.
② 寅贤. 学生自主发问的"美式"课堂教学值得借鉴[N]. 光明日报，2010-04-11.

第九章　开拓好奇心管理模式

人在环境中生存，意味着人与环境建立起了稳定协调关系。这种关系就已经不再只是人们眼中常见的外界环境对主体的作用那么简单，此时主体与环境之间会形成一个新的、可以作为一个整体的"动力系统"。该系统将使人具有更加多样的稳定状态，人在外界环境作用下的变化也不再只是简单地在受到刺激作用时的变化，而是具有了更加多样的表现和可选择。此时，需要重新理解和认识好奇心，并对好奇心实施控制与管理。

好奇心有好有坏（是指从作用效果的角度来看的），有益也有害。如何才能将我们的好奇心导向产生足够多的、有益的、好的方向，并且从好奇心的角度直接入手来解决问题，不至于在形成足够强大的新奇性意义时再作判断？这样做是不是更能节省心理能量，或者说能够更快地产生正确的反映？

我们在日常行为中产生错误的原因之一可能是人的好奇心在起作用。通过前面的研究可以看到，人受到好奇心的驱使而产生新的意义，并没有判断新意义的价值。此时，有可能按照这种只是由好奇心所导出的意义来指导自己的行为，这种通过探索所构建出来的指导模式，有可能将我们引向成功，但也会引导我们出错。一件事的成功，会涉及很多环节，而在每一个环节，都会有多种可能的方案供选择。这些环节根据不同方案（措施）组合在一起形成整体方案时，有些整体方案可以促使我们完美地做成一件事，但也存在这样的可能性：有更多的组合方案不会促进问题的解决，最起码所构成的方案不是最佳（最优解）的方案。从一般的角度看，做成一件事的成功率将取决于我们所能构建出来可能的解决方案的数量。构建出来的可能的解决问题的方案数量越多，最佳方案包含其中的概率就越大，那么，做成一件事的可能性就越大。对此，我们就应该认识到，在我们对未知的探索过程中，产生错误的结果是一种必然。我们追求成功，但总是遭遇失败。能够构建多种可能的探索方案，就是在好奇心作用下的认知构建结果。戴布拉·艾米顿指出："一旦人们清楚地认识到创新过程不能被放任自流，知识管理领域就以一个新学科出现。"① 我们相信，当人们真正认识到不能任由好奇心毫无节制、漫无目的、随机地自由表现时，自然就会强化对好奇心方向的控制、对好奇心的价值判断、选择和管理。从另一方面看，虽然说，好奇心的作用范围越广、不同的方案越多，构建出正确解决问题的方案的可能性越大，但在真正选择正确的方案时的难度自然也会变大。选择过程所花费的时间将会增加，选择出错的可能性也会越高。但如果我们所构建出来的方案根本就不在正确解决问题的方法的"覆盖"范围内，也就不能成功地完成一项工作。人们期望最好能够基于当前很少的信息，洞察性地构建出最恰当的方案，那么，好奇性智能就成为一个促进研究与探索不断深入的控制和引导的恰当入手点。如何才能提高这种正确构建、选择、决策的效率，是与好奇心的管理密切相关的，这也是需要对好奇心实施管理的一个重要原因。

朝永振一郎不满足于简单的好奇心，他理解人们对基于科学家的好奇心的自由探索的担心，强调研究者应该具有高水平的好奇心。"历史上曾一度出现了利用科学消磨时间的情况，我想之所以产生这种病态现象，是因为社会没有正确理解科学的价值。"② 朝永振一郎已经非常明确地认识到人除了能够表现或者说经常习惯于表现简单的好奇心以外，还会表现出"宏伟的好奇心"或者说是深刻的好奇心，这种程度的好奇心恰恰就是驱使科学家不断探索的责任所在，或者说是科学家的好奇心与其责任使命意识有机结合的必然产物。"生活所迫"会减弱科学家所应承担的责任心，一般人可以回避，而科学家却不能。这是需要对科学家的好奇心实施管理的又一个理由。

实际上，无论是在生活中还是在工作中，人们已经对好奇心实施了一定程度的管理。无论是个人还是组织，都需要对好奇心实施管理，以引导自己以及他人正确运用、增强好奇心，以便更加充分地发挥好奇心的作用③。最起码要将人引向有利于人类文明进步与发展的"正道"，避免出现越是好奇心强，越能善于投机取巧的现象出现。要避免"好奇心害死猫"的现象出现④，更要避免由于好奇心的不恰当使用而滋生权力腐败。国外的研究表明，对于

---

① 戴布拉·艾米顿. 知识经济的创新战略 [M]. 金周英，侯世昌，陈劲，等，译. 北京：新华出版社，1998.
② 朝永振一郎. 乐园——我的诺贝尔奖之路 [M]. 孙英英，译. 北京：科学出版社，2010.
③ 焦红丽. 天才的奥秘在于高效的管理——《哪来的天才：练习中的平凡与伟大》评介 [N]. 中国教育报，2010-04-08.
④ 曹磊. 创造力强者作弊倾向高 [N]. 参考消息，2011-11-30.

一些政要，由于其往往乐于"屡屡冒险"，致使自己手中的权力不断"膨胀"。此时就更要正确引导并加强制度建设。

在对好奇心的管理过程中，除了涉及个人的好奇心以外，将更多地涉及群体好奇心。虽然群体好奇心由个体好奇心组成，但当个体之间构成紧密关系时，群体好奇心会与个体好奇心之间表现出较大的差异性特征。不同个体的好奇心在某些方面通过共性相干促进生成新的群体好奇心增量。根据好奇心与创造力的关系就可以看出，如果群体好奇心不足，是不可能产生足够强的国家创新力的。生产力决定着国家的发展速度，而创新力则决定着国家发展的"加速度"。从发展动力学的角度看，一个国家如果其发展的"初始速度"不如他人，而发展的"加速度"又不如他人，赶上或超过他人就是一句空谈[1]。因此，好奇心管理的重要方面就是要增强群体好奇心，尤其是增强好奇心增量。杨振宁、朱邦芬明确提出："一流人才成长的关键在于提供使其脱颖而出的良好环境，在于较少的束缚和较大的自由"的观点，强调的就是要通过激励与竞争而强化提升群体好奇心[2]。只有将群体好奇心组织起来，通过彼此之间的相互激励，通过共性相干而在有益的方向生成更强的群体好奇心，形成相应的社会氛围，形成更大的社会发展的"加速度"，才能真正地实现我们心中赶超他人的目标。如何才能有效地将好奇心组织起来，将是本章主要研究的问题。

由于好奇心有各种不同的表现，对于好奇心的管理会涉及诸多相关问题：相同或相似的群体可以通过相干而放大相关的好奇心，此时，我们需要构建恰当的管理手段和目标引导以较高的效率来达成目的。社会的复杂性导致社会对好奇心各个方面的表现都有需求，我们不能只侧重于探索的好奇心、求知的好奇心等方面，应该结合每个人的不同个性、期望、兴趣等对好奇心各个方面，尤其是彼此之间的相互协调实施有针对性的管理。

---

[1] 成思危. 论创新型国家的建设 [J]. 新华文摘，2010（6）.
[2] 梅锦春. 回归教学：大学教育改革的必由之路 [J]. 中国大学教学，2014（7）.

第一节　做一个好奇性智能强的领导者

正如迈克·富兰指出的："在各种复杂的环境中，真正的管理任务是应付、甚至处理不确定性、文化之间的碰撞、差异、争论、冲突和不连续性。简单地说，那些真正需要管理者发挥作用的地方是需要处理不稳定性、不规律性、差异和无序的地方。"① 这些充满不确定性的地方，正是好奇心充分表现的地方。对于一个单位（研究所、院校、企业）来讲，越是在复杂的环境下，就越需要具有或表现极强好奇心，并能对自己的好奇心有效控制的领导者。

一、未来的领导者与好奇心

（一）敏锐地感知环境的变化

面对当前复杂多变的世界，人的承受能力已经发生了根本性的变化。以往那些突出的稳定性社会现象已经不复存在，每个人都处在急剧变化的社会环境当中，每个人也都在某种程度上处在变化的惊恐与不安当中。这一方面会使人形成漠视变化的心理惰性，形成所谓的"习得无助性"——既然自己对此无能为力那就随他去吧；同时也容易使人处于变化的临界状态，处于极度的不稳定状态——犹如惊弓之鸟，以至于即使受到一点小的刺激，也会有可能使人产生极度夸张的反应。另一种情况也有可能会发生：出于对某个方面的共同追求和保持某个方面的稳定性，形成一个个孤立的社会"小岛"，并在无意识中隔离与更大范围内的社会的全方位交流。作为一个领导者、管理者，就应该在保证自己充足好奇心的基础上，以其更大的"覆盖"能力、包容心态，创造性地推进各项工作。

斯图尔特·D.弗里德曼将"好奇、努力、乐观"作为一个能够"激发自身的创造力，弄清道理并付诸创造性的行动"的全面领导者的基本品质②。面对各种复杂多变的情况，领导者首先就要充分运用自己的好奇心，敏锐地感

---

① 迈克·富兰. 变革的力量 [M]. 中央教育科学研究所，译. 北京：教育科学出版社，2000.
② 斯图尔特·D.弗里德曼. 全面领导力 [M]. 王磊，译. 北京：商务印书馆，2012.

知环境的变化和不同环境之间的差异，并将这种变化和差异性特征作为自己关注的重点，通过展开研究，系统地得出一套完整的、在各个层面上达成协调稳定的应对之策，以避免在面临巨大的变化时置若罔闻。其次，还要紧密跟踪事态的变化与发展，及时调整策略随时修正，避免"雪球越滚越大以至雪崩"的局面出现。

（二）能够应付复杂多变的局面

在当今如此注重实效且充满形形色色挑战和机遇的情形下，人们不断地思考如何才能有效地把握高速变化且竞争激烈的市场，如何能够对环境的复杂性做出深刻的思考，如何才能善于归纳变化的本质，以及如何对变革理论进行科学探讨等。多种情况的同时并存，不断地促使领导者从思维方式到具体的技术等多个层次不断变革。

在人们研究问题，尤其是在决策时，往往会得到一些不完整的、琐碎的、自相矛盾的、不相干的、不断变化的，甚至是错误的信息。如果我们完全相信并依赖这些信息，一方面会有更大的可能陷入相互矛盾的"两难"状态，另一方面如果硬性地依据理性所给出的逻辑关系，从某些局部特征出发去建构一个新的意义，又有可能得出完全错误的结果。需要注意的是，如果能够有效地将这些方面与好奇心建立起有机联系，及时而小步骤地不断改革，将会大大提高领导者对复杂性的管理能力。

二、好奇的领导能够充分地发挥作用

当今社会中的任何组织，都在将注意力集中到人的身上、集中到人的个性上，特别是集中到强好奇者的身上。在大学的各项建设中尤其如此。比如，对于一所大学的学科建设，真正重要的是那些具有好奇心、能够真正产生深刻的新奇想法的人。设备算什么？设备只是人用于实现其想法的工具，也是人们开展研究的基础，有良好的设备自然很重要，但与人相比就处于次要地位。也许有人会说："每个人都有自己的想法，而这些想法更多的是不为他人所知的，由于存在诸多的不确定性，那么，人是最不靠谱的。在这种想法支配下，关注人才？还是算了吧，不如买些设备放到那里。人的想法是看不见、摸不着的，而仪器设备则实实在在地放在那里，谁来检查都能够看到！"不能说这种想法没有一定的道理。试想，如果一个单位部门留不住人，或者说没有高水平的人在其中发挥着中坚的作用，即使有再先进、质量再高的设备又有什么用？如果说没有了高水平的人才，或者说即使有也很快"流失"，该单位部门的研究群体还没有形成一种富有特色的、稳定的思维习惯（这种思维习惯往往由问题、研究方法、研究成果、高水平研究者等共同决定），也没有把握着前沿性的课题，该单位是不能保持不断地产生高水平的成果的。在这种情况下，领导者是可以发挥足够强的选择、组织、判断等决策作用的。

（一）改变自己的心智模式

社会心理学的研究表明，当观察一个具体对象时，无论是自然现象还是人类社会，不同的观察者可能会对同一对象做出完全不同的描述；而同一个判断者又常常依据若干特征（所组成的角度）来描述众多不同的对象，或者采用几个不同的特征描述同一个对象。对于这种现象，一种可能的解释是，我们在观察、判断时都在运用自己头脑中已经形成的、特有的关于对象的主观知识——认知经验。

以往的经验是行之有效的做法的概括总结，虽然有可能在当前情况下发挥一定的作用，但在一般情况下有更大的可能性不保证针对当前的状况是有效的。如果强行采取以往的经验做法，将会有产生错误结果的较大的可能性。避免出现错误的方式之一就是能够及时改变自己的心智模式，甚至使其具有足够的创新性。

（二）表现好奇心

作为领导者，要在充分认识好奇心的多种不同成分的基础上，通过表现好奇心和管理好奇心的具体实践，学会体验、领悟和欣赏好奇心，并进一步促使其不断增长。

作为领导者应该明确认识到，当人们不能有效地控制市场，尤其是市场表现出足够的复杂性、不确定性和未知性时，一切的一切都应该交由市场自己决定，这将促使人的好奇心、创造力成为时代的主要特征。根据创造与好奇心的内在本质联系，适应市场的变革责任最终将落实到对好奇心的管理上。在当今以知识经济为核心的时代，现在的消费者变成了"老板"——他们的洞察敏锐，思想变化灵活，要求层出不穷。此时，传统意义上的忠诚性要求自然不能比他应该做到的忠诚更多。而从管理的角度看，要求忠诚这本身就会形成一种束缚，这种束缚还有可能对好奇心的表现产生明确的限制性影响。因此，具有新思维的领导者应该持有这样的想法：明天你打算为我做什么？虽然，只有好奇心和想象力才能够回答这个问题。

既然作为领导者要求员工表现好奇心、创造力，那么，他们应该或者说能够做些什么？一方面应该展示出榜样力量；另一方面，领导者应该考虑如何在创设一种使员工的好奇心、想象力、创造力充分发挥的环境的基础上，使员工在工作中最大可能地展示自己的好奇心和创造力。与此同时，公司（单位）则应致力于组织员工在表现好奇心、想象力基础上的更大范围的研发，充分考虑如何才能选择、招聘那些好奇心与创造力达到顶峰的员工。此时，还需要考虑如何根据公司的变化，随时调整组织结构，并及时进行人员的变更。要在考虑如何才能保持核心职员稳定的同时，更加有力地促进人才的流动，以构建更大差异的多样化探索，寻找与本单位的多样性要求相适应的、更加有效的发展。对于具有较强好奇心的人，就应该在自己的好奇心与想象力的充分表现过程中运用自己的心智反思、反馈、体验、组织和管理，建立起好奇心与快乐感受的强势关系，促进人由兴趣、热情向激情狂热转化。这种加大内在创新动力的管理行为，会使员工在愉悦的工作中更加积极地表现自己的才华。

由于创造性是人的本能，因此，创造性成功将给人带来更大的快乐享受。"付诸创造性的行动，你就能够较快地适应新环境，满怀信心地寻求解决问题的新途径，始终充满活力。出色的领导者会对实现目标的手段不断地进行思考。为了实现既定目标，他们会采取极为灵活的手段（灵活地选择以何种的方式、在什么时间、从哪里着手）。他们有勇气尝试使用新的方法和新的交流工具来更好地满足那些依赖他们的人的期望。他们不仅仅依靠碰面的时间来把事情做好，而且还会利用新媒体提供的灵活性和控制优势聪明地使用时间。"[①]

（三）组织好奇心

其实，我们还没有对好奇心加以组织，没有对好奇心的教育实施组织，也没有对好奇心实施有效的管理则是其中更加深刻的原因。

全球竞争的隐含意义越来越关系到一个国家促进其思想、人才和创造性组织不断发展的能力，创造力的发挥依靠好奇心，而创造力的提升与扩展也依靠好奇心。可以认为，忽视全球好奇心的态势无疑就是拒绝了一套重要的战略思考——基于好奇心的发展战略。如果创造力来源于差异，那么还有什

---

① 美国科学促进协会. 科学教育改革的蓝本 [M]. 中国科学技术协会, 译. 北京：科学普及出版社，2001.

么争论思想的源泉、个性化的研究课题能比多元化的文化的舞台更好呢？在这个联系越来越紧密的时代，只有在好奇心的作用下，积极主动地利用文化多样性的机会，也才能在相互作用过程中达成新的构建。

既然多元文化对世界文明的进步与发展持续产生着重要影响，人们就应该有效管理好奇心，将注意力更多地集中到差异化上，从各种层次和各种活动中发现差异、寻找差异、构建差异，在进一步的活动中强化差异，并特化由差异而形成的独特的要素、组织特征，使其特化到不能忽视的程度，然后进一步强化，突出其自主意识和积极主动性，在尽可能地表现差异点时，充分表现一个人的个性。

（四）解放好奇心

好奇心本就是自由的，在能够对好奇心构成伤害的因素中，一是固化的"内知识结构"，二是对好奇心的恐惧。如果我们能够从主观上积极地寻找、肯定好奇心，并将好奇心从这种限制当中解脱出来，就可以更大地发挥好奇心增量的作用。

对新时代的领导者来说，更远大的目标——反映了从工业化时代管理的又一个重大转变——是解放资源和人才，让极具好奇心的人以更加富有弹性和想象力的方式表达、展示他们自己。像群体运动项目的教练和艺术家的保护人一样，管理与领导者应该担负制度在方向、激励、倾听、推动和供应等方面不断改革、实施个性化管理的职责。在今天，无论是企业还是社会，无论是员工还是管理者，从上到下，从里到外——无一例外地，每个人都沉浸在一种不可逆转的试错、异化性探索的工作和生活方式之中。

从事务性管理的角度看，随着社会的复杂性发展，管理正从对好奇心的控制转变成为对好奇心的组织、激励与解放。公司如何才能留住这批新一代自由职业者身上所蕴含的好奇心资本？你能提供怎样的资源、舞台、灵感和情感纽带，以鼓励这些创新明星把公司的使命同自己的爱好及好奇心合而为一呢？既然创造力产生于模棱两可、复杂错综和"即兴演奏"，寻求、激励与解放好奇心，就需要专门"量体定做"的管理技巧。新时代的领导者应该促进、激励在更加广泛的范围内开展原始创新而不仅仅是模仿，在此过程中，还应该考虑如何吸引、激发更多的人参与创新。领导者思考的一个最为核心的问题就是如何才能在最大范围内引起人们充分表现好奇心的共鸣。他们需要协调有针对性的目标和自由散漫的好奇心之间的矛盾，促进彼此之间的相互补充、相互合作。无论是一个企业，还是一个研究所、实验室，作为管理者都应将注意力集中到如何让更多的人参与到"我"的研究课题中并努力做出更大的贡献，尤其是应设立更多的子课题以及与研究主课题相关的众多课题。在此过程中，一个基本原则就是尊重研究者的兴趣和好奇心。如果说管理者将注意力放到"钱"上，认为自己争取到的课题经费只能供自己研究使用，那么，研究成果就只能在低层次上徘徊。

在科研经费的使用上，历来存在一定的争论：那些能够获得经费支持者更多地支持将科研经费更多地集中到一个项目上；而那些有很大的可能性获得不了科研经费的支持者则要求应该像"撒胡椒面"一样，支持更多的项目的支持。

恰当的方式应该是什么？在基本上还没有形成一种趋势时，应该广泛支持；而在有可能取得一定的优势时，应该重点支持；在一定能够取得重大成果时，则应该大力支持。

（五）包容好奇心

强好奇心的管理者能够促进更加多样的不同意义的同时显示，表征着能够容忍更加多变的、复杂的、极端的思想的冲击，预示着他们对好奇心会有越来越大的保护力，更能容忍好奇心发挥作用，也就更容易保护他人产生出人意料的原始性创新成果。一个具有才能但却仅仅在某一方面的才华得到极度开发的人，要想在这样一个社会中有效生存，并寻找充分发挥自己创造力的机会，环境必须具有足够的包容性。应当看到，"偏执狂"要想生存是很不容易的。克里斯·哈里斯同意弗朗西斯·霍比的观点："恰恰就是那些有利于伟大创新即充满激情、本能驱动和不受束缚的思维的特质，常被那些痴迷于效率的人视察为傲慢的、荒谬的和有失体面的行为。"[①]

要包容那些在某种潜能得到极度开发，但在其他智能方面却受到抑制而显得不正常的人才。要认识到，智能的开发具有相互影响性，某一种智能得到开发时，必然会影响到其他智能的开发。根据智能的相互作用性，如果某一种智能得到极度开发，一方面是说其他方面智能的开发会受到相应的抑制，另一方面，智能之间的相互作用也有可能会促使在一个方面的智能得到极度开发时，促进其他方面智能的恰当增长。到底哪种过程在起作用？最起码，我们的社会应该包容这些在某一方面的潜能得到极度开发而使其综合智能得

---

① 克里斯·哈里斯. 构建创新团队 [M]. 陈兹勇，译. 北京：经济管理出版社，2005.

到抑制的人才。这种包容性正是这些偏才——"偏执狂"成长的基本环境。

三、运用好奇心主动引入变化

（一）表现自我

好奇心强的领导善于表现自我，也善于激发员工表现自我。个体的不同促进了在群体中的人们更加自如地表现自我，通过这种自然表现而形成群体的多样并存，人们在追求表现自我的过程中，间接地形成了运用好奇心而主动引入变化的力量。

作为一名优秀的领导者，首先应该愿意看到员工能够尽可能地表现自我的好奇心。

（二）多样探索

"谦虚使人进步，骄傲使人落后"一直是我们提高自身学习能力、不断取得进步的座右铭。随着改革开放的不断深入，受到他人的影响，我们又落入了另一个"局部极小"的认识区域——无限地扩张自己的信心，有时甚至已经达到了狂妄的地步。掩盖自己的优点从而不加以表现这不对，但不懂装懂，尤其还顽固地坚持自以为是，也会成为阻碍社会前进的巨大障碍。

不同的种族在不同的文化背景、社会环境、地理环境作用下，形成了不同的社会习俗，产生了相对稳定的对待事物的看法和观察事物的角度。无论是物质传输还是信息传输都极为方便快捷的今天，不可避免地会形成不同区域文化的不同视角和观念，这种不同在有些人眼里被视为"文明的冲突"[①]，而在好奇心强者的心目中，世界本来就应该是这个样子。"世界上没有两个相同的树叶"，人与人的不同也是必然，即使采取的是同一批"克隆"技术生产的个体，彼此的不同也应该是必然的。

中国人习惯于"和而不同"的思维模式，构成中国人思维习惯的阴阳与太极思维所体现出来的开放心态，表明了中国人处理事情上的灵活性，体现出了心理的开放性、包容性。这种文化上的包容性促进了好奇心强者会有更大的生存空间。

这是我们的思维优势，表明我们在处理复杂问题时更能得心应手，"动态

[①] 塞缪尔·亨廷顿. 文明的冲突与世界秩序的重建 [M]. 周琪, 刘绯, 张立平, 等, 译. 北京: 新华出版社, 2002.

协调"的好奇心表达方式,使我们在形成更具概括性的、更高层次的抽象概念方面表现欠缺,还不容易使我们能够按照"一根筋"的方式沿着这个方向不断地向深入一步步走下去。没有了足够的实践活动,我们便在这种高层次抽象的实践过程中不再通过更高层次的领悟来满足自己的好奇心,转而只是表现复杂的好奇心来满足自己。

好奇心强的人,更容易容忍不同文化的相互冲突,而在好奇心增量的作用下,人们则会更多地追求不同文化的相互作用,在这种相互作用中体验不同文化的差异和个性,并在差异的基础上主动追求差异。

(三) 更加主动地求新、异、变

恰当管理好奇心,一方面可以表现在现有心理状态基础上主动求新、求异、求变的基本行为模式,同时还构建出让多个不同的信息同时显示,并通过相互作用以形成新的意义。主动追求信息的变化并形成"区域应对",主动构建多点变异以形成多种模式的多样并存,然后被外部环境所选择的进化机制,满足已经固化的好奇心,已经成为好奇心的固有表现。因此,增强好奇性智能必然与求异、大区域应对和多样并存稳定地对应起来。

(四) 让更多的人参与研究

随着研究探索重要性的不断提高,人们急切地想得到更多、更大的原创性成果,虽然人们已经认识到好奇心在原创性成果中所起到的作用,但另一个重要的变化也在同时发生。"好奇心驱动、高等教育系统能够自由支配资金的研究得到足够的支持越来越少,而由外部机构出于既定目的资助的特殊项目的研究越来越多。"[1] 现实状况已经表明,科学研究向实用转化的效率随着研究的深度不断增加,针对性、目的性自然也越来越强。尤其是在生物学、生理学等基础方面的研究会迅速转化为治疗人们感到非常难应对的疾病,提高了人们对这个方面研究的支持力度。人们关注的中心由自由探究转向问题的解决——甚至连问题的界定和清晰度都很少得到关注。促使这种转变的因素还包括在不断变化的研究经济状况之中:研究项目受到日趋昂贵的设备的使用和研究者的专业技能的制约。缺乏成本意识的研究很难获得支持,由此也导致设备和人员的理性化管理(在某种程度上也可以说是"设备化管

---

[1] 迈克尔·吉本斯,卡米耶·利摩日,黑尔佳·诺沃提尼,西蒙·施瓦茨曼,彼得·斯科特,马丁·特罗. 知识生产的新模式——当代社会科学与研究的动力学 [M]. 陈洪捷,沈文钦,等,译. 北京:北京大学出版社,2011.

理"——管住了设备就管住了人)。在美国,尤其是自20世纪末开始,受到美国联邦政府资助政策的影响,在科学研究方面,有不少的大学教授慢慢丧失了由好奇心驱动而展开研究的自由;大学由此产生了新的校园文化——要求教师成为独立的为短期成效研究的"研究企业家",并有能力获取足够多的联邦资金以维持其研究活动①。因为财政紧缩、能力有限、注意力相对集中,教授们已无力领导学校的发展方向,也缺少决定学校学术发展重点的意愿,此时大学便"日益成为一种为了满足实际需要而结合成的松散联盟,通过允许不同利益集团追求各自目的而兴旺发达"。② 这样做的结果就是纯智力的研究——或者根据齐曼所讲的"真科学"——的可能性被大大挤压了,并将它限定在一个很小的区域。虽然探索研究者从总体上数量会不断地增加,由于问题越来越多,实际上,研究问题者的相对数量则在不断地减少。研究的目的性的逐步增强,降低了自由探索的力度。虽然人们在为问题、目的而研究,即使研究者众多,重大突破的可能性也会进一步降低。与此同时,由于有众多的研究者都在基于某些目标性问题不断研究,因此,问题的提出将更加广泛,探索将更加多样,这又从另一个角度弥补了其中的不足。这从另一个方面也说明,只要有越来越多的研究者加入到探索者的队伍中来,就会有更多原创性成果出现。不断地扩大研究者的队伍,将成为好奇心管理的重要方面。

第二节 好奇性智能与组织变革

多样、个性、差异、随机、模糊、变化迅捷、不确定等因素的强势作用,促使人们思考如何才能针对各种不同的情况而构建恰当有效的管理模式。理查德·K.莱斯特等曾将管理分为:分析性管理和解释性管理③,并进一步指出,解释性管理的内核是在不断的创新中构建出来的。与这种现代因素能够紧密结合的管理模式更多地表现为解释性特征。不同的管理模式应该与管

---

① 詹姆斯·杜德斯达,弗瑞斯·沃马克. 美国公立大学的未来 [M]. 刘济良,译. 北京:北京大学出版社,2006.
② 刘鸿. 美国研究型大学"共治"模式的"恒"与"变" [J]. 高等教育研究,2013 (11).
③ 特里萨·M.阿马布勒,等. 突破惯性思维 [M]. 李维安,等,译. 北京:中国人民大学出版社,2001.

对象的现状与发展相适应。

一、组织变化

（一）一个知识的时代更加重视创新

在一个重视知识的时代，创造力增加了知识的价值并使知识逐渐地更为有用。对知识的扩展起重要作用的好奇心，必然在知识社会中发挥更大的作用。

我们已经认识到，正是由于创造力才有可能使知识从一种形态转变到另一种形态。例如，对数据的非线性，不连续处理和运用好奇性智能的扩展，带来了对关系和联系方式的多种理解，并由此而产生了洞察力。在好奇洞察中理解了关系的本质，促进了不同观念新的组合，我们方能产生"good idea"，我们正是运用了创造力才实现"金点子"产生价值。由于有了好奇心、洞察力和理解才能实现量的飞跃，最终产生价值。

在知识的生产过程中，首先起作用的是人的好奇心。这可以看作人的生命"活性"在心理转换过程中的强势表现。生物体的"活性"有不同的表现层次，在生物化学层次上表现为对客观世界适应过程中的"混沌边缘"，在生理层次上表现为通过改变自身的结构来认识客观世界的变化，而在心理层次上则表现为人的好奇心。越是本质的表现，越能够对知识产生重大影响。

一般认为，运用人的创造力在于发现规则、提出规则、制订规则。而当方法和规则确定以后，运用规则去解决具体问题的过程一般不会被认为是一种智能行为。因此，作为管理者、作为领导，其精力将主要放在应付随时出现的意外情况上，集中自己的好奇心于新情况上，构建规则。

当我们在创造力和知识混合之上再加上信息技术后，就会得到一种特别有力的混合物：表现、运用、追踪和技术结合知识的能力，这需要通过跨越不同学科和不同情景配置以推动合作。如果适当地加以管理，这种结合物将最终带来创造力的"星火燎原"。我们可以通过熟练利用计算机网络，更好地实现观念在更多方面的综合。这种综合以相互激励和相互启发作为主要特征，引领一个由当前知识所组成的稳定集合更加有力地向外扩散。

（二）不断迫使自己加快重塑自我的步伐，取得发展

在组织结构严密、功能明晰、职责权力分明的层次结构中，组织体系本身的属性迫使人们将自己的注意力仅仅集中于自己的"盘中餐"。人们可以通

过提高效率、调整规模、缩减规模和降低成本以取得增长，这样的成就是有限的。这样做有可能会对培养创造力不利。某种冗余的、有时是故意造成的、适宜程度的管理混乱恰恰是孕育创造力的温床。而要寻找未来增长的源泉——洞察力和理解的跳跃性发展以生产价值——就必须依靠创造力。我们要构建自己宽广的视野，既需要"盯紧自己的饭碗"，又要"吃着碗里看着锅里"，还需要用好奇心的这只"眼睛的余光扫着别人"。

（三）每个人都感到自己有权得到创造性工作

表现自己好奇心的结果是，每个人都在关注自己、关注自己的好奇心，每个人都认为自己在从事创造性的探索工作，每个人也都希望在工作中更加充分地发挥自己的创造力。这已经不再是工作单位对其职工的要求，而是每个人自己对自己提出的要求。在这种基本需求特征的基础上，从管理的角度来看，一个职位薪俸的高低已经不再是吸引创造性人才的首要因素，能否提供给他一种创造力充分发挥的环境，他在这里工作能否有一个更大的发展前途，才是他更加关心的问题。

（四）设计成为新的首要因素

"我要设计未来更美好的状态！"设计的基础是构建，因为人已经充分认识到与人有关的各种活动都具有了生命的意义，当前的做法将直接影响到以后的结构和功能，虽然不能说未来完全决定于当前所做的一切（多样性所导致的不确定性使得建构只能成为多样可能性中的一种），但要想达到以后的目标，就必须基于当前，从建构的角度去设计、建设未来。好奇性智能将更加有效地促进设计的多样化。应该将人的好奇心组织起来以构建新的生活。

（五）科学技术转化为生产力的周期缩短

与以往相比，由于产品的创新品质在竞争中的地位和重要性，这将使一项新的科学理论很快地在技术中得到应用，在新产品中出现，并以这种稍微领先的优势尽可能多地占领市场，然后再依赖市场所提供的资金加大科技投入，使领先优势进一步扩大。

受到不断创新的驱动，新的科学技术成果转化为产品的周期变短，一旦研制出了新的产品，很快就会建成相应的生产线并成批量生产。人们已经认识到，对于大投入的研制经费所取得的成果，如果不能转化为产品，这种投入所造成的成本将永远不可能收回来。只有将新产品的研制费用转化为成品并投入市场，才可以一点点地将成本收回，人们认识客观世界的能力也就在这种循环过程中得到进一步的增强。

二、好奇性智能注重以人为本的组织文化

中国共产党十六届三中全会明确提出"坚持以人为本，树立全面、协调、可持续的发展观，促进经济社会和人的全面发展"。以人为本，就是从人的本质属性出发构建问题，把人的利益作为一切工作的出发点和落脚点，不断满足人日益增长的物质文化等多方面需求和促进人的全面发展，促进精神文明与物质文明的同步发展。

（一）以人为本

从字面上理解，也可以将以人为本理解为根据一个人的特点、性格、意愿来帮助他朝某个方向发展，给予他更多的发展空间，帮助他更好地发挥才能。

这种理解还不够全面。以人为本中的"人"应包括：类存在意义上的人、社会群体意义上的人、具有独立人格和个性的个人。

以人为本，就是要正视创造性群体中的每个个体都具有独特的心智特征，在这种特殊的心智特征基础上，人与人之间的相互作用就具有了更大的特殊性。以人为本，在这里就是要努力增强好奇心资本的重要性。

我们要研究这种个体的特征和彼此之间特有关系，以此而构建能够更大程度地激发人的好奇心、想象力和创造力的群体。既以人为本，又不落入"人本主义"的陷阱，是需要大智慧的。

（二）坚持以人为本管理的基本思路

虽然泰勒的动作时间研究开启了科学管理的先河，但在泰勒理论中的人性是被严重扭曲的。因为在其理论中，人只被视为是高速运转的机器中的一个齿轮或零部件，是整个物的生产体系中微不足道的一个部分。对人的管理采取的是粗暴的"胡萝卜+大棒"政策，完全无视人的主观能动作用。

梅奥的霍桑实验，在一定程度上重视了人性，开创了以满足人的精神需求为出发点的一批管理理论，如梅奥的人际关系理论、马斯洛的需要层次理论、卢因的团体行为理论和布莱克的组织行为理论等。这些理论对人的本性做出了具有创新价值和意义的探索，其主体内容突出地表现在两个方面：①重视非理性因素对人行为的作用，改变了过去单纯认为是理性因素决定人的行为方式的观点，人们越来越注意非理性因素对人的行为的决定意义。②作

为独立意义的人有了自己的社会角色，人应当使自己的行为和社会要求相协调，不再是以个体排斥社会，以自我排斥他人，而是应努力地培养强化自己的社会角色。但这个时期对人性的认识和张扬还仅仅是有限度的、被动的，因为人更多的是被置放在"刺激—反应"的简单模式中，人更多的被视为是可调教的"小白鼠"的异化品。

进入20世纪80年代特别是90年代以来，随着全球经济的一体化，市场日益自由化、精细化，伴随着科技进步达到了日新月异的地步，由于能力的增强促进了人对人类自身更加深刻的认识，对人性的认识也发生了新的裂变。人的世界观开始真正地由崇拜机械竞争论向主张"自然—社会"协调平衡的方式转变，价值观体系真正由基于上下支配关系向基于伙伴合作关系转变。

这就需要有效地发挥人的积极主动性，在充分认识好奇心的基础上，促使人们更加积极自主的改革管理模式，保证人的积极主动创造性占据更大的比例。

三、构建充分发挥好奇性智能的社会氛围

在迈克尔·吉本斯等人看来，"模式2知识的三个特征——急剧的扩张、异质性和情境化"①，表现在与人有关的各个领域。此时，与诸多特征品质紧密结合的好奇心所涉及的问题的范围、问题的难度和复杂程度越来越大，好奇心各个领域同时发挥作用的特征也就越来越突出。

重视、宽容失败和允许"种瓜得豆"等文化氛围，实质上就是构建对好奇心的重视、鼓励的社会氛围②。在这个方面，不同的国家因为所表现出来的群性好奇心的特征有所不同，因而会有不同的氛围特征。充分利用人的竞争性本能，通过社会氛围促进好奇心表现，通过社会的选择性有效激励好奇心应是人们所重点关注的。

从探索未知的角度来看，参与好奇性探索的成分越多、比例越大，形成好奇探索的氛围就会越浓厚，形成原始性创新的可能性就越大。民众基础层面上追求创新的基本氛围，维持着美国高水平成果的不断涌现。张镇强分析其中的原因时指出：一是每一个科学家所在的地区、单位应该而且必须有保

---

① 亚伯拉罕·H. 马斯洛，德波娜·C. 斯蒂芬斯，加里·赫尔. 别忘了，我们都是人 [M]. 李斯，译. 北京：中国标准出版社，2001.
② 武夷山. 创新的三重文化氛围 [N]. 光明日报，2011-11-21.

证科学家想象、选题、设计和实验所需的高度自由。二是有充足资金的支持。欲进行真正的特别是高深的科学研究和创新，没有雄厚的资金支撑是不可想象的。三是普遍重视、热爱和支持科学及科学研究。四是热爱和专注于科学研究，求真务实，不见异思迁，不借助各种权力走捷径[1]。这就保证了研究者可以在充分发挥好奇心的基础上脚踏实地地进行研究和探索。

我们往往习惯于"整大的"成果，不愿意细致地解决一个又一个小的问题。眼高手低是一种习惯性表现。从大的角度研究问题时往往会形成更高层次的抽象，也更容易抓住更加本质的问题，但同时也会因受到问题难度的影响而使研究更容易流于皮表，更多地感受模糊的、变化的、不确定的、似是而非的信息的影响，并满足于此。我们应该认识到，把握全局的能力取决于人的复杂的好奇心，而深入探索过程则依赖于探索复杂性事物的好奇心，研究探索更加复杂的问题，需要将两种成分的好奇心有机结合。在我们国家目前提倡"大众创业，万众创新"的氛围作用下，将会有效地推动我国的创新事业。

形成"氛围"是指有足够多的人在从事这种活动，或者说从事这种活动的人数达到了一定的比例。只是有人在从事这种活动，是构不成氛围的。这其中存在一个阈值。我们曾经就学习氛围做过调查，结果表明，周围20个人中，如果有10个人在努力学习，就具有了学习氛围。此时，阈值就表征为比例值：0.5。那么，我们是否能够保证有足够的氛围强度？

约翰·沃卡普·康福思（John Warcup Cornforth，澳大利亚裔英国化学家，因酶催化反应和有机分子合成方面的研究成果，获1975年诺贝尔化学奖）在总结自己的研究体会时，特别提倡参与研究的每个人都应积极探索，通过交流、讨论与他人更好地分享"好奇和对真理的探索"，以形成追求卓越性新奇的群体氛围。约翰·沃卡普·康福思指出："我相信许多人成为科学家的道路与我是大致相同的，从好奇开始，提出疑问，阅读别人写的书，然后寻找能回答自己疑问的方法。你绝不能停止学习任何事情，如果你对它懂得越多，它就会变得愈发美丽、愈发有趣。而且更重要的一件事是：你已成为由全世界人民组成的巨大公司的一个成员，他们分享你的好奇和对真理的探索，并且每当他们可以和你一起分享他们所拥有的知识时，他们都将这样做。"[2]

---

[1] 张镇强. 诺贝尔科学奖为何再次全落美国 [N]. 中国青年报, 2006-10-10.
[2] 中国科学技术协会. 厚望与期待 [M]. 北京：科学普及出版社, 2001.

按照马斯洛的需要理论,只要在更大范围内形成了群体创新的氛围,就有可能通过社会竞争资源的获取而有效地促进创新的顺利进行,使人感受到自由而充满激情表现好奇心的快乐反应,并使人更容易乐此不疲,而人们也乐于在这种自由的氛围中尽心享受探索与创新的乐趣①。应当看到,似乎是减少了功利性创新,这种追求卓越性新奇的氛围会在大学更能顺利地建立起来,形成这种氛围,也有可能是使一所大学成为世界一流大学的关键所在。但自由性创新与功利性创新,哪个方面的效益更好,还真的不好确定。在资源充足时,似乎自由性的创新更能够获得原创性的成果。如芝加哥大学就致力于构建一种优越的人文环境:"在这样的环境当中,营造一个教授和学生、学生和学生之间可以互相学习、争论的氛围,教会年轻人怎样去思考,这才是最重要的,是大学能够提供的最大的价值所在。"②

牛津大学校长安德鲁·汉密尔顿同样认为:每一所顶尖大学都有一个良好的支持创新的环境,包括工作条件,能够获得竞争性的研究经费,合理的教学科研的工作量,还有有效的管理支持。这些条件保障教授与学生"能够有自由地开展对那些由好奇心驱动的、富有挑战性的问题的讨论,教授那些在我们看起来是错误的课程"。③

(一) 崇尚好奇心的氛围特征

美国莱斯大学校长大卫·李博隆指出应该注重从以下四个方面创造追求卓越性新奇的环境:第一,培养好奇心和求知欲;第二,解决问题的能力;第三,承担责任的能力;第四,培养其他能力和领导力④。培养好奇心被放在所构建的社会氛围特征的第一位。一所大学要从这些方面去做,所采取的各项措施必须达到一定程度,尤其是对于制订的政策执行的力度一定要足够。

1. 崇尚好奇

崇尚好奇,就是以构建新奇为荣,以构建新奇为乐,赞誉、仰慕、模仿取得新奇观点的人,肯定他们的新颖性成果。通过这种社会性鼓励,让他们得到同伴的赞赏、喜爱、羡慕,让他们得到较高的竞争优势,取得比他人高的信任感。

---

① 李钊. 有这样一个数学研究团队——法国高等科学研究院采访记 [N]. 科技日报, 2009-12-09.
② 唐景莉,万玉凤. 中外大学校长纵论高教"变革的力量" [N]. 中国教育报, 2010-05-06.
③ 唐景莉,万玉凤. 中外大学校长纵论高教"变革的力量" [N]. 中国教育报, 2010-05-06.
④ 唐景莉,万玉凤. 中外大学校长纵论高教"变革的力量" [N]. 中国教育报, 2010-05-06.

2. 通过表现好奇心取得竞争优势

从竞争的角度来看，那些能够有效促进个体取得竞争优势的做法往往会得到群体的强化，并在群体中推崇这种因素并不断提高的群体行为，就会在这个群体建立起崇尚该强势因素的氛围，保证有一定比例的人数同时在明确地追求这种强势因素。

这是先形成一种追求新奇的基本生态环境，然后通过群体形成对这种特征的关注而成为群体所追求的基本目标，再通过进一步的显化，使之成为氛围的基本过程。就此点而言，我国高校的氛围还不成熟[1]。一个好氛围的核心特征正如徐扬生所指出的有更多的人参与其中。当有更多的人在充分发挥自己好奇心时，就会形成一种崇尚好奇、热爱好奇心的氛围，处于这个氛围中的每个人都会充分利用自己的竞争天性而尽可能地表现自己的好奇心[2]。为了表现较高的竞争力，每个人都力图站在前沿，尽力表达自己的好奇心。

在一个群体中，一旦形成了促进良性表现好奇心的竞争氛围，就可以将群体中个体（包括教师和学生）的创造性本能有效地激发出来，促使其更大程度地表现好奇心，也就可以有效地激发群体个体（教师与学生）在表现好奇心方面的竞争意识。因为都参与了其中，参与其中的每个人都能在这种群体的相互作用中体会到追求新奇意义的乐趣，在竞争本能的驱使下追求更加新奇，也才能积极主动地不断创新。你提出了一个新奇的观点？这很好，那我就要提出一个更加离奇的理论，一定要在新奇度上压过你！只是为了看谁能提出更加新奇性的观点而竞争，人们会在有意与无意之间不断地追求创新，以取得高出他人的社会地位和竞争优势，并以取得这种竞争优势而快乐。

3. 人人都竞相发挥好奇心

既然崇尚好奇是一种通过群体表现好奇心（一定比例的人明确地表现好奇心、追求好奇心的更强表现）才形成的社会氛围。那么，受此影响，在这个群体中的每一个人，都会尽可能地表现自己的独特个性、表现自己的好奇心和想象力。只有人人都在尽力地表现自己的好奇心，每个人都以表现自己的好奇心为美，才可以将追求新奇的因素在非线性相干过程中加以放大，形成追求新奇、崇尚好奇、以求新求异求变为荣、以构建新奇为乐的基本群体心态，都在追求与他人行为一致性的过程中（这是形成群体的基本条件）不

---

[1] 阎光才. 从成长规律看拔尖创新型学术人才培养 [J]. 中国高等教育, 2011 (1).
[2] 徐扬生. 创新是一种文化 [N]. 中国教育报, 2010-10-11.

断创新，也才可以依据人的竞争性本能促进人不断地追求新奇卓越，只为追求新奇而在群体中出类拔萃，只为构建更加新奇的观点而充满乐趣。"如果一个孩子因为从众和融入群体而得到了奖励，他怎么会再去与众不同地冒险、探索新天地？"① 如果一个群体形成了追求与众不同、不断探索的群体氛围，处于这个群体中的每个人，又怎能不主动冒险？

克里斯·哈里斯曾详细研究了一个全面创新团队所需要的具有重要性格类型的几类不同的人：主席（领导和管理者）、多维人才、专家、创新人才、冒险家、好奇的人、寻根探源的人、裁判员、队员、爱开玩笑的人、实干家、最后优胜者②，同时克里斯·哈里斯还给出了一个创新团队对不同性格类型者的要求。在诸多要求中，由于涉及整体的创新，在好奇心作用下的求新、异、变和由此而带来的都想尽可能地表现创造力，就成为最基本的共性要求。

如果处于这个创新群体中的每个人都能够自然地表现自己的好奇心，"追求新奇"也就有更大的可能通过社会群体的共性放大而使其成为一种典型特征，成为该社会群体的一种基本行为，成为每个人的追求与向往。社会心理学所揭示的"印象整饰"现象，使得在这个群体中的每个人都愿意表现出比他人有更强的行为表现的能力。

按照普拉伊耶在《小科学，大科学》中指出："学者总数的增长与创造性学者的平方，即在科学上有新创造的学者数的平方成正比。"竞争就是在与其他个体的相互作用过程中维持着比其他个体表现更多扩展力的过程。在潜意识中激发出来的追求新奇的竞争性本能将促进学者不断创新。自然，"创造型学者越多，学者的总数增长也就越快"。③

4. 表现好奇心的积极主动性

人的自主意识促进了各种行为的自主性涌现，并使人的这种自主意识得到强势表现。当好奇成为一种内在需求，并已经建立起自主意识与好奇心之间的稳定联系时，就会使好奇心成为一种具有自主性的稳定心理模式。人会自主地表现好奇心。这说明一个人已经建立起了强势的自主意识，只要稳定地建立起自主创造意识，就会依据其自主"活性"而不断地表现，并成为一种非表现不可的本能模式。这种竞争本能会在群体追求共性的氛围中得到

---

① 刘坤喆. 宽容异类思维就能创造奇迹——本报独家专访未来学家奈斯比特夫妇 [N]. 中国青年报，2010-01-21.
② 克里斯·哈里斯. 构建创新团队 [M]. 陈兹勇，译. 北京：经济管理出版社，2005.
③ 赵振宇. 奖励的科学与艺术 [M]. 北京：科学普及出版社，1989.

强化。

5. 乐于好奇的兴趣

兴趣中包含着好奇，兴趣中也包含着快乐。快乐既可以作为对好奇的奖励，也可以因受到好奇心的满足而进一步强化快乐的感受。最起码，在好奇心、执着、快乐、掌控之间达到这种正反馈的"极限"之前，可以表现出闭环式的"自催化"。不断重复的好奇性探索，将使这一过程得到进一步的强化，并有效地提高这种"极限"的最大值，也就是说，越是重复表现，好奇与快乐之间正反馈相互作用的极限值就会越大。

应促进快乐感受与好奇心的有机结合。除前面指出的竞争力与好奇心之间所形成的正反馈"模式锁定"以外，还存在快乐与好奇之间所形成的正反馈"模式锁定"：人是乐于追求使快乐不断得到满足的，而表现好奇将会引起人更大的快乐。也就是说，如果将表现好奇与其他因素所产生的快乐相比，人们会发现，满足好奇心所得到的快乐远比其他因素所产生的快乐强度大、时间长。在这种正反馈"模式锁定"下，人更能从满足好奇、表现好奇心中得到更大的快乐。我们可以依据这种关系而收获更大的原创性成果。

(二) 主动形成崇尚好奇心的氛围

1. 使好奇心强者受到赞扬

不断表现好奇性行为，是使一个群体真正形成创新氛围的基本方式。而对好奇性行为的不断表扬，则是从主观的角度主动建立这种氛围，这种行为受到有意识行为的控制，将会进行得更加顺利。要通过赞扬、表扬在学生、员工中树立起好奇性自主的表现意识，使好奇心在人的自主意识中占据更大的成分，有效激发他们对不断创新的渴望。

我也想通过表现我的好奇心，我也想使我构建出来的新奇性观点能够得到他人的赞扬，我也想因此而受到他人的注目。那么，干吧！

2. 通过激励的手段不断激励创造性行为

无论是教育工作者，还是管理工作者，都要善于鼓励学生、员工将自己新奇性的观点表达出来，并进一步实施深化研究。领导组织者不能吝惜恰当的赞美之词。作为老师，表扬了一个学生的好奇心意识，除了使受表扬者得到直接的激励以外，也就是在告诉其他学生，通过表现这个方面的强势能力，是能够取得好成绩、得到他人的赞赏的。这就在无形中为他人提供了一个可以学习、模仿的模式，促使其他人自然会按照这种模式而努力表现。

3. 通过竞争促进人们都追求新奇

我们已经研究了竞争本能与好奇心的内在关系，我们看到如果将好奇与竞争看作两个不同的心理过程，那么，将竞争力与好奇心相结合，包括将能够让人体会到的、可以有效提高竞争力的诸多因素与好奇竞争力建立起稳定的关系，就可以在竞争与好奇心之间实现具有正反馈作用的"模式锁定"：通过好奇心促进竞争力，进一步由较高的竞争力所取得的竞争优势（各种资源）而促使创造者表现更强的好奇心，再依据更大的创造性成果而取得更强的竞争优势。

如果建立起竞争优势与创新之间的正反馈"模式锁定"，这就相当于在每个人的内心所提倡、鼓励、赞同、表扬、强化、放大的是由于求新求异而取得竞争优势的模式。如果说因为求异而取得竞争优势，而竞争优势又促使人得到更多的资源，人们就会利用这种资源优势，运用自己的聪明才智，利用自己自由的时间而专注于自己所选定的问题，更加自主地使好奇心得到更大程度的发挥。

4. 使善于好奇者获得生存优势

形成崇尚好奇的风气与氛围，应该使群体参与者得到恰当的经济利益、获得社会利益，使人的各种层次的需要得到满足，使善于好奇者保持较高的生活质量和水平，使善于好奇者更多地受到他人的尊重、欣赏和赞誉，得到比其他人更多、更好的物质和精神资源，使他们能够体会、享受到表现好奇心所取得的竞争优势带给他们的精神和物质层面的好处，使他们能够感到更大的满足，使他们感到更多、更强烈的自我实现的意义，使他们更能充分体现自己的人生价值，最起码使他们能够在这样一个群体中得到他人的赞赏。在群体中将好奇心的价值提升得越高，就会使好奇者受到社会的作用而更加乐于表现自己的好奇心。从动机学的角度来看，最好的动机当然是能够激发人内在地表现好奇心的激情，而恰当的外在激励也将起到正相干的效果。

5. 充分利用社会的放大和相互激励功能

既然社会交往成为个体生存的基本条件，那么，在这个群体中基于某个因素特征取得强势而得到别人的赞赏时，意味着在群体中形成了追求这种特征的强势表现的崇尚氛围，就会放大成功增强此种因素后的喜悦感。这种快乐反馈到个体心理上时，便使之得到进一步的强化。无论是创新性的成功，还是取得更大的经济收益，都是如此。

我们可以依据"注意力经济"的原则，通过各种手段、方式方法，将人的注意力吸引到如何尽可能地表现人的好奇心上面。突出这种行为表现，促使人能够充分肯定这种行为，放大这种行为所获得的荣誉，并通过各种活动使创新作为一种典型的特征引起人们的广泛关注。在其表现不足并能使人们及时认识到它的重要意义时，能够采取恰当的政策性激励，形成群体性创新行为，大力促进原创文化的不断发展①。在此，要注意强化激励好奇心表现的过程，而不只是表扬好奇心的结果。根据好奇心的过程性特征，对好奇心结果的激励，就是在持续进行的过程中不断地激励好奇心。

菲利普斯（William D. Phillips，1997年诺贝尔物理学奖获得者）指出："成为一名物理学家的满足感不仅来自新知识的学习和新事物的探求，而且包括有幸与来自世界各地声气相投、志同道合科学同行的惺惺相惜、彼此激励。"菲利普斯感到满足的是两个方面的有机结合：表现好奇并受到志同道合者的赞扬②。

四、提供一个自由的环境

人人都有求新求异的自由，人人都有表现好奇心的自由，关键就看人们是否重视这种品质的突出表现。莱文在反思自己的研究经历时指出："我在圣达菲研究所工作过一段时间，在此遇见了不少思考着与我类似问题的优秀同行，而且该研究所有着令人神往的软硬件条件和工作氛围。这里的研究者不断创造着新的理念与思想，并努力尝试理论成果的推广应用，以恰当地处理突变和重组对自然系统多样性的正反两方面的研究。他们的做法所隐含的前提是：思想无禁区。如同生物世界的'突变'一样，伟大思想的产生得益于不受约束的自由思考，正如自然选择可以确保从稗谷中筛选出良种小麦一样。"③

从科学研究氛围的角度看，除了社会所提供的满足创造发明的需要之外，保持一个人的自由选择，让人跟随自己的好奇心，持久地保持其探究的兴趣

---

① 吴海江．"原创文化"：科学原创力的文化生态基础 [J]．新华文摘，2010 (24)．
② 阿卜杜斯·萨拉姆国际理论物理中心．成为科学家的100个理由 [M]．赵乐静，译．上海：上海科学技术出版社，2006．
③ 阿卜杜斯·萨拉姆国际理论物理中心．成为科学家的100个理由 [M]．赵乐静，译．上海：上海科学技术出版社，2006．

和爱好，不是为了出风头而选择那些当前所谓的热门研究课题，就能在恰当的时机取得较大的进步。诺贝尔奖获得者、英国皇家学会会长保罗·纳斯就深有体会："好的科学研究是创造性的活动，科学家需要自由的环境，思想自由非常重要，即使科学家揭示的真相并不让人舒服，也要接受。科学家的思想如果受到限制，或者刻意想要朝某个方向发展，就不可能成为真正优秀的科学家。科学就是要敢于挑战常识，挑战权威。"[1]

相对于一般机构，由强好奇者组成的、被人们称为精英的机构内部，如果达到了追求新奇并努力工作的氛围，在非线性效应作用下，便会爆发出更加惊人的力量。往往会存在体现学术自主、对学者个性（甚至怪癖）相对包容、宽容和宽松的社团文化氛围，便于学者能够多多少少地免于外部不良因素的干预，有利于形成求新猎奇的心理偏好，这种氛围将有利于这些新奇观点的稳定性生长[2]。

克里斯·哈里斯非常赞同让学者在自由地喝咖啡的过程中自由探索[3]。为什么喝咖啡时的谈话就会更加开放更有利于创造力的发挥，并且更富有原创性成果？这就是在自由地从事相同的行为时所形成的促进"活性"充分表现发散强的协调状态。在"求同"行为（"都喝咖啡"）的基础上，能够激发出更大的求异性行为。喝咖啡仅仅给人们提供了一种交谈的"由头"，可以填补交谈者在深入思考时的尴尬，能够维系交谈的进一步进行。

为了有效管理好奇心，使好奇心得到充分发挥，我们必须建立一个让好奇心充分发挥的自由空间[4]。这个空间或地点必须能够推动创造、安全、随便、自由自在，不能太小，叫人觉得受拘束，又不能太大，没有亲密感，会使人失去更多交流的机会。此外，这个空间还要舒服、刺激，没有分心、干扰的东西，既不能太开放又不能太封闭，有时需要有计划来约束，有时则不要。

爱因斯坦曾一针见血地指出："人们能够把已经做出的发现的应用组织起来，但是不能把发现本身组织起来。只有自由的个人才能够做出发现。"从这

---

[1] 陈磊. 科学家需要批判精神和自由环境[N]. 科技日报, 2013-09-13.
[2] Wood fiona. Factors influencing research performance of university academic taff [J]. Higher Education, 1990, 19(1): 81-100. 引自：阎光才. 学术系统的分化结构与学术精英的生成机制[J]. 高等教育研究, 2010 (3).
[3] 克里斯·哈里斯. 构建创新团队[M]. 陈兹勇, 译. 北京：经济管理出版社, 2005.
[4] 胡效亚. 从教育文化源头审视创新人才培养[J]. 中国高等教育, 2010 (17).

个角度讲,好奇心是不能管理的,但我们可以通过管理营造一个自由的环境,让研究者在其中充分享受探究的乐趣。学术自由、独立研究以及经常在工休时间与同事喝咖啡,对2009年的诺贝尔奖获得者取得突破性的科学发现给予了极好的帮助。2009年的诺贝尔奖因此而颁发给了"喝咖啡"的人。

在由各种不同个性的人所组成的群体中,要保证充分发挥每个人的积极主动性,没有必要给予先期的假设,只需要给其以充分的自由和自主发挥自己能动性的空间。

给予探索者以自由,还包括提供其能够正常研究的支持。没有这种自由的支持,可能会将一项重大的发现、发明往后推迟很多年。通常认为,1789年瓦特专利说明书上的这个时间是蒸汽时代的元年。然而,这个时间本来可以被提前许多年。只要能有一位稍许宽容的绅士出现,人类就有可能在1689年便拥有初步实用化的蒸汽机技术。在这一年,法国人巴本发明了可以进行演示的蒸汽机。这位谨慎而又贫困的先生虔诚地向英国皇家学会申请区区10英镑的研究经费,用于改进和完善自己的发明。然而,英国皇家学会则认为为一个天真的想法提供资金,简直是对经费的随意挥霍,由此而提出了一个探索者无法接受的条件:实验必须保证成功。正是由于宽容精神的缺失,失去了交流和沟通的机会,在失误甚至错误中蕴含着的潜在价值便被人们毫不犹豫地无视和抛弃,改进、完善进而成功的机会被无情地剥夺。也许会有这种情况:与其说像撒胡椒粉那样在每个项目上给予少量的资助,不如将其集中起来投到一个有希望的项目上以取得更大的进步。问题是,为什么说这个项目就有最大的希望?怎么才能保证得到最大投资的项目能够取得最大成果?又如何保证在此过程中不存在资金的浪费使用问题?后一个问题很好解决,但前面两个问题则谁也不敢承担责任。

很多时候,我们的确应该在"宽容"这个品行上多一些反思。由于观察和认识角度的限制,对人、对物产生的印象也会不尽相同。宽容的美德会让我们在容人之短的同时,有机会换一个视角去观察、体味、评判、欣赏,这样才有可能见人之长,学人之长。我们还要指出,为了好奇心的自由探索,一些必要的浪费(冒险性失败)就是在提高好奇心的代价,也可以认为这就是好奇心的价值。

五、重视人的个性兴趣

达尔文说:"就我记得我在学校时期的性格来说,其中对我后来发生影响的，就是我有强烈而多样的兴趣，沉溺于自己感兴趣的东西，深喜了解任何复杂的问题和事物。"强好奇者正如同达尔文一样对创造或者说对自己所从事的工作有着浓厚的兴趣。

前面我们已经指出，兴趣来自刺激的新奇性、变化性、复杂性以及反应的不确定性。当前工作状态是以短时记忆为主的，输入到工作状态的信息可以是外界事物的刺激性信息，可以是由长时记忆中提取出来的信息，也可以是人们所产生的诸如预料、期望、目标、目的、幻想等信息。当这些来自"五湖四海"的信息输入到大脑的工作记忆空间并表现出差异性时，就会因满足人的好奇心而引起兴趣。研究表明，认知评价中的不一致性、矛盾或质疑能引起和促进兴趣的发生。不管兴趣由何引起，只要兴趣一旦发生，它就会成为进一步激起认知加工、评价和问题解决、判断和推理、寻求新的结果的动力和"边界条件"。兴趣作为人实现其目的、愿望构成因素中的主要动因，内在地驱使人寻找所要解决的问题的新线索，追根求源，寻求新的答案。一旦兴趣同它所引起的认知活动相结合，就会构建出更加复杂的愿望和期待，并成为指导人们以达到某种目标和目的的指导模式，引导着人朝着这个方向采取行动。

在第五章我们已经指出，当兴趣发展到一定程度，就会激发人对所从事活动的热情。创造热情是一种随着创造者对创造目标及其意义的认识而产生的积极的情绪体验，它突出表现在进行创造活动时的情绪振奋，动作节奏加快和活动的持续进行。创造热情作为一种情绪状态，虽然不像激情那样激烈，但却比激情更深刻、持久；不像心境那样广泛，但却比心境强烈、深化，它既占有了人的一定的注意力，但同时又保持着人能够将注意力有效地转移到其他方面，因此，它能保持人处于"混沌边缘"状态下的深刻性和稳定性。当热情与创造意识相结合时，就会促使人以特有的反应状态形成创造动机，并使创造动机保持较高的强烈程度和较长时间，使创造者的整个身心都投入到创造过程中，鼓舞和激励创造者为实现创造目标不懈的努力，并加大创造性思维的能量，加强创造意志，使创造者能够克服困难、顽强拼搏而又乐其所为。正如巴甫洛夫在《给青年们的一封信》中指出的："要记住科学要求人的努力和至高的热情。要热情于你的工作，要热情于你的钻研。"[1] 兴趣作为一种自觉推动力，成为创造性态度的重要内在因素。任何有成就者，都能热

---

[1] 巴甫洛夫. 给青年们的一封信, https://www.sohu.com/a/314911174_120050958.

衷于自己的行为，而天才的秘密就在于强烈的兴趣与爱好，从而产生无限的热情，这就是勤奋的原发动力。

要想做好任何一件事，都需要由兴趣来为这样的活动提供动力，使人对于学习和训练等活动本身以及活动的成果产生足够的欣赏、满足、快乐和追求。我们这里关注使人处于创新的兴趣。科学家对探索某一事物中尚未为知的奥秘怀有浓厚的兴趣，从而进行着无数次在别人看来枯燥无味的实验以及思维演化，为点滴成果而感到喜悦和满足，这是鼓励、驱动科学家不断探索和进行创造性劳动的心理条件。也许人们会问：有兴趣就非要创新吗？由于好奇心是兴趣的一个重要组成部分，对某对象产生兴趣，也就意味着对它保持一定的好奇心，想尽可能地掌控由于变异而形成的差异、不确定性和未知，通过兴趣引起人的注意力的高度集中和长时间关注。通过好奇心而使人们更加注意新的特征、新的关系以及新的意义，也就会有更大的可能性形成具有新颖性的"产品"。

好奇心虽然与兴趣紧密联系在一起的，但两者在表现上还是有所区别，好奇心在于探究新事物，而兴趣却可以表现为学习的兴趣、研究的兴趣等，关键在于我们要强化人的研究的兴趣，将人的注意力吸引到创新上。

六、通过交流维持群体好奇心

交流对于维持群体好奇心具有重要的作用，也可以认为，正是由于新奇性观点彼此之间的差异并通过交流而形成刺激，才能维持群体好奇心的基本"活性"。从耗散结构理论的角度看，群体好奇心与个人内在的好奇心对于维持一个人大脑意识的正常运动都具有重要的促进意义，每个人只有在表现较高的好奇心时，才能对群体好奇心做出应有的贡献。只有有效地表现个体的好奇心，尤其是好奇心增量，才能维持群体好奇心这一稳定的"耗散结构"，并促使其不断变革。而群体建成高明的群性好奇心将对个人好奇心起到群体的激励作用，通过群体的崇尚性心理，促进个体更强地表现个人的好奇心。

大脑神经系统内部任何一个部分都应该是其他神经系统的"环境"，都会成为一个独立的"个体"，而此时维持其正常运动的刺激来源于其他神经系统的作用。这种作用就表现为人的平常好奇心所度量的信息差异性。也就是说，即使是为了维持群体好奇心，也需要群体中的每个个体不断地表现能够对其他个体产生足够影响的好奇心增量。

群体好奇心形成有几个基本条件：(1)通过共同愿景将强好奇心者汇聚在一起，使他们仅仅是想看看是否能够比其他人表现出更强的好奇心以产生更加新奇的想法、观念；(2)强好奇心者能够产生彼此之间的不同看法，由此差异而形成相互作用（刺激）；(3)面对一个大领域的问题可以在差异的基础上保持被人们能够认识到的相同性，而不至于使所提出来的看法彼此不相干，不至于因不相干而导致彼此之间太大的差异，以至于超出好奇心所限定的范畴，从而没有了"共同语言"。正如斯坦西指出的："这种环境下的交流是人与人之间的真实交流，不是相互控制，而是激发和被激发，向他人学习并把自己的知识奉献给他人，改变自己的观念同时也影响他人的观念。"（Stacey，1996，p. 280）在人际关系中，出现"鱼找鱼，虾找虾"，就是在一定相同基础上的求异，也可以看作好奇心的表现，或者说是好奇心在人际关系中的具体运用。

正是由于差异才形成了竞争。但竞争也必须在某种共性的基础上才能展开。要形成不同水平的人在一起竞争，首先就应该将自己放在与他人同一个层次的水平上，再与他人一起表现差异。如果没有处于"同一个层次"，就不会形成良性竞争。

在知识创新的新时代，研究者追求个性的心理会越来越强，他们认识到自己的最大潜能，认识到自己的好奇心与最大潜能有机结合将会产生巨大的创造力，而他们也更愿意越来越多地展示自己的才华。虽然更加关注自己的内心，但生活的压力也促使他们不断的追求更高利益。尤其是那些研究热点领域的研究者，更愿意通过一系列的流动而促使自己的"价值最大化"。迈克尔·吉本斯等研究指出的："人力资源更加具有灵活性，研究的机制变得更加开放和具有弹性。"[①] 这就充分说明，知识生产模式与好奇心的关系会更加紧密，也促使人的流动性更强，这也增加了对人管理的难度。

---

① 迈克尔·吉本斯，卡米耶·利摩日，黑尔佳·诺沃提尼，西蒙·施瓦茨曼，彼得·斯科特，马丁·特罗. 知识生产的新模式——当代社会科学与研究的动力学［M］. 陈洪捷，沈文钦，等，译. 北京：北京大学出版社，2011.

第三节 激励"另类"员工的好奇心

一、富有好奇心个体的重要性

对于某种行为模式的表现,本身就意味着重复,就是在提高其可能度,并由此而提高其独立性,增强其稳定性,增加其显示的时间。对于好奇心来讲,提高好奇心的地位(引起人们足够的重视),促进好奇心与其他信息的广泛联系,让好奇心自由表现且具有更加深刻的意义:好奇心正是在这种自由表现的过程中,与自由形成一种正反馈闭环,从而形成相互促进关系。

(一)防止出现"局部极小"以及迅速收敛

在表现人的好奇心时,根据"活性"所具有的扩张性,会促进好奇心的扩张,更何况对于好奇心的表现结果,还会通过价值判断而形成强化性反馈。这种情况与好奇心增量将有效地联系在一起,当好奇心增量展示其力量时,会同样存在这种由于不断的表现而促使其得到扩张性增长的情况。一个系统过早收敛,将不利于在更大范围内达到优化。

从另一个角度来看,让好奇心充分表现,意味着需要不断增强该模式的稳定性。稳定模式的自主性自然会发挥作用。它会形成超出正常协调稳定需要的新的刺激,促进对其他系统的有效作用。自然,其他系统的自主性表现,也会促使系统产生超出正常协调的新的刺激,由此而维持好奇心的不断增长,或者促使好奇心不断的发生转移。

(二)好奇心所对应的非线性涨落促使系统从局部极小的收敛过程中跳出来

在"活性"系统不断的运动过程中(系统的正常使用、运动过程中),总会不断内在地产生超出系统正常协调范围的运动,这种超出就是由于系统的非线性涨落所导致,是一种非线性系统的必然现象(好奇心所度量的就是这种非线性涨落),这种非线性涨落会对其他系统产生新的刺激。因此,只要心智系统在使用好奇心,就会由于这种非线性涨落而不断地产生对其他系统的有效刺激。一方面,这种新的刺激会成为维持系统处于耗散结构状态的必然性刺激，同时也是促使该耗散结构产生变化的（由一种稳定状态变化到另一种稳定状态）必要刺激；另一方面，当出现新的超出正常协调状态的刺激时，就会形成刺激系统产生新的增长的力量。这就是生命体耗散结构的本性表现：不断地需要刺激，以避免落入"局部极小"——局部的稳定状态。

从一般结构的角度来看，运用好奇性智能，要充分利用活性结构所具有的扩展性，以及活性结构所具有的使用稳定性（使用了，其稳定性就会进一步增强，与此同时，与稳定性相协调的扩展性也会得到进一步增强），同时还要考虑到由于稳定性与自主性的关系而形成的促进"活性"结构的有效增长。只要一种模式具有较高的稳定性，在其规模达到一定程度时，它所具有的涌现性就会突出地表现出来。只要该模式被重复使用，就会建立以该模式为基础的、辐射到其他各种信息模式的关系上的扩展、发散性变换。

（三）扩展好奇性自主

稳定的好奇心是能够有效表现其扩展性特征的。让好奇心表现，会有效地促进好奇性自主的形成，由此促进好奇性自主更加充分地表现，也使人更具主动性。增强好奇性自主表现的稳定性，突出好奇性自主的表现地位与作用，建立好奇性自主与各种信息表征的关系，建立好奇性自主与各种行为表现的关系等，使各种联系都可以在好奇心的表现过程中得以实现和强化。这同时也会保证好奇心有更大的扩展性，能够不断地提升好奇心的变化、扩展、灵活性的。

要增强自由表现的好奇心。只有人心处于自由状态，才能不受任何的限制，各种各样的心理模式就都有可能参与到心智内信息之间的相互作用过程中；在自由的状态下人才能更加自主地将自己的全部身心调动起来。根据神经系统的广泛联系性，如果存在一种限制，通过神经系统内部彼此之间的相互联系，该"限制"就会扩展，就会将与此相关的方面抑制下去，并有可能在一个更高的心理层面上建立一种范围更加广泛的约束。

二、充分理解强好奇者的行为特征

M. W. 瓦托夫斯基研究指出，即使是对人类的文明进步有重大贡献的科学家，也往往不被人看好："在我们的普及文化中，科学家一直被描绘成疯疯癫癫的、不讲道德的，或者是天真轻信的。在我们对于科学家的印象中，我们似乎认识到科学家受到某种根本的和危险的强制去探究、发现、打开'潘多拉'的盒子。"① 仿佛这些行为特征已经成为对人类有突出贡献的科学家的"荣誉"称号。

研究比较表明，在能够不断地产生较高原创性成果的研发组织中，"那些善于分析、有好奇心、独立、性格内向以及喜欢科研和数学的人最可能获得成功。这些人一般是性情复杂、灵活、自立、敬业、能够容忍模糊和不确定性，一般有较高的自主和变革的需求，不愿顺从别人。"[温切尔（Winchell），1984]②

这是一种普遍的现象。如果不能理解好奇心强者的这些行为特征，不容于这种行为，更多的原始创新将无从寻的。

我们需要明确这些人的行为特征，为正确地对待他们给予指导。

（一）对外界环境的变化极其敏感

伦琴发现了 X 射线，说明伦琴能够敏锐地抓住这偶然出现的一点荧光、一丝阴影，追根求源，锲而不舍地详细研究。这是在科技发展史上被人们津津乐道的典型的对新奇现象敏感而取得成功例子。当人们对一个事物给予足够的关注程度时，如果没有足够强大的好奇心增量，事物的微小变化便不会引起人的注意。对这种微小差异的感觉、把握与认定是好奇心尤其是好奇心增量较强的表现。正如 W. E. 夸克指出："有创造性的人可能对外来的刺激更敏感，人对各种刺激灵敏度的试验表明，有创造性的人力图扩展其听觉、视觉，扩大其知识结构""扩大我们的兴趣，提高我们对外来刺激的灵敏度，敞开探索追求的思想大门，就可以使我们的头脑对新的思想、新发明更加敏感。"

贝弗里奇认为："假如他在学习过程中不曾注意到知识的空白或不一致的地方，或者是没有形成自己的想法，那么作为一个研究工作者他是前途不大的。"③ 格雷格同意这种看法，指出"人们猜想：对大自然最细微的逸出常轨举动十分注意，并从中得益，这种罕见的才能是否就是最优秀研究头脑的奥秘，是否就是为什么有些人能出色地利用表现上微不足道的偶然事件而取得显著成果的奥秘。在这种注意的背后，则是始终不懈的敏感性"。人们会将这

---

① M. W. 瓦托夫斯基. 科学思想的概念基础——科学哲学导论 [M]. 范岱年，吴忠，金吾伦，林夏水，等，译. 北京：求实出版社，1989.
② 杰恩，川迪斯. 研发组织管理——用好天才团队 [M]. 柳卸林，杨艳芳，等，译. 北京：知识产权出版社，2005.
③ W. I. B. 贝弗里奇. 科学研究的艺术 [M]. 陈捷，译. 北京：科学出版社，1979.

种对微小变化敏感的能力与观察力联系在一起,"我们需要训练自己的观察能力,培养那种经常注意预料之外事情的心情,并养成检查机遇提供的每一条线索的习惯,新的发现是通过对最小线索的注意而做出的"。[①] 对外界环境的变化极其敏感(具有敏锐的观察力),实质上是好奇心以及好奇心增量强者的基本表现,因此是他们取得创造性成功的关键。

(二)与众不同,特立独行、不合群

马克金农(Mackinnon,1962)对有关创造力的研究成果归纳总结后,认为富有创造力的人更易表露他们的情感,对自己有充分的认识、有广泛的兴趣,有许多在美国文化中被看作女性化的兴趣(例如对艺术的兴趣)等。他们一般不注重小节,更关注整体和全局的问题,他们有灵活的认知能力和表达能力,善于交流,具有较强的好奇心,但他们不愿意严格约束自己。[②]

好奇心强者因为坚持自己那与众不同的观点而特立独行。"但这些科学家往往不被人们看好,甚至被人讨厌。"J. D. 贝尔纳从科学学的角度研究指出,"科学家仍然是一个肯定心理不正常的人",之所以如此,他们仅仅是受好奇心驱使而试图极力地去满足这种好奇心[③]。善于构建新奇的好奇心增量使科学家异于常人,更能使他们取得原创的竞争优势,保证他们始终处于探索的最前沿,处于不断的探索过程中,但却由于其行为与众不同而不受欢迎。这很矛盾!该如何是好?我们应该怎样正确地对待这些人?如何才能有效地保护他们?如何才能更好地激励他们的好奇心、创造力?

克里斯·哈里斯赞同:"在创造性领域,好奇心是概念生成的唯一重要特征。创造性的人通常都有独立的见解,能够打破诸如'这就是我们这里干活儿的方法'之类的陈旧的精神状态。这些人生性乐观,喜欢想入非非,富于幽默感。一个创造性的人不轻易判断,敢于承担风险,善于利用想象,容忍模糊,思想冲动。最好的那部分创造人员还能够测试自己的假设,并能够持之以恒地目睹自己的概念投入执行过程。对一个组织来说,最有价值的创造性人员,还要具有同他们的活动相关的,由知识、经验和动机支持的各种技能。这个人必须忠于事实,决心铲除我们限制或欺骗自己的各种方法,能够

[①] W. I. B. 贝弗里奇. 科学研究的艺术 [M]. 陈捷,译. 北京:科学出版社,1979.

[②] 杰恩,川迪斯. 研发组织管理——用好天才团队 [M]. 柳卸林,杨艳芳,等,译. 北京:知识产权出版社,2005.

[③] J. D. 贝尔纳. 科学的社会功能 [M]. 陈体芳,译. 北京:商务印书馆,1982.

使理性和直觉相结合，并且愿意承担责任。"[1]

（三）追求自由

好奇心表现较强的人与其他人相比，有着更加强烈地追求自由的愿望，他们更加强烈地想将自己的内心从种种的束缚中解脱出来，从对未知的种种迷惑中解放出来。追求自由是具有自主性的人类的本质性愿望。人们将这种本能发挥到了极致，并将这种本能性愿望赋予其他事物。人们在想象中构建出来的具有自主意识的程序——美国科幻电影《黑客帝国》中的"电脑人"——具有自主意识的程序，也极力地想从真实世界的自然规律制约中解脱出来。

（四）被认为是怪异的人

具有强好奇心的人，总是对束缚手脚的旧习惯提出挑战，对新奇性充满渴望，他们不满足于已有的一般现状，愿意体验充满矛盾的新奇事物。"也许，对于研究人员来说，最基本的两条品格是对科学的热爱和难以满足的好奇心。一般来说，科学研究爱好者比常人保有更多好奇的本能。"[2]而米哈伊·奇凯岑特米哈伊则发现，正是由于他们强烈的好奇心和集中的兴趣使他们被同伴认为很奇怪，因而不受欢迎[3]。

"最极端的而且常常最显著的创造性人群，往往被视为持不同政见者和持异议者。……他们是不遵守准则的人，有时是反叛者。他们认为，大多数时候他们是正确的，把自己的知识视为最好的东西，并且相信他们具有杰出的思考能力。"[4]

创新意味着差异化行为。即使是应该具有更强包容性的教师，也往往会感受到好奇心、想象力强而不易管理[5]。人们认为，诺贝尔奖或其他重大科学成就应该是有规律可循的，一种重大成果或真理（相对）刚开始时总被认为是离经叛道的，不合主流，也总被一些人或大部分人，尤其是权威视为"异

---

[1] 杰恩，川迪斯. 研发组织管理——用好天才团队［M］. 柳卸林，杨艳芳，等，译. 北京：知识产权出版社，2005.
[2] W.I.B. 贝弗里奇. 科学研究的艺术［M］. 陈捷，译. 北京：科学出版社，1979.
[3] 米哈伊·奇凯岑特米哈伊. 创造性：发现和发明的心理学［M］. 夏镇平，译. 上海：上海译文出版社，2001.
[4] 克里斯·哈里斯. 构建创新团队［M］. 陈兹勇，译. 北京：经济管理出版社，2005.
[5] 约翰·泰勒·盖托. 上学真的有用吗？［M］. 汪小英，译. 北京：生活·读书·新知三联书店出版，2010.

端邪说"。"具有创造力的人天生在团队中就不太合群"[1]。由这些好奇心强的人组成创新团队本身就是一个极其矛盾的概念，因为创造类型的人，通常是一些与众不同、敢于违反标准实践和程序的独立个性思考者，往往不被人们所理解。因发现了导致胃炎和胃溃疡的幽门螺杆菌而获得诺贝尔生理学或医学奖的两位澳大利亚科学家马歇尔与沃的遭遇就是如此。他们被同行质疑，没有动摇决心，最终证明了此项发现的正确和重大作用。

标新立异、与众不同，经常发表与众人不同的观点和看法是强好奇心者的典型表现。这种表现促使强好奇心者可以从心理上形成一种心理趋势：寻找新的角度、新的特征以及形成新的认识，甚至故意求新、求异、求变。

如果公众喜欢这些标新立异者，喜欢由新奇而带来的快乐，或者说，某个群体正是由于以追求好奇心、想象力的最佳表现而组成的，在社会交往过程中，这种行为就会因受到人们的欢迎而强化，就会从主观上创造一种乐于标新立异的社会环境。通过社会交往的强化而提高人们的好奇心以及创新的欲望对于提高创造力是非常有好处的。

（五）神经质

强好奇心往往与焦虑相伴，也可以说强好奇心者更容易处于精神崩溃的边缘。

丹尼尔·列托研究指出，强好奇心者往往不具有理性或逻辑的选择性，对所构建的意义不具有足够的重视和价值判断选择性，也就是说，对于在其头脑中所产生的新奇的想法，他们没有办法将其稳定地凸显出来，自然也就不能有效地将其表征出来。当然，一旦将其稳定的表征出来，将有可能在社会中引起巨大的反响[2]。

研究表明，精神分裂症患者不能遵循社会生活所必需的、一定程度的习惯性、世俗性行为。这些人虽然能够从信息之间固有关系的约束中解放出来，但却不能恰当而有效地选择与当前情境有关联的相关信息，也就是说，他们更多地受到当前即时信息的影响，却不能从这种纷杂的、由局部特征所组成的"吸引域"中解脱出来，这些人不能过滤掉许多无关信息，虽然这些无关信息在构成新奇性意义时可能会起到重要的作用，以产生人们眼中的正常

---

[1] 克里斯·哈里斯.构建创新团队[M].陈兹勇,译.北京：经济管理出版社,2005.
[2] 崔佛特.另类天才：走近天才症候群[M].王凤鸣,王学成,译.北京：世界图书出版公司,2006.

行为。

精神分裂症者,往往不能将众多的局部特征有效地组织起来,而只能通过混乱的形式构成一个"集合",在这种状态下,"集合"中的任何一个信息都有可能成为指导其行为的指导模式。丹尼尔·列托就指出,精神分裂与表现创造力常常会成为一对双生子,"发疯和创造性的想象力正是人类进化之处",每一个人都有可能将其表现出来。相对于正常人而言,精神疾病患者更可能具有创造力,他们经常打破世俗的观念,出现怪诞离奇的想法,少数人甚至能够创造出一些惊世骇俗的作品;他们也有可能具有超常的充沛精力与持久的动力,其异乎寻常的精神状态往往引领他们达到自己未曾想过的目标[①]。

(六) 善于打破事物之间的固有联系

强好奇心者因为总是关注新奇,因此总是能够打破想当然的心理趋势,从而得出另类的结论。但在一般人的眼中,那些总是提出各种新奇的想法的人,是不成熟的人。实际上,在一般人看来,当一个人成熟以后,也就变得世俗起来,此时他们便失去了探索的锐气,磨光了自己的棱角,做事习惯于传统,遵循潜规则而"不敢越雷池半步",武断地坚持"A 就是 A,而且 A 只能是 A,而不可能是 B",即使是在新的环境下,A 也只能是 A。从不考虑 A 事物与 A 事物在人的大脑中的反应本就不是一回事。

好奇心强者能够将注意力集中到 A 事物所表现出来的诸多局部特征以及与 A 事物整体意义之间的关系上,通过启动好奇心而引导这些外界信息在内心反应的变化、扩展,在当前的联系中不断求新、求异、求变,以形成一个更大的"泛集"。

"恰恰就是那些有利于伟大创新即充满激情、本能驱动和不受束缚的思维的特质,常被那些痴迷于效率的人视为傲慢的、荒谬的和有失体面的行为。"[②] 如果将他们视为"神经病",将他们排斥在正常的社会结构之外,社会将会失去发展的强大力量。

(七) 彼此的协调性差

当每个人都想表现自己的个性和创造力,总是认为自己是最正确的,在

---

① 丹尼尔·列托. 崩溃边缘——发疯、创造力和人类的天性 [M]. 朱子文,冯正直,译. 重庆:重庆出版社,2010.
② 克里斯·哈里斯. 构建创新团队 [M]. 陈兹勇,译. 北京:经济管理出版社,2005.

相互交流过程中就会必然地产生冲突。从表面上看，研究方法和研究角度的不同，也会造成彼此的差异，有可能会导致不协调。他们会将自己的注意力只聚焦到他们的新奇观点中，从不顾及与他人的协调，就会在坚持己见中不断地扩大冲突，因此，创造力群体的一个典型特征就是协调性差。

强好奇心者更容易表现个性，以追求更大的自由性。创造力的充分发挥是需要更强的自由性的，但管理又往往以通过彼此的相互合作而达成确定的目标。这就在确定性的目标与保持更大的自由性两者之间产生矛盾。我们应当看到，绝对的自由是不存在的，自由只能在某些规则的限制之下可以充分地展示不同和保持多样选择。除非人们有意识地打破某种限制以创造一个新的规则。

（八）更容易受到伤害

强好奇心者一方面对变化非常敏感，另一方面他们又具有更强的自主性，全身心地投入成为他们经常性的行为表现。他们经常会将其愿望作为现实来看待，其结果就是，会在愿望性现实和实在性现实之间产生偏差，由此而使他们受到相应的刺激。由于他们将注意力全部集中到所关注的问题上，而且也做出了很大的成绩，因此便希望得到别人的尊重。但由于他们往往比一般人想得多、想得深入，也就更能看到更加本质的特征和内在的规律，在更希望得到别人的尊重而实际上得不到满足时，自然就更容易受到伤害[①]。

从另一个角度看，好奇心强者具有更大的扩展性，使他们具有较强的自信心，"活性"本质导致他们有强烈满足的愿望（追求更大程度上的稳定性），他们希望受到更多人的尊重，如果不能得到满足，心灵就容易受到伤害。"由于创造性气质，持不同意见者不太容易融入十分融洽的团队。创造性的人容易引起组织内部的紧张和冲突。他们对于问题的反正统的思考和方法，对于多数循规蹈矩性格的人来说，常会引起波澜。……此外，在危机发生时，创造性的人可能最先被扫地出门。他们是一群经理们试图避免冒犯的人，因为他们是可能对现有的观点大胆发表意见的人。"[②]

（九）充满自信地专注于他们所研究的问题

因为他们专注，所以他们对他们不关心的事情置若罔闻，而这种状态在一般人看来则是傲慢、不礼貌的表现。因为他们专注，所以他们只关注所要

---

① 胡效亚. 从教育文化源头审视创新人才培养 [J]. 中国高等教育, 2010 (17).
② 克里斯·哈里斯. 构建创新团队 [M]. 陈兹勇, 译. 北京: 经济管理出版社, 2005.

考虑的问题，而且他们所关注的问题稍微发生变化，他们就可以非常敏感地感知到，会关注这种新的特征和现象，并将其作为新思路的起点。这种专注与好奇心的有机结合，就会给一般人一种创造力强的人难以把握的印象。

三、应用好奇性智能

（一）引导好奇心

1. 促进自我的表现

个性的本质特征主要表现为主体性、独特性、创造性。一个人只有作为主体能够独立自由地支配自己的意志和活动，才有可能成为一个有个性的人。主体性是个人发展的原动力，有了这个原动力，才能够保证其他素质的正常发展。任何一个人要有所创造，不仅需要拥有系统的专门知识和能力，更要有不懈地通过种种的差异性构建追求卓越的精神。促进个性发展，就要调动人的主体性，培养人的主体意识，充分发扬主动精神。促进人的个性发展，就是要使人在某一领域、某一方面得到充分发展，使其个性得到充分彰显。创造性是个性表现和发展的最高形式，是个性中最富有活力的因素，也是衡量个性发展的重要尺度之一。表现好奇心，更能促进自我。

（1）个性化导致多样化。

某一个对象之所以单独被人们研究，就在于有其独特的性质，有其不能被忽视的原因。一个个体之所以有其独立存在的理由，就在于其存在有别于其他个体的不同之处。如果一个人的思想及行动总是跟随他人，没有自己的一点见解，信息在他这里不产生激荡以形成新的意义，那他也就没有存在的必要。

也许人们会有这样的疑问：不同物种之间的合作往往是其生存的基础，为什么要寻找自己与他人的不同之处？有表现个性的愿望是如何在社会中得到强化的？每个人的组成物质是不同的，体内所进行的生物化学反应过程是不相同的，每个人都会依据自己的独特个性与他人建立起不同的相互作用，在环境的作用下构建自己特有的思维方式。那么，在遇到实际问题时就会表现出考虑问题的独特视角，会关注不同的特征（关系、结构），秉持不同的目的，采取与他人不同的手段等。虽然相互合作成为群体进化的基本特征，但复杂性理论已经证明，在一个群体中必须保持足够的变异性，才能维持群体（物种）的正常进化。这包括群体必须达到足够的数量，个体之间具有足够的差异度，群体内部保持畅通的交流等。个体的差异除了通过交流（基因交叉）来维持以外，还必须保持在基因位上的变异来实现①。这就内在地要求群体中的诸多个体都具有充分表现自我，扩大与他人的差异心理趋势。不同的个体就会在其生长过程中尽可能地表现自己，同时也受到群体个性表现的内在要求，从而进化成表现自己独特个性的强烈的心理过程。

人们在充分认识到个性化的重要性，认识到个性化对于生存的重要意义时，都会尽可能地发掘自己的个性，认识自己的最大优势，尽可能地扩大自己与他人的差异性特征。这个过程就使个性化被非线性地放大，一方面使个性化成为一种独立的特征，另一方面也使得个体之间的差异更加显著，从而更容易形成独立的个体，并对多样化的世界产生足够的影响。

(2) 个性化与求异。

生物进化论已经指出，生物群体生存的基本策略是通过差异而组成一个相互联系的群体。从遗传的角度来看，差异是促进生物进化的基本力量，并依据差异而不断地提升适应外部环境变化的能力。如果差异非常大的个体之间过于强调保持个体之间的差异性，系统就没有办法依据共性形成协调，也就不可能在共性的基础上形成"互适应"而有效地改进对群体不利的行为。由于不存在合作的力量因素，也就不可能存在相互刺激并吸收对方的优点，对方的生存优势也就不可能有效地传递到其他个体上去。

个性化的重要表现是求异，而求异作为创造性思维中最为重要的一个方面，表现了人的本质。马克思的异化理论认为，异化是从人自身分离出来的各种力量，并逐渐地跟自身疏远，从而反过来成为控制、支配人的力量，成为自身的异己力量的表现。表现自己的个性，将自己的个性突显出来，就是个性化，创造力的表现就是个性化的最高形式。

(3) 寻找共性与扩大差异性。

一个独立的个体之所以有存在的必要，就是因为与其他个体是不相同的。"一个人不能两次淹死在同一条河流"。不同个体基于共性而形成有效联结，并有机地统一在一起，才组成了丰富多姿的世界。个性化的一个重要方面就是扩大不同个体之间的差异性。只有将差异性扩大到可以明确区分的程度，个体的存在性才有必要。为了更好地生存，也需要极尽可能地扩大与他人的差异。

---

① 常丽君. 大脑认知加权规则进一步获得验证 [N]. 科技日报, 2011-11-28.

2. 发挥组织的稳定功能

在发挥个人最大潜能的基础上，充分利用组织的相互关系构成相互协调、相互促进、相互激励的稳定的组织是非常重要的。在这一过程中，共性表达所形成的组织的稳定性力量将起引导作用。这其中就包括组织、领导与员工所形成的尽可能在最大程度上表现好奇心的共同愿望。在自由地表现好奇心的过程中，纷乱的"音符"冲击着整体旋律。"每次我和其他乐手聚在一起练习即兴演奏时，大家先是从一个主题开始，围绕它演奏一会儿。突然曲调高扬起来，开始自由遨翔，大家都跟着一同飞翔。这不是杂乱无章的自娱自乐的演奏，整个乐曲始终追随着一种优雅的章法，一套指导着并挑战我们的想象力的常规，好像在宇宙给予的艺术内在的灵感的爆炸。不论我们飞得多高，最终总能收并带回一些新的东西，一些我们从未听到过的东西，这就是即兴演奏。"① 组织中的每个人处于共同愿望所形成的"奇异吸引子"中，更加有效激发个人的创造力，并使组织保持足够的生命"活力"。

在"即兴演奏"中，按照音乐之间必须达到和谐的特点，要求在充分发挥每一位演奏者的个性、激发自己的感情、尽可能发挥自己音乐想象的基础上，抽出一部分的思维空间和本能去表现、倾听他人的声音、放大共性，追求彼此的协调。越是张扬个性的地方，就越应该在更大程度上追求协调统一、步调一致。任何人都不能离开他人的帮助而更好地生活，在任何一个集体中，某些关键的"人际张力"或自相矛盾"往往成为个人个性张扬的力量来源"，这是需要提倡和保护的。

3. 调整投资方式

迈克尔·吉本斯等研究了当今知识生产过程中的基本特征，指出功利性仍然在一定程度上决定着人们对问题的研究：高水平的研究者往往会跟随经费的充足程度而走。虽然也存在所谓为了科学而献身的"纯科学精神"，但现实世界的生存性压力也往往告诫人们，科学家也是人，他们也要生存，尤其是当他们内存私心时，私心的"活性"扩张将会促使他们有更强烈的追求。而"精明的研究者们努力地平衡他们在一个特定范式结构中进行工作的设备和人员需求，将自己的事业建立在来源广泛的研究资金基础之上。他们致力于研究那些在知识上极具挑战性、足够引发同行和基金机构注意的问题，他

---

① 约翰·高. 创造力管理——即兴演奏 [M]. 陈秀君, 译. 海口：海南出版社, 2000.

们努力使自己具体的观念、理论和方法符合范式,也就是说,遵循常规。相反,那些拒绝采用策略的科学家则面临被抛弃的境地,研究委员会、基金会甚至大学将调整对这些人的资源配给。这些科学家将长期面临资金短缺、较少产出成果,最终被他们的同行判定为庸才。在这种情况下,筹集资金的能力实质上成为科学家成功的一个指标"。[①] 这就是现实。而这种现实一方面说明好奇心在传播过程中也具有恰当性的作用。

迈克尔·吉本斯研究指出,当前大多数大学里的研究仍然是小规模的行动,经常是由一名教授和几个研究生,他们一起构成了研究活动的核心——研究团队。这种状况能够保持足够的稳定性,但同时,这种结构也是脆弱的。当大学无法(或不愿意)提供一个职位或持续的资金支持时,教授、学生就会随着毕业或离开大学。新的、年轻的学生是否能胜任合作也未可知,他们不过是不确定的资源。为了克服小规模、高流动性的研究带来的脆弱性,研究团队在寻求研究经费时就变得越来越机会主义。如果长期的经费支持无法得到保证,这一缺口就会用短期的、更加以问题为导向的合同或咨询工作来填补。另外,研究团队也是高度灵活的。根据其好奇心、科学方面的兴趣、才干和获得必要经费的能力,教授的研究课题覆盖面会涉猎很广,这不仅是合情合理的,甚至也是人们期待看到的。应当看到,在这里起核心作用的是:教授的好奇心、对科学的兴趣、才干以及获得很必要经费的能力[②]。由于训练年轻的研究者是整个研究进程的一个组成部分,大学能够源源不断地流出年轻的、好奇的头脑也保证了实业界持续拥有在最先进的技能和技术方面训练有素的人才。

我们在寻找:不为钱的科学家。当前,存在一种观点是说:"科学家也是人""院士也是人",是的,这一点毋庸置疑,但如果我们站在一个道德的制高点来看待此问题,就会有新的看法:正如人们习惯上讲"白马非马"一样,科学家是人,但其的确也并不是普通的人。最起码在我国,人们对于科学家赋予更高的荣誉,对于他们寄予更高的期望,人们认为他们也更能(也更应

[①] 迈克尔·吉本斯,卡米耶·利摩日,黑尔佳·诺沃提尼,西蒙·施瓦茨曼,彼得·斯科特,马丁·特罗. 知识生产的新模式——当代社会科学与研究的动力学[M]. 陈洪捷,沈文钦,等,译. 北京:北京大学出版社,2011.

[②] 迈克尔·吉本斯,卡米耶·利摩日,黑尔佳·诺沃提尼,西蒙·施瓦茨曼,彼得·斯科特,马丁·特罗. 知识生产的新模式——当代社会科学与研究的动力学[M]. 陈洪捷,沈文钦,等,译. 北京:北京大学出版社,2011.

该）创造出更大的原创性成果，他们对科研有更高的热情，更倾心于研究探索，更多地在科研创造中体会到快乐，他们更加纯洁、高尚、为人师表。他们站在被人景仰的"顶端"，被人们赋予更高的，甚至是唯一的期望，因此，他们就不是一般人。他们应该站在道德的制高点，就不能按照一般人的标准要求他们。

也许人们会说："科学家也是人"，科学家也难免受到种种世俗观念的影响，但正是由于被称为科学家，因此，人们便赋予"科学家"以"求真""创新"的责任，与此同时，也给予了科学家以特殊的荣誉与信任。如果玷污了这种信任，便不能再被称为科学家。从另一个角度讲，如果将"科学家"降为常人的地步，也就不配受到民众"真理代言人"的信任和尊敬。

（二）管理表现好奇心

社会的发展使以问题为导向的研究越来越多。我们不能回避这种现实，也希望运用好奇心在这个方面表现得更好。

1. 转向问题

建立问题意识。不断提问题、爱提问题是好奇心强的表现。美国哲学博士J.P.里思研究指出，这些人有较强的敏感性：具有超过其年龄的机灵和敏锐的观察力，意识到引起他做出反应的力量和刺激。

持续提出问题。根据好奇性智能与好奇心的关系，应从主观上积极主动地敢于提出各种问题，甚至包括一些在当时看来是所谓"荒唐"的问题。李政道在同中国科技大学少年班的学生谈话时指出："为什么理论物理领域中做出贡献的大多是年轻人呢？就是他们敢于怀疑，敢问！"

要不断提出各种问题，在各种问题中选择恰当而重要的问题。也许人们会问：为什么要如此做呢？我们在前面已经指出，对问题的认识与可能性取决于问问题者所掌握的听多少以及知识的结构。因为好奇性本能与知识的有机结合就会表现出问题。只有通过提出更多的问题使提问者比较寻找对他而言恰当的问题，也才有更大的可能性解决这个问题。问一次只能得到一个浅薄的答案，是不能够获得和了解事物的真谛的，只有通过一系列的小的提问，才可以在更大程度上掌控一个对象。

2. 集中求知

要在求知中构建，在构建中不断求知。学习阶段就是不断提升理性认识能力的阶段，要掌握基本概念、基本原理和基本方法并将其用于实际问题的分析与研究，在应用中加深理解。应明确地认识现象发生发展的必然性和变化的规律。认识到自己看到的现象既是过去变化的结果，又是未来变化的前提条件，要通过提出问题，解决问题，主动地探索自己看不到的现象变化的前因后果。这就需要适时帮助人们从自然好奇阶段，向理性认识阶段过渡，在好奇心满足的过程中，形成探求未知的热情，养成求本溯源的习惯。

3. 突出探索

在理性认识学习阶段结束后，受好奇心的各种成分的控制，在有足够自由度的前提下，只有未知的、新奇的信息才更能满足人的好奇心。研究复杂现象的特征、探索发现潜在的隐秘过程是这个阶段的核心。发现复杂和隐秘的现象，提出深刻的前沿性问题，运用好奇的洞察力猜想其中的奥秘，正是科学工作者的心理特点。

4. 应对复杂

要置身于各种矛盾之中寻求突破。禅宗中的许多故事讲的就是将思考者置于矛盾之中再寻求"解脱"。有意识地反思自己的思考受到哪些固有模式的限制，受到哪些社会习俗的影响，受到哪些习惯模式的束缚，受到哪些习惯行为的制约，受到哪些习以为常的框限等，并以突破为主动心态，将研究对象从其关系结构中"解放"出来，在充分理解该事物与其他事物的差异中构建整体。

让其自由发展，鼓励其自由"生长"，使这种思想真正地完善起来，在自由成长中完成建构，成为一个有机整体。

5. 面向未知

我们不是在消极等待未知，而是要运用好奇心不断地构建，通过多种多样可能性的构建，让未来以更大的可能性落入我们所构建的多种预料，使我们在未来降临时以通过预测性构建所形成的最佳应对模式迅速应对。当人们有效地构建了多种未来，虽然可以在这种多样并存之中进行选择，虽然也存在一定的不确定性，与真正的未知相比较仍显不足，但已经有了较大程度的"已知"。无论是构建更加复杂的未来，还是更加多样的变化性，都需要更多地运用好奇心的引导。

这里强调，管理者应该花费一定的时间去思考未来而不只是关注当前的问题，应假设在各种未来可能的情境下，考虑应当如何更有效管理未来的企业。这样做可以弥补对于未来只做单一假设的不足。当管理群在他们的心智模式中，发展出对几种未来可能情境的共识，他们就会更能感觉到环境的改变，也更能回应那些变化。通过对未来的设想，有效扩展了生存空间，探索了多种可能性，充分发挥了每个个体的主观能动性。

（三）保证好奇心自由

要通过管理控制心理主动地促进好奇心自由，主动地促进"对自然界的惊异而产生的好奇心、有思考这些好奇心的闲暇时间、有不受束缚的思想自由。"[1]在这里"闲暇"指的是好奇心能够自由地发挥作用，而不受束缚指的也是这个问题，它可以让人们集中全部的注意力于相关问题上，以自由的态势求得一个完整的意义。而当人们受到某个方面的约束、限制时，这种束缚就在更高的层次上表现出限制的作用，那些与此有关的信息也就不能参与到心理空间的相互作用以形成新奇性的意义过程中。

四、有效组织好奇心

一个企业、团体、公司能否更好地生存，取决于公司是否能够有效地开发员工的创造力，这是重点，也是相当难做的工作[2]，需要进一步考虑的是：公司的发展取决于企业员工是否能够充分表现自己的好奇心，公司是否提供了一种有利于好奇心自由发挥的工作、学习、生活环境。

（一）保持群体的"活性"

在新的知识生产模式中，个人的好奇心仍然重要，因为没有个人的好奇心也不会形成群体的好奇心，而群体的好奇心将在知识生产的模式2中起到主要的作用[3]。这就需要在对个人好奇心研究的基础上，将好奇心有效地组织起来。

我们一方面可以根据个体的好奇心特征指导组成群体的好奇心，另一方面则可以直接从宏观的角度根据群体生命的"活性"特征而构建、管理群体的好奇心。

---

[1] 朱庆葆. 大学需要什么样的理想 [N]. 中国教育报，2010-11-01.
[2] 孙有恒. 企业员工创造力的激发 [J]. 中国酿造，2004（12）.
[3] 迈克尔·吉本斯，卡米耶·利摩日，黑尔佳·诺沃提尼，西蒙·施瓦茨曼，彼得·斯科特，马丁·特罗. 知识生产的新模式——当代社会科学与研究的动力学 [M]. 陈洪捷，沈文钦，等，译. 北京：北京大学出版社，2011.

所谓要管理一个高效的创新团队，就是要确保维持这种"活性"状态，或者说通过加入管理这一新的动力学因素，形成新的"活性"稳定状态，使之更有利于朝着人们期望的方向转化。这需要通过恰当的管理构建最佳群体好奇心结构。要保持群体好奇心结构的"活性"，既要保持群体好奇心结构中个性的多样性、变异性，也要构建适合的环境使每个人都能充分发挥自己的好奇心特长，在高层次共性比如说共同的目标、愿望和要求的基础上，加强彼此的协调和互补。要真正建立起群体内不同人的好奇心之间的相互作用、相互激励、相互启发的正向反馈机制。甚至在某种程度上，我们可以将愿意更强地表现好奇心作为组成研究团队，尤其是组织成跨学科组织的基本共性前提[1]。

迈克尔·吉本斯研究指出，当今社会已经表现出与以往有很大不同的新的知识生产新模式——模式2，该知识生产模式展示出了典型的"在非等级的、异质的组织形式中进行"特征，互动性更强，跨学科创新现象更加普遍，而创造力也将作为一种集体现象而出现，这其中，"灵活性和反应时间是关键性的因素。"[2]

（二）共性相干、相互促进，通过相互作用形成共同"愿景"

在管理创新团队的过程中，既要考虑到个体的独特个性，也要考虑其所组成团队时的共性特征（受共性相干放大的特征）。"创新团队必须具有既支持创新特质，又支持创新培养的团队。正如我们已经探索的，创新意味着不确定性、风险和机会，这又意味着团队时时有可能遭到失败，意味着促进和调整那些改善创造力和风险发生程度的价值。它还意味着促进那些在面临不确定性时建立道德界限的价值。"[3]

基于表现好奇心而形成群体内个人愿景彼此之间的"共性相干"，从而形成群体的好奇心与群体愿景的有机结合。

扩展与收敛协调统一以组成部分"活性"状态的内在稳定性，在促成一方面强势表现的同时，会内在地带动另一方面的顺势增长。也就是说，

---

[1] 饶昇苹，丁由中，韩建水．试析跨学科学术沙龙的组织形式及其在高校科研管理中的作用[J]．成都理工大学学报（自然科学版）30（增刊），2003．

[2] 迈克尔·吉本斯，卡米耶·利摩日，黑尔佳·诺沃提尼，西蒙·施瓦茨曼，彼得·斯科特，马丁·特罗．知识生产的新模式——当代社会科学与研究的动力学[M]．陈洪捷，沈文钦，等，译．北京：北京大学出版社，2011．

[3] 克里斯·哈里斯．构建创新团队[M]．陈兹勇，译．北京：经济管理出版社，2005．

为了维持群体结构的"活性",在面对有充分的个性表现的创造者个体所组成的创新团队时,就必须更加强调共性特征。克里斯·哈里斯提出了一个创新团队至关重要的七个价值标准,"诚实""信任""宽容""感情共鸣""自由""尊重个人""玩耍",体现了"活性"状态下扩展与收敛的有机协调。

这里存在两种情况:在当前社会强调个性张扬、突出个性的基础上,应努力提高彼此之间的协同能力。目前人们对人才要求好奇心与协同能力的协调统一。要形成协调,必须有相同(相似)的心智模式,共有心智模式往往会通过某些相同局部特征的相干而形成。要善于形成相同的心智模式,在共同心智模式的引导下形成合力。

如果社会中过于强调求同,那么,就需要强化求异的力量。要能更加充分地运用好奇心增量,就需要将共同理想渗透到每个人的内心,通过相互交流所形成共同的"心愿"将大家维系在一起。当我们想要充分表现好奇心时,这个共同的"心愿"将会促进群体中的每个人尽可能地表现好奇心增量,以群体好奇心增量所引起的种种变化维持求同与求异的有机协调——维持在"混沌边缘"。

维持一个创新团队的生命活力,需要在充分发挥每个人个性的同时,尽量减少离解的力量。发明创造活动中的集体意识,是集体主义思想的一种具体表现。群体中的每个成员,需要正确看待集体努力的成果,不去争个人的名利地位得与失,尤其是在研究刚开始时,切记不可过多地想到自己将来的收获和应该得到的,或者说只想到自己应该得到多少,以及如何才能得到自己的那一份,应该将注意力放到问题的创造性解决和自己应当承担的责任上。重大问题的突破往往不是由各个成员单独创造完成的,而是你中有我,我中有你,在相互启发和促进中进行创造。巴甫洛夫曾说:"在我领导的这个集体中,互助气氛解决一切。我们都为一个共同的事业而努力,并且每个人都按自己的力量和可能来推动共同的事业。在我们这里,往往也分辨不出哪是'我的',哪是'你的',但是,正因为这样,我们的共同事业才赢得胜利。"

(三)促使研究者在不同的研究领域、不同的方向、不同的方法上形成互补

美国的社会学家哈里特·米克曼通过对众多诺贝尔奖获得者的研究指出:

"与人们一般认为科学家,尤其是较好的科学家都是单干者和认为重大的科学贡献全属于个体思维的产物这一对孪生的陈腐观点大大相反,荣膺诺贝尔奖的研究成果大都是通过合作获得的。"① 而且这种趋势随着一百年来时间的演化表现得越来越明显。在一个群体中形成一种彼此合作、加强团结、共同努力的气氛是极其重要的。

沃纳·阿尔伯(Werner Arber,瑞士微生物遗传学家,因发现限制性内切酶以及在分子遗传学方面的研究成果获1978年诺贝尔生理学或医学奖)肯定了受到好奇心驱使而不断探索的成分在科学探究中的重要性,指出:"更可贵的是那些能够进行探索并找出答案的人。"作为一名科学家,既然专注于自己选择的研究探索领域,必将致力于"研究我们生存的这个世界,他们受好奇心的驱使,去探索未知的一切,他们为获得了新的发现和找到了解决问题的方法而欣喜若狂"。这些科学家并不以单纯地受到自己内在好奇心的驱使而自我欣赏,他们不但将自己的看法以及研究成果公布于众,还在研究过程中"经常与从事同样或类似研究的其他科学家进行交流。通过成果与研究思想的交流,科学家获得成功的机会就会变得更大,就能够更快地实现自己的目标"。②

既然发挥个人的好奇心与群体的好奇心同样重要,就需要在对好奇心的有效组织过程中,尤其应注重围绕某一个问题具体实施,通过冲击某一个核心问题,汇聚大家的好奇性智慧,引导群体好奇心定向,促使群体站在人类知识的边界不断向未知扩展。在这个过程中,群体中的每个人可能只取得小的进步,但当将更多的小进步汇聚在一起时,就可以形成大的创造了。尤其是通过彼此的交流形成对其他人的有效刺激,对他人的思想产生启发,将会取得新颖性更大的创造性成果。

1. 构建"互适应"

不同的个体、物种将通过相互作用而形成一个基于好奇心的"互适应"的动力系统③。"互适应"的基础是共生与合作。个体的不同会促使其表现出强烈的特征化、个性化、特异化,并在生存过程中尽可能地将这些差异特征突显出来。随着遗传过程的进行,这种差异性将会越来越显著。非线性相互

---

① 引自文双春.能出院士不一定能出大师 [N].中国教育报,2013-05-08.
② 中国科学技术协会.厚望与期待 [M].北京:科学普及出版社,2001.
③ 肖纳·L. 布朗,凯瑟琳·M. 艾森哈特.边缘竞争 [M].吴溪,译.北京:机械工业出版社,2001.

作用又使得彼此不能离开对方而独立生存，对方的存在会成为其生存的基本环境，就必须通过相互作用构成相互适应的关系。在组成创新团队时，不同的个体首先尽可能地表现自己的特异性——特有的好奇心，以自己的特异性形成对其他个体的有效刺激，彼此的相互作用会构成保证独立个体有效生存的自然环境。同时，又通过个体的收敛"活性"力量，在充分考虑其他个体行动特点的同时与对方保持协调，彼此之间通过相互作用而形成"互适应"动力系统，尤其是要形成"共同愿景"——看谁能够充分表现自己可以带来知识进步的好奇心。那么，就会表现好奇心的因共性相干而放大共性特征——在差异化发展过程中，将涌现出来的新奇概念放大成为突出的特征。"互适应"使共性特征更加突出，不同的个体也通过这种"互适应"，在相互作用中促进差异化探索，在共同进步中求得变异性构建发展。

在创新团队中，"互适应"就是一种有效促使差异化个体汇聚在一起的稳定性力量。"互适应"的前提是有足够的相互作用，有较高的相同、相似性特征和趋向。在创新团队中，共同表现好奇心、保持对好奇心较高的认同度，就成为"互适应"的基本出发点。从"互适应"的角度看，只要人们共同追求更强的表现好奇心增量，就能自组织地形成表现强好奇心的强势群体。而且在充分认识到个体的存在强烈地依赖于其他个体的存在时，就会促使个体根据其他个体的行为及时调整自己的反应。既要保持个体有别于其他个体的差异点，保持其足够的独立性，同时还要能够根据其他个体对其有效刺激而调整自己的行为，以保持整个创新团队的"活性"。克里斯·哈里斯所谓的创新团队具有"7C"特征：协作、团结、诚信、称职、互补、自信、团队精神，核心表现出了彼此之间在相互适应过程中的好奇心的特征。创新团队中的每一个成员都应该协调地表现"7C"特征，7种特征有一个方面表现薄弱，都将对创新团队造成伤害[1]。

2. 培育良好的"团队关系"

管理关系是社会生产关系在管理领域中的具体表现，"人与人之间的关系"是管理关系的核心内容，它充分体现在管理过程的方方面面。能否充分有效地认识、把握和处理人与人之间的关系，已成为衡量一个管理者是否成熟和成功的重要标志。管理学史上"人际关系学派"的诞生，"系统组织理论""团体力学""支持关系理论""组织行为学""组织文化理论""组织发

---

[1] 克里斯·哈里斯. 构建创新团队 [M]. 陈兹勇，译. 北京：经济管理出版社，2005.

展理论"以及"学习型组织理论""团队管理理论"等的出现,从不同角度和程度反映出了组织内外人与人之间关系对组织结构、功能、演化、绩效以及组织关系的认识,较好地指导了不同时期的管理模式。从一定程度上讲,关系就是财富和资源。人与人之间的关系在好奇心上的差异体现在对好奇心的认同、激发和追求的态度上。如何通过对组织内外人与人之间关系的管理,达到组织文化与价值观的重塑、团队精神与好奇心的培养、沟通与交流效率的提升、合作与互动模式的创新、协调与整合方法的改进,以及组织内外人际关系资源的有效开发和最佳配置等,将成为未来管理制胜的关键。

在认识到后现代社会每个人都在表现独创性行为特征的基础上,人们会在更大程度上求助于在表现好奇心基础上的松散组织形式:合作——在发挥自主好奇心的基础上追求更高层次的共性,与知识社会的重要特征相一致[1],这意味着:(1)通过合作激发新的灵感;(2)在表现个性的基础上形成合力;(3)使新奇观点迅速得到全方位的研究;(4)形成相互激励的新的"互适应"动力学系统;(5)加强彼此之间的沟通与理解;(6)通过合作强化价值选择的自然生成。

生命的"活性"在社会组织中可以看作好奇心与合作的有机结合。从社会管理和教育的层次,我们也应该充分认识这种"有机结合"的重要性,根据不同的社会特点,采取不同的管理教育方法。在强调个人主义的西方,社会氛围更加重视好奇心的表现,那么,在教育和管理过程中就需要加强彼此之间的协调与合作。

3. 形成相互激励的集体

能引起重大科学进步的更多的是一个人的内在动机,而不是可以带来一定好处的外界动机。如果一个群体中的每个人都秉持"我觉得想说出与众不同的话时,我才说出来"的观念,便会有新思想源源不断地产生出来。

人们对事物感兴趣时,就会形成一定强度的注意力,对该对象维持一定强度的稳定性、一定的注意时间和一定的注意宽度,并自然地表现人的好奇心,研究该对象与其他事物的相互关系,同时也愿意受到其他因素的启发从而改变当前心智的意义等。对发明创造的兴趣是一个人进行创造的内部动机(尤其是好奇心)——我只是喜欢创新而已。如果一个人将从事某种行为归为

---

[1] 安迪·哈格里夫斯. 知识社会中的教学[M]. 熊建辉,陈德云,赵立芹,译. 上海:华东师范大学出版社,2007.

内因时，所从事的活动将是长时间、坚定地维持着积极主动性的；如果一个人将自己从事某种事业的动因归为外因，会更容易形成被动的心态，还会更容易改变心理过程，在这种心态下很少会因为创造而感到快乐和轻松愉快，反而会感到疲惫不堪，在遇到问题和困难时，更容易形成焦虑和无奈。在一个追求表现好奇心的群体中，人们都会出于这种内在动机不断表现，依据群体的相互激励的作用而放大这种力量。即便是为了追求外因，也会由于处于群体竞争氛围，成为一个群体的内在动因。从这个角度看，群体的相互激励，会将一个人的外在动因转化成为一个群体的内在动因。

4. 正确评价科研成果

英国经济学家古德哈特在1975年发明了一个以他的名字命名的"古特哈特定律"：某种评价一旦被选择用来做决策时，这种评价就开始失去其价值[①]。按照这种观点，我们更应该强调基于自由的好奇心的科研探索。

对科研成果的恰当评价与激励将有效地促进人们对科研的兴趣和热情，也会进一步促进人们对未知探索的热爱和关注程度，促使越来越多的人以更大的自觉性表现自身求新、求异、求变的本能。"学术研究的本质是探究真理。真正的学术，其驱动力是好奇和兴趣而不是功利。"如果说学术评价的目的是学术功利，相信"只有功利化的评价体系或指标，才能'精确地'评价一个学者的学术贡献，也才具有引导众多学者对照指标朝着功利方向努力的强大力量"，那么，科研探索的功利性会越来越强，科研探索的本质性特征也会越来越削弱。

（四）促进自由交流激发生成新的观点

新奇的思想是在交流中得到认可、传播、发展、壮大的。通过不同思想的差异化和协调，将能有效地使好奇心得到激发和满足。爱因斯坦和他的两个朋友建立的"奥林匹克科学院"，就是一个创造性的群体。大学毕业后失业的爱因斯坦，结识了学哲学的索洛文和学物理的哈比希特，共同的志趣使他们建立了"奥林匹克科学院"。在这个科学院存在的三年多的时间里，他们经常在一起交流和探讨学术问题，爱因斯坦在这期间连续发表光电效应、布朗运动和狭义相对论等方面的多篇论文，都曾经在这个"科学院"里讨论过，都得到了朋友们热情的批评和有价值的修改建议。爱因斯坦直到晚年，还经

---

① 引自文双春. 能出院士不一定能出大师[N]. 中国教育报，2013-05-08.

常回忆起这个对自己的科学事业产生过重要影响的"科学院"。他说:"在我们欢乐的科学院里,我们曾经很愉快地共同学习不少东西。比起后来我所看到的许多的科学院来,我们的科学院实际上要严肃得多,要不稚气得多。"可以认为,爱因斯坦与同伴的好奇心也在相互交流过程中得到了培养与强化、巩固与提高。

1968 年度的诺贝尔物理学奖得主阿尔瓦雷斯(L. W. Alvarez)在 1953 年邂逅时年 27 岁的博士后格拉塞(D. A. Glaser),在交流中,阿尔瓦雷斯了解到格拉塞正在研究用液氢来探测基本粒子的装置——液氢气泡室。格拉塞的设想让阿尔瓦雷斯如获至宝。几年后,阿尔瓦雷斯和同事终于做出了液氢气泡室。跟格拉塞的原始设计相比,只不过是将乙醚换成了液氢并且扩大了体积而已。当然,其功能不可同日而语。后来,1960 年的诺贝尔物理学奖只颁给了格拉塞,因为原始创新的思想来自他,尽管真正造出气泡室的是阿尔瓦雷斯。而阿尔瓦雷斯也于 1968 年因"粒子的共振态"研究而获得诺贝尔物理学奖。

交流是人才培养的关键要素。但单方向的传播已经不足以强化这种功能。如果将学者之间、学者与学生、学生与学生之间彼此交流的时间作为一个衡量标准[①],对照此标准,作为各院校人才培养力度的度量,就可以看到,我们所表现出来的教育力度还有很大的提升空间。我们需要思考的教育力度(教育冲量)应该达到何种程度,才能使学生的好奇心在得到满足的基础上受到强化培养。

(五)利用社会竞争与合作促进好奇心

1. 竞争与合作同个体差异性的关系

复杂自适应系统由多个相互作用的主体组成,虽然目前人们还不能对其本质特征有一个准确的认识与了解,但已经认识到,个体可以是分子、鸟群、人群、公司等,但个体的数量必须在两个或两个以上,而且个体之间必须保持足够的差异性。在任何情况下,它们彼此的行为都将要有所区别。一个系统若仅由一个个体组成,或者虽然有多个个体但其行为绝对相同,这样的系统将表现出确定而简单的行为模式,其群体行为不再复杂。现实世界中的系统都是复杂的,在人类社会共同表现好奇心的群体中,好奇心的本质决定了

---

① 简·约翰斯顿. 儿童早期的科学探究[M]. 朱方,朱进宁,译. 上海:上海科技教育出版社,2008.

这种合作已经建构在差异化的基础之上。

虽然在好奇心的作用下,差异性非常大的个体会表现出非常不同的行为,但在彼此之间稳定的相互作用之下,却可以形成协调统一的复杂性行为,并且可以形成更大范围内和更高层次上的自适应系统。扩展的力量和资源的有限性决定了个体的差异化在追求合作的共同力量作用下得到发展,促使个体表现出了典型的竞争性本能,而个体也将在这种态势下取得更大的生存优势。

2. 竞争与合作和个体的生存

复杂性动力学已经揭示,相互作用非但产生竞争与合作,也会在竞争合作过程中共同进步。通过相互作用而有效吸收对方的优点,好奇心所产生的新奇性观念在群体中传授,必然地会增加个体生存的可能性。"只要这些个体能相互遇见,足够在今后的相逢中形成利害关系,他们就会开始形成小型的合作关系。一旦发生了这种情况,他们就能远胜于他们周围的那些背后藏刀的类型。这样,参与合作的人数就会增多。很快,针锋相对式的合作就会最终占上风。而一旦建立了这种机制,相互作用的个体就能生存下去。"①

我们可以从动物身上学到许多知识。诸如共生、合作、互补等。双方存在竞争时,为了通过合作、共生以形成相互协调的状态,可以"寻求一个双赢的政策,将对方的目标也纳入自己的决策范畴。在许多例证中,一方积极采取和平行动,会使对方感觉威胁降低,能够倒转对立局势升高的情势"。②竞争不是单一"你死我活"的"零和"游戏,也不是只许我获得利润而没有你一点盈利的空间,竞争的最大可能性是取得"双赢"。通过"双赢"取得互相制约的力量,通过"双赢"而有效促进双方的共同进步。

(六)促进相互启发

在群体中,要使每个人充分表现自己独特的好奇心,追求更大的好奇心表现,需要倡导相互激励,提倡"发扬学术民主,坚持百家争鸣,反对门户之见,不搞文人相轻"。虽然人类社会创造活动的方式已经显现出由个人自由探讨向社会化的集体研究发展这一大的趋势,但并不排除充分发挥个人独特

---

① 米歇尔·沃尔德罗普. 复杂——诞生于秩序与混沌边缘的科学 [M]. 陈玲, 译. 北京:生活·读书·新知三联书店, 1997.

② 彼得·圣吉. 第五项修炼 [M]. 郭进隆, 译. 上海:三联书店, 1998.

的好奇心，群体的好奇心表现也必须以个体的好奇心表现为基础。虽然在当今社会任何探索都需要一定资金的支持，但也不能取消个人自由探讨的创造方式，集体研究也仍以充分表现个人的积极探讨作为前提和出发点。在一个创造群体中，个人独创性发挥得越充分，个人的特殊才能发展得越圆满，集体的创造性活动也就越充满生机，也就越有可能取得更大的成果，更何况还会出现彼此相互激励基础上的更加奇特的创新。因此，在一个群体中，应该允许各种不同观点的自我论证和完善，允许每个成员毫无顾虑地提出自己与众不同的新思想、新见解。在这种研究中要引起新思想的碰撞，形成不同观点的相互交叉与相互启发，会以较大的可能性形成新的突破。

詹斯·斯科（Jens Skou，1918—2018，丹麦生物化学家，因首先发现人体细胞内转动离子的酶——钠离子、钾-腺三磷酶，获1997年诺贝尔化学奖）深深地感受到，"做基础研究是令人激动的事"，因此，"在选择自己的研究课题时你是自由的，或者至少应当是自由的"。詹斯·斯科建议，在研究过程中，应通过"质疑人们已接受的事物、努力拓展知识的疆界、得到从来没有人获取过的新信息"，这将是"对你想象力的挑战"。然而，"绝大多数科学成果，都是由全世界科学家共同参与建筑的科学大厦的一砖一木，因此自由交换信息是很重要的。……只有乐于思辨和系统地阐述问题，乐于努力追寻解决的办法，并且能够从日常的理论或实验中获得满足，你才能真正成为一名科学家。"[①] 詹斯·斯科给人们的建议就是要将自己的好奇心、想象力与群体的好奇心、想象力有机地结合在一起。

丹麦著名的物理学家玻尔，是量子力学的奠基人之一。玻尔领导的哥本哈根大学理论物理研究所，不仅在量子力学的基础理论上卓有建树，而且把量子力学应用到众多的领域，取得了丰硕成果。在玻尔周围聚集了一大批杰出的科学家，形成了独树一帜的哥本哈根学派，尤其是创造了"哥本哈根精神"——一种平等自由地讨论和真诚密切合作的独特而浓厚的民主研究气氛，这种精神对于后人在研究过程中有效发挥好奇性探索具有重要的启发作用。

---

① 中国科学技术协会. 厚望与期待 [M]. 北京：科学普及出版社，2001.

五、促进个人好奇心与社会需求的有机结合

约翰·H.立恩哈德同意康托的观点:"数学的本质就是自由。"① 康托为了继续做研究,高度评价了自由——与钢铁一般的纪律交织在一起的自由,驱使一个充满灵气的孩子的好奇心的自由,那种寻求天真遐想改变我们世界的自由。我们知道,数学构建在严格的基础上,而康托却指出了严格的数学必须与自由相结合。当然,科学发展到今天,除了好奇心所形成的超前期望以外,还存在着人们出于社会责任感、使命感而形成的新的期望。

"研究从好奇心驱动到解决问题优先,以及原始知识产品的缩减这两大转变都将进一步推动大众化教育系统的发展。"② 初始时对问题的探究是在好奇心的驱动下形成的,但单纯对由好奇心驱使的纯基础研究投以重金,以保证国家在世界经济竞争中处于不败之地的想法已受到人们的质疑③,在资源有限的前提下,人们更加关注选择的公平、公正性。在科技研发过程中,必须保证市场牵引(任务驱动)与科技人员灵感、好奇心或兴趣的有机结合④。在此过程中,还需要维持科学中的各种标准、规则、制度等表现出的稳定的强制性作用。当这种类型的因素内化为人的无意识追求时,就会与人的好奇心一起成为科学探究者进行合作探索的基本动力⑤。

第四节 加强好奇心的价值研究

2018年诺贝尔生理学或医学奖授予京都大学教授本庶佑,以奖励他对如何激励免疫细胞攻击癌细胞所做出的贡献。当被问及怎样才能做出独创性研究,本庶说要重视六个"C":"珍惜好奇心(Curiosity),满怀勇气(Courage),去挑战(Challenge),坚持所信(Confidence),全神贯注(Concentrate),持

---

① 约翰·H.立恩哈德.智慧的动力[M].刘晶,肖美玲,燕丽勤,译.长沙:湖南科学技术出版社,2004.
② 周京.观察学习激发员工创造力[N].莫克.编译.管理@人,2005-08-15.
③ 陈劲,宋建元,等.试论基础研究及其原始性创新[J].科学学研究,2004,22(3).
④ 师昌绪.发展我国科学技术要两条腿走路[J].中国科学基金,2002(3).
⑤ 王刚."看不见的手"与科学规则[J].科学学研究,2007(5).

之以恒（Continuation）①。但问题是，谁为好奇心花钱"买单"？我们且不论是否应该为好奇心培养专门支出一定的"资源"，好奇心的价值就如同空气和水对于人的生存价值一样，但对于人的这种本能是否应该有所破费？

从某种角度讲，也许人们不会为此而浪费精力，但是，随着社会精细化的进一步发展，人们将越来越多地遇到与此问题相关的诸多问题——无论是培养还是使用。

一、尊重好奇心的价值

无论是在学习过程中还是在科研探究中，都要尊重好奇心的应有价值。我们常常在质疑研究者：这样做值得吗？或者我们在质疑自己：对研究所投入的资金能否得到回报？

很显然，我们需要研究：好奇心值多少钱？或者说我们提供给好奇心用于探索的资金应该是多少？如果支持好奇心对于能看到收益的未知问题的探索，将是值得的。我们应当看到，人民有权利质疑，其他国家也会如此。

人们并不是没有认识到这个问题，默顿用"科学家具有求知的热情、不实用的好奇心对于人类利益的无私关怀以及许多其他特殊的动机"来说明好奇心的价值②。在实际工作中，人们并不期望一项投入能够获得100%或者说大于100%的收益，因为人们都知道一切行为都必须受到能量所产生的作用力的推动。

有时我们会想：面对未来，当我们投入100元时，有可能只获得15%的回报。人们更直接的反应是，为什么我不投入100×15%＝15元，从而获得15元即获得100%的回报？想得真美！从求异试错探索的角度来看，这里假设的15%的回报正是好奇心价值的体现。而这也有可能与仅仅只是当前的短期内的回报。也许有人会说："没有钱谁干？"此问题从本质上看是一个做与不做的态度问题，如果我们将注意力转移到"如果做了，我应该获利多少"的问题上，人们的视野将会进一步扩展，而考虑问题的立足点也将发生变化。

从国家利益的角度上看，必须有效地激发广大民众的好奇心，促成更多的人在好奇心的驱使下参与问题的新奇构建，并根据价值标准再从中选择。而从好奇心价值的角度来看，在短时间内想获得100%回报的情况是根本不存在的。

---

① 杨汀. 重视六个"C"才有独创性［N］. 参考消息，2018-10-10.
② 刘鸿. 美国研究型大学"共治"模式的"恒"与"变"［J］. 高等教育研究，2013（11）.

任何一个国家都可以有效地集中资源于某一个有希望的方向上（领域内），采取集中"攻关"的方式，在很短时间内取得重要成果。但问题是，这个所谓"有希望的方向（领域）"是如何选择出来的？从原始创新的角度看，这个有希望的方向（领域）本来就是通过大家出于好奇心而自由探索构建出来的。如果没有大量广泛而自由的试探，也没有使这些新奇想法成长到恰当程度的资源支持，促使人们从众多可能性中选择出有希望的、可以供人们集中攻关、以迅速解决问题的可能性将会很小。

随着人们的目的性越来越强，"目标性好奇心"所占的比例将会越来越重，这虽然会在一定程度上促进科学技术在某一个领域内、在一定时间内的迅速增长，但从整体上来看，当科学技术的发展处于缓慢增长期时，则需要运用"自由好奇心"引导人们通过非线性涨落从当前稳定的"吸引域"中跳出来，去寻找新的突破口。但是，即使形成新的知识生产模式——模式2，人们也将更多地关注能够直接带来经济效益的研究与构建上[1]，而且面对由于好奇心所形成更多不确定性的恐惧，人们也更多地希望实施确定性构建：当前的创造必然是未来的发展趋势。这种忽视对好奇心的直接投资，有可能造成严重的影响。

如果人们想更多地得到直接的经济效益，就会以更大的可能性落入"模仿"的境地。那么，由创新所得到的"超效应"就会拱手让给那些善于运用好奇心而进行原始创新者。

针对好奇心的价值度量问题，我们需要研究如何才能将不可度量的未知探索转化为有价值的可度量的形式，从而给出好奇心的价值研究？在研究中我们应该依赖的特征是什么？或者从研究者的角度来看，我们应该如何确定研究者的工资？或者说，我们如何才能度量一个人的价值？如何才能度量一个新奇想法的价值？如何才能度量好奇心的价值？

二、新奇想法的价值

要想度量一个新奇想法的价值，需要考虑研究资助资金与好奇心所导致的新奇想法之间的规律性关系。从能够有效覆盖未来的发展趋势的角度来看，

---

[1] 迈克尔·吉本斯，卡米耶·利摩日，黑尔佳·诺沃提尼，西蒙·施瓦茨曼，彼得·斯科特，马丁·特罗. 知识生产的新模式——当代社会科学与研究的动力学[M]. 陈洪捷，沈文钦，等，译. 北京：北京大学出版社，2011.

好奇心越强，产生更多新奇性信息的新奇度越大，对未知探索所产生的价值也就应该越大。但与此同时，产生的信息的新奇度越大，建立新奇性信息与已知信息之间关系的难度也就越大，所对应的信息量也就越大，从这种大信息中实施确定性选择所需要的负信息量也就应该越大，所付出的价值代价也就应该越大。

从另一个角度来看，由于好奇心的成分不同，在好奇心的不同成分起作用时，所对应的价值也就产生了变异。也就是说，探索的好奇心所产生的价值、关注复杂性信息所产生的价值与其他的好奇心成分所产生的价值是不同的。西方人可以对"搞笑诺贝尔奖"报以会心、善意的微笑，原因就在于"Ig 诺贝尔奖以鼓励'不同寻常的想象力和创造力'，激发人们对科学的兴趣为宗旨"（Ignoble，英文原意是不体面的，中文译为"搞笑诺贝尔奖"），① 这就是好奇心某种价值的体现。

克里斯·哈里斯从不确定性的角度描述了好奇心的价值，或者说直接指出了风险的增加必然与好奇心的价值潜在地存在某种关系："增加创新的新颖性或复杂性的确可以增加其价值，但是这同样也增加了不确定性、风险和或然性。合作学习会产生新的和意想不到的见解，同样会产生意想不到的问题。……实际上，一个系统越是复杂，创新活动就会越变化无常和出人意料。"②

一种想法的价值在某种程度上与它同当前知识的距离有关，通常这种距离是以问题的形式表征的，但我们不关注问题的价值，而是关注那些已经建立起了新想法与知识体系之间的关系，或者说这种关系已经达到足够让人们认为可以将这种新想法纳入人类知识体系中的程度时，那些新想法的价值有多大，就值得怀疑了。

爱因斯坦在提出相对论以后，能够理解相对论的人很少，这表示爱因斯坦所提出的相对论的新颖度很高，而在以后其被证明是在当前逻辑体系中为正确时，其价值也就非常大了。狄拉克运用符合相对论条件的量子力学方程求得解析解以后，明确指出基本粒子存在"正负"之分，这种新奇的思想足以震撼当时的人们。这都是在事后证明了这种新奇想法的正确性以后，人们才认为其极具价值。我们想知道的是：一个新奇想法在当前的逻辑体系中未被证明是正确之前，它所具有的价值是多少？

---

① 代荣. 搞笑诺贝尔奖：不走寻常路 [J]. 百科知识，2005 (1).
② 克里斯·哈里斯. 构建创新团队 [M]. 陈兹勇，译. 北京：经济管理出版社，2005.

我们需要考虑：在诸多想法中产生有价值的能力应该如何度量？当直接界定一个人提出了距离当前知识体系有足够大的新奇想法的能力为一个人的好奇心增量时，一种新奇想法的价值就与一个人的好奇心增量直接对应。当考虑到能否实现的情况时，它取决于一个人的"活性"，也取决于一个人的知识、经验与能力，因此，就是直接取决于好奇心与能够验证新奇想法能力的有机结合，或者说是好奇与掌控能力的有机结合。

从直接的角度来看，度量好奇心价值的方法可以有这样几种。

1. 一项成果的反复完善、推广与应用所产生的价值

这与好奇心本身的相关度不高，比如说法拉第首次提出"由磁生电"的想法以后，这是由法拉第的好奇心所形成的新奇性的想法。这个想法与当时人们的知识体系有相当远的距离，人们还不能由当时的知识体系沿着已经揭示的关系逻辑认识理解这种想法，此时结合这种想法所对应的局部特征是否能够纳入人类在当时的知识体系的程度，就可以计算出所对应的距离，并由这种距离给出好奇心的价值。

2. 好奇心的价值将随着新奇想法提出者的地位不同而不同

不同人的工资等价值（凝聚在生产中的劳动）将随着人的不同而不同。产生同样的新奇性想法，所产生的价值是不同的，因为凝聚在新奇想法中的价值是不同的。我们可以从这个角度赋予好奇心以不同的价值。也就是说，即使是同样的一个新奇性的想法，由于提出者的不同，也具有了不同的价值。这其中包含着不同价值者具有不同的影响力，不同价值者所提出的想法能够使不同数量的人相信其所提想法的真实可信的程度。

3. 通过设计工作量度量好奇心的价值

"设计工作"的一个强化定义是实现获得一个新颖假设所需要的工作量，即任何创新都可以表达为超越现有工作的创新设计工作量。好奇心的认定直接涉及这种新奇概念通过设计实现被认可的程度，这也是需要体现相应价值的[①]。

此时我们构建用概率的形式来描述：在诸多可能性中，我们运用可能度所对应的"信息熵"来度量该值。记一个新奇想法是由局部特征所组成的一个集合，而该集合中的元素被纳入知识体系中的可能性记为 p，由此可以界

---

① 克里斯·哈里斯. 构建创新团队 [M]. 陈兹勇, 译. 北京: 经济管理出版社, 2005.

定关于具有诸多局部信息特征所对应的信息熵：

$$H = - \sum_i p_i \ln p_i \tag{9-1}$$

单个信息的局部特征被纳入知识体系的可能度越小，则该新奇意义的信息量就越大。如果将这种观点加以延伸，就可以得出这样的结论：较大的好奇心所生成的新奇性意义将具有较高的价值。实现新颖想法的设计工作量，就是好奇心的价值。或者用克里斯·哈里斯的话来说，就是："较大的设计工作量等同于新颖性，因而等同于较高的价值。"[①]

4. 通过验证者的价值而度量好奇心

验证一个新奇性想法所付出的代价会随着验证者的不同而不同。当两个人（一个人是经验丰富者，而另一个人则是一名科研新手，甚至是刚刚进入某一个领域的无关者）产生了同样的新奇性想法，要验证这种新奇想法时，投资者的想法也是不同的。显然，投资者更愿意把资金投入经验丰富者的身上。

这种现象就是由可实现度来描述。用相关的术语描述：为完成验证而需要的冗余度，即使出现了其他情况也能够保证其顺利有效地实现。

这里所谓的"其他情况"就是由好奇心在其他方向的探索所构建出来的对原来思维过程干扰的多种可能性。我们这里所考虑的是理想状态：只是由于受到好奇心的影响而产生干扰，不考虑其他因素的影响。其他因素所产生的影响也将消耗验证新奇想法时的资源。

三、好奇心的验证代价

我们一般假设，只有在好奇心的驱使下不断探索时，才能有更多原创性的发现、发明。而在功利性要求影响下，人们更容易受到利益的驱动去追求那能达到指标要求的结果，而不会追求新奇卓越以寻找到最好的结果。

当然，更具原创性成果是建立在众多人的好奇心驱动探索所形成的结果基础上的。由于探索本身就具有不确定性，要想取得原创性成果，必须有一定量的无用的好奇性探索。

根据好奇心的度量方法就可以看出，如果将探索取得成功作为一个"事件"，将各种探索的不成功分别作为相应的事件，那么，根据好奇心所度量的不确定性的大小，就可以知道，好奇心实际上就已经决定了成败的大小。好

[①] 克里斯·哈里斯. 构建创新团队 [M]. 陈兹勇, 译. 北京: 经济管理出版社, 2005.

奇心可以用成功的大小来度量。因此，对于好奇心的价值，就可以用所投入的大小来度量。

此时，记投入的总量为 C，取得成功所需要的投入是 C_s，此 C_s 也可以看作为取得成功必须投入的量。在一般情况下，它应该是人们为了取得某项专门的研究而期望得到的收益，在探索过程中，会存在由于探索而必然消耗一定量的投入 C_r，也称为必须付出代价，此时有：

$$C = C_s + C_r \tag{9-2}$$

这里的 C_r 可以看作由于好奇心影响的结果，是发挥好奇心所必须付出的代价，或者说为了满足好奇心而需要投入的量。因此，就有：

$$S = q\frac{C_r}{C}, \quad C_r = \mu SC \tag{9-3}$$

式中 q、μ 为相应的比例系数。也就是说，要想取得 C_s 的收益，就必须有

$$C_s = (1 - \mu S)C \tag{9-4}$$

的验证代价。这里已经做了具体的限制：只是为了某一专项研究而进行投入。因此，好奇心越强，对于验证某一个新奇想法的干扰就越大，所消耗的资源也就越多。

在考虑到社会投入时，在对于某一专项投入以后的效果中会存在延伸性的影响，人会在好奇心的驱使下利用此专项投入而研究其他方面的问题，或者说会对其他方面的研究产生一定影响，那么，投入一个新奇想法上的资源就需要重新考虑。当然，如果我们只是考虑当前投入所形成的影响，可以不考虑投入的延伸影响，而将其看作证实新奇观点的代价。

四、基于生态位的好奇心的价值

基于生命的活性，在每个人的身上都会表现出扩张与收敛的有机结合，人与其他动物相比，更善于从已知出发向未知扩张，善于基于当前已知的信息特征而构建新奇性的意义。此时，记一个人力图掌握未知的能力（掌控未知、新奇的可能性）为 Z，好奇心（度量一个人向未知和新奇延伸、扩展的力度）为 S，将一个人的生态位值界定为收敛与发散能力的有机协调值，记为 T，并界定：

$$T = Z \cdot S \tag{9-5}$$

"点乘"表示需要同时考虑两个方面的作用。此时我们可以用该生态位值

来具体界定一个人好奇心的价值——产生新奇的想法并能有效验证的能力。

复杂性动力学研究指出，对于一个混沌吸引子，既有正的李指数，也有负的李指数，正的李指数表征着发散的强度，而负的李指数则表征着其收敛能力，我们可以试探性地通过最大的正李指数和绝对值最大的负李指数之间的乘积来近似表示一个人的生态位值：

$$T = L_{max} \cdot |L_{min}| \tag{9-6}$$

五、帕累托法则

帕累托曾提出，在意大利 20% 的人拥有 80% 的财富，这种经济趋势存在普遍性。后来他发现，在社会中有许多事情的发展，都迈向了这一轨道。经过多年的演化，"80/20 法则"被推广至社会生活的各个部分。如，经济学家认为，20% 的人掌握着 80% 的财富；心理学家认为，20% 的人身上集中了 80% 的智慧。同样在教育学家的眼里，在教育大系统中，约 80% 的教育结果是由教育系统中约 20% 的变量产生的。

当我们用"80/20 法则"来描述好奇心的价值时，为了取得 20% 的收益，我们需要付出 80% 的努力。也就是说，在我们实施了 80% 的好奇性探索时，可以获得 20% 的价值。

六、多样并存的内涵及其价值

好奇心具有多样并存的基本内涵。发挥好奇心，就会必然地构建出多样并存。我们相信，由于好奇心的价值取决于彼此不同的多种方案的并存。这就意味着，方案越多，所对应的不确定性就越强，从系统复杂性的角度来看，信息量也就越大，而确定某个方案可行所应付出的代价也就越大。一项成果的代价相对也就越大。

一项科研项目的价值直接决定了对该项目的投资额度，而这个问题一直困扰着任何一个科研基金资助委员会。我们以自然科学基金项目的申请与成果为例，说明可以依据不同阶段的不同判断与选择，构建相对完善的科研投资机制。

首先，任何一个基金支持项目要求由三个以上（或者说暂定三个）研究小组开始研究。此时的经费并不是一下子下拨下去，而是下拨较少的部分。在一定时期以后，要求三个研究小组同时报告自己的研究成果，然后从表现突出的研究小组中，选择出两个，根据初步研究方案和研究成果直接淘汰一个研究小组。

此时进行第二步下拨经费。由这两个研究小组分别进行深入研究。然后再根据两个小组的研究成果，最后确定一个研究小组。

当选定一个研究小组以后，再下拨专项经费。虽然说经过更多的研究小组来研究同一个问题，虽然多出来的研究小组分散了一部分的经费，但这本身就是好奇心的价值，也就是说，这是为了促进好奇心能够更加充分地发挥作用而必须应该付出的代价。但在这个过程中，由于竞争而促进了更多的研究小组产生更多的研究成果，也就能够促进成果更大的原创性。如果采取这种自然科研经费直接下拨的方式，而不是目前通过的申报方式，是否能够产生更多的原创性成果？

要求别人坐冷板凳，自己为什么不愿意坐？这实际上还是功利的好奇心在作祟。如何才能改变这种现状？显然，只有认识到这正是表现好奇心、产生原始创新而必须付出相应的代价以后，我们才能真正正确地认识这一点。这正是好奇心的经济价值体现。在这个认识过程中，前提就是要充分认识好奇心的价值。认识到好奇心的价值，是破解自然科学和社会科学探索创新难题的基本出发点。当然，在课题的设立与研究过程中，为了做得更好，还需要考虑到另外两个方面：一是诚信；二是检查考核严格科学，做到公正、公开。

七、从业者的数量与好奇心的价值

通常我们会认为，只有有价值的好奇心作用点才能取得相关的成绩，我们可以根据从业者的数量度量看到好奇心的价值，或者说我们可以根据高水平的从业者的比例来大致判断好奇心的价值："它依赖在知识生产前沿领域工作的少量从业者（5%~15%）来创造未来研究的新理念和新方向。"[1] 我们首先可以统计在自由好奇心的驱使下能够自由探索者的人数，然后统计从事相关工作者的工资，此时的工资付出就是好奇心的价值。

---

[1] 迈克尔·吉本斯，卡米耶·利摩日，黑尔佳·诺沃提尼，西蒙·施瓦茨曼，彼得·斯科特，马丁·特罗. 知识生产的新模式——当代社会科学与研究的动力学 [M]. 陈洪捷，沈文钦，等，译. 北京：北京大学出版社，2011.

八、实验设备与好奇心价值

在科研探索过程中,"关键的问题是:这种异乎寻常的、不连贯的、短暂的、不稳定的跨学科工作方式需要多少稳定的、可预计的、惯例性的支持?……适应能力是不断取得成功的条件。必须营造一种能够培养组织开放性和灵活性、提供更多实验空间和首创性的环境。"① 这在一定程度上反映了好奇心的价值,或者说为了验证某一个新颖的想法是否正确,是需要相应的实验设备和经费支持的。无论是否正确,这笔经费是一定要花费的。不能证明其是否正确,这种悬念始终存在,并不因人们不研究它而消失。

"我们的论述也是呼吁为弥散性的知识生产制定新的政策。这种政策最终是以人和能力为中心的。"② 知识的弥散程度与好奇心有关。可以认为,这种弥散性的知识生产就是受好奇心直接驱使的自由的构建性结果。

九、允许失败以保护好奇心的价值

研究好奇心的价值,从一定程度上讲就是要研究成功的概率和价值。可以更加直接地讲,失败的代价就是好奇心的价值。允许失败的科研探索正是原始创新所必须付的代价。美国的通用电器公司之所以能够保持持久的创新活力,就是秉持在失败中持续探索的理念。通用电器全球研发中心总裁迈克·利特尔指出,在新产品的研究与开发过程中,要保持这样的思想态度:"研发不能怕犯错误。"失败是经常的,失败也是非常必要的,通用当然也遭遇过失败。迈克·利特尔说,较为先进的技术研发一定都是很困难、很棘手的,成功的概率不一定会很高。越是先进的研究,失败的概率就会越高。这里,失败的概率就应该是好奇心的价值体现③。

显然人们认可:失败的概率与成功的概率之和等于 1。

---

① 迈克尔·吉本斯,卡米耶·利摩日,黑尔佳·诺沃提尼,西蒙·施瓦茨曼,彼得·斯科特,马丁·特罗. 知识生产的新模式——当代社会科学与研究的动力学 [M]. 陈洪捷,沈文钦,等,译. 北京:北京大学出版社,2011.

② 迈克尔·吉本斯,卡米耶·利摩日,黑尔佳·诺沃提尼,西蒙·施瓦茨曼,彼得·斯科特,马丁·特罗. 知识生产的新模式——当代社会科学与研究的动力学 [M]. 陈洪捷,沈文钦,等,译. 北京:北京大学出版社,2011.

③ 华凌. 保持持久的创新活力——通用电器全球研发中心总裁迈克·利特尔谈研发要诀 [N]. 科技日报,2006-11-03.

$$P_{失败} + P_{成功} = 1 \tag{9-7}$$

如果说我们界定了一种情况会成功，而在其他情况下都将失败，那么，应该如何度量这个问题？信息论中，在多种可能性中选择出一种模式的可能性用信息熵的方式来度量。在此过程中，恰当的方式就是先构建出种种可能性，然后再从中加以判断选择。虽然说此时的信息度量具有了主观性，但这个过程本身却是客观真实地表现着的。

我们不能保证所有的努力都能够取得成功，但我们却需要运用好奇心尽可能考虑到所有的情况，并努力地追求成功。